Was ist Gesundheit?

HUMANPROJEKT
Interdisziplinäre Anthropologie

Im Auftrag der Berlin-Brandenburgischen
Akademie der Wissenschaften
herausgegeben von Detlev Ganten, Volker Gerhardt,
Jan-Christoph Heilinger und Julian Nida-Rümelin

Band 18

Was ist Gesundheit?

Interdisziplinäre Perspektiven aus Medizin, Geschichte und Kultur

Herausgegeben von
Philip van der Eijk, Detlev Ganten und Roman Marek

DE GRUYTER

Diese Publikation erscheint mit Unterstützung des Regierenden Bürgermeisters von Berlin, *Senatskanzlei – Wissenschaft und Forschung, und des Ministeriums für Wissenschaft, Forschung und Kultur* des Landes Brandenburg.

ISBN 978-3-11-071319-0
e-ISBN (PDF) 978-3-11-071333-6
e-ISBN (EPUB) 978-3-11-071347-3
ISSN 1868-8144
DOI https://doi.org/10.1515/9783110713336

Library of Congress Control Number: 2021940757

Bibliografische Information der Deutschen Nationalbibliothek
Die Deutsche Nationalbibliothek verzeichnet diese Publikation in der Deutschen Nationalbibliografie; detaillierte bibliografische Daten sind im Internet über http://dnb.dnb.de abrufbar.

Veröffentlicht von De Gruyter Open Ltd, Warsaw/Berlin
Ein Unternehmen der Walter de Gruyter GmbH, Berlin/Boston
Dieses Buch ist als Open-Access-Publikation verfügbar über www.degruyter.com.
Einbandgestaltung: Martin Zech, Bremen
Druck und Bindung: CPI books GmbH, Leck

MIX
Papier aus verantwortungsvollen Quellen
FSC www.fsc.org FSC® C083411

www.degruyter.com

Inhalt

Teil 2: Gesundheitsbegriffe regionaler Medizintraditionen

Teil 3: **Neue Perspektiven auf die evidenzbasierte Medizin**

Teil 4: **Gesundheit als politisches Konzept**

Abkürzungsverzeichnis

ACO	Accountable Care Organisation
ADHS	Aufmerksamkeitsdefizit-Hyperaktivitätsstörung
AIDS	Acquired Immune Deficiency Syndrome
ALARA	as low as reasonably achievable
ANTAC	Aṉangu Ngangkaṟi Tjutaku Aboriginal Corporation
Apol.	Platon, *Apologie*
ArbZG	Arbeitszeitgesetz
ASS	Acetylsalicylsäure
BGW	Berufsgenossenschaft für Gesundheitsdienst und Wohlfahrtspflege
BMG	Bundesministerium für Gesundheit
BRCA	BReast CAncer
BSE	Bovine spongiforme Enzephalopathie
BzgA	Bundeszentrale für gesundheitliche Aufklärung
COVID-19	Coronavirus Disease 2019
CRISPR	Clustered Regularly Interspaced Short Palindromic Repeats
DGHO	Deutsche Gesellschaft für Hämatologie und Medizinische Onkologie e.V.
DMT	*N,N*-Dimethyltryptamin
DNA	Desoxyribonukleinsäure
DSM	Diagnostic and Statistical Manual of Mental Disorders (Diagnostisches und Statistisches Handbuch Psychischer Störungen)
ECDC	European Centre for Disease Prevention and Control
ERC	European Research Council
FCTC	Rahmenübereinkommen zur Eindämmung des Tabakgebrauchs
FDA	U.S. Food and Drug Administration
G20	Gruppe der 20
G6PD	Glukose-6-phosphat-Dehydrogenase
G7	Gruppe der Sieben
G8	Gruppe der Acht
G-BA	Gemeinsamer Bundesausschuss
GfbV	Gesellschaft für bedrohte Völker
GMK	Gesundheitsministerkonferenz der Länder
HDS	Hochdurchsatzsequenzierung
HIV	Humane Immundefizienz-Virus
HTA	Health Technology Assessment
IASTAM	International Association for the Study of Asian Medicines
ICD	Internationale statistische Klassifikation der Krankheiten und verwandter Gesundheitsprobleme
ICHOM	International Consortium for Health Outcomes Measurement
IfSG	Infektionsschutzgesetz
IGeL	Individuelle Gesundheitsleistungen
IGV	Internationale Gesundheitsvorschriften
IHI	Institute of Healthcare Improvement
IL	Interleukin

https://doi.org/10.1515/9783110713336-001

IQWIG	Institut für Qualität und Wirtschaftlichkeit im Gesundheitswesen
LWS	Lendenwirbelsäule
MAO	Monoaminooxidase
MDE	Major depressive episode
MELC	Multi-Epitope-Ligand-Cartography
MERS	Middle East Respiratory Syndrome
MICS	MACSima™ Imaging Cyclic Staining
mRNA	Messenger Ribonucleic Acid
NEPS	National Educational Panel Study (Nationales Bildungspanel)
NEWS	National Early Warning Scores
NGO	Non-governmental Organization
NHI	National Health Insurance
NHS	National Health Service
NIH	National Institute of Health
NTF	neurotrophe Faktoren
OECD	Gesellschaft für wirtschaftliche Zusammenarbeit und Entwicklung
ÖGD	Öffentlicher Gesundheitsdienst
P4P	Pay-for-Performance
Phaid.	Platon, *Phaidon*
Phdr.	Platon, *Phaidros*
PJ	Praktisches Jahr
Polit.	Platon, *Politeia*
PROMs	Patient-Reported Outcome Measures
PTS	posttraumatisches Syndrom
QALYs	qualitätsbereinigte Lebensjahre
RAM	RAND/UCLA Appropriateness Method
RKI	Robert Koch-Institut
SARS	Schweres Akutes Atemwegssyndrom
SARS-CoV2	Severe Acute Respiratory Syndrome Coronavirus Type 2
SDGs	Sustainable Development Goals (Ziele für nachhaltige Entwicklung)
SHARE	Survey of Health, Ageing and Retirement in Europe
SMART	Specific Measurable Achievable Reasonable Time-Bound
SOEP	Sozio-oekonomisches Panel
SSRI	Selective Serotonin Reuptake Inhibitor (Serotonin-Wiederaufnahmehemmer)
Theait.	Platon, *Theätet*
Tim.	Platon, *Timaios*
UN/UNO	United Nations (Vereinte Nationen)
VBHC	Value-Based Healthcare
WADLS	Western Australia Data Linkage System
WHA	World Health Assembly (Weltgesundheitsversammlung)
WHO	World Health Organization (Weltgesundheitsorganisation)

Philip van der Eijk, Roman M. Marek und Detlev Ganten

Einleitung: Reflexionen über den Gesundheitsbegriff in seinem Kontext

Abstract: *Introduction – Reflections on Concepts of Health in Their Context.* Contrary to what is often believed, health is not simply an objective condition that is easily determined and measured by strict medical criteria in clinical or scientific settings. It is a multifaceted phenomenon whose perception and understanding is influenced profoundly by people's personal experience, cultural background and social environment. Correspondingly, there is great variety in concepts and definitions of health, both today and in a historical perspective. This collection of studies examines a number of such contextual factors that influence concepts, values and practices related to health, both present and past. It also makes a number of recommendations relevant to medical professionals, politicians, patients and other healthcare stakeholders as to how healthcare systems can be improved and enriched. It advocates a holistic approach to the understanding of health and disease, which involves embracing historical and philosophical concepts in medical reasoning, learning from health practices originated in other parts of the world and establishing interdisciplinary ways of thinking in biomedical research and clinical care.

Anmerkung: Dieser Text stellt eine schriftliche Überarbeitung der Einführung dar, mit der Philip van der Eijk und Detlev Ganten das Symposium „Verständnis(se) von Gesundheit" am 28. Januar 2020 an der Berlin-Brandenburgischen Akademie der Wissenschaften eingeleitet haben. Zusätzlich enthält er einige Auszüge aus dem Buch *„Die Idee des Humanen". Rudolf Virchow und Hermann von Helmholtz – Das Erbe der Charité* von Ernst Peter Fischer und Detlev Ganten (Hirzel Verlag 2021).

Philip van der Eijk, Interdisziplinäre Arbeitsgruppe „Zukunft der Medizin: Gesundheit für alle", Berlin-Brandenburgische Akademie der Wissenschaften; Institut für Klassische Philologie, Humboldt-Universität zu Berlin
Roman M. Marek, Interdisziplinäre Arbeitsgruppe „Zukunft der Medizin: Gesundheit für alle", Berlin-Brandenburgische Akademie der Wissenschaften
Detlev Ganten, Interdisziplinäre Arbeitsgruppe „Zukunft der Medizin: Gesundheit für alle", Berlin-Brandenburgische Akademie der Wissenschaften; World Health Summit, Charité – Universitätsmedizin Berlin

https://doi.org/10.1515/9783110713336-002

1 Was ist Gesundheit?

Gesundheit gilt als selbstverständliches Gut, für viele Menschen sogar als das höchste Gut. Das war schon in der Antike so, und es ist auch in der heutigen Gesellschaft der Fall.

Das liegt nahe, denn es ist wunderbar, gesund zu sein. Gesundheit bringt ein Wohlgefühl für das Leben mit sich und versetzt Menschen in die Lage, tatkräftig und zufriedenstellend die vielen selbstgewählten Möglichkeiten zu nutzen, die sie verwirklichen wollen. Die Aufgabe der Medizin und ihrer Institutionen besteht darin, ihnen zu zeigen, wie sie Beeinträchtigungen beseitigen und eine angemessene „gesundheitsgemäße Existenz" führen können, wie es Rudolf Virchow 1848 ausgedrückt hat (Virchow 1848, S. 177).

Aber was ist Gesundheit? Worin besteht sie genau, was umfasst sie? Die Antwort auf diese Frage ist alles andere als selbstverständlich. Es hat in der Geschichte der Medizin und der Philosophie zahlreiche, sehr unterschiedliche Auffassungen, Begriffe und Vorstellungen von Gesundheit gegeben. Auch heutzutage stößt man zum Beispiel im Internet auf eine große Vielfalt an Definitionen von Gesundheit.

Gesundheit ist in dieser Hinsicht mit dem Glück vergleichbar, von dem bereits der römische Philosoph Seneca am Anfang seiner Abhandlung über das glückliche Leben sagte, dass alle Menschen es begehren, ohne genau sagen oder sich darüber einigen zu können, worin das Glück eigentlich besteht.

Das Verhältnis zwischen Gesundheit und Glück geht noch über die Analogie hinaus, denn Gesundheit wird häufig als wesentlicher Bestandteil oder zumindest als Voraussetzung für Glück aufgefasst. Daraus ergibt sich aber eine weitere Frage: Kann man glücklich sein, wenn man nicht gesund ist? Oder, um es mit den Worten der Philosophin Havi Carel zu sagen: „Can I be ill and happy?" (Carel 2007)

Auch diese Frage wurde schon seit der Antike vielmals diskutiert. Die Antwort hängt u. a. davon ab, ob man Glück eher als ein subjektives Gefühl, ein Erleben oder als einen Zustand betrachtet. Wenn man sich glücklich fühlt oder zumindest meint, glücklich zu sein, und plötzlich mit einer schlimmen Diagnose konfrontiert wird, ist es dann mit dem Glück vorbei? War das Glücksgefühl nur eine Illusion? Oder hält es auch in Zuständen schwerer gesundheitlicher Krise oder Behinderung stand? Wie glaubwürdig ist die Aussage eines schwer erkrankten Menschen, glücklich zu sein? Und wie steht es mit dem Glück bei Menschen, die an einer psychischen Erkrankung leiden, z.B. einer bipolaren Störung oder Demenzerkrankung? Das Glück wirft schwierige Fragen auf, sie sind Gegenstand der Philosophie und der heutigen Glücksforschung.

Um den Begriff Gesundheit ist es nur scheinbar besser bestellt. Man könnte meinen, Gesundheit sei ein objektiver Zustand, für den es harte Kriterien gibt und den man folglich klinisch und medizinisch-wissenschaftlich einfach feststellen und sogar messen kann. Diese Sichtweise aber ist höchst fraglich. Wissen wir heutzutage dank der zahlreichen Fortschritte in der medizinischen Forschung wirklich besser, was Gesundheit ist als im 20. oder 19. Jahrhundert oder in der Antike? Oder schwingt auch hier eine subjektive, oder zumindest eine soziale und kulturelle Dimension mit?

Man wird an den Aphorismus des Literatur- und Theaterkritikers Ludwig Börne erinnert, der im frühen 19. Jahrhundert pointiert festgehalten hat: „Es gibt Tausend Krankheiten, aber nur eine Gesundheit" (Börne 1862, S. 195). Das heißt, es gibt eine angestrebte Gesundheit für jeden Einzelnen, denn „jeder Mensch hat seine besondere Gesundheit",[1] wie es der niederländische Mediziner Herman Boerhaave hundert Jahre vor Börne auf den Punkt gebracht hat (Boerhaave 1709). Gesund fühlt sich ja auch jemand, der selbstgestellte Aufgaben mit Freude erledigen kann – eine wunderbare Einstellung für jemanden, dessen körperliche Fähigkeiten eingeschränkt sind. Mit anderen Worten: Gesundheit bleibt die Aufgabe von Subjekten, während sich deren Krankheiten als Objekte einer Wissenschaft erst diagnostizieren und dann hoffentlich auch therapieren lassen. „Gesundheit ist nicht etwas, das sich bei einer Untersuchung zeigt", wie bei Gadamer zu lesen ist. Der Philosoph versteht darunter vielmehr „etwas, das gerade dadurch ist, dass es sich entzieht" (Gadamer 2018, S. 126). Genau diese Qualität der Gesundheit lockt die Menschen zu allen Zeiten an.

Die Problematik der Bestimmung von Gesundheit wird noch klarer, wenn man sich die häufig zitierte, aber nicht unumstrittene Definition der Weltgesundheitsorganisation anschaut:

> Gesundheit ist ein Zustand vollkommenen körperlichen, geistigen und sozialen Wohlergehens und nicht allein das Fehlen von Krankheit und Gebrechen. (Verfassung der Weltgesundheitsorganisation, Ratifikationsurkunde von der Schweiz hinterlegt am 29. März 1947, von der Bundesversammlung genehmigt am 19. Dezember 1946, für die Schweiz in Kraft getreten am 7. April 1948, Stand am 6. Juli 2020) („Health is a state of complete physical, mental and social wellbeing and not merely the absence of disease or infirmity.") (World Health Organization 2006 [1948], S. 1)

Über diese Definition ist schon viel gesagt worden und auch in dem vorliegenden Band setzen sich gleich mehrere Autorinnen und Autoren mit ihr auseinander. Sie enthält eine ebenso anspruchsvolle wie voraussetzungsreiche Auffassung von

1 Zitiert nach Bergdolt 2004, S. 20.

Gesundheit, die gleichzeitig viele Fragen aufwirft. Weshalb muss Gesundheit „vollkommen" („complete") sein? Was genau ist darunter zu verstehen? Welche Standards oder Kriterien müssen dafür erfüllt sein? Wie definiert man „sozial"? Und wie bestimmt man, ob ein Mensch sich geistig wohl fühlt? Kann man das messen? Und ist das Wort „Zustand" nicht etwas passiv und statisch, geht es bei Gesundheit nicht mindestens so sehr um Funktionieren, um Leistungsfähigkeit? Wie der Medizinsoziologe Talcott Parsons es ausdrückt: „Gesundheit ist ein Zustand optimaler Leistungsfähigkeit eines Individuums für die wirksame Erfüllung der Rollen und Aufgaben, für die es sozialisiert worden ist" (Parsons 1967, S. 71).

Das Hauptanliegen der Weltgesundheitsorganisation beim Erstellen ihrer Gesundheitsdefinition war offensichtlich die Überzeugung, dass Gesundheit mehr als die Abwesenheit von Krankheit oder Gebrechen ist. Das ist ja auch wichtig, denn sonst würde das Definitionsproblem ausschließlich auf die Bestimmung von Krankheit reduziert werden und Gesundheit wäre nur der Abgrenzungsbegriff gegenüber dem Phänomen der Krankheit. Das würde der Komplexität des zu beschreibenden Phänomens nicht genügen. Der positive Teil der Definition Weltgesundheitsorganisation lässt aber an Deutlichkeit zu wünschen übrig.

2 Gesundheitsauffassungen und ihr Kontext

Am 28. Januar 2020 veranstaltete die interdisziplinäre Arbeitsgruppe „Zukunft der Medizin: Gesundheit für alle" der Berlin-Brandenburgischen Akademie der Wissenschaften ein Symposium zum Thema „Verständnis(se) von Gesundheit". Es wollte die Aufmerksamkeit darauf lenken, dass Gesundheit höchst unterschiedlich interpretiert werden kann und dass es daher wichtig ist, hier Missverständnisse zu vermeiden. Der vorliegende Band vereint die meisten der an diesem Symposium gehaltenen Beiträge, sie wurden für die Publikation überarbeitet und aktualisiert. Zudem wurden noch weitere Beiträge eingeworben, um die Reflexion zu vertiefen und um Themenbereiche abzudecken, die im Symposium unterrepräsentiert waren. Generell wurde versucht, den durch COVID-19 bedingten Entwicklungen und ihren Konsequenzen für die Gesundheitsthematik Rechnung zu tragen.

Dieser Sammelband geht demnach der Frage nach, wie Gesundheit in einer Reihe unterschiedlicher Zusammenhänge aufgefasst und definiert wird (oder wurde) und wie sich diese unterschiedlichen Begriffe von Gesundheit auf die praktische Umsetzung der medizinischen Versorgung und auch auf gesundheitspolitische Maßnahmen auswirken.[2] Denn jede Auffassung von Gesundheit und jede daraus hervorgehende Praxis, die Gesundheit herstellen, bewahren oder verbessern möchte, ist kontextuell eingebunden; sie muss daher in ihrem Zusammenhang gesehen und als Produkt dieses Zusammenhangs betrachtet werden.

Hierbei sollte aber nicht ein Relativismus *per se* im Mittelpunkt stehen: Das Ziel ist vielmehr Vertiefung, Reflektion und Bewusstsein. Es soll ein Bewusstsein dafür geschaffen werden, dass auch wir, wenn wir heutzutage über die „Zukunft der Medizin: Gesundheit für alle" nachdenken – was ja eines der siebzehn Nachhaltigkeitsziele (SDGs) der Vereinten Nationen ist und einen universalen Anspruch erhebt – oder wenn wir auf kleinerer Ebene von Berlin als „Gesundheitsstadt" reden, nicht unreflektiert vorgehen sollten. Vielmehr sollten wir uns fragen, was genau wir unter Gesundheit verstehen und wie dieses Verständnis unsere Erwartungen an die Medizin, ihre Aufgaben und ihre bevorstehenden Herausforderungen beeinflusst.

Bei der oben genannten Kontextualisierung geht es einerseits um theoretische, philosophische, ethische oder religiöse Zusammenhänge, andererseits aber auch um den historischen Kontext, in dem eine gewisse Gesundheitsauffassung entstanden ist. Auch ist an unterschiedliche fachwissenschaftliche, medizinisch-klinische Traditionen und etablierte Gewohnheiten zu denken oder an soziale, kulturelle, ideologische, wirtschaftliche und (gesundheits-)politische Faktoren. Schließlich gibt es regionale, nationale, internationale oder sogar globale Zusammenhänge. Alle diese Faktoren wirken auf Gesundheitsauffassungen und die damit verbundenen Praktiken ein.

Dieser Band thematisiert eine Reihe solcher kontextuellen Faktoren, wenn auch in der Form von ausgewählten Beispielen und Fallstudien – also ohne Anspruch auf Vollständigkeit – und mit unterschiedlicher Gewichtung. Der erste Teil ist theoretischen, philosophischen und ethischen Gesichtspunkten gewidmet, wobei auch auf die antiken Wurzeln moderner Gesundheits- und Krankheitsbegriffe zurückgegriffen wird, die für die Entwicklung der westlichen medizinischen Wissenschaft grundlegend und prägend gewesen sind.

Der zweite Teil des Bandes ist der kulturellen Vielfalt unterschiedlicher medizinischer Traditionen, den regionalen Dimensionen und den religiösen Hintergründen des medizinischen Denkens und Handelns gewidmet. Hier werden auch nichtwestliche Ansätze, Methoden und Praktiken auf ihre – manchmal

---

2 In letzterem Punkt und in der stärkeren Berücksichtigung kontextueller Faktoren unterscheidet der vorliegende Band sich von dem von Thomas Schramme herausgegebenen Sammelband *Krankheitstheorien*, bei dem theoretische Gesichtspunkte überwiegen (Schramme 2011).

implizit bleibenden – Voraussetzungen über Gesundheit hin untersucht und dargestellt.

Damit soll aber nicht der Eindruck erweckt werden, dass unterschiedliche Begriffe von Gesundheit nur im Bereich der sogenannten „alternativen“ oder komplementären Medizin vorkommen. Auch in der Biomedizin, in der „hardcore“, „evidence-based medicine“ und in der darauf basierenden klinischen Praxis sowie in der heutigen Psychiatrie herrscht eine Pluralität von Gesundheitsbegriffen, die sich manchmal von einem Bereich zum andern oder von der einen Gesellschaft zur anderen unterscheiden. Dieser Thematik ist der dritte Teil des Bandes gewidmet.

Einige der politischen Dimensionen der Gesundheitsversorgung werden im vierten Teil des Bandes diskutiert. Hier geht es um Fragen der Gesundheitspolitik auf staatlicher, europäischer und globaler Ebene, um die Organisation des Gesundheitswesens und um die Politisierung bestimmter Krankheitsbilder.

Die Sicht der Patienten und die Frage, wie Gesundheit von individuellen Menschen erlebt wird, wird im fünften Teil des Sammelbandes anhand der Beispiele Bluthochdruck, Rheuma und Krebs thematisiert. Hier berichten deutsche Patientinnen und Patienten von ihrem Umgang mit gesundheitlichen Herausforderungen und von ihren Erfahrungen mit der medizinischen Versorgung und Betreuung. Das sehr aktuelle Thema Bluthochdruck ist dabei noch in anderer Hinsicht als Beispiel für die Thematik dieses Bandes interessant: Seit November 2017 gelten in den USA andere Kriterien für Bluthochdruck als in Westeuropa (Whelton et al. 2018), was enorme soziale, wirtschaftliche, gesundheitspolitische und krankenversicherungstechnische Konsequenzen nach sich gezogen hat, denn durch das Herabsetzen der Grenzwerte wurden Millionen von Menschen plötzlich zu Bluthochdruckpatienten. Jeder, der in verschiedenen Ländern gelebt hat, kennt aus eigener Erfahrung solche Unterschiede in der Gesundheitsversorgung und in der professionellen Handhabung spezifischer Krankheiten. Ob Unterschiede dieser Art eine fachinhaltliche Berechtigung haben, darf bezweifelt werden – oft haben sie eher mit etablierten Normen und Gewohnheiten zu tun, die auf ein Amalgam aus wissenschaftlichen, gesellschaftlichen und kulturellen Faktoren zurückgehen. Auch hier geht es aber nicht um Relativismus *per se*, sondern darum, die Wurzeln solcher kulturellen Unterschiede zu erkennen, um sie besser zu verstehen.

3 Tendenzen, Anregungen und Stellungnahmen

Der vorliegende Band richtet sich ausdrücklich an ein breites Publikum. Er will nicht nur beschreiben und erklären, sondern auch zu einigen der Probleme

Stellung nehmen, vor denen die Gesundheitsversorgung heutzutage steht und Empfehlungen aussprechen – an Mediziner, an Politiker, an Patienten und an andere Interessenvertreter im Bereich der Gesundheitsversorgung. Mehrere Beiträge weisen darauf hin, dass man aus der Vergangenheit, aus anderen Teilen der Welt oder aus anderen medizinischen Bereichen etwas mitnehmen kann und muss. Der leitende Gedanke ist hier die Überzeugung, dass man in der Medizin und in der Gesundheitspolitik gewisse Dinge berücksichtigen sollte, die notwendig sind, um zu einer (noch) erfolgreicheren und effektiveren Gesundheitsversorgung zu gelangen.

Bei allen Unterschieden zwischen den einzelnen Beiträgen lassen sich einige allgemeine Tendenzen erkennen, die man unter dem Begriff Holismus zusammenfassen könnte (Thumiger 2020). Gesundheit heißt im Englischen „health", und dieses Wort leitet sich von dem Ausdruck „whole" ab, mit dem *das Ganze* gemeint ist; im Deutschen ist es mit dem Adjektiv „heil" verwandt (Brüssow 2013). Das Ganzheitliche ist in der modernen Medizin durch die fortschreitende Spezialisierung weitgehend verloren gegangen; umso wichtiger ist es deshalb, die holistische Sicht auf Gesundheit und Krankheit nicht aus den Augen zu verlieren, vor allem in den Tagen, in denen durch Pandemien eine globale Sicht auf das medizinische Geschehen erforderlich wird. Viele einzelne Krankheiten plagen die Menschen und machen ihnen dabei das Leben nicht leicht. Erst recht empfinden es so viele arme Menschen, was hier deshalb angeführt wird, weil das englische „health" so hart klingt wie „wealth", also Reichtum, was vielfach im Laufe der Geschichte in einen logischen Zusammenhang gesehen oder gebracht wurde und immer noch wird (Henke & Mühlbacher 2004).

Eine in dieser Hinsicht wichtige innovative Perspektive ist die der evolutionären Medizin. Diese entwickelt eine holistische Sicht auf die Gesundheit, indem sie die gesamte Biologie, die Umwelt und das Verhalten des Individuums ebenso mit einbezieht wie die Gesundheit von Tieren und Pflanzen – eine Sichtweise, die auch mit den Begriffen *planetary health* oder *one health* gefasst wird. Denn es könnte die Frage auftauchen, weshalb Menschen überhaupt krank werden oder es Störungen der Gesundheit gibt, wenn die Evolution augenscheinlich doch alles unternommen hat, um Körper und Geist stark zu machen. Die oben angesprochenen Pandemien geben darauf einen Hinweis, denn für jeden Menschen gilt, was Albert Schweitzer einmal so formuliert hat, „Ich bin Leben, das leben will, inmitten von Leben, das leben will" (Schweitzer 2003 [1952], S. 111). Menschen teilen die Welt mit vielen Organismen, die sowohl außen in der Umwelt als auch auf und in unseren Körpern um ihr Überleben kämpfen und ihre Chancen suchen. Diese Mikroorganismen müssen sich ebenso wie *Homo sapiens* dauernd wandeln und den wechselnden Bedingungen auf einer dynamischen Erde anpassen, um nicht auszusterben und spurlos zu verschwinden. Und während diese Modifikationen bei Menschen ihre Zeit brauchen und eher langsam eintreten, tauchen plötzlich immer mal wieder mutierte Mikroorganismen auf, mit denen das humane Immunsystem anfänglich kaum fertig wird, was dann zu Infektionskrankheiten, Epidemien oder gar Pandemien führen kann, die sich weltweit ausbreiten können. Der einzelne Körper antwortet oftmals mit Husten, Fieber und einer laufenden Nase, die allesamt zum Prozess des Gesundwerdens gehören, wenn sie individuell auch als höchst ärgerlich empfunden werden. Doch solche und viele andere Reaktionen gehören zum Spektrum eines seine Gesundheit anstrebenden Lebens, wie seit einigen Jahrzehnten im Rahmen einer evolutionär orientierten Medizin erkundet wird, die das Leben umfassend ins Auge fasst – den Menschen also mit seiner Biologie und seinem Verhalten in seiner natürlichen Umwelt und unter dem Einfluss ihrer Dynamik.

Solch ein Ansatz kann auch verständlich machen, warum es genetische Vorgaben für Krankheiten gibt, obwohl man von den selektiven Vorgängen der Evolution erwarten würde, Menschen mit den Genen zu versorgen, die sie stark und überlebensfähig und also gesund machen. Dabei kann es zum Beispiel passieren, dass diejenigen Gene, die Menschen in der Frühzeit das Verlangen nach dem Zucker gegeben haben, den ihre Zellen brauchten, angesichts der Angebote in modernen Supermärkten dazu führen, dass sie ein Verhalten entwickeln, welches sie eher übergewichtig und krank werden lässt. Es gibt viele derartige Beispiele dafür, dass die Kluft zwischen unserer alten Biologie und der neuen Welt und Umgebung, in der wir jetzt leben, zu den „Zivilisationskrankheiten“ führt, die zur Zeit etwa 80 % aller Krankheiten ausmachen (Bloom et al. 2011).

Evolutionäres Denken erfasst den ganzen Menschen in seinem Umfeld und somit holistisch, und wenn etwas „ganz“ ist, kann man auch sagen, es ist „intakt“, was mit einer leichten Änderung des Blickwinkels zu erkennen gibt, dass ein gesundes Dasein sich dadurch auszeichnet, dass es im Takt mit der Umwelt und also harmonisch verläuft. Hippokrates, der große Arzt der Antike, hat Gesundheit genau auf diese Weise verstanden. In der Gesundheit des Einzelnen spiegelt sich die gefällige Ordnung des ganzen Universums, Gesundheit wird damit zum Synonym des „Kosmos“ auf menschlicher Sphäre – Gesundheit ist Gesundheit im Großen und Ganzen. Die hippokratische Gesundheit der Welt muss dabei so dynamisch gesehen werden wie das dazu gehörige Wohlsein eines Menschen, nämlich als etwas, das nicht festliegt oder garantiert ist, sondern das eine sich täglich neu stellende und zu bewältigende Aufgabe darstellt. Es sind die Bewegungen der Teile, die zu der Harmonie des Ganzen führen, was im Universum die Planeten und die Sterne und im Körper die Organe, den Blutstrom, den Stoffwechsel und in der modernen Medizin die Gene, die Moleküle, die Zellen und noch einiges mehr meint. Gesundheit kann man als Tanz deuten, der aus innerem

Antrieb und im Takt mit der Umwelt erfolgt und der es den Tanzenden erlaubt, dank einer angemessenen Lebensführung zur Übereinstimmung mit sich selbst und der äußeren Welt und auf diese Weise überhaupt ins Reine zu kommen.

Eine weitere Tendenz, die dieser Band vermitteln möchte, ist die der Prävention und der Lebensstilmedizin (als Ergänzung zur Therapeutik). Die Wichtigkeit der Prävention wurde schon seit der Antike betont und damit stellt sich die Frage, weshalb es immer noch oder immer wieder so schwierig ist, sie in der medizinischen Versorgung und Praxis umzusetzen. Denn sowohl die heutige moderne Medizin als auch die Ausbildung in den Gesundheitsberufen sind (leider) noch weitgehend auf die Diagnose und Behandlung von Krankheiten orientiert. Gesundheit ist dagegen vor allem dem Einzelnen überlassen. Zukünftige Gesundheitssysteme werden das ändern müssen. Bessere Prävention und Gesunderhaltung der Weltbevölkerung von jetzt über 7 und bald 10 Milliarden Menschen auf dieser Erde wird notwendig werden – Gesundheit und Wohlbefinden für alle, „leaving nobody behind" –, und sei es nur, um die Gesundheitssysteme bezahlbar zu machen.

Wenn von Gesundheit die Rede ist, dauert es nicht lange, bis die lateinische Weisheit „mens sana in corpore sano" zitiert wird. Diese geht auf den römischen Dichter Juvenal zurück, der in seinen Satiren (10, 356) seine Mitbürger aufgefordert hat, „darum zu beten, dass ein gesunder Geist in einem gesunden Körper sei". Juvenal meinte keinen Zustand, sondern ein Ziel, das sich zum Beispiel Johann Wolfgang von Goethe selbst in seinen alten Tagen vorgenommen hat, in denen er allen Beschwerden zum Trotz an körperlichen Übungen wie Reiten, Fechten und Tanzen festhielt, da „mäßige Bewegung das Gemüt erfrischt und den Körper in ein köstliches Gleichgewicht bringt", wie er notiert hat, und was als angenehme und gute Empfehlung gelesen werden kann (Nager 1990, S. 107). Der gesunde Geist bleibt für jeden Einzelnen ebenso eine tägliche Herausforderung wie der gesunde Körper, wenn auch die medizinischen Wissenschaften und ihre Vertreter inzwischen viel dazu beitragen können, diesem wunderbaren Ziel eines Wohlgefühls näher zu kommen.

Lehrreich ist in dieser Hinsicht die Sichtweise der nichtwestlichen medizinischen Traditionen, die ebenfalls den Menschen als Ganzen ins Auge fasst, statt sich ausschließlich auf erkrankte Körperteile zu konzentrieren. Sie erinnert an die Notwendigkeit, der Hyperspezialisierung und Fragmentierung der heutigen Gesundheitsversorgung ein Streben nach Koordination und Einheitlichkeit entgegen zu halten; an die Wichtigkeit, die Stimme und die Perspektive des Patienten ernst zu nehmen; und an die Anerkennung der Rolle von gesellschaftlichen und kulturellen Faktoren im medizinischen Denken und Handeln. So möchte dieser Band auch Anregungen bieten, die Medizin zu bereichern, sie noch besser und vollständiger zu machen.

Als im Januar 2020 das Symposium stattfand, war der Begriff Corona nur Fachleuten bekannt. Nun, da dieser Band in den Druck geht, ist dies kaum mehr vorstellbar und es ist noch immer unsicher, wie es weitergehen wird. Dass ein kleines Virus ausreicht, um hochzivilisierte Gesellschaften im 21. Jahrhundert mit all ihren medizinischen, wissenschaftlichen und technologischen Fortschritten derart zu erschüttern – und das auf globaler Ebene – schien der Allgemeinheit bis März 2020 undenkbar. Die aktuelle Pandemie verschärft aber nur die Dringlichkeit der Problematik dieses Bandes. Sie stellt unsere Gesundheitssysteme vor große Herausforderungen und legt den Finger auf ihre Begrenzungen und Defizite. Gleichzeitig wirft sie sehr unterschiedliche Fragen auf, die über das strikt Medizinische hinausgehen: Fragen zur Gesundheitspolitik, zum Umgang des Menschen mit der natürlichen Umgebung, zur Risikobereitschaft einer Gesellschaft, zur Rolle der menschlichen Verantwortung in der Bewältigung von Pandemien, zur Prävention bzw. zur Präventionsfähigkeit von Krankheiten, zum Umgang mit Krankheit und mit seinen gesellschaftlichen, kulturellen, wirtschaftlichen und psychologischen Auswirkungen. Viele dieser Fragen standen schon auf der ursprünglichen Tagesordnung des Projektes, aus dem dieser Band hervorgegangen ist, und sie waren im Konzept seiner Inhaltstafel enthalten; durch die COVID-19 Pandemie haben sie eine neue Aktualität und Dringlichkeit bekommen.

Literatur

Bergdolt, Klaus (2004): „Zur Kulturgeschichte des Gesundheitsbegriffs". In: Volker Schumpelick/Bernhard Vogel (Hrsg.): *Grenzen der Gesundheit. Beiträge des Symposiums vom 27. bis 30. September 2003 in Cadenabbia*. Freiburg, Basel & Wien: Herder, S. 16 – 32.

Bloom, David E./Cafiero, Elizabeth T./Jané-Llopis, Eva et al. (2011): *The Global Economic Burden of Non-communicable Diseases*. Genf: World Economic Forum & Harvard School of Public Health.

Boerhaave, Herman (1709): *Aphorismi de cognoscendis et curandis morbis*. Lugdunum Batavorum.

Börne, Ludwig (1862): *Gesammelte Schriften von Ludwig Börne. Neue vollständige Ausgabe*, Bd. 7. Hamburg: Hoffman & Campe.

Brüssow, Harald (2013): „What Is Health?". In: *Microbial Biotechnology* 6(4), S. 341 – 348.

Carel, Havi (2007): „Can I Be Ill and Happy?". In: *Philosophia* 35(2), S. 95 – 110.

Fischer, Ernst Peter/Ganten, Detlev (2021): *„Die Idee des Humanen". Rudolf Virchow und Hermann von Helmholtz – Das Erbe der Charité*. Stuttgart: Hirzel.

Gadamer, Hans-Georg (2018): *Über die Verborgenheit der Gesundheit* (2. Aufl.). Frankfurt am Main: Suhrkamp.

Henke, Klaus-Dirk/Mühlbacher, Axel (2004): „Gesundheit, ein Privileg der Reichen?“. In: Volker Schumpelick/Bernhard Vogel (Hrsg.): *Grenzen der Gesundheit. Beiträge des Symposiums vom 27. bis 30. September 2003 in Cadenabbia*. Freiburg, Basel & Wien: Herder, S. 405–428.

Nager, Frank (1990): *Der heilkundige Dichter: Goethe und die Medizin*. Zürich & München: Artemis.

Parsons, Talcott (1967): „Definition von Gesundheit und Krankheit im Lichte der Wertbegriffe und der sozialen Struktur Amerikas“. In: Alexander Mitscherlich/Tobias Brocher/Otto von Mering/Klaus Horn (Hrsg.): *Der Kranke in der modernen Gesellschaft*. Köln: Kiepenheuer & Witsch, S. 57–87.

Schramme, Thomas (Hrsg.) (2011): *Krankheitstheorien*. Frankfurt am Main: Suhrkamp.

Schweitzer, Albert (2003 [1952]): „Das Problem des Ethischen in der Entwicklung des menschlichen Denkens“. In: Albert Schweitzer/Hans Walter Bähr (Hrsg.): *Die Ehrfurcht vor dem Leben: Grundtexte aus fünf Jahrzehnten* (8. Aufl.). München: C. H. Beck, S. 99–112.

Virchow, Rudolf (1848): *Mittheilungen über die in Oberschlesien herrschende Typhus-Epidemie*. Berlin: G. Reimer.

Whelton, Paul K./Carey, Robert M./Aronow, Wilbert S. et al. (2018): „2017 ACC/AHA/AAPA/ABC/ACPM/AGS/APhA/ASH/ASPC/NMA/PCNA Guideline for the Prevention, Detection, Evaluation, and Management of High Blood Pressure in Adults“. In: *Journal of the American College of Cardiology* 71(19), S. e127–e248.

World Health Organization (2006 [1948]): *Constitution of the World Health Organization*. Genf: World Health Organization, https://www.who.int/governance/eb/who_constitution_en.pdf, besucht am 11.11.2020.

Teil 1: Antike Grundlagen und philosophische Gesundheitsbegriffe

Olaf Nohr

Vernunft als Therapie und Krankheit: Medizinische Denkfiguren in der Geschichte der Philosophie

Abstract: *Reason as Therapy and Illness: Medical Figures of Thought in the History of Philosophy.* This paper tackles the question how philosophers have used medical metaphors, analogies or aspects of medical theories in their works. It discusses the idea of ancient Greek philosophy as a medicine of the soul, as well as the Christian surgery of the text-body and finally, how madness became a central problem for the philosophical conception of reason.

Interdisziplinäres Denken ist keine Erfindung der Neuzeit: Seit mehr als 2000 Jahren üben medizinische Denkfiguren einen erheblichen Einfluss auf die philosophische Theoriebildung aus. Als „medizinische Denkfigur" werden hier Theoriebausteine aus der Medizin und Heilkunde bezeichnet, die – oftmals als Metapher oder Analogie – für philosophische Problemlösungen fruchtbar gemacht wurden. Der vorliegende Beitrag möchte die wichtigsten Stationen dieses Austausches im Zeitraffer nachzeichnen.[1] Betrachtet man die Geschichte der medizinischen Denkfiguren von den antiken *Therapien der Seele* über die christliche *Chirurgie des Textkörpers* bis zu den Diskussionen um die Unterscheidung von *Vernunft und Wahnsinn*, so wird deutlich, dass sich die philosophischen Vernunftkonzepte stets in einer stillschweigend vorausgesetzten Teilhabe an der Gesundheit artikulieren. Diese Assoziationen von Vernunft und Gesundheit wurde erst erschüttert, als das Phänomen des Wahnsinns im 18. Jahrhundert zu einem zentralen Problem der Vernunftkonstruktion avancierte und zum ersten Mal der Gedanke einer *kranken Vernunft* aufkam. Doch wo liegen die Wurzeln dieser engen Verbindung von Philosophie, Vernunft und Gesundheit?

1 Zur ausführlicheren Darstellung der folgenden Gedanken: (Nohr 2015)

Olaf Nohr, http://olafnohr.com/

1 Antike Ethik als Therapie der Seele

Im homerischen Epos *Ilias* wird ein erstes Verständnis von Gesundheit entworfen, das den Menschen als Summe verschiedener Organe und Körperteile konzipiert. Jeder dieser Körperteile hat eine eigene Seele und damit die Macht, den gesamten Menschen in Aufruhr zu versetzen (Homer 2002). In der *Odyssee* wird dieses Bild um die Figur des „listigen Menschen" Odysseus erweitert, der seinen Matrosen die Ohren mit Wachs verschließt, um ihre körperlichen Wahrnehmungen vollständig zu unterdrücken und sich selbst am Mast festbindet, um den affektiven Verhaltensautomatismus der körperlichen Regungen zu unterdrücken. Damit wird Odysseus zum ersten Protagonisten einer Geschichte, die sich als „Entdeckung des Geistes" bei gleichzeitiger „Verdeckung des Körpers" bezeichnen lässt (Schmitz 1965, S. 366).

Das Ideal des Unterdrückens körperlicher Regungen gibt auch einen Hinweis darauf, weshalb den Zeitgenossen von Hippokrates ca. 400 Jahre später ausgerechnet die Epilepsie als „heilige Krankheit" galt. Der vollständige Kontrollverlust bei einem epileptischen Anfall steht prototypisch für den Kontrollverlust der Vernunft über den Körper und setzt der Selbstermächtigung des Menschen eine Grenze. Hippokrates jedoch erklärt die Epilepsie zu einer körperlichen Krankheit des Gehirns und bricht mit dem religiösen Verständnis von Medizin, das Gesundheit und Krankheit vom Eingreifen der Götter abhängig macht. Die Entstehung von Krankheit definiert er vor allem als Disharmonie der vier Körpersäfte: Blut (assoziiert mit dem Herz), Schleim (Gehirn), schwarzer (Milz) und gelber Galle (Leber). Aber erst der philosophische Arzt, der zugleich in der Heilkunde und der Philosophie bewandert ist, wird für Hippokrates zum „wahren Arzt", zum gottgleichen Iatros Philosophicus. Ungefähr zur gleichen Zeit entwickelte Demokrit eine Analogie, die das Verhältnis von Medizin und Philosophie bis ins 18. Jahrhundert prägen sollte: „Arzneikunst heilt des Leibes Krankheiten, die Weisheit befreit die Seele von den Leidenschaften" (Demokrit 1989, S. 98).

Dieser äußerst wirkmächtige Satz wird im weiteren Verlauf von etlichen Philosophen aufgegriffen, zu metaphorischen Feldern ausgebaut und zum Topos von der Philosophie als Medizin der Seele verfestigt. An Platon kann man gut zeigen, wie Demokrits Analogie zu einem metaphorischen Feld ausgebaut wird und dadurch sehr konkrete Auswirkungen auf seine Theoriebildung hat. Platons Ideenlehre formuliert das homerische Konzept von affektgesteuerter Krankheit und vernunftgesteuerter Gesundheit der Seele aus. Vollkommene Gesundheit wird als ideales Urbild definiert, das in der unkörperlichen, völlig vernünftigen Form der Seele besteht. Erst an der verkörperten, affektgesteuerten Seele können überhaupt Krankheiten auftreten (Platon 1980, *Phaid.*, 83d – 84b; *Tim.*, 86e).

Ausgehend von diesem Konzept entwickelt er seine Ethik konsequent als Therapie der Seele. Weil er die Seelenkrankheiten in Analogie zur Mischung der Körpersäfte konzipiert, sei es das Ziel der Ethik, die unterschiedlichen Teile der Seele in eine naturgemäße Ordnung zu versetzen und damit gesund zu machen (*Polit.*, 438d–441c, 443c–445e). Entsprechend bezeichnet Platon die logischen Argumente, die Logoi, mit denen diese Harmonie hergestellt werden soll, als Medizin des Philosophen. Mit dieser logischen Medizin versucht er, die sogenannten Seelenkrankheiten seiner Schüler im Dialog zu heilen (Erler 2004).

Die Darstellung der Philosophie als Medizin der Seele hilft Platon, den abstrakten Gegenstandsbereich der Seele zu strukturieren und Handlungsanweisungen daraus abzuleiten. Außerdem dient sie als Argument gegen die konkurrierenden Rhetoren. Diese werfen den Philosophen vor, praxisferne und unnütze Reflexion zu betreiben. Wenn der Philosoph aber als Seelenarzt auftritt, logische Argumente als Medizin gelten und die Vernunft unmittelbar mit Gesundheit verbunden ist, hat er sehr gute Argumente für den pragmatischen Nutzen seiner Lehren.

Die platonische *Rhetorik der gesunden Vernunft* wird vor allem von den Epikureern und Stoikern aufgegriffen und zu einem autorenübergreifenden Topos weiterentwickelt. Der Epikureer Philodemus beschreibt das Verhältnis des Schülers zum philosophischen Lehrer in Analogie zum Verhältnis des Patienten zum Arzt. Die Argumente des Lehrers werden – wie schon bei Platon – als Medizin bezeichnet. Philodemus unterscheidet dabei aber zwischen einer milden und einer bitteren Medizin, je nach Schärfe der philosophischen Zurechtweisung. Sieht der Schüler trotz dieser Behandlungen seine *Krankheiten* nicht ein, kann das Gespräch aber auch in der Art einer „chirurgischen Operation" durchgeführt werden (Philodemus 1998, S. 117).

Das ist von zweifacher Bedeutung: Einerseits hatte Aristoteles die Analogie der Arzt/Patient-Beziehung für das Verhältnis von Lehrer und Schüler noch abgelehnt, weil sie eine asymmetrische Machtbeziehung ist, in der der Patient blindes Vertrauen in die Heilmethoden des Arztes haben muss (Aristoteles 1962). Aristoteles wollte seinen Schülern in der Akademie aber auf Augenhöhe begegnen und betrachtete sie nicht als blind vertrauende Anhänger. Andererseits wurde der Vergleich zum Brennen und Schneiden der Chirurgen in der Philosophie bis zu diesem Punkt nur im Sinne der Abgrenzung benutzt. Der Philosoph sei gegenüber dem Chirurgen dadurch ausgezeichnet, dass er die ungleich sanftere Heilmethode des Gesprächs anwendete. Dass jetzt bei Philodemus nicht nur die Arzt-Patient-Beziehung, sondern sogar die Chirurgie als positive Analogien zur Philosophie herangezogen werden, unterstreicht die Forderung der Epikureer nach einer direkten pragmatischen und therapeutischen Wirksamkeit ihrer Ethik.

Die medizinischen Metaphern und Analogien werden auch von den römischen Stoikern aufgegriffen. Cicero fügt Platons Rhetorik der gesunden Vernunft einen interessanten Aspekt hinzu: Neben den Leidenschaften sind es auch falsche Urteile und Meinungen, die die prinzipiell vernünftige und gesunde Seele krank machen können: „Denn wenn die Ausgeglichenheit beim Körper, [...] Gesundheit genannt wird, so spricht man von der Gesundheit der Seele, wenn ihre Urteile und Meinungen übereinstimmen" (Cicero 1997, S. 325–326).

Cicero verknüpft hier Gesundheit mit Kohärenz und Krankheit mit Widerspruch. Außerdem erstellt er eine Hierarchie der Krankheiten, in der die Gesund/Krank-Polarität mit der Wahr/Falsch-Differenz zusammenfließt. *Kränklichkeit* und *normale Krankheiten* der Seele werden demnach nur als vorübergehende Widersprüche im System der Meinungen verstanden, die durch Leidenschaften ausgelöst werden. Als Steigerung der *Krankheit* fungiert schließlich der logische *Fehler*, der chronische oder unheilbare Widersprüche und Krankheiten bewirkt (Cicero 1997, S. 137–138).

2 Christus Medicus

Die medizinischen Topiken der antiken Philosophie werden durch das Christentum aufgenommen und modifiziert. Die Analogie von Krankheit und Leidenschaft wird prinzipiell übernommen, allerdings rückt die Sünde an die Stelle der Leidenschaften. Gott übernimmt dabei vom hippokratischen Philosophenarzt die Monopolstellung als umfassender Heiler und straft auf der anderen Seite Sünder mit Krankheit. Gottes Monopolstellung führt unweigerlich zu Konsequenzen für die weltliche Medizin. Im Zuge der Entwicklung kirchlicher Hierarchien wird der Anspruch auf ein priesterliches Monopol für Heilungen erhoben und Ärzte ohne göttliche Weihung geraten zunehmend in Verruf.

Im Neuen Testament übernimmt Jesus Christus die Rolle des Arztes. Christus Medicus – so der theologische Ausdruck – heilt Blindgeborene und wendet sich insgesamt den Kranken und Schwachen zu. War die philosophische Ethik eine *Medizin der Seele*, so kann das Christentum als *medizinische Religion* verstanden werden: „Das Christentum ist medizinische Religion: das ist seine Stärke, in manchen Ausgestaltungen auch seine Schwäche" (Harnack 1892, S. 132). Zum Problem wurde dabei die Konkurrenz zwischen allegorischer und realistischer Interpretation, die vor allem auf die Unschärfe des christlichen Körperbegriffes zurückzuführen ist. Der Begriff Corpus Christi konnte den Leib Christi bezeichnen, aber auch metaphorisch für die Gemeinschaft der Christen oder den Textkörper der heiligen Schriften stehen. Diese drei Bedeutungsebenen werden im Folgenden etwas genauer ausgeführt.

Die Entwicklung der Exegese des biblischen Textkörpers profitierte von Metaphern aus der hochentwickelten alexandrinischen Chirurgie. Von Origenes und Augustinus bis ins 16. Jahrhundert werden die Methoden des Zerteilens und Zergliederns des Textes von der Chirurgie entlehnt. So spricht man heute noch von der „Gliederung" eines Textes, damals z. B. auch von dessen Skelett, oder ab dem 16. Jahrhundert sogar von seiner Anatomie (Danneberg 2003). Außerdem unterschied man einen somatischen von einem spirituellen Sinn. Während der somatische Sinn den buchstäblichen Inhalt bezeichnet, ist es das Ziel der Exegese, den allegorischen, spirituellen Sinn freizulegen (Szondi 1975).

Während sich die chirurgischen Metaphern als Gewinn für die Exegese erwiesen, entwickelte sich die Übertragung medizinischer Metaphern auf Jesus Christus vor allem für die Medizin zum Problem. Das ursprünglich allegorische Verständnis des *Christus Medicus* wird im 5. Jahrhundert durch die realistische Deutung der *Sancti Medici*, der Heiligen Heiler abgelöst. Die asketischen Sancti Medici treten jetzt in offene Konkurrenz zu den weltlichen Ärzten und verdrängen sie weitgehend. Auch die medizinischen Schriften vollziehen ab dem 5. Jahrhundert eine Abkehr von der griechischen Viersäftelehre und eine Hinwendung zu magischen Heilverfahren und Klostermedizin (Lutterbach 1996). Hier muss außerdem Erwähnung finden, dass die Kirche ihre Machtposition, die aus dem realistisch interpretierten Monopol auf Heilung resultierte, für politische Zwecke instrumentalisierte. Das zeigt sich vor allem an der Übertragung medizinischer Metaphern auf den politischen Körper der christlichen Gemeinschaft.

Als sich die Katharer im 12. Jahrhundert gegen die hierarchischen Institutionen der katholischen Kirche auflehnen, wurden sie in der Metaphorik der Seuchenbekämpfung stigmatisiert (Moore 1976). Damit wurde die Lepra zum bevorzugten Bildspender für christliche Krankheitsmetaphern. Die unterschiedlichen Krankheiten, die damals unter dem Begriff „Lepra" zusammengefasst wurden, reichen von der Beulenpest bis hin zur Syphilis, die durch ihre sexuelle Übertragung geradezu sinnbildlich für die krankmachende Sünde steht. Das gemeinsame Merkmal dieser Krankheiten ist ihre hohe Ansteckungsgefahr, die die Kirchenväter ebenso für die häretischen Lehren der Katharer befürchteten. Im Zuge der metaphorischen Übertragung der Lepra auf die unchristlichen Lehren und Gelehrten, wurden allerdings auch die ganz unmetaphorischen Maßnahmen gegen Leprakranke auf sie angewendet. So wurden ihre Schriften verbrannt und in den außerhalb der Städte errichteten Leprosenhäusern fanden sich neben tatsächlich Erkrankten auch Häretiker, Homosexuelle und Juden wieder. Michel Foucault wird im 20. Jahrhundert in diesen Praktiken den Beginn der modernen Disziplinargesellschaft erkennen (Foucault 1969).

3 Gottes Apotheke und der Maschinenmensch

Zu Beginn der Neuzeit inspirieren zwei gegensätzliche metaphorische Felder die entstehenden Wissenschaften: das Bild des Organischen und das des Mechanischen. Der Alchimist Paracelsus entwirft ein organistisches Weltbild, in dem die ganze Natur als eine von Gott eingerichtete Apotheke aufgefasst wird (Pagel 1962). Der Arzt hat darin die Aufgabe, die von Gott gestifteten Signaturen zu erkennen, die von den Krankheitssymptomen zu deren Medizin führen (Bergengruen 2007). Damit inspiriert Paracelsus vor allem idealistische und empiristische Tendenzen in den entstehenden Wissenschaften. Sein organistisches Modell der ‚Lebenskraft' bleibt bis ins 18. Jahrhundert wirksam und wird für Heilmethoden wichtig, in denen Gesundheit durch eine gezielte Reizung der Lebenskraft hergestellt werden soll. Diese Methoden, die später großen Einfluss auf die Philosophie Nietzsches haben, könnte man heute am ehesten als Reizung der Abwehrkraft oder des Immunsystems verstehen.

Parallel dazu entwickeln mechanistische Metaphern große Wirkmacht vor allem auf die empiristische und rationalistische Theoriebildung. Sie kulminieren in Descartes' Modell des Maschinen-Menschen. Im Gegensatz zur Reizung der Lebenskraft artikuliert sich hier ein Konzept der Heilung, in dem der Krankheit ein kausaler Mechanismus entgegengesetzt wird. In Descartes' methodischen Zweifel kündigt sich zudem die erkenntnistheoretische Relevanz des Wahnsinns an, die er als Negativfolie des Vernunftbegriffs endgültig bei Kant erhalten wird (Derrida 1997 [1964]).

4 Die Kritik des gesunden Verstandes

In seiner vorkritischen Phase versucht Kant eine Ethik zu entwickeln, mit der man verbindliche moralische Vorschriften direkt aus der Vernunft ableiten kann. Er stellt sich also das Problem, einen Übergang von der Vernunft zur empirischen Welt des Handelns zu schaffen. Allerdings kann er mit keinem der konkurrierenden Vernunftbegriffe des Empirismus, Rationalismus oder Idealismus eine überzeugende Lösung für dieses Problem finden: Der Empirismus geht vom Weltlichen aus und kann von dort die geistige Sphäre moralischen Denkens nicht erfassen, Rationalismus und Idealismus gehen zwar vom Geistigen aus, schaffen es aber nicht, in die Welt menschlichen Handelns vorzudringen. Deshalb sieht Kant die Notwendigkeit, sich zunächst den Vernunftbegriffen zu widmen, bevor er sich der Ethik annehmen kann.

Interessanterweise kündigt er seine Vernunftkritik ca. 20 Jahre vor ihrer Veröffentlichung noch als „Kritik und Vorschrift des gesunden Verstandes" an (Kant 1977a, S. 914). Aber was genau meint er mit der ‚Vorschrift des gesunden Verstandes' und warum findet sich in der *Kritik der reinen Vernunft* kaum ein Wort mehr über Gesundheit?

In seinen frühen Texten, dem *Versuch über die Krankheiten des Kopfes* (1764) und in *Die Träume eines Geistersehers, erläutert durch die Träume der Metaphysik* (1766), stellt Kant verwundert fest, dass die Projektionstypen psychischer Störungen verblüffende Ähnlichkeit mit den Erkenntnisprinzipien von Rationalismus, Empirismus und Idealismus aufweisen (Rauer 2007). Gerade der Übergang von der Rationalität zur empirischen Welt, der Kant für seine Ethik interessiert, läuft in jeder der drei Erkenntnistheorien Gefahr, nur ein ‚Blendwerk', eine Projektion des Subjekts zu sein (Kant 1977c, S. 894). Der Empirismus ist demnach besonders anfällig für Projektionen vom Subjekt auf das Objekt, welche der Theorie der Halluzination (bei Kant: ‚Verrückung') entsprechen. Der Idealismus ist anfällig für Projektionen vom Subjekt auf das Subjekt, welche der Theorie der Bewusstseinsspaltung (‚Wahnwitz') entsprechen und der Rationalismus ist anfällig für Projektionen vom Subjekt auf Subjekt und Objekt, die der Theorie der Paranoia (‚Wahnsinn') entsprechen (Rauer 2007, S. 19). Hier kommt erstmalig in der Geschichte der Philosophie der Gedanke auf, die Vernunft selbst könne *krank* sein. Zumindest in ihrer damaligen historischen Form.

Kant folgt nun dem mechanistischen Modell der Heilung, diese Krankheiten der Vernunft mit Hilfe von Gegenmechanismen zu bekämpfen. Deshalb entwirft er drei Grundbegriffe der *Kritik der reinen Vernunft* – Amphibolie, Paralogismus und Antinomie – als exakte Negationen der drei psychologischen Projektionsmechanismen. Mit diesen Begriffen übersetzt Kant die psychologischen Subjekt-Objekt Relationen in grammatische und installiert einen präventiven Gegenmechanismus gegen die Anfälligkeit des Denkens für wahnhafte Projektionen. Damit vermittelt er nicht nur die unterschiedlichen Positionen in der Erkenntnistheorie, sondern versucht auch, die Vernunft bereits in ihren Grundbegriffen gegen den Wahnsinn zu immunisieren.

Es ist dabei kein Zufall, dass Kant seine Kritik im Zeitalter der Hygiene an die ‚reine' Vernunft richtet. Kant wendet sich von der psychologischen Beschäftigung mit den Geisteskrankheiten ab, weil eine Erkenntnis des pathologischen Unbewussten, wenn überhaupt, nur über Symbole vermittelt möglich ist. Es sind aber gerade die pathologischen ‚Symbole' und ‚vergesellschafteten Begriffe', die den gesunden Verstand affizieren und psychische Krankheiten im buchstäblichen Sinn *metaphorisch übertragen.* Er glaubt also, dass die Ansteckungsgefahr des Wahnsinns von den symbolischen Repräsentationen des pathologisch organisierten Unbewussten, den „dunklen Vorstellungen" ausgeht (Kant 1977b, S. 948).

Deshalb muss die Sprache der Vernunftkritik von allen medizinischen Metaphern und Heuristiken seiner vorkritischen Schriften gereinigt werden. Und genau aus diesem Grund ist auch in der Vernunftkritik keine Rede mehr von der Gesundheit des Verstandes.

Erst auf der Grundlage dieser Vernunftkritik kann Kant sich wieder seinem ethischen Grundproblem widmen und mit dem kategorischen Imperativ eine allgemein verbindliche Regel für das Handeln aus der Vernunft ableiten. In der *Kritik der praktischen Vernunft* unterscheidet er außerdem zwischen dem „moralischen Gefühl", das ebenfalls aus der Vernunft abgeleitet ist, und dem „pathologischen Gefühl", welches aus körperlichen Affekten hervorgeht. Mit der Ersetzung des griechischen Wortes *pathos*, welches gleichzeitig Krankheit und Leidenschaft bedeuten konnte, durch den relativ neuen medizinischen Ausdruck *pathologisch*, aktualisiert Kant den antiken Topos von der gesunden Vernunft und den krankmachenden Leidenschaften.

Kants doppelte Figur der *metaphorischen Übertragung* von psychischen Krankheiten und der mathematisch-modellhaften *Übersetzung* dieser Diagnose in eine Sprache der reinen Vernunft hat eine doppelte Konsequenz für die moderne Philosophie. Neben dem Begriff der pathologischen Projektionen wird auch die *Metapher als Medium der Übertragung* zu einem erkenntnistheoretischen – sogar ontologischen – Problem (Strub 1991). Mit seiner apriorischen Ableitung der Kategorien Raum und Zeit als Bedingungen der Möglichkeit von Erfahrung schafft Kant einerseits die Basis eines ‚gesunden Realitätsverständnisses', das bis in aktuelle Definitionen allgemeiner Psychopathologie von K. Jaspers und G. Huber die theoretische Grundlage der Psychiatrie bildet (Schäfer 2006). Andererseits skizziert er auch den Problemhorizont, vor dem sich erste Ansätze zur Herausbildung einer sprachskeptischen Ontologie entwickeln, die schließlich im modernen Begriff der Metapher als „kalkuliertem Kategorienfehler" münden sollten (Strub 1991, S. 488–489).

5 Die Krankheit der modernen Vernunft

Etwa hundert Jahre später verfolgt Nietzsche einen vollkommen konträren Ansatz: Anstatt jeden Anthropomorphismus zu vermeiden, tritt Nietzsche an, „sich der Analogie des Menschen zu Ende (zu) bedienen" (Nietzsche 1999b, S. 563). Nietzsche setzt sich intensiv mit den medizinischen Theorien seiner Zeit auseinander. Er nimmt zur Kenntnis, dass sich in der zweiten Hälfte des 19. Jahrhunderts ein Bruch in der Geschichte des Krankheitsbegriffs vollzogen hat, der ‚Krankheit' nicht mehr qualitativ, sondern nur noch quantitativ von ‚Gesundheit' unterschiedet. Krankheit wird damit zu einem normalen Prozess des Lebendigen. Gesundheit ist kein idealer Urzustand mehr, sondern nur durch die Überwindung von Krankheiten erreichbar. Darüber hinaus ist Nietzsche fasziniert vom physiologischen Prozessdenken, den elektrischen Übertragungen des Nervensystems, dem Stoffwechsel und dem Blutkreislauf. In diesen damals neuen physiologischen Entdeckungen offenbaren sich Prozesse, deren zirkuläre Ökonomien Kants scheinbar so klare Gegenüberstellung von Vernunft und Krankheit durchkreuzen. Nach seinen medizinischen Recherchen konzipiert Nietzsche die Entstehung der Sprache als neurophysiologische Übertragung eines „Nervenreizes" in ein „Bild" und einen „Laut" (Nietzsche 1999a, S. 879). Das Ergebnis dieser Übertragungen ist jeweils eine Metapher, die wie der Nervenreiz ohne eine darunterliegende Logik von einer Sphäre zur nächsten springt. Das Überspringen der Kategorien vom Denken zum Handeln, oder vom Körper zum Text, das Kant noch als Kontagium der Sprache deklariert hatte, wird hier zu ihrem physiologischen Grundprinzip erklärt.

Das Konzept des Leibes verschmilzt so mit dem Konzept der Sprache bis zur Ununterscheidbarkeit; körperliche organische Prozesse der Selbstregulierung müssen gleich als „Interpretationen" sprachlich gefasst werden (Nietzsche 1999c, S. 139–140). Jede Bewegung des Organischen, also auch das menschliche Verhalten und das Denken sind aus dieser Perspektive betrachtet „Symptome" und „Zeichen" eines psycho-physischen Geschehens (Nietzsche 1999c, S. 16–17). Diese Symptome können nicht mehr kategorial unter Gesund/Krank-, Wahr/Falsch-, Begriff/Metapher-Unterscheidungen subsumiert werden, sondern müssen im Prozess zwischen den jeweiligen Kristallisationen gedacht werden. Erst das Erstarren der Metapher im konventionellen Begriff beendet den ‚lebendigen' Akt des schöpferischen Sprachkörpers und seiner literalen Körpersprache.

Die „Krankheit der Sprache" und damit der modernen Vernunft besteht für Nietzsche deswegen im „Wahnsinn der allgemeinen Begriffe" (Nietzsche 1999e, S. 455). Die Definition eines Begriffes stoppt demnach den lebendigen Prozess der Interpretation, den Nietzsche auch als ‚Einverleibung' bezeichnet. Bis in seine späten Schriften ist der Versuch erkennbar, die feststellenden Begriffsgebäude der Philosophie metaphorisch zu verflüssigen und medizinische Denkfiguren immer detaillierter zu präzisieren. Dabei erhält der Philosoph die Aufgabe, als „Arzt der Kultur" aufzutreten und zur Überwindung der von Nietzsche diagnostizierten historischen und moralischen Krankheiten beizutragen. Gleich in seiner ersten philosophischen Diagnose der „historischen Krankheit" rechnet er mit der akademischen Philologie ab und *verschreibt* der vom Historismus dominierten Philosophie einen medizinischen *Perspektivwechsel:* eine „Gesundheitslehre des Lebens" soll „neben die Wissenschaften" gestellt werden (Nietzsche 1999e, S. 329).

Bevor sich diese Diagnose im 20. Jahrhundert auf zwei völlig unterschiedliche Weisen realisieren sollte, von denen sich in letzter Konsequenz weder die Psychoanalyse noch die Rassenhygiene sinnvoll auf Nietzsche berufen kann, bastelt Nietzsche am neuen Typus eines modern-antiken Philosophenarztes, der die ‚Symptome' seiner jeweiligen Gegenwart ‚diagnostiziert' und philosophische ‚Therapien', ‚Stimulanzen' und ‚Reizmittel' an diese Diagnosen anpassen soll (Pasely 1978).

Für Nietzsche erfüllen alle „morbiden Zustände" die Funktion eines „Vergrößerungsglas[es]" für Phänomene, „die normal aber als normal schlecht sichtbar sind" (Nietzsche 1999d, S. 250). Dieselbe Funktion kann der Metapher auf sprachlicher Ebene zugesprochen werden, weil sie mit dem innovativen Effekt des Perspektivwechsels kategorienübergreifende Einsichten unterstützt und Kontexte variiert. Damit wird Kants Einschätzung der Metapher als Medium der Übertragung psychischer Verrückung und Verwirrung unter umgekehrten Vorzeichen wiederholt. Während Kant die Sprache im Paradigma der Hygiene von ihren potentiell kontagiösen Elementen kategorialer Verrückung mit Gegenmechanismen zu reinigen versucht, setzt Nietzsche kalkuliert dieselben Elemente als Stimulanzien gegen eine Vernunftkonzeption ein, deren mathematischer Präzisionswille das *Leben* zu lähmen droht.

6 Vernunft als Therapie und Krankheit: Kritische Reflexionen

Dieser stark verkürzende historische Abriss sollte verdeutlichen, dass sich die Vernunftbegriffe der europäischen Philosophie seit der Antike in einem unterschwelligen Verweisungszusammenhang auf die Gesund/Krank-Differenz entwickelten. Die antike Analogie von der *Philosophie als Medizin der Seele* wurde zu ganzen Feldern medizinischer Metaphern ausgebaut und als autorenübergreifender Topos tradiert. Anhand der Akzeptanz oder Ablehnung bestimmter Metaphern und Analogien ließ sich sogar rekonstruieren, ob ihre Verwendung in erster Linie auf Erkenntnisgewinn, oder auf Machtakkumulation und -erhaltung abzielte. Vor allem die chirurgischen Metaphern, die seit den Epikureern vermehrt Verwendung fanden, erwiesen sich als anfällig für paternalistische und stigmatisierende Effekte.

Mit der Entstehung der Psychologie und ihrer Beschäftigung mit dem Wahnsinn wurde die *Rhetorik der gesunden Vernunft* durch das Aufkommen der Metapher einer *kranken Vernunft* erschüttert. Sie wird zunächst bei Kant implizit heuristisch genutzt, dann bei Nietzsche als prozessuales Moment der gegenseitigen Durchdringung von Leib und Sprache expliziert. Beide Autoren beziehen sich dabei auf unterschiedliche Modelle der Heilung. Kant setzt im Zeitalter der

Hygiene auf ein mechanistisches Modell, das der diagnostizierten Krankheit der Vernunft einen *begrifflichen Gegenmechanismus* entgegensetzt. Das Kant die Anti-Projektions-Mechanismen in die allgemeinen Begriffe der Vernunft einbringt, geht mit einem gewissen Paternalismus und einem passiven ‚Patientenverhalten' einher. Denn alle Menschen, welche die Vernunft in dieser Form gebrauchen, sollen ohne weiteres Zutun gegen den Wahnsinn immun sein. Je weniger sie von diesen Mechanismen wissen, desto besser sind sie sogar immunisiert.

Im Zeitalter der Nervosität löst Nietzsche die starre Gegenüberstellung von Vernunft und Krankheit neurophysiologisch auf und versucht, dem organistischen Modell der *Reizung der Lebenskraft* folgend, die ‚große Vernunft des Leibes' durch metaphorische Irritationen zu stimulieren und zu steigern. Im Gegensatz zu Kants Paternalismus der allgemeinen Begriffe setzt Nietzsche vielmehr auf die individuelle Antwort auf eine Krankheit. Er fordert eine aktive Interpretation und Antwort des ‚Patienten' auf die ‚Krankheit'. Sein Denken weist eher in die Richtung eines salutogenetischen Gesundheitsverständnisses, welches auf das ‚Coping' abzielt, also auf die individuelle Fähigkeit des Organismus, auf Krankheiten zu reagieren.

Von beiden Autoren lassen sich Traditionslinien in die jüngere Geschichte der Philosophie zeichnen, die auch hinsichtlich ihrer Verständnisse von Gesundheit und Modelle von Heilung konsistent erscheinen. Von Nietzsche führt eine Linie über Sigmund Freud und Ludwig Wittgenstein zu den Autoren der französischen Postmoderne und der Systemtheorie. Derrida setzt Wittgensteins „Selbstheilung philosophischer Denkkrankheiten" fort (Nohr 2015, S. 303 ff.), indem er seine Philosophiekritik in den Diagnosen des Anthropo-, Logo- und Ethnozentrismus artikuliert und mit der Affirmation viraler und psychoanalytischer Metaphern begegnet. Damit soll der logozentristische Wahrheitsdiskus irritiert werden, indem der Unterschied von Begriff und Metapher insgesamt in Frage gestellt wird.

Von Kant führt eine andere Linie über Karl Jaspers und Viktor v. Weizsäcker zu Jürgen Habermas. Habermas' Diskursethik setzt den *kranken* Kontexten einer „kapitalistisch überformten" und „kolonialisierten Lebenswelt" die *therapeutische* Wirksamkeit der „idealen Sprechersituation" und ihrer Begriffssprache entgegen (Habermas 1981, S. 539 ff.).

Neben diesen impliziten, oft versteckten, metapherngeschichtlichen Importen medizinischer Denkfiguren in die Philosophie, bezeugt die klassische Begriffsgeschichte den philosophischen Begriffsexport. So bildeten sich allein in der zweiten Hälfte des 20. Jahrhunderts eine Vielzahl theoretischer Ansätze heraus, die funktionalistische, normative und systemtheoretische Krankheitsbegriffe umfassen und sozialwissenschaftliche, psychosomatische sowie salutogenetische Forschungen beinhalten. Die im Nachkriegseuropa vor allem von Georges Canguilhem, Karl Jaspers und Ivan Illich, in den USA von Christopher Boorse,

Talcott Parsons und Aaron Antonovsky geführte philosophische Diskussion um den Krankheitsbegriff behandelte im Wesentlichen Themen der Subjektivität/Objektivität und Normativität/Deskriptivität des Krankheitsbegriffs sowie die Relationierung seiner somatischen, psychischen und sozialen Dimensionen (Lanzerath 2000). Es scheint, dass sogar die Erkenntnistheorien der Moderne nicht ohne Krankheitsmetaphern auskommen und ihre Rationalitätskonzepte erst vor dem Hintergrund der zeitgenössischen Medizindiskurse verständlich werden.

Jenseits der Arbeit am Begriff ist die Metapher in den letzten Jahrzehnten immer stärker in den Fokus philosophischer Aufmerksamkeit gerückt, wobei sowohl Metapherntheorien (Rolf 2011) als auch Metapherngeschichten (Kroß & Zill 2011) eine Konjunktur verzeichnen konnten. Betrachtet man vor diesem Hintergrund die jüngsten Versuche von Medizinern und Philosophen, eine sowohl praktikable, theoretisch konsistente und ethisch vertretbare Definition von Krankheit zu erarbeiten, wird die Differenz von Krankheitsbegriff und -metapher insgesamt problematisch. Der aktuell gebräuchliche, systemtheoretische Krankheitsbegriff bezieht sich beispielsweise gar nicht mehr auf Lebewesen, sondern auf die Kopplung bio-psycho-sozialer Systeme (Uexküll & Wesiack 1991). Die Bindestriche in diesem Begriff übernehmen dabei gewissermaßen die Funktion der Metapher: den Sprung über Kategoriengrenzen.

Wenn Metaphern in den Wissenschaften grundsätzlich keinen guten Ruf genießen, gilt dies insbesondere für Krankheitsmetaphern (Sontag 2003). Zuletzt ist ihre Bedeutung für die pseudo-medizinische Legitimation und Durchführung des Holocaust umfangreich erforscht worden (Sarasin 2007). Mit dem Paradigmenwechsel von der Hygiene zur Bakteriologie wurden Krankheiten demnach nicht mehr auf äußere Umstände, sondern auf labortechnisch identifizierbare Pathogene zurückgeführt. Diese medizinische *Visualisierung des Feindes,* welche Robert Koch durch die Markierung von Gewebeschnitten mit Anilinfarbe entscheidend voranbrachte, bot zusammen mit der monokausalen Erklärung von Krankheiten große metaphorische Anschlussflächen für die politischen Diskurse, die sich seit dem 19. Jahrhundert mehr und mehr mit der „Sicherung des Lebens" beschäftigten (Sarasin 2007, S. 427–428). Dabei ergänzte und befeuerte sich die *politische Metaphorik der Mediziner* mit der *medizinischen Metaphorik der Politiker.* Während Koch die „Einwanderung der Bazillen" in den menschlichen Körper zur Invasion der „Zerstörer der Menschheit" stilisierte (Koch 1912 [1882], S. 429), die es mit allen monetären, technischen und industriellen Mitteln der neuen Medizin zu „bekämpfen" gelte, wurden die Begriffe ‚Bakterium' und ‚Bazille' in politischen Diskursen zunächst metaphorisch auf Migranten aus dem Osten angewendet, bis später das Bild vom Juden als ‚Bazille im arischen Volkskörper' zum Instrument faschistischer Propaganda avancierte.

Stärker noch als im so genannten ‚Sozialdarwinismus', in welchem der Kampf zwischen den Rassen und Kulturen im Hinblick auf eine Vervollkommnung und Verbesserung für die Zukunft perspektiviert wurde, zielt die Bildsprache der Bakteriologie auf eine vollkommen apokalyptische Form gegenseitiger Auslöschung, deren national-sozialistische Durchführung nicht zufällig mit der Sichtbarmachung der Juden per gelbem Davidstern beginnen sollte (Broszat 1977).

Aber nicht erst die Geschichte des Holocaust belegt, dass gerade ontologisierende Krankheitsbegriffe wie der bakteriologische sich als effektives Mittel erweisen, politische Gegner bis zur Ermordung zu verfolgen. Von den christlichen Glaubens-kämpfen und dem amerikanischen Bürgerkrieg (Cartwright 1851) über den Genozid der Türken an den Armeniern von 1916 (Kieser & Schaller 2002) bis zu den sogenannten *Säuberungswellen* in der Sowjetunion (Weiss 2005) führt die Spur medizinischer Metaphern in den biopolitischen Legitimationsdiskursen zum Genozid.

Vor dem Hintergrund politisch-medizinischer Metaphorik zeigt ein Blick auf die COVID-19-Pandemie, dass Krankheiten immer noch mit Kriegsrhetorik beschrieben werden. Emmanuel Macron wiederholte den Satz: „Wir sind im Krieg" in seiner Rede an die Nation gleich sechs Mal. Donald Trump bezeichnete sich als „Kriegspräsident" und rief auf seiner täglichen Pressekonferenz erneut den „Kampf" gegen einen „unsichtbaren Feind" aus, während sich die Ärztinnen und Ärzte im italienischen Bergamo als „Soldatinnen" an der „vordersten Front" begriffen. So scheint es, als könnten durch die Jahrhunderte hinweg weder Philosophie noch Politik der Versuchung widerstehen, an medizinische Diskurse anzuschließen. Dies mag daran liegen, dass Gesundheit ein derart verbindendes Element ist: Die Notwendigkeit für Gesundheit erschließt sich jedem Menschen unmittelbar. In dieser unmittelbaren Notwendigkeit liegt jedoch nicht nur die große Anziehungskraft medizinischer Denkfiguren begründet, sondern auch ihr potentieller Missbrauch. Es bleibt zu hoffen, dass sich insbesondere die Politik hier ihrer Verantwortung bewusst ist.

Literatur

Aristoteles (1962): „Eudemische Ethik". In: *Werke in deutscher Übersetzung*, Bd. 7 (Ernst Grumach und Hellmut Flashar, Hrsg.). Berlin: Akademie-Verlag.

Bergengruen, Maximilian (2007): *Nachfolge Christi – Nachahmung der Natur.* Hamburg: Meiner.

Broszat, Martin (1977): „Hitler und die Genesis der Endlösung". In: *Vierteljahrshefte für Zeitgeschichte* 25, S. 739–775.

Cartwright, Samuel (1851): „Report of Diseases and Physical Peculiarities of the Negro Race". In: *The New Orleans Medical Journal* May 1851, S. 318–325.

Cicero (1997): *Tusculanae disputationes = Gespräche in Tusculum*, Bd. 4. Stuttgart: Reclam.
Danneberg, Lutz (2003): *Anatomie des Text-Körpers und des Natur-Körpers*. Berlin & New York: De Gruyter.
Demokrit (1989): *Demokrit. Texte zu seiner Philosophie* (Rudolf Löbl, Hrsg.). Amsterdam: Rodopi.
Derrida, Jacques (1997 [1964]): „Cogito und die Geschichte des Wahnsinns". In: Jaques Derrida (Hrsg.): *Die Schrift und die Differenz*. Frankfurt am Main: Suhrkamp, S. 53–101.
Erler, Michael (2004): „Sokrates in der Höhle – Argumente als Affekttherapie im ‚Gorgias' und im ‚Phaidon'". In: M. v. Ackeren (Hrsg.): *Platon verstehen*. Darmstadt: wbg Academic, S. 57–68.
Foucault, Michel (1969): *Wahnsinn und Gesellschaft*. Frankfurt am Main: Suhrkamp.
Habermas, Jürgen (1981): *Theorie des kommunikativen Handelns*. Frankfurt am Main: Suhrkamp.
Harnack, Alfred von (1892): *Medicinisches aus der ältesten Kirchengeschichte*. Leipzig: Hinrichs.
Homer (2002): *Ilias*. München: dtv.
Kant, Immanuel (1977a): „Nachricht von der Einrichtung seiner Vorlesungen in den Winterhalbjahren von 1765–66". In: *Werkausgabe in 12 Bänden*, Bd. 2.2 (Wilhelm Weischedel, Hrsg.). Frankfurt am Main: Suhrkamp, S. 907–914.
Kant, Immanuel (1977b): „Träume eines Geistersehers, erläutert durch die Träume der Metaphysik". In: *Werkausgabe in 12 Bänden*, Bd. 2.2 (Wilhelm Weischedel, Hrsg.). Frankfurt am Main: Suhrkamp, S. 923–989.
Kant, Immanuel (1977c): „Versuch über die Krankheiten des Kopfes". In: *Werkausgabe in 12 Bänden*, Bd. 2.2 (Wilhelm Weischedel, Hrsg.). Frankfurt am Main: Suhrkamp, S. 887–901.
Kieser, Hans-Lukas/Schaller, Dominik (Hrsg.) (2002): *Der Völkermord an den Armeniern und die Shoa/The Armenian Genocide and the Shoa*. Zürich: Chronos.
Koch, Robert (1912 [1882]): „Die Ätiologie der Tuberkulose". In: *Gesammelte Werke*, Bd. 1 (J. Schwalbe, Hrsg.). Leipzig: Georg Thieme, S. 428–444.
Kroß, Matthias/Zill, Rüdiger (Hrsg.) (2011): *Metapherngeschichten. Perspektiven einer Theorie der Unbegrifflichkeit*. Berlin: Parerga.
Lanzerath, Dirk (2000): *Krankheit und ärztliches Handeln. Zur Funktion des Krankheitsbegriffs in der medizinischen Ethik*. Freiburg & München: Karl Alber.
Lutterbach, Hubertus (1996): „Der Christus medicus und die Sancti medici". In: *Saeculum* 47, S. 239–281.
Moore, Richard Irving (1976): „Heresy As Disease". In: Willem Lourdaux/Daniël Verhelst (Hrsg.): *The Concept Of Heresy In Middle Ages (11th–13th c.)*. Leuven: University Press, S. 1–11.
Nietzsche, Friedrich (1999a): „Nachgelassene Fragmente 1869–1874". In: *Sämtliche Werke. Kritische Studienausgabe in 15 Bänden*, Bd. 7 (Giorgio Colli/Mazzino Montinari, Hrsg.). München: De Gruyter.
Nietzsche, Friedrich (1999b): „Nachgelassene Fragmente 1884–1885". In: *Sämtliche Werke. Kritische Studienausgabe in 15 Bänden*, Bd. 11 (Giorgio Colli/Mazzino Montinari, Hrsg.). München: De Gruyter.

Nietzsche, Friedrich (1999c): „Nachgelassene Fragmente 1885–1887". In: *Sämtliche Werke. Kritische Studienausgabe in 15 Bänden*, Bd. 12 (Giorgio Colli/Mazzino Montinari, Hrsg.). München: De Gruyter.
Nietzsche, Friedrich (1999d): „Nachgelassene Fragmente 1887–1889". In: *Sämtliche Werke. Kritische Studienausgabe in 15 Bänden*, Bd. 13 (Giorgio Colli/Mazzino Montinari, Hrsg.). München: De Gruyter.
Nietzsche, Friedrich (1999e): „Unzeitgemäße Betrachtungen". In: *Sämtliche Werke. Kritische Studienausgabe in 15 Bänden*, Bd. 1 (Giorgio Colli/Mazzino Montinari, Hrsg.). München: De Gruyter.
Nohr, Olaf (2015): *Vernunft als Therapie und Krankheit*. Berlin: Logos.
Pagel, Walter (1962): *Das medizinische Weltbild des Paracelsus*. Wiesbaden: Franz Steiner.
Pasely, Malcom (1978): „Nietzsches Use of Medical Terms". In: Malcom Pasely (Hrsg.): *Nietzsche. Imagery and Thought. A Collection of Essays*. London: Methuen, S. 123–158.
Philodemus (1998): *On Frank Criticism*. Atlanta: Scholars Press.
Platon (1980): *Sämtliche Werke* (Ernesto Grassi/Walter Hess, Hrsg.). Hamburg: Rowohlt.
Rauer, Christoph (2007): *Wahn und Wahrheit*. Berlin: Akademie-Verlag.
Rolf, Eckard (2011): *Metaphertheorien. Typologie – Darstellung – Bibliographie*. Berlin & Boston: De Gruyter.
Sarasin, Phillip (2007): „Die Visualisierung des Feindes. Über metaphorische Technologien der frühen Bakteriologie". In: Phillip Sarasin (Hrsg.): *Bakteriologie und Moderne. Studien zur Biopolitik des Unsichtbaren 1870–1920*. Frankfurt am Main: Suhrkamp, S. 427–461.
Schäfer, Axenia (2006): *Das Kantische Subjekt in der Psychopathologie*. Marburg: Tectum.
Schmitz, Hermann (1965): *Der Leib*. Bonn: Bouvier.
Sontag, Susan (2003): *Krankheit als Metapher & AIDS und seine Metaphern*. München: Hanser.
Strub, Christian (1991): *Kalkulierte Absurditäten. Versuch einer historisch reflektierten sprachanalytischen Metaphorologie*. Freiburg im Breisgau: Karl Alber.
Szondi, Peter (1975): *Einführung in die literarische Hermeneutik*. Frankfurt am Main: Suhrkamp.
Uexküll, Thore von/Wesiack, Wolfgang (1991): *Theorie der Humanmedizin*. München, Wien & Baltimore: Urban & Schwarzenberg.
Weiss, Daniel (2005): „Ungeziefer, Aas und Müll. Feindbilder in der Sowjetpropaganda". In: *Österreichische Zeitschrift für Geschichtswissenschaften* 16(3), S. 109–122.

Philip van der Eijk

Gesundheit, Lebensstil und Verantwortung: Historische Wurzeln und gegenwärtige Perspektiven

Abstract: *Health, Lifestyle and Responsibility: Historical Roots and Current Perspectives.* The question to what extent health and disease are matters of individual and collective human responsibility was first raised and systematically discussed in ancient Greek medicine and philosophy in the 5th and 4th century BCE. This chapter discusses the consequences of these discussions for the definition of the aims and methods of the medical art, in particular the preservation and enhancement of health and the prevention of disease through lifestyle-related prophylactic and therapeutic measures. It also considers some of the implications of these ancient discussions for today's theory and practice of preventative and lifestyle-related medicine.

1 Einleitung

Im Januar 2015 publizierte der angesehene amerikanische Krebsforscher Bert Vogelstein von der Johns Hopkins University in Baltimore zusammen mit dem Mathematiker Cristian Tomasetti in der Zeitschrift *Science* einen vieldiskutierten Aufsatz über den sogenannten Pechfaktor bei der Entstehung von Krebserkran-

Anmerkung: Die in diesem Aufsatz behandelte Thematik wurde in unterschiedlichen Versionen an der *Berlin-Brandenburgischen Akademie der Wissenschaften*, dem *Berliner Medizinhistorischen Museum der Charité* sowie an mehreren Universitäten und Akademien in Deutschland, den USA, China, Taiwan und Japan mündlich vorgetragen und hat von den Fragen und Anregungen der jeweiligen Zuhörer sehr profitiert. Der Aufsatz entwickelt Gedanken, die ansatzmäßig bereits zuvor skizziert wurden (van der Eijk 2011, 2013). Eine erweiterte Version, die ausführlicher die kulturhistorischen Rahmenbedingungen der beschriebenen Veränderungen im medizinischen Denken in der Antike berücksichtigt und auch das Verhältnis zwischen der Medizin und dem Heilkult des Asklepios behandelt, erscheint demnächst in englischer und chinesischer Sprache im *Museum Sinicum* (van der Eijk 2021). Der Autor dankt dem *Einstein Center Chronoi* für die finanzielle Unterstützung der Forschungsarbeit, aus der dieser Aufsatz hervorgegangen ist.

Philip van der Eijk, Interdisziplinäre Arbeitsgruppe „Zukunft der Medizin: Gesundheit für alle", Berlin-Brandenburgische Akademie der Wissenschaften; Institut für Klassische Philologie, Humboldt-Universität zu Berlin kungen (Tomasetti & Vogelstein 2015). Vogelstein und Tomasetti schätzten, dass das lebenslange Risiko für die Entwicklung eines Tumors zu ungefähr 65 % auf Fehlern der DNA beruht, die zufällig entstehen und zu Krebs führen können.

Diese Publikation rief in der Öffentlichkeit einen Sturm von Reaktionen hervor. In den Schlagzeilen der Zeitungen hieß es, wissenschaftlich sei jetzt nachgewiesen, dass es hauptsächlich eine Frage von Pech oder Glück sei, ob man eine Krebserkrankung entwickelt oder nicht. Es sei also egal, ob man gesund oder ungesund lebt, ob man regelmäßig zur ärztlichen Vorsorgeuntersuchung geht oder nicht, kurz gesagt: Es sei also unabhängig davon, wie verantwortlich oder unverantwortlich man mit seiner Gesundheit umgeht.

Ein Jahr später aber haben Tumorbiologen der *Stony Brook University New York* Vogelsteins Hypothese weitgehend korrigiert: Durch eine neue statistische Auswertung derselben Daten gelangten sie zu der Schlussfolgerung, dass tatsächlich weniger als ein Drittel der Krebsfälle dieser Art von Pech zuzuschreiben ist und dass eine gesunde Lebensführung und Umwelt durchaus die Wahrscheinlichkeit von Krebs erheblich reduzieren (Wu et al. 2015).

Wie es möglich sein kann, dass wissenschaftliche Untersuchungen identischer Datensätze zu derart unterschiedlichen Ergebnissen kommen, ist an sich eine interessante Frage – und tatsächlich ist die Debatte um Vogelstein und Tomasettis *Bad Luck Theory* noch weitergegangen. Mir geht es in dem vorliegenden Aufsatz aber um die etwas allgemeinere Frage, inwieweit Gesundheit und Krankheit – und das gilt nicht nur für Krebserkrankungen, sondern für sehr viele Krankheiten – eine Frage von Glück oder Pech sind und dem Zufall – manche würden sagen: dem Schicksal – zuzuschreiben sind oder ob sie auf Faktoren zurückgehen, die grundsätzlich innerhalb menschlicher Kontrolle liegen. Anders gesagt: Bis zu welchem Ausmaß sind Gesundheit und Lebensqualität ‚machbar', d. h. kontrollierbar? Welches Potenzial für die Eigenleistung des Menschen bzw. des potenziellen Patienten gibt es hier und wie kann man dazu beitragen, dass dieses Potenzial optimal genutzt wird? Etwas schärfer und provokanter formuliert: Inwieweit sind wir für unsere Gesundheit verantwortlich – sowohl individuell als auch als Kollektiv – und für die Gesundheit unserer Kinder oder die Gesundheit anderer Mitglieder unserer Gesellschaft? Diese Fragen sind wesentlich für unser Nachdenken über Gesundheit und Lebensqualität, Krankheitsvorbeugung und Altersvorsorge, aber auch für die Gesundheitspolitik, für die Organisation des Gesundheitssystems und für Krankenversicherungen. Man muss nur an die riesigen Gesundheitsprobleme denken, die es in unserer heutigen Gesellschaft wegen der sogenannten verhaltensbedingten Erkrankungen (*lifestyle related illnesses*) zu bewältigen gibt, wie etwa gewisse Formen von Adipositas oder Diabetes mellitus.

Die Reflexion dieser Fragen ist nicht neu, sie hat vielmehr eine lange Geschichte. In diesem Aufsatz möchte ich zu den Wurzeln dieses Denkens zurückgehen, ja zu den Wurzeln unserer medizinischen Wissenschaft, nämlich zum antiken Denken über Gesundheit von Leib und Seele. Denn die grundsätzliche Frage nach der Machbarkeit von Gesundheit und der Mitverantwortlichkeit für Gesundheit wurde zum ersten Mal im griechisch-römischen Altertum gestellt: von Ärzten wie Hippokrates von Kos (460 – 370 v. Chr.), Diokles von Karystos (4. Jh. v. Chr.) und Galen von Pergamon (129 – 216 n. Chr.), und von Philosophen wie Aristoteles (384 – 322 v. Chr.) und Platon (428 – 348 v. Chr.). Zusammen bildeten sie die Grundlagen der medizinischen Wissenschaft, wie wir sie heute kennen: Sie haben die Entwicklung der westlichen Medizin ganz entscheidend geprägt.

2 Das Gesundheitsverständnis der antiken Medizin

Die antiken griechischen Ärzte und Philosophen haben zu ihrer Zeit große Veränderungen im Denken über Gesundheit ausgelöst. Denn sie wehrten sich gegen eine ältere Auffassung, die vor ihrer Zeit, im archaischen griechischen moralischen Denken (der Zeit von Homer, um 700 v. Chr.), aber auch im antiken Mesopotamien und Ägypten weit verbreitet war. Nach dieser älteren Auffassung ist Gesundheit eines der sogenannten ‚äußeren Güter', also vergleichbar mit adliger Herkunft, vererbtem Reichtum, Ansehen und körperlicher Kraft und Schönheit. Gesundheit wird hier als ein von der Natur gegebenes Gut betrachtet, das man von Geburt oder zufällig, vielleicht auch von den Göttern geschenkt bekommen hat, das man aber einfach zu akzeptieren hat und worüber man selbst keinerlei Kontrolle hat.

Gegen diese Auffassung wehrte sich die antike medizinische Forschung, die sich im Laufe des 5. Jahrhunderts v. Chr. entwickelte und deren Anfänge meist mit dem Namen des Hippokrates von Kos verbunden werden (obwohl es in Wirklichkeit um eine größere Gruppe von Ärzten ging, die nicht notwendig alle Schüler des Hippokrates gewesen sind, sondern auch selbständig gearbeitet haben).[1] Die hier aufkeimende medizinische Forschung suchte die Ursachen von Gesundheit und Krankheit im menschlichen Körper selbst, in der Natur und im Verhältnis

1 Für eine Gesamtdarstellung der medizinischen Ansichten und Praktiken, die in der Sammlung der Schriften, die unter dem Namen des Hippokrates überliefert ist, belegt sind: Flashar 2016. Zur Frage nach dem Verhältnis zwischen diesen Schriften und dem historischen Hippokrates: van der Eijk 2016.

zwischen Menschen und Umwelt. Der Begriff ‚Gesundheit' gewann an Bedeutung; und das Wort *hygieia* (ὑγίεια), das bisher nur sehr selten in griechischen Texten auftauchte – und dann vorwiegend im Sinne von körperlicher Kraft – nahm in den medizinischen Texten eine zentrale Bedeutung an. Die antike Medizin bemühte sich aktiv darum, die Gesundheit durch eine bestimmte Lebensführung (vor allem durch Ernährung und Bewegung) und mit natürlichen und menschlichen Mitteln zu fördern, Krankheiten vorzubeugen und eine möglichst hohe Lebensqualität zu schaffen. Sie entwickelte den Gedanken, dass der Mensch seine eigene Gesundheit – und zugleich die der sozialen Verbände, in denen er lebt – bis zu einem erheblichen Grad mitbestimmen kann und dafür auch Verantwortung zu übernehmen hat.

Die Gesundheit wurde somit als ein grundsätzlich erreichbarer Zustand betrachtet, als etwas, wofür man sich selbst einsetzen kann, wofür man sich auch anstrengen kann und worum man kämpfen muss, wenn nötig mit Hilfe eines Experten, eines Arztes.

In dieser Vorstellung ging es nicht einfach darum, von Krankheit geheilt zu werden: Aufgabe der Medizin, d. h. Aufgabe des Arztes *und* des Patienten, war es nach den antiken Vorstellungen auch, Krankheit durch eine gesunde Lebensführung vorzubeugen. Aufgabe der Medizin war es zudem, Hilfe zu bieten, wenn Menschen an einer unheilbaren chronischen Erkrankung leiden und ihnen trotz Beschränkungen und Behinderungen eine möglichst hohe Lebensqualität zu gewährleisten: dies äußerte sich in dem berühmten hippokratischen Kernsatz „helfen, oder (zumindest) nicht schaden" (van der Eijk 2005, S. 101–118).[2]

So entwickelte sich in der griechischen Medizin der Gedanke, dass es für jeden Menschen wichtig ist, bewusst und verantwortlich mit dem eigenen Körper umzugehen, mit seinen Möglichkeiten und seiner Gebrechlichkeit, mit seinem Potenzial zum Genießen und mit seiner Empfindlichkeit und Verletzbarkeit. Zu dieser Mitverantwortlichkeit für den Körper gehörte eben auch, dass man medizinische Hilfe sucht, wenn man sie braucht.[3] Zum einen, indem man Krankheiten, von denen man meint, dass sie durch gewisse Angewohnheiten verursacht wer-

---

2 Die unter dem Namen von Hippokrates überlieferten medizinischen Schriften sind in Bezug auf diesen Punkt nicht gleichlautend. Die dominierende Tendenz ist aber, dass der Arzt auch in Fällen von unheilbarer Erkrankung helfen soll. Die Auffassung, dass man Patienten mit unheilbarer Krankheit am besten nicht behandelt – die sogenannte ‚Unterlassung medizinischer Hilfeleistung' – findet man in diesen Texten nur sporadisch. Platons diesbezügliche Aussagen in der *Politeia* betreffen ganz spezifisch die übertriebenen diätetischen Behandlungsmethoden eines gewissen Herodikos, nicht aber die Medizin, die er mit Asklepios assoziiert.

3 Zu dieser ‚quest for health', und zum Asklepioskult als eine alternative Antwort auf diese Suche: van der Eijk 2021).

den, durch eine gesunde Lebensführung und medizinische Beratung vorzubeugen versucht. Zum anderen, indem man durch eine gesunde Lebensführung den Körper widerstandsfähig (*resilient*) macht und auf Situationen vorbereitet, in denen man eine größere medizinische Behandlung überstehen muss. Zum dritten gehörte dazu auch, dass man im Fall einer bereits eingetretenen Krankheit aktiv nach Heilung sucht und an der Behandlung mitwirkt. Der Wille und die Motivation des Patienten, geheilt zu werden, galten als entscheidende Voraussetzungen. Das ist gar nicht so selbstverständlich, wie es zunächst scheint. Heilung setzt Anstrengung und Kampf voraus: einen Kampf gegen die Macht der Erkrankung, gegen die Schwäche des Willens und gegen Unglauben und Verzweiflung des Patienten. In einem antiken medizinischen Text heißt es, dass Arzt und Patient gemeinsam der Krankheit widerstehen müssen und dass sich beide in einem Kampf befinden, der mit Anstrengung und Mühe einhergeht (Hippokrates, „Epidemien", I.11, Müri 1986 [1938], S. 10 – 11).

Dies sind die zentralen Grundsätze des antiken medizinischen Denkens, wie es im 5. und 4. Jahrhundert v. Chr. von Hippokrates und von anderen Ärzten entwickelt wurde. Um sie besser zu verstehen, sei auf zwei weitere wichtige Komponenten hingewiesen.

Die erste ist die Ätiologie, das Interesse an Ursachenforschung. Wie gesagt suchte die antike medizinische Forschung die Ursachen von Gesundheit und Krankheit im menschlichen Körper selbst, in der natürlichen Welt und im Verhältnis zwischen Menschen und Umwelt. Dazu entwickelte sie einen äußerst raffinierten Kausalitätsbegriff, in dem unterschiedliche Arten der Verursachung bestimmt wurden: innere und äußere Ursache, Hauptursache und Nebenursache, Voraussetzung, Ermöglichung, *conditio sine qua non*, vorhergehende Ursache, strukturelle Ursache, Begleiterscheinung, Symptom, Katalysator, Hauptwirkung, Nebenwirkung usw.[4] Dieses Interesse an Ursachen hatte die griechische Medizin gemeinsam mit anderen Bereichen der antiken Gesellschaft, wie etwa der Philosophie, der Naturwissenschaft, der Geschichtsschreibung und auch dem Recht. *Aitia* (αἰτία), das Wort, das wir mit Ursache oder Grund übersetzen, bedeutet ja zugleich Schuld, Verantwortlichkeit, Zurechnung; und um die Bestimmung von Schuld und Verantwortung bemühten sich ja auch die Anwälte in den athenischen Gerichtshöfen. Auch dort, im griechischen Rechtsdenken und Gerichtsverfahren, gab es ein differenziertes Verständnis von verschiedenen Arten der Verantwortung, Schuld und Zurechnung. Viele dieser Unterscheidungen im Bereich der Kausalität haben von ihrer Gültigkeit in der heutigen Medizin – wie auch im heutigen Recht – nichts verloren. Was aber einen wesentlichen Unterschied

---

4 Für eine Darstellung antiker medizinischer Auffassungen zur Kausalität: Hankinson 2001.

zwischen dem heutigen und dem antiken Denken ausmacht, ist der quantitative Ansatz: Nämlich das Messen des relativen Gewichts eines bestimmten kausalen Faktors und die Bestimmung der relativen Wahrscheinlichkeit einer gewissen Erkrankung bzw. die Bestimmung der Erfolgsquote eines gewissen Heilmittels anhand statistischer, aufgrund von empirischen bzw. experimentellen Untersuchungen in einer umfangreichen Population gewonnener Daten. Große quantitative epidemiologische Untersuchungen waren in der Antike aus praktischen Gründen nicht durchführbar. Ein gewisses Bewusstsein von Allgemeinheit, Häufigkeit, Regelmaß, Seltenheit und Ausnahme war aber durchaus vorhanden.

Der zweite wichtige Aspekt antiker Medizin ist die Diätetik, die Lehre des bewussten Umgangs mit dem Körper. Das griechische Wort *diaita* (δίαιτα) hat dabei ein viel breiteres Bedeutungsspektrum als unser Begriff ‚Diät'. *Diaita* umfasst nicht nur gesundes Essen und Trinken, sondern auch Arbeit, Erholung, Sport, Massage, Stimmübung, Baden, Körperpflege, Schlafen und Wachen, Sexualität sowie dasjenige, was wir heutzutage als *Fitness* und *Wellness* bezeichnen.[5] Neben Chirurgie und Pharmakologie galt die Diätetik als einer der drei wichtigen Teilbereiche der Medizin; sie war aber nicht nur eine Methode zur Behandlung von Krankheiten, sondern auch einer der wichtigsten Bestandteile der Gesundheitsvorsorge. Es ging hier um eine strukturierte Lebensführung, die von den griechischen und römischen Ärzten nicht nur mündlich vermittelt, sondern auch schriftlich verbreitet wurde. Dies hatte zum Ziel, möglichst viele Menschen dazu zu befähigen, ihre eigene Gesundheit – und die ihrer Kinder und anderer Verwandter – zu fördern und Krankheiten vorzubeugen, ohne immer von der Anwesenheit und der Kompetenz eines Arztes abhängig zu sein. Die Lebensregeln variierten je nach Geschlecht, Alter, sozialer und wirtschaftlicher Lage, Klima und Lebensumständen der Person, für die sie gemeint waren. Aus diesem Grund verfassten die griechischen medizinischen Schriftsteller nicht nur wissenschaftliche Abhandlungen, sondern auch popularisierende Texte, die für Laien zugänglich waren. Es ging darum, das für jeden einzelnen Menschen passende, je nach persönlichen Umständen unterschiedlich gestaltete Gleichgewicht zu finden. Diokles von Karystos, ein Arzt und medizinischer Autor aus dem 4. Jahrhundert v. Chr., verweist in seinen diätetischen und therapeutischen Schriften auf ‚das Passende' (*to harmotton*), das für jeden Menschen unterschiedlich sein kann. Folglich finden sich in seinen Schriften und in denjenigen seiner Zeitgenossen Lebensregeln für Reisende, für Seefahrende, für Jüngere und Ältere und für Ledige und Arbeitsame, sowie Vorschriften über die beste Zube-

5 Für eine ausführliche Darstellung (in deutscher Sprache) der Theorie und Methode der antiken Diätetik und der praktischen Durchführung ihrer Maßnahmen: Wöhrle 1990.

reitung von Speisen und das richtige Verhalten beim Weintrinken während des Symposions.

Zu den von den griechischen Ärzten in diesem Zusammenhang behandelten Themen gehörten auch Kindererziehung und die Versorgung älterer Menschen. So widmete Galen von Pergamon ein ganzes Buch seiner Schrift über die Gesundheit der Frage, wie man auch in hohem Alter das Leben genießen und sein Potenzial als Mensch zur Entfaltung bringen kann. Ziel der Diätetik war also nicht nur die Vorbeugung von Krankheiten, sondern auch die Erhöhung der Gesundheit und der Lebensqualität entsprechend den Möglichkeiten, die die Situation des jeweiligen Menschen bot – auch in Zuständen von Behinderung oder unheilbarer chronischer Erkrankung. Denn Gesundheit und Lebensqualität, so führte Galen aus, sind relative, graduelle Dinge, die für jeden Menschen in jeder Lebensphase unterschiedlich gestaltet sein können: in Jugend und Alter, in Zuständen körperlicher Fitness, aber auch in Zuständen von Schwäche, abnehmender Kraft und chronischer Behinderung.[6]

Diese antiken Gedanken sind von erstaunlicher Aktualität. Denn noch heutzutage lesen wir in den Zeitungen, in den Magazinen der Krankenkassen und auf den Flyern im Wartezimmer des Arztes über die Wichtigkeit einer gesunden Lebensführung, z. B. zur Vorbeugung von Krankheiten wie Diabetes oder Bluthochdruck und zur Bewältigung von Stress. Auch die Frage, wie man trotz Beschwerden, Behinderung oder unheilbarer chronischer Krankheit eine angemessene Lebensqualität erreichen kann, findet in der heutigen Medizin und Gesellschaft viel Beachtung. Ein dritter Punkt, der heutzutage (wieder) viel diskutiert wird, ist die personalisierte oder individualisierte Medizin, die Bestimmung eines therapeutischen Trajektes, das ganz präzise auf den individuellen Gesundheitszustand eines Menschen abgestimmt ist: Auch dieser Gedanke wurde bereits in der antiken Medizin, nämlich in ihrer Betonung des für jeden Menschen Angemessenen, eingeführt. Galen spricht in diesem Zusammenhang von der ‚Eigentümlichkeit' des individuellen Gesundheitszustandes des einzelnen Menschen: So viel die Patienten, die an derselben Erkrankung leiden, auch gemeinsam haben, so hat jeder Mensch, jeder Patient, dann doch seine oder ihre eigene Beschaffenheit; und es kommt darauf an, diesen Besonderheiten in der medizinischen Versorgung dann Rechnung zu tragen. In einer der Hippokrates zugeschrieben Schriften, den sogenannten „Epidemien" (Buch 1, Kap. 23) heißt es, dass der Arzt sowohl die gemeinsame Natur aller Menschen als auch die eigen-

6 Für eine allgemeine Übersicht von Galen von Pergamon: Schlange-Schöningen 2003; zu seinen Auffassungen zur Diätetik: Wöhrle 1990.

tümliche Natur eines einzelnen Menschen berücksichtigen muss, um die richtige Diagnose zu erstellen und die angemessene Behandlung zu bestimmen.

3 Gesundheit der Seele

Unser nächstes Thema ist die Gesundheit der Seele, und diese bringt uns zu den Philosophen, insbesondere zu Aristoteles. Denn auch in der griechischen Philosophie gewann die Gesundheit an Bedeutung. So billigte Aristoteles in seiner Ethik der körperlichen Gesundheit eine wichtige Rolle für moralisches und intelligentes Handeln zu. Er war der Ansicht, dass geistige und körperliche Gesundheit eng miteinander verbunden sind: Zur Ausübung der charakteristischen menschlichen seelischen Fähigkeiten – Vernunft, Sprache, moralische Überlegung – für sittliches und gesellschaftliches Leben und Handeln bedarf es einer gesunden körperlichen Grundlage, während umgekehrt ein ungesunder geistiger Zustand (etwa Stress, Depressivität oder Obsession) negativ auf den Körper einwirken kann.[7] Auch in diesem Bereich der geistigen Gesundheit und ihrer Wechselwirkung mit dem Körper sieht Aristoteles eine entscheidende Rolle für die menschliche Verantwortung. Die Gesundheit gilt hier wiederum als ein erreichbarer Wert, als etwas, das zumindest bis zu einem gewissen Grad im Bereich menschlicher Kontrolle liegt. Gesundheit ist also nicht länger eines der ‚äußeren Güter', die man als Schicksalssache hat oder nicht hat (Glück oder Pech). Und die Gesundheit wird nicht schlechthin und negativ als ‚Abwesenheit von Krankheit' definiert, sondern sie wird als positiver, produktiver Zustand verstanden, den es zu entwickeln und zu optimieren gilt.[8] Ziel ist, sich von Anfang an um eine gesunde Lebensführung in beiderlei Hinsicht zu bemühen (Körper und Geist). Aristoteles führt hier aus: Man muss sich um ein inneres Gleichgewicht zwischen Seele und Körper kümmern, denn wenn man dieses Gleichgewicht verliert, läuft man die Gefahr, in einen dauerhaften Zustand von Instabilität zu geraten, den man nicht mehr kontrollieren oder bessern kann und der zu moralischem Missverhalten und sogar zu zwanghaften Störungen führen kann.

Fast das gesamte siebte Buch seiner *Nikomachischen Ethik* widmet Aristoteles dem Problem der Willensschwäche, der *akrasia* (ἀκρασία), einer Art krankhafter Mangel an Selbstkontrolle, die den Menschen in seinen moralischen Entscheidungen entgleisen lässt. *Akrasia* bedeutet, dass man Dinge tut, von denen man

7 Für eine ausführlichere Darstellung von Aristoteles' Ansichten zum Verhältnis zwischen Körper und Seele und den Konsequenzen für die hier besprochene Thematik mit Hinweisen auf einzelne Stellen und die einschlägige Sekundärliteratur: van der Eijk 2000

8 Zum Gesundheitsverständnis des Aristoteles: Tracy 1969.

weiß, dass sie schlecht für einen sind; und wenn man sie getan hat, bedauert man die Handlung und hat ein schlechtes Gewissen; man möchte gerne anders handeln, aber man hat nicht die Kraft, sich für das Gute zu entscheiden, der Wille ist nicht stark genug. Man könnte darin eine antike Parallele zu unserem heutigen Begriff der Sucht sehen. Aristoteles kommt auf dieses Thema zu sprechen, weil er daran interessiert ist, in welchem Ausmaß moralisches Fehlverhalten zu entschuldigen ist, falls ein gewisser krankhafter Zustand vorherrscht, der das Urteilsvermögen und die Entscheidungsfähigkeit eines Menschen beeinflusst. Der Kontext ist also wiederum ein moralischer, sogar ein juristischer: Kann man einem Menschen, der in einem solchen Zustand eines gestörten seelischen Gleichgewichts handelt, seine Handlungen zurechnen? Aristoteles untersucht hier die Grenzen zwischen dem Moralischen und dem Klinischen, dem Ethischen und dem Pathologischen. In diesem Zusammenhang ist für Aristoteles entscheidend, was die Ursache eines solchen geistigen Zustandes ist. Anders gesagt: Wie hat es so weit kommen können? Ein Mensch, der in einem Zustand von Trunkenheit einen Unfall verursacht und einen anderen Menschen verletzt, ist sich vielleicht nicht darüber im Klaren, was er tut, aber er ist trotzdem schuldig, weil es in seiner Kontrolle lag, den Zustand der Trunkenheit zu vermeiden. Aristoteles vergleicht dies mit dem Werfen eines Steines: Wenn man den Stein einmal in Bewegung gebracht hat, kann man ihn nicht länger in seiner Bewegung beeinflussen oder zum Stillstand bringen; aber die Entscheidung, den Stein zu werfen oder ihn nicht zu werfen, ist durchaus etwas, das innerhalb unserer Kontrolle liegt (Aristoteles 2006, Nikomachische Ethik, 1114a17). Ein ungesunder Zustand der Seele ist also nicht automatisch eine Entschuldigung für Fehlverhalten: Man muss zuerst bestimmen, wie die Seele in einen solchen ungesunden Zustand geraten ist und wer dafür verantwortlich ist. Die Willensschwäche ist nicht einfach von Natur aus da, sie ist nicht etwas Unvermeidliches, das mit unserer genetischen Veranlagung gegeben ist, sondern sie ist das Resultat eines gewissen Lebensstils. Die Wahl dieses Lebensstils wiederum wurde getroffen, als man geistig fähig war, als man noch gesund war und bevor man in einem Zustand geriet, in dem man nicht länger in einer verantwortlichen Art und Weise urteilen und handeln kann (Nikomachische Ethik, 1114a21–31). Die Lösung liegt nach Aristotles in einer geistigen *diaita*, einer strukturierten seelischen Lebensführung, durch die man versuchen muss, auf dem richtigen Weg zu bleiben und sein inneres Gleichgewicht und somit seine Entscheidungsfähigkeit zu behalten. Und wenn es dann einmal schiefgeht, soll man professionelle Hilfe suchen – bei einem Arzt, einem Therapeuten, oder einem Berater, vielleicht einen Philosophen oder einen religiösen Seelsorger – und aktiv an der Behandlung mitwirken. Aristoteles beobachtet aber auch, dass viele Patienten nicht auf ihre Therapeuten hören, weil sie keine Lust haben, ihren Lebensstil zu ändern (Nikomachische Ethik, 1114a15–16). Das Problem der ‚patient compliance' war auch in der Antike schon bekannt. Sowohl präventiv (in der Instandhaltung und Optimierung der geistigen Gesundheit), als auch therapeutisch (in der Korrektur eines ungesunden seelischen Zustandes), gibt es nach Aristoteles also eine Rolle für die menschliche Verantwortung, sowohl individuell als auch kollektiv auf gemeinschaftlicher Ebene. Man muss die Patienten erziehen, und dafür braucht man ein gutes Bildungssystem und ein gesellschaftliches Gesundheitssystem, das die Gesundheitsversorgung gewährleisten sollte.

4 Gegenwärtige und zukünftige Perspektiven

Bisher haben wir vor allem darüber gesprochen, was die antiken Ärzte und Philosophen über die menschliche Verantwortung in Fragen der Gesundheit und Krankheit zu sagen hatten. Natürlich war die antike Medizin sich auch darüber bewusst, dass es Grenzen gibt an dem, was der Mensch und die Medizin leisten kann: Viele Krankheiten werden von Faktoren verursacht, auf die der Mensch keinen Einfluss hat oder die noch nicht geklärt sind; und viele Krankheiten sind (noch) unheilbar, gegen sie ist auch die professionelle Medizin ratlos. Das ist auch heute, trotz aller Fortschritte, immer wieder der Fall, wie die COVID-19-Pandemie uns allen deutlich gemacht hat. Auch diese Krise ruft übrigens reichlich Fragen nach Verhalten und Verantwortung auf, sowohl was das Entstehen und die Verbreitung der Erkrankung betrifft, als auch im Hinblick auf die Versuche zur Bewältigung der Pandemie auf individueller, (gesundheits-)politischer, gesellschaftlicher und wirtschaftlicher Ebene.

Das bringt uns zur Gegenwart und zur Zukunft der Medizin. Denn auch in der heutigen Gesellschaft ist wieder häufig von der Wichtigkeit der Vorbeugung die Rede: Medizin ist nicht nur kurativ, sie soll auch präventiv sein. Wie wir gesehen haben, ist dieser Gedanke nicht neu, er ist schon mehr als zweitausend Jahre alt. Das wirft aber die Frage auf, warum es immer noch oder immer wieder so schwierig ist, diese vernünftigen Prinzipien in der Realität der medizinischen Versorgung und Praxis umzusetzen.

Einige Ursachen haben wir schon gesehen: Prävention erfordert die Mithilfe der (potenziellen) Patientinnen und Patienten, und diese haben nicht immer die richtigen Kenntnisse, die nötige Ausbildung oder die erforderlichen materiellen Verhältnisse, um sich verantwortungsvoll um ihre Gesundheit und deren Erhaltung zu kümmern: sie brauchen Beratung, Unterstützung und intensive Betreuung und das macht die Implementierung präventiver Maßnahmen schwierig und aufwendig. Manchmal sind Menschen auch nicht wirklich willens, ihr Verhalten zu ändern und schlechte Gewohnheiten aufzugeben – das haben wir schon bei

Aristoteles gesehen – oder sie befinden sich in einem sozialen Umfeld, das nicht gerade förderlich ist: Wer in problematischen Verhältnissen aufgewachsen ist, hat es viel schwieriger, sein Verhalten zu ändern und einen gesunden Lebensstil zu entwickeln und langfristig beizubehalten.

Es liegt aber nicht nur an den Patientinnen und Patienten selbst oder an ihren sozialen Verhältnissen. Auch in der medizinischen Forschung, Ausbildung und Praxis hat die Lebensstilmedizin es schwierig, sich durchzusetzen, es gibt gleich mehrere Hürden (Korteweg 2020). Manche dieser Hürden sind ideologischer Art und haben mit einer gewissen Mentalität zu tun, oder sie sind auf gewisse Traditionen und Gewohnheiten zurückzuführen. So ist die Effektivität der Lebensstilmedizin nur sehr schwer wissenschaftlich und experimentell nachweisbar – obwohl es zu Diabetes Typ 2 jetzt überzeugende Untersuchungen gibt (Molema et al. 2019). Manche Hürden sind wirtschaftlicher, finanzieller oder praktischer Art und haben mit Problemen bei der Abrechnung gewisser lebensstilbezogener ärztlicher Leistungen oder mit ihrer versicherungstechnischen Anerkennung zu tun – obwohl es auch hier in den letzten Jahren große Verbesserungen gab: viele Krankenkassen in Deutschland vergüten regelmäßige Fürsorgeuntersuchungen und auch in den Niederlanden ist eine ‚ganzheitliche Lebensstilentwicklung' (‚gecombineerde leefstijlinterventie') fester Bestandteil des Versicherungspakets. Aber auch der Zeitdruck, unter dem das medizinische Personal steht, spielt eine Rolle: Manchmal ist es einfacher und schneller, ein Medikament zu verschreiben als eine zeitaufwendige Verhaltenstherapie mit Lebensstilberatung und Betreuung durchzuführen.

Derartige Probleme sind grundsätzlich lösbar, dies würde aber Veränderungen im Gesundheitssystem erforderlich machen, die womöglich den wirtschaftlichen Interessen einiger Stakeholder zuwiderliefen. Ironischerweise sollten aber gerade ökonomische Argumente hier großes Gewicht haben: In der Diskussion über die Bezahlbarkeit der Gesundheitsversorgung wird immer wieder darauf hingewiesen, dass die Prävention von Krankheiten auf Dauer viel kostengünstiger und effektiver ist. In diesem Komplex zahlreicher Faktoren und unterschiedlicher Interessen sollte eine ausgewogene, am Gemeinwohl ausgerichtete Gesundheitspolitik das Ruder übernehmen.

Wichtig ist darüber hinaus ein guter Umgang mit Fragen von Verantwortung und Schuld. Offensichtlich ist es einseitig und kontraproduktiv, die Schuld für eine ungesunde Lebensführung nur beim Patienten zu sehen (*victim blaming*), denn immer gibt es neben der individuellen auch eine kollektive, gesellschaftliche Verantwortung. Aber sogar dann, wenn man den Begriff *Schuld* vermeiden möchte und lieber von Verantwortung oder noch positiver von einer Optimierung des individuellen Gesundheitspotenzials redet, bleibt die Frage, wem gegenüber ein Mensch eine solche Verantwortung für seine Gesundheit hätte bzw. für wen er sein Gesundheitspotenzial denn optimieren soll: Für die Familie, die mit den Konsequenzen leben müsste? Für die Gesellschaft, die die Kosten der Pflege tragen müsste? Wie man diese Fragen auch beantworten möchte, so ist es auf jeden Fall klar, dass man von einer moralischen oder gar gesetzlichen Pflicht zur Gesundheit nicht sprechen sollte – zumindest nicht, solange man die Gesundheit anderer Menschen nicht gefährdet (Stichwort Impfpflicht gegen COVID-19). Ein Arzt kann einen Patienten ja nicht dazu verpflichten oder zwingen, ein Medikament zu nehmen; es muss freiwillig bleiben. Aber gerade vor diesem Hintergrund ist es umso wichtiger und im Interesse aller, Menschen zu überzeugen und sie dazu anzuregen und zu ermutigen, an ihrer eigenen Gesundheit zu arbeiten, sie dabei gut zu informieren (siehe ‚Citizen Science') und mit Beratung und Betreuung zu unterstützen.

Die Möglichkeiten und die Grenzen der menschlichen Verantwortung in Fragen der Gesundheit und Krankheit sind ein wichtiges Thema, zu dessen Erforschung die antike Medizin entscheidende Anstöße gegeben hat. Schon die antike Medizin forderte uns alle dazu auf, konstruktiv darüber nachzudenken, was man selbst – alleine oder mit professioneller Hilfe – zu seiner eigenen Gesundheit und der seiner Mitmenschen beitragen kann. Dieser Anspruch hat in zweitausend Jahren nichts von seiner Gültigkeit verloren.

Literatur

Aristoteles (2006): *Nikomachische Ethik* (Ursula Wolf, Übers.). Reinbek bei Hamburg: Rowohlt Taschenbuch.

Flashar, Hellmut (2016): *Hippokrates. Meister der Heilkunst. Leben und Werk.* München: C.H. Beck.

Hankinson, Robert J. (2001): *Cause and Explanation in Ancient Greek Thought.* Oxford: Oxford University Press.

Korteweg, Niki (2020): „Ontzieken: Gezond gaan leven als medicijn". https://www.nrc.nl/nieuws/2020/01/03/ontzieken-gezond-gaan-leven-als-medicijn-a3985651, besucht am 4.1.2020.

Molema, Hanneke/van Erk, Marjan/van Winkelhof, Martijn et al. (2019): *Wetenschappelijk bewijs leefstijlgeneeskunde.* Den Haag: Nederlands Innovatiecentrum voor leefstijlgeneeskunde (Lifestyle4health), http://bit.ly/wetenschappelijkbewijsleefstijlgeneeskunde, besucht am 11.11.2020.

Müri, Walter (1986 [1938]): *Der Arzt im Altertum.* Darmstadt: Wissenschaftliche Buchgesellschaft.

Schlange-Schöningen, Heinrich (2003): *Die römische Gesellschaft bei Galen. Biographie und Sozialgeschichte.* Berlin & New York: De Gruyter.

Tomasetti, Cristian/Vogelstein, Bert (2015): „Cancer Etiology. Variation in Cancer Risk among Tissues Can Be Explained by the Number of Stem Cell Divisions". In: *Science* 347(6217), S. 78–81.

Tracy, Theodore James (1969): *Physiological Theory and the Doctrine of the Mean in Plato and Aristotle*. Den Haag: Mouton.
van der Eijk, Philip (2000): „Aristotle's Psycho-physiological Account of the Soul-Body Relationship". In: John P. Wright/Paul Potter (Hrsg.): *Psyche and Soma. Physicians and Metaphysicians on the Mind-Body Problem*. Oxford: Oxford University Press, S. 57–77.
van der Eijk, Philip (2005): *Medicine and Philosophy in Classical Antiquity. Doctors and Philosophers on Nature, Soul, Health and Disease*. Cambridge: Cambridge University Press.
van der Eijk, Philip (2011): „Gesundheit: Eigenverantwortung oder Schicksal?". In: *Deutsches Ärzteblatt International* 108(44), S. 2330–2332.
van der Eijk, Philip (2013): „Gesundheit von Leib und Seele in der Antike und im Christentum". In: *Auenzeitung* 18(Februar/März), S. 12–13.
van der Eijk, Philip (2016): „On ‚Hippocratic' and ‚Non-Hippocratic' Medical Writings". In: Lesley Dean-Jones/Ralph M. Rosen (Hrsg.): *Ancient Concepts of the Hippocratic*. Leiden & Boston: Brill, S. 17–47.
van der Eijk, Philip (2021): „Health, Lifestyle and Responsibility in Greek and Roman Medical and Philosophical Thought". In: *Museum Sinicum* 3, S. 159–179.
Wöhrle, Georg (1990): *Studien zur Theorie der antiken Gesundheitslehre*. Stuttgart: Franz Steiner.
Wu, Song/Powers, Scott/Zhu, Wei et al. (2015): „Substantial Contribution of Extrinsic Risk Factors to Cancer Development". In: *Nature* 529(7584), S. 43–47.

Damir Smiljanić

Leibesgestimmtheit: Über das Gesundheitsverständnis der Neuen Phänomenologie

Abstract: *Body Resonance: On the Neophenomenological Concept of Health.* In contemporary philosophy, one can observe a trend of reorientation towards the (living) body (*Leib*), thereby declaring it a relevant topic of philosophical thinking. In this article, the so-called *New Phenomenology* will be discussed as an approach that aims to overcome the ignorance of health in Western philosophy. Following the ideas of Hermann Schmitz, the founder of *New Phenomenology*, the author introduces the concept of body resonance (*Leibesgestimmtheit*). In addition, some therapeutic tendencies within the neophenomenological scene are presented.

1 Einleitung

Es ist bekannt – ja geradezu ein Allgemeinplatz in der Philosophie –, dass der Kirchenvater Aurelius Augustinus, als er sich selbst gefragt hat, was die Zeit sei, die geistreiche Antwort gegeben hat: Er wisse es, solange man ihn nicht danach fragt, könne die Frage aber nicht beantworten, wenn sie ihm gestellt wird. Ähnlich könnte der Philosoph demjenigen antworten, der ihm die Frage stellt, worin das Wesen der *Gesundheit* bestehe. Anscheinend lässt sich auch hier ausmachen: Solange man selbst gesund ist, macht man sich keine Gedanken über die Gesundheit; aber sobald man krank wird, sehnt man sich vergeblich nach ihr. Hans-Georg Gadamer sprach sehr schön von der „Verborgenheit der Gesundheit" (vgl. Gadamer 2010). Man könnte noch weiter gehen und geradezu von der *Gesundheitsvergessenheit* der abendländischen Philosophie sprechen. Wenn uns Gesundheit selbstverständlich ist (freilich, solange wir selbst gesund sind), müsste sie nicht gerade dann zum Gegenstand des philosophischen Denkens werden? Schließlich rühmt sich die Philosophie ja gegenüber anderen Formen des Sprechens und Denkens gerade damit, Licht in dasjenige zu bringen, was sich infolge seiner Selbstverständlichkeit unserem denkenden Zugriff entzieht. Philosophie müsste damit den Schleier über dem Phänomen der Gesundheit lüften.

Die angesprochene Gesundheitsvergessenheit der Philosophie steht in Zusammenhang mit einem anderen Versäumnis der Philosophie: Für lange Zeit

Damir Smiljanić, Philosophische Fakultät, Universität Novi Sad. Serbien wurde der *Leib* als selbstständiger Gegenstand des philosophischen Nachdenkens ignoriert. Wir brauchen uns daher nicht zu wundern, dass auch die leibliche Gesundheit von geringem oder gar keinem Interesse für die denkbesessenen Philosophen war. Dass leibliches Wohl mit der Seele bzw. dem Geist in Einklang stehen muss, hat man zwar vorausgesetzt, aber nachdem man seit der Antike und dem Mittelalter die Sorge um sich eher als Sorge um die eigene *Seele* (den eigenen *Geist*) gedeutet hat, blieb der leibliche Aspekt des Wohlergehens weitgehend unberücksichtigt. Die Ausnahmen bestätigen die Regel: Selbst wenn man das Leiberleben positiver Art zur Herstellung der *ataraxía*, also der Seelenruhe, hinzuzählte, fehlte es an einer entsprechenden grundlegenden Reflexion der Leiblichkeit und ihrer Rolle im Prozess der Personwerdung. Erst mit Nietzsche, einzelnen Phänomenologen wie Merleau-Ponty oder Sartre, den Vertretern der philosophischen Anthropologie und den – sich oft an der Schwelle zu anderen Disziplinen wie der Geschichte der Medizin, Soziologie, den Kultur- und Neurowissenschaften befindenden – aktuellen Debatten über Körperdiskurse oder Konzepte wie *embodiment* wurde auch dem menschlichen Leib jene Aufmerksamkeit zuteil, welche er seit jeher verdient hätte. Und dennoch – wenn der Leib in der Philosophie thematisiert wird, dann nicht so sehr als wichtiger Bestandteil oder gar Grundvoraussetzung einer stabilen Gesundheit, sondern eher als thematischer Bezugspunkt erkenntnistheoretischer, biophilosophischer oder gesellschaftskritischer Neuorientierungen. In der Regel geht es um den Leib überhaupt, seine Differenz gegenüber dem Körper, sein Verhältnis zur Umgebung, zum Raum (also um seinen räumlichen Charakter), seine Funktion im Prozess der Welt- und Selbsterkenntnis usw., aber nicht um den gesunden oder kranken Leib. Es mag zwar der Anschein bestehen, dass man zumindest in der Bioethik diese Dimension der Leiblichkeit in den Blick genommen hat. Doch der Schein trügt – denn hier wird eher von schon „vorgefertigten" Gesundheits- und Krankheitsbegriffen ausgegangen, und es fehlt die grundlegende Reflexion der leiblichen Fragilität der menschlichen Existenz, welche zuallererst die Basis für eine Fundierung des Gesundheits- und Krankheitsbegriffs sein müsste. Doch der Leib ist trotz aller theoretischen Durchbrüche in verschiedene thematische Richtungen in der Philosophie noch immer eine Unbekannte.

Aber vielleicht werden die Verhältnisse hier unnötig dramatisiert. Schließlich möchte ich zeigen, dass es in der Gegenwartsphilosophie u. a. einen Ansatz gibt, der uns unsere leibliche Natur etwas näherbringen und uns infolgedessen zu einem philosophischen Verständnis von Gesundheit verhelfen könnte. Ich meine damit jene Richtung des philosophischen Denkens, die vom ehemaligen Kieler Philosophieprofessor Hermann Schmitz begründet worden ist und heutzutage in der Diskussion immer präsenter wird: die *Neue Phänomenologie*. Sie bietet sich als Alternative zu den dominierenden Strömungen der analytischen und postmodernen Philosophie an – oder zumindest als deren sinnvolle Ergänzung. Was ist das Besondere an der von Schmitz begründeten Denkrichtung? Es ist der radikale Ausgang von der *Leibbestimmtheit* unserer Existenz. Nach Schmitz' Worten verfolgt die Neue Phänomenologie

> die Aufgabe, den Menschen ihr wirkliches Leben begreiflich zu machen, das heißt, nach Abräumung geschichtlich geprägter Verkünstelungen die unwillkürliche Lebenserfahrung zusammenhängender Besinnung wieder zugänglich zu machen (Schmitz 2009, S. 7).

Nachdem sich also gezeigt hat, dass die menschlichen Lebenserfahrungen zu einem guten Teil leiblicher Natur sind, bedarf es der Herausarbeitung einer Terminologie, die es vermag, das Spezifische des menschlichen Leibes zum Ausdruck zu bringen, ohne es naturalistisch zu verkürzen oder mystisch zu überhöhen. Es soll hier nicht die komplexe neuphänomenologische Leibphilosophie dargestellt werden, denn dazu fehlt der nötige Platz – ich verweise auf die unzähligen Publikationen, welche der Kieler Philosoph in den vergangenen sechseinhalb Jahrzehnten (und bis kurz vor seinem Tod) veröffentlicht hat, vor allem als passablen Einstieg in seine Denkweise die *Kurze Einführung in die Neue Phänomenologie* (Schmitz 2009) oder in systematischer Hinsicht noch bedeutender seine *Ausgrabungen zum wirklichen Leben* (Schmitz 2016), die Bilanz seines langjährigen Erforschens der menschlichen Leiblichkeit, oder den geradezu lehrbuchmäßigen Abriss seines Systems *Der unerschöpfliche Gegenstand* (Schmitz 1990) – wenn einem die Zeit fehlt, sich durch das Dickicht seines zehnbändigen *Systems der Philosophie* (Schmitz 1964–1980) durchzuarbeiten.

Die Aufgabe, die ich mir hier stelle, ist wesentlich bescheidener, aber dennoch nicht weniger anspruchsvoll. Ich möchte nämlich zeigen, inwieweit uns die Neue Phänomenologie bei dem Versuch behilflich sein könnte, zu verstehen, was es heißt, gesund zu sein – ja ob uns manche ihrer Einsichten sogar dabei helfen könnten, unsere Gesundheit zu bewahren. Denn es soll gezeigt werden, dass die Neue Phänomenologie auch einen therapeutischen Grundzug aufweist. Zugleich könnte das Gesundheitsverständnis ein Prüfstein für die Plausibilität der neuphänomenologischen Gedankengänge sein. Damit könnten auch die Vertreter der neuphänomenologischen Denkweise von der Thematisierung der Gesundheit profitieren.

2 Neuphänomenologische Theorie des leiblichen Befindens

In der Neuen Phänomenologie wird geradezu beispielhaft eine Theorie des *leiblichen Befindens* herausgearbeitet. Der Neuphänomenologe fragt nicht einfach, was es heißt, einen Körper zu haben, sondern wie es sich *anfühlt*, leiblich zu *sein*. Das ist uns allen aus dem Alltag bekannt, wenn uns jemand nach unserem Befinden fragt, vor allem dann, wenn wir uns einer medizinischen Untersuchung unterziehen: „Wie fühlen Sie sich?“, fragt der Arzt. Je nach aktueller Verfassung fühlt man sich wohl oder eben nicht. Aber was heißt es, sich leiblich (also als Leibseiender und nicht nur als Körperhabender) wohl zu fühlen? Woran erkennt man das? Anscheinend greift jeder auf seine eigenen „leibhermeneutischen“ Fähigkeiten zurück, um diese Fragen zu beantworten. Wir hören auf unseren Leib oder vielleicht auch nicht – wir nehmen die Symptome einer angehenden Krankheit ernst oder ignorieren sie und setzen im Extremfall unser Leben aufs Spiel. Schmitz hat auf das Vorhandensein von *subjektiven Tatsachen* hingewiesen, die nicht auf objektive Tatbestände reduziert werden können. Am besten kann man sich dies am Beispiel des *Schmerzes* veranschaulichen. Wenn Person A sagt: „Ich habe Kopfweh“, so ist das nicht dasselbe, wie wenn Person B sagen würde: „A hat Kopfschmerzen“. Rein semantisch mögen diese Sätze dieselbe Bedeutung haben, aber nur derjenige, der von sich selber behauptet, dass er Schmerzen hat, drückt damit sein subjektives Erlebnis aus. B kann also nicht wissen, *wie* sich A fühlt, wenn sie Schmerzen hat, nur *dass* sie sie hat. Auf dieses *Wie* des *Betroffenseins* kommt es der Neuen Phänomenologie an.

Der Leib macht sich besonders in extremen Situationen durch eigentümliche *Regungen* bemerkbar, die gerade der Begründer der Neuen Phänomenologie in seinen Schriften minuziös beschrieben hat. Bei Hunger, Durst, geschlechtlicher Erregung, zu hoher Wärme oder Kälte, regt sich der Leib auf eine erkennbare Weise (so unterscheiden sich beispielsweise die leiblichen Regungen bei zu hohen oder zu niedrigen Temperaturen ziemlich genau voneinander). Dieser Art von Regungen fügt Schmitz jene hinzu, die als Folge des *affektiven Betroffenseins durch Gefühle* entstehen (durch Angst, Freude, Traurigkeit, Scham, Wut oder dergleichen). Im ersten Fall kann die betroffene Person ihre leiblichen Erregungen beobachten und mit ihnen gewissermaßen umgehen, z. B. in der Hingabe an sie aufgehen oder auf Distanz zu ihnen gehen; im zweiten Fall ist es wesentlich schwieriger oder fast unmöglich, sich vom Gefühlsantrieb loszulösen und seiner Regungen Herr zu werden – allen stoischen Ratschlägen zum Trotz. Zusammenfassend lässt sich sagen:

> Ihre leiblichen Regungen kann die Person unbefangen beobachten, nicht aber die Gefühle, von denen sie ergriffen ist, weil sie von vornherein die Partei des zu beobachtenden Gefühls ergriffen hat und sich aus dieser Komplizenschaft befreien muss, um die neutrale Position eines Beobachters einzunehmen (Schmitz 2011, S. 95).

Eine besondere Qualität bekommen leibliche Regungen, wenn sie vom Schmerz verursacht werden. Sowohl bei schnell eintretenden als auch bei lang anhaltenden Schmerzen meldet sich der Leib gewissermaßen demonstrativ zu Wort, diese Leibesregungen stürzen sich gleichsam aufs Ich, bringen jeden radikalen Zweifel zu Fall und führen jegliche cartesianische Forderung nach einem Existenzbeweis *ad absurdum:* Wenn sich der von Schmerzen befallene Leib regt, dann gerät der Mensch buchstäblich aus der *Fassung* (dies ist ein weiterer Schmitz'scher Grundbegriff).[1] Aber wir wollen hier von Gesundheit sprechen, nicht von Schmerzanfälligkeit des Menschen, was in der Neuen Phänomenologie wiederum ein Thema für sich ist.

3 Gesundheit als Zustand der Gestimmtheit

Wie fühlt es sich aber an, gesund zu sein? Bisher ist man immer – zu einem guten Teil auch in der Neuen Phänomenologie – von *negativen Erfahrungen* ausgegangen, also vom Schmerz oder von der Krankheit. Es ist anscheinend in philosophischer Hinsicht leichter zu beschreiben, wie es ist, wenn man von Schmerzen heimgesucht wird, als wenn man sich wohl fühlt. Man sieht das Begriffsdefizit daran, dass man die Gesundheit oft negativ ausdrückt: als *Abwesenheit von Schmerz(en).* Das ist aber nur ein Notbehelf – eine Grundregel beim Definieren ist, dass man keine negativen Ausdrücke verwenden sollte. Andererseits kann der subjektive Eindruck trügen. Jemand mag den Eindruck haben, dass es ihm gut geht, aber in Wahrheit entwickelt sich langsam, aber unaufhaltsam eine tückische Krankheit in seinem Organismus, ohne dass er etwas davon bemerken würde. Es gibt nicht nur den eingebildeten Kranken – auch Gesundheit kann eingebildet sein. Wer gesund ist, denkt nicht über seinen Leib nach, ja er achtet fast gar nicht auf ihn. Es ist verständlich, dass ich nicht auf meinen rechten Fuß achten muss, wenn er mir (z. B. beim Gehen) keine Probleme bereitet. Wenn alles mit meinem Leib *stimmt*, dann bin ich wohl gesund. Was heißt aber dieses „Es stimmt alles

1 Mit „Fassung" ist ein wichtiger Aspekt des menschlichen Personseins benannt. Sie trägt zur Stabilität einer Person nicht nur sich selbst, sondern auch anderen Personen gegenüber bei. Sie ist daher sowohl für die Bildung von personaler Identität unerlässlich als auch bei der Übernahme von sozialen Rollen behilflich (Schmitz 2016, S. 299 ff.).

damit“? Was hat es auf sich mit diesem *„stimmen“*? Ohne hier Heideggers etymologische Sprachspiele nachahmen zu wollen, muss man der Weisheit der Sprache nachspüren und damit gleichzeitig phänomenologisches Gespür für Sachverhaltsbeschreibung unter Beweis stellen.

Wir sagen für etwas Komplexes, d. h. etwas aus verschiedenen miteinander agierenden Elementen Bestehendes, dass es *stimmig* sei, also dass diese Elemente so aufeinander *abgestimmt* seien, dass das Ganze funktioniert. In diesem Sinne handelt es sich um ein einwandfrei funktionierendes Gefüge. Wir verwenden das Prädikat „stimmig“ für einen Mechanismus wie die Uhr – wenn alle Räder im Uhrwerk problemlos ineinandergreifen, also wenn das Ganze stimmig ist, dann arbeitet die Uhr korrekt. Freilich, es handelt sich hierbei um eine *mechanische* Ganzheit. Nun weiß man aus der Geschichte der Philosophie, aber auch der der Medizin, dass der menschliche Leib oft nach diesem mechanischen Modell interpretiert worden ist – man erinnere sich etwa an La Mettries provokante Schrift *Der Mensch eine Maschine* aus dem Jahr 1748 (La Mettrie 2001). Die moderne *philosophische Anthropologie* hat auf die Provokation des mechanizistischen Materialismus mit der *Differenz von Körper und Leib* reagiert. Leib und Körper fallen nicht zusammen. Das Maschinenkonzept kann auf den Körper des Menschen angewendet werden, aber nicht ohne weiteres auf seinen Leib. Denn der menschliche Leib ist mehr als eine bloße Maschine. Wenn gesagt wird, dass mit dem Leib alles stimmt, so bedeutet das mehr als ein bloßes (mechanisches) Aufeinanderabgestimmtsein der äußeren Glieder oder inneren Organe.

Hier erweist sich ein anderer, auf den ersten Blick mit dem Begriff der *Stimmigkeit* verwandter, aber doch von ihm verschiedener Begriff hilfreich, der sowohl für die Phänomenologie als auch für die philosophische Anthropologie von Belang ist – ich meine den Begriff der *Stimmung*. Heidegger hat in *Sein und Zeit* (1927) darauf hingewiesen, „daß das Dasein je schon immer gestimmt ist“ (Heidegger 1927, S. 134). Er deutet die Stimmungen als „Befindlichkeiten“ des menschlichen Daseins. O. F. Bollnow hat Heideggers Einsicht auf folgende Weise zum Ausdruck gebracht: „Diese Schicht der immer vorhandenen Stimmungen bildet den tragenden Untergrund, aus dem sich das gesamte sonstige Seelenleben entwickelt und von dem es in seinem Wesen durchgehend bestimmt bleibt“ (Bollnow 2009, S. 37). Das bedeutet: Wie uns die Welt erscheint, hängt von unseren Stimmungen ab: „Die Stimmungen bedingen [...] von vornherein, wie die Welt und das Leben dem Menschen erscheinen“ (Bollnow 2009, S. 37; vgl. auch Heidegger 1927, S. 137). Aber wir müssen den Stimmungsbegriff noch tiefer ansetzen – in der Schicht des Leibesverhaltens. Wenn man gesund ist, dann heißt das, dass man mit sich selbst *in Einklang* bzw. *positiv gestimmt* ist. Gesundheit sollte man jedoch nicht mit einer bestimmten Art von Stimmung (wie z. B. der Heiterkeit) gleichsetzen – denn dann würde man Ursache und Wirkung miteinander vertauschen. Die positive Stimmung ist nicht dasjenige, was für die Gesundheit des eigenen Leibes sorgt, sondern die Dinge verhalten sich hier so, dass jene Stimmung von etwas Fundamentalerem getragen wird – eben vom Leib. Ein kranker Mensch mag zwar in einer heiteren Gesellschaft von außen gesehen heiter wirken, aber hinter dessen Lächeln verstecken sich vielleicht ein unterdrücktes Gefühl des Unwohlseins oder negative Gedanken. Das ist ein weiterer Punkt, der für ein phänomenologisches Verständnis des Gesundheitsbegriffs wichtig ist – Gesundheit ist nicht etwas, was man „von außen" feststellt, aber auch nicht etwas, was man einfach „von innen" erlebt, sondern etwas, *was man am eigenen Leib spürt*. Die Neue Phänomenologie bricht sowohl mit einem naturalistischen Reduktionismus als auch mit einem psychologischen Solipsismus.

In Analogie zum Verständnis der Gefühle als Atmosphären, was als eine Eigentümlichkeit des Schmitz'schen Ansatzes gilt,[2] könnte man die Gesundheit als Ausdruck der *Leibesgestimmtheit* im Sinne der *Übereinstimmung* von *leiblicher Verfassung* und *personaler Fassung* verstehen (wo diese Übereinstimmung fehlt, kommt es zur *Leibesverstimmtheit*). Und nachdem die Verfassung des menschlichen Leibes auch von Umwelteinflüssen abhängt, kann man sagen, dass der Leib einem „Resonanzkörper" gleicht, der auf Wirkung von außen zu resonieren (mitzuschwingen) beginnt und diesen Zustand aufrechtzuerhalten sucht. *Stimmigkeit, Stimmung, Gestimmtheit* – wir haben es mit miteinander zusammenhängenden Begriffen zu tun, die ihren Ursprung demselben Wortstamm verdanken. In der antiken Vorstellung von der *Harmonie* der Kräfte im Körper oder vom *Einklang* von Leib und Seele schwingt schon der Sinn dieser Begriffe mit.[3]

---

2 Schmitz versteht Gefühle nicht als „innere seelische Zustände", sondern als Atmosphären, d. h. als „Mächte", welche das Subjekt buchstäblich „von außen" ergreifen (vgl. zu dieser eigenwilligen Konzeption Schmitz 1993).

3 Was es mit dem Begriff der *Resonanz* in systematischer Hinsicht auf sich hat, haben übrigens bestimmte Tendenzen in der Gegenwartssoziologie gezeigt. Vor allem ist der Soziologe Hartmut Rosa mit einem fundamentaltheoretischen Ansatz hervorgetreten, um die menschlichen Beziehungen unter diesem Gesichtspunkt abzuhandeln (Rosa 2018). Man kann schließlich auch von einer „gesunden" und „kranken" Gesellschaft sprechen, wovon in früheren gesellschaftskritischen Theorien die Rede war, in denen man Krisen oder Entfremdungserscheinungen in der Gesellschaft als Folge von Resonanzverlust oder -unmöglichkeit – oder mit einem anderen Ausdruck: von Resonanzpathologien – gedeutet hat, so etwa in Fromms sozialpsychologischer Untersuchung *Wege aus einer kranken Gesellschaft* (vgl. Fromm 1991). Im Original (1955) heißt das Buch gerade umgekehrt: *The Sane Society*.

4 Therapeutische Perspektiven der Neuen Phänomenologie

Wie der Gebrauch von Resonanz-Metaphern zeigt, hilft man sich in der Philosophie mit übertragenen Ausdrücken aus, was letztlich ein Begriffsmanko zum Ausdruck bringt, wenn es um die Bestimmung der Gesundheit geht. Es ist wesentlich leichter, über Schmerzen und Krankheit nachzudenken als über Gesundheit. Es ist wie im wirklichen Leben – wenn man gesund ist, denkt man über seinen Gesundheitszustand nicht nach; erst wenn man krank wird, trauert man der Gesundheit nach.[4] Das mag auch eine Folge der Leibvergessenheit sein, die Schmitz als einen negativen Grundzug des abendländischen Denkens ausgemacht hat. Die Neue Phänomenologie versteht sich als Versuch einer Rehabilitierung der Erfahrung der Leiblichkeit, die uns wegen der „Verkünstelungen" des Denkens allmählich abhandengekommen ist. Sie steht aber nicht allein, wenn es um die Erfüllung dieser Aufgabe geht. Zur Seite steht ihr vor allem die *medizinische Anthropologie* (man sagt auch *vice versa: anthropologische Medizin*), als deren Begründer der deutsche Arzt, Physiologe und Philosoph Viktor von Weizsäcker (1886 – 1957) gilt. Mit seiner These von der seelischen Ursache der leiblichen Krankheiten hat er sich einen Namen als Vordenker der *psychosomatischen Medizin* gemacht. Der Schlüssel zur physischen Genesung eines Menschen liegt in der seelischen Behandlung (sprich: Psychotherapie). Die Gesundheit eines Menschen hat nach von Weizsäckers Worten etwas mit seiner *Wahrheit* zu tun, seine Krankheit wiederum mit einer *Unwahrheit* (vgl. von Weizsäcker 2008, S. 143). Ähnlich wie später Schmitz gegen das *Introjektionsparadigma* in der Philosophie und Psychologie Widerstand geleistet hat, bereitete von Weizsäcker mit seinen zahlreichen Arbeiten (vor allem jenen zum sog. *Gestaltkreis:* von Weizsäcker 1997) den Boden für eine grundlegende Kritik der Vereinfachung der Beziehungen zwischen Leib und Seele auf medizinischem Gebiet vor. Geradezu dialektisch forderte er vom Denken des Theoretikers wie des Praktikers, des Anthropologen wie des Arztes einen *ganzheitlichen* Zugang zum (kranken) Menschen, die Umfassung der Organismusinnenwelt wie -umwelt in ihrer Ganzheit. Es handelt sich um eine Grundgesetzlichkeit des Lebens, verkörpert im Ineinander bzw. der Verschränkung von Momenten innerhalb eines Ganzen:

> So ist Degeneration und Regeneration, ist aber auch Bautrieb und Zerstörungstrieb, ist Gesundheitsstreben und Krankheitsstreben, ist Lebenswille und Todeswille schon in den ers-

---

4 Diese Erfahrung des Mangels an Gesundheit hat mustergültig Arthur Schopenhauer in seinen *Aphorismen zur Lebensweisheit* (1851) beschrieben (Schopenhauer 1991).

> ten Akten der Zelle, der Organsysteme, der Funktionen, so ist Leiden und Heilen ursprünglich verschlungen; so wird aber auch in der ärztlichen *Handlung*, die ja eine Verlängerung dieser Vorgänge in den Arzt hinein ist, dieselbe Ambivalenz, dieselbe ursprüngliche Polarität wiederkehren (von Weizsäcker 1997, S. 154).

Die Differenz von Gesundheit und Krankheit, bisher in der Philosophie eher am Rande behandelt und anderen Gegensätzen untergeordnet (wie z. B. demjenigen zwischen Wahrheit und Unwahrheit), könnte angesichts der Herausforderung solcher philosophischen Richtungen wie der medizinischen Anthropologie oder der Neuen Phänomenologie wesentlich an Bedeutung gewinnen. Das würde wiederum voraussetzen, dass sich die *Leibphilosophie* gegenüber älteren transzendentalphilosophischen oder moderneren sprachphilosophischen Begründungsprogrammen als sinnvolle Alternative anbietet, um gewissermaßen die Grundlage für einen Neuaufbau der Philosophie zu liefern, zumindest dann, wenn sie sich zur dringenden Aufgabe macht, „den Menschen ihr wirkliches Leben begreiflich zu machen" (vgl. abermals Schmitz 2009, S. 7). Und vielleicht beschränkt sich die Aufgabe einer auf diese Weise verstandenen Philosophie nicht nur auf die *Feststellung* des Spannungsverhältnisses von Gesundheit und Krankheit, sondern erstreckt sich auch auf die *Herstellung* einer Resonanzwirkung, um den Vorgaben der menschlichen Leiblichkeit zu entsprechen. Konkret: Dass man durch philosophische Erkenntnis, wenn nicht gesünder lebt oder Krankheiten vermeidet, zumindest die „Geltungsansprüche" des spürenden Leibs anerkennt und sich im Denken bemüht, ihre Berechtigung aufzuzeigen.

Es spricht aber nichts dagegen, anhand des Leibverständnisses der Neuen Phänomenologie die *therapeutische* Dimension des Philosophierens geltend zu machen. Zumindest in der Antike bildeten Theorie und Praxis eine Einheit – der Philosoph hat nicht nur abstrakt Thesen zu einem bestimmten Problem vertreten, sondern gemäß seinen theoretischen Voraussetzungen versucht, sein Leben konkret zu gestalten (vgl. Fellmann 2009, S. 40–59; ferner Smiljanić 2017, S. 95–97). Seit Kants deontologischer Grundlegung der Ethik wurden Fragen der *Lebenskunst* aus der Philosophie ausgemustert und unter die Obhut einer – wie es bei Kant heißt – „Anthropologie in pragmatischer Hinsicht" (Kant 2003) gestellt (damit sind Fragen des Geschmacks, des Charakters, der Menschenkenntnis etc. gemeint). Nachdem die Idee des Subjekts in der Moderne in eine Sinnkrise geraten und schließlich in der Postmoderne gänzlich hinterfragt worden ist, hat man diese die Gestaltung des „wahren", „guten" oder gar „schönen" Lebens betreffenden Fragen lange Zeit gar nicht mehr gestellt. Doch in der Gegenwart wendet man sich diesen Fragen wieder verstärkt zu, wie der Boom der philosophischen Praxen und lebenskunstphilosophische Beststeller wie z. B. diejenigen Wilhelm Schmids zeigen (vgl. etwa Schmid 1998). Allerdings muss man auf der Hut sein vor einem allzu optimistischen Anspruch dieser Art von „Ratgeberphilosophie“, die vorgibt, dem Menschen dabei helfen zu wollen, ein „besseres“ Leben zu führen – oder ihnen zumindest nahe zu legen, was man darunter zu verstehen hätte. Auch mit pseudophilosophisch dekorierten rosaroten Brillen kommt man nicht weit im Leben. Zwar hat sich mittlerweile eine regelrechte *Wellness*-Industrie entwickelt, die tagtäglich mit ihren Angeboten und Produkten bei den Leuten Lust auf ein „schönes“ Leben machen will, diese aber gerade durch ihre strategisch gezielte Verquickung von Scheinhilfsbereitschaft und Profit umso tiefer ins schlechte Leben zurückfällt. Bei allem Gesundheitswahn der Wellness-Ideologie sollte man nicht die Aporien des menschlichen Lebens aus dem Blick verlieren – Schmerz, Krankheit, Altern und Tod sind unvermeidlich und dürfen nicht einfach verdrängt werden. Stattdessen sollten sie ständig vor Augen gehalten werden, denn erst durch ihr Weiterbestehen kommt der wahre Wert der Gesundheit zum Ausdruck.

Wenn man sich unter dem Oberthema „Lebenskunst“ auch fragt, wie man gesund bleiben könne oder wie man mit einer Krankheit umgehen solle, dann bietet sich hier für die Neue Phänomenologie eine ideale Gelegenheit, um mit ihrem besonderen Zugang zu den die menschliche Leiblichkeit betreffenden Problemen eine etwas andere Perspektive ihrer Behandlung zu eröffnen. Das Grundgerüst zu einem neuphänomenologischen Verständnis des menschlichen Lebens hat zwar Schmitz mit seinem *System der Philosophie* erarbeitet, aber die in ihm erarbeiteten Begrifflichkeiten wurden durchaus praxisbezogen in anderen Werken und Disziplinen angewendet bzw. erprobt. So fanden die Anregungen der Schmitz'schen Leibphänomenologie fruchtbaren Boden besonders auf medizinischem und psychologischen Gebiet: in der Physiotherapie, Bewegungswissenschaft, Osteopathie, Diabetologie, Hebammenkunde, Psychiatrie, Psychotherapie, Architekturtheorie usw.[5] Hier wird eine gewisse Stärke dieses Ansatzes deutlich, denn er spricht Experten an, die sich auch mit lebenspraktischen Fragen befassen und die aus der Auseinandersetzung mit neophänomenologischen Gedanken Impulse für ihre praktische (und eben nicht nur theoretische) Arbeit schöpfen können.

Literatur

Bollnow, Otto Friedrich (2009): *Schriften. Studienausgabe in 12 Bänden.* Bd. 1: *Das Wesen der Stimmungen.* Würzburg: Königshausen & Neumann.

Fellmann, Ferdinand (2009): *Philosophie der Lebenskunst zur Einführung.* Hamburg: Junius.

5 Schmitz nennt als konkretes Beispiel die produktive Rezeption der Neuen Phänomenologie in der sozialmedizinischen Einrichtung *Prenzlkomm* in Berlin (Schmitz 2016, S. 35).

Fromm, Erich (1991): *Wege aus einer kranken Gesellschaft. Eine sozialpsychologische Untersuchung*. München: dtv.

Gadamer, Hans-Georg (2010): *Über die Verborgenheit der Gesundheit. Vorträge und Aufsätze*. Frankfurt am Main: Suhrkamp.

Heidegger, Martin (1927): *Sein und Zeit*. Halle an der Saale: Max Niemeyer.

Kant, Immanuel (2003): *Anthropologie in pragmatischer Hinsicht*. Hamburg: Meiner.

La Mettrie, Julien Offray de (2001): *Der Mensch eine Maschine*. Stuttgart: Reclam.

Rosa, Hartmut (2018): *Resonanz. Eine Soziologie der Weltbeziehung*. Frankfurt am Main: Suhrkamp.

Schmid, Wilhelm (1998): *Philosophie der Lebenskunst. Eine Grundlegung*. Frankfurt am Main: Suhrkamp.

Schmitz, Hermann (1964–1980): *Das System der Philosophie*. Bonn: Bouvier.

Schmitz, Hermann (1990): *Der unerschöpfliche Gegenstand. Grundzüge der Philosophie*. Bonn: Bouvier.

Schmitz, Hermann (1993): „Gefühle als Atmosphären und das affektive Betroffensein von ihnen". In: Hinrich Fink-Eitel/Georg Lohmann (Hrsg.): *Zur Philosophie der Gefühle*. Frankfurt am Main: Suhrkamp, S. 33–57.

Schmitz, Hermann (2009): *Kurze Einführung in die Neue Phänomenologie*. Freiburg & München: Karl Alber.

Schmitz, Hermann (2011): *Der Leib*. Berlin: De Gruyter.

Schmitz, Hermann (2016): *Ausgrabungen zum wirklichen Leben. Eine Bilanz*. Freiburg & München: Karl Alber.

Schopenhauer, Arthur (1991): *Aphorismen zur Lebensweisheit*. Stuttgart: Reclam.

Smiljanić, Damir (2017): „Philosophie als Therapeutik. Zur Deutung einer medizinischen Metapher". In: *Synthesis philosophica* 63(1), S. 93–107.

von Weizsäcker, Viktor (1997): *Gesammelte Schriften 4. Der Gestaltkreis. Theorie der Einheit von Wahrnehmen und Bewegen*. Frankfurt am Main: Suhrkamp.

von Weizsäcker, Viktor (2008): „Über medizinische Anthropologie". In: Viktor von Weizsäcker (Hrsg.): *Warum wird man krank? Ein Lesebuch*. Frankfurt am Main: Suhrkamp, S. 140–163.

Dirk Lanzerath

Die normative Praxis von Gesundheit und Krankheit

Abstract: *The Normative Practice of Health and Disease.* „Health" and „disease" are frequently used terms with a high relevance for our everyday lives. Their spectrum of meaning is very extensive, but also ambivalent, because they are not adequately captured by a purely medical-scientific approach. The forms of knowledge associated with „disease" and „health" are rather diverse and allow different ways of looking at them side by side in a justified manner. Against this background, the relationship between scientific and life world approaches to these phenomena is of central importance, because this results in very different claims to an interpretative sovereignty of „health" and „disease". For these states not merely have an associated dimension, but an essentially practical-normative one, so that they cannot simply be reduced to a biological function or dysfunction. This becomes especially clear when the assignment of dysfunctional conditions to the concept of disease results in immediate options for action that are not simply limited to a chapter expansion of medical textbooks, but may lead to fundamental personal and social changes. For this side of „disease" and „health" reflects not only medical developments, but also normative attitudes in science and society. These in turn are also decisive for the communicative structure in the doctor-patient relationship.

1 Einführung: Gesundheit und Krankheit

In unserer Lebenspraxis spielen die *semantisch anspruchsvollen* Begriffe „Gesundheit" und „Krankheit" eine wesentliche Rolle und sind oft in Gebrauch. Doch welcher Kompetenz es bedarf, über diese Begriffe, ihre Inhalte und ihre Praxisrelevanz aufzuklären, versteht sich nicht von selbst. Die Auskünfte, welche die Literatur, das Internet, Ärztinnen und Ärzte, Fitnessarmbänder, Selbsthilfegruppen oder auch das schlichte Hineinhorchen in uns selbst uns geben, werden sich nicht immer decken. Zu verschieden sind die Ansatzpunkte, die Erfahrungen und die Interessen der jeweiligen Protagonisten. Zudem ist unklar, nach welchem Typ von Wissen hier gefragt wird, wenn Krankheits- und Gesundheitszustände beschrieben werden sollen.

Dirk Lanzerath, Deutsches Referenzzentrum für Ethik in den Biowissenschaften (DRZE), Universität Bonn

 https://doi.org/10.1515/9783110713336-006

Es fällt häufig leichter, „Krankheit" – als den eher negativ konnotierten Begriff – zu beschreiben als „Gesundheit". Der Zustand der Krankheit macht uns sehr unmittelbar unsere Natürlichkeit, Fragilität und Vergänglichkeit bewusst, während sich der Zustand der Gesundheit eher als eine *verborgene Form von Anwesenheit* erweist (vgl. Gadamer 1993, S. 133; Leder 1990, S. 79–83; 1995, S. 1007). Wir nehmen Gesundheit für gewöhnlich nicht wahr oder halten sie bestenfalls für selbstverständlich. Bewusst wird sie uns nur angesichts ihrer Negation. Erst durch den Zustand der Krankheit wird sie entborgen. Eine lebenspraktische und lebensweltliche Perspektive auf diese elementaren Grundbegriffe unseres Daseins scheint uns aber zunehmend auf eine eigenartige Weise verstellt. Denn in der Moderne ist nicht mehr primär dieser unmittelbare und ursprüngliche, lebensweltliche Blick auf die Zustände unseres Körpers dominant, vielmehr bestimmt ein neuer, datengesättigter, wesentlich naturwissenschaftlich geprägter und häufig als *naturalistisch* aufgefasster Blick einer naturwissenschaftlich arbeitenden Medizin unsere Vorstellungen darüber, was den Inhalt dieser Grundbegriffe ausmacht (Boorse 1981 [1975], 1997). Eine naturwissenschaftlich arbeitende Medizin scheint eine Art Definitionsmacht nicht nur darüber zu beanspruchen, was einzelne Krankheiten als körperliche oder mentale Dysfunktionalitäten ausmachen und wie ihre empirischen Parameter zu beschreiben sind, sondern auch über unsere anthropologischen Einordnungen von Krankheit und Gesundheit sowie die Bedeutung dieser Zustände für die gesellschaftlichen Zusammenhänge und für unsere individuellen Lebensentwürfe. Dabei hat der Arzt und Philosoph Karl Jaspers bereits Anfang des letzten Jahrhunderts bemerkt: „Was gesund und was krank im allgemeinen bedeute, darüber zerbricht sich der Mediziner am wenigsten den Kopf" (Jaspers 1923, S. 4).

Die Bedeutungen von „Gesundheit" und „Krankheit" erweisen sich offensichtlich als wesentlich umfangreicher und werden durch einen rein medizinwissenschaftlichen Zugriff nicht hinreichend erfasst. Die Wissensformate, die sich mit „Krankheit" und „Gesundheit" verbinden, sind divers und lassen unterschiedliche Betrachtungsweisen zu.

2 Wissenschaftliche Methoden und Lebenswelt

Den Disziplinen der medizinischen Wissenschaft kommt sicherlich eine zentrale Bedeutung bei der Frage zu, was Krankheit und Gesundheit ausmacht. Methodisch betrachtet ist der Blick auf die Welt durch die wissenschaftliche Brille jedoch nur einer von vielen. Die vielfältigen Blicke durch *lebensweltliche Brillen* können hiervon erheblich abweichen und müssen nicht immer dem der Wissenschaften entsprechen. Dieser Topos vom Verhältnis zwischen Wissenschaft und Lebenswelt ist immer wieder thematisiert worden, so etwa besonders intensiv von Edmund Husserl. Er beschreibt in seiner Phänomenologie eine subjektbezogene Einheit von Ich und Welt, die sich durch eine intentionale Grundstruktur des *Ich-erfahre-etwas* auszeichnet. Hierin wird für ihn „Lebenswelt" zu einem zentralen Begriff für einen vortheoretischen und noch unhinterfragten Zugang zur Welt. Die Lebenswelt ist die Welt der „natürlichen Einstellung", die „im schlichtesten Sinne bewusstseinsmäßig für uns da ist, die Welt, in der wir leben, denken, wirken, schaffen" (Husserl 2002, S. 18).

In der Lebenswelt werden die Ich-Perspektive und der subjektive Blickwinkel nicht systematisch ausgeklammert, sondern sie sind geradezu der Bezugspunkt unserer vielfältigen Erfahrungs- und Erlebniswelten. Der wissenschaftliche Blick, der stets ein distanzierter und fragmentierter Blick auf die Welt sein muss, droht den Menschen von sich und der Welt zu entfremden, wenn Wissenschaften die alleinige Deutungshoheit über die Welt beanspruchen. Husserl versucht in seinem philosophischen Programm des frühen 20. Jahrhunderts (der transzendentalen Phänomenologie), die *Entfremdungserscheinung zwischen Mensch und Welt*, die sich gerade durch die Methoden der *Natur*wissenschaften sowie durch ihre wirtschaftlichen und technischen Anwendungen ausbreiten, wieder zu verringern. Denn die Wissenschaften befassen sich eben nicht mit der entscheidenden Frage, wer der Mensch denn ist und welchen Sinn seine Existenz hat („für ein echtes Menschentum") (Husserl 2002, § 2,4). Husserl bezeichnet dies als eine *praktische Krise* und als eine *Krise des Wissenschaftsbegriffs*, wie er sich herausgebildet hat mit der Entwicklung der naturwissenschaftlichen Disziplinen und – wie Jürgen Mittelstraß es ausdrückt – der Entstehung der „Leonardo-Welten", in denen Handwerkerstätten und wissenschaftliche Theorien sich erfolgreich miteinander verbinden (Mittelstraß 1992). Der naturwissenschaftlich-technische Fortschritt, den Francis Bacon im 17. Jahrhundert als Erleichterung für die Lebenspraxis vor Augen gehabt hat (Bacon 1990), entfaltet sich zum Ende des 19. Jahrhunderts zu einem Symbol lebensweltlicher Hoffnung. Im nachfolgenden Jahrhundert wird aber die Gesellschaft Zug um Zug mit den negativen Folgen dieser Praxis, wie Umweltzerstörung und Gesundheitsgefährdung, sowie schließlich im 21. Jahrhundert mit der genetisch-pharmakologischen Selbstmanipulation in immer stärkerem Ausmaß konfrontiert. Lebenswissen wird nur noch naturwissenschaftlich-verfügend und kaum noch im Sinne eines Orientierungswissens verstanden, denn – so Edmund Husserls Kritik – bloße „*Tatsachenwissenschaften* machen bloße *Tatsachenmenschen*" (Husserl 2002, § 2,4). Husserls Intention liegt keineswegs darin, wissenschaftliches Denken und Arbeiten als schädlich aufzufassen, es gar zu negieren oder überhaupt wissenschaftsfeindlich zu operieren, vielmehr ist es seine Absicht, wissenschaftliches Wissen adäquat *in die Lebenswelt zu integrieren* und nicht wissenschaftliches Wissen selbst für die

Lebenswelt zu halten. Da gerade die Naturwissenschaften und damit auch eine naturwissenschaftlich arbeitende Medizin notwendigerweise methodisch fragmentiert und reduktiv arbeiten, besteht daher stets die Gefahr, den Teil für das Ganze zu halten und dabei Organismus und Mensch zu übersehen. Nimmt man diese Zusammenhänge ernst, dann erwachsen aus den verschiedenen Perspektiven sehr *unterschiedliche Deutungsansprüche*, so auch in Bezug auf das, was „gesund“ und „krank“ für uns bedeuten.

3 Deutungshoheit und Deutungspraxis

Zu dieser Deutungsdimension gehört auch, dass man „Gesundheit“ und „Krankheit“ eine nicht nur beigeordnete, sondern eine wesentlich *praktisch-normative Dimension* einräumt und in ihnen nicht nur eine biologische Funktion bzw. Dysfunktion sieht. Dies wird vor allem dann deutlich, wenn sich aus der Zuordnung von dysfunktionalen Zuständen zum Krankheitsbegriff unmittelbare Handlungsoptionen ergeben, die sich nicht einfach auf eine Kapitelerweiterung medizinischer Lehrbücher beschränken, sondern zu persönlichen und gesellschaftlichen Veränderungen führen.

Denn diese Seite von „Krankheit“ und „Gesundheit“ reflektiert nicht nur medizinische Fortentwicklungen, sondern auch normative Einstellungen in Wissenschaft und Gesellschaft. So hat etwa die immer wieder modifizierte Einordnung des Zustands der *Trauer* im amerikanischen Klassifikationssystem des Diagnostischen und Statistischen Handbuchs Psychischer Störungen (DSM) stets für Diskussionen gesorgt, denn es versteht sich nicht von selbst, Trauer mit Krankheit in Verbindung zu bringen. Wenngleich sich eine langfristige Trauerreaktion durchaus in Form einer Depression manifestieren kann, ist die Trauer selbst für gewöhnlich nicht als Krankheit einzustufen. Sie kennzeichnet vielmehr eine *gesunde* und *emotional reife* Reaktion auf eine Verlusterfahrung ohne einen Krankheitswert, wenngleich Trauer mit einem Leidensdruck verbunden ist, der symptomatischen Krankheitszuständen gleichen kann. Im DSM-IV (1994/ rev. 2000) wird Trauer bereits der Kategorie „weitere klinisch relevante Probleme“ zugeordnet (V62.82). Wenn *noch zwei Monate nach dem Verlust* eines Menschen Symptome wie Schuldgefühle oder intensive Beschäftigung mit Gefühlen von Wertlosigkeit vorhanden sind oder auch der Betreffende in seinen Funktionen erheblich beeinträchtigt ist, gar halluzinatorische Erlebnisse hat, dann schlägt das DSM-IV die Diagnose der „Major Depression“ (296.2x) vor (Kersting et al. 2001). Doch nach der aktuellen Auflage, dem DSM-5 (2013), kann – bei hinzutreten einer Reihe von Symptomen wie etwa Antriebslosigkeit, Schlafstörungen, Appetitstörungen, Konzentrationsmangel oder Ängstlichkeit – *bereits eine mehr als zwei Wochen andauernde Trauer* als eine behandlungsbedürftige Krankheit dem Zustand der Depression zugeordnet werden und damit in einem sehr frühen Stadium zum Gegenstand therapeutischen Handelns werden. Wenngleich sich im DSM-5 darum bemüht wird, Trauer („grief") nicht generell als Krankheit zu verstehen, sie von einer schweren depressiven Episode („major depressive episode (MDE)") zu trennen sowie beide Zustände als möglicherweise koexistent zu betrachten, suggeriert das Diagnose- und Klassifikationssystem DSM schon durch die Verkürzung der Zeiträume, dass Trauer die Konnotation von Krankheit oder Dysfunktion erhält und damit *ein zentraler menschlicher Emotionsausdruck pathologisiert* wird, wenn er zu lange andauert. Traditionell kennt etwa die katholische Kirche das Sechswochenamt und das Jahrgedächtnis, die Rechtsgeschichte kennt das Trauerjahr. Das sind Hinweise darauf, die Trauerzeit als ein anthropologisch wertvolles Moment zu betrachten. In der kritischen Diskussion zu dieser Einordnung wird keineswegs in Abrede gestellt, dass Trauer krank machen kann und Therapien ab einem bestimmten Stadium sinnvoll und notwendig sind. Aber es lässt sich in den modernen, funktional eingerichteten Gesellschaften eine Tendenz erkennen, negativ konnotierte Emotionen nicht mehr aushalten und rasch therapieren zu wollen.

Die Herausforderung, wissenschaftliches Wissen, wie das über Gesundheits- und Krankheitszustände funktional in unsere lebensweltlichen Ansprüche zu integrieren, bezieht sich nicht nur auf die Dynamik der Wissenschaften und ihrer teilweise geschlossenen Sprachspiele, sondern hängt auch mit der Schwierigkeit zusammen, *lebensweltliche Probleme eindeutig der richtigen wissenschaftlichen Disziplin zuzuordnen*. Hier sei etwa auf die aktuelle Diskussion in der Kinder- und Jugendpsychiatrie bzw. -psychotherapie darüber verwiesen, in welchen Fällen Symptome einer Aufmerksamkeitsdefizit-Hyperaktivitätsstörung (ADHS) bei Kindern wirklich als Krankheit einzustufen sind, die Diagnose überhaupt im Einzelfall korrekt ist, das Phänomen psychopharmakologisch behandelbar ist oder ob es sich vielmehr um ein soziales Phänomen handelt, das auf Defizite im familiären Rahmen oder in den westlichen Erziehungs- oder Schulsystemen hinweist. Dass hier ein Problem vorliegt, wird von keiner Seite bestritten, aber wie es einzuschätzen und wie es anzugehen ist – ob biochemisch, systemisch, tiefenpsychologisch oder schulpolitisch –, ist nicht nur hochumstritten, sondern die Frage wird auch auf dem Rücken der Betroffenen ausgetragen. Dies gilt nicht zuletzt deshalb, weil die verschiedenen Ansätze für die lebensweltlich Beteiligten sehr unterschiedliche Konsequenzen haben, sowohl im Blick auf die Ursachenanalyse als auch hinsichtlich des Umgangs mit dem zur Disposition stehenden Zustand (Armstrong 2002; Lanzerath 2011, S. 257–264; Leuzinger-Bohleber et al. 2006; Walcher-Andris 2006). Hier zeigt sich sehr deutlich, dass sich die Fragmentierung der Wissenschaften in Einzeldisziplinen nur schwer mit der geforderten lebensweltlichen Einheit verträgt.

Derartige Formen der zunehmenden Pathologisierung und Medikalisierung der Lebenswelt sind gekoppelt mit einseitig interpretierten und inflationär gebrauchten Krankheitsbegriffen. Daher ist es notwendig, den Krankheitsbegriff wieder in seiner Multidimensionalität zu betrachten und seine internen Konstitutionsverhältnisse zu klären.

4 Die Macht der digitalen Verarbeitung und Verbreitung

Die naturwissenschaftliche Perspektive auf Krankheit und Gesundheit ist nicht irgendeine, sondern eine zentrale, denn das Krankheitsgeschehen korrespondiert mit physiologischen Zuständen des menschlichen Körpers und dessen Interaktion mit seiner Umwelt. Wesentliche Aspekte dieser Zusammenhänge können mit naturwissenschaftlichen Methoden adäquat erfasst werden, wenngleich nicht vollständig. Denn methodisch sind die Naturwissenschaften und auch eine naturwissenschaftlich arbeitende Medizin beschränkt. In den modernen empirischen Wissenschaften werden Daten durch quantitative Analysen in definierten Bereichen generiert. Mit dieser *selektiven Quantifizierung* werden die Forschungsgegenstände fragmentiert. Damit schränkt sich der Blick auf den bearbeiteten Gegenstand genau auf diese Fragmente ein.

Quantifizierte Daten werden in den empirischen Wissenschaften digital aufbereitet, um sie operabel zu machen – und werden dabei *scheinbar sprach- und kulturunabhängig* in Erklärungs-Modelle umgewandelt. Hierüber entstehen Finanzmodelle, Organismusmodelle, Krankheitsmodelle usf. In ihnen werden Daten „praktisch". Zunächst geschieht dies nur im Rahmen einer eingeschränkten wissenschaftsinternen Pragmatik, um mit ihnen weiterarbeiten zu können, aber schließlich beginnt man damit, die Daten und Modelle im nächsten Schritt in die Lebenswelt zu übertragen. Solche wissenschaftlichen Modelle erscheinen in diesem Prozess auf den ersten Blick wie objektivierte Abbilder der Lebenswirklichkeit, deren Wirklichkeitskompetenz ungeklärt ist (Bailer-Jones 2009; Cartwright 1999; Gedinat 2013) und eher in eine Diktatur der Einzelwissenschaften führt. Das semantische Dilemma dieser Modellübertragungen auf die Lebenswelt hat die Krise der COVID-19-Pandemie besonders deutlich gemacht mit der Frage, wie epidemiologische Modelle zu verantwortbaren politischen Entscheidungen führen sollen. Wissenschaftliche Modelle sind hier sehr begrenzt, denn das

Übermaß an Sinnmöglichkeiten der Lebenswirklichkeit kann durch die Naturwissenschaften nicht eingeholt werden (Gabriel 2013, S. 127 f. und 248 ff.).

Wenn man zwischen Einzelwissenschaft und Lebenswelt keine hermeneutischen Zwischenschritte einbaut, dann droht sich die moderne Gesellschaft hinsichtlich der Weltdeutung und Weltaneignung zu entmachten; sie wird selbst zum hypothetischen Modell. Das von Algorithmen errechnete Modell wird zur wirkmächtigen maschinenarithmetischen Realität, die durch Verabredungen in einem wissenschaftlichen Weltbild („scientific image") als gerechtfertigt erscheint. Die *stops and goes* werden durch Rechenmodelle gesetzt, die sich auch von den Entwicklern verselbständigen können und auf die der einzelne Mensch – wenn die Parameter erst einmal gesetzt sind – *nur noch reagieren* und in Bezug auf die er oft erst viel zu spät eingreifen kann. Modelle werden so komplex, dass nur noch ein Computer sie nachrechnen kann, und ihre Grundlage sind sehr begrenzte syntaktische und semantische Mittel (Sturma 2007, S. 140). Damit schiebt sich eine neu geschaffene und sich selbst weiterschaffende virtuelle Welt digitaler Daten und Modelle zwischen den erkennend-deutenden Menschen und die Wirklichkeit, so dass der zur Mathematisierung befähigte Mensch Gefahr läuft, nicht mehr Erschaffer von Hilfsmitteln für das Verständnis der Wirklichkeit zu sein – wofür sie ursprünglich gedacht waren –, sondern durch die Verselbständigung der Modelle zum bloßen Beobachter dieser neu geschaffenen Zwischenwelten zu werden. Fast unmerklich wirken sich diese Szenarien auf unser soziales Handeln und unsere sozialen Räume aus. Wir werden digital darüber informiert, was uns das Internet zum Kauf anrät, und unsere Karriere wird von virtuellen sozialen Netzen bestimmt. Was virtuelle Welten und Modelle mit unseren Daten machen, ist kaum mehr steuerbar.[1] Wir geben damit zunehmend die Hermeneutik, die Interpretation der Daten aus der Hand.

Zunehmend entwickeln Technologiefirmen Gadgets, die diverse Daten über Körper und Verhalten abtasten, verarbeiten, umwandeln, interpretieren und an andere Dateninteressierte weiterleiten. Besonders verbreitet sind Fitness- oder auch Gesundheitsarmbänder. Frank Schirrmacher hat hierzu weitreichende Fragen aufgeworfen: „Werden solche Systeme eine neue Gesundheitsökonomie einleiten? Werden wir neue Metriken dafür entwickeln, bei wem sich Behandlung

---

1 So schreibt der Jurist und Informationstheoretiker Lawrence Lessig: „The code regulates. It implements values, or not. It enables freedoms, or disables them. It protects privacy, or promotes monitoring. People choose how the code does these things. People write the code. Thus the choice is not whether people will decide how cyberspace regulates. People – coders – will. The only choice is whether we collectively will have a role in their choice – and thus in determining how these values regulate – or whether collectively we will allow the coders to select our values for us" (Lessig 2000; vgl. auch Lessig 2006).

lohnt oder nicht? Gibt es individuelle Strafen für falsche Lebensführung?“ Sind die schönen Armbänder „nicht der Schlussstein der Quantifizierbarkeit des Einzelnen, der sich nun in nichts mehr vom Modell des „homo oeconomicus“ unterscheidet: eines Wesens, das ausschließlich einer Effizienz- und Kontrolllogik gehorcht?“ (Schirrmacher 2014). Die Debatte um eine COVID-19-Tracking-App in Folge der SARS-CoV2-Pandemie hat gezeigt, wie Gesellschaften auf solche Systeme reagieren. Die ganze Gesellschaft wird in ein großes soziales Experiment eingebunden, wie spezifische Gesundheitsdaten zu angeordneten Verhaltensnormen im Dienste der Gesundheit führen sollen (Klar & Lanzerath 2020). Inwieweit es hierdurch zu Stigmatisierungs- und Diskriminierungswirkungen kommen wird, die möglicherweise auch noch auf falsch-positiven Alarmen fundieren, kann nur die Praxis klären (Leprince-Ringuet 2020). Wissenschaftler haben vor der Schaffung von Werkzeugen gewarnt, die eine Datenerfassung in großem Maßstab ermöglichen, da die Daten anfällig für Cyberattacken und/oder ernsthaften Missbrauch in Form einer beispiellosen Überwachung der gesamten Gesellschaft sind (Open Letter 2020). Über die Verwendung zur Eindämmung von COVID-19 durch „schleichende Überwachung“ hinaus könnten Regierungen die Krise ausnutzen, um Tracking-Daten von Bürgern zu erstellen und aufzubewahren, die theoretisch auch in anderen Kontexten wie der Strafverfolgung genutzt werden könnten (Klar 2020). Zudem wäre eine Verwendung der Daten denkbar, die es ermöglicht, den allgemeinen Gesundheitszustand der Bürger zu überwachen. Eine solche Utopie, wie sie etwa Juli Zeh (Zeh 2010) beschreibt, würde langfristig zu einer „Gesundheitsdiktatur“ führen, die genährt wird von einem rein szientifischen Blick auf Gesundheit und Krankheit.

Die Nutzung von Datenerhebungssystemen – ob bewusst oder unbewusst – nimmt stetig zu. Freilich tragen sie Positives zur Gesundheit bei: Wenn das Smartphone meldet, dass man sich am Tag zu wenig bewegt hat, kann man diese Information positiv nutzen, um sich mehr zu bewegen und Herz-Kreislauferkrankungen vorzubeugen. Aber je nachdem, wie eine Technik aufgebaut ist, wird man sich nicht sicher sein können, wer außer mir selbst noch von meinen Daten erfährt oder erfahren kann[2] und ob eine digitale Handlungsaufforderung mehr und mehr zur *Handlungspflicht* wird.

Der Mensch ist auf dem besten Wege – dem Ideal von Szientismus und szientifischem Naturalismus folgend –, die Hermeneutik seiner eigenen Lebenspraxis, eingebettet in einen Sinnhorizont eines Lebensplans, gegen die Automa-

---

2 Die auf diese Weise selbstregulierte Gesellschaft wirkt durch die Verschmelzung von Mensch und digitaler Abtastmaschine „normativ ohne langfristige Reflexion über Gesundheit, Effizienz oder Krankheit“ (Schirrmacher 2014).

tismen algorithmischer Hermeneutik einzutauschen. Daraus kann sich der Mensch nicht durch noch bessere Rechenmodelle, sondern *nur durch kreativen Widerspruch* selbst befreien. Dieser Widerspruch kann im Zusammenhang mit Gesundheit und Krankheit gerade darin bestehen, die eigene Erlebniswelt und das interpretatorische Gespräch wieder mehr in den Mittelpunkt zu stellen und nicht nur als Beiwerk wissenschaftlicher Daten zu betrachten. Die Konstitutionsverhältnisse sind wieder zurechtzurücken.

In der hier vertretenen Einschätzung dessen, welche Rolle die Konzepte „Krankheit“ und „Gesundheit“ spielen, soll daher insbesondere vom Erleben des Kranken selbst und von der Arzt-Patienten-Beziehung ausgegangen werden. Daten (worunter u. a. Labordaten fallen) spielen hier durchaus eine wichtige Rolle, aber eben nicht die einzige und nicht diejenige, die die Krankheitswirklichkeit konstituiert.

5 Erleben von Krankheit und Gesundheit: Elemente der Selbstauslegung

Die Bewertung eines Zustands als Krankheit im Kontext der individuellen Lebensführung kann – je nach Schwere der Krankheit – den Betroffenen mit der Frage nach dem Sinn seines Daseins konfrontieren. Es ist eine Konfrontation mit der eigenen kontingenten Existenzweise, die im Negativum des Krankseins auch etwas Positives erkennen lässt.

Krankheit offenbart dem Menschen – vielleicht mehr als alle anderen Befindlichkeiten – die Gleichzeitigkeit von *Identität und Nicht-Identität mit seinem Körper und Leib:* Werde ich krank, so wird mir mein Körper fremd; er ist es, der mich krank macht, gleichzeitig bin ich es, der krank ist und der sich nicht vom kranken Körper distanzieren kann.[3] Das Leibliche ist nichts Fertiges, es entsteht

---

3 Der Mensch ist sein Körper nur im Modus der Verkörperung, d. h. als Person in Form von Sprache, Religion, Lachen, Weinen u. a. (Plessner 1983, S. 136 – 217). „Wenn wir das Verhältnis des Menschen zu seinem Leib und seine Verkörperung im sprachlichen, kulturellen und sozialen Handeln nur begreifen können, wenn wir ihn als Person interpretieren, nämlich als ein Ich, das eine unlösliche Einheit mit Selbst und Leib bildet, zugleich aber zu beiden in einem Verhältnis steht, dann wird erklärlich, warum das Wissen des Menschen um seine Grundvollzüge stets – ausgesprochen oder unausgesprochen – vom Wissen um die Gegenmöglichkeit begleitet ist“ (Honnefelder 1994, S. 104 – 134). Der Mensch, dem diese Verschränkungen der Modi bewusst sind, „begreift das ihn umgebende Medium als ‚Welt‘, nämlich als das Wirkliche, das vor dem leeren Hintergrund des Nichts steht. Zur Erkenntnis der Realität gehört deshalb auch die zumindest implizite Erkenntnis ihrer möglichen Nichtigkeit“ (Honnefelder 1994, S. 123).

ständig neu, indem es sich verwirklicht, d. h. verkörpert. *Verkörperung* und *Entkörperung* werden in den Zuständen von gesund und krank sehr deutlich symbolisiert. Sich gesund erhalten kann als ein Modus der Verkörperung, krank werden als ein Modus der Entkörperung angesehen werden. Das Krankheitserleben führt uns die Unsicherheit dieser Welt, deren Teil wir sind, vor Augen (Heidegger 1977, § 47, § 51). Die Gesunden neigen dazu, die Welt der Kranken zu meiden, weil die Begegnung mit den Kranken sie an ihre eigene Kontingenz, Verwundbarkeit und Sterblichkeit erinnert.

Besonders ernste Krankheiten lassen vor diesem Hintergrund Fragen aufkommen, die unsere Lebensgewohnheiten in Frage stellen: „Warum ist das passiert?", „Warum gerade jetzt?", „Warum ausgerechnet mir?" Die von uns gedachte Welt kann auf einmal in sich zusammenfallen: „Es ist alles sinnlos, ich habe etwas falsch gemacht und mein jetziger Zustand ist die Strafe hierfür." Historisch sind Krankheiten in verschiedenen Kulturen sogar als Strafe Gottes oder der Götter aufgefasst worden (Eckart 1998, S. 8 – 14). Krankheit kann aber auch in der modernen Gesellschaft für den Einzelnen zum Anlass für eine Gewissenserforschung und Ausgangspunkt für Sinnsuche und -findung werden. Das ganze Leben kann sich durch Krankheitserfahrung ändern und zu einer Änderung der Rangordnung der Lebensziele führen.

Als ein Zwischenergebnis kann festgehalten werden, dass weder *naturalistische* Zugänge zur Krankheit, die diese nur als biologische Dysfunktionen betrachten, noch *konventionalistische* Zugänge zu Krankheit und Gesundheit, die diese als primär gesellschaftliches Konstrukt betrachten, befriedigend Auskunft darüber geben können, was Krankheit und Gesundheit ausmacht. Es liegt näher, den Krankheitsbegriff als einen praktischen Begriff zu verstehen, also einen Handlungsbegriff, der mit dem *Erleben der kranken Person* beginnt und im *Arzt-Patient-Verhältnis* über die Interpretation medizinischer Daten verfeinert wird. Um diese Interpretation kann dann auch gerungen werden (Lanzerath 2000, 2007, 2008). Hat man sich geeinigt, kann die Krankheitsfeststellung eine ganze Handlungskaskade auslösen und rechtfertigen.

6 Kranker und Arzt

Die Kommunikation zwischen Arzt und Patient sollte es dem Patienten ermöglichen, seinen Krankheitszustand besser zu verstehen. Der Patient verlangt damit aber in erster Linie nicht nach einer wissenschaftlichen Erklärung physischer Symptome, sondern er möchte die persönliche Situation verstehen, die sein Kranksein ausmacht. Der Kommunikationsprozess drückt die Bedeutung der Krankheit im Kontext der spezifischen biographischen Situation des Patienten aus (Toombs 1992, S. 110 – 111; Volkenandt 2015). Die praktische Aufgabe besteht dann in einer Kontextualisierung des Erlebnisprozesses.

Auch hier stellt sich die Digitalisierung als eine große Herausforderung für beide Seiten dar. Der moderne Mensch hat sich oft vor dem Arztbesuch schon im Internet über seine Symptome und mögliche Therapien informiert. Dies einzuordnen und ernst zu nehmen, ist Aufgabe des Arztes. Dass das Internet den Arzt nicht ersetzt, sollte zur Patienteneinsicht gehören.

Für eine funktionierende Kommunikation zwischen Arzt und Patient sind die *Tugenden des Patienten* ebenso einzufordern wie die des *Arztes*, denn ohne den Willen zur Genesung nützen ärztliche Anstrengungen wenig (May 1956, S. 1112). So entwickelt sich in der kommunikativen Praxis zwischen Patient und Arzt *ein praktischer Krankheitsbegriff*, also ein *Handlungsbegriff*, der auf beiden Seiten mit bestimmten Erwartungen verbunden ist. Im Dialog zeigen sich gegenseitige Verantwortlichkeit und Solidarität. Das Handeln mit dem Anderen und an dem Anderen beginnt dann nicht erst mit dem physischen Akt, sondern bereits mit der Sprache, mit der Art der Kommunikation, die in der Medizin häufig völlig unterbewertet wird, auch in der monetären Honorierung (Volkenandt 2015). Dazu gehören nicht nur der vertrauliche Umgang mit allen erhobenen Daten und die Schweigepflicht des Arztes, sondern auch ein grundsätzliches Vertrauensverhältnis, das aber nur dann vorausgesetzt werden kann, wenn ärztliches Handeln sich an wohldefinierten Zielen orientiert.

Gerade hier lässt sich ein steter *Wandel in Gesellschaft und Medizin* erkennen, der neue medizinische Normen setzt und andere Gesundheitswirklichkeiten generiert.

7 Die alten und neuen Normen der Medizin: Enhancement und Ökonomisierung

Traditionell orientiert sich die Medizin an den beschriebenen praktischen Krankheits- und Gesundheitsbegriffen. Doch derzeit macht die Medizin in der modernen Gesellschaft einen fundamentalen Strukturwandel durch, der erhebliche Konsequenzen auch für unser Verständnis von Krankheit und Gesundheit hat.

Diese traditionellen Ziele (Heilung, Prävention, Linderung) ärztlichen Handelns werden vor dem Hintergrund der erweiterten Handlungsmöglichkeiten der modernen Medizin durch neue Ziele ergänzt oder ersetzt. Zunehmend wird die „medizintechnische Machbarkeit" in den Mittelpunkt von Überlegungen und Handlungen innerhalb der Medizin gestellt, die diese zur „Anthropotechnik" werden lassen. Das Bestreben der Menschen, ihre Leistungen immer weiter steigern zu wollen, alte Grenzen zu überschreiten und in diesen Prozess auch die eigene Gesundheit mit einzubeziehen, führt seit der Aufklärung zu jener Vorstellung, die davon ausgeht, dass für das menschliche Handeln potenziell keine Grenzen mehr bestehen. Kontingenz und Sterblichkeit, als Kennzeichen für die Natürlichkeit des Menschen, werden letztlich verdrängt. Der Glaube vieler Menschen an die medizintechnische Machbarkeit kann schließlich zu jener völligen Medikalisierung (Lanzerath 2002, 2021 (im Druck)) der Lebenswelt führen, die suggeriert, auch die sozialen Probleme seien letztlich medizinisch lösbar (vgl. WHO-Gesundheitsdefinition 1946) (World Health Organization 1948). Damit werden Intension und Extension von Krankheit und Gesundheit erheblich erweitert.

Der naturwissenschaftliche Einfluss auf die Medizin – der in seiner positiven Wirkung keineswegs in Frage gestellt werden soll, aber zu der Annahme verleitet, Medizin sei lediglich eine angewandte (Natur-)Wissenschaft – löst die traditionelle ärztliche Teleologie, also die Bindung an ein klares *Ethos* (Lanzerath 2015) auf und verwandelt die Medizin von einer *techné* in eine Technik. Eine solche Technik kann dann prinzipiell jedermann zu beliebigen Zwecken zur Verfügung stehen. Als Ziele einer so konstituierten modernen „Dienstleistungsmedizin" werden u. a. die Verbesserung der Lebensqualität sowie das Erreichen eines „perfekten" Gesundheitszustands diskutiert. Der Wunsch nach „Steigerung" und „Verbesserung" („Enhancement") der menschlichen Natur wird beflügelt durch die Utopie einer leidensfreien Gesellschaft (vgl. Abschnitt 2).

Angeregt durch Bio- und Medizintechniken sowie verführt durch Utopien menschlicher Vervollkommnung, erstreben wir eine Art „zweite Gesundheit", indem wir unsere natürliche Natur nicht mehr nur zu gestalten, sondern zu überwinden trachten. Das wachsende Wissen um die physischen und psychischen Zustände des Menschen suggeriert, man könne zur Steigerung der Lebensqualität mit Hilfe von konventionellen chirurgischen Eingriffen, genetischen Manipulationen oder Medikamenten langfristig den perfekten Menschen schaffen. Nicht nur Bereiche der kosmetischen Chirurgie oder die Einnahme von Antidepressiva als Lifestyle-Medikamenten, sondern auch die Verabreichung von Anabolika oder Amphetaminen durch die Sportmedizin zur Leistungssteigerung von Sportlern fügen sich in die Vorstellungen ein, dass das medizinische Telos sich nicht mehr in der Erhaltung der Gesundheit erschöpft. Wird etwa Doping in der Öffentlichkeit primär unter dem Aspekt der Wettbewerbsverzerrung kritisch diskutiert, so sind es darüber hinaus die Zielsetzung ärztlichen Handelns und das ärztliche Ethos, die hier zur Disposition stehen (Murray 1984; ZEKO 2009).

Durch die Ökonomisierung der Medizin und die Schwierigkeiten bei der Allokation von knappen Ressourcen im Gesundheitswesen entwickeln sich „Zubrote" sowohl bei niedergelassenen Ärzten als auch bei Kliniken. Die so genannten individuellen Gesundheitsleistungen (IGeL) sollen die Praxis, die ästhetische Chirurgie, die Klinik betriebswirtschaftlich überleben lassen. Je breiter eine gesellschaftliche Zustimmung für nicht mehr unmittelbar gesundheitsrelevante Leistungen wird, desto weniger Möglichkeiten berufsethisch motivierter Sanktionen wird es geben. Die Tendenzen der Ökonomisierung der Medizin und die gesteigerten Ansprüche in der Gesellschaft scheinen eine zunehmende Integration von Enhancement und Anthropotechniken in das ärztliche Handeln zu fördern. Es wird dann immer schwieriger, zu beurteilen, welche Rechtfertigung für eine ärztliche Leistung tatsächlich vorliegt (ZEKO 2013).

Angesichts der immer zahlreicher werdenden medizintechnischen Serviceleistungen vollzieht sich auf diese Weise ein Wandel vom „Patienten" zum „Kunden". Ein solches „ärztliches" Handeln könnte schließlich marktgerecht über Angebot und Nachfrage geregelt und das bislang an die ärztliche Teleologie gebundene Arzt-Patient-Vertrauensverhältnis durch ein reines, individuelles Vertragsverhältnis ersetzt werden. Es bleibt zu fragen, ob die Gesellschaft ein Interesse an einer derartigen Rolle des Arztes als Dienstleister hat und wie sich diese Rolle zur Garantenstellung des Arztes verhält.

Freilich ist die Medizin als Teil einer Gesellschaft sozialethischen Werten, politischen und ökonomischen Kalkülen ausgesetzt. Mannigfache Geschmäcke, Wünsche und Phantasien beeinflussen die Ziel- und Prioritätensetzung in der Medizin. Gesellschaftliche Ziele und medizinische Ziele verweisen aufeinander und müssen gleichermaßen reflektiert werden. Die Frage, ob es überhaupt medizinische Zielsetzungen mit einem universellen oder globalen, d. h. transkulturellen Anspruch gibt, hängt sehr von der Auffassung ab, die man vom ärztlichen Handeln und von den in der Natur des Menschen angelegten universellen Erfahrungen von Krankheit hat. Aber erst dann, wenn sich die Begriffe „Krankheit" und „Gesundheit" klarer eingrenzen lassen, ist es möglich, diese Begriffe auch reflektiert in ethischen Zusammenhängen anzuwenden. Dies gilt besonders dann, wenn die traditionelle Struktur ärztlichen Handelns mehr und mehr in Frage gestellt wird.

8 Fazit

Gegenüber anderen Begriffen – die auch normativen Charakter haben können, aber extensional sehr offen sind – hat der praktische Krankheitsbegriff den Vorteil, Medizin und ärztliches Handeln eng zu fassen und berechenbar zu gestalten. Der so entwickelte Krankheitsbegriff orientiert sich daran, Kranksein als eine Weise des Mensch-Seins so zu fassen, dass die kommunikative Komponente des seine Befindlichkeit mitteilenden Menschen wesentlich zur Konstitution von

Krankheit gehört. Dabei erweist sich der Arzt als jene Instanz, die dem um Selbstauslegung bemühten Kranken nicht nur im engeren Sinne therapeutische, sondern auch – gegen technizistische Verkürzungen – hermeneutische Hilfestellung gibt; der Arzt hilft dem Kranken, sein Krankheitserleben besser verstehen zu können (Lanzerath 2000).

Will man diesen hohen Anspruch einlösen, dann muss dem Arzt-Patient-Verhältnis wieder ein breiterer Raum eingeräumt werden. Diese Funktion macht den Krankheitsbegriff zu einer Größe, die in einer durch nichts zu ersetzenden Weise das ärztliche Handeln spezifiziert, legitimiert und limitiert. Ein solcher praktischer Krankheitsbegriff kann dazu beitragen, dass Medizin weiterhin berechenbar bleibt, das Vertrauen zwischen Arzt und Patient stabilisiert wird und die innovativen Möglichkeiten moderner biomedizinischer Forschung im Rahmen von Diagnose und Therapie genutzt werden können, ohne dass die mit ihnen verbundenen Risiken eskalieren, die Medizin zur „Anthropotechnik" wird (vgl. ausführlicher Fuchs et al. 2002) und die Medizinethik nur noch zur Technikfolgenabschätzung degradiert würde. Hierzu ist es erforderlich, die Daten der medizinischen Disziplinen sorgfältig in einen größeren Kontext der Erlebniswelt der Patientinnen und Patienten zu integrieren und nicht die Daten selbst für die Erklärung der Phänomene zu halten.

Literatur

Armstrong, Thomas (2002): *Das Märchen vom ADHS-Kind: 50 sanfte Möglichkeiten, das Verhalten ihres Kindes ohne Zwang und ohne Pharmaka zu verbessern.* Paderborn: Junfermann.

Bacon, Francis (1990): *Neues Organon.* Hamburg: Meiner.

Bailer-Jones, Daniela (2009): *Scientific Models in Philosophy of Science.* Pittsburgh: University of Pittsburgh Press.

Boorse, Christopher (1981 [1975]): „On the Distinction between Disease and Illness". In: Arthur L. Caplan/H. Tristram Engelhardt Jr./James J. McCartney (Hrsg.): *Concepts of Health and Disease. Interdisciplinary Perspectives.* Reading, MA: Addison-Wesley, S. 545–560.

Boorse, Christopher (1997): „A Rebuttal on Health". In: James M. Humber/Robert F. Almeder (Hrsg.): *What is a Disease?* Totowa, NJ: Humana Press, S. 1–134.

Cartwright, Nancy (1999): *The Dappled World. A Study of the Boundaries of Science.* Cambridge: Cambridge University Press.

Eckart, Wolfgang U. (1998): *Geschichte der Medizin* (3. Aufl.). Berlin: Springer.

Fuchs, Michael/Lanzerath, Dirk/Hillebrand, Ingo et al. (2002): *Enhancement: Die ethische Diskussion über biomedizinische Verbesserungen des Menschen.* Bonn: DRZE.

Gabriel, Markus (2013): *Warum es die Welt nicht gibt.* Berlin: Ullstein.

Gadamer, Hans-Georg (1993): *Über die Verborgenheit der Gesundheit. Aufsätze und Vorträge.* Frankfurt am Main: Suhrkamp.

Gedinat, Jürgen (2013): *Ein Modell von Welt. Unterwegs in der Globalisierung*. Freiburg: Centaurus.
Heidegger, Martin (1977): *Gesamtausgabe. Ausgabe letzter Hand.* Bd. 2: *Sein und Zeit.* Frankfurt am Main: Vittorio Klostermann.
Honnefelder, Ludger (1994): „Das Verhältnis des Menschen zu Leben, Leiblichkeit, Krankheit und Tod. Elemente einer philosophischen Anthropologie". In: Ludger Honnefelder/Günther Rager (Hrsg.): *Ärztliches Urteilen und Handeln. Zur Grundlegung einer medizinischen Ethik.* Frankfurt am Main: Insel, S. 104–134.
Husserl, Edmund (2002): *Natur und Geist: Vorlesungen Sommersemester 1919.* Dordrecht: Springer Netherlands.
Jaspers, Karl (1923): *Allgemeine Psychopathologie für Studierende, Ärzte und Psychologen* (3., vermehrte u. verbesserte Aufl.). Berlin & Heidelberg: Springer.
Kersting, Anette/Reutemann, Michael/Ohrmann, Patricia et al. (2001): „Traumatische Trauer – ein eigenständiges Krankheitsbild?". In: *Psychotherapeut* 46(5), S. 301–308.
Klar, Renate (2020): „Ethical Dimensions of COVID-19 Tracking Apps: Privacy-Preserving Proximity Tracing Pepp-Pt and Data Protection". SHERPA Blog. https://www.project-sherpa.eu/ethical-dimensions-of-covid-19-tracking-apps-privacy-preserving-proximity-tracing-pepp-pt-and-data-protection//, besucht am 15. 6. 2020.
Klar, Renate/Lanzerath, Dirk (2020): „The Ethics of COVID-19 Tracking Apps –Challenges and Voluntariness". In: *Research Ethics* 16(3–4), S. 1–9.
Lanzerath, Dirk (2000): *Krankheit und ärztliches Handeln. Zur Funktion des Krankheitsbegriffs in der medizinischen Ethik.* Freiburg: Karl Alber.
Lanzerath, Dirk (2002): „Enhancement: Form der Vervollkommnung des Menschen durch Medikalisierung der Lebenswelt?". In: Ludger Honnefelder/Christian Streffer (Hrsg.): *Jahrbuch für Wissenschaft und Ethik*, Bd. 7. Berlin: De Gruyter, S. 319–336.
Lanzerath, Dirk (2007): „Der Begriff der Krankheit. Biologische Dysfunktion und menschliche Natur". In: Ludger Honnefelder/Matthias C. Schmidt (Hrsg.): *Naturalismus als Paradigma. Wie weit reicht die naturwissenschaftliche Erklärung des Menschen?* Berlin: Berlin University Press, S. 215–235.
Lanzerath, Dirk (2008): „Was ist medizinische Indikation? Eine medizinethische Überlegung". In: Ralf Charbonnier/Klaus Dörner/Steffen Simon (Hrsg.): *Medizinische Indikation und Patientenwille. Behandlungsentscheidungen in der Intensivmedizin und am Lebensende.* Stuttgart: Schattauer, S. 35–52.
Lanzerath, Dirk (2011): „Professionsethische Aspekte aktueller Praktiken der Optimierung der menschlichen Natur". In: Willy Viehöver/Peter Wehling (Hrsg.): *Entgrenzung der Medizin. Von der Heilkunst zur Verbesserung des Menschen?* Bielefeld: Transcript, S. 251–270.
Lanzerath, Dirk (2015): „Ethos". In: Dieter Sturma/Bert Heinrichs (Hrsg.): *Handbuch der Bioethik.* Stuttgart: J. B. Metzler, S. 35–43.
Lanzerath, Dirk (2021 (im Druck)): „Medikalisierung". In: Michael Fuchs (Hrsg.): *Handbuch Alter und Altern. Anthropologie – Kultur – Ethik.* Stuttgart: J. B. Metzler.
Leder, Drew (1990): *The Absent Body.* Chicago: University of Chicago Press.
Leder, Drew (1995): „Health and Disease. The Experience of Health and Illness". In: Warren T. Reich (Hrsg.): *Encyclopedia of Bioethics*, Bd. 3. New York, NY: Macmillan, S. 1106–1113.
Leprince-Ringuet, Daphne (2020): „Contact-tracing Apps: Why the NHS Said No to Apple and Google's Plan". https://www.zdnet.com/article/contact-tracing-apps-why-the-nhs-said-no-to-apple-and-googles-plan/, besucht am 30. 5. 2020.

Lessig, Lawrence (2000): „Code is Law. On Liberty in Cyberspace". Harvard Magazine. https://harvardmagazine.com/2000/01/code-is-law-html, besucht am 12.1.2020.
Lessig, Lawrence (2006): *Code: Version 2.0.* New York, NY: Basic Books.
Leuzinger-Bohleber, Marianne/Brandl, Yvonne/Hüther, Gerald (2006): *ADHS – Frühprävention statt Medikalisierung. Theorie, Forschung, Kontroversen.* Göttingen: Vandenhoeck & Ruprecht.
May, Eduard (1956): *Heilen und Denken.* Berlin: Dr. Georg Lüttke.
Mittelstraß, Jürgen (1992): *Leonardo-Welt: Über Wissenschaft, Forschung und Verantwortung.* Frankfurt am Main: Suhrkamp.
Murray, Thomas H. (1984): „Drugs, Sports, and Ethics". In: Thomas H. Murray/Willard Gaylin/Ruth Macklin (Hrsg.): *Feeling Good and Doing Better. Ethics and Nontherapeutic Drug Use.* Clifton, NJ: Humana Press, S. 107–129.
Open Letter (2020): „Joint Statement on Contact Tracing: Date 19th April 2020". https://drive.google.com/file/d/1OQg2dxPu-x-RZzETlpV3lFa259Nrpk1 J/view, besucht am 20.6.2020.
Plessner, Helmuth (1983): „Die Frage nach der Conditio humana". In: Helmuth Plessner (Hrsg.): *Gesammelte Schriften*, Bd. 8. Frankfurt am Main: Suhrkamp, S. 136–217.
Schirrmacher, Frank (2014): „Das Armband der Neelie Kroe". *FAZ* 51, S. 9.
Sturma, Dieter (2007): „Freiheit im Raum der Gründe. Praktische Selbstverhältnisse und die neurophilosophische Herausforderung". In: Ludger Honnefelder/Matthias C. Schmidt (Hrsg.): *Naturalismus als Paradigma. Wie weit reicht die naturwissenschaftliche Erklärung des Menschen?* Berlin: Berlin University Press, S. 138–153.
Toombs, S. Kay (1992): *The Meaning of Illness. A Phenomenological Account of the Different Perspectives of Physician and Patient.* Dordrecht: Springer Netherlands.
Volkenandt, Matthias (2015): „Patient-Arzt-Kommunikation: Aufforderung zum ‚empathischen Tanz'". In: *Rheinisches Ärzteblatt* 11, S. 28–29.
Walcher-Andris, Elfriede (2006): „Ethische Aspekte des pharmakologischen „cognition enhancement" am Beispiel des Gebrauchs von Psychostimulanzien durch Kinder und Jugendliche". In: *Ethik in der Medizin* 18(1), S. 27–36.
World Health Organization (1948): „Preamble to the Constitution of WHO as adopted by the International Health Conference, New York, 19 June–22 July 1946; signed on 22 July 1946 by the representatives of 61 States (Official Records of WHO, no. 2, p. 100) and entered into force on 7 April 1948. The definition has not been amended since 1948". https://www.who.int/about/who-we-are/frequently-asked-questions, besucht am 13.7.2020.
Zeh, Juli (2010): *Das Mögliche und die Möglichkeiten: Rede an die Abiturienten des Jahrgangs 2010.* Saarbrücken: Gollenstein.
ZEKO (2009): „Bekanntmachungen: Stellungnahme der Zentralen Kommission zur Wahrung ethischer Grundsätze in der Medizin und ihren Grenzgebieten (Zentrale Ethikkommission) bei der Bundesärztekammer zur Doping und ärztliche Ethik". In: *Deutsches Ärzteblatt International* 106(8), S. A-360–364.
ZEKO (2013): „Stellungnahme der Zentralen Kommission zur Wahrung ethischer Grundsätze in der Medizin und ihren Grenzgebieten (Zentrale Ethikkommission) bei der Bundesärztekammer: ‚Ärztliches Handeln zwischen Berufsethos und Ökonomisierung. Das Beispiel der Verträge mit leitenden Klinikärztinnen und -ärzten'". In: *Deutsches Ärzteblatt International* 110(38), S. A-1752–1756.

Michael Medzech und Alexander Krämer

Die Kunst des Arztes und die Philosophie: Zur Genese eines Grundverhältnisses des europäischen Denkens

Abstract: *The Art of Medicine and Philosophy: On the Genesis of a Basic Relationship in European Thought.* Referring to the examples of Hippocrates and Socrates, in this essay, we establish the thesis that philosophy and medicine in Greek philosophy are to be regarded as strongly interdependent. In their view, interpretations of health and disease are intertwined with various contexts or settings such as living conditions, environment and climate, which has implications for the therapy of patients as an art of healing. The relevance and philosophical perspectives of this epoch for modern medicine and public health on a globalized planet are highlighted.

Einer der eigentlichen Beweggründe des Denkens der Antike ist der Versuch, dem Wunsch zu entsprechen, sich um die Welt zu sorgen und sie zu heilen, indem die Menschen dazu gebracht werden, die Zusammenhänge dieser Welt besser zu verstehen, d. h. die Welt in ihrer Ordnung (*kosmos*) genauer zu kennen und dank dieses Wissens im Einklang (*harmonia*) mit ihr zu sein. Dies setzt freilich schon eine Differenzierung des antiken Menschen hinsichtlich der gewachsenen Welt (*physis*) voraus. Diese zeigt sich in der Sesshaftigkeit der Gemeinschaft (*polis*) und den damit einhergehenden Zivilisationsproblemen seit der neolithischen Kultur. Der bereits vollzogene Bruch mit der *physis*, bei einer gleichzeitig immer noch sehr starken geistigen, religiösen und materiellen Kontextualisierung mit ihr, warf implizit die Frage nach einer *Heilung* von *polis* und *physis*, auf. Die frühen griechischen Denker, angefangen bei den Orphikern, Homer und Hesiod, dachten und dichteten darüber.[1] Vor diesem Kontext erscheint es wenig verwunderlich, dass

1 Dies ist besonders präsent in Hesiods *Werke und Tage*, wo er mit den Mythen vom Feuer des Prometheus (Iapetosson) und dem Fass (wörtliche Übersetzung, ansonsten „Büchse") der Pandora, die bekanntlich Krankheit, Verderben und die Hoffnung enthält, diese Ambivalenz von Natur und Technik, vom ursprünglichem Leben in der Natur und Zivilisationsproblemen an seinem geschichtlichen Ort bereits zum Thema macht (Hesiod 1996, S. 7–11).

Michael Medzech, Philosophisch-Theologische Hochschule Vallendar (PTHV)
Alexander Krämer, Fakultät für Gesundheitswissenschaften, Universität Bielefeld

https://doi.org/10.1515/9783110713336-007

für einige Philosophen der Antike die Kunst des Arztes keineswegs etwas Fremdes war und im Gegenzug auch manche Ärzte ihre Kunst philosophisch unterfütterten.

Wir behaupten daher, dass das antike Denken über die Entfaltung von Innovation und Wissenschaft eigentlich von der *Heilung* her zu verstehen ist, d. h. von der Therapie des *Gewebes* des Lebens, mit dem Ziel, die Harmonie zwischen Mensch und Kosmos wiederherzustellen.

An dieser Stelle können wir nur einige Grundzüge des Verhältnisses der Kunst des Arztes und der des Philosophen skizzieren, um an das antike Motiv des *Therapeutischen* zu erinnern. Für dieses Anliegen fokussieren wir unseren Blick auf den denkenden Arzt Hippokrates und den ärztlich denkenden Philosophen Sokrates aus Platons Dialogen.

1 Der denkende Arzt und das ärztliche Denken – einführende Überlegungen

Betrachten wir zunächst die grundlegenden Motive, die der antike Arzt und der Philosoph des alten Griechenlands teilen. Das Moment des Philosophischen ist die kritische Haltung, das entsprechende Handeln ist das genaue Unterscheiden, mit dem Ziel, das aufzudecken, *was ist*, was verdeckt wurde und in Vergessenheit geriet: Das philosophische Moment entlarvt das Falsche und Täuschende. Dagegen war zuvor, im kosmischen Wahrheitsverhältnis, der Weg zum Einklang von Wahrem und Täuschendem noch möglich (z. B. bei Heraklit).

Auch die antiken Ärzte wollen die Krankheit aus dem Versteckten locken, sie entlarven und aus der Verbergung holen. Sie wollen die Disharmonie im Körper aufzeigen und alles Falsche und Täuschende ausschließen. Das Ziel ist auch hier die Wahrheit. Diese ist für den Arzt die Gesundheit (*hygieia*) – und zwar qua prognostischer Sorge und *Heilung* (*therapeia*). Für den Arzt ist der Einklang (*harmonia*) dann erreicht, wenn die Gesundheit wiederhergestellt ist. Der Mensch ist wieder mit der Wahrheit eins, wenn alles Falsche aus dem Körper oder der Seele genommen ist. Auch der Arzt muss hinsichtlich der Wahrheit der Krankheit genau unterscheiden, um die *wahre* Gesundung einzuleiten und die Harmonie von Körper und Geist wiederherzustellen.

Der Arzt sucht die *Verwobenheit* mit der Weltordnung und dem Weltganzen wiederherzustellen, indem er den Körper heilt und somit in Einklang mit dem Kosmos bringt. Nur wer geheilt ist, ist im Körperlichen im Einklang, und nur so kann er mit klarem und nicht abgelenktem Verstand die Wahrheit sehen und sich das Vergessene wieder aneignen. Es gibt also in den Ansätzen der frühen Philosophen und Ärzte eine Synthese von Körper und Geist, von Therapie und Wahrheitssuche, die dem Menschen helfen soll, wieder mit der Weltordnung eins zu werden. Denn sowohl der antike Wahrheits- als auch der Therapiebegriff suggerieren, dass einmal ein harmonischer Zustand gegeben war und dieser lediglich verloren, vergessen oder verborgen wurde bzw. der Erkrankung anheimgefallen ist.

Der antike Arzt prognostiziert, nimmt die Anamnese auf, diagnostiziert, und schließlich folgt die Therapie, bis die Genesung erreicht ist.[2] Dabei gilt es, wie in der Philosophie auch, eine Krise zu überwinden. Der Philosoph hingegen entwickelt eine Hypothese (Vorannahme, Unterstellung) und entfaltet dann eine verbindliche These (Stellungnahme). Sein Verfahren ist die Logik. Ist die Krise qua kritischer Betrachtung überwunden, gibt es analog zur Therapie des Arztes eine klärende Konklusion. Der antike Arzt und der antike Philosoph sind somit die Helfer der Menschen in Notzeiten. Ihre jeweilige Kunst ist im Wechselbezug von Wahrheitsaneignung und Therapie miteinander *verwoben.*[3]

2 Zur Genese des Grundverhältnisses zwischen philosophischem Denken und der Kunst des Arztes

Schauen wir uns das Verhältnis zwischen dem denkenden Arzt und dem ärztlichen Denken des Philosophen etwas näher an. Dazu können wir uns exemplarisch zwei antike Protagonisten vornehmen: Hippokrates von Kos (ca. 460 bis 370 v. Chr.) und Platons Sokrates in Athen (ca. 469 bis 399 v. Chr.). Hippokrates und Sokrates waren in biographischer Hinsicht sehr verschieden. Ersterer war Arzt, Letzterer war Steinmetz und Philosoph. Der eine war Verfasser von prosaischen

---

2 Mit Prognose ist hier nicht die medizinische Prognose der zukünftigen Krankheitsentwicklung gemeint, sondern die allgemeine Gesundheitsprognose des Patienten durch Einbettung (Verwobenheit) des Patienten in (mit) seine(r) Umwelt.

3 Auch wenn sowohl Sokrates als auch Hippokrates (bzw. die hippokratische Schule) stark vom Konzept des Wechselspiels der Gegensätze in der Tradition Heraklits beeinflusst sind, so ist doch bemerkenswert, dass vor allem die hippokratische Ärztelehre die Wechselbeziehung jenseits der Einheit in einer Vielheit verortete, die dem All bzw. dem Korbgeflecht und dem Tuch gleich seien (Hippokrates 1995 [1933], *Die Diät*, 4–6, III/29–32; 14, III/39; 19, III/41). Diese Hinweise legen aus heutiger Perspektive eine Interpretation nahe, die das rhizomatische Moment (Deleuze & Guattari 1977 [1976]) in diesem geschichtlichen Ort inmitten der vordergründing vorsokratischen Prägung sichtbar werden lässt, so wie Gilles Deleuze und Félix Guattari es in ihrer Einleitung zu *Mille Plateaux* als hermeneutische Deutung nahelegen.

Abhandlungen, der andere schrieb überhaupt nichts auf und seine Lehren sind uns nur in der Kunstform der philosophischen Dialoge durch die Sichtweise seines Schülers Platon überliefert. Der eine lebte auf einer eher abseits gelegenen Insel, der andere im griechischen Zentrum Athen. Beide hatten jedoch einen ähnlichen Stil des Denkens, den wir die *Verwobenheit* des ärztlichen mit dem philosophischen Denken nennen wollen.

2.1 Hippokrates' Prognosen

Hippokrates ist das Paradebeispiel eines denkenden Arztes. Er ist für seinen ärztlichen Eid bekannt, der über die Geschichte in abgewandelter Form bis heute seine sinngemäße Gültigkeit bewahrt hat und auch in der Gegenwart der ethische Leitfaden für Ärzte geblieben ist (Flashar 2016, S. 36 ff.). Dabei ist der dogmatisch formulierte Eid des Hippokrates eine seiner geringsten Leistungen, vor allem im Vergleich zu seinen großen medizinischen Arbeiten, die er als einer der Ersten seiner Zunft in Form von Prosatexten angefertigt hat. Mit einer Systematik und Argumentationskraft, die nach ihm erst wieder der Philosoph Aristoteles erreicht hat, sehen wir einen denkenden Arzt am Werk. Dazu betrachten wir zwei Texte aus dem hippokratischen Schriftkorpus, die wahrscheinlich echte Vorlesungen von ihm sind. Diese sind die Abhandlung *Luft, Wasser und Ortslage* (*Über die Umwelt*) sowie das kleine Büchlein *Prognostikon* (Flashar 2016, S. 33–34).

Hippokrates eilt in beiden Texten der Krankheit durch Prophylaxe und Prävention voraus, indem er durch zahlreiche Indizien versucht, ein *Vorauswissen* (*prognôsis*) darüber zu gewinnen, was möglichen zukünftigen Patienten passieren kann. Dies vollzieht er in beiden Schriften in einer vorbildlichen, philosophischen Weise, indem er die konkreten *Verweisungszusammenhänge* der Menschen berücksichtigt (siehe Abb. 1 A). Der Mensch wird weder im *Prognostikon* noch in der Schrift *Luft, Wasser und Ortslage* isoliert betrachtet. Es gibt hier weder eine logisch-sprachliche Abstraktion in Bezug auf Benennungen und Tätigkeiten, wie in der späteren Antike, noch eine (mittelalterlich-neuzeitliche) Vermittlung zwischen Subjekt und Objekt, vielmehr wird das *Gewebe* der Lebensverhältnisse selbst im Hinblick auf den möglichen zukünftigen Patienten oder eine Patientengruppe in Augenschein genommen. In *Luft, Wasser und Ortslage* heißt es gleich zu Beginn:

> Wer die Heilkunst in rechter Weise zu erlangen suchen will, hat folgendes zu tun. Zuerst muß er erwägen, welche Wirkung jede einzelne Jahreszeit auszuüben vermag [...]. Alsdann muß er auf die Winde, auf die warmen wie auf die kalten achten, und zwar insbesonders auf die, von welchen alle Menschen beeinflußt werden, nächstdem aber auch auf die, welche jedem Land

Abb. 1A (oben): Hippokrates' Verweisungszusammenhang der Gesundheitsprognose
Abb. 1B (unten): Sokrates' ärztliches Denken

> eigentümlich sind. Er muß sodann auch die wirksamen Eigenschaften der Gewässer in Betracht ziehen; denn so wie sie sich im Geschmack und Gewicht unterscheiden, so ist auch die Wirkung jedes einzelnen Wassers ganz verschieden (Hippokrates 1995 [1933], Kap. 1, VI/23).

Bereits hier zeichnet sich ab, dass der Mensch immer schon als ein in die Umwelt eingebettetes Wesen verstanden wird. Dies wird noch deutlicher, wenn Hippokrates folgert:

> Man muß demnach, wenn man in eine Stadt kommt, die man nicht kennt, genau darauf achten, welche örtliche Lage sie einerseits zu den Winden, andererseits zu den Sonnenaufgängen hat. Eine nach Norden zu gelegene Stadt übt nämlich auf den Menschen nicht denselben Einfluß aus wie eine nach Süden zu gelegene und eine nach Sonnenaufgang zu gelegene nicht denselben Einfluß wie eine nach Sonnenuntergang zu gelegene Stadt (Hippokrates 1995 [1933], Kap. 1, VI/23).

Zu achten hat man „ferner auf die Gewässer, wie (die Bewohner mit ihnen) daran sind, ob sie sumpfiges, weiches oder hartes, sei es von hochgelegenen und gebirgigen Gegenden kommendes oder sei es salziges und nicht zu erweichendes Wasser haben“ (Hippokrates 1995 [1933], Kap. 1, VI/23). Der Laie, aber auch der reguläre Mediziner der Gegenwart würden diese Aspekte für den Patienten vielleicht vernachlässigen. Für Hippokrates jedoch sind diese Verweisungszusammenhänge für die menschliche Gesundheit unabkömmlich.

Mit Akribie betrachtet Hippokrates diese Zusammenhänge in Bezug auf Klima und Vegetation eines Landes oder einer Region (Hippokrates 1995 [1933], S. VI/23 – VI/24). Damit aber nicht genug: „Und dann hat man die Lebensweise, welche die Bewohner bevorzugen, ins Auge zu fassen, ob sie gern trinken, nur einmal essen und sich nicht plagen oder ob sie körperliche Bewegung und Arbeit lieben und dabei gern essen, aber nicht trinken“ (Hippokrates 1995 [1933], S. VI/24). Der heutige Mediziner achtet ebenfalls auf die Sportlichkeit der Menschen. Und wenn er das *konkrete* Lebensumfeld des Patienten berücksichtigt, wird auch er auf die Wasserqualität einer Region achten, wenn die Beschwerden des jeweiligen Patienten auf ein diesbezügliches Problem hinweisen. Hippokrates' Herangehensweise ist auch heute noch vorbildlich, denn er beachtet deutlich mehr Aspekte, als es gegenwärtig vielleicht üblich wäre. Er sieht das gesamte *Gewebe* des Patienten, aber nicht erst bei der Anamnese oder der Symptom-Behandlung – nein, er prognostiziert für den Einzelnen, für eine Gruppe oder eine Stadt den Gesundheitszustand im umgebenden Kontext (Umwelt, Lebensverhältnisse; siehe Abb. 1 A). Diese *Verweisungszusammenhänge* zu beachten und aufzuzeigen, bemühen sich die Gesundheitswissenschaften (*Public Health*), sie werden aber auf der Ebene des Individuums (Patienten) in der praktizierten Allgemeinmedizin häufig nicht genügend berücksichtigt. Hippokrates hingegen lässt hinsichtlich deren Wichtigkeit keinen Zweifel offen:

> Auf jede einzelne der genannten Eigenschaften hat man also zu achten. Demjenigen nämlich, welcher dies alles, oder wenigstens fast alles genau kennt, wird es, wenn er in eine ihm unbekannte Stadt kommt, weder verborgen bleiben können, welche Krankheiten dem Land eigentümlich sind, noch wie die innere Konstitution (der Menschen) ist. Folglich wird er bei der Behandlung der Krankheiten weder in Verlegenheit kommen noch in die Irre gehen, was natürlicherweise geschehen muß, wenn man diese (Verhältnisse) vorher weder kennen gelernt noch im Einzelnen bedacht hat (Hippokrates 1995 [1933], S. VI/24).

Dabei legt es Hippokrates neben der räumlichen Dimension auch im Hinblick auf die Zeit auf maximale Präzision an. „Im Lauf der Zeit wird man ferner über das Jahr aussagen können, sowohl was für allgemeine (epidemische) Krankheiten die Stadt entweder im Sommer oder im Winter heimsuchen werden, als auch welche Krankheiten einem jeden Menschen persönlich bei (einer) Änderung seiner Lebensweise drohen" (Hippokrates 1995 [1933], S. VI/24). Anschließend warnt Hippokrates, am Beispiel der Bedeutsamkeit und der Einflüsse des Wetters und der Astronomie auf den Menschen, ganz entschieden vor jeder leeren Abstraktion von Krankheiten jenseits der konkreten Lebensverhältnisse des Patienten.

> Wer nämlich Bescheid weiß über die Veränderungen der Jahreszeiten und den Auf- und Untergang der Gestirne [...], der wird voraussehen können, wie sich das Jahr gestalten wird. Daher wird einer, der hiernach forscht und die (entscheidenden) Zeitpunkte im voraus erkennt, über jede Einzelheit genau Kenntnis haben, er wird sowohl die beste Gesundheit erzielen, wie auch vor allem in der (Heil-)kunst den richtigen Weg einschlagen. Sollte aber einer der Ansicht sein, dass diese Fragen nur in das Gebiet der Meteorologie gehören, so dürfte er, sobald er seine Meinung ändert, merken, dass die Astronomie der ärztlichen Kunst keine geringen, sondern sehr wesentliche Dienste leistet. Denn zugleich mit dem Klima (*hôrai*) ändern sich bei den Menschen die Leibeshöhlen (das Innere) (Hippokrates 1995 [1933], S. VI/24–VI/25).

Bereits hier wird deutlich, dass Hippokrates nicht nur leere Behauptungen aufstellt. Auch in den folgenden Kapiteln seiner Schrift entfaltet er in strukturierter Form Begründungen und Erläuterungen seiner Thesen. Diese vorbildlichen und umfangreichen Einsichten eines antiken Arztes konnten in jener Zeit nur von einem Menschen gewonnen werden, der nicht nur praktiziert, d. h. die Kunst des Arztes anwendet, sondern sich in sie auch *therapeutisch* hineindenkt. Hippokrates ist der Erste, der schriftlich auf den Zusammenhang der Kunst des Arztes in seiner Praxis mit dem *Verweisungszusammenhang* von Umwelt und Mensch hingewiesen hat. Ärztlich-therapeutisch dachte auch der philosophierende Zeitgenosse des Hippokrates von Kos: Platons Sokrates.

2.2 Sokrates' Mäeutik in der Elenktik

Platon lässt Sokrates in dreifacher Weise über medizinische Praxis denkend sprechen: Erstens ist die Gesprächstechnik (Elenktik) des Sokrates selbst so etwas wie ein ärztlicher Vorgang, wenn er im Dialog *Theätet* der Wahrheit zur Geburt verhelfen will, und zweitens vergleicht er im Dialog *Phaidros* die Arbeit des Philosophen mit der des Arztes (vgl. Abb. 1B). Drittens liegt mit der zweiten Hälfte des Dialogs *Timaios* eine philosophisch-ärztliche Abhandlung vor. Darauf wollen wir ein Schlaglicht werfen. Im *Theätet* macht Sokrates auf das medizinische Wissen der Hebammen aufmerksam: „Und können die Hebammen nicht auch durch Verabreichungen von Mittelchen [...] die Schmerzen erregen und sie nach Belieben auch mildern und bei Schwergebärenden die Geburt ermöglichen [...]. Theät. So ist's“ (Platon 1998 [1919], Bd. 4, *Theait.*, S. 41, St. 149d 1–5). Sokrates selbst nennt seine Fragetechnik eine Hebammenkunst (Mäeutik) – allerdings versteht er sie nicht als ärztliche Technik für die Geburt des Körpers, sondern für die des Geistes (vgl. Abb. 1B). So sagt er über die Hebammen:

> Mit meiner Entbindungskunst steht es nun im übrigen wie bei jenen [...]. Der wichtigste Teil aber meiner Kunst ist die Fähigkeit, auf jede Weise zu prüfen, ob der Geist des Jünglings eine Schein- und Lügengeburt zutage bringt, oder etwas Echtes und Wahres. Denn in folgendem Punkt gleiche ich ganz den Hebammen: [...] mit dem Vorwurf, den schon viele mir gemacht haben, dass ich nämlich zwar die anderen frage, selbst aber keinerlei Antwort gebe, weil ich über keine Weisheit gebiete, hat es seine volle Richtigkeit. Der Grund davon ist folgender: zu entbinden zwingt mich der Gott, selbst aber zu gebären hat er mir versagt. [...] Die Entbindung aber ist des Gottes und mein Werk (Platon 1998 [1919], Bd. 4, *Theait.*, S. 42–43, St. 150b–c).

Dies erinnert uns an die Worte des Sokrates vor den Anklägern – „Ich weiß, dass ich nichts weiß“ – aus der *Apologie* (Platon 1998 [1919], Bd. 1, *Apol.*, S. 29ff, St. 21ff.). Wie der Arzt sich nicht selbst heilen kann, so kann auch die Hebamme sich nicht selbst entbinden helfen. Auch hier gibt es eine Parallele zum Philosophen, der sich selbst nicht weise machen kann: Nur im Dialog gelingt es, gemeinsam zur Weisheit zu gelangen, wobei der Philosoph mittels eines ärztlichen Denkens agiert.

Dass dies Platons Überzeugung ist, lässt sich am Dialog *Phaidros* zeigen. Dort weist Sokrates den Phaidros zurecht, der glaubt, die Wahrheit zähle überhaupt nicht, sondern einzig die Kunst des Überredens und der Rhetorik sei von Bedeutung: „Heran denn, ihr edlen Weisen, und überredet den Phaidros, den Vater schöner Kinder, daß, wenn er nicht tüchtig Philosophie treibt, er auch niemals imstande sein wird, tüchtig über irgendeinen Gegenstand zu reden“ (Platon 1998 [1919], Bd. 2, *Phdr.*, S. 80, St. 261a). So vergleicht Sokrates denjenigen, der redet, ohne zu philosophieren, mit einem Quacksalber – und dies lässt er Phaidros selbst entwickeln: „Weil er aus irgendeinem Buche darüber hat vorlesen hören oder Arzneien in die Hand bekommen hat, bildet er sich ein, ein Arzt zu sein, während er doch nichts versteht von der Kunst" (Platon 1998 [1919], Bd. 2, *Phdr.*, S. 92, St. 268c1–4). Sokrates schärft Phaidros aber ein:

> Die Weise der rednerischen Kunst [insofern sie philosophisch ist und auf die Seele des Menschen abzielt] ist doch wohl dieselbe wie die der ärztlichen. [...] In beiden musst du die Natur unterscheiden, dort des Körpers, hier der Seele, wenn du nicht allein nach Handwerksgebrauch und Erfahrung, sondern nach Kunst willst jenen Gesundheit und Kraft einflößen durch Darreichung von Arzneien und Nahrung, dieser eine beliebige Überzeugung beibringen und Tüchtigkeit durch Worte und Übung geordneten Verhaltens (Platon 1998 [1919], Bd. 2, *Phdr.*, S. 95, St. 270b 4–9, Hinzufügung von M. M.).

Direkt und explizit beziehen sich Phaidros und Sokrates dabei auf Hippokrates – und zwar so, dass sie Hippokrates dafür loben, dass er (wie oben bereits erläutert) den Verweisungszusammenhang von Mensch und Welt sowie deren gemeinsame *Verwebung* mit der Gesundheit beachtet:

> Sokrates. Glaubst du nun, es sei möglich, von der Natur der Seele eine nennenswerte Kenntnis zu erwerben ohne Zusammenhang mit der Natur des Ganzen der Welt?
>
> Phaidros. Wenn man auf Hippokrates aus dem Geschlecht der Asklepiaden sich einigermaßen verlassen darf, wäre das nicht einmal bezüglich des Körpers möglich ohne diese Betrachtungsweise.
>
> Sokrates. Und er hat Recht, mein Freund. Doch müssen wir außer dem Hippokrates auch die Vernunft fragen und sehen, ob sie damit übereinstimmt (Platon 1998 [1919], Bd. 2, *Phdr.*, S. 95–96, St. 270c 1–8).

Mithilfe der Vernunft und der Lehre des Hippokrates von der ärztlichen Kunst versucht Sokrates nun zusammen mit Phaidros zu einer genauen Differenzierung bezüglich der Natur – sei es die der Seele oder die des Körpers – zu gelangen. „Wenigstens gliche jedes Verfahren, das davon absieht, wohl fast der Wanderung eines Blinden, während hingegen der mit Kunst irgendeine Sache Betreibende [mit] keinem Blinden oder Tauben verglichen werden darf" (Platon 1998 [1919], Bd. 2, *Phdr.*, S. 95–96, St. 270c 1–8).

Damit ist deutlich geworden: Das Denken des Arztes und das ärztliche Denken des Philosophen durchdringen einander. Sowohl Sokrates als auch Hippokrates geht es um die Therapie des Menschen – der Philosoph achtet auf die Seele, der Arzt auf den Körper. Dies sehen wir auch in der zweiten Hälfte des *Timaios*, bevor Timaios das Verhältnis der ärztlichen und philosophischen Herangehensweise verquickt und über die Seele (den Geist) und den Körper sagt: „Es gibt nur eine Rettung für beide: die Seele darf nicht ohne den Körper und der Körper nicht ohne die Seele in Bewegung gesetzt werden, auf daß beide, ihre Rechte verteidigend, ins Gleichgewicht und zur Gesundheit gelangen“ (Platon 1998 [1919], Bd. 6, *Tim.*, S. 136, St. 88d 1–3). Entsprechend durchdringen für Platons Timaios die Kunst des Arztes und die Philosophie einander, um dem Ideal des *Ebenmaßes* (der Symmetrie) von Wahrheit, Schönheit und dem Guten zu entsprechen (Platon 1998 [1919], Bd. 6, *Tim.*, S. 134–135, St. 87).

3 Mit den antiken griechischen Denkern auf dem Weg zu einem europäischen Gesundheitsbegriff der Zukunft

Die Gesundheitswissenschaften (*Public Health*) sind eine Multidisziplin aus Epidemiologie, Naturwissenschaften (Biomedizin, Genetik, Umweltwissenschaften), Sozialwissenschaften (Soziologie, Psychologie, Demographie) und Wirtschaftswissenschaften, die sich interdisziplinär mit Gesundheitsfragen befassen und transdisziplinär mit Praxispartnern, Institutionen des Gesundheitssystems und politischen Akteuren zum Wohle der Gesundheit der Bevölkerung zusammenarbeiten. Dabei wird im Unterschied zur Medizin, wo der individuelle Patient mit seiner Krankheit im Vordergrund steht, ein populationsbezogener Ansatz verfolgt, der sich auf die gesamte Bevölkerung eines Landes, der Welt oder auf bestimmte Bevölkerungsgruppen bezieht. Zusätzlich zur Beobachtung (Gesundheitsberichterstattung, Monitoring, Surveillance) und der Charakterisierung von Krankheitslasten werden Gesundheitsdeterminanten identifiziert und laufend beobachtet, die in bestimmter Weise mit Erkrankungen bzw. mit Gesundheit assoziiert sind und zu deren Verminderung bzw. Vermehrung beitragen. Daraus leiten sich Präventionsmaßnahmen ab. Des Weiteren ist die Methodik der Gesundheitswissenschaften systembezogen, weil die Analyse der Einrichtungen des Gesundheitssystems zur fortwährenden Anpassung dieses Systems an geänderte Krankheitslasten beitragen soll, um die Krankheitslasten in der Bevölkerung zu senken, wobei wirtschaftliche Gesichtspunkte berücksichtigt werden.

Charakteristisch für die modernen Gesundheitswissenschaften sind Konzepte wie der Settingansatz, der Lebensstil, Lebenswelten und andere Verweisungszusammenhänge betrachtet, die für die Gesundheit der Menschen entscheidend sind. Bespiele solcher Settings sind Organisationen wie Betriebe, Erziehungseinrichtungen, Einrichtungen des Gesundheitswesens, aber auch größere Einheiten wie Städte (Fehr & Hornberg 2018), Megastädte (Krämer et al. 2011) und thematische Lebenswelten wie die von Migranten und Flüchtlingen (Krämer & Fischer 2019), Klimagesundheit im Kontext von Klimawandel sowie

Infektionen (Krämer et al. 2010) und Pandemien (siehe die gegenwärtige COVID-19-Pandemie). Diese Settings bzw. *Kontexte* ermöglichen die Einbeziehung weiterer wissenschaftlicher Kooperationen z. B. mit den Geowissenschaften, der Stadtplanung und Architektur, der Anthropologie und Ethnologie oder mit der Klimatologie und Mathematik (Algorithmen und Modelle für Monitoring und Vorhersagen von Krankheiten). Der Settingansatz ist auch ein Grundprinzip für die *Sustainable Development Goals* (SDG) der UN/WHO (Ganten et al. 2018; Griggs et al. 2013; Wikipedia 2020). Wie sollen allerdings diese Disziplinen halbwegs harmonisch und effizient zum Wohle der Gesundheit zusammenarbeiten? Welcher theoretische Rahmen muss geschaffen werden, um für fruchtbringende wissenschaftliche Kooperationen zu sorgen, deren Ergebnisse dann erfolgreich in die Praxis umgesetzt werden können? Welche innovativen theoretischen Prinzipien könnten leitend sein?

Der Rückgriff auf die Philosophie – insbesondere auf das philosophische Denken im antiken Griechenland – könnte den vorhandenen Theoriebedarf, welcher sich in den *Health Sciences* (Medizin und *Public Health*) findet, decken und dabei helfen, einen ganzheitlichen Gesundheitsbegriff weiter zu entwickeln und stärker zu fundieren. Dieser Gesundheitsbegriff wäre damit im eigentlichen Sinne ein philosophischer und könnte es ermöglichen, Inhalte und Verfahren von Einzeldisziplinen der *Health Sciences* und von ihren wissenschaftlichen Partnern zu integrieren, um so Synergien zu generieren.

Ein solchermaßen philosophisch fundierter Theorieansatz in den *Health Sciences* wäre bestens dazu geeignet, kurzfristig orientierte Interessenskonflikte (Natur- versus Sozialwissenschaften, Genetik versus Umwelt, Physis versus Psyche, Gesundheit versus ökonomischer Gewinn, prädiktive Medizin versus gesundheitliche Ungleichheit, molekulare Medizin versus Sozialmedizin) in ihrer kräftezehrenden Dichotomie aufzuheben, um die Einzeldisziplinen so synergistisch zusammenzuführen. Auch wenn es illusorisch ist und überdies auch nicht wünschenswert wäre, die bekannten Gegensätze gänzlich aufzulösen, könnte der Rückgriff auf die antike griechische Philosophie hinsichtlich der *Verwebung* von ärztlicher Kunst und Philosophie inspirieren und zu einem Element und möglicherweise Leitmotiv für einen auch ethisch fundierten Gesundheitsbegriff der Zukunft werden (Stoecker et al. 2011). Dem Öffentlichen Gesundheitsdienst (ÖGD) käme dabei die Aufgabe zu, die integrierende Rolle für die Praxis zu übernehmen. Es ist mehr als bemerkenswert, wie weitsichtig insbesondere Hippokrates – ohne Ablenkung durch kapitalistische, sozialistische oder andere ideologische Konzepte – in seinen Schriften zentrale Konzepte der heutigen Gesundheitswissenschaften wie etwa Lebensstil, Lebensverhältnisse, Setting und Umwelt (z. B. Klima) – also einen allgemeinen Weltbezug – mitgedacht hat.

Vielleicht könnte die Rückbesinnung auf die von den antiken griechischen Philosophen begründete europäische Denktradition (Eckart 2013) dazu beitragen, dass sich das europäische Denken vor dem Hintergrund einer zerfallenden politischen Weltordnung gegen den mit diesem Zerfall einhergehenden Theorie- und damit Sinnverlust auf geistigem und intellektuellem Terrain neu zu formieren lernt und dass diese *Besinnung* bereits in naher Zukunft nutzbar gemacht werden kann. In der Zwischenzeit wünschen wir uns, dass die hier skizzierten Überlegungen für eine weiterentwickelte Theorie der *Health Sciences* Verwendung finden.

Literatur

Deleuze, Gilles/Guattari, Félix (1977 [1976]): *Rhizom* (Dagmar Berger/Clemens-Carl Haerle/Helma Konyen/Alexander Krämer/Michael Nowak/Kade Schacht, Übers.). Berlin: Merve.

Eckart, Wolfgang U. (2013): *Geschichte, Theorie und Ethik der Medizin.* Heidelberg: Springer.

Fehr, Rainer/Hornberg, Claudia (Hrsg.) (2018): *Stadt der Zukunft – Gesund und nachhaltig: Brückenbau zwischen Disziplinen und Sektoren.* München: Oekom.

Flashar, Hellmut (2016): *Hippokrates. Meister der Heilkunst. Leben und Werk.* München: C. H. Beck.

Ganten, Detlev/Silva, João Gabriel/Regateiro, Fernando et al. (2018): „Science Has to Take Responsibility. 10 Years World Health Summit – The Road to Better Health for All". In: *Front Public Health* 6, S. 314.

Griggs, David/Stafford-Smith, Mark/Gaffney, Owen et al. (2013): „Sustainable Development Goals for People and Planet". In: *Nature* 495(7441), S. 305–307.

Hesiod (1996): *Werke und Tage* (Otto Schönberger, Hrsg.). Stuttgart: Reclam.

Hippokrates (1995 [1933]): „Luft, Wasser und Ortslage". In: Richard Kapferer (Hrsg.): *Sämtliche Werke*, Bd. 6. Anger: Eick, VI/5–58.

Krämer, Alexander/Fischer, Florian (Hrsg.) (2019): *Refugee Migration and Health: Challenges for Germany and Europe.* Cham: Springer International.

Krämer, Alexander/Khan, Mobarak Hossain/Kraas, Frauke (Hrsg.) (2011): *Health in Megacities and Urban Areas.* Heidelberg: Springer.

Krämer, Alexander/Kretzschmar, Mirjam/Krickeberg, Klaus (Hrsg.) (2010): *Modern Infectious Disease Epidemiology: Concepts, Methods, Mathematical Models, and Public Health.* New York, NY: Springer International.

Platon (1998 [1919]): *Sämtliche Dialoge* (Otto Apelt, Hrsg.). Hamburg: Meiner.

Stoecker, Ralf/Neuhäuser, Christian/Raters, Marie-Luise (Hrsg.) (2011): *Handbuch Angewandte Ethik.* Stuttgart: Metzler.

Wikipedia (2020): „Ziele für nachhaltige Entwicklung". https://de.wikipedia.org/wiki/Ziele_f%C3%BCr_nachhaltige_Entwicklung, besucht am 21.04.2020.

Christoph Markschies

Menschenbilder – Gesundheitsbilder: Beispiele ihres Verhältnisses aus der Antike und deren Bedeutung für die Gegenwart

Abstract: *Concepts of Man – Concepts of Health: A Glimpse of Their Relationship in Antiquity With Relevance to Our Day and Age.* Referring to ancient miraculous healing narratives, this article argues that concepts of health are inextricably intertwined with concepts of man. However, the relatively autonomous idea of medical treatments based on scientific reasoning is not an invention of modern secularization. It already existed in antiquity – even among people of faith. Gods and other religious authorities were regarded as mediating factors; they were not held responsible for diseases or cures. Examples from Christian and pagan traditions show that the interplay between ideas of man and concepts of health were extremely complex and diverse. Obviously, this was true already in antiquity – but it is even more evident in the present. Dualistic confrontations (e. g., pre-modern versus modern times, pre-scientific healing vs. academic medicine) are of little help to achieve universal health care and global health.

Dass Menschen- und Gesundheitsbilder eng aufeinander bezogen sind, ist zunächst einmal eine vergleichsweise triviale Einsicht. Sie verführt meiner Ansicht nach aber immer wieder dazu, schlichte Duale zu modellieren und einlinige Kausalitäten zu formulieren – beispielsweise in der Gegenüberstellung von Moderne und Vormoderne, wissenschaftlichem und religiösem Menschenbild und so weiter und so fort. Prekär und nicht einfach zu beschreiben ist offenbar die exakte Verbindung zwischen Menschen- und Gesundheitsbildern, die im Titel nur durch einen Gedankenstrich markiert ist, aber natürlich durch die Kopula „und“ verdeutlicht werden könnte: Menschen- *und* Gesundheitsbilder. Mir kommt es hier darauf an, solche vertrauten und scheinbar klaren Differenzierungen zwischen Antike und Gegenwart oder einem religiösen und einem wissenschaftlichen Zugriff im Blick auf Menschen- und Gesundheitsbilder ein wenig zu perforieren, mindestens festgefügte Grenzen zu perforieren. Ich tue das an scheinbar (zumindest für Menschen, die sich nicht hauptberuflich mit der paganen und christlichen Antike beschäftigen) marginalen Texten. Der Anspruch ist aber,

Christoph Markschies, Berlin-Brandenburgische Akademie der Wissenschaften; Lehrstuhl für Antikes Christentum, Theologische Fakultät, Humboldt-Universität zu Berlin

 https://doi.org/10.1515/9783110713336-008

durch den Rückblick in die Vergangenheit auch zu konturieren, was für die Gegenwart Bedeutung hat. Schließlich geht es bei der Frage nach holistischen Ansätzen immer auch um eben diesen Zusammenhang von Menschen- und Gesundheitsbildern (Thumiger 2020).

Zu diesem Zweck setze ich zunächst bei einer antiken christlichen Textpassage ein, die einer der verschiedenen Versionen der Vita der Arzt-Heiligen Cosmas und Damian entstammt und überschrieben ist mit „Über den Bauern mit dem verfaulten Fuß". Ich tue das, weil ich mich in einem Forschungsprojekt einige Jahre mit dem Zusammenhang zwischen Heil und Heilung in der christlichen Antike beschäftigt habe (Markschies 2008), dazu auch ein wenig veröffentlicht habe und Analysen, die bei konkreten Texten ihren Ausgang nehmen, ohnehin sehr schätze (Markschies 2006a, 2006b). Das Beispiel stammt aus dem Kontext christlicher Erzählungen über heilige, nach damaligen Maßstäben also besondere und wundertätige Menschen. Die (etwas längere) Passage lautet:

> Es war ein Bauer, der allzeit ein unzüchtiges Leben hatte. Denn obwohl er im Gegenteil zu dem, was Salomon sagt, „jeder Faule ist in seinen Begierden ‚verhaftet'",[1] nicht faul war, hielt er sich an verderbliche Praktiken und lebte mit Vergnügungssüchtigen zusammen. Was er aus der landwirtschaftlichen Arbeit erwirtschaftete, gab er für Huren aus und gab sich immerfort und unersättlich mit jenen der Zügellosigkeit hin. Aber auch nichts anderes in seinem Handeln war von guter Art – Gott zu erzürnen war er immerzu beschäftigt. Als er nun einmal mit einer Hacke die Erde wie gewohnt umgrub, verletzte er sich mit dieser sein rechtes Bein und fügte sich dadurch eine tiefe Wunde zu. Von seinen Mitarbeitern getragen, wurde er ins Haus gebracht und hingelegt, weil er meinte, ausschließlich von der Wunde geheilt werden zu müssen. Als es aber Nacht geworden war, schwoll die Wunde so stark an, dass sie sich an Umfang vom gesamten Körper abhob. Und mit Tagesanbruch rufen die Anwesenden einen Arzt, der, als er sieht, dass das Leiden ernst ist und bald von Blutvergiftung befallen sein würde, mahnend sagt: „Wenn du unter den Lebenden weilen und nicht augenblicklich sterben willst, musst du mir gestatten, das kranke Bein zu amputieren. Denn wenn ich es nicht bald abschneide, wird sich das Leiden über den ganzen Körper ausbreiten und auf schnellstem Weg den Tod herbeiführen". Nachdem der Arzt ihm solches angezeigt hatte, ging er fort, um das für die Amputation notwendige Gerät und das (Brenn-)Eisen zu besorgen. Wie nun dem Bauern all das Schlechte in den Sinn kam, sobald er sich von seiner Pein sammelte, begann er zu weinen und zu seufzen und sagte: „Herr und Gott! Du allein kennst meine Sünden, dass sie nicht zu erzählen sind. Aber auch ich kenne Dein Erbarmen, das Deiner Großherzigkeit gemäß ist, sowie auch Dein Mitleid. Menschenhände taugen nicht für mein Leiden, sondern Du heile mich durch Deine Diener Kosmas und Damian, denen Du die Gnade der schmerzlosen Heilung schenkst". Als er mit diesen und ähnlichen Worten geklagt und Gott angefleht hatte, erschienen ihm um die Mitternacht die Heiligen in Gestalt von Ärzten und sprachen: „O Menschenkind, den dir der Erziehung wegen zugefügten vorübergehenden Schmerz konntest du nicht ertragen, wie willst du die für dich bereitete

1 Kohelet 13,4, vgl. auch 10,4.

ewige Strafe bestehen? Doch wenn du dort und hier gerettet werden willst, so bereue und beschließe es mit uns durch einen Eid: dass du den Rest deines Lebens besonnen verbringen und auch alle anderen Gesetze Gottes erfüllen wirst!“ Und er schwor es mit Furcht und größter Freude und schloss den Pakt, denn er erkannte, dass sie die Heiligen waren. Nun hoben sie den verwundeten Fuß in die Höhe und drückten den Eiter ganz heraus, reinigten die Wunde und heilten sie allein durch Berührung, so dass keinerlei Narbe an ihm zu erkennen war. Und sie sagten zu ihm: „Siehe, kein Übel ist an deinem Körper. Heile auch deine Seele!“ Und mit diesen Worten gingen sie von ihm fort. Am folgenden Tag stand der Bauer sehr früh auf und ging auf sein Feld, um das Gewohnte zu erledigen, voll Freude über die Rettung seiner Seele und seines Körpers. Er verbrachte nämlich den Rest seines Lebens mit den tugendhaftesten Handlungen. Als die Sonne aufgegangen war, kam der Arzt und brachte die Amputationsgeräte. Als er hörte, dass jener kein Übel mehr hatte, machte er sich auf den Weg zu dem Feld und wurde, weil er in der ganzen Gegend herumlief, zum Botschafter des Wunders. Er selbst und der Geheilte und alle, die von dem Geschehen hörten, lobten Gott, der seinen Heiligen eine solche Gnade gewährt (Rupprecht 1935, S. 15,5–17,16 [miraculum 4]).[2]

2 Ἦν τις γεωργός, ὃς ἀνάρμοστον εἶχ[εν διὰ παντὸς τὸν βίον· τὸ γὰρ ʽπᾶς ἀεργὸς ἐν ἐπι[θυμίαις ἐστὶʼ Σολομῶνος εἰπόντος τοὐναντίον ἀ[εργὸς οὐκ ὢν μοχθηρᾷ τέχνῃ προσανέχων φιλη[δονοῦσι συνέζη, ὅσα ἐκ τῆς γεωργικῆς ηὐπορεῖ[το ἐργασίας, πόρναις συνδαπανῶν κἀκείν[αις ἀκορέστως ἀεὶ συνασελγαίνων· ἀλλʼ οὐδέ τι πράξεως ἕτερον εἶδος εἶχεν ἀγαθόν, θεὸν παροξύνειν ἀεὶ μεμελετηκώς. οὗτος ἐν μιᾷ τῇ δικέλλῃ τὴν γῆν σκάπτων κατὰ τὸ εἰωθὸς τὸ δεξιὸν αὐτοῦ σκέλος πατάξας τῇ δικέλλῃ πληγὴν ἔσχεν οὐ μετρίαν. καὶ ὑπὸ τῶν συνεργατῶν βασταχθεὶς ἤχθη τε εἰς οἶκον καὶ ἀνακλίνεται πλέον τι τῇ πληγῇ μηδὲν ἀνιᾶσθαι δοκῶν. ἐπιλαβούσης δὲ νυκτὸς οἴδανε τὸ τραῦμα μεγάλως οὕτως, ὥστε ὅλου τοῦ σώματος ὄγκῳ διαφέρειν. καὶ μεθʼ ἡμέραν οἱ συνόντες καλοῦσιν ἰατρόν. ὃς οὐ τὸ τυχὸν ὄντα τὸ πάθος ἰδών, ὅτι καὶ σαπὲν ἦν διὰ τάχους, παρῄνει λέγων· ʽεἴπερ θελήσεις ἐν τοῖς περιοῦσιν εἶναι καὶ μὴ αἰφνιδίως ἀποθανεῖν, ἐπίτρεψόν μοι τὸ σκέλος τὸ τὸ πάθο[ς ἔχον ἐκτεμεῖν· ἐὰν γὰρ μὴ ταχέως ἐκτέμνω, τὸ πάθος ὅλον τὸ σῶμα δια[νε]μηθὲ[ν ἐ]π̣[ίτο]μον θ[ά]νατον ἐπάξει.ʼ ταῦτα σ[ημήνας αὐτῷ ὁ ἰατρὸς ἀπῆ]λθεν [ἑτοι]μάσαι τά τε ταῖς το[μ̣αῖς ἐπιτήδεια καὶ σί]δηρον. εἰς ἔννοιαν οὖν ἐλθὼν ὁ γεωργὸς] τῶν κακῶν, ὅτε ἀπὸ τῆς ἀ̣]ικίας ἑαυτὸν συνέλεξεν, ἤρξατο δακρυρρο]εῖν τε καὶ στενάζειν καὶ λέγ[ει]ν· ʽδέσποτ]α καὶ θεέ, σὺ μόνος τὰς ἐμὰς ἁμαρτίας ἐπίστασαι], ὅτι ἀμύθητοί εἰσιν. ἐπίσταμαι δὲ κἀγὼ τοὺς] σοὺς οἰκτιρμούς, ὅτι κατὰ τὴν μεγαλωσύνη]ν σου οὕτω καὶ τὸ ἔλεος. τὸ πάθος μου μηδὲ[ν εἰ]ς χεῖρας ἀνθρώπων. ἀλλὰ σύ με θεράπευσον διὰ τῶν θεραπόντων σου Κοσμᾶ καὶ Δαμιανοῦ, οἷς σὺ τὴν ἀνώδυνον ἐχαρίσω θεραπείαν.ʼ τούτοις καὶ τοιούτοις λόγοις ὀδυρομένου καὶ τὸ θε[ῖον ἐκλιπαροῦντος, μέσης νυκτὸς φαίνονται αὐτῷ λέγοντες οἱ ἅγιοι ἐν ἰατρῶν προσχήματι· ʽὦ ἄνθρωπε, τὴν παιδείας χάριν ἐπαχθεῖσάν σοι πρόσκαιρον ὀδύνην ὑποφέρειν οὐκ ἠδύνω, πῶς τὴν ἡτοιμασμένην τοῖς κατὰ σὲ κόλασιν αἰωνίαν ὑποστήσῃ; ἀλλʼ εἴπερ θέλεις κἀκεῖ καὶ ἐνταῦθα σωθῆναι, κἂν νῦν μετάγνωθι μεθʼ ὅρκου συνθέμενος ἡμῖν, ὅτι τὸν ὑπόλοιπον σωφρόνως ἐκτελεῖς βίον καὶ ὅτι τὰς ἄλλας πληροῖς ἐντολὰς θεοῦ.ʼ ὁ δὲ μετὰ φόβου καὶ χαρᾶς μεγίστης ὤμοσεν καὶ συνέθετο· ἔγνω γὰρ αὐτοὺς εἶναι τοὺς ἁγίους. ὑψώσαντες οὖ[ν] ἄνω τὸν πεπληγμένον πόδα τὸ [π̣ῦ̣ον ὅ]λον ἐξέθλιβον. καὶ [κ]αθά[ραντες] ἁφῇ μόνῃ τὸ τραῦμα ἰάσαν[το, ὥστε μηδὲν ὅλως ἐν αὐτῷ φαίνεσθαι οὐλῆς. [καὶ πρὸς αὐτὸν ἔφασαν· ʽὅρα, οὐδὲν κακό[ν ἐστιν ἐν τῷ σώματι. ὑγίαινε καὶ τὴν ψυχή[νʼ. καὶ ταῦτʼ εἰπόντες ἐξῆλθον ἀπʼ αὐτοῦ. ἕωθε[ν δὲ πρωιαίτερον ἀναστὰς ὁ γεωργὸς εἰς τὸν ἀγρὸ[ν ἦλθεν ἐργάζεσθαι τὰ συνήθη, χαίρων ἐπὶ τ[ῇ σωτηρίᾳ τῆς ψυχῆς ἢ τοῦ σώματος· ἀρίστ[αις γὰρ πράξεσι τὸν λοιπὸν ἔζησε βίον. ἀνίσ[χοντος δὲ τοῦ ἡλίου ἦλθεν ὁ ἰατρὸς τὰ πρὸς τὴ[ν τομὴν φέρων ἐπιτήδεια. καὶ

Man erkennt leicht, dass es in dieser Geschichte um christliche *Inkubation* geht, also eine über einen nächtlichen Traum im Heiligtum vermittelte Heilung, der ein Ritual der Reinigung und Bekehrung vorausgeht, ganz wie in Epidaurus und in anderen paganen Heiligtümern des Asclepius oder Apollon, in denen Inkubation geübt wurde. Allerdings treten hier an die Stelle der paganen Gottheiten zwei christliche Arztheilige namens *Cosmas und Damian*, die den Titel ἀνάργυροι (anárgyroi) tragen, zu Deutsch: Die, „die (im Unterschied zu den anderen Ärzten) gratis heilen". Ob die vielfältigen spätantiken Erzählungen über das Wirken der beiden Heiligen wirklich auf das heilende Handeln historischer Figuren zurückgehen (die dann vermutlich aus Syrien stammten) oder ob es sich – wie unser Akademiemitglied, der Berliner klassische Philologe Ludwig Deubner, annahm – um eine ahistorische Kontrafaktur der Dioskuren Castor und Pollux handelt, kann für unsere Zusammenhänge offen bleiben (Deubner 1907, S. 50–52). Bemerkenswerterweise ist unsere Geschichte in der besten griechischen, aus byzantinischer Zeit stammenden Londoner Handschrift der *Vita*[3] auch intern datiert, weil nach drei Wundergeschichten aus der angeblichen Lebenszeit der beiden Ärzte „auch das, was danach bei uns durch sie geschehen ist", erzählt werden soll, also eine Begebenheit, die die Autoren der in der Londoner Handschrift enthaltenen Sammlung irgendwann zwischen der angeblichen Lebenszeit der beiden heiligen Protagonisten (Ende des 3. oder zu Beginn des 4. Jahrhunderts) und ihrer eigenen Zeit datieren. Letztere ist schwer zu bestimmen, vielleicht entstand eine erste Version im 5. oder 6. Jahrhundert. In jedem Fall kommen wir auf eine (allerdings eher unpräzise) Datierung für unsere Geschichte in der spätantiken Sammlung auf die justinianische und nachjustinianische Zeit. Die Redewendung „bei uns" bezieht sich vermutlich auf die an der heutigen syrisch-türkischen Grenze gelegene antike Stadt Cyrrhus, bei der der bislang nicht identifizierte Ort Pheremma lag, in dem die Heiligen Cosmas und Damian vielleicht erstmals verehrt wurden (vgl. L 1, p. 9,27 R.). Möglicherweise ist aber auch an das Heiligtum der beiden Ärzte Cosmas und Damian in einem Vorort der Reichs-

ἀκούσας, ὅτι μηδὲν κακὸν ἔχων ὑπέστρεψεν εἰς τὸν ἀγρόν, πάντα τὸν τόπον περιτρέχων ἐγένετο κήρυξ τοῦ θαύματος. αὐτός τε καὶ ὁ ἰαθεὶς καὶ ὅσοι τὸ γεγονὸς ἤκουσαν, ἔδωκαν αἶνον θεῷ τῷ διδόντι τοιαύτην χάριν τοῖς ἁγίοις αὐτοῦ. – Die Wunder der von Rupprecht (= R.) edierten Londoner Handschrift werden sowohl im Haupttext als auch in den Anmerkungen als „L." (hier also: L 4), die bei Deubner (vgl. dazu folgende Anmerkung) aus verschiedenen Handschriften edierten als „D." zitiert.

3 British Library BM Add 37534 P 7944, saec. X, Fundort bei Edfu. Es handelt sich um Sondergut (Rupprecht 1935, Tabelle XIV), das sich nicht in den von Deubner edierten Handschriften findet (vgl. auch Bruns 2004).

hauptstadt Konstantinopel gedacht,[4] das unter Kaiser Justinian prächtig umgebaut wurde, aber schon vorher existierte (vermutlich wurde es unter der Regierungszeit des Kaisers Theodosius II. gebaut: 408–450 n.Chr.). Der Bauer allerdings, dessen verfaulter Fuß nach unserer Geschichte einer Amputation zum Opfer zu fallen droht, ist zu diesem oder jenem Heiligtum gar nicht in Beziehung gesetzt; die beiden Heiligen scheinen ihm an unbestimmtem Ort zu Hause im Schlaf zu erscheinen und sichern über Nacht nicht nur den Fuß, sondern zugleich auch mit seiner unversehrten Arbeitskraft seine Lebensgrundlagen in der Landwirtschaft. Solche Geschichten wurden allerdings schon in Epidaurus zu Werbezwecken erzählt und diese schlichte Tatsache mag die Verbindung zwischen unserem Text und dem Heiligtum in der syrischen Provinz oder in der Reichshauptstadt dargestellt haben. Die hinter aller Werbung liegende Konkurrenz zwischen Ärzten und ihren Heilweisen ist auch deutlich in unserem Text zu spüren, der einen Vertreter einer schmerzärmeren, dazu erfolgreicheren Therapie gegen einen Arzt stellt, der für seine schmerzhaftere Therapie zudem auch noch länger braucht. Aber das entspricht dem Genre und findet sich immer wieder in den Geschichten der ebenso kostengünstig wie effektiv und schmerzfrei heilenden Dioskuren Cosmas und Damian. Die Frage, ob eher diese Werbung oder tatsächliche Heilerfolge zum Aufstieg des Christentums in der Antike beigetragen haben, wie Hector Avalos nachzuweisen versucht hat (Avalos 1999), ist im Einzelnen schwer zu entscheiden.

Unsere Geschichte vom Bauern mit dem verfaulten Fuß ist natürlich in vielfacher Hinsicht eine für antikes christliches Menschen- und Gesundheitsbild wie den Zusammenhang beider Bilder typische Geschichte. Eine dramatisch geschilderte, lebensgefährliche Erkrankung wird von vornherein auf einen bestimmten Lebenswandel zurückgeführt und darauf, dass Gott durch diesen Lebenswandel „immerzu erzürnt wurde“: θεὸν παροξύνειν ἀεὶ μεμελετηκώς (15,12f. R.). Aber in Wahrheit arbeitet der Text nicht mit so schlichten Kausalitäten, wie es zunächst scheint. Der Bauer wird nicht etwa vom erzürnten Gott mit Krankheit geschlagen, sondern er verletzte sich mit einer Hacke bei der Feldarbeit sein rechtes Bein „und fügte sich dadurch eine tiefe Wunde zu“, wie es wörtlich heißt. Neben der quasi nüchtern volksmedizinisch präsentierten Krankheitsgeschichte läuft zunächst noch ein gleichsam separater Erzählstrang, in dem ein sexuell deviant von den herrschenden christlichen Moralvorstellungen lebender Landwirt aufgrund einer Krankheit zur Einsicht über die (jedenfalls in damaligen Augen bestehende) Verwerflichkeit seines Lebenswandels kommt und diese

4 Das Kosmidion in Blachernai wird jedenfalls in L 7 = D 33 (p. 23,1f. R.) erwähnt, ein Heiligtum am Ort der Bestattung in Syrien am Beginn von L 2 (p. 10,6f. R.).

Einsicht in Klage und Gebet vor Gott trägt. Der Landwirt appelliert an Gottes Erbarmen, Großherzigkeit und Mitleid (οἰκτιρμός, μεγαλωσύνη καὶ ἔλεος, p. 16,7–9 R.). Verknüpft sind beide Stränge durch den Ausdruck „Gnade der schmerzlosen Heilung" (τὴν ἀνώδυνον ἐχαρίσω θεραπείαν, p. 16,12 R.) – es geht mithin darum, eine äußerst schmerzhafte Therapie, die Amputation (Leven 2005), zu vermeiden. Erst die Heiligen Cosmas und Damian, die zur Nacht erscheinen, machen deutlich, dass beide Erzählstränge zusammengehören, weil sie von einem „Dir der Erziehung wegen zugefügten vorübergehenden Schmerz" sprechen, παιδείας χάριν (p. 16,16 R.) und eine eidliche Verpflichtung auf einen besonnenen Lebenswandel (σωφρόνως, p. 16,22 f.) als Voraussetzung der Heilung einfordern und auch erhalten. Die Therapie der Heiligen Cosmas und Damian wird dann wieder ganz schlicht medizinisch geschildert: Eiter wird herausgedrückt, die Wunde gereinigt und nur der Wundverschluss durch Berührung anstelle eines heilenden Pflasters zeigt, dass es sich um besondere Ärzte handelt und es hier um die „Rettung der Seele und des Körpers" (σωτηρία τῆς ψυχῆς ἤ τοῦ σώματος, p. 17 f.) ging. Die körperliche Heilung ist ein Zeichen, das dem Bauern hilft, die Aufforderung der beiden Heiligen zu befolgen: „Heile auch deine Seele!" (ὑγίαινε καὶ τὴν ψυχήν, p. 17,4 R.). Ein direkter kausaler Zusammenhang besteht nicht; der Bauer verbrachte vielmehr aus eigenem Antrieb, aus „Furcht und großer Freude" sein Leben hinfort mit ethisch vorbildlichen Handlungen. Am Ende steht – wie in der Kirche am Ende eines Gottesdienstes oder einer gottesdienstlichen Handlung – der liturgische Dank der versammelten Gemeinde: Der durch die Heilung im Schlaf arbeitslose Arzt mit dem Amputationswerkzeug, der Geheilte, aber auch alle, die vom Geschehen gehört hatten, „lobten Gott, der seinen Heiligen eine solche Gnade gewährt" – mit anderen Worten: Die heilenden Fähigkeiten der beiden Ärzte Cosmas und Damian sind durch einen Gott vermittelte *Fähigkeit* zur Heilung. Ähnliches steht übrigens im Hintergrund eines berühmten Textes des kaiserzeitlichen Mediziners und Philosophen Galen, den man einmal sein „philosophisches Testament" (Nutton 1987, S. 27; zum Abschnitt auch Tieleman 2013, S. 103–104) genannt hat: „Der Gott, der in meiner Heimatstadt Pergamon verehrt wird, erwies seine Kraft und Vorsehung vielfach, aber besonders dadurch, dass er mich einmal von einer Krankheit heilte".[5] Aus einem anderen Texts Galens wissen wir sogar, dass der (wie er selbst sagt) „Diener des Gottes (sc. Asclepius)" (θεραπευτής) die Therapie, die ihn in Jugendjahren von einem offenbar sehr

5 Galen, De prop. plac. 2 (Nutton 1987, S. 38 = CMG 5/3,2, 56,19 f.). Vgl. den griechischen Text (Boudon-Millot & Pietrobelli 2005, S. 173, 4–6): Ὁ δὲ παρ' ἐμοὶ τιμώμενος ἐν Περγάμῳ θεὸς ἐπ' ἄλλων τε πολλῶν τῆν ἑαυτοῦ δύναμιν καὶ πρόνοιαν ἐνεδείξατο ἐμέ τε θεραπεύσας ποτέ.

schlimmen Abszess heilte, im Traum empfangen hat.[6] Auch Galen bringt also eine Heilung mit der Kraft (δύναμις, *virtus*) eines Gottes in Verbindung. Wie er sich in diesem medizinischen Fall die Verteilung seiner Heilung auf einen göttlichen und einen menschlichen, ärztlichen Agenten und die Kräfte seines eigenen Körpers vorstellte, sagt er selbst ebenso wenig wie unser Text aus der Vita der Heiligen Cosmas und Damian.

Unsere Erzählung ist, wie auch explizit festgestellt wird, die Geschichte einer doppelten Heilung, einer Heilung von Körper und Seele. Beide (wenn ich so abgekürzt formulieren darf) Aspekte des Menschen werden dabei nicht strikt getrennt: Der schwer kranke Bauer überdenkt sein Leben und dabei „begann er zu weinen und zu seufzen“, wie es in unserem Text heißt. Er schließt unter Eid mit den Heiligen einen Pakt, hinfort besser zu leben „mit Furcht und größter Freude“ und arbeitet auch am Morgen nach der Heilung mit großer Freude wieder auf dem Feld. Natürlich sind diese Emotionen konstruierter hagiographischer Diskurs und keine psychologische Feinzeichnung, wie schon die biblische Anspielung in der Formulierung „mit Furcht und großer Freude“ zeigt – mit diesen Begriffen werden die beiden Frauen charakterisiert, die nach dem Zeugnis des Matthäusevangeliums vom Grab weglaufen, um die Worte des Engels über die Auferstehung Jesu den Jüngern mitzuteilen (Matthäus 28,8). Aber auch die seelische Heilung ist von Emotionen und Affekten begleitet, präziser: von der Veränderung von Emotionen und der Gegenkonditionierung von Affekten durch heilige Menschen im Traum. Bei diesen Veränderungen und Gegenkonditionierungen hilft, dass das Welt- wie Menschenbild unseres Textes klar dual strukturiert ist (wie es übrigens das Welt- und Menschenbild antiker Christenmenschen überhaupt). So wie der Dual von Krankheit und Heilung unsere Geschichte rahmt, prägt sie der Dual von beständigem „unzüchtigem Leben“ und allzeit vorbildlichen Handlungen. Zwischenstufen kommen allenfalls vor, wenn zum Zwecke der Dramatisierung sich die Wunde entzündet, eine große Eiterbeule bildet und Blutvergiftung droht.

Reinhart Koselleck hat solche klar konturierten Duale, bei denen zudem deutlich ist, was davon ein Autor präferiert und seinem Publikum ans Herz legt, „asymmetrische Gegenbegriffe“ genannt. Er hat in einem sehr eindrücklichen Aufsatz darauf aufmerksam gemacht, dass solche „asymmetrische Gegenbegriffe“ nicht nur die Begriffswelt, sondern die Wahrnehmung von Welt und Mensch strukturieren (Koselleck 1995). Sie folgen dem Freund-Feind-Schema von „wir hier“ und „ihr da“ und exakt diesem, leicht von einem Text auf einen anderen Text

6 Galen, De rat. cur. per ven. sec. 23 (XI, 315,6 – 10 K.): ἐμοὶ μὲν οὖν τοῦτο συνέβη νέῳ τὴν ἡλικίαν ὄντι. θεραπευτὴς δὲ τοῦ θεοῦ ἐν Περγάμῳ χρονίου πλευρᾶς ἀλγήματος ἀπηλλάγη δι’ ἀρτηριοτομίας ἐν ἄκρᾳ τῇ χειρὶ γενομένης, ἐξ ὀνείρατος ἐπὶ τοῦτο ἐλθὼν καὶ αὐτός. Weitere Passagen und Details bei: Schlange-Schöningen 2003, S. 226.

und von einer Situation auf eine andere Situation übertragbaren Schema folgt auch unser Text aus der Vita der Heiligen Cosmas und Damian. Auf diese Weise werden Duale konstruiert, denen sich niemand mehr entziehen kann, es sei denn, die asymmetrischen Duale schlagen irgendwann in Symmetrien um. Solche Duale sind aber auch ein Kennzeichen eines eher laienhaften Blicks auf die Wirklichkeit, der noch nicht durch Professionalisierung einer Wissenschaft – beispielsweise der Medizin – in mehr oder weniger gradierte Skalen abgestufter Graubereiche überführt worden ist. Diese Alternative zwischen asymmetrischen Gegenbegriffen und eher skalenartigen Modellen könnte man nun an den Vorstellungen von Gesundheit in der Antike und in unserem Text näher beschreiben.

Zunächst aber zum *Menschenbild:* Das Menschenbild, das in unserem Text zum Ausdruck kommt, impliziert einen engeren Zusammenhang von körperlichen und seelischen Befindlichkeiten; hier wird also Gesundheit nicht nur technisch als Abwesenheit von Störung körperlicher Funktionen verstanden. Der Mensch ist frei, sich bestimmten Lebensformen zuzuwenden, und diese Lebensformen haben körperliche und seelische Folgen. Der Mensch ist auch frei, sich von einer selbst gewählten Lebensform wieder abzuwenden; Gott, der ihn geschaffen hat zu ewigem Heil, bietet ihm durch Affekte und Emotionen Gelegenheit zu Verhaltensänderung und Einübung alternativer Verhaltensweisen. Er kann das, weil offensichtlich Lebensformen und Verhaltensänderung mit bestimmten Affekten wie Emotionen zu tun haben. Unser Text nennt diesen Zusammenhang Erziehung, παιδεία (paideía). Der Mensch ist also frei und zugleich ein erziehungsbedürftiges Mängelwesen. Erziehung geschieht durch Schmerz – wie es übrigens ja bis weit ins 20. Jahrhundert in vielen Haushalten auch hierzulande noch üblich war. Sexualität muss eingehegt werden und ist latent für die eigene Seele und das Vermögen gefährlich, insbesondere wenn der Trieb mit Prostituierten befriedigt wird. Bekanntlich traf das Christentum in der römischen Kaiserzeit schon auf eine entsprechend disponierte Schamkultur und einen gewissen Puritanismus herrschender Kreise, wie Michel Foucault und Paul Veyne, aber auch Peter Brown und viele andere gezeigt haben. (Aus der Fülle einschlägiger Literatur seien genannt: Brown 1991; Foucault 2019; Gehring & Markschies 2019; Le Goff & Truong 2007, S. 53–54.) Insofern dient unser Text mit dem Wunder der Heiligen Cosmas und Damian natürlich nicht nur zu Werbezwecken, sondern auch als didaktisch motivierte Erzählung, die ein bestimmtes Welt- und Menschenbild in Erinnerung bringen und festigen will. Gesundheit ist also weder etwas, was rein den Körper betrifft, noch allein Sache der Ärzte – man kann selbst gesund werden, auch ohne direkte Hilfe der professionellen Medizin. Wir erinnern uns an den einschlägigen Satz: „Heile auch deine Seele!" (ὑγίαινε καὶ τὴν ψυχήν, p. 17,4 R.). Aber bis auf den heutigen Tag konstatieren wir ja einen nicht geringen Anteil an Menschen, die sich mit oder ohne Anleitung von Fachleuten selbst therapieren und dabei mitunter durchaus erfolgreich sind.

Das Bild von Gesundheit in unserem Text ist – wie mir jedenfalls scheint – zunächst einmal stark laienmedizinisch geprägt. Es basiert auf dem grundlegenden Dual – oder nach Koselleck: den asymmetrischen Gegenbegriffen – von Gesundheit und Krankheit, die natürlich innerhalb beider Zustände noch die Steigerung (beispielsweise Steigerung der Krankheit durch Entzündung und Blutvergiftung) kennen. Fachwissenschaftliche Einsichten der Antike wie die Lehre von der Mischung der Körpersäfte spielen hier keinerlei Rolle (Kudlien 1978, S. 907–909). Aber fachwissenschaftliche Theorien über psychosomatische Zusammenhänge spiegeln sich natürlich in der Laienmedizin, die sich wiederum in unserem Text, der „Vita ... und der Wunder der Heiligen Gratisheiler Kosmas und Damian" wiederfinden. Wichtig ist, dass ohne jede Diskussion vorausgesetzt ist, dass körperliche Gesundheit einen Wert darstellt – bestimmte radikale Kreise des spätantiken Mönchtums sahen das durchaus anders und trennten sehr viel mehr zwischen der anzustrebenden Gesundheit der Seele und der Abtötung, ja allmählichen Vernichtung des eigenen Leibes (Markschies 2004). Man wird also sicher für die Antike auch nicht von einem einzigen christlichen Bild von Gesundheit sprechen können; die christlichen Konzepte schwanken zwischen Körperfreudigkeit und Körperhass (Kudlien 1978, S. 939).

So viel zur Antike. Auf den ersten Blick scheint unsere Gegenwart mit dieser Welt der Vormoderne wenig zu tun zu haben. Der römisch-katholische Grazer Pastoraltheologe Rainer Bucher spricht von einem neuzeitlichen Funktionsverlust der Religion im Blick auf die Heilung von Krankheit und Gesundheit – Teil eines umfassenderen Funktionsverlustes von Religion oder jedenfalls eines Verlustes von Alleinzuständigkeit (Bucher 2010, S. 231–232). Die Verlusterfahrung wird inzwischen kompensiert mit neuen Angebotsformen (wenn sie nicht, wie in bestimmten Kreisen des Christentums, geleugnet wird, beispielsweise indem schlicht die klassische Heilweise der antiken Christenheit fortgesetzt wird (oder in charismatischen Zusammenhängen transformiert revitalisiert wird, deren Vielfalt kaum mehr zu überblicken ist). Nur zwei Beispiele: Da gibt es an verschiedenen Orten das Angebot einer „Heilenden Seelsorge" (z. B. Baumgartner 1990; Müller 2000), die nach eigener Aussage die Spaltung oder Spannung zwischen Heil und Heilung überwinden will und eine Kombination von christlicher Spiritualität mit Anregungen aus der Psychotherapie versucht, da existiert (in München) ein Studiengang „spiritual care", der akademische Konsequenzen aus der Definition der Weltgesundheitsorganisation von Palliative Care ziehen will, die Behandlung von Schmerzen sowie anderen Problemen körperlicher, psychosozialer und spiritueller Art umfasst (Vgl. Klinikum der Universität München 2020; zur Palliativmedizin vgl. Nationale Akademie der Wissenschaften Leopoldina & Union der deutschen Akademien der Wissenschaften 2015). Immer stärker wird diese ursprünglich auf die Palliativmedizin konzentrierte Forschungsfrage und Ausbildungseinrichtung „als grundlegende Dimension der Betreuung von der Geburt bis zum Lebensende" verstanden, in dem „gleichermaßen Potenziale wie auch Risiken von Religiosität und Spiritualität in den Blick" genommen werden (Klinikum der Universität München 2017).

So plural, wie die Welt inzwischen ist, sind wohl auch die Menschen- und Gesundheitsbilder. Unser Blick in die Antike wollte davor warnen, die historische Entwicklung dieser Bilder allzu schnell mit Dualen wie dem von Vormoderne und Moderne nachzuzeichnen; es gibt mehr Survivals[7] von antiken Bildern, als uns vermutlich klar und vielleicht auch lieb ist. Gleichzeitig wird aber ebenfalls deutlich, dass es bereits vor der Moderne Aufklärung – oder sagen wir vorsichtiger und in Anknüpfung an ein Projekt der Akademie – Rationalisierung gab und man sich auch in Kreisen medizinischer Laien um präzise Beschreibung von Verantwortlichkeiten und Ursachen bemühte (Vgl. Markschies 2019). Eine Hacke verursacht die lebensbedrohliche Wunde des Bauern, mit dessen Arbeitsunfall in der Perspektive eines spätantiken Heiligenlebens wir begonnen hatten; Gott nutzt lediglich die Schmerzen zur Pädagogik – so, wie man das damals und noch lange danach von fürsorglichen Eltern erwartete. Die Wirklichkeit war also damals schon „vielspältig" und nicht nur „vielfältig", wie Trutz Rendtorff einmal schön differenzierte (Rendtorff 1991), sie ist es heute noch viel mehr.

Es spricht manches dafür, den Faktor Religion bei Menschen- und Gesundheitsbildern (mit dem wir uns beschäftigt haben) für ein Kontinuum, aber nicht für ein überwundenes Moment der Vormoderne zu halten. Und wenn es um „Gesundheit für alle" und gar um einen holistischen Zugriff auf das große Thema „Gesundheit" geht, dann kann man sich es erst recht nicht leisten, den Faktor Religion zu dispensieren und in einen naiven Reduktionismus zu verfallen. Bereits ein oberflächlicher Blick in Berliner Praxen und Krankenhäuser zeigt, wie wichtig dieser Faktor im medizinischen Alltag ist – und entsprechend auch in der Ausbildung und theoretischen Reflexion sein sollte. Allerdings darf man ihn natürlich auch nicht überschätzen – wir sahen bei unserer Analyse antiker Texte, dass es immer wieder schon in vormodernen Zeiten eine Autonomie von Gesundheitsbildern gibt, die weder über Korrelations- noch gar Kausalbeziehungen mit ganz bestimmten Menschenbildern verbunden werden können. Ein streng religiöses Menschenbild kann schon in der römischen Kaiserzeit unverbunden neben einem vollkommen säkularen Gesundheitsbild stehen und verschiedene

7 Der Begriff „Survival" übersetzt den in der Bibliothek Warburg geprägten Begriff „Nachleben" (Landauer 1984).

christliche antike Texte wie beispielsweise die spätantiken Wunder der Heiligen Cyrus und Johannes, die der Jerusalemer Patriarch Sophronius Anfang des 7. Jahrhunderts gesammelt hat (Booth 2009, S. 52–63; Fernández Marcos 1975, S. 23–32), belegen dieses auf den ersten Blick verblüffende Nebeneinander. In der europäischen Neuzeit dürften sich solche für unseren Geschmack eher widersprüchlichen Zusammentreffen eher gesteigert haben. Angesichts des allgemeinen Pluralisierungsschubs, der sich natürlich auch auf Menschen- wie Gesundheitsbilder auswirkt, muss man nicht nur einüben, mit der kaum verbundenen Kopräsenz sehr unterschiedlicher Verständnisse zu leben, sondern sorgfältig über Traditionslinien und andere Beziehungen zwischen diesen Verständnissen nachdenken. Wenn solche sorgfältigen traditionsgeschichtlichen und kompositorischen Analysen ein Teil der holistischen Agenda sind, muss man sich nicht besorgen; wenn sie bisher fehlen, sollte entsprechend nachgearbeitet werden.[8]

Literatur

Avalos, Hector (1999): *Health Care and the Rise of Christianity.* Peabody, MA: Hendrickson.

Baumgartner, Isidor (1990): *Pastoralpsychologie. Einführung in die Praxis heilender Seelsorge.* Düsseldorf: Patmos.

Berlin-Brandenburgische Akademie der Wissenschaften (2020): „Mediathek: Verständnis(se) von Gesundheit, Symposium vom 28. Januar 2020". Berlin-Brandenburgische Akademie der Wissenschaften. https://www.bbaw.de/mediathek/archiv-2020/verstaendnisse-von-gesundheit, besucht am 6. 12. 2020.

Booth, Phil (2009): „Saints and Soteriology in Sophronius Sophista's Miracles of Cyrus and John". In: *Studies in Church History* 45, S. 52–63.

Boudon-Millot, Véronique/Pietrobelli, Antoine (2005): „Galien ressuscité. Édition princeps du texte grec du De propriis placitis". In: *Revue des Études Grecques* 118, S. 168–213.

Brown, Peter (1991): *Die Keuschheit der Engel: Sexuelle Entsagung, Askese und Körperlichkeit am Anfang des Christentums.* München: Hanser.

Bruns, Peter (2004): „Die Syrische Kosmas- und Damian-Legende". In: *Rivista di archeologia cristiana* 80, S. 195–210.

Bucher, Rainer (2010): „Pastorale Heilungspraktiken. Überlegungen zu ihrer Attraktivität und Problematik". In: Walter Schaupp/Hans-Walter Ruckenbauer (Hrsg.): *Macht Religion gesund? Christliches Heilsangebot und Wellness-Kultur.* Innsbruck: Tyrolia, S. 231–245.

Deubner, Ludwig (1907): *Kosmas und Damian. Texte und Einleitung.* Leipzig & Berlin: BG Teubner.

Fernández Marcos, Natalio (1975): *Los Thaumata de Sofronio: Contribución al estudio de la incubatio cristiana.* Madrid: Instituto Antonio de Nebrija.

8 An dieser Stelle greife ich auf frei formulierte Bemerkungen aus meinem Versuch einer Zusammenfassung der Berliner Tagung am 28. Januar 2020 zurück, der in der Mediathek der BBAW zugänglich ist: (Berlin-Brandenburgische Akademie der Wissenschaften 2020).

Foucault, Michel (2019): „Die Geständnisse des Fleisches". Sexualität und Wahrheit (Bd. 4), herausgegeben von Frédéric Gros. Berlin: Suhrkamp.

Gehring, Petra/Markschies, Christoph (2019): „Michel Foucault: Wie der Sex zur Sünde wurde". Zeit Online. https://www.zeit.de/2019/27/michel-foucault-sexualitaet-und-wahrheit-vierter-band, besucht am 6.12.2020.

Klinikum der Universität München (2017): „Stiftungsprofessur für Spiritual Care mit Prof. Dr. Constantin Klein wiederbesetzt". https://www.med.uni-muenchen.de/aktuell/2017/stiftungsprofessur/index.html, besucht am 6.12.2020.

Klinikum der Universität München (2020): „Professur für Spiritual Care". Klinikum der Universität München. http://www.klinikum.uni-muenchen.de/Klinik-und-Poliklinik-fuer-Palliativmedizin/de/professur-fuer-spiritual-care/index.html, besucht am 6.12.2020.

Koselleck, Reinhart (1995): „Zur historisch-politischen Semantik asymmetrischer Gegenbegriffe". In: Reinhart Koselleck (Hrsg.): *Vergangene Zukunft. Zur Semantik geschichtlicher Zeiten.* Frankfurt am Main: Suhrkamp, S. 211–259.

Kudlien, Friedolf (1978): „Gesundheit". In: *Reallexikon für Antike und Christentum: Sachwörterbuch zur Auseinandersetzung des Christentums mit der antiken Welt*, Bd. 10. Stuttgart: Hiersemann, S. 902–945.

Landauer, Carl Hollis (1984): „The Survival of Antiquity. The German Years of the Warburg Institute" [PhD., Yale University]. New Haven.

Le Goff, Jacques/Truong, Nicolas (2007): *Die Geschichte des Körpers im Mittelalter.* Stuttgart: Klett-Cotta.

Leven, Karl-Heinz (2005): „Amputation". In: *Antike Medizin. Ein Lexikon.* München: C. H. Beck, S. 38.

Markschies, Christoph (2004): „Körper und Körperlichkeit im antiken Mönchtum". In: Barbara Feichtinger/Helmut Seng (Hrsg.): *Die Christen und der Körper. Aspekte der Körperlichkeit in der christlichen Literatur der Spätantike.* München: K. G. Saur, S. 189–212.

Markschies, Christoph (2006a): „Einführung: Heil und Heilung in der Spätantike". In: Humboldt-Universität zu Berlin/Berliner Medizinhistorisches Museum der Charité (Hrsg.): *Wunderheilungen in der Antike. Von Asklepios zu Felix Medicus. Begleitheft zur gleichnamigen Ausstellung vom 10. November 2006 – 11. März 2007.* Oberhausen: Athena, S. 17–23.

Markschies, Christoph (2006b): „Gesund werden im Schlaf. Einige Rezepte aus der Antike". In: *Berlin-Brandenburgische Akademie der Wissenschaften. Berichte und Abhandlungen* 12, S. 187–216.

Markschies, Christoph (2008): „Heil und Heilung: Transformationen antiker Heilkulte". Theologische Fakultät der Humboldt-Universität zu Berlin. https://www.antikes-christentum.de/apokryphen8, besucht am 16.12.2020.

Markschies, Christoph (2019): „Introduction". In: Yohanan Friedmann/Christoph Markschies (Hrsg.): *Rationalization in Religions. Judaism, Christianity and Islam.* Berlin & Boston: De Gruyter, S. 1–4.

Müller, Wunibald (2000): *Heilende Seelsorge.* Mainz: Matthias Grünewald.

Nationale Akademie der Wissenschaften Leopoldina/Union der deutschen Akademien der Wissenschaften (2015): *Stellungnahme. Palliativversorgung in Deutschland. Perspektiven für Praxis und Forschung.* Halle an der Saale: Nationale Akademie der Wissenschaften Leopoldina, https://www.leopoldina.org/uploads/tx_leopublication/2015_Palliativversorgung_LF_DE.pdf, besucht am 6.12.2020.

Nutton, Vivian (1987): „Galen's Philosophical Testament: ‚My Own Opinions'". In: Jürgen Wiesner (Hrsg.): *Aristoteles. Werk und Wirkung.* Bd. 2: *Kommentierung, Überlieferung, Nachleben: Paul Moraux zum 65. Geburtstag gewidmet.* Berlin & New York: De Gruyter, S. 27–51.

Rendtorff, Trutz (1991): *Vielspältiges. Protestantische Beiträge zur ethischen Kultur.* Stuttgart, Berlin & Köln: Kohlhammer.

Rupprecht, Ernst (Hrsg.) (1935): *Cosmae et Damiani Sanctorum medicorum vitam et miracula e codice Londinensi.* Berlin: Junker und Dünnhaupt.

Schlange-Schöningen, Heinrich (2003): *Die römische Gesellschaft bei Galen: Biographie und Sozialgeschichte.* Berlin & New York: De Gruyter.

Thumiger, Chiara (2020): „Holism, Parts, Wholes". In: Chiara Thumiger (Hrsg.): *Holism in Ancient Medicine and Its Reception.* Leiden & Boston: Brill, S. 25–46.

Tieleman, Teun (2013): „Miracle and Natural Cause in Galen". In: Stefan Alkier/Annette Weissenrieder (Hrsg.): *Miracles Revisited. New Testament Miracle Stories and their Concepts of Reality.* Berlin & New York: De Gruyter, S. 101–114.

Teil 2: Gesundheitsbegriffe regionaler Medizintraditionen

Robert Jütte

Gesundheit im Judentum: Ein interkultureller Diskurs über Unverständnis und Missverständnis in Vergangenheit und Gegenwart

Abstract: *Health in Judaism: An Intercultural Discourse on Lack of Understanding and Misunderstanding in the Past and Present.* Hardly any other religion pays as much attention to physical health as Judaism. Beginning with the Torah, the contrast between „healthy" and „sick" is already conceptualized and associated with the will of God and his plan of creation. In addition to the stereotype that Jews are sicker than their fellow human beings, there is an early claim that their state of health is better than that of other peoples. The religious writings of Judaism contain a large number of regulations that show how much the Greco-Roman doctrine of dietetics has been internalized, expanded and adapted to one's own spiritual needs. There is broad consensus among today's rabbis that health care, as described above all in the Talmud, was time-related and therefore should be based on today's standards and findings while remaining in compliance with religious laws.

1 Die besondere Wertschätzung der Gesundheit im Judentum

„Ein bisschen Sonne, ein bisschen Regen, ein ruhiger Ort sich hinzulegen, Hauptsache man kann glücklich sein. Ein Paar Schuhe, ein Paar Socken, ein Kleid ohne Flicken, ein Täschchen mit drei, vier Geldstücken. Hauptsache gesund, dann kann man glücklich sein. Die Luft kostet nichts", so lautet die deutsche Übersetzung eines bekannten jiddischen Liedes. Darin wird zum Ausdruck gebracht, dass Gesundheit wichtiger ist als irdische Reichtümer.

Anmerkung: Der vorliegende Artikel basiert im Kern auf meiner Monographie *Leib und Leben im Judentum* (Jütte 2016), wurde zum Teil aber noch ergänzt und aktualisiert.

Robert Jütte, Institut für Geschichte der Medizin der Robert Bosch Stiftung (IGM), Stuttgart

 https://doi.org/10.1515/9783110713336-009

Kaum eine andere Religion schenkt der physischen Gesundheit so viel Beachtung wie das Judentum. Man denke nur an die berühmten Sentenzen im Buch Jesus (Ben) Sirach:

> Es ist besser, arm zu sein und dabei frisch und gesund als reich und nicht gesund. Gesund und frisch sein ist besser als alles Gold, und ein gesunder Körper ist besser als großes Gut. Kein Reichtum ist zu vergleichen mit einem gesunden Körper, und kein Gut gleicht der Freude des Herzens (Sirach 30:14–16).

Bereits in der Thora wird der Gegensatz zwischen „gesund" und „krank" konstruiert und mit dem Willen Gottes und seinem Schöpfungsplan in Verbindung gesetzt. Ähnlich bringt es das traditionelle Gebet eines jüdischen Arztes auf den Punkt, das lange Zeit fälschlicherweise dem berühmten jüdischen Philosophen und Mediziner Maimonides zugeschrieben wurde: „Allgütiger! Du hast des Menschen Leib voller Weisheit gebildet. Zehntausendmal zehntausend Werkzeuge hast du in ihm vereint, die unabläßig thätig sind, um das schöne Ganze, die Hülle der Unsterblichen, zu erhalten und zu ernähren" (Leder 2007, S. 238). Der menschliche Körper ist also ein Wunderwerk Gottes, wie es zu Anfang dieses Gebetes heißt; dennoch ist der Mensch nicht vor Krankheiten gefeit.

Das antike Judentum teilte das Gesundheitsverständnis, das in seinen Grundzügen metaphysisch ist, mit seiner Umwelt, den vorderasiatischen Hochkulturen (Kaiser 2002, S. 9). Der einzige Unterschied ist, dass es im Judentum keine Vielzahl an Göttern, sondern nur einen Gott gibt, der die Menschheit wegen Ungehorsams mit einem Verlust an Gesundheit strafen kann. Krankheit wird also als Folge des unergründlichen Zorns Gottes oder als Strafe Jahwes angesehen, wie es in den Psalmen 6 und 88 zum Ausdruck kommt. Wer gesund bleiben will, tut also gut daran, Gottes Gebote einzuhalten (2. Mose 15:26; 23:25). Vor allem in nachexilischer Zeit entstand die Vorstellung, dass sich Gott dabei bestimmter „Werkzeuge" bedient. An erster Stelle ist hier an den Satan oder an Krankheitsdämonen zu denken. Zur Wiederherstellung der Gesundheit griff Gott dagegen auf Engel zurück (vgl. Tobias 12:5–20). Der Arzt, bereits in der Bibel gelegentlich erwähnt, steht nicht in Konkurrenz zur göttlichen Heilkunst, er ist ebenfalls ein Werkzeug Gottes: „Befreunde dich mit dem Arzt, ehe du ihn brauchst, / denn auch ihm hat Gott (seine Aufgabe) zugeteilt. / Von Gott stammt der Sachverstand des Arztes, und vom König erhält er seine Bezüge" (Sirach 38:1–2).

2 Gesünder oder kränker als andere Völker und Religionen

Neben dem gängigen Stereotyp, dass Juden krankheitsbehafteter sind als ihre Mitmenschen, findet sich schon früh die Behauptung, dass ihr Gesundheitszustand besser sei als der anderer Völker (Levin & Prince 2010, S. 567–568). Bereits Tacitus (um 58 – um 120), der kein Judenfreund war, hob die robuste Gesundheit der Juden im damaligen Palästina hervor: „Die Menschen sind körperlich gesund und stark im Ertragen von Strapazen" (Historien, VI.1). Der evangelische Theologe Johannes Buxtorf d. Ä. behauptete in seinem Werk *Synagoga Judaica*, ohne dies allerdings im Einzelnen zu belegen oder näher zu begründen, dass Juden länger lebten als Christen und im Unterschied zu den zuletzt Genannten auch immun gegen alle möglichen Krankheiten seien (Buxtorf 1643, S. 620).

Im 19. Jahrhundert nahmen sich jüdische und christliche Ärzte dieses Themas an und bezeichneten die mit dem jüdischen Ritus verbundenen Hygienevorschriften als gesundheitsfördernd (Jütte 2016, S. 239–261; Wolff 2014, S. 166–235). Rituelle Waschungen bei den verschiedensten Anlässen (vor dem Morgengebet und Synagogenbesuch, nach dem Stuhlgang etc.), Reinigungsbäder nach der Menstruation sowie andere religiöse Vorschriften mit langer Tradition, die sich medizinisch deuten ließen, wurden beispielsweise auf der Dresdener Hygiene-Ausstellung von 1911 und der Gesolei-Ausstellung in den 1920er Jahren im Sinne einer modernen und fortschrittlichen Hygiene interpretiert oder umgedeutet (Baneth 1912, bes. S. 83 ff.; Wiesemann 1993).

Das Gleiche lässt sich für die Sexualmoral und die Speisegesetze feststellen. Aus der Vielzahl der zeitgenössischen Stimmen, die kurz vor oder nach der Wende vom 19. zum 20. Jahrhundert die spezifische Diätetik des Judentums als Krankheitsprophylaxe würdigten, war es kein Geringerer als Rudolf Virchow, der auf der 58. Versammlung der Naturforscher und Ärzte (1885) die Frage stellte,

> inwieweit die sonderbare Immunität, welche die Juden unter den verschiedensten Umständen [...] gezeigt haben, basiert auf der Besonderheit ihres Lebens, auf der strengeren hygienischen Haltung des Hauses, auf der größeren Sorgfalt der Speisegesetze, auf dem mehr häuslichen Leben und dergleichen (zitiert in Grunwald 1912, S. 299).

Virchow ließ die Frage offen, doch machte er zumindest durch eine Nachbemerkung deutlich, dass er im Unterschied zu zahlreichen Zeitgenossen wenig von rassenbiologischen Erklärungen hielt, wenn er sie auch nicht gänzlich ausschließen wollte. Sein amerikanischer Kollege Ephraim M. Epstein, der in Wien und in Russland praktiziert hatte, bevor er sich in Cincinnati (Ohio) als Arzt

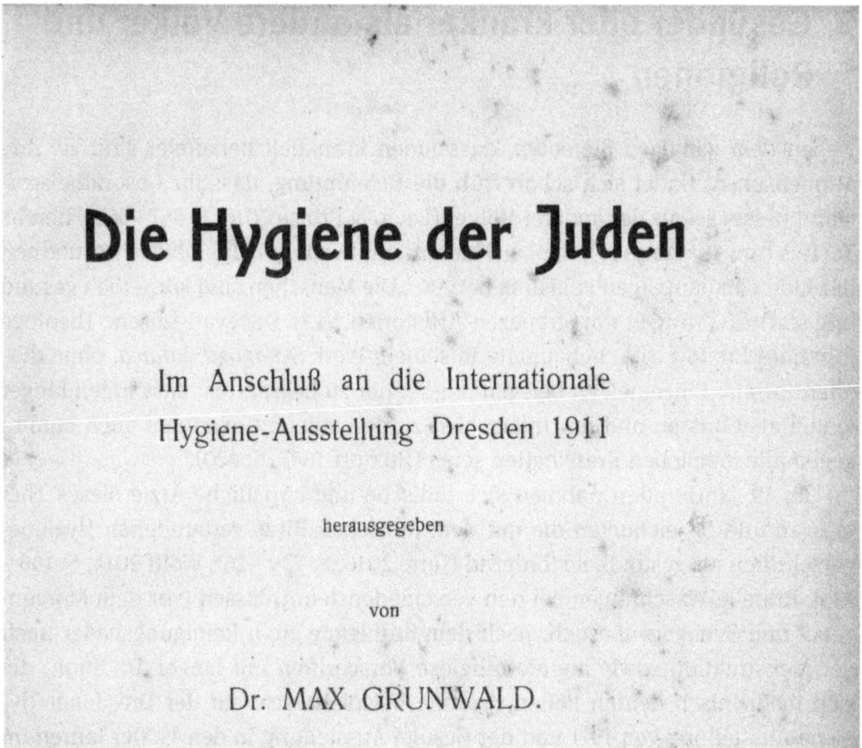

Die Hygiene der Juden

Im Anschluß an die Internationale
Hygiene-Ausstellung Dresden 1911

herausgegeben

von

Dr. MAX GRUNWALD.

Verlag der Historischen Abteilung der
Internationalen Hygiene-Ausstellung
::: Dresden 1911 :::
DRESDEN N., Großenhainerstraße 9

Abb. 1: Titelblatt *Die Hygiene der Juden*, Dresden 1911. © Institut für Geschichte der Medizin der Robert Bosch Stiftung

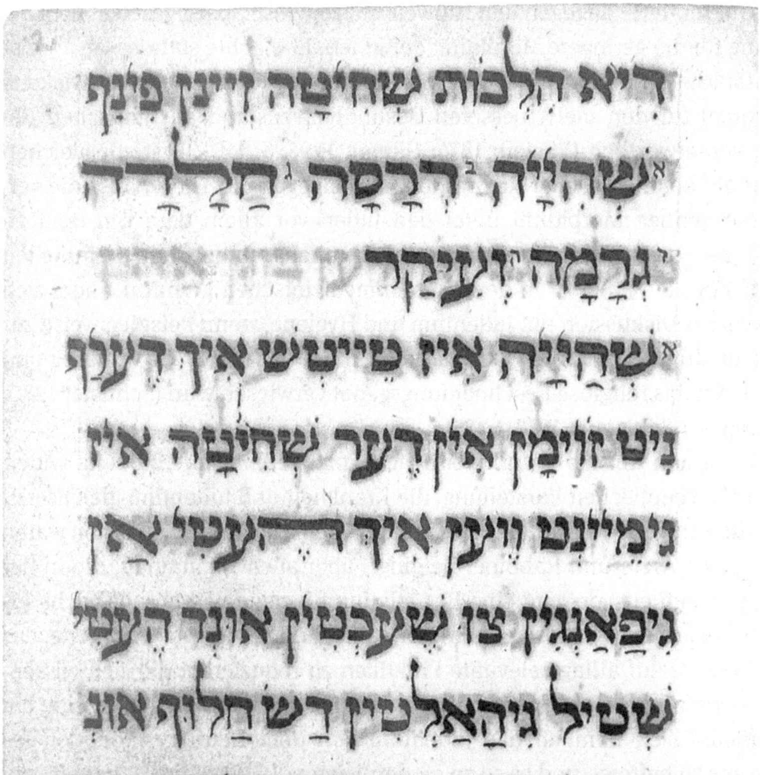

Abb. 2: Vorschriften für das Schächten (Jiddisch). © Wellcome Collection. Attribution 4.0 International (CC BY 4.0)

niederließ, akzeptierte dagegen den Hinweis auf religiöse Speisegesetze nicht als Begründung für die geringere Morbidität der Juden. Er machte stattdessen andere Faktoren (starke Familienbande und Solidarität sowie eine hochentwickelte Sozialfürsorge) für den meist besseren Gesundheitszustand der jüdischen Bevölkerung verantwortlich (Epstein 1874; Gilman 1995, S. 110). Fast zur gleichen Zeit vertrat ein amerikanischer Reformrabbiner dagegen die These, dass die vergleichsweise geringe Morbidität unter den Juden vor allem dem Umstand zu verdanken sei, dass diese ihre religiösen Reinheitsgebote streng einhielten (Krauskopf 1889, S. 7). Selbst in der neueren medizinischen Literatur findet sich ein Reflex dieser Diskussion um Judentum und Hygiene, wenn beispielsweise zur Erklärung niedriger Krebsraten (in diesem Falle Penis- bzw. Cervixkarzinom) unter Juden auf das religiöse Beschneidungsgebot verwiesen wird (Schuster 1980, S. 63–64; Susser & Watson 1972, S. 75).

Die Diskussion um die gesundheitlichen Vorzüge, ein Jude zu sein, widerspricht der antisemitischen Vorstellung, die Krankheit und Judentum gleichsetzt, sowohl im übertragenen als auch im konkreten Sinne. An dieser Diskussion waren sowohl jüdische Ärzte und Rabbiner beteiligt, aber auch Nichtjuden, die in der jüdischen Gesundheitsvorsorge eine Bestätigung für neue wissenschaftliche Erkenntnisse sowie einen gewissen Vorbildcharakter erkannten. Das bedeutete, das mosaische Gesetz auf alltagsrelevante Praktiken zu reduzieren, die sich wissenschaftlich deuten und rechtfertigen ließen. Damit erreichte man gleichzeitig ein übergeordnetes Ziel, nämlich das Judentum von dem Deutungsmonopol des Rabbinertums zu befreien und es so zu modernisieren. In diesem Zusammenhang kam dem biblischen Moses die Funktion zu, den Urtyp des gesunden Juden zu verkörpern (Hart 2007, S. 18). Die nach ihm benannten mosaischen Gesetze wurden als richtungweisend für eine den menschlichen Körper gesunderhaltende Hygiene und Gesundheitsvorsorge gedeutet. So erklärte der jüdische Sozialhygieniker Alfred Nossig gegen Ende des 19. Jahrhunderts: „An die Spitze seiner hygienischen Gesetzgebung stellte also Moses das Gebot der Arbeit: und es ist das Verdienst der modernen Aerzte, welche die mosaische Hygiene untersucht, die Bedeutung dieses Gebotes beleuchtet zu haben“ (Nossig 1894, S. 32). Als besonderen Vorzug der mosaischen Hygiene hebt der Autor hervor, „dass sie den grossen Einfluss des moralischen Elementes auf die physische Gesundheit berücksichtigt und bewusst anwendet“ (Nossig 1894, S. 33) .Moses wird hier also als Vorbild für eine Gesundheitsgesetzgebung geschildert, die ganzheitliches Denken widerspiegelt, indem Leib und Seele als Einheit gedacht werden. Auch von christlicher Seite fehlte es im 19. Jahrhundert nicht an Stimmen, die meinten, dass man vom Judentum in dieser Hinsicht einiges lernen könne. So schrieb der amerikanische Arzt Edward H. Williams im Jahr 1882:

> So sehr degeneriert, in moralischer Sicht, einzelne Abkömmlinge [der Israeliten, R. J.] heute auch sein mögen, so sind diese jedenfalls nicht in körperlicher Hinsicht degeneriert. Das ist eine ausreichende Antwort auf die oft wiederholte Behauptung, dass eine Zivilisation dazu tendiert, in physischer Hinsicht immer schwächer zu werden. Denn die Juden sind länger zivilisiert als jedes andere zivilisierte Volk. Können wir daher nicht daraus schließen, dass die Gebräuche eines Abraham oder Moses Anteil daran hatten, ein solches wunderbares Ergebnis zu erzielen, und dass es daher vielleicht von Nutzen wäre, dass diese von anderen Nationen nachgeahmt würden? (zitiert nach Hart 2007, S. 181).

Diesen Ratschlag beherzigen bis heute – wenn auch unwissentlich – viele gesundheitsbewusste Nichtjuden, die angesichts von Lebensmittelskandalen selbst Bio-Läden nicht mehr trauen, sondern koschere Lebensmittel einkaufen, weil in diesem Fall beispielsweise alle künstlichen Zusatzstoffe genauestens aufgelistet werden.

3 Die absolute Pflicht zur Gesunderhaltung

„Sorge für deine Gesundheit, bevor du krank wirst", heißt es in der Bibel (Sirach 18:29). Nicht nur aus dieser apokryphen Schrift, auch aus der Thora selbst lässt sich nach rabbinischer Auslegung die Pflicht des Menschen zur Gesunderhaltung ableiten: „Hüte dich nur und bewahre deine Seele gut, dass du nicht vergisst, was deine Augen gesehen haben" (5. Mose 4:9). Sogar konkrete Gefahren für Leib und Leben, die es zu vermeiden gilt, werden in der Bibel mit einem Warnhinweis versehen: „Wenn du ein neues Haus baust, so mache ein Geländer ringsum auf deinem Dache, damit du nicht Blutschuld auf dein Haus lädst, wenn jemand herabfällt" (5. Mose 22:8). Dem Inhalt nach handelt es sich um eine frühe Unfallverhütungsvorschrift.

Die Sorge um ausreichende Ernährung findet sich ebenfalls in der Thora: „Wenn du vor einer Stadt lange Zeit liegen musst, gegen die du kämpfst, um sie zu erobern, so sollst du ihre Bäume nicht verderben und mit Äxten umhauen, denn du kannst davon essen; darum sollst du sie nicht fällen" (5. Mose 20:19).

Da der Körper ein Werk Gottes ist, obliegt dieser nach jüdischer Auffassung der besonderen Sorge und Pflege. Alles, was der Körper benötigt (Essen, Trinken, Bewegung, Ruhe etc.), dient also dazu, dem Ewigen zu dienen, wie der *Schulchan Aruch*, die bekannteste jüdische Gesetzeskompilation, an einzelnen Beispielen aus dem alltäglichen Leben verdeutlicht (Kizzur Schulchan Aruch 1988, 31:7, S. 175 ff.). Diese wiederum beziehen sich größtenteils auf die Gesundheitslehre des Maimonides, in der es heißt: „Der Mensch muß sein Herz und alle seine Handlungen lediglich dahin bestimmen, daß er Gott, gelobt sei er, erkenne; sein Sitzen,

Stehen, Reden, Alles sei darauf gerichtet" (Maimonides 1846, S. 49). Und der berühmte Arzt und Philosoph fügt noch hinzu:

> Weil nun Erhaltung der körperlichen Gesundheit und Stärke für ein Wandeln auf Gottes Wegen betrachtet wird, indem es unmöglich ist bei krankem Leibe etwas von der Erkenntniß Gottes zu begreifen und zu verstehen, darum muß sich der Mensch von dem Körper nachteiligen Dingen fern halten, wohl aber solche, die ihn stärken und erkräftigen beobachten.

Nicht die Gesunderhaltung an sich, sondern Gott zu dienen, sein Werk zu heiligen, steht hinter diesen Ratschlägen, die weitgehend der antiken Diätetik folgen. Maimonides verdeutlicht das mit Beispielen aus dem Alltag:

> Wer nur in der Absicht nach den Gesundheitsregeln lebt, damit Körper und Glieder unversehrt bleiben, und damit er Kinder habe, die seine Arbeit verrichten und sich für seine Bedürfnisse abmühen, der hat keinen guten Weg eingeschlagen; er habe vielmehr die Absicht, daß sein Körper nur deshalb unversehrt und stark sei, damit seine Seele desto bereitwilliger werde, Gott zu erkennen, denn bei Hunger, Krankheit und Schmerz an irgend einem Gliede, ist es unmöglich Weisheitslehren zu erfassen und zu begreifen; er habe die Absicht, daß er einen Sohn erhalte, der vielleicht durch seine Weisheit und Größe einst eine Zierde in Israel werde. Wer auf diesem Wege sein Leben lang wandelt, der dienet Gott immerfort, selbst zu der Zeit, wann er sein Geschäft treibt oder seine eheliche Pflicht erfüllt; hat er doch bei Allem den Gedanken, nur darum seine Bedürfnisse zu erschwingen, daß sein Körper geneigt sei Gott zu dienen. Auch wenn er schläft und es nur in der Absicht thut, daß Seele und Körper sich ausruhen, damit er nicht krank und durch Krankheit verhindert werde Gott zu dienen, so ist auch dieser Schlaf ein Dienst Gottes, gelobt sei er. Dahin zielet das Gebot unserer Weisen: Alle deine Handlungen thue im Hinblick auf den himmlischen Namen; das bezeichnet auch Schelomoh in seiner Weisheit mit den Worten: „Auf all deinen Wegen merk' auf ihn und er wird deine Pfade ebnen" (Maimonides 1846, S. 50).

Besonders eindrücklich vermittelt außerdem ein Midrasch, eine rabbinische Schriftauslegung, die Pflicht eines jeden Juden zur Gesunderhaltung. Als der berühmte jüdische Gelehrte Hillel der Ältere (gest. um 10 n. Chr.) einmal von seinen Schülern nach einer Lehrstunde auf seinem Weg begleitet wurde, erkundigten sich diese, wohin er gehe. Als er zur Antwort gab, er wolle eine Pflicht erfüllen, kam die Nachfrage, welche diese denn sei. Daraufhin hörten seine Schüler zu ihrem Erstaunen, dass er vorhabe, ein Bad zu nehmen. Als sie wissen wollten, wieso das eine *mizwa*, also ein gutes Werk, sei, erklärte er ihnen: „Wie die Königsbilder im Theater und Circus von dem, dessen Obhut sie übergeben sind, reingehalten und abgespült werden müssen, so ist auch das Baden des Körpers eine Pflicht für den Menschen, der im Bilde des allmächtigen Königs geschaffen wurde" (Leviticus Rabba 34,3 nach der Übersetzung von Bacher 1884, S. 10). Auch der Talmud betont beispielsweise, dass selbst Anweisungen, wie man am besten den Stuhlgang gestaltet, keineswegs als profan gelten dürfen, sondern so wichtig für die Gesunderhaltung des menschlichen Lebens sind, dass sie von kundigen Rabbinern weitergegeben werden. Als Rabbi Huna nämlich einmal seinen Sohn Rabba tadelte, warum er nicht Unterricht bei Rabbi Hisda nehme, rechtfertigte jener sich damit, dass dieser nur „weltliche Dinge“ lehre, unter anderem wie man Hämorrhoiden vermeiden kann. Darauf bekam er vom Vater die klare Antwort: „Er befasst sich mit der Gesundheitskunde der Menschen und du sagst, es seien weltliche Dinge! Erst recht sollst du zu ihm gehen“ (Der Babylonische Talmud 1967, 82a). Kein Kirchenvater hätte es gewagt, die menschliche Verdauung so konkret zu schildern und dazu auch noch Ratschläge zu erteilen.

In der Thora und vor allem im Talmud findet sich eine Vielzahl von Vorschriften, die belegen, wie sehr das Judentum die griechisch-römische Lehre von der Diätetik verinnerlicht, erweitert und an religiöse Bestimmungen angepasst hat. Dazu zählen die *sex res non naturales* (die sechs nicht natürlichen Dinge), auf die man nach der Lehre eines Hippokrates und Galen zu achten habe: Licht und Luft (*aer*), Speise und Trank (*cibus et potus*), Arbeit und Ruhe (*motus et quies*), Schlaf und Wachen (*somnus et vigilia*), Absonderungen und Ausscheidungen (*secreta et excreta*) sowie Anregung des Gemüts (*affectus animi*). Entsprechend reicht das diätetische Spektrum, das man im Talmud und anderen rabbinischen Texten vorfindet, von der Durchführung des bis ins 19. Jahrhundert üblichen Aderlasses bis hin zu detaillierten Verdauungsratschlägen (Grunwald 1912; Preuss 1992 [1911]). So bekommt man in den unterschiedlichsten Kontexten religiöser Praxis durchaus wertvolle Tipps zu Leibesübungen, zum Fasten, Händewaschen, Baden, Schlaf bis hin zur sexuellen Aktivität. Vieles von dem, was in diesen Texten an gesundheitsfördernden Maßnahmen empfohlen wird, ist auch heute noch nicht überholt. Man denke etwa an Ratschläge wie den, sich vor Völlerei zu hüten („zahlreicher seien die Toten des Stuhles, als die vor Hunger geschwollenen“, Der Babylonische Talmud 1967, Schabbat 33a) oder sich nach dem Essen zu bewegen („Wenn jemand gegessen hat und nicht vier Ellen gegangen ist, so bleibt die Speise unverdaut“, Der Babylonische Talmud 1967, Schabbat 41a). Dagegen sind die Empfehlungen zum Aderlass heute obsolet, da dieser in der Schulmedizin so gut wie keine Verwendung mehr findet; denn die Krankheitslehre hat sich verändert, die antike Humoralpathologie spielt inzwischen keine Rolle mehr. Auch die Empfehlung des Maimonides, Schaffelle statt Fuchs- oder Wieselfelle als Kleidung zu tragen, ist heute nicht mehr zeitgemäß. Es besteht daher in der jüngeren halachischen Literatur weitgehend Konsens darüber, dass die Gesundheitsfürsorge, wie sie vor allem im Talmud beschrieben wird, zeitbedingt war und man sich deshalb an heutigen Maßstäben und Erkenntnissen unter Einhaltung der Religionsgesetze orientieren sollte (Steinberg 2003, S. 834).

Jüngste Beispiel ist die COVID-19-Pandemie, die im Frühjahr 2020 in jüdischen Gemeinden das traditionelle Begehen des Auszugs aus Ägypten und die

Befreiung aus der Sklaverei nicht nur in Deutschland erheblich erschwerte (Jütte 2020). Denn Abweichungen von den strengen Koscher-Vorschriften, die für dieses Fest gelten, bedürfen einer besonderen Rechtfertigung, die von der Halacha, dem jüdischen Religionsgesetz, vorgegeben sind. Dieses regelt bis ins kleinste Detail, wie Juden das Pessach-Fest feiern sollen. Abweichungen sind nur in einer Ausnahmesituation erlaubt. Eine solche ist immer dann gegeben, wenn es um die Rettung von Menschenleben geht. Dieses oberste Gebot im Judentum wird als *Pikuach nefesch* (wörtlich: Rettung der Seele) bezeichnet. So heißt es beispielsweise in der Mischna, der ältesten Schicht des Talmuds, im Traktat über den Versöhnungstag (Jom Kippur): „Wer Halsschmerzen hat, dem darf man auch am Sabbat Medizin geben, weil er möglicherweise in Lebensgefahr ist, und jede Lebensgefahr bricht [= verdrängt] den Sabbat" (Mischna 2005, Joma 8.6.). Ausnahmen von dieser generellen Regel gelten nicht im Falle von Götzendienst, Unzucht und Mord. Diese Verbote dürfen also keinesfalls mit einer solchen Begründung übertreten werden.

Bestimmte Ausnahmen lassen sich auch mit dem talmudischen Prinzip *Dina de-malchuta dina* („Das Gesetz des Landes ist Gesetz") legitimieren. Für Juden, die in der Diaspora leben, bedeutet das, dass sie grundsätzlich verpflichtet sind, die Gesetze des Landes, in dem sie leben, zu respektieren und zu befolgen. Das kann dazu führen, dass die Landesgesetze in bestimmten Fällen sogar vorrangig vor den Rechtsgrundsätzen der Halacha sein können. Allerdings lautet die überwiegende Lehrmeinung, dass dies nur für die sogenannten *Mamona* (Fragen des Zivil-, Steuer und Finanzrechts) und nicht für den religiösen Bereich gelte.

Bei der Vorbereitung auf Pessach 2020 erwies es sich für religiöse Juden als schwierig, die strengen Speisevorschriften für diese besonderen Festtage zu befolgen. Dazu zählt z. B. das Verbot, *Chamez* (gesäuertes Backwerk) im Besitz bzw. im Haus zu haben. Hinzukamen aufgrund von Lieferengpässen und Grenzsperren Probleme beim rechtzeitigen Erwerb von Nahrungsmitteln, die speziell für den Verzehr für Pessach durch ein entsprechendes *Kaschrut*-Zertifikat als erlaubt bezeichnet werden. So gestattete beispielsweise die Orthodoxe Rabbinerkonferenz den deutschen jüdischen Gemeinden, ausnahmsweise solche Lebensmittel zu verzehren, die nur den regulären *Hechscher* (Koscher-Stempel) aufweisen. Unter den Nahrungsmitteln, die in der herrschenden Krise auch ohne *Koscher-le-Pessach*-Zertifikat gekauft werden durften, sind unter anderem frisches Obst und Gemüse (mit Ausnahme von bestimmten Hülsenfrüchten, sogenannten *Kitnijot*, diese allerdings nur nach aschkenasischer Tradition).

Die Empfehlungen religiöser Autoritäten für den Einkauf koscherer Lebensmittel für das Pessachfest 2020 sind ein eindrücklicher Beleg für die religiöse Sorgfaltspflicht in Hinblick auf die Einhaltung der halachischen Vorschriften für den Pessach-Einkauf in Corona-Zeiten. Die in dieser Situation geltenden Ausnahmeregelungen nehmen soweit es geht Rücksicht auf die alltäglichen Bedürfnisse der modernen Lebenswelt. Sie machen aber gleichzeitig klar, worauf ein Verzicht auch in Krisenzeiten undenkbar scheint.

Literatur

Bacher, Wilhelm (1884): *Die Agada der Tannaiten: Von Hillel bis Akiba. Von 30 vor bis 135 nach d. g. Z.* Straßburg: Karl J. Trübner.

Baneth, Berthold (1912): „Das jüdische Ritualgesetz in hygienischer Beleuchtung". In: Max Grunwald (Hrsg.): *Die Hygiene der Juden. Im Anschluß an die Internationale Hygiene-Ausstellung Dresden 1911.* Dresden: Verlag der Historischen Abteilung der Internationalen Hygiene-Ausstellung, S. 43–102.

Buxtorf, Johann (1643): *Synagoga Judaica. Das ist Juden-Schul [...].* Basel: Ludwig König.

Der Babylonische Talmud (1967). Neu übertr. durch Lazarus Goldschmidt (2. Aufl.). Berlin: Jüdischer Verlag.

Epstein, Ephraim M. (1874): „Have the Jews any Immunity from Certain Diseases?". In: *The Medical and Surgical Reporter* 30, S. 342–344.

Gilman, Sander L. (1995): *Picturing Health and Illness. Images of Identity and Difference.* Baltimore & London: Johns Hopkins University Press.

Grunwald, Max (Hrsg.) (1912): *Die Hygiene der Juden. Im Anschluß an die Internationale Hygiene-Ausstellung Dresden 1911.* Dresden: Verlag der Historischen Abteilung der Internationalen Hygiene-Ausstellung.

Hart, Mitchell Bryan (2007): *The Healthy Jew: The Symbiosis of Judaism and Modern Medicine.* Cambridge: Cambridge University Press.

Jütte, Robert (2016): *Leib und Leben im Judentum.* Berlin: Jüdischer Verlag.

Jütte, Robert (2020): „Vorbereitungen zu Pessach in Zeiten von COVID-19". Hamburger Schlüsseldokumente zur deutsch-jüdischen Geschichte. https://juedische-geschichte-online.net/beitrag/jgo:article-262, besucht am 15.4.2020.

Kaiser, Otto (2002): „Krankheit und Heilung nach dem Alten Testament". In: *Medizin, Gesellschaft und Geschichte* 20, S. 9–43.

Kizzur Schulchan Aruch (1988). Ins Deutsche übertragen von Rabbiner Dr. Selig Bamberger (Neue, verbesserte Aufl.). Basel: Victor Goldschmidt.

Krauskopf, Samuel (1889): *Sanitary Science. A Sunday Lecture.* Philadelphia, PA: S. W. Goodman.

Leder, Christoph Maria (2007): *Die Grenzgänge des Marcus Herz: Beruf, Haltung und Identität eines jüdischen Arztes gegen Ende des 18. Jahrhunderts.* Münster: Waxmann.

Levin, Jeff/Prince, Michele F. (2010): „Judaism and Health: Reflections on an Emerging Scholarly Field". In: *Journal of Religion and Health* 50(4), S. 765–777.

Maimonides, Moses (1846): *Jad hachasakah; oder, Mischna Thorah: Erstes Buch* (Elias Soloweiczyk, Hrsg.). Königsberg: E. J. Dalkowski.

Mischna (2005). Ins Deutsche übertragen, mit einer Einleitung und Anmerkungen von Dietrich Correns. Wiesbaden: Marix.

Nossig, Alfred (1894): *Die Sozialhygiene der Juden und des altorientalischen Völkerkreises.* Stuttgart: Deutsche Verlags-Anstalt.

Preuss, Julius (1992 [1911]): *Biblisch-talmudische Medizin. Beiträge zur Geschichte der Heilkunde und der Kultur überhaupt.* Wiesbaden: Fourier.
Schuster, Josef (1980): „Zur Sterblichkeit jüdischer und nicht-jüdischer Säuglinge" [Dissertation, Universität Würzburg]. Würzburg.
Steinberg, Avraham (2003): *Encyclopedia of Jewish medical ethics: a compilation of Jewish medical law on all topics of medical interest, from the most ancient sources to the most current deliberations and decisions, with a concise medical and historical background, and a comprehensive comparative analysis of relevant general ethical approaches* (Fred Rosner, Übers.). Jerusalem: Feldheim Publishers.
Susser, Mervyn W./Watson, William (1972): *Sociology in Medicine* (2. Aufl.). New York, NY: Oxford University Press.
Tacitus, Publius Cornelius (1984): *Historien.* Lateinisch und deutsch. Übersetzt, erläutert und herausgegeben von Helmuth Vrteska. Stuttgart: Reclam.
Wiesemann, Falk (1993): „Hygiene der Juden auf der Düsseldorfer GESOLEI 1926. Jüdische Kulturleistungen in der Weimarer Republik". In: *Geschichte im Westen* 8, S. 24–37.
Wolff, Eberhard (2014): *Medizin und Ärzte im deutschen Judentum der Reformära: die Architektur einer modernen jüdischen Identität.* Göttingen: Vandenhoeck & Ruprecht.

Wolfgang Uwe Eckart

Die byzantinische Medizin als Konzept einer spätantiken christlichen Heilkunde

Abstract: *Byzantine Medicine as a Concept of Late Ancient Christian Healing Art.* The great success of Greco-Roman medicine – in its main stream a brilliant combination of humoral pathology and dietetics canonized by Galen of Pergamon in the 2nd century CE – is probably the most surprising phenomenon of conceptual longevity in the history of Western culture and civilization. Its decline begins as late as in the early 17th century, when William Harvey describes the circulation of blood on the basis of the new experimental method, initiating not only the collapse of Galen's theory of blood circulation, but also of humoral physiology and pathology in general. Only then, i.e., more than 1500 years after Galen and 2000 years after Hippocrates, new theoretical concepts of medicine appear on the horizon, gradually replacing medical thinking of antiquity. However, the evolution of Greco-Roman medicine was not a straightforward process; it was strongly influenced by changes in language and dramatic institutional and political changes after the separation of the Roman Empire at the end of the 4th century. Byzantine medicine in the East encompasses the common medical practices of the empire from about 400 to 1453 AD, compiling and standardizing medical knowledge and wisdom (*iatrosophia*) into new Greek textbooks.

1 Einleitung

Die Wirkmächtigkeit der antiken Medizin, so wie sie als Qualitäten- und Humoralkonzept und als Kunst der menschlichen Lebensführung (*diaita*) durch Galen von Pergamon im 2. Jahrhundert n. Chr. auf dem Boden einer damals bereits 400-jährigen Tradition kanonisiert wurde, ist vielleicht eines der erstaunlichsten Phänomene der westlichen Kultur und Wissenschaftsgeschichte überhaupt. Erst mit William Harveys experimentell begründeter Beschreibung des großen Blutkreislaufs und der Durchsetzung der experimentellen Methode beginnt der Niedergang der bis dahin zwar mit Veränderungen, Korrekturen und Erweiterungen versehenen, ansonsten aber in ihrer konzeptionellen Grundlegung konstant gebliebenen Medizin der Antike. Nun erst, in der zweiten Hälfte des 17. Jahrhunderts, 1500 Jahre nach Galen und fast 2000 Jahre nach Hippokrates, treten neue Kon-

Wolfgang Uwe Eckart, Ruprecht-Karls-Universität Heidelberg

 https://doi.org/10.1515/9783110713336-010

zepte an ihre Stelle. Die Transition der antiken Medizin verlief nicht geradlinig. Sie unterlag sowohl sprachlich als auch institutionell und politisch den dramatischen Veränderungen, denen das römische Kaiserreich und seine Nachfolgegebilde seit Galens Zeiten unterworfen war. Es handelt sich hierbei um die Teilung des Mittel-, Süd- und Westeuropa, Nordafrika und Vorderasien umfassenden römischen Kaiserreichs in ein westliches und östliches Imperium im 4. Jahrhundert unserer Zeitrechnung, um die kulturelle und politische Entwicklung des byzantinischen Großreichs zwischen dem 4. Jahrhundert und seinen Untergang in der Mitte des 15. Jahrhunderts. Im vorliegenden Beitrag soll der Blick auf Byzanz fallen, in dem Ärzte und Philosophen das sprachliche Erbe der griechisch verfassten medizinischen Überlieferung der Antike antraten, zum Teil aber auch inhaltlich bereicherten und weiterentwickelten. Besonders herausgehoben werden soll dabei der christliche Charakter der byzantinischen Medizin, wie er der christlichen Staatsverfassung entsprach und sich besonders im Hospitalwesen und in der Schutzheiligenverehrung manifestierte.

2 Medizinische Polypragmasie: Christus, Heilige und Konzepte

Byzanz, das faszinierende fast tausendjährige Großreich des Mittelmeerraums und Vorderasiens zwischen Spätantike und Mittelalter, ist für die europäische Medizingeschichte bis in die frühe Neuzeit von überragender Bedeutung (Congourdeau 2004; Grumel 1949; Miller 1997; Temkin 1962). Seine Ärzte stehen ganz in der Tradition ihrer großen antiken Vorbilder: Hippokrates, Galen, Dioskurides, Theophrast und vieler mehr. Es ist ihr Erbe, das sie bewahren. Es ist umfassend und geschlossen im medizintheoretischen, humoral- und qualitätenpathologisch, diätetisch bestimmten Denkhorizont seiner Zeit. Und auch in praktischer Hinsicht genügt es ihnen in der Pulslehre, in den Entleerungstechniken, in der Chiropraxis und Chirurgie, in der Inspektion der Kranken, der medikamentösen Therapeutik und der Prognose ihrer Leiden.

Auch die Medizin ist durch und durch geprägt vom christlichen Charakter der byzantinischen Gesellschaft. *Christos Philantropos Pantokrator*, der menschenfreundliche Allherrscher Christus, der heilende Heiland, bestimmt das Denken der Patienten und der christlichen Ärzte jener Epoche. Diese Auffassung war christologisch überaus modern, denn die Übertragung des Titels *Pantokrator* (Allherrscher) auf Gottes Sohn hatte sich, obwohl in der christlichen Überlieferung des Neuen Testaments bereits vorbereitet, ausdrücklich erst im Verlauf des 4. Jahrhunderts vor dem Hintergrund christologischer Kontroversen (Arianismus-

Streit) vollzogen; durch die Verehrung Jesu Christi als *Christus medicus* im Westen oder eben als *Pantokrator soter* im Osten sollte dessen vollkommene göttliche Natur betont werden, wie es vor allem Athanasius von Alexandrien lehrte (Knipp 1998, S. 1–4). Im späten römischen Kaiserreich kam es in diesem Zusammenhang zunächst noch nicht zu maßgeblichen Versuchen, Wesensgleichheiten zwischen *Christus medicus* und dem paganen Heilgott Asklepios zu suchen oder herzustellen. Wo dies doch geschah, so etwa bei Origenes oder Arnobius, wurden solche Vorstellungen bekämpft (Tertullian, Eusebius) (Edelstein & Edelstein 1945, S. 132–133). *Asklepios soter* blieb der heidnische körperheilende Gott ohne erlösende Wirkung im transzendenten Sinn, während *Christus medicus* zwar als *medicus humilis*, der menschgewordene niedere Arzt, aber eben doch auch als Sohn Gottes nicht nur die Kraft der körperlichen Heilung, sondern auch die der seelischen Erlösung (σωτηρία) innewohnte (Abb. 1). Gleichwohl setzt bereits im 3. Jahrhundert das allmähliche Verblassen der Figur des Asklepios zugunsten derjenigen eines heilenden Christus ein. Besonders unter dem Einfluss des Augustinus entfaltet sich dann die Figur des Heiland Christus (Arbesmann 1954; Constantelos 1976; Gollwitzer-Voll 2007; Markschies 2005, 2016).

Hinzu traten in der christlichen Glaubenswelt die Heiligen (Damian of Sinai [Erzbischof] 2007), allen voran die Gottesmutter Maria, aber auch die in Byzanz verehrten philanthropisch-heilkundigen „Anargyroi" (Ἅγιοι Ανάργυροι, Agioi Anárgyroi, die Heiligen, die kein Geld nehmen) Cosmas und Damian (beide gest. um 287 n. Chr.), Lukas der Evangelist, Arzt und Maler (1. Jahrhundert), Zenaida von Tarsus und Philonella (beide um 100 n. Chr.), der Tierheiler Tryphon auf Campsada (3. Jh. n. Chr.), Cyros und Johannes im frühen 4. Jahrhundert, bis heute in Apulien hochverehrt, Diamedes von Tarsus (um 300 n. Chr.), Pantaleon aus Nikomedia (um 300 n. Chr.) oder Sampson der Fremdenfreundliche (gest. um 530 n. Chr.). Zu erwähnen sind exemplarisch aber auch die bestimmten Orten zugeschriebenen Schutzheiligen Achatius von Byzanz (gest. ca. 303/4) gegen Kopfweh und Todesangst, Alexius von Edessa (gest. ca. 417 in Rom) gegen die Pest, epidemische Krankheiten und Naturkatastrophen, Cyprian von Antiochia (gest. 304, in Nikomedia/Izmir) gegen Dämonen und Verhexung oder der Hyperhagios und Thaumaturg Nikolaus von Myra (ca. 283 – ca. 348 in Myra/Demre), der noch heute besonders in der Orthodoxie als Schutzheiliger vieler Berufe und Gewerke, im Westen vor allem als vorweihnachtlicher Gabenbringer verehrt wird. Noch heute werden die Heiligen Anargyroi an vielen Orten im Einflussbereich der orthodoxen und koptischen Kirche, aber auch im Westen verehrt. In Athen ist ein Stadtteil nach ihnen benannt (Ἅγιοι Ανάργυροι). Die christlichen Krankenhäuser des byzantinischen Reichs waren oft Klöstern angeschlossen, und christliche Philanthropie motivierte ihre Stifter und Förderer, nach denen sie häufig benannt wurden. Gerade im Stiftungswesen der Krankenhäuser und Klöster gingen Schutzheili-

Abb. 1: „Heilung des Mannes mit der verdorrten Hand" – Nach Mt. 12,10. Homilien des Johannes Chrysostomos zum Matthäus-Evangelium. Pergamenthandschrift, mittelbyzantinisch, um 1150, fol. 347r. (München, Bayer. Staatsbibl., Cod. Graec I) (Bildsammlung IGEM, Heidelberg)

genverehrung und politische Heiligenverehrung (Schreiner 2006) eine enge Verbindung ein, denn Kaiser und Kaiserinnen konnten auch ohne Martyrium bereits zu Lebzeiten zu Staatsheiligen erhoben werden. Neben den christlichen Ärzten wirkten indessen auch jüdische und vom 7. Jahrhundert an muslimische Ärzte, die gleichermaßen ihrem Glauben verbunden und entsprechend tätig waren. Den medizinischen Inhalten, nach denen prognostiziert und therapiert wurde, tat dies keinen Abbruch, insofern sie nicht paganen Heilvorstellungen der antiken Welt verbunden oder verpflichtet waren.

Rational-konzeptionell war die byzantinische Medizin der antiken Humorallehre verpflichtet. In der bereits in der Naturlehre einiger Vorsokratiker angelegten, aber zuerst durch Hippokrates von Kos (ca. 460 – 370) ausformulierten und durch Galen von Pergamon (129 – ca. 200) kanonisierten antiken Säftelehre, die das medizinische Denken und ärztliche Handeln in der byzantinischen Medizin – und weit über sie hinaus – bestimmt, ist Gesundheit durch ein ausgeglichenes und deshalb gutes Mischungsverhältnis (Synkrasie [συγκρασία], Eukrasie [ευκαρία], *temperies*) der vier Kardinalsäfte des Menschen (die *res naturales* Blut, gelbe Galle, schwarze Galle, Schleim) und der ihnen zugewiesenen Qualitäten (warm/feucht, warm/trocken, kalt/trocken, kalt/feucht) bestimmt. Der menschliche Körper ist nach Galen gesund, wenn er in all seinen Teilen ausgeglichen, *temperatum* ist. Krank ist er, wenn seine Säfte- und Qualitätenmischung unausgeglichen ist (Dyskrasie [Δυσκρασία], *intemperies*). Ziel ärztlicher Kunst ist es, das ausgeglichene, gesunde Mischungsverhältnis der Säfte und Qualitäten wieder herzustellen, sei es durch entleerende Maßnahmen (Aderlass, Brechen, Abführen) oder durch die medikamentöse Therapie, die vom Prinzip des *contraria contrariis* (mit Gegensätzlichem Behandeln: z. B. kalt gegen warm) geleitet wird. Die sechs *res non naturales* (Luft, Nahrung, Schlaf, Bewegung, Stoffwechsel, Gemütsregungen) kann der Mensch im Rahmen der allgemeinen Diätetik selbst beeinflussen, um seine Gesundheit zu bewahren.

Bei der Diätetik handelte es sich um die Lehre von der gesunden Lebensführung, wie sie dem Patienten selbst anbefohlen war. Die hippokratische Medizin verstand die Bewahrung der Gesundheit als eine ihrer zentralen Aufgaben: Diätetik stellte zusammen mit der medikamentösen Therapie und der Chirurgie eine der drei konstitutiven Interventionsformen der Medizin dar. Die antike Philosophie begründete das für die Diätetik zentrale Prinzip vom (Mittel-)Maß – als geordnete seelische und körperliche Lebensführung – ethisch und ästhetisch. Die individuell angepasste Lebensführung, die unter Berücksichtigung der vier Jahreszeiten und der vier Lebensalter bestimmt wurde, sollte dazu beitragen, das Gleichgewicht der Körpersäfte wiederherzustellen (ευκαρία), und so die Gesundheit gewährleisten. Die der antiken Diätetik eigenen Bereiche der *sex res non naturales* galten ungebrochen auch in Byzanz weiter.

Auch wenn die Ablehnung der Magie, ihrer Heilmittel und Praktiken in den Händen von Magiern oder Ärzten in der römischen Kaiserzeit nachgerade zum Etikett des rational handelnden Arztes erhoben wurde (Ulpian, Galen) (Helm 2005), gehörten doch bei einigen Ärzten der späteren Antike und in Byzanz, etwa bei Alexander von Tralleis, solche iatromagischen Methoden (Rothschuh 1978) durchaus zur geläufigen Heiltätigkeit und wurden wohl auch vom Publikum so erwartet (Vikan 1984). Religiöse und magische Heilverfahren ergänzten sich dabei und nutzten magische Objekte, Amulette, Zaubersprüche oder ähnliche Besprechungsformeln ebenso wie exorzistische Verfahren, um krankmachende Dämonen oder Teufel aus dem Körper der Patienten zu vertreiben (László 2010). Daneben war die Vorstellung magischer Kräfte auch in der engeren Ernährungsdiätetik durchaus verbreitet (z. B. Knoblauch gegen den bösen Blick), wobei vermutlich vor allem auf Plinius zurückgegriffen wurde.

Aus dem Konglomerat der medizinischen Konzepte ergeben sich auch Rückschlüsse auf die Vorstellungen von Krankheit und Gesundheit in einer zwar christlich verfassten Gesellschaft, die aber gerade in ihrem medizinischen Wissen noch überaus stark der Antike und ihrer Heilkunst verpflichtet war. Zwar waren die paganen Kulte der theurgischen Medizin mit Asklepios und seinen Heilstätten, den Asklepieien, aufgelöst beziehungsweise durch die Figur des heilenden *Christus medicus* ersetzt worden und an die Stelle der Asklepieien sehr häufig christliche Basiliken getreten. Man betete dort nun zu Christus dem Heiler und zu den ihm nahestehenden Heiligen mit ihren besonderen Schutzfunktionen und legte nach erfolgter Heilung dort auch Votivgaben ab. In der rationalen Medizin und Gesundheitsvorstellung blieb allerdings zunächst alles beim Alten. Krankheit war eine gestörte Mischung der Säfte, um deren Gleichgewicht der Arzt mit allen ihm zur Verfügung stehenden Mitteln bemüht war. Dabei fiel auch den Patienten weiterhin eine zentrale Rolle im Kontext der Diätetik zu. Sie hatten in allen körperlichen Dingen, die sie selbst beeinflussen konnte, für ein ausgeglichenes Maß zu sorgen. Blieben die Heilmaßnahmen des Arztes erfolglos, konnte im Gebet Heilung und Heil von Christus und den Heiligen erbeten werden. Dies bedeutete zugleich aber auch, dass an die Kraft eines göttlichen Einflusses auf den menschlichen Körper in Gesundheit und Krankheit geglaubt wurde. Neben solche Vorstellungen, die einerseits dem rationalen Erbe der antiken Medizin entsprachen, andererseits dem Christentum verpflichtet waren, traten – wie übrigens auch in der antiken Medizin – magische Heilmittel und Heilrituale und die Vorstellung, dass mit der Applikation solcher Mittel Krankheit aus dem Körper vertrieben werden konnte. So nahm auch das Element der magischen Sympathie und Antipathie in der Medizin noch eine Rolle ein, wenn alle anderen Heilmittel erschöpft waren oder wenn der Patient nach ihnen verlangte. Irrationale Aspekte von Krankheitsvorstellung und Heilung beinhaltete aber auch die vorgestellte

Konkurrenz von Christus, Maria und der Familie der Heiligen mit Dämonen und Teufeln. Auch Mittel der exorzistischen Austreibung von Krankheits-Dämonen gehörten, wenngleich randständig, noch in den Vorstellungsbereich von „krank sein" und „gesund werden".

Das Krankheitsspektrum jener Zeit zwischen dem 4. und 15. Jahrhundert dürfte sich von dem unserer Lebenswelt kaum wesentlich unterschieden haben. Aber natürlich gab es besondere Probleme im Mittelmeerraum bis tief hinein nach Vorderasien und Mesopotamien. Fieberkrankheiten spielten eine erhebliche Rolle, sicher die Malaria, Aussatzkrankheiten wie die Lepra und eine Vielzahl parasitärer Infektionen. Die erste große Pest („Justinianische Pest", Ausbruch 541/542 n.Chr.), von der wir auch in der mitteleuropäischen Seuchengeschichte wissen, fand zur Regierungszeit des Justinian statt, forderte Millionen Tote und wütete in ihren Ausläufern bis ins 8. Jahrhundert. Die Ärzte waren so hilflos wie Jahrhunderte später – 1348 – anlässlich der Katastrophe des „Schwarzen Todes". Viele Krankheiten aber konnten behandelt werden, mit Medikamenten, chiropraktisch, chirurgisch oder durch eine Umstimmung der Lebenshaltung, der Diätetik. Die Menschen vertrauten ihren Ärzten so stark oder so wenig, wie wir es heute tun. Das ärztliche Handeln war damals wie heute ein Wagnis, viele Krankheiten waren gefährlich und manche führten zum Tod, wie das Leben ohnehin.

3 Bewahrung des antiken Erbes

Für die Medizingeschichte beginnt mit dem politischen und kulturellen Zerfall des Römischen Kaiserreichs im 4. Jahrhundert und dem Aufblühen von Byzanz die Phase der Rezeption des antiken Erbes. Bei allen Problemen, die chronologische Einteilungen kultureller Epochen aufwerfen, scheint doch eine Zweiteilung der byzantinischen Medizin möglich, die sich wiederum an einem bestimmten politischen Ereignis orientiert: der Eroberung Alexandrias durch die Araber im Jahre 642. Die erste Phase der byzantinischen Medizin – von der Reichsteilung Roms 395 nach dem Tod von Theodosius I. (347–395) bis zur Eroberung Alexandrias 641 durch islamische Truppen – kann als spätalexandrinisch bezeichnet werden, befand sich doch ihr kulturelles und geistiges Zentrum in Alexandria. Inhaltlich ist diese Phase als die einer kompilierenden und zusammenfassenden Rezeption der klassisch-antiken Medizinkonzepte zu deuten. Ihre wichtigsten Vertreter waren Oreibasios von Pergamon, Aëtios von Amida, Alexandros von Tralleis und Paulos von Aigina. Die zweite Phase der byzantinischen Medizin (643–1453) reicht vom ausgehenden 7. Jahrhundert bis zum Fall Konstantinopels (1453) und lässt sich als Epoche charakterisieren, die stark klinisch orientiert ist. Nach der

Phase der Kompilation geht es nun um die weitere Ausdifferenzierung der diagnostischen Methodik insbesondere in der Pulslehre, aber auch in der Uroskopie, um die Erweiterung des konservativ-therapeutischen Handlungsspektrums (*Materia medica*) sowie um die Ausdifferenzierung und Perfektionierung der chirurgischen Technik. Insbesondere auf dem letzten Gebiet sind in dieser Hochphase der byzantinischen Medizin Fertigkeiten und Methoden entwickelt worden, die bereits vieles von dem vorwegnahmen, was in der frühen Neuzeit erst mühsam wiederentdeckt und –eingeführt werden musste. Hauptvertreter dieser Phase waren im 11. Jahrhundert der Arzt Michael Psellos, dessen Zeitgenosse Simeon Seth sowie am Ausgang des Jahrhunderts der Chirurg Niketas. Im 13. und 14. Jahrhundert sind es vor allem der aus Alexandria gebürtige Nikolaos Myrepsos und Johannes Aktuarios.

4 Die erste Phase der byzantinischen Medizin

Der wichtigste Kompilator in der Frühphase der byzantinischen Medizin war zweifelsohne der aus Pergamon gebürtige „Iatrosophist" Oreibasios (ca. 325–400). Er hat seine Erziehung und ärztlich-arztphilosophische Ausbildung sicherlich auch in Pergamon erhalten – einer Stadt, der auch noch in der späten Antike der Ruf vorausging, dass aus ihr die besten Ärzte kämen. Der Weg führte ihn dann nach Alexandria in die Nähe des Arztes und Philosophen Zenon von Kypros (4. Jh.). Dessen Einfluss verdankte Oreibasios wohl auch eine Anstellung als Leibarzt am Hofe des späteren Kaisers Flavius Claudius Julianus [Julian Apostata] (331–363), den er vermutlich auf seinem Kriegszug nach Gallien und ins oberrheinische Germanien (356–360) begleitete. Um 360 wirkte Oreibasios in Konstantinopel als Quaestor (Magistrat), war in die Ausrufung Julians zum Kaiser (361) involviert und begleitete Julian nach Mesopotamien (363). Oreibasios war seit 355 nicht nur Leibarzt Julians, sondern zugleich für dessen umfangreiche Bibliothek verantwortlich, die er erweiterte. In der Folgezeit entwickelte sich eine Freundschaft zwischen den beiden Männern. Oreibasios wurde ein enger Vertrauter des Kaisers, der nach seiner Thronbesteigung 361 auf eine Restauration der heidnischen Kulte hinarbeitete. Byzantinische Historiker berichten, dass Oreibasios für seinen Kaiser und Freund auch das Orakel der Pythia befragt habe, das ihm allerdings den baldigen Tod Julians weissagte. Ein wechselhaftes Schicksal führte den Arzt unter den Nachfolgern Julians, Flavius Valens und Valentinian I., zunächst in die Verbannung, bald aber wieder zurück in seine Heimat, wo er zu Beginn des 5. Jahrhunderts hochbetagt und angesehen starb. Das Hauptwerk des Oreibasios bildet eine 70 Bücher (nur 25 sind erhalten) umfassende Medizinische Sammlung (Ἰατρικαὶ Συναγωγαί, Iatrikai Synagogai), die sich in ihren wesentlichen Teilen als eine Kompilation der Werke des Galen erweist. Aber auch andere Textstellen der „besten Ärzte“ (Dioskurides, Rufus von Ephesos und viele andere) sind beinhaltet. Einen Extrakt aus diesem umfangreichen Werk stellt die *Synopsis pro Eustathion* dar, in der die wesentlichen Tatsachen der ärztlichen Kunst lehrbuchartig zusammengefasst werden. Wichtig sind seine Überlieferungen chirurgischer Texte des Antyllos und des Heliodoros (beide im 2. Jahrhundert n. Chr.), denen wir Beschreibungen des Luftröhrenschnittes oder auch der Operation des grauen Stars verdanken. Der breiten Popularisierung schließlich diente ein ebenfalls Oreibasios zuzuschreibendes Rezeptbuch „leicht beschaffbarer Mittel“ (*Euporista*). Es war dem befreundeten Historiker und Philosophen Eunapios von Sardeis (345–420) gewidmet und für Laien bestimmt. Oreibasios schrieb griechisch, beanspruchte keine Originalität, ist aber als Kompilator älterer Werke von unschätzbarem Wert.

Auch Aëtios von Amida (Ἀέτιος Ἀμιδηνός) (502–575) war am kaiserlichen Hof tätig. Aus Amida, dem heutigen Diyabakir, einer kleinen Stadt am Oberlauf des Tigris stammend, erwarb Aëtios seine ärztlichen Kenntnisse an der seit dem 1. Jahrhundert v. Chr. hoch angesehenen Medizinschule von Alexandria. Als junger Arzt ging er nach Konstantinopel und fand dort am Hofe Justinians I. (482–565) als *Comes obsequii* (Beamter in der unmittelbaren Gefolgschaft des Kaisers, vermutlich in seiner Funktion als Arzt) Aufnahme. Aëtios war, anders als Oreibasios, Christ und ist uns als Verfasser einer 16 Bücher umfassenden Kompilation bekannt, die in ihrem überwiegenden Teil auf Galen, aber auch auf Rufus von Ephesos (ca. 80–150 n. Chr.), Pedanius Dioskurides (1. Jh. n. Chr.) und anderen Autoren fußt. Das Werk des Aëtios, das wegen seiner Aufteilung in vier Hauptbücher mit jeweils vier Untergruppen auch als *Tetrabiblon* bezeichnet wird, orientiert sich am Vorbild des Oreibasios, ist aber insgesamt weniger detailliert und sorgfältig als dessen Kompilation. Die große Anzahl zum Teil auch magischer Rezepturen spiegelt die volksmedizinische Tradition jener Zeit wider. Als Arzt am Hofe Justinians I. zu wirken, dürfte sicher eine Herausforderung gewesen sein. Der gestaltungsehrgeizige Bauernsohn aus dem nördlichen Mazedonien war mit Verwaltungsaufgaben, aber auch mit der Organisation von Feldzügen und Militäreinsätzen gegen äußere und innere Feinde scheinbar so überhäuft, dass sein Biograph Prokop ihn den „schlaflosesten aller Kaiser“ nennt. Aber auch apokalyptische Erdbeben, Pestwellen und Hungersnöte forderten den Organisator auf dem Kaiserthron bis an die Grenze des Verkraftbaren. Zweifellos beanspruchte Justinian auch seinen Leibarzt. Auch dessen Gattin Theodora (Potter 2015) dürfte Aëtios beansprucht haben. Ihr ausschweifend-nymphomanes Leben, das – selbst wenn nur ein Teil der Verunglimpfungen des Chronisten Prokop zutrifft – manchen Flügel des kaiserlichen Hofs bisweilen in bordellartige Zustände versetzte, kann nicht ohne körperliche Folgen geblieben sein. Dass hier Geschlechtskrankheiten – die die Antike als sexuell „übertragbare" Krankheiten nicht kannte – gehäuft vorgekommen sein dürften, liegt auf der Hand. Von „fressenden Genitalgeschwüren" wird in den Schriften oft berichtet, ebenso von „Gewächsen", Warzen vermutlich.

Wie Aëtios muss auch Alexandros von Tralleis (ca. 525–600), gebürtig aus Tralleis, einer Polis im kleinasiatischen Lydien und Bruder des Mathematikers und Architekten Anthemios, des Baumeisters der Hagia Sophia in Konstantinopel, der Gruppe der byzantinischen Kompilatoren zugerechnet werden. Seine ärztlich-literarische Tätigkeit ist doch um einiges selbstständiger, als die seiner bedeutenden Vorgänger. Das Hauptwerk dieses Arztes, der lange Zeit auch in Rom lebte, besteht in einer 12 Bücher umfassenden Therapeutik, die neben Rückgriffen auf die hippokratisch-galenische Medizin auch von eigener praktischer Erfahrung zeugt. Obwohl Alexandros prinzipiell dem Grundsatz des *contraria contrariis* folgt, schätzt er doch wie kaum ein anderer die Naturheilkraft, die man drastischen Heilkuren durchaus vorzuziehen habe. Warme und kalte Bäder, feuchte Umschläge und Bewegung sind seine therapeutischen Mittel. Erst wenn sie versagen, darf Zuflucht beim Aderlass, beim Purgieren und bei Medikamenten genommen werden. Besonderes Gewicht hat Alexandros auf die Krankheiten des Nervensystems gelegt. Bemerkenswert sind hier seine Beobachtungen zur Epilepsie, der ja Galen von Pergamon bereits den Nimbus einer heiligen Krankheit genommen und sie den Kopfkrankheiten zugewiesen hatte. Hierzu schreibt der byzantinische Arzt allerdings noch:

> Der Beweis, dass Epilepsie vom Magen ausgeht, liegt darin, dass im Magen häufig eine Unruhe und ein fressendes Nagen entsteht, und dass alsdann die Kranken das Nahen des Leidens fühlen. [...] Sobald der Kranke morgens aufgestanden ist und seinen Darm entleert hat, genieße er eine Ysopabkochung, die ihm sehr nützlich ist, denn viele sind allein durch ihren Gebrauch geheilt worden, so dass sie nicht mehr als zwei- oder dreimal in diese Krankheit fielen. Unvermischten Wein nach dem Bade zu trinken ist verboten, weil nichts leichter einen Anfall auslöst – wie überhaupt allen Epileptikern unvermischter Wein gefährlich ist (Alexandros von Tralleis, *Zwölf Bücher über die Medizin* (Liber I, Kap. 15), hier zit. nach Puschmann 1878, S. 534–536).

Nun ist Ysop (Eisenkraut, Honigkraut, Hyssopus officinalis) keineswegs den Heilmitteln gegen die Epilepsie zuzuordnen. Aber die hebräische Bedeutung von Ysop – (אֵזוֹב', ésóv) für „heiliges Kraut" – legt nahe, dass es in der Antike und in Byzanz noch gegen eine Krankheit eingesetzt wurde, deren Ausbruch man göttlichem Einfluss zuschrieb. Richtig ist, dass sich die dem epileptischen Anfall vorausgehende „Aura" durchaus auch in Magenbeschwerden äußern kann und dass Alkohol bei Epileptikern Anfälle auslösen kann und deshalb gemieden werden sollte. Aber auch Rezepte gegen Augen- und Ohrenleiden, gegen Krankheiten des Unterleibs und des Urogenital- und Darmtraktes finden sich bei Alexander. Er beschreibt darüber hinaus Fieber, Augenkrankheiten und Eingeweidewürmer, Harnleiden und die Gicht. Interessant ist sein häufiger Rückgriff auf Zaubermittel, Amulette, Gemmen und andere magische Therapeutika, wohl auch, um damit den Wünschen seiner Patienten entgegenzukommen:

> Unbedingte Pflicht eines verantwortungsbewussten Arztes ist es, jegliches therapeutische Hilfsmittel in Erwägung zu ziehen. [...] Da jedoch der momentan herrschende Zeitgeist die Anwendung von Heilmitteln, die durch eine immanente Naturkraft wirken, aus Unwissenheit tadelt, habe ich es vermieden, solche andauernd zu verordnen (Grimm-Stadelmann 2019, 2020).

Tatsächlich beschrieb Alexandros neben „herkömmlichen" Therapiemethoden ein breites Spektrum an magischen Mitteln und Heilpraktiken. Er empfahl sie oftmals als Ergänzung, mitunter aber auch als Alternative, in diesem Falle häufig auf den Wunsch der Patienten. Alexandros ging damit nicht zuletzt auf ihre psychischen Befindlichkeiten und ihre spirituellen Bedürfnisse ein. Typisch ist auch hier die Behandlung der Epilepsie, für die er magische Kuren aus dem Bereich der Similemagie und den Einsatz von Amuletten vorschlägt, so etwa den Nagel eines Kreuzes, der um den Hals getragen werden soll. Die Begründung für den Einsatz magischer Heilmittel ist pragmatisch: „Damit", so leitet er eine Passage über Wunderkuren gegen die Epilepsie ein,

> ist der Gegenstand ziemlich erschöpft; ich habe angeführt, sowohl was ich selbst über die Epilepsie wusste, als auch, was mich eine lange Erfahrung gelehrt hat. Da jedoch Manche an den Wundermitteln und an Amuletten Freude haben, dieselben anzuwenden wünschen und damit auch wirklich zum Ziele kommen, so hielt ich es für passend, mich darüber denen gegenüber, die sich dafür interessieren, auszusprechen, damit der Arzt in der Lage sei, in jeder Weise seinen Kranken zu helfen (Puschmann 1878, S. 556).

Die nun folgenden Rezepturen muten heute seltsam an, aber sie sind doch der Similemagie entnommen, die im Sinne der Sympathie auf die gleichgerichtete Wirkung durch die Applikation eines Stoffes aus der belebten oder unbelebten *Materia medica* setzt:

> Auch folgendes Mittel übt eine wunderbare Wirkung aus. Wenn man junge Schwalben aufschneidet, so findet man in ihrem Inneren zwei Steinchen, von denen das eine schwarz, das andere weiß ist. Legt man nun das weiße Steinchen auf, sobald ein Epileptiker darniedergestürzt ist, so kommt er wieder zu sich; das schwarze Steinchen nehme man und binde es dem Kranken auf die Haut. Man erzählt, die Schwalben gäben diese Steinchen nur ihrem ersten Jungen; man findet sie deshalb nicht leicht und nur dann, wenn man sämtliche Junge öffnet (Puschmann 1878, S. 560).

Hier wird offensichtlich auf sturzverhindernde Wirkung der magischen Steinchen der meisterlich fliegenden Schwalben gesetzt. Unklarer bleibt die Wirkung der Amulette, bei denen häufig die Lithotherapie, das Heilen mit Steinen, zur Anwendung kommt:

> Amulette müssen gegen die Epilepsie angewendet werden, wie auch Asklepiades, der bekannte Arzneibereiter, behauptet [...]. Ebenso sagt Zalachthos, dass der Jaspis, welcher auch Rauchstein genannt wird, bei allen Uebeln, die sich auf den Kopf und den Verstand werfen, umgehängt wird; wird er gerieben und dabei nass gemacht, so zeigt sich deutlich seine wunderbare Wirkung. Ferner schreibt Ostanes: man solle Korallen, Päonien und Nachtschatten-Wurzeln bei abnehmendem Monde sammeln, in ein Stück Leinwand einpacken und umhängen. Oder man trage einen gleich dem Türkis blaugrün schimmernden Jaspis am Finger, und man wird von der Krankheit geheilt werden. Derselbe hat großen Werth (Puschmann 1878, S. 566).

Frühe Übersetzungen ins Lateinische, aber auch ins Arabische, Hebräische und Syrische förderten die breite Rezeption von Alexandros' Schriften durch das gesamte Mittelalter.

Paulos von Aigina (Παῦλος Αἴγινα) (ca. 600 – 650) schließlich, der letzte Vertreter der bedeutenden ärztlichen Schriftsteller in dieser ersten Phase der byzantinischen Medizin, war in der ersten Hälfte des 7. Jahrhunderts in Alexandria tätig. Von ihm ist uns ein siebenbändiges Handbuch der praktischen Medizin (*Pragmateia*) überliefert, das sich über weite Strecken an Oreibasios ausrichtet. Dieses Werk war als kompendienartiges Handbuch, vielleicht als Repetitorium gedacht und sollte insbesondere reisenden Ärzten dienlich sein. Paulos galt aber später bei den Arabern auch als Spezialist für Geburtshilfe und damit für Hebammenfragen (der „Hebammenspezialist"). Mit eigenen Auffassungen und Ergänzungen will sich der Verfasser ausdrücklich nicht einbringen. Zu seinen Themen gehören auch Anleitungen zum Verhalten in besonderen Lebenssituationen, wie etwa beim Verliebtsein und beim Sex. Die erste Liebe war für Paulos durchaus den Gehirn- und Seelenleiden zuzuordnen, gekennzeichnet von ständiger Sorge – „die Sorge ist aber ein Seelenleiden" (Paulos von Aegina 1914, S. 192) – gleichzeitig aber auch durch ständige Überfüllung mit Vergnügen. Einige werden in der Sorge schlaflos und magern ab. Die Klügeren aber neigen zu reichlichen Bädern, zum Weingenuss, zur Gymnastik und zum Besuch von Schauspielen. Der Liebesgenuss selbst ist für Paulos durchaus anstrengende Arbeit. Deshalb ist „reichliche Ernährung" von Nutzen (Paulos von Aegina 1914, S. 30). Feuchte Nahrung ist besonders anzuraten, also Fische, Muscheln und Meerpolypen (vermutlich Oktopusse). Auch nahrhafte Hülsenfrüchte und andere Gemüse sind zu empfehlen: Kichererbsen, Bohnen, Gartenerbsen, die Rauke, kleine Rüben. „Gar sehr empfehle ich die Trauben, denn sie machen feucht, füllen das Blut mit Lebenspneuma, was zum Liebesgenuß reizt" (Paulos von Aegina 1914, S. 30). Wer den Beischlaf ausübt, muss aber von „Übersättigung und Unverdaulichkeit, von Mattigkeit, Erbrechen oder Durchfall frei" sein (Paulos von Aegina 1914, S. 30). Auch ungezügelte Sinnenlust billigt Paulos nicht. Alles soll im rechten Maße stattfinden. – Aber auch für die altersschwachen Greise hat Paulos durchaus Ratschläge: „Das Greisenalter ist trocken und kalt; seine Auffrischung geschieht durch Mittel, die erwärmen und feucht machen" (Paulos von Aegina 1914, S. 23). Den Schwächeren ist

> dreimal (täglich) Nahrung zu geben, und zwar um die dritte Stunde [gegen 9 Uhr morgens] etwas Brot mit attischem Honig, darauf um die siebte Stunde, nachdem sie frottiert sind und die für Greise angebrachten gymnastischen Übungen gemacht haben und gebadet sind, ist ihnen solches zu reichen, was die Leibesöffnung befördert, darnach Fische und Geflügel, und ferner bei der Hauptmahlzeit [am Abend] Nahrhaftes [saftreiches] und nicht leicht Verderbendes (Paulos von Aegina 1914, S. 24).

Von besonderer Bedeutung in diesem Kompendium ist vor allem das sechste Buch, das sich ausführlich der Chirurgie widmet. Auch scheint dieses Buch in einigen Passagen durchaus selbstständig vor dem Hintergrund eigener Erfahrungen verfasst zu sein. In ihm schildert Paulos ausführlich das Ausschneiden von bösartigen und fauligen Geschwüren, Granulationen und karzinomatösen Neubildungen. Auch der Intimbereich wird nicht ausgelassen. Hämorrhoiden bindet Paulos mit dem Faden ab und verödet sie so. Eine aber soll geöffnet bleiben, damit aus ihr das schlechte Blut abfließen kann. Danach werden Ölkompressen eingelegt. Interessant ist auch der Abschnitt über die Kriegschirurgie und die ausführliche Beschreibung chirurgischer Instrumente. Im Grunde glich die Chirurgie des Paulos der modernen schon sehr. Selbst „Umschlingungen" zur Blutstillung waren wohl bekannt, gerieten später aber wieder in Vergessenheit. Paulos schreibt dazu: Wenn es ein großer Blutfluss ist,

> versuche, das Gefäß mit einem Haken in die Höhe zu ziehen und winde es mässig herum. Wenn das Blut zurückgedrängt ist, und das Gefäß eine Ader [Vene] ist, muss man versuchen, das Blut durch eben dieselben Mittel zu stillen. Wenn es aber eine Arterie ist, muss man eins von zweien tun, entweder es wird eine Schlinge angelegt, oder du wirst das ganze Gefäß durchschneiden [und abbinden] (Paulos von Aegina 1914, S. 406).

Allerdings sollte die Chirurgie bis ins 19. Jahrhundert schmutzig, schmerzhaft und blutig bleiben. Auch die inneren Körperhöhlen blieben wegen der tödlichen Sepsisgefahr ein *noli me tangere*.

Mit Paulos von Aigina endet die alexandrinische Phase der byzantinischen Medizin. Noch in seine Lebenszeit dürfte die Eroberung Alexandrias durch die Araber im Jahre 642 gefallen sein. Die Übernahme der Stadt bedeutete gleichzeitig das Ende des griechischsprachigen Unterrichts an der dortigen Medizinschule und signalisierte damit einen wichtigen Bruch in der griechischen Rezeptionstradition der antiken Medizin. Dieser Bruch erstreckte sich freilich mehr auf die sprachliche Form als auf den inneren Gehalt jener Rezeption. Die Tatsache nämlich, dass eine bekannte und wichtige ärztliche Persönlichkeit wie die des Paulos von Aigina unmittelbar an der Nahtstelle zwischen griechischer und arabischer Kultur in Alexandria gewirkt hatte, führte dazu, dass die frühe arabische Medizin an die Schriften dieses ins Arabische übersetzten Autors anknüpfte. So war der Fall des griechischen Alexandria gleichzeitig eine wichtige Voraussetzung für den späteren Rezeptionsweg der antiken Medizin über den arabischen Kulturraum zurück nach Europa.

5 Das christliche byzantinische Hospital

Die Idee des barmherzigen Krankenhauses in Fürsorge für „Brüder und Schwestern in Not" findet sich erst in der christlichen Spätantike (Mt. 25, 35–40; Lk. 10, 30–37). Asklepiosheiligtümer (seit dem 6. Jahrhundert v.Chr.) (Steger 2004), römisch-antike Krankenstuben (*Iatreia* bzw. *tabernae medicae*) oder römische Valetudinarien für das Militär folgten diesem allgemein caritativen Impuls noch nicht. Das Konzil von Nicäa (325 n.Chr.) soll zwar bestimmt haben, dass alle Bischöfe in ihrer Diözese ein Hospital einzurichten hätten. Tatsächlich aber ist dieser Beschluss auf dem Konzil selbst so nie ergangen, sondern erst im 6. Jahrhundert den Konzilsakten beigefügt worden. Sehr wohl lassen sich mischfunktionale Xenodochien, also Fremdenherbergen bis weit ins westliche Mittelalter nachweisen. Dass in diesen mittelalterlichen Hospitälern neben Armen, Fremden oder Waisen wohl auch Kranke Aufnahme fanden, ist belegt, heißt aber noch nicht, dass wir diese Institutionen als Krankenhäuser im strengen Sinne auffassen dürfen. Dies gilt für den Westen ausnahmslos bis zur Entwicklung des bürgerlich-städtischen Hospitals im 16. Jahrhundert.

Anders im griechisch-byzantinischen Osten. Dort entstehen im Zusammenhang mit einer fulminanten Christianisierungswelle seit dem 4. Jahrhundert differenzierte Einrichtungen zur Versorgung von fremden Bedürftigen (Xenodocheion/ξενοδοχεῖον oder Xenōn/ξενών, von gr. xenōn, Gästezimmer), Altenheime (Gēratropheion, von gr. Géron, „Greis", und gr. trophaion, „Zufluchtsort"), Armenhäuser (Ptōcheion), Speiseausgaben für Bettler (Ptōchtropaion) und Krankenhäuser (Nosokomeia, von gr. nosos, „Krankheit", gr. kiomaō, „sich zur Ruhe legen") (Bennett 2017; Kidonopoulos 1994; Kotzabassi 2013). Fundament der christlichen spätantiken Polis ist die Caritas, worauf in Antiochia besonders Bischof Joannis Chrysostomos (344/49–407) in seinen Predigten immer wieder besteht. In den Urkunden kann aber auch durchaus der allgemeinere Begriff „Xenon“ in der Bedeutung von Krankenhaus auftauchen. Auftraggeber solcher Einrichtungen waren neben Bischöfen meist die Kaiser, die für solche Belege ihrer Philanthropie staatliche Gebäude umwidmeten oder die Funktion sakraler Institutionen, meist Klöster, um eine medizinisch-caritative erweiterten. So lässt etwa Kaiser Isaakios II. Angelos (1155–1204) um 1190 Gebäude seines ermordeten Vorgängers Andronikos I. Komnēnos (1122–1185) bei der Kirche der Vierzig Märtyrer in ein Krankenhaus (*nosokomeion*) umwandeln, das dann seinen Namen trägt. Die meisten solcher Stiftungskrankenhäuser waren öffentliche Krankenanstalten (*Dēmosia Iatreia, Koina Iatreia*), die bereits im Namen darauf hinweisen, dass Ärzte in ihnen tätig waren; so auch das in unmittelbarer Nähe des Iōannēs-Prodromos Klosters gelegene Krale-Krankenhaus (*Xenōn tu Kralē*), das von dem serbischen Schwiegersohn Kaiser Andronikos' II. Palaiologos (1159–1232), König Stephan Uroš II. Milutin (1253–1321), für „unzählbares Geld“ gestiftet worden und auch der Medizinerausbildung gewidmet war. Das Krankenhaus verfügte über eine umfangreiche Bibliothek, die auch die berühmte (später Wiener) Handschrift des Dioskorides beherbergte. Auf dem Hof des Xenon befanden sich Wohnhäuser und eine Kirche. Diese Einrichtung bestand noch bis zur Eroberung der Stadt durch die Osmanen 1453. Als idealtypische Institution muss hier das Pantokratorkloster in Konstantinopel, heute die Molla Zeyrek Moschee im Istanbuler Stadtbezirk Fatih, erwähnt werden. Bereits im 9. Jahrhundert hatte Theophilos (829–842) dort ein aristokratisches Haus in ein Hospital mit 50 Betten umwandeln lassen, das eine Männer- und eine Frauenabteilung aufwies und über ein umfangreiches medizinisches Personal sowie über eine Bibliothek mit Handschriften antiker medizinischer Autoren und Rezeptsammlungen verfügte. Auch ein Bad gehörte dazu, zwei kleine Kirchen für Männer und Frauen getrennt, eine große Parkanlage, in der „immer ein frischer Luftzug“ wehte, sowie ein Gēratropheion. Zwischen 1118 und 1124 hatte Kaiserin Eirene Komnena (1068–ca. 1134) dort zunächst ein Kloster erbauen lassen, zu dem eine Kreuzkuppelkirche, ein Krankenhaus und eine Bibliothek gehörten. Nach ihrem Tod ließ Kaiser Johannes II. Komnenos (1087–1143) den Gebäudekomplex noch erweitern. Ein arbeitsteiliger Ärztestab versorgte die Kranken medizinisch, also nicht nur pflegerisch. Über die tägliche Versorgungspraxis wissen wir allerdings nur das, was im jeweiligen Statut der Häuser (*Xenōn typicon*) dispositiv festgelegt wurde. Allerdings lassen die Texte der Statuten auf lange Organisationstraditionen schließen, die sich praktisch bewährt haben müssen.

Eine lebendige Schilderung, wie sich eine medizinische Behandlung in einem byzantinischen Xenon abspielen konnte, im vorliegenden Fall die schmerzhafte Kauterisierung (Ausbrennen) eines Geschwürs, verdanken wir dem byzantinischen Dichter Theodoros Prodromos (ca. 1100–ca. 1157). Prodromos beschreibt auch die Assistenten des Arztes im Operationsraum. Einige fachten die Glut im Ofen an, andere gaben Brenneisen in die Glut, wieder andere bereiteten das Bett für Prodromos vor und die Fesseln, mit denen der arme Patient während des schmerzhaften Ausbrennens fixiert wurde. Prodromos, der die Prozedur unter der Schirmherrschaft des Hippokrates und des Galen offensichtlich überlebte, erinnert sich später:

> Und über all diesen Assistenten stand der liebende Hospitaldirektor (*nosokomos*), der Beste seiner gleichen, hervorragend ausgebildet, mein lieber Freund der Krankheiten-Heiler, und noch dazu ganz ohne Bezahlung. Er scherzt mit mir, lächelt mich an, nennt mich seinen Freund. Dies ist seine Medizin gegen die zu erwartenden Schmerzen, Witzchen machen, Geschichten erzählen, freundlich lächeln. Ganz nebenbei beobachtet er mich, schätzt mich gleichsam ab, dieser medizinische Herrscher, und markiert mit seinem schwarzen Stift auf meinem Körper, wo er mich brennen wird. Und dann: Welch Schrei des Unglücks und des Schmerzes! Dem Feuer zum Verzehr hingegeben, verbrannt zu Asche! Durch und durch im Feuer gebacken werde ich Gott zum Opfer gebracht. Und dies keineswegs als unschuldiges Lamm, wie ich es ja wirklich bin, sondern als verfluchter Widder (Codellas 1946, S.212).

Die Gesamtzahl der Hospitäler in Konstantinopel vom 6. bis zum 13. Jahrhundert lag nach verschiedenen Schätzungen zwischen 16 und 28, lässt sich allerdings aufgrund terminologischer Probleme nicht genau bestimmen. Zweifellos lag ihre Blütezeit aber im 11. und 12. Jahrhundert, als dort von Ärzten vielfältige stationäre Behandlungen aber auch ambulante Versorgungsdienste angeboten werden konnten. Auch die ärztliche Ausbildung fand in einem besonderen Seminar (gr. phrontistērion, Denkort) bestimmter Hospitäler Konstantinopels statt, so etwa am Pantokrator-Spital, wo eine Art Medizinischer Direktor (gr. tēs iatrikēs proexarchōn, Ärztevorsteher) die Prüfungen der jungen Ärzte abnahm und ihnen bei Bestehen eine Auszeichnung (gr. symbolon) verlieh. Gleiches galt sicher nicht nur für Konstantinopel, sondern für jede größere Stadt in der Provinz, so etwa im Kontext der Xenodochien und Nosokomien von Antiochia, Apameia, Edessa oder Emesa, im Bereich der ostsyrischen Kirche oder auf Zypern. – Insgesamt steht das byzantinische Hospitalwesen in erster Linie für einen hohen Grad an praktizierter Philanthropie mit ihrer Sorge um Menschen in körperlicher und sozialer Bedürftigkeit. Für ein generelles Urteil über den Grad der Medikalisierung der byzantinischen Gesellschaft reicht die begrenzte Quellenlage allerdings nicht aus, auch wenn Kaiser Nikephoros Phokas (912–969) im 10. Jahrhundert ein Gesetz erließ, das den weiteren Bau von Krankenhäusern verbot, weil das Reich bereits über hinreichend viele solcher Institutionen verfüge. Wir wissen von etwa 150 bis 170 insgesamt.

6 Die zweite Phase der byzantinischen Medizin

Nach dem Fall Alexandrias wird Konstantinopel zum Zentrum der zweiten Phase der byzantinischen Medizin. Entscheidend für diese Phase ist ihre starke Orientierung an praktischen Interessen der klinischen Medizin. So ist in den meisten der erhaltenen Schriften die ärztliche Diagnostik durch eine starke Gewichtung der Uroskopie und der Pulslehre betont, aber auch umfangreiche pharmazeutische Sammlungen, Abhandlungen über Nahrungsmittel, Kräuter und Gewürze bestimmen das Bild. Typisch für die zweite Phase der byzantinischen Medizin ist auch das enge Ineinandergehen von Erfahrungselementen der eigenen Kulturtradition und solchen aus der arabischen Welt, die ihrerseits auf alte vorderasiatische Überlieferungstraditionen zurückgreifen.

Die Ärzte Psellos und Niketas gehören in der ersten Hälfte dieser Phase als Autoren des 11. Jahrhunderts sicher zu den wichtigsten schreibenden Vertretern ihrer Zunft, vielleicht auch noch Simeon Seth, der allerdings unter dem Verdacht steht, als Quellen in erster Linie die Schriften seines Zeitgenossen Psellos unter seinem Namen veröffentlicht zu haben. Aber das war durchaus nicht unüblich. Psellos scheint in jener ersten Gruppe immerhin die markanteste Persönlichkeit gewesen zu sein. Zu den wichtigsten Werken – die das größte medizinische Schriften-Corpus der byzantinischen Literatur überhaupt bilden (Leven 1987) – des Konstantinos (Michael) Psellos (1017/18 – ca. 1078) – Jurist, Politiker und Universalgelehrter an der philosophisch orientierten Hochschule in Konstantinopel, den wir auch als Lehrer und Erzieher des byzantinischen Kaisers Michael VII. Dukas (1050 – ca. 1090) identifizieren können –, gehören neben einer allgemeinen Enzyklopädie eine Synopsis der gesamten Heilkunst, Fragmente eines Kompendiums der gesamten Medizin, Abhandlungen über Zeugungs- und Vererbungsvorstellungen, über Epilepsie, Schwachsinn und Klugheit sowie ein Traktat über die Heilkräfte von Edelsteinen und über Dämonen. Bedeutsam ist seine Arzneimittellehre, von der allerdings noch nicht letztgültig geklärt ist, ob sie hauptsachlich Psellos oder dem Simeon Seth („Symeōn, ein Meister aus Antiochia, Sohn des Sēth", um 1050, einem jüdischen Arzt-Gelehrten, Astrologen und Protovestiarius (Oberschatzmeister) unter Kaiser Michael VII. Dukas) zugeschrieben werden kann. In dieser bedeutsamen *Materia medica* sind abendländische Rezeptoren ebenso wie solche aus dem arabischen Kulturkreis enthalten. Von Niketas schließlich, der als Arzt um 1100 tätig war, besitzen wir eine Kompilation chirurgischer Texte aus der klassischen und byzantinischen Zeit der griechischen Medizin, in die neben chirurgischen Texten des Hippokrates, des Galen und vieler weniger bekannter Ärzte auch eigene Erfahrungen eingegangen sein dürften.

Die Ärzte des 13. und 14. Jahrhunderts, Nikolaos Myrepsos („Der Salbenkoch", spätes 13. Jh.) und Johannes Aktuarios (ca. 1275–1328), gehören zu den bedeutenden Vertretern der Endphase der byzantinischen Medizin. So besitzen wir von Myrepsos eine mehr als 2600 Rezepte umfassende Sammlung (Antidotarium) von Arzneivorschriften, einen ungeheuren Schatz ärztlich-pharmazeutischen Wissens, der freilich enge Anknüpfungspunkte an eine ähnlichen Sammlung aus der lateinischen Tradition Salernos aufweist. Seine Sammlung diente in Frankreich noch bis ins 17. Jahrhundert hinein als offizielle Pharmakopöe. Von Johannes Aktuarios ist uns eine Therapeutik überliefert, die neben Rückgriffen auf alte Texte reich an eigenen praktischen Erfahrungen ihres Verfassers ist. Aktuarios scheint aber auch ein ausgezeichneter Kenner der klassischen Philosophie und insbesondere der Seelentheorie des Aristoteles gewesen zu sein. Interessant ist eine Abhandlung von den Seelenfunktionen, die die antiken Vorstellungen zusammenfasst, ausdifferenziert und darüber hinaus Beziehungen zwischen Geistestätigkeit und diätetischer Lebensführung herstellt.

7 Exkurs: Gottes Strafe – Die Justinianische Pest

Inmitten der größten Bedrohung des Reichs durch den Einfall der Sassaniden unter Chosrau I. von Persien, der im März 540 Antiochia eroberte, rücksichtslos plünderte und nur durch hohe Gegenleistungen in Gold zum Rückzug bewegt werden konnte, traf Byzanz eine mächtige Epidemie (Leven 1987; Little 2009; Meier 2016, 2020). Durch neuere archäogenetische Studien inzwischen unzweifelhaft belegt, handelte es sich bei ihr um die durch *Yersinia pestis* ausgelöste Pest, sehr ähnlich dem *Schwarzen Tod* des 14. Jahrhunderts. An tödlicher Virulenz ließ diese Seuche der späten Regierungszeit des Justinian nichts zu fürchten übrig. In den Straßen türmten sich die Leichen. Hauptquelle für die Dramatik, mit der die Krankheit das Reich in Afrika, Südosteuropa und Kleinasien heimsuchte, sind Augenzeugenberichte des Historikers Prokop von Caesarea (500–562) und Anmerkungen *ex post* des Kirchenhistorikers Eugarios Scholasticos (536/37–ca. 600) sowie des Historikers Agathias von Myrina (531/32–ca. 582). Ärztliche Zeitzeugen der Justinianischen Pest waren die bereits genannten Paulos von Aegina und Alexandros von Tralleis. Über die große Pest, die sie als Jugendliche erlebt haben müssen, berichten sie jedoch nicht. Vielleicht war es aber die Seuche, die sie zum Studium der Krankheiten motiviert hatte.

Ausgebrochen 541 in Oberägypten verbreitete sich die Pest durch den Schiffsverkehr schnell über das ganze Reich. Die Todesrate der Seuche, die sich scheinbar überwiegend als Beulenpest manifestierte, muss enorm gewesen sein und überschritt die Millionengrenze vermutlich um ein Vielfaches, wenngleich die zum Beleg angeführten Zahlenangaben im Detail (10.000 Tote pro Tag) heute deutlich überzogen wirken. Die Bedeutung extrem hoher Zahlen ist in der Spätantike nicht statistisch zu verstehen, sondern metaphorisch. Gleichwohl muss der demographische Einschnitt durch diese Seuche erheblich gewesen sein, zumal sie in zeitlichen „Wellen" bis ins 8. Jahrhundert immer wieder auftrat.

Dass die Krankheit, vor der auch die Ärzte hilflos kapitulierten, Angst und Schrecken bis hin zur allgemeinen Panik verursachte, verwundert kaum. Vollzog sich der Tod still in den Häusern, blieben die Pestleichen oft lange unentdeckt. Am meisten demoralisierte jedoch das allen erkennbare öffentliche Sterben im Pest-Delirium. Prokop berichtet:

> Diejenigen, die die Krankheit mit einem Delirium schlug, die schliefen nicht mehr, wurden wahnsinnig, fühlten sich von bösen Männern verfolgt, versuchten aufs höchste erregt zu fliehen und schrien in schrillsten Tönen. Ihre Betreuer durchlebten tiefste Erschöpfung. [...] Die nahe am Wasser lebten, wollten sich hineinstürzen; nicht etwa weil sie durstig gewesen wären, sondern weil ihnen die Krankheit den Geist vollkommen verwirrt hatte (übers. aus dem Englischen, Procopius/Dewing, XXII, 17–23, S. 459).

Die Ärzte, die die Bubonen (Achsel- oder Leistengeschwüre) der Kranken untersuchten, dürften selbst bald erkrankt sein. „Manche der Erkrankten", so berichtet Prokop,

> verstarben auf der Stelle, andere nach Tagen, manche aber wurden am ganzen Körper von linsengroßen schwarzen Pusteln übersät, solche überlebten den ersten Tag ihrer Erkrankung nicht. Wieder andere erbrachen ohne erkennbaren Anlass Blut im Schwall und fielen danach tot um (übers. aus dem Englischen, Procopius/Dewing, XXII, 30–36, S. 463).

Von Prokop erfahren wir, dass die Krankheit in Byzantion (Konstantinopel) vier Monate wütete, im ganzen Kaiserreich, in dem angeblich kein erreichbarer Ort verschont blieb, sicher mehrere Jahre mit vielen späteren Ausbrüchen. Die Sterblichkeit stieg allmählich an und erreichte schließlich nie gekannte Gipfel. Genauere Sterblichkeitsraten dürfen wir den scheinbar präzisen Aussagen Prokops (fünf bis 10.000 Tote täglich) schon aus demographisch-mathematischen Gründen wohl nicht entnehmen. Der Chronist unterstreicht mit solchen Zahlen nur die Unvorstellbarkeit der Geschehnisse. Sicher ist nur, dass die immense Sterblichkeit das soziale Gefüge der Stadt vollkommen auf den Kopf stellte. Individuelle Grabstätten wichen Massengräbern, Gräber wurden ohne Rücksicht auf die Angehörigen unter Einsatz von Gewalt aufgefüllt. Die Frömmigkeit ließ zu wünschen übrig:

> Das Durcheinander war total. Nicht zuletzt, weil die Sklaven häufig ihrer Herren beraubt waren, die Herren wiederum entbehrten der Dienste ihrer Sklaven, weil diese krank oder tot waren. Sogar hochangesehen Bürger blieben tagelang unbestattet. (übers. aus dem Englischen, Procopius/Dewing, XXIII, 4–10, S. 465–466)

Chaos entstand auch in Glaubensfragen. Einige wurden plötzlich sehr fromm, andere ließen alle guten Sitten fallen und „verfielen in Schurkereien und Gesetzlosigkeiten aller Art (übers. aus dem Englischen, Procopius/Dewing, XXIII, 15–19, S. 471–472). Andererseits fanden die rivalisierenden Parteien der Stadt in der Not zusammen und halfen sich gegenseitig beim Begraben ihrer Toten.

Und wie reagierte Justinian? Er ließ Geld verteilen (auch aus seinem Privatschatz) und neue Gräber ausheben, und als dies alles nicht mehr half, ließ er die Befestigungstürme bei Galata mit Leichen auffüllen, woraufhin bald ein unerträglicher Gestank die Stadt erfüllte. Auf dem Höhepunkt der Seuche kam das gesamte Leben in Byzantion fast zu erliegen, so dass am Ende kein Handwerk mehr betrieben, auch kein Brot mehr gebacken wurde und neben der Seuche am Ende eine Hungersnot wütete, die selbst nur schwach Erkrankten dahinraffte. Auch in ihrer politischen Bedeutung darf die Pest nicht unterschätzt werden. So führte der Umstand, dass Justinian selbst wochenlang an ihr litt, zu Geheimabsprachen von Generälen im Osten des Reichs über die Nachfolge des Kaisers. Prokop selbst kolportiert auch innenpolitisch virulente Gerüchte, dass eine Seuche von Gott über das Reich gekommen sei, um den frevelhaften Kaiser und seine Gattin Theodora zu strafen (Leven 1987). Aber was war überhaupt in einem Reich noch rational nachzuvollziehen, das sich durch katastrophale Seuchen, Erdbeben wie in Antiochia im Mai 526 und die massive Bedrohung seiner Außengrenzen durch Fremdvölker – in Italien kämpften erfolgreich die Goten unter Totila, Armenien wurde durch die Sassaniden heimgesucht – permanent in Dimensionen bedroht sah, die die Menschen einfach nicht mehr verstanden.

8 Schluss

Insgesamt verdankt die westliche Welt der byzantinischen Medizin die Überlieferung der antiken gelehrten Heilkunst in ihrer Originalsprache, dem Griechischen. In der unmittelbaren Phase nach dem Untergang des Reichs 1453 bemühten sich westeuropäische Humanisten – exemplarisch der byzantinisch-griechische Forschungsreisende Andreas Johannes Laskaris (1445–1534) im Auftrage Lorenzo de' Medicis, bereitwillig unterstützt durch den osmanischen Sultan Bayezid II. (1447/48–1512) – um die Auffindung wissenschaftlicher byzantinischer Manuskripte. So erwarb Laskaris solche Manuskripte auf For-

Abb. 2: Pflanzenbild (Beifuß) aus dem Wiener Dioskurides (fol. 20 verso). Der gemeine Beifuss (*Artemisia vulgaris*), schon im 11. Jahrhundert als „Mutter aller Kräuter“ (*mater herbarum*) bezeichnet, galt als Hauptmittel zur Behandlung von Frauenkrankheiten, daneben sollte er aber auch bei Verdauungsstörungen und Harnstauung helfen; besonders fette Speisen wurde mit ihm gewürzt. (Bildsammlung IGEM, Heidelberg)

schungsreisen durch den Peloponnes besonders aber in Athosklöstern und in Konstantinopel. Nun begann in Westeuropa der philologische Vergleich dieser Kodizes mit der arabisch-lateinischen Überlieferung der antiken Wissensbestände nicht nur der Medizin, die durch den mehrfachen Sprachtransfer zum Teil erheblichen Veränderungen unterworfen gewesen waren. Zu den prächtigsten noch erhaltenen byzantinischen Kodizes gehört der „Wiener Dioskurides“: insgesamt 485 Pergamentblätter mit Auszügen aus dem Arzneibuch des Pedanios Dioskurides (1. Jahrhundert) und aus heilpflanzenkundlichen Texten anderer antiker Autoren, illustriert mit farbigen Darstellungen von Pflanzen, Tieren und bedeutenden Ärzten wie Dioskurides und Galen (Abb. 3 und 4). Das Werk entstand um 512 im Auftrag einer Aristokratin, der Nobilissima Patricia Anicia Juliana (450–532). Im 12. Jahrhundert gehörte es zum Bestand der Bibliothek des Krankenhauses „Xenōn tu Kralē“ bzw. des Petra-Klosters, nach der Eroberung Konstantinopels durch Sultan Süleyman I. (1520–1566) gelangte es in den Besitz seines Leibarztes. Nach dessen Tod erwarb es der französische Humanist, Diplomat und Botaniker Augerius von Busbeck (Ogier Ghislain de Busbecq, 1522–1592) für 100 Golddukaten. Dieser stiftete es schließlich der Wiener Hofbibliothek.

Literatur

Arbesmann, Rudolph (1954): „The Concept of ‚Christus Medicus‘ in St. Augustine“. In: *Traditio* 10, S. 1–28.

Bennett, David (2017): *Medicine and Pharmacy in Byzantine Hospitals – A Study of the Extant Formularies.* New York, NY: Routledge.

Codellas, Pan. S. (1946): „The Case of Smallpox of Theodorus Prodromus (XIIth Cent. A. D.)“. In: *Bulletin of the History of Medicine* 20(2), S. 207–215.

Congourdeau, Marie-Hélène (2004): „La médecine byzantine: Une réévaluation nécessaire“. In: *La Revue du Praticien* 54(15), S. 1733–1737.

Constantelos, Demetrios J. (1976): „A Note on ‚Christos Philanthropos‘ in Byzantine Iconography“. In: *Byzantion* 46(1), S. 9–12.

Damian of Sinai [Erzbischof] (2007): „The Medical Saints of the Orthodox Church in Byzantine Art“. In: Michael Grünbart/Ewald Kislinger/Anna Muthesius/Dionysios Ch. Stathakopoulos (Hrsg.): *Material Culture and Well-Being in Byzantium (400–1453). Proceedings of the International Conference (Cambridge, 8 – 10 September 2001).* Wien: Österreichische Akademie der Wissenschaften, S. 41–49, https://www.austriaca.at/0xc1aa5576%200x00178c45.pdf, besucht am 12.1.2021.

Edelstein, Emma Jeanette/Edelstein, Ludwig (1945): *Asclepius: A Collection and Interpretation of the Testimonies.* Bd. 2. Baltimore, MD: The Johns Hopkins Press.

Gollwitzer-Voll, Woty (2007): *Christus Medicus – Heilung als Mysterium. Interpretationen eines alten Christusnamens und dessen Bedeutung in der Praktischen Theologie.* Paderborn: Ferdinand Schöningh.

Grimm-Stadelmann, Isabel (2019): „Alexander von Tralleis – Arzt und Magier: Heilen mit Amulett und Astrologie“. Spektrum der Wissenschaften online. https://www.spektrum.de/magazin/alexander-von-tralleis-arzt-und-magier/1647236, besucht am 12.11.2020.

Grimm-Stadelmann, Isabel (2020): *Untersuchungen zur Iatromagie in der byzantinischen Zeit. Zur Tradierung gräkoägyptischer und spätantiker iatromagischer Motive.* Berlin & Boston: De Gruyter.

Grumel, Venance (1949): „La profession médicale à Byzance à l'époque des Comnènes". In: *Revue des études byzantines* 7, S. 42–46.

Helm, Jürgen (2005): „Magie". In: *Antike Medizin. Ein Lexikon.* HG. von Karl-Heinz Leven, München: C. H. Beck, Sp. 581–583.

Horandner, Wolfram (1974): *Theodoros Prodromos. Historische Gedichte.* Wien: Akademie der Wissenschaften.

Kidonopoulos, Vassilios (1994): *Bauten in Konstantinopel,1204–1328: Verfall und Zerstörung, Restaurierung, Umbau und Neubau von Profan- und Sakralbauten.* Wiesbaden: Harrassowitz.

Knipp, David (1998): *„Christus Medicus" in der frühchristlichen Sarkophagskulptur. Ikonographische Studien zur Sepulkralkunst des späten vierten Jahrhunderts.* Leiden: Brill.

Kotzabassi, Sofia (Hrsg.) (2013): *The Pantokrator Monastery in Constantinople.* Berlin & Boston: De Gruyter.

László, Józsa (2010): „Mágikus és Vallásos Gyógyítás Bizáncban". In: *Communicationes de historia artis medicinae* 210–213, S. 171–185.

Leven, Karl-Heinz (1987): „Die ‚Justinianische Pest'". In: *Jahrbuch des Instituts für Geschichte der Medizin der Robert-Bosch-Stiftung* 6, S. 137–161.

Little, Lester K. (Hrsg.) (2009): *Plague and the End of Antiquity. The Pandemic of 541–750.* Cambridge: Cambridge University Press.

Markschies, Christoph (2005): „Heil und Heilung in der Spätantike". In: *Humboldt Spektrum* 2, S. 1–4.

Markschies, Christoph (2016): *Das antike Christentum. Frömmigkeit, Lebensformen, Institutionen* (3. Aufl.). München: C. H. Beck.

Meier, Mischa (2016): „The ‚Justinianic Plague': The Economic Consequences of the Pandemic in the Eastern Roman Empire and Its Cultural and Religious Effects". In: *Early Medieval Europe* 24(3), S. 267–292.

Meier, Mischa (2020): „The ‚Justinianic Plague': An ‚Inconsequential Pandemic'? A Reply". In: *Medizinhistorisches Journal* 55(2), S. 172.

Miller, Timothy S. (1997): *The Birth of the Hospital in the Byzantine Empire* (2. Aufl.). Baltimore, MD: The Johns Hopkins University Press.

Paulos von Aegina (1914): *Des besten Arztes sieben Bücher.* Leiden: Verlagsbuchhandlung vormals E. J. Brill.

Potter, David Stone (2015): *Theodora. Actress, Empress, Saint.* Oxford Oxford University Press.

Procopius (1914): *Procopius with an English Translation by H.B. Dewing*, Bd. 1, London: William Heinemann, S. 451–473 (= History of the Wars, II. xxii–xxxiii).

Puschmann, Theodor (1878): *Alexander von Tralles: Original-Texte und Übersetzung nebst einer einleitenden Abhandlung. Ein Beitrag zur Geschichte der Medicin.* Bd. 1. Wien: Braumüller.

Risse, Guenter B. (2011): *Mending Bodies, Saving Souls – A History of Hospitals.* Oxford: Oxford University Press.

Rothschuh, Karl Eduard (1978): *Iatromagie Begriff, Merkmale, Motive, Systematik. 223. Sitzung am 20. Juli 1977 in Düsseldorf.* Opladen: Westdeutscher Verlag.

Schreiner, Peter (2006): „Aspekte der politischen Heiligenverehrung in Byzanz“. In: Peter Schreiner (Hrsg.): *Byzantinische Kultur. Eine Aufsatzsammlung*, Bd. 2. Rom: Edizioni di storia e letteratura, S. 365–383.

Steger, Florian (2004): *Asklepiosmedizin – Medizinischer Alltag in der römischen Kaiserzeit.* Stuttgart: Franz Steiner.

Temkin, Owsei (1962): „Byzantine Medicine: Tradition and Empiricism“. In: *Dumbarton Oaks Papers* 16, S. 95–115.

Vikan, Gary (1984): „Art, Medicine, and Magic in Early Byzantium“. In: *Dumbarton Oaks Papers* 38, S. 65–86.

Angelika C. Messner

Gesundheit ist ein Verb – Medizin ist mehrsprachig und vielstimmig: Chinesische und andere Perspektiven

Abstract: *Doing Health: Chinese and Other Perspectives.* In ancient China, health was related to the individual person and their unique life. Both medical and philosophical texts testify to this: Maintaining vitality in the course of one's own lifespan was a priority. Daily caring for one's health revolved around Qi 氣 – a universal medium that is at the same time material and spiritual, emotional and neutral, unitary and diverse, as well as biological, psychological and physiological. Health thus becomes a verb, an act, a property to be preserved, a wavering and oscillating between pleasure and strength. Not least because of the pandemic, the demand for 'traditional' healing expertise rose worldwide. Against this background, early Chinese views on life are of unprecedented importance: From their perspective, a reorientation of public and global health policies seems inevitable.

1 Traditionelle chinesische Vorstellungen: Das Wertvollste ist das Leben 生最貴

Einst fragte Genghis Khan (1162–1227), ursprünglich Demüdschin, den großen daoistischen Meister Qiu Chuji (chinesisch 丘處機, 1148 –1227), auch Changchun 長春 genannt: „Vervollkommneter, welche Medizin der Unsterblichkeit (*changsheng zhi yao* 長生之藥, wortwörtlich „lebensverlängernde Kräuter/Langlebigkeits-Medizin") hast Du mir von weit her mitgebracht?" Genghis Khan hatte nämlich 1220 seinen persönlichen Minister Liu Wen beauftragt, nach Shandong zu reiten, um dort den berühmten daoistischen Meister aufzusuchen und ihn zu sich nach Samarkand zu holen. Liu Wen machte sich auf die höchst beschwerliche, mehrere tausend Kilometer weite Reise nach Shandong. Begleitet wurde er von 20 Kriegern, alle angetan mit goldenen Schildern in Gestalt von Tiger-Köpfen. Nachdem sie schließlich nach mehreren Monaten von dieser höchst gefahrvollen und kostspieligen Reise wieder in Samarkand eingetroffen waren, fand sich der daoistische Meister nun vor dem Herrscher Genghis Khan. Dessen Frage nach dem

Angelika C. Messner, Chinazentrum der Christian-Albrechts-Universität zu Kiel

 https://doi.org/10.1515/9783110713336-011

Elixier der Unsterblichkeit verwundert nicht, denn sein Projekt, ein eurasisches Großreich zu errichten, bedeutete, nach wirkungsvollen Strategien zu suchen, um die Macht möglichst lange zu erhalten. Das eigene Leben möglichst lange bzw. für immer zu leben, sollte hierbei helfen. Genghis Khan war in diesem Bestreben nicht allein, er konnte auf eine jahrtausendelange Tradition von Unsterblichkeitsbestrebungen chinesischer Kaiser zurückblicken. Viele unter ihnen hatten die Geheimnisse physischer Transzendenz mit Hilfe daoistischer Ratgeber zu ergründen gesucht. Nicht selten bezahlten sie für abenteuerliche Theorien und Experimente mit ihrem frühzeitigen Tod (Andreeva & Steavu 2015).[1] Genghis Khan nun erwartete eine entsprechende Antwort auf seine Frage. Der Meister aber antwortete, so haben es seine Schüler aufgezeichnet:

> Ich besitze (beherrsche) den Weg des Schutzes des Lebens (*weisheng zhi dao* 衛生之道), aber ich besitze keine Medizin, die das Leben verlängert (*chang sheng zhi yao* 長生之藥) (Chih-Ch'ang 1931, S. 101).

Mit der Differenzierung zwischen „lebensverlängernden" und „lebenschützenden" Mitteln verweist der daoistische Meister auf eine Problematik, die bis heute besteht, und zwar in globaler wie in lokaler Hinsicht: die Anerkennung menschlicher Endlichkeit. Dieses endliche Leben möglichst lange zu bewahren, beruhte auf den Vorgaben von Mäßigung und Angemessenheit: Regulierung, Anpassung, Ausgleich in Essen und Trinken, Ruhen und Aktivität, und keine Exzesse (insbesondere nicht im Hinblick auf sexuelle Aktivität). Diese praktischen Leitlinien der Lebenspflege (*yangsheng*) finden sich implizit auch in seit über zweitausend Jahren in China belegten medizinischen Texten.

Im Blickfeld klassischer chinesischer Denk- und Orientierungsrahmen stand nicht *Gesundheit*, sondern das *Leben*. Das im heutigen Chinesischen gebräuchliche Wort für „Gesundheit", nämlich *jiankang* 健康, hielt erst im frühen 20. Jahrhundert Eingang in den Sprachgebrach: Als Transfer aus der westlichen Hemisphäre (über Japan) tauchte dieser Begriff in Werbetexten für „gesunde/hygienische Möbel bzw. gesundes Wohnambiente" auf (Cochran 2006, S. 110). Das zweite Wort, das im modernen chinesischen Gesundheitswesen „Öffentliche

1 Es sind dies z. B. Langlebigkeitspraktiken, die insbesondere ab dem zweiten Jahrhundert nach unserer Zeitrechnung zu intensiven Experimenten mit Zinnober-Mischungen führten. Eine rotfarbige Quecksilberschwefelmischung sollte als ‚Pille' Unsterblichkeit bringen. Jedoch führte diese Pille nicht zur Unsterblichkeit, sondern häufig zum vorzeitigen Tod mehrerer Kaiser und Gelehrter der Tang-Dynastie (700 bis 900 n. u. Z.). Diese (somit) lebensverkürzenden Experimente („*wai dan* 外丹", äußeres Zinnober, äußeres Elixier) wurden ab dem 15. Jahrhundert immer weniger praktiziert.

Gesundheitspflege“ und „Gesundheitsfürsorge“ bzw. „Hygiene/Sauberkeit“ bezeichnet, ist *weisheng* 衛生: *Weishengju* 衛生局 „Gesundheitsamt“, *weishengshi* 衛生室 „Krankenstation“ und *weisheng yuan* 衛生院 „Krankenhaus“. *Weisheng* existierte, im Gegensatz zu *jiankang*, bereits seit vielen Jahrhunderten. Allerdings bedeutete es nicht (wie heute) Hygiene/Sauberkeit, sondern „Leben schützen“ (*wei* 衛*sheng* 生). Damit war, wie wir noch sehen werden, das Leben des einzelnen Menschen in seiner konkreten individuellen Ausprägung gemeint, und weniger die Gesundheit einer ganzen Bevölkerung.

„Was ist das Höchste/Wertvollste unter dem Himmel?“ Mit dieser Frage beginnt der fünfte von zehn Abschnitten im Buch „Zehn Fragen“ (*shi wen* 十問) des Mawangdui-Korpus (3. bis 2. Jh. v.u.Z.). „Das Leben ist das Wertvollste“ lautet die Antwort (Zhou & Xiao 1988, S. 379) (堯問於舜曰：「天下孰最貴？」舜曰：「生最貴). Das Leben des Menschen, genauer das Leben eines einzelnen Menschen in seiner konkreten Form, steht hier im Fokus. Die Wertschätzung des physischen individuellen Lebens ist im religiösen Daoismus ebenso betont wie in medizinischen Wissenstexten des frühen Chinas. Einhergehend mit der Vorstellung einer vom Himmel zugewiesenen Lebensdauer enthält der Verweis auf die Wertschätzung des individuellen Lebens eine Handlungsorientierung: Es gilt, die jedem Menschen vom Himmel gegebene Lebensspanne möglichst bis zur Gänze auszufüllen (*quan sheng* 全生). Hierbei hilft es, sich um ein das Leben möglichst begünstigendes Ambiente zu kümmern bzw. dafür zu sorgen, dass das Lebenspotential gefördert, genährt, umsorgt, gepflegt (*yang* 養) wird. Die Praktiken zur Pflege des Lebens wurden erstmalig im *Zhuangzi* 莊子 (ca. 300 v.u.Z.) unter dem Terminus *yangsheng* 養生 benannt. Wichtigstes Gebot ist dabei, um die Endlichkeit des Lebens zu wissen, dann gilt es, den Geist zu nähren (*yang shen* 養神), und erst zum Schluss geht es darum, die Gestalt zu kultivieren (養形) (Zhuangzi 莊子 et al. 2000, juan 15) bzw. die Muskeln und Haut üppig zu machen, den Bauch zu füllen und Vorlieben und Begierden zu befriedigen.

Auch im *Huangdi neijing Suwen* 黄帝内经 素问 (Klassiker des Gelben Kaisers, ca. 200 v.u.Z. – 200 n.u.Z. verfasst) weiß man um die Bedeutung einer korrekter Lebensführung und anderer Einflüsse auf das Lebenspotential (Cheng et al. 1982, juan 1; Unschuld 2003, S. 228). Darin wird die Tatsache, dass das Leben des Menschen endlich ist, also die Tatsache der Sterblichkeit, als *conditio humana* anerkannt. Gleichzeitig aber wusste man um die Möglichkeit, das Lebenspotential zu erhöhen bzw. die eigene Lebensspanne auszufüllen. In dem Buch wird berichtet, in frühen Urzeiten seien die Menschen nicht krank (*bu bing* 不病) geworden und in einem ihnen angemessenen Alter von etwa 100 Jahren gestorben. Aber gegenwärtig (d.h. um die Zeit 200 v.u.Z.) würden die Menschen bereits vorzeitig mit nur 50 Jahren sterben. Die Alten hätten gewusst, wie man das *dao* 道, den Weg des Lebens, praktiziere, und sie verstanden das Prinzip des Gleichgewichts von *yin* 陰 und *yang* 陽. Sie aßen ausgewogen und regelmäßig, sie vermieden jede geistige und körperliche Überanstrengung, sie standen zu bestimmten Zeiten auf und gingen zu bestimmten Zeiten zu Bett. Sie hielten sich an die festen Rhythmen von Tag und Nacht und der Jahreszeiten: Sie schliefen zur Nacht und waren wach bei Tage und sie waren in jeder Hinsicht maßvoll. Sie bewahrten ihr Wohlbefinden. Heutzutage (also um 200 v.u.Z.) habe sich der Lebensstil der Menschen verändert: Man trinkt Wein, als wäre es Wasser, und man gibt sich zerstörerischen Aktivitäten hin. Die Menschen erschöpfen ihr *jing* 精 (die in den Nieren gespeicherte Essenz des Körpers) und vergeuden ihr Qi. Sie wissen nicht um die Geheimnisse der Pflege der Lebenskraft.

> Sie sind nicht imstande, ihren Lebensstil und ihre Ernährung zu regulieren, und schlafen auf unangemessene Weise. Deswegen ist es nicht überraschend, dass sie mit fünfzig alt erscheinen und nicht viel später sterben (Ni 2011, S. 17).

Das Potential des Lebens zu erhöhen war grundlegend mit Techniken verknüpft, die halfen, das Qi 氣zu mehren und in fließendem Zustand zu halten. Das Qi bedeutet die alles durchflutende Kraft, Atem, Pneuma, Aktivität und Lebenskraft. Das zugehörige Piktogramm verweist auf „Abdampfen von gekochtem Reis" oder auf „Nebel aus verdunstendem Wasser über den Reisfeldern", und damit auf die nährende Kraft von Lebensmitteln, auf eine das Leben nährende Kraft.

Qi ist also gleichzeitig materiell und spirituell, statisch und bewegt, emotional und neutral, unitär und vielzählig, biologisch, psychisch und physiologisch, lebensfördernd, aber auch lebensbeeinträchtigend. Es ist eine Art Energie, in der alles, was geschieht, sich ereignet. Aus philologischer und etymologischer Perspektive ist es ein Universalmedium: alles ist aus Qi. Die volle Entfaltung der Lebenskraft ist nicht möglich, ohne das Qi zu schützen, es nicht zu vergeuden. In Anerkennung der eigenen Endlichkeit galt es, die Lebenszeit möglichst zur Gänze auszufüllen. Das ist die Idee, die im weitesten Sinne Gesundheit transportiert.

2 Der Westen als Vorbild?

In einer für das heutige China prägenden Umbruchsphase tauchte das Ideal eines Lebens ohne Krankheit wieder auf – allerdings unter ganz anderen Vorzeichen, nämlich in der Auseinandersetzung mit westlichen Denkweisen. Kang Youwei 康有為 (1858–1927), einer der wichtigsten Reformer im China um die Wende zum 20. Jahrhundert, hatte eine Vision: eine Weltgesellschaft frei von Krankheit und körperlichen Schwächen. Bestens in westlicher Medizin ausgebildete Ärzte sollten dafür sorgen. Diese sollten außerdem dabei behilflich sein, die auf eine Insel

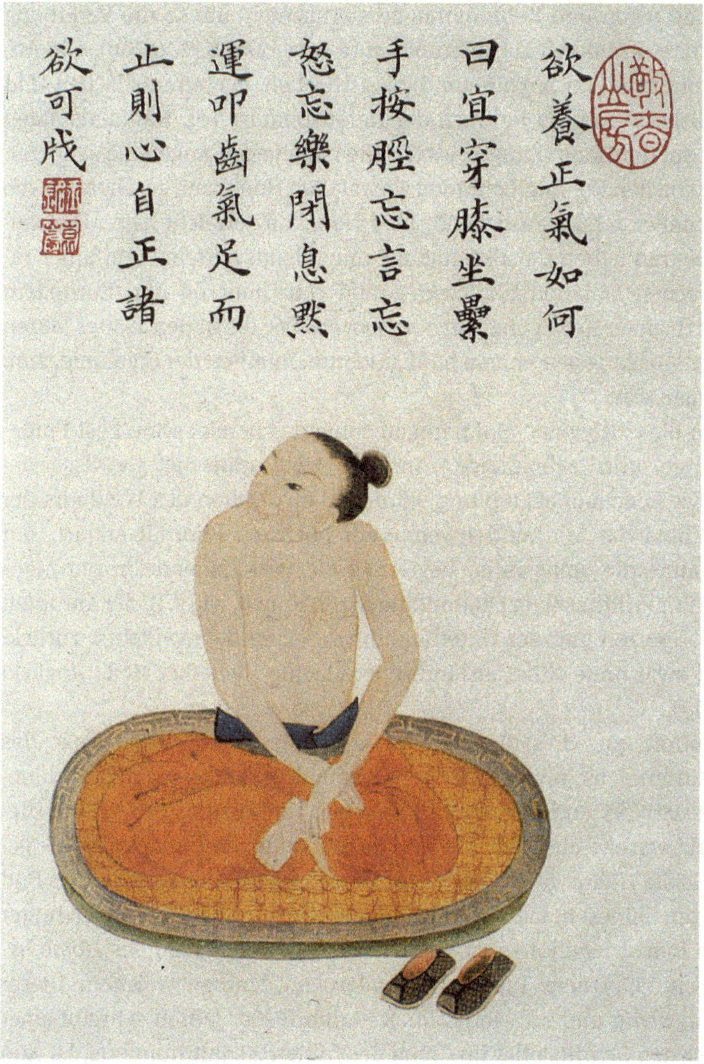

Abb. 1: Illustration aus dem *Daoyin tu*, einem von Kun Lan im Jahr 1875 verfasstem Buch mit 24 Techniken und therapeutischen Bewegungen zur Pflege des Qi. Die hier erklärten Daoyin-Techniken umfassen 9 Sitztechniken, 6 Stehtechniken, 6 Liegetechniken, 2 Hocktechniken und eine Knietechnik. Der Text zu der hier abgebildeten Sitztechnik lautet: „Frage: Wie kann ich meine Lebenskraft festigen und vermehren? Antwort: Schlage beim Sitzen die Beine übereinander und ziehe die Füße unter die Knie. Verschränke die Hände und massiere die Unterschenkel. Vergiss das Sprechen, den Ärger und die Freude. Halte den Atem an, bewege das Qi in Ruhe und klappere mit den Zähnen. Beende (die Übung), wenn die Lebenskraft vermehrt ist, dann wird das Herz aufgerichtet sein, und alle Begierden sind entschwunden" (übersetzt von A. Messner). Quelle: *Wellcome Collection.* Attribution 4.0 International (CC BY 4.0)

deportierten Schwachen und Behinderten zu sterilisieren, um so die Vererbung von Schwäche bzw. Krankheit zu unterbinden (K'Ang 1974, S. 206/208). Die Anleihen an die im Entstehen begriffenen biologistischen, evolutionistischen und rassistischen Diskursfelder im Rahmen der Herausbildung von Nationalstaaten liegen hier klar auf der Hand. Kang Youwei hatte mit eigenen Augen die sauberen Straßen in dem von den Kolonialbehörden verwalteten Hongkong gesehen, als die Pest, 1892 von Südwestchina ausgehend, 1894 Hongkong erreicht hatte. Die sauberen Straßen waren neben der Beseitigung von „Elendsvierteln" und einer radikal durchgesetzten Isolation und Segregation von Chinesen und Europäern Bestandteil der Hygiene-Bewegung (*sanitary movement*), die in den 1830er Jahren in England ihren Ausgang genommen hatte und nun, inmitten der Epidemie, zum Einsatz gekommen war.

Im Rahmen dieser Hygiene-Maßnahmen sollte das bereits ohne Pest-Epidemie „rückständige" und „schmutzige" China in „zivilisatorische" Gewässer geführt werden. Die Seuchenbekämpfung wurde so, im Zeichen des Wettlaufs der Nationen, im China der Jahrhundertwende zur höchsten Priorität erklärt. Auf diese Weise konnte die chinesische Regierung die Pest-Epidemie in der Mandschurei 1910/11 mit Hilfe strikter Quarantäne-Maßnahmen, wie z. B. der abrupten Schließung der Grenzen und der Unterbindung des Eisenbahnverkehrs, zurückdrängen – und zwar ohne Hilfe ausländischer Mächte (Benedict 1996; Rogaski 2010, S. 143–144).

Nichtsdestotrotz war dies die Zeit des kontinuierlichen Niedergangs des chinesischen Kaiserreichs, im Nachgang der Opiumkriege, des japanisch-chinesischen Krieges 1894/95 und der republikanischen Umwälzung 1911/12. Vor diesem Hintergrund warben aus dem Ausland zurückkehrende Intellektuelle – gewissermaßen als die „Retter in der Not" – für Wissenschaft und Hygiene. Das Bild des rückständigen Chinesen, menschlich und moralisch weit abgeschlagen hinter den westlichen Industrienationen, sollte nun unter den Vorgaben des *Homo hygienicus* (Labisch 1992) dem Typus des modernen Chinesen weichen. Dieser Prozess war langwierig und schwierig. Noch in den 1920er Jahren schreibt einer der einflussreichsten Schriftsteller im China des frühen 20. Jahrhunderts, Lu Xun 魯迅 (1881–1936):

> Da das Ausland aktiv ist, ist man selbst passiv, da es die Wissenschaft pflegt, gibt man sich dem Aberglauben hin, da man dort kurze Gewänder trägt, trägt man hier lange, da man dort Gewicht auf Hygiene legt, isst man hier Fliegen; erfreut man sich dort bester Gesundheit, wird man hier krank (Lu 1979, S. 6; Messner 2000, S. 247–248; 2012).

Die aufstrebende Bakteriologie und die neue Wissenschaft (*kexue* 科學) sollten China retten (Eglauer 2001; Messner 2012, S. 247–264). So erfolgte eine konzeptionelle Verschränkung von bakteriologischem Wissen und dem Konzept einer öffentlichen Gesundheitspolitik (*Public Health*), die in radikaler Abkehr von allem Indigenen und „Traditionellen" die „Bekämpfung von Epidemien" anstrebte. Dies war die Grundlage des Dekrets, wonach im Jahr 1913 die westliche Medizin in China zum alleinigen medizinischen Studienfach wurde. Auch wenn man bereits 1922 dazu überging, die chinesische Medizin wieder als reguläres Studienfach zuzulassen (Croizier 1968, S. 47; Messner 2012, S. 247–264 und S. 247 ff), firmiert diese seit dem frühen 20. Jahrhundert gegenüber der westlich geprägten Medizin als unwissenschaftliche Quacksalberei. „Wissenschaft" (*kexue* 科學) war das Zauberwort, das – durchgängig im vergleichenden Blick auf den Westen – alle gesellschaftlichen Probleme lösen sollte. Allen voran waren es aus dem Ausland zurückkehrende Intellektuelle und Gelehrte, die alles Traditionelle als Hindernis zum Umbau Chinas hin zur Moderne anprangerten. Die Dichotomie Ost-West verwies hier wesentlich auf „Krankheit hier – Gesundheit dort". Lu Xun spricht in dem oben zitierten Ausschnitt das Spannungsverhältnis an, das bis heute anhält: Indem Gesundheit um die Wende zum 20. Jahrhundert aus dem Horizont ihrer jeweils partikularen sozialen, kulturellen, kosmologischen und ökologischen Bezüge gelöst wurde, wurde sie zu einer weltweiten Ware. Diese Herauslösung aber erweist sich als fatal, insbesondere jetzt im 21. Jahrhundert, nämlich angesichts einer globalen Pandemie, in der die großen Unzulänglichkeiten der medizinischen Versorgung in ihren lokalen Zusammenhängen hervortreten. Globalisiert haben sich nur die Krankheiten – Gesundheit für alle gibt es nur auf dem Papier.

3 Gesundheit als Ware – Gesundheit als Verb

Wenn in kapitalistisch und technokratisch organisierten Gesellschaften die menschliche Endlichkeit weitgehend negiert wird und Gesundheit unter dem Vorzeichen „bestmöglicher Optimierung" zu einer Ware geworden ist, die schwerlich kultiviert oder „gemacht", sondern gekauft werden will, so spiegelt dies den Überhang biomedizinisch formierter Perspektiven auf das nackte Leben (*bios*). Es ist aber das Leben in seinen Dimensionen kreativer Lust, das gelebt und kultiviert werden will. Und es gibt eine intrinsische Begabung zum Leben (*zoe*), die die Grundlage und Quelle von Wirksamkeit und Resilienz ist – diese gilt es zu fördern. Denn das Leben könnte (wieder) zur Grundlage einer Haltung werden, die Würde und eine gewisse Widerständigkeit einfordert (Farquhar & Zhang 2012, S. 11–48).

Die Platonisch inspirierte Dichotomie zwischen *bios* (die biophysische Beschaffenheit von Leben/Gesundheit außerhalb der menschlichen Lebenszeit) und *zoe* (das vitale Leben innerhalb der Zeitspanne von Geburt und Tod) bildet die konzeptionelle Grundlage biomedizinischen Wirkens seit dem 19. Jahrhundert: Die Biomedizin ist damit befasst, das nackte Leben (*bios*) zu kurieren, aber nicht das vitale Leben (*zoe*) zu stärken. Die Überwindung dieser Dichotomie ist damit die Basis aller Forderungen nach einem holistischen Verständnis von Gesundheit und Krankheit (Kristeva et al. 2018, S. 1–4).Als Ausweg aus der Dichotomie verweist Julia Kristeva auf die griechische Mythologie: Demnach ist die Sorge (*cura*) unablässig mit dem chaotischen Zeitlichen befasst, innerhalb dessen Krankheit und Heilung gleichzeitig geschehen. Sie spielt sich in den vielen performativen Handlungen des *Übersetzens* zwischen den unterschiedlichen ontologischen Sphären (konkretes Leiden und die Sphäre der Götter) ab. Die Sorge ist insgesamt mit dem vitalen Leben befasst, also mit dem, was im besten Fall durch Heilkunst erreicht werden kann. Zur Überwindung der Dichotomie gilt es also, die besondere Struktur der zeitlichen und ontologischen Abgrenzungen zwischen den verschiedenen Sphären auszugleichen und zu adjustieren, um dabei gewissermaßen als Nebenprodukt die Kluft zwischen *bios* und *zoe* zu überbrücken. Es ist eine ununterbrochene Über-Setzungsarbeit (Wissens- und Sphären-Übersetzung) vonnöten, die heute als Gesundheitskompetenz bzw. Gesundheitsbildung (*health literacy*) bezeichnet wird. Mit dieser Daueraufgabe ist das Problem aber noch nicht gelöst. Nicht nur, dass die Gesundheitskompetenz insbesondere bei den Menschen der westlichen Hemisphäre immer weiter schwindet, es verschwindet außerdem das Gefühl der Selbst-Wirksamkeit, sowie die Grundlagen der Resilienz. Dies zeigen nicht zuletzt die Zahlen an *non-communicable diseases* (wie Diabetes, Bluthochdruck etc.), die etwa 71% der Todesursachen ausmachen (World Health Organization 2018). Gesundheit als Verb verstanden bedeutet, nicht die Gesundheit als modellhaften oder absoluten Status zu begreifen, und auch nicht als höchsten Wert, sondern als Resultat ständiger Abstimmungs- und Adjustierungsverhältnisse im individuellen und sozialen Leben. Damit erst wird Gesundheit zu einem integralen Teil des Wohlbefindens im vitalen Leben während der zeitlich begrenzten Lebenszeit.

Dieses Verständnis von Gesundheit trifft sich mit dem, was *weisheng* (Leben-schützen) in der chinesischen Wissenssemantik meint. Die Entwicklung und Kultivierung effektiver Verhaltensweisen, die das vitale konkrete Leben im Gleichgewicht mit dem kosmischen Fließgeschehen ermöglicht, verweist auf ein Tun, das möglicherweise *gesund* ist, sich aber nicht in quantifizierbaren Werten (Blutspiegel etc.) erschöpfend messen lässt (Adams 2016, S. 19). Ein derartiger Gesundheitsbegriff, der das Wohlsein in Übereinstimmung mit dem *dao*, der Gesellschaft, der Familie und dem inneren Selbst einschließt, und sich damit dezidiert nicht außerhalb der komplexen Bereiche religiöser und philosophischer Sinnfragen oder mitmenschlicher Beziehungen und Fragen der Ökonomie und des sozialen Status bewegt, ist heute mehr denn je gefragt.

Gesundsein: ein Verb, ein Tun, eine Eigenschaft, das Schwanken im Horizont von Lust, Kraft und vielleicht auch Freude? Es ist (mit Gadamer) etwas Verborgenes, das zu tun hat mit Vitalität (Qi), die wiederum jenseits von lokalisierten Körperteilen agiert. Diese Vitalität ist einfach da, und sie erlaubt es, über die Grenzen hinaus zu denken. Ist es möglich, gesund zu sein, jenseits der Volksgesundheit? Jenseits von Daten und Werten aus dem Labor? Wohl nur, wenn man halbwegs gesund ist. Und nur innerhalb der Grenzen des Lebens: Dschingis Khan musste dies (schmerzhaft wohl) zur Kenntnis nehmen: „Nein, lebensverlängernde Maßnahmen – darum geht es nicht. Es geht um den Schutz des Lebens, ‚nähren' und pflegen (*yangsheng*)".

4 Epilog

Dieser Essay changiert zwischen Ost und West und zwischen unterschiedlichen Zeithorizonten. Er wurde geschrieben inmitten der Corona-Pandemie, die zu einer intensiven Kommunikation mit KollegInnen aus aller Welt geführt hat. Hierzu gehören neben Ärzten in New York, London, Mailand, Berlin, Taipeh, New Delhi, Regensburg und München auch MedizinhistorikerInnen und Medical Anthropologists in Wien (Universität Wien, *Department of South Asian, Tibetan and Buddhist Studies* – ISTB), in Boston (Harvard University, *East Asian Languages and Civilizations*), in Hong Kong (The University of Hong Kong), in London (University College of London & Imperial College London), in Chicago (University of Chicago, Department of Anthropology), Pittsburgh (University of Pittsburgh, History Department), Beijing (*China Academy of Chinese Medical Sciences*), Hangzhou (Zhejiang University, Institute for Social Medicine), Singapore (National University of Singapore, Chinese Department & Nanyang Technology University, *School of Humanities* & *Lee Kong-Chian School of Medicine*). Besonders der Austausch mit den Kollegen in Taipeh von der *Academia Sinica* sowie der *Taiwan Association of Traditional Chinese Medical Literature and History* und dem *Ministry of Health and Welfare* (*Bureau of Traditional Chinese Medicine*) war dabei lehrreich: Während Taiwan von Beginn an strenge Maßgaben zur Prävention und Stärkung der gesamten Bevölkerung einführte und bald Corona-frei wurde, kämpfte man in anderen Teilen der Welt auf unterschiedliche Weise um eine angemessene medizinische Hilfestellung. Die Verbindung von biomedizinischer Expertise mit chinesischer Medizin in Taiwan wird auch in anderen Ländern mit Blick auf Prävention, Stärkung und Nachsorge von COVID-19 erprobt. In Mailand und in übrigen Teilen Italiens arbeiten Ärzte mithilfe narrativer Ansätze (Fondazione ISTUD 2020; Humanities Watch 2020; Marini 2016) daran, die Traumata vergangener Monate zu verarbeiten. In New York arbeiten tibetische Ärzte rund um die

Uhr mit Patienten in unterschiedlichen Krankheitsstadien.[2] In all diesen Fällen gilt es, detaillierte Protokolle über die Heilprozesse anzufertigen, damit die hier gewonnenen Erfahrungswerte in nachfolgenden Studien und Zeiten helfen können.[3] Tatsächlich haben traditionelle Medizinansätze wie die chinesische und tibetische Medizin eine Bedeutung erlangt, die sich weit über ihre Heimatregion oder Communities in der Diaspora erstreckt. Längst fragen auch viele Patienten aus anderen Kulturkreisen vermehrt nach der Expertise ursprünglich bloß regional zugänglicher Medizintraditionen.

Die Pandemie 2020 und die ihr vorausgehenden Ereignisse, die sich weit zurückverfolgen lassen, haben *Regionale Medizintraditionen* nicht nur in China und in der westlichen Hemisphäre, sondern auch in afrikanischen Kontexten in das Zentrum globaler Aufmerksamkeit gerückt. Hierbei spielt die WHO eine zentrale Rolle, die seit 2002 in regelmäßigen Abständen *Traditional Medicine-Strategy* Papiere lanciert. Zudem enthält das neue ICD-11 ein Modul zu Traditionellen Medizinen (International Classification of Diseases 2020). Als Meilenstein für die offizielle Anerkennung der Traditionellen Medizinen gilt gemeinhin die Verleihung des Nobelpreises für Medizin an die chinesische Malaria-Forscherin Tu Youyou im Jahr 2015.Die durch diese Ehrung aufgeworfenen Diskussionen kreisten vor allem um die Frage, inwieweit Tu Youyou in ihren Laborexperimenten auf antikes medizinisches Wissen zurückgegriffen hat, und ob sie sich tatsächlich von diesem Wissen inspirieren ließ (Hanson 2015; Unschuld 2015). Diese Fragen sind Ausdruck eines herkömmlichen Denkrahmens, der sich in einer kruden binären Unterscheidung zwischen „echter (moderner, westlicher) Wissenschaft" einerseits und „traditionellem (unwissenschaftlichem) Wissen" andererseits erschöpft. Im Gegensatz dazu wird die alternative Option einer *medizinischen Vielstimmigkeit* und *Mehrsprachigkeit* auf vielfältige Weise entwickelt und erprobt – in der akuten Pandemie-Situation nicht nur im chinesischen Kontext, sondern in zahlreichen Ländern der Welt. Aufbauend auf den Erfahrungen mit „traditionellen" chinesischen Diagnose- und Heilmethoden im Zuge der SARS-Epidemie 2002/03 sowie bei COVID-19-Erkrankten in China, halfen chinesische Ärzteteams auch in der westlichen Hemisphäre. Ihre Expertise kam im Iran, in Italien, Pakistan, Serbien, Venezuela, Ungarn, Nigeria und Usbekistan zum Ein-

---

2 Am 8. Juli 2020 fand das erste IASTAM-Webinar zum Thema „The ‚Pan' of Pandemics: Why and How Asian Approaches Matter" statt (International Association for the Study of Asian Medicines 2020).

3 IASTAM (International Association for the Study of Asian Medicines) unterstützt gegenwärtig die medizinische Dokumentation tibetischer Ärzte in New York. Die Protokolle werden nach Beendigung der Studie in ASIAN MEDICINE, Leiden Brill veröffentlicht. https://brill.com/view/journals/asme/asme-overview.xml.

satz. Neben Indien suchten auch afrikanische Länder, allen voran Madagaskar, nach indigenen medizinischen Mitteln gegen COVID-19. Die tibetische Medizin wurde zudem in den Hotspots in New York und in anderen westlichen Ländern angewendet. Diese weltweite Nachfrage nach traditionellen Medizinen im Zuge der Pandemie hat nur bedingt damit zu tun, dass die Biomedizin zu Anfang kein probates Mittel gegen COVID-19 vorzuweisen hatte. Vielmehr schließt sie unmittelbar an eine im Alltag gelebte Praxis an, die sich gleichzeitig in unterschiedlichen Orientierungs- und Handlungsrahmen bewegt und sich aus verschiedenen medizinischen Expertisen bedient, ohne hierin einen Widerspruch zu sehen (Tilley 2020). Tatsächlich zeigt die neueste Forschung in Wissenschafts- und Medizingeschichte, dass das Oszillieren zwischen falsch und richtig, das beständige Adjustieren im Zeichen von Wohlbefinden und Wirksamkeit viel eher der Norm entspricht, als das Beharren auf *einem* einzig und alleinig richtigen Erklärungs- und Orientierungsstrang (Bian 2020, S. 108; Chiang 2019). Wir wissen heute ebenfalls, dass die vermeintlich scharfe Unterscheidung zwischen der Objektivität von Wissenschaft einerseits und der Subjektivität von Kultur, insbesondere mit Blick auf die Medizin, in die falsche Richtung weist (Napier et al. 2014). Die *Lancet Commission* zu *Culture and Health* verwies 2014 explizit darauf, dass die Trennung zwischen dem Partikularen einerseits, das bislang den Geisteswissenschaften zugerechnet wurde, und dem Universellen andererseits, das konventionell den Naturwissenschaften zugeschrieben wird, sich als obsolet erwiesen hat. Es ist dringend geboten, diese künstliche Trennlinie aufzuheben. Auch mit Blick auf die menschliche Natur, den menschlichen Leib, muss die Ontologie neu gedacht werden: Als komplexes biosoziales bzw. biokulturelles Fakt ist der menschliche Leib nicht mehr, wie seit dem 19. Jahrhundert üblich, getrennt zwischen biologischen Fakten und subjektiven (psychischen, geistigen, spirituellen) Aspekten zu behandeln. Damit sind auch die Vorannahmen der Psychosomatik hinfällig geworden, fußt diese doch auf der Dichotomie zwischen *soma* (Leib) und *psyche* (Geisthövel & Hitzer 2019).

Literatur

Adams, Vincanne (2016): *Metrics: What Counts in Global Health.* Durham & London: Duke University Press.

Andreeva, Anna/Steavu, Dominic (Hrsg.) (2015): *Transforming the Void: Embryological Discourse and Reproductive Imagery in East Asian Religions.* Leiden & Boston: Brill.

Benedict, Carol (1996): *Bubonic Plague in Nineteenth Century China.* Stanford, CA: Stanford University Press.

Bian, He (2020): *Know Your Remedies. Pharmacy & Culture in Early Modern China.* Princeton: Princeton University Press.

Cheng, Shide 程士德/Wang, Hongtu 王洪图/Lu, Zhaolin 鲁兆麟 (Hrsg.) (1982): *Huangdi neijing Suwen. Suwen zhushi huicui* 黄帝内经素问. 素問注釋匯粹 (Bd. 1). Beijing: People's Medical Publishing House 人民卫生出版社.

Chiang, Howard (2019): *The Making of the Human Sciences in China. Historical and Conceptual Foundations*. Leiden & Boston: Brill.

Chih-Ch'ang, Li (1931): *The Travels of an Alchemist. The Journey of the Taoist Ch'ang-Ch'un from China to the Hindukush at the Summons of Chingiz Khan*. London: George Routledge and Sons.

Cochran, Sherman (2006): *Chinese Medicine Men. Consumer Culture in China and Southeast Asia*. Cambridge, MA: Harvard University Press.

Croizier, Ralph C. (1968): *Traditional Medicine in Modern China: Science, Nationalism and the Tensions of Cultural Change*. Cambridge, MA: Harvard University Press.

Eglauer, Martina (2001): *Wissenschaft als Chance: Das Wissenschaftsverständnis des chinesischen Philosophen Hu Shi (1891–1962) unter dem Einfluss von John Dewey's (1859–1952) Pragmatismus*. München: Franz Steiner.

Farquhar, Judith/Zhang, Qicheng (2012): *Ten Thousand Things: Nurturing Life in Contemporary Beijing*. Brooklyn, NY: Zone Books.

Fondazione ISTUD (2020): „Chronicle of Healthcare and Narrative Medicine". https://www.medicinanarrativa.eu/chronicle-of-narrative-medicine, besucht am 21. 7. 2020.

Geisthövel, Alexa/Hitzer, Bettina (Hrsg.) (2019): *Auf der Suche nach einer anderen Medizin. Psychosomatik im 20. Jahrhundert*. Frankfurt am Main: Suhrkamp.

Hanson, Marta E. (2015): „Is the 2015 Nobel Prize a Turning Point for Traditional Chinese Medicine?". https://theconversation.com/is-the-2015-nobel-prize-a-turning-point-for-traditional-chinese-medicine-48643, besucht am 12. 6. 2020.

Humanities Watch (2020): „Search results for: narrative medicine". https://humanitieswatch.org/?s=narrative+medicine, besucht am 21. 7. 2020.

International Association for the Study of Asian Medicines (2020): „The ‚Pan' of Pandemics: Why and How Asian Approaches Matter". https://www.chinazentrum.uni-kiel.de/de/aktuelles/datei-aktuelles/2020/iastam-webinar-invitation-long-version, besucht am 21. 7. 2020.

International Classification of Diseases (2020): „26 Supplementary Chapter Traditional Medicine Conditions – Module I". https://icd.who.int/browse11/l-m/en#/http%3a%2f%2fid.who.int%2ficd%2fentity%2f718687701, besucht am 21. 6. 2020.

K'Ang, Yu-wei (1974): *Ta t'ung shu: Das Buch von der Großen Gemeinschaft*. Düsseldorf: E. Diederichs.

Kristeva, Julia/Moro, Marie Rose/Ødemark, John et al. (2018): „Cultural Crossings of Care: An Appeal to the Medical Humanities". In: *Medical Humanities* 44(1), S. 55–58.

Labisch, Alfons (1992): *Homo Hygienicus. Gesundheit und Medizin in der Neuzeit*. Frankfurt am Main & New York: Campus.

Lu, Xun (1979): *Die Methode, wilde Tiere abzurichten: Erzählungen Essays, Gedichte*. Berlin: Oberbaumverlag.

Marini, Maria Giulia (2016): *Narrative Medicine. Bridging the Gap between Evidence-Based Care and Medical Humanities*. Basel: Springer International Publishing.

Messner, Angelika C. (2000): *Medizinische Diskurse zu Irresein in China (1600–1930)*. Stuttgart: Franz Steiner.

Messner, Angelika C. (2012): „Contested ‚Science' Discourses on Men in 19th through Early 20th Century China". In: Klaus Hock/Gesa Mackenthun (Hrsg.): *Progress for Entangled Knowledges. Scientific Discourses and Cultural Difference.* Münster: Waxmann, S. 247–264.

Napier, A. David/Ancarno, Clyde/Butler, Beverley et al. (2014): „Culture and Health". In: *The Lancet* 384(9954), S. 1607–1639.

Ni, Maoshing (Hrsg.) (2011): *Der Gelbe Kaiser: Das Grundlagenwerk der Traditionellen Chinesischen Medizin.* München: Knaur MensSana.

Rogaski, Ruth (2010): „The Multiple Meanings of Weisheng in Manchuria". In: Angela Ki Che Leung/Charlotte Furth (Hrsg.): *Health and Hygiene in Chinese East Asia. Policies and Publics in the Long Twentieth Century.* Durham & London: Duke University Press, S. 132–159.

Tilley, Helen (2020): „How to Make Sense of ‚Traditional (Chinese) Medicine' in a Time of Covid-19: Cold War Origin Stories and the WHO's Role in Making Space for Polyglot Therapeutics". http://somatosphere.net/2020/tcm-covid-19.html/, besucht am 16. 6. 2020.

Unschuld, Paul U. (2003): *Huang Di nei jing su wen. Nature, Knowledge, Imagery in an Ancient Chinese Medical Text. With an Appendix, The Doctrine of the Five Periods and Six Qi in the Huang Di nei jing su wen.* Berkeley, CA: University of California Press.

Unschuld, Paul U. (2015): „Tu's Nobel Prize Not a Win for Ancient Chinese Medicine". https://www.caixinglobal.com/2015-12-07/tus-nobel-prize-not-a-win-for-ancient-chinese-medicine-101046137.html, besucht am 16. 6. 2020.

World Health Organization (2018): „Noncommunicable Diseases". World Health Organization. https://www.who.int/news-room/fact-sheets/detail/noncommunicable-diseases, besucht am 21. 6. 2020.

Zhou, Yimou 周一谋/Xiao, Zuotao 萧佐桃 (1988): *Textual Research on Mawangdui Medical Book* 马王堆医書考注. Tianjin: Tianjin Science and Technology Press 天津科学技术出版社.

Zhuangzi 莊子/Lau, D.C. 劉殿爵/Wah, Ho Che et al. (Hrsg.) (2000): *A Concordance to the Zhuangzi* 莊子逐字索引 (Bd. 43). Hong Kong: Commercial Press.

Hedwig H. Gupta, Christian S. Kessler und Ananda S. Chopra

Gesundheit aus Sicht des Āyurveda

Abstract: *The Āyurvedic Concept of Health.* Āyurveda denominates the most important traditional medical system in South Asia. It looks back on an extensive corpus of literature from the past two thousand years. Since the 1980s, Āyurvedic medical practice has been increasingly spread outside South Asia. One reason for its success might be that Āyurveda places great emphasis on the maintenance of health, prevention, and regeneration. It also developed a broad and differentiated spectrum of diagnostic and therapeutic options, which, based on its own systematic paradigm, have been elaborated in detail over millennia. Āyurveda's canonical texts not only provide systematic descriptions and definitions of the Āyurvedic understanding of health, they also contain detailed treatises regarding their relevance for everyday life and concrete medical instructions. This article provides basic information about the Āyurvedic understanding of health and contextualizes it within the everyday practice of both conventionally and Āyurvedically trained medical doctors in Germany.

Āyurveda[1] bezeichnet das bedeutendste und einflussreichste traditionelle Medizinsystem Südasiens. In mehreren Staaten Südasiens, insbesondere in Indien, ist Āyurveda heutzutage ein institutionalisiertes und professionalisiertes Medizinsystem, welches formal der modernen naturwissenschaftlich begründeten Medizin gleichgestellt ist. Das bedeutet beispielsweise, dass Āyurveda in Indien – wie die moderne naturwissenschaftliche Medizin auch – an Hochschulen gelehrt wird. Āyurveda-Ärzte durchlaufen dort ein eigenständiges Hochschulstudium, sind in eigenen Ärztekammern organisiert und es gibt einen nationalen Forschungsrat. Seit rund 40 Jahren ist Āyurveda auch außerhalb Indiens, insbesondere in Europa und Nordamerika zunehmend verbreitet. Hier wird Āyurveda

1 Dem wissenschaftlichen Standard entsprechend, werden hier alle Sanskritworte in der allgemein anerkannten Umschrift des Sanskrit mit lateinischen Buchstaben und diakritischen Zeichen (so genanntes International Alphabet of Sanskrit Transliteration) wiedergegeben.

Hedwig H. Gupta, Vidya sāgar Akademie für Āyurveda und Yogatherapie; Deutsche Ärztegesellschaft für Ayurvedamedizin (DÄGAM e.V.)
Christian S. Kessler, Deutsche Ärztegesellschaft für Ayurvedamedizin (DÄGAM e.V.); Charité Hochschulambulanz für Naturheilkunde am Immanuel Krankenhaus Berlin
Ananda S. Chopra, Deutsche Ärztegesellschaft für Ayurvedamedizin (DÄGAM e.V.); Institut für Geschichte und Ethik der Medizin, Universität Heidelberg

https://doi.org/10.1515/9783110713336-012

vor allem als komplementäre und alternative Medizin praktiziert.[2] Die WHO erkennt Āyurveda als traditionelle Medizin an und die Mitgliedsstaaten der WHO haben sich verpflichtet, im Interesse der Gesundheit ihrer jeweiligen Bevölkerung traditionelle Medizin zu fördern (World Health Organization 2013).

Āyurveda ist eine Medizintradition, die auf eine umfangreiche Fachliteratur aus den vergangenen zweitausend Jahren zurückblickt. Von besonderer Bedeutung sind dabei drei Werke aus den ersten Jahrhunderten unserer Zeitrechnung, die in der traditionellen Gelehrsamkeit auch als „große Dreiheit" bezeichnet werden. Diese Werke sind die *Caraka-Saṃhitā* („Sammlung des Caraka"), die *Suśruta-Saṃhita* („Sammlung des Suśruta") und die *Aṣṭāṅgahṛdayasaṃhitā* („Sammlung der Essenz der achtgliedrigen Wissenschaft"). Im Laufe der Jahrhunderte hat sich ausgehend von diesen alten Werken eine große Fülle āyurvedischer Fachliteratur entwickelt, die noch bis ins 20. Jahrhundert hauptsächlich in Sanskrit, der altindischen Hochsprache, verfasst wurde.[3]

Die āyurvedische Literatur der vergangenen zweitausend Jahre beeindruckt durch „eine bemerkenswerte Kontinuität in Denken und Praxis auf der einen und ebenso bemerkenswerte Veränderungen auf der anderen Seite".[4] Die heutige Ausprägung des Āyurveda bildet sich im 19. und vor allem im 20. Jahrhundert aus. Dabei rezipieren āyurvedische Gelehrte die Erkenntnisse der modernen naturwissenschaftlichen Medizin und ordnen diese in ihr eigenes wissenschaftliches System ein (ein typisches Beispiel für dieses Vorgehen bezeugt Dwarakanath 1998). Ein Ausdruck dieser eigentümlichen Mischung von Kontinuität und Veränderung ist die Tatsache, dass auch heutzutage noch mit den oben erwähnten Texten der „großen Dreiheit" gelehrt, geforscht und praktiziert wird.

Seit den 1980er Jahren wird Āyurveda als Heilkunde und Gesundheitslehre verstärkt auch in Europa und Nordamerika verbreitet. Hier bewährt sich Āyurveda zunehmend im Rahmen einer integrativen Medizin. In der Praxis zeigt sich, dass sich āyurvedische Medizin zwanglos in die konventionelle „schulmedizinische" Praxis integrieren bzw. mit dieser kombinieren lässt. Im Sinne eines inte-

---

2 Die zunehmende Bedeutung von Āyurveda als medizinischem System mag man auch daran erkennen, dass eine allgemeine Suche in einer medizinischen Datenbank (www.ncbi.nlm.nih.gov/pubmed am 17.03.20) mit dem Stichwort „Ayurved*" mehr als 6000 Einträge ergibt und inzwischen eine eigene Datenbank (dharaonline.org) existiert, in der speziell āyurvedische Forschungspublikationen aufgelistet sind.

3 Für alle Fragen zu Inhalt, Datierung und historischer Bedeutung der āyurvedischen Literatur sei auf das Standardwerk von Meulenbeld verwiesen (Meulenbeld 1999 – 2002).

4 „When one reads Sanskrit medical texts from various periods, one cannot but be struck by a remarkable continuity of thought and practice on the one hand, and equally remarkable changes on the other" (Meulenbeld 1995, S. 1).

grativmedizinischen Ansatzes können sich beide Systeme hervorragend ergänzen. Während die Schulmedizin ihre Stärken besonders auf den Gebieten der präzisen, objektivierbaren und quantifizierbaren Diagnostik auch kleinster Strukturelemente hat sowie vor allem in der Akut-, Intensiv- und operativen Medizin aufgrund ihrer gezielten und hochpotenten Therapieverfahren unersetzlich ist, ist der Ayurveda im Verständnis komplexer Zusammenhänge und der Integration körperlicher, psychosozialer und spiritueller Aspekte stark. Im Āyurveda wird viel Wert auf Prävention und Regeneration gelegt, er besitzt ein breites und differenziertes Spektrum von sanften, verhältnismäßig nebenwirkungsarmen, therapeutischen Möglichkeiten und führt Patienten gezielt in eine eigenverantwortliche und selbstwirksame Rolle.

In den letzten Jahren werden auch in Deutschland fundierte Ausbildungen für Āyurveda angeboten (vgl. etwa die Qualitätskriterien der Deutschen Ärztegesellschaft für Āyurveda-Medizin e.V., www.daegam.de). Für Mediziner lassen sich āyurvedische Grundkonzepte rasch erlernen und in die allgemeine Praxis integrieren. Gerade im Hinblick auf Prävention und Kräftigung lassen sich einfache Grundsätze der ayurvedischen Ernährungsberatung und der Tagesroutine leicht anwenden. Auf der Grundlage āyurvedischer Grundsätze empfohlene Gewürzkräuter und Tees zur Unterstützung von körperlichen wie geistigen Prozessen können im Alltag leicht eingesetzt werden. Die Erfahrung zeigt, dass Patienten sehr positiv reagieren, wenn Ihnen konkrete und insbesondere auch individuelle Empfehlungen für den Alltag mitgegeben werden, die sie selbst durchführen bzw. mitgestalten können.

Für intensivere Behandlungen gibt es mittlerweile auch in Deutschland gute Kliniken und Praxen, in denen auch die Ayurveda-Medizin kompetent und individualisiert durchgeführt wird. Eine Behandlung in Deutschland bietet zudem den Vorteil, dass der Patient weite Reisen umgeht, in der Muttersprache betreut wird und weder seitens des Klimas noch der Ernährung belastet wird. Möchte man sich aber dennoch gerne in ein Ayurveda-Resort oder eine -Klinik in Südasien begeben, sei es um den Āyurveda in seinem Ursprungsland kennenzulernen oder auch des exotischen Ambientes wegen, so wäre zu empfehlen, dass man sich vor der Reise von einem in Deutschland ansässigen Ayurveda-Experten ausführlich beraten lässt um eine effiziente Behandlung und größtmögliche Sicherheit zu ermöglichen. Im Anschluss an eine Behandlung auf dem indischen Subkontinent wäre eine Weiterführung der Therapie bei qualifizierten Therapeuten in Deutschland anzuraten

1 Wissenschaftliche Forschung und Āyurveda

Seit Langem wird Āyurveda auch wissenschaftlich erforscht. Die philologische und medizinhistorische Erforschung des Āyurveda blickt bereits auf eine über hundertjährige Tradition zurück.[5] In den letzten Jahrzehnten haben sich in zunehmender Zahl auch Ethnologen und Sozialwissenschaftler insbesondere der Erforschung der heutigen Praxis des Āyurveda zugewandt (etwa Naraindas 2014). Ebenfalls seit Jahrzehnten erfolgt die pharmakologische Erforschung āyurvedischer Arzneien (etwa Smit et al. 1997). Im Hinblick auf die klinische Forschung des Āyurveda, dem mit Abstand wichtigsten Aspekt der traditionellen indischen Medizin, gibt es allerdings einen deutlichen Nachholbedarf. Dabei fällt auf, dass auf der anderen Seite die Evidenzbasierung entsprechend moderner naturwissenschaftlicher Kriterien für Meditation/Mind Body Medizin und Yoga international in zahlreichen Bereichen durchaus fortgeschritten ist und dies erhebliche Beiträge zu einer veränderten gesellschaftlichen Wahrnehmung bezüglich dieser Verfahren (ebenfalls mit indischen/südasiatischen Hintergründen/Einflüssen) leistet. Auch im Vergleich zur Chinesischen Medizin oder zur europäischen Naturheilkunde ist die Anzahl hochwertiger Wissenschaftspublikationen in internationalen Fachzeitschriften bei Āyurveda (z. B. Furst et al. 2011; Kessler et al. 2018; Kessler et al. 2017; Patel et al. 2020) noch recht überschaubar. Trotz sichtbarer Fortschritte, einer zunehmenden globalen Forschungsaktivität zu Āyurveda und einiger wegweisender Publikationen hinsichtlich der Wirksamkeit von Āyurveda bei chronischen Erkrankungen gibt es zahlreiche offene Forschungsfragen.

2 Systematik des Āyurveda

Wörtlich übersetzt heißt Āyurveda in etwa „Wissenschaft (*Veda*) vom Leben (*Āyus*)" und nach klassischer Anschauung (z. B. Ācārya 1941, S. 187; Trikamji & Āchārya 1997, S. 4) hat der Āyurveda das doppelte Ziel, die Gesundheit des Gesunden zu schützen und die Krankheit des Kranken zu behandeln. Dem Āyurveda liegt ein eigenes wissenschaftliches System zugrunde. Um das āyurvedische Verständnis von Gesundheit vor diesem Hintergrund angemessen darstellen zu können, seien hier einige wenige Grundanschauungen des Āyurveda kurz vorgestellt (kurz bei Chopra 2011; ausführliche Erörterungen bei Das 2003 Appen-

5 Für die Zeit bis 1985 vgl. den „Bibliographical Essay" in Zysk (Zysk 1996 [1985]). Ein hervorragendes Zeugnis dieser Forschung ist das oben bereits angeführte Werk von G. J. Meulenbeld (Meulenbeld 1999 – 2002).

dix II; Dwarakanath 2010; Dwārakānātha 1996 [1959]; Gupta 2013–2019, 2017; Udupa & Singh 1990).

Grob zusammengefasst unterscheidet die āyurvedische Wissenschaft im Menschen zwei Bestandteile: Zunächst gibt es *strukturelle Anteile* wie etwa die verschiedenen Gewebearten oder das Skelettsystem. Von diesen strukturellen Anteilen werden im Āyurveda dann die so genannten *funktionellen Anteile* des Menschen unterschieden. Zu ihnen zählt man unter anderen die drei so genannten *Doṣa-s*[6] (sprich: „Dohscha"). Die Lehre von den drei *Doṣa*-s ist für Systematik wie Praxis des Āyurveda von immenser Bedeutung und ist über die Jahrhunderte außerordentlich detailliert ausgearbeitet worden. Hier sollen nur einige Grundzüge der *Doṣa*-Lehre dargestellt werden.

Die drei *Doṣa*-s, die *Vāta*, *Pitta* und *Kapha*[7] genannt werden, kann man sich als Funktionsprinzipien vorstellen, die in ihren spezifischen Interaktionen und Relationen modellhaft sowohl Gesundheit als auch Krankheitszustände definieren. Jeder *Doṣa* hat spezielle Wirkbereiche und ist über bestimmte Eigenschaften definiert. *Vāta* ist vor allem für Kinetik und Katabolie zuständig, *Pitta* für Metabolismus, Transformation und Thermik, *Kapha* für anabole Prozesse, Stabilität und Speicherung. Ein wichtiger Aspekt der *Doṣa*-Lehre ist, dass die *Doṣa-s* auf physischer und psychischer Ebene wirksam sind. Für die Beschreibung von Auswirkungen der *Doṣa-s* in Krankheit und Gesundheit ebenso wie für therapeutische Überlegungen sind spezifische Eigenschaften der *Doṣa-s* von Bedeutung. Im Rahmen dieses qualitativen Denkens gilt im Grunde analog zur modernen Physik: Gleiches verstärkt Gleiches.

Von den drei *Doṣa-s* wird *Vāta* als trocken, kalt, leicht, rau, subtil und beweglich, *Pitta* als fettig, heiß, durchdringend, flüssig, sauer, beweglich und scharf sowie *Kapha* als schwer, kalt, weich, fettig, süß, unbeweglich und schleimig beschrieben. Jede Art von Einfluss, welcher die gleichen Eigenschaften hat wie eines der *Doṣa-s*, steigert diesen, während bei unähnlichen Eigenschaften der *Doṣa* abgeschwächt wird. Die für den jeweiligen *Doṣa* neutralen Eigenschaften wiederum lassen diesen unbeeinflusst. Auf der Grundlage dieses Prinzips kann man praktisch alle auf den Menschen einwirkenden Einflüsse beschreiben und klas-

6 Wörtlich übersetzt heißt *Doṣa* etwa „Verderber" und der Begriff bezieht sich damit auf die Rolle der *Doṣa-s* in der Pathogenese. In der āyurvedischen Fachsprache ist dieser Begriff aber zur allgemeinen Bezeichnung der drei *Doṣa-s* geworden.

7 In wörtlicher Übersetzung heißt *Vāta* „Wind", *Pitta* „Galle" und *Kapha* „Schleim". Wie im Folgenden aber deutlich wird, erfüllen diese drei in der āyurvedischen Wissenschaft Funktionen, die weit über die Bedeutung von Wind, Galle und Schleim im deutschen Sprachgebrauch hinausgehen, wir verwenden hier deshalb stets die Sanskritbezeichnungen als quasi unübersetzbare Fachbegriffe.

sifizieren, ob dies nun Nahrungsmittel, Außentemperaturen, Farben, Düfte oder auch die Wirkung pflanzlicher Arzneien sind.

Im Gesundheitszustand befinden sich die drei *Doṣa-s* in einer individuell unterschiedlichen Homöostase, die im Āyurveda mittels einer differenzierten Konstitutionslehre beschrieben wird. Jeder Mensch bringt also schon von Geburt an eine individuelle Konstellation der drei *Doṣa*-s mit, welche sich in physischen und psychischen Merkmalen der Person ausdrückt, welche aber auch spezifische Reaktionsweisen und Krankheitsdiathesen bedingt. Im Rahmen dieser individuellen *Doṣa*-Konstellation interagieren und kontrollieren sich die *Doṣa-s* gegenseitig.

Geraten die *Doṣa-s* aufgrund unterschiedlichster ätiologischer Faktoren aus ihrer individuell definierten Balance, so entstehen Krankheitssymptome: Zum Beispiel wird die Verdauung gestört, Nahrung nicht ausreichend aufgespalten und assimiliert, die Gewebe werden nicht mehr adäquat ernährt und verlieren an Qualität und Resilienz. Dadurch werden gesundheitsrelevante Funktionen im Organismus, sowohl auf körperlicher, als auch auf geistiger Ebene, gestört. Es entsteht eine Krankheit.

Prinzipiell alle Einflüsse des täglichen Lebens können sich auf die *Doṣa-s* auswirken und diese dann in ihrer individuellen Homöostase stören. Ernährung, Verhalten in Gedanken und Tat, persönliche Denkmuster, klimatische Veränderungen, Sinneseindrücke oder das Lebensalter spielen dabei eine Rolle, aber auch z. B. durchgeführte Therapien, Unfälle, mechanische Überlastungen und genetisch-konstitutionelle Prädispositionen.

Wie bereits erwähnt repräsentieren die *Doṣa*-s vor allem den funktionellen Aspekt des menschlichen Organismus. Ein Medizinsystem wäre aber wohl unvollständig, wenn es lediglich funktionelle oder anders ausgedrückt nur physiologische Zusammenhänge beschriebe. So werden denn auch im Āyurveda die strukturellen Anteile des Menschen, die sich etwa in der Anatomie des menschlichen Körpers ausdrücken, differenziert behandelt.[8] Wie bei den funktionellen Anteilen des menschlichen Organismus beschränken wir uns nun auch in Bezug auf die strukturellen Anteile nur auf einen Aspekt, der wichtig für das Thema dieses Beitrags ist.

Im Āyurveda unterscheidet man im menschlichen Körper insgesamt sieben verschiedene Gewebearten (*Dhātu*). Die sieben Gewebe werden durch die Nahrung aufgebaut und dann in einem komplexen Stoffwechselprozess jeweils wei-

8 Man muss hier allerdings feststellen, dass gerade auf dem Gebiet der Anatomie der heutige Āyurveda von den Erkenntnissen der modernen Medizin prägend beeinflusst worden ist. Seit Anfang des 20. Jahrhunderts lernen auch āyurvedische Studenten im Prinzip dieselbe Anatomie, die ein Student der modernen Medizin lernt.

ter auf- oder abgebaut. Aus der im Verdauungsprozess entstandenen *Essenz der Nahrung* bildet sich in der āyurvedischen Vorstellung das erste Gewebe, die klaren Körperflüssigkeiten, auch *Plasma* (*Rasa*) genannt. Diese werden durch den Einfluss der *Doṣa-s* und der Verdauungskraft (*Agni*) weiter verstoffwechselt und es entsteht Blut (*Rakta*). Dieses wird gleichsam weiter verdichtet zu *rotem Fleisch* (*Māṃsa*), das sich im nächsten Schritt wieder umwandeln kann zum *Fettgewebe* (*Medas*). Im Weiteren kann sich dieses verhärten und es entsteht *Knochengewebe* sowie alle harten Gewebe im Körper (*Asthi*). Das, was diese Knochen ausfüllt, ist das *Mark* (*Majjā*). Heutzutage sieht man darin sowohl eine Entsprechung zu modernen Vorstellungen von Knochenmark wie auch vom Nervengewebe. Als letztes Gewebe entsteht das progenetische Gewebe (*Śukra*), aus welchem sozusagen wieder neues Leben entstehen kann. Alle Gewebe kommunizieren miteinander durch unterschiedlich große Kanalsysteme (*Srotāṃsi*).

Wenn der, hier nur sehr kurz beschriebene, Metabolismus der Gewebe gut funktioniert, entsteht nach āyurvedischer Anschauung das so genannte *Ojas*. Mit diesem Begriff wird ein komplexes und umfassendes Konzept bezeichnet, das sich am ehesten als eine Art Essenz des *Dhātu*-Stoffwechsels bezeichnen lässt. In der āyurvedischen Lehre äußert sich ein gut entwickeltes *Ojas* etwa in stabilem Körperbau, in guter Widerstandskraft, ausgeglichener Stimmungslage und allgemeiner Vitalität. Es bewirkt Stärke und Resilienz auf allen Ebenen des menschlichen Seins. Moderne āyurvedische Gelehrte verstehen *Ojas* gerne als āyurvedische Analogie zum Immunsystem (siehe etwa Dwārakānātha 1996 [1959], S. 267 ff.) allerdings ist Immunität im Sinne von Widerstandskraft nur ein Aspekt dieses komplexen Konzepts. Die Bewahrung und Stärkung von *Ojas* ist im Āyurveda ein wichtiges Ziel jeder Behandlung.

3 Āyurvedische Auffassungen von Gesundheit

Eine klassische āyurvedische Definition von Gesundheit, die über Jahrhunderte bis in die heutige Zeit häufig zitiert wird, lautet übersetzt[9]:

> Gesund (*svastha*) wird genannt, wessen *Doṣa*-s sich im Gleichmaß befinden, wessen Stoffwechselkraft (*Agni*) ausgeglichen ist, bei wem Gewebe (*Dhātu*) und Ausscheidungen gleichmäßig funktionieren und wessen Seele, Sinnesorgane und Geist heiter sind. (Trikamji & Āchārya 1997, S. 75)

9 Seiner großen Bedeutung wegen sei dieser berühmte Vers hier auch im Original zitiert: *samadoṣaḥ samāgniś ca samadhātumalakriyaḥ / prasannātmendriyamanāḥ svastha ity abhidhīyate /* (Suśruta-Saṃhitā Sū. 15.41, Trikamji & Āchārya 1997, S. 75).

Auffallend ist hier zunächst, dass Gesundheit im Rahmen und mit Begriffen der āyurvedischen Wissenschaft definiert wird. „Gleichmaß der *Doṣa-s*", „ausgeglichene Stoffwechselkraft", „ausgeglichene Gewebefunktionen" sind Konzepte, die nur aus Sicht der āyurvedischen Wissenschaft einen Sinn ergeben. Insofern grenzt der klassische Autor damit die Bedeutung des Begriffes *svastha* (hier mit „gesund" übersetzt) im Hinblick auf den Āyurveda recht präzise ein. Eine solche abgrenzende Definition des Begriffes *svastha*, die speziell für die āyurvedische Fachsprache gültig ist, war notwendig, da das Wort *svastha* (wörtlich: „in sich selbst befindlich") in anderen Gebieten der klassischen Sanskrit-Literatur deutlich weitere und andere Bedeutungen haben kann (Hara 1995).[10] Durch eine solche spezifische Definition von Gesundheit für die āyurvedische Wissenschaft wird aber auch die Möglichkeit eröffnet, den Begriff Gesundheit als Maßstab für āyurvedische Prävention und Therapie zu operationalisieren. Denn Gleichgewicht der *Doṣa-s*, ausgeglichene Verdauungskraft, in jeweils rechtem Maße ausgebildete Gewebe, regelmäßige und ausreichende Ausscheidungen sind typische Ziele der āyurvedischen Praxis. Auch heitere Sinne, Geist und Seele sind ein wichtiges Ziel der āyurvedischen Therapie. Zusammenfassend kann man also feststellen, dass die klassische Auffassung von Gesundheit im Āyurveda einerseits umfassend, andererseits aber auch pragmatisch mit Blick auf die ärztliche Praxis formuliert wird.

Moderne āyurvedische Gelehrte weisen darauf hin, dass das āyurvedische Verständnis von Gesundheit wie es hier zum Ausdruck kommt, physische (wenn von Geweben und Ausscheidungen gesprochen wird) psychische (Geist), sensorische (heitere Sinnesorgane) und gar spirituelle (Seele) Aspekte beinhaltet. Darüber hinaus wird ausgehend von anderen klassischen Literaturstellen auch ein Konzept sozialer Gesundheit formuliert. Nach dieser Anschauung ist ein Mensch gesund, wenn er seinen Beitrag zur Gesellschaft leistet und glücklich und geachtet in der Gesellschaft leben kann (Siṃha 1997, S. 2–6). Zusammen genommen spricht man im zeitgenössischen Āyurveda denn auch von der Idee „umfassender Gesundheit" (*pūrṇa-svāsthya*).

---

10 Der klassische Kommentator *Cakrapāṇidatta* (11. Jahrhundert) betont in seinem Kommentar zu diesem Vers, dass diese Definition von Gesundheit „wegen ihrer Nützlichkeit für die ärztliche Lehre angemessen ist" (... *vaidyakasiddhāntopayuktatayā ca samadoṣādyabhidhānam iti yuktaṃ paśyāmaḥ*) (Acharya & Bhishagacharya 2001, S. 125).

4 Auswirkungen auf die Praxis

Das umfassende und zugleich pragmatische Verständnis von Gesundheit im Āyurveda wird noch einmal besonders deutlich, wenn man die vielfältigen āyurvedischen Empfehlungen zur Erhaltung und Wiederherstellung der Gesundheit näher betrachtet (Gupta 2018). Wie eingangs bereits erwähnt, ist es seit jeher vornehmstes Ziel des Āyurveda, die Gesundheit zu erhalten und zu stärken. Auf der Grundlage der āyurvedischen Wissenschaft werden deshalb unter dem Begriff *Svasthavṛtta* (wörtlich: gesundes Verhalten) zahlreiche Empfehlungen zu praktisch allen Aspekten des täglichen Lebens formuliert. Eine übersichtsartige grobe Einteilung gliedert diese Empfehlungen in drei große Bereiche: die gesunde Lebensführung im Tagesverlauf also unter Berücksichtigung circadianer Rhythmen, die gesunde Lebensführung im Verlauf der Jahreszeiten und das rechte Verhalten (*Sadvṛtta*) in Bezug auf die Lebensweise. Im dritten Bereich spricht man dann auch oft von den drei Stützen des gesunden Organismus, nämlich Nahrung, Schlaf und ethische Lebensführung in Bezug auf individuelles Verhalten, Sexualität, Pflege der jeweils eigenen spirituellen Praxis und andere Aspekte.

Āyurvedische Empfehlungen zur Erhaltung von Gesundheit umfassen also letztlich alle Bereiche des Lebens; wann und wie viel wer schlafen soll, was bei der persönlichen Hygiene zu beachten ist, wann was und wie viel gegessen werden kann und wie man individuell optimal würzt, wie man sich idealerweise kleiden sollte, wie im Kontakt mit anderen Menschen umzugehen ist, wie man sich in der Öffentlichkeit gebärden sollte, welche Gedanken gesundheitsförderlich sein können etc. Alle diese Empfehlungen müssen zudem aber stets auf die spezifische Situation des Einzelnen, seine Grundkonstitution und seinen aktuellen Zustand, zugeschnitten werden. Hier wird deutlich, dass der Āyurveda in Theorie und Praxis von einem umfassenden Gesundheitsverständnis ausgeht, welches für den einzelnen Menschen dann auch spezifisch konkretisiert werden kann.

Literatur

Ācārya, Vaidya Jādavaji Trivikramji (Hrsg.) (1941): *Caraka Saṁhita (Agniveśa Saṁhita as Revised by Charaka and Dṛḍhabala), with Āyurveda Dīpikā, the Commentary of Cakrapāṇi Datta* (3. Aufl.). Mumbai: Nirṇaya Sāgar Press.

Acharya, Yadavaji Trikamji/Bhishagacharya, Nandakishor Sharma (2001): *Suśruta-Saṃhitā (Sūtra Sthān) with the Bhānumati Commentary by Cakrapāṇidatta. With an Introduction by Mahamahopadhyaya Kaviraj Gananatha Sena Saraswati.* Varanasi: Krishnadas Academy.

Chopra, Ananda Samir (2011): „Körper, Geist und Selbst – Bemerkungen zum Menschenbild des Āyurveda". In: Dirk Stederoth/Timo Hoyer (Hrsg.): *Der Mensch in der Medizin. Kulturen und Konzepte.* Freiburg im Breisgau: Karl Alber, S. 49 – 61.

Das, Rahul Peter (2003): *The Origin of the Life of a Human Being. Conception and the Female According to Ancient Indian Medical and Sexological Literature* (Indian Medical Tradition Vol. VI, edited by Dominik Wujastyk & Kenneth G. Zysk). Delhi: Motilal Banarsidass.

Dwarakanath, Chandragiri. (1998): *The Fundamental Principles of Āyurveda. Part I – III* (Krishnadas Ayurveda Series, Bd. 50). Varanasi: Chowkhamba Krishnadas Academy.

Dwarakanath, Chandragiri. (2010): *Digestion and Metabolism in Ayurveda* (Krishnadas Ayurveda Series, Bd. 42). Varanasi: Chowkhamba Krishnadas Academy.

Dwārakānātha, Chandragiri (1996 [1959]): *Introduction to Kāyachikitsā* (3. Aufl., Jaikrishnadas Ayurveda Series, Bd. 87). Varanasi: Chaukhambha Orientalia.

Furst, Daniel E./Venkatraman, Manorama M./Krishna Swamy, B. G. et al. (2011): „Well Controlled, Double-blind, Placebo-controlled Trials of Classical Ayurvedic Treatment Are Possible in Rheumatoid Arthritis". In: *Ann Rheum Dis* 70(2), S. 392 – 393.

Gupta, Hedwig H. (2013 – 2019): *Ayurveda-Vijnana.* Bd. 1 – 4. Asperg: Verlag für vedische Wissenschaften.

Gupta, Hedwig H. (2017): *Einführung in den Ayurveda* (2. Aufl.). Asperg: Verlag für vedische Wissenschaften.

Gupta, Hedwig H. (2018): *Gesundsein im Alltag.* Asperg: Verlag für vedische Wissenschaften.

Hara, Minoru (1995): „A Note on the Sanskrit Word Svastha". In: *Journal of the European Āyurvedic Society* 4, S. 55 – 87.

Kessler, Christian S./Dhiman, Kartar S./Kumar, Abhimanyu et al. (2018): „Effectiveness of an Ayurveda Treatment Approach in Knee Osteoarthritis – A Randomized Controlled Trial". In: *Osteoarthritis Cartilage* 26(5), S. 620 – 630.

Kessler, Christian S./Eisenmann, Clemens/Oberzaucher, Franket al. (2017): „Ayurvedic versus Conventional Dietary and Lifestyle Counseling for Mothers with Burnout-syndrome: A Randomized Controlled Pilot Study Including a Qualitative Evaluation". In: *Complement Ther Med* 34, S. 57 – 65.

Meulenbeld, Gerrit Jan (1995): „The Many Faces of Āyurveda". In: *Journal of the European Āyurvedic Society* 4, S. 1 – 10.

Meulenbeld, Gerrit Jan (1999 – 2002): *A History of Indian Medical Literature.* Groningen: Egbert Forsten.

Naraindas, Harish (2014): „Nosopolitics, Epistemic Mangling and the Creolization of Contemporary Ayurveda". In: Martin Dinges (Hrsg.): *Medical Pluralism and Homoeopathy in India and Germany (1810 – 2010). A Comparison of Practices.* Stuttgart: Franz Steiner.

Patel, Mansi/Patel, Manish/Patel, Kalapi et al. (2020): „Deceleration of Disease Progress Through Ayurvedic Treatment in Nondialysis Stages IV–V Patients with Chronic Renal Failure: A Quasi-Experimental Clinical Pilot Study with One Group Pre- and Postdesign and Two Premeasurements". In: *J Altern Complement Med* 26(5), S. 384 – 391.

Sharma, Priya Vrat (Hrsg.) (1999 – 2001): *Suśruta-Saṃhitā. With English Translation of Text and Ḍalhaṇa's Commentary along with Critical Notes.* Varanasi: Chaukhambha Visvabharati.

Siṃha, Rāmaharṣa (1997): *Svasthavṛtta Vijñāna.* Dillī: Caukhambā Saṃskṛta Pratiṣṭhāna.

Smit, Friso Hobbe/Woerdenbag, Herman Johan/Zwaving, Jan Hinderikus et al. (1997): „Selection and Evaluation of Āyurvedic Herbal Drugs which Might Be Useful in the

Treatment of Malignant Swellings". In: *Journal of the European Āyurvedic Society* 5, S. 113–127.
Trikamji, Jādavaji/Āchārya, Nārāyaṇ Rām (Hrsg.) (1997): *Suśrutasaṃhitā of Suśruta. With the Nibandhasaṅgraha Commentary of Śrī Dalhanāchārya and the Nyāyacandrikā Pañjikā of Śrī Gayadāsāchārya on Nidānasthāna* (6. Aufl.). Varanasi: Chaukhambha Orientalia.
Udupa, Katil Narasimha/ Singh, Ram Harsh. (Hrsg.) (1990): *Science and Philosophy of Indian Medicine* (2. Aufl.). Nagpur: Shree Baidyanath Ayurved Bhawan.
World Health Organization (2013): „WHO Traditional Medicine Strategy: 2014–2023". World Health Organization. www.who.int/medicines/publications/traditional/trm_strategy14_23/en/, besucht am 18. 4. 2020.
Zysk, Kenneth Gregory (1996 [1985]): *Medicine in the Veda. Religious Healing in the Veda.* Delhi: Motilal Banarsidass.

Britta Rutert

Gesundheit in der Gegenwart der Ahnen: Afrikanisches Heilen zwischen Akzeptanz und Ablehnung am Beispiel Südafrikas

Abstract: *Health in the Presence of the Ancestors: African Healers between Acceptance and Denial: A Case Study from South Africa.* Health and well-being for all is the ambitious aim of the third of the Sustainable Development Goals (SDGs) of the United Nations (UN). The no less ambitious definition of health of the World Health Organization (WHO) defines that health is a state of complete physical, mental and social well-being and not merely the absence of disease or infirmity. While in biomedical contexts treatment concentrates on physical healing, in the South African context the idea of healing and well-being subsumes a combination of physical, mental and social treatment and includes the ancestors and medicinal plants as an important category in the healing process. The ancestors in particular are representatives of the social past that reaches into the present. Healing as such has a multifaceted dimension even beyond the definition of health as proposed by the WHO.

1 Einleitung

„Gesundheit und Wohlergehen für alle“ heißt das dritte der 17 Nachhaltigkeitsziele (Sustainable Development Goals, SDGs) der Vereinten Nationen (UN). Ein hochgestecktes Ziel, gemessen an der Definition der Weltgesundheitsorganisation (WHO), die Gesundheit als „Zustand vollkommenen körperlichen, geistigen und sozialen Wohlbefindens und nicht allein das Fehlen von Krankheit und Gebrechen“ (WHO 2001) beschreibt, und gemessen an der oftmals schweren Umsetzbarkeit in Ländern, in denen die Gesundheitsversorgung bereits am Zugang zu grundlegender medizinischer Allgemeinversorgung scheitert. Das Streben nach Gesundheit und Gesunderhaltung ist jedoch, mit oder ohne Zugang zu medizinischer Versorgung, ein zentrales Anliegen in allen Regionen und Kulturen dieser Welt. So hat jede Kultur ihr eigenes, an die Umwelt und sozialen Bedingungen angepasstes, medizinisches System, das über Jahrtausende entwickelt, verfeinert und teilweise verschriftlicht wurde (Leslie 1976). Medizinische Systeme sind

Britta Rutert, Interdisziplinäre Arbeitsgruppe „Zukunft der Medizin: Gesundheit für alle“, Berlin-Brandenburgische Akademie der Wissenschaften

 https://doi.org/10.1515/9783110713336-013

demnach gelebte Alltagssysteme, die z. B. durch äußere Einflüsse wie Migration kontinuierlichen Änderungen unterliegen.

In den Ländern des Globalen Nordens gilt die biomedizinische Versorgung als das primäre Versorgungssystem, jedoch erfreuen sich alternative Heilsysteme immer größerer Beliebtheit (Bodeker et al. 2005; Eisenberg et al. 1998). Yoga, Akupunktur oder Qi Gong sind weit verbreitete und genutzte therapeutische Praktiken, die von der WHO unter den Begriffen „Traditionelle, Komplementäre und Integrative Medizin" zusammengefasst wurden (World Health Organization 2019). Deren salutogenetischer Zugang, also der prozessuale Zugang zu Gesundheit und Krankheit, grenzt sich stark ab vom pathologischen Zugang, der in der Medizin an den Universitäten gelehrt wird (Antonovsky & Franke 1997). Traditionelle, Komplementäre und Integrative Medizin ermöglicht es dem Patienten, sich an der Heilung aktiv zu beteiligen und somit nicht alleine den physischen Heilungsprozess zu fördern, sondern auch die seelischen Prozesse zu integrieren. Trotz starker Diskussionen um die Wirksamkeit und Evidenz alternativer Heilmethoden wächst die Akzeptanz in Ländern des Globalen Nordens zunehmend. Je nach Krankheitsbild, wie zum Beispiel bei Krebserkrankungen, werden alternative Therapien komplementär zur biomedizinischen Versorgung gewählt (Coulter & Willis 2007; Joos et al. 2008).

Auffällig ist, dass zwar asiatische Therapieansätze bekannt sind und häufig angewandt werden, dass in der Auswahl der therapeutischen Möglichkeiten aber selten Heilmethoden oder -mittel aus Afrika zu finden sind. Es gibt zwar einige Medizinalpflanzen, die nach strengen Qualitätsstandards den Markt der Europäischen Union oder der USA erreichen. Die Kapland-Pelargonie, die als Extrakt mit dem Namen Umckaloabo® in deutschen Apotheken verkauft wird, ist eine dieser Pflanzen (Morris 2012). Die Extrahierung und Synthetisierung einer chemischen Verbindung hat jedoch wenig mit dem Heilwesen in Afrika zu tun. Es sei denn, das Wissen von Heilerinnen oder Heilern wurde genutzt, um neue Heilpflanzen zu identifizieren und neue chemische Verbindungen zu identifizieren (Rutert 2020). Dieses als Bioprospektion beschriebene Vorgehen, die biologische und genetische Nutzbarmachung natürlicher Ressourcen (Reid et al. 1993), ist allerdings kein Spezifikum für Pflanzen aus Afrika, sondern wird von akademischen Institutionen und pharmazeutischen Unternehmen weltweit betrieben. Jenseits der im Handel erhältlichen Pflanzenprodukte ist jedoch wenig über afrikanische Heilsysteme bekannt. Sie haben eine globale Sonderstellung (Dilger et al. 2012) und scheinen sich wenig als Exportschlager für den Globalen Norden zu eignen. Woran liegt das? Ein Grund mag in dem von medialen Eindrücken unterstützten negativ beladenen Bild Afrikas als Kontinent voller Seuchen, Hunger, Armut, Krieg und ökonomischer Defizite liegen (Guest 2010). Dabei wird wenig differenziert, um welchen Teil Afrikas es sich handelt und inwieweit diese

Stereotype dem realen Bild entsprechen. Zudem sind afrikanische medizinische Praktiken sowie der Gebrauch von Heilpflanzen aufgrund der meist regional orientierten, mündlichen Wissensübertragung und des Fehlens einer einheitlichen afrikanischen Sprache kaum dokumentiert (Ngubane 1977; Thornton 2017).

Was ist also das Spezifische an der afrikanischen Heilkunst und was bedeutet Gesundheit in diesem Kontext? Wieso sind afrikanische Heilpraktiken kaum im globalen medizinisch-therapeutischen Markt zu finden? Dieser Artikel beschreibt mit einem Blick auf die Region Kruger to Canyon (K2C) im Nord-Osten Südafrikas die Komplexität afrikanischer Heilsysteme als an regionale Bedingungen geknüpft, die trotz starker Widersprüchlichkeiten ein wesentlicher Teil der Kultur des schwarzen Südafrika sind.

2 Traditionelles Heilen in Südafrika am Beispiel der Region Kruger to Canyon (K2C)

Südafrika ist global-politisch gesehen eines der Länder mit der größten Schere zwischen Arm und Reich. Diese Situation bildet sich auch im öffentlichen Gesundheitswesen und der primären Gesundheitsversorgung ab. Obwohl mit dem Ende der Apartheid viel in Gesetze zur Umsetzung von zugänglicher und bezahlbarer Gesundheitsversorgung investiert wurde, bleibt die reale Situation polarisierend zwischen arm und reich, schwarz und weiß (Ataguba et al. 2014; Heaton & Amoateng 2007). Auch wenn die von der UN propagierte Idee der universalen Gesundheitsversorgung in der Südafrikanischen Regierung Gehör findet und mit der National Health Insurance (NHI) ein Plan zur aktiven Umsetzung entwickelt wurde, bleibt diese doch weiter hinter den Erwartungen zurück. Was bedeutet das nun in Bezug auf die Gesundheit, insbesondere der ländlichen, schwarzen Bevölkerung?

Die ländlichen, abgeschnittenen Gebiete Südafrikas wurden während der Apartheid-Ära (1948–1994) in sogenannte Homelands unterteilt. Insgesamt gab es zehn Homelands, die jeweils einer ethnischen Gruppe zugewiesen wurden. Während die Homelands mit dem Ende der Apartheid 1994 aufgelöst wurden, sind deren fiktiven Grenzen teilweise bestehen geblieben. Bis heute sind die Regionen der ehemaligen Homelands dicht besiedelt und von Arbeitslosigkeit, Armut, schlechter Infrastruktur und Bildung geprägt. Ohne Arbeitsmigration in die großen Städte Durban, Kapstadt und Johannesburg wären diese Regionen bis heute abgeschnitten von ökonomischen, technologischen oder kulturellen Entwicklungen. Nach wie vor gibt es vielerorts kaum Zugang zu Elektrizität oder fließendem Wasser, Schulen sind schlecht ausgestattet und Gesundheitszentren oder

Kliniken sind nur schwer zugänglich. Diese Lebenssituation steht in dem immer noch stark segregierten Land oft im Kontrast zu den Regionen, die von der weißen Bevölkerung bewohnt werden, wo gut ausgestattete Schulen und Krankenhäuser zur Lebensrealität gehören. Dieser Kontrast ist besonders in der Region Kruger to Canyon (K2C) in den Provinzen Mpumalanga und Limpopo sichtbar. Die K2C-Region, ein von der UNESCO erklärtes Bioreservat, befindet sich im sogenannten Lowveld, einem für lange Zeit von Malaria und Schlafkrankheit durchseuchten Gebiet. Weiße Siedler haben sich im höher gelegenen, malariafreien Transvaal-Gebiet niedergelassen. Die Grenze zwischen diesen beiden historisch markierten Gebieten ist bis heute sichtbar. Während die von weißen Farmern und Plantagenbesitzern bewohnte Region von weiten Feldern, Straßen ohne Schlaglöcher und einer definierten Ordnung bestimmt ist, ist die Region, in der die schwarze Bevölkerung lebt, von teils unbefahrbaren Straßen, ungeordneter Bebauung aus fertigen und halbfertigen Häusern und Hütten, Ziegen, Hunden und Kühen auf den Straßen und Kleinhändlern an den Straßenrändern bestimmt. Diese Region war auch als ehemaliges Homeland Gazankulu der Shangaan sprechenden Bevölkerung zugeordnet. Die Region ist heute eine der am dichtesten besiedelten, ärmsten und ethnisch diversesten Regionen Südafrikas (Thornton 2002). Die medizinische Versorgung beschränkt sich auf Mindeststandards in den Krankenhäusern der größeren Städte und auf Gesundheitszentren in den kleineren Ortschaften. Bei chronischen Krankheiten wie Diabetes sind diese Kliniken wegen mangelhafter Ausstattung, hoher Kosten der medizinischen Versorgung und schweren Erreichbarkeit für die lokale Bevölkerung kaum hilfreich.

In einer solchen Situation sind lokale traditionelle Heiler und Heilerinnen unentbehrlich. Sie sind oft der einzige Zugang zu physischer wie psychischer Gesundheitsversorgung. Viele Menschen suchen je nach Erkrankung sowohl Kliniken und Gesundheitszentren als auch Heiler auf (Pinkoane et al. 2012). Eine Integration von biomedizinischer Versorgung und traditionellem Heilen ist von der Südafrikanischen Regierung mit dem Ende der Apartheid politisch gefördert worden (Mokgobi 2013; Pinkoane et al. 2012). Da in abgelegenen Regionen Kliniken oft unerreichbar sind, sind Heiler die erste und einzige Wahl. Sie werden bei diversen Krankheitsformen konsultiert, von Bauchschmerzen bis zu chronischen Krankheiten, aber auch bei z. B. sozialen oder familiären Konflikten. Die Anzahl der Heiler in einer so dicht besiedelten Region wie der K2C-Region ist schwer zu bestimmen, da die Heiler-Ausbildung weder professionell strukturiert ist noch staatlich kontrolliert wird. Zwar versucht das Südafrikanische Gesundheitsministerium eine Registrierungspflicht für Heiler einzuführen, die Umsetzung gestaltet sich jedoch aufgrund der hohen Dichte illegal in der Region lebender Menschen und der hohen Analphabeten-Rate schwierig. Eine Professionalisierung wird dennoch von vielen Heiler-Organisationen begrüßt, auch um die Profession des Heilers so zu sichern. Traditionelles Heilen ist zwar eine zutiefst spirituelle Tätigkeit, aber auch ein Geschäft. In einer von hoher Arbeitslosigkeit betroffenen Gegend wie der K2C-Region kann der Beruf des Heilers das Überleben ganzer Familien sichern. Ursprünglich ist das Heilwesen jedoch keine Tätigkeit, die man wie Akupunktur erlernen kann. Zum Heiler wird man durch die Ahnen berufen.

3 „The calling": Berufung als Heilerin oder Heiler

„Ich wurde plötzlich blind", „Ich hatte plötzlich meine Periode nicht für mehrere Monate" oder „über einen langen Zeitraum gab es viele Unglücke und Todesfälle in meiner Familie", das waren Beweggründe, die Menschen dazu veranlasst haben, einen Heiler aufzusuchen. Während der Konsultationen stellte sich heraus, dass der Grund für Krankheiten und soziales Unglück darin zu suchen sei, dass die Ahnen wollten, dass der Patient ein Training zum Heiler absolviere (*ukuthwasa*).[1] Der Ruf zum Heiler spielt besonders dann eine Rolle, wenn es sich um spirituelles Heilen handelt. Heiler, die mit Hilfe von Divination und einer spirituellen Verbindung zu den Ahnen arbeiten, werden *Sangoma* genannt. Während der Konsultation bei einem *Sangoma* wird klar, dass bei der physischen oder sozial erkrankten Person ein Ruf zum Heiler vorliegt. Allerdings endet nicht jede Konsultation bei einem *Sangoma* damit, dass der Patient selber Heiler werden muss. Der Ruf ist vielmehr ein Aushandlungsprozess zwischen dem Patienten und den Ahnen, bei dem der Heiler helfend zur Seite steht. Oftmals wehren sich die Auserwählten, den Ruf als Heiler anzunehmen. Das Training erfordert viele Entbehrungen. Nicht nur müssen sich die Initianten für Monate oder sogar Jahre von ihren Familien trennen, um in der Familie des trainierenden Heilers zu leben. Auch sind mit dem Training strikte Nahrungs- und Handlungsvorschriften verbunden. Eier, Milch, Zucker oder Alkohol sind verboten, genauso sexuelle Handlungen jeglicher Art. Es dürfen nur bestimmte Kleidungsstücke getragen werden, je nach Tradition in Weiß oder Rot. Ferner kostet die Ausbildung viel Geld. Viele Initianden müssen sich daher Geld von Familienmitgliedern oder Freunden leihen, in armen Regionen ist das nicht einfach. Das liegt nicht nur an mangelnden finanziellen Ressourcen, sondern auch daran, dass traditionelles Heilen selbst in der eigenen Kultur auf ein ambivalentes Verhältnis von Zustim-

1 *Ukuthwasa* heisst „to become visible" (Hammond-Tooke 1998) Es wird auch als „The sickness of the calling" (die Krankheit zur Berufung) bezeichnet (Berlund 1976; Buhrmann 1994; Wreford 2004). Es ist ein Ruf, der die Person dazu führt, in die Rolle des Heilers initiiert zu werden (Hirst 1990).

mung und Ablehnung stößt. Auf der einen Seite ist das traditionelle Heilen tief verankert im kulturellen Leben der Menschen, auf der anderen Seite sind die oft sehr christlich geprägten ländlichen Regionen Südafrikas bestrebt, Aberglauben und Hexerei zu unterbinden. Beide Fähigkeiten werden Heilern zugesprochen. Auch von Seiten biomedizinischer Ärzte gibt es Kritik an traditionellen Heilern, insbesondere, wenn diese sich als Wunderheiler von Krankheiten wie HIV/AIDS ausgeben. Im nächsten Abschnitt wird diese Ambivalenz näher beleuchtet.

4 Ambivalente Gefühle: Traditionelles Heilen in Afrika

„We are healers, not witches“, sagte mein Forschungsassistent und ausgebildeter Heiler, Rodney Sibuyi, immer wieder während meines Forschungsaufenthaltes (2011–12) in der K2C-Region. In Südafrika werden traditionelles Heilen und *Muthi*, die von Sangoma benutzen Substanzen wie Medizinalpflanzen, Rinden, Tierkörperteile, Steine oder Metalle, sehr widersprüchlich gesehen. *Sangoma* können sowohl als Heiler arbeiten als auch Hexerei ausüben. In den Tageszeitungen sind häufig Schlagzeilen über „muthi-murder“ oder „black magic with muthi“ zu lesen. Die positive wie die negative Ausübung des Heilens gehören unmittelbar zusammen in der öffentlichen Wahrnehmung. Die Angst vor Hexerei ist groß, zugleich gibt es aber einen unumstößlichen Glauben an die Kraft der Heiler und deren *Muthi*. Heiler werden zu Rate gezogen, auf kleinster lokaler Ebene genauso wie von Mitgliedern der Regierung und Ihre guten wie weniger guten Ratschläge werden befolgt. Ein verheerendes Beispiel eines weniger guten Rats eines Heilers war, den Aufstand der Mienenarbeiter der Marikana-Miene bei Johannesburg, bekannt als das *Marikana massacre*, mithilfe eines *Muthi* zu begehen. Mit einer von dem Heiler produzieren *Muthi*-Mischung eingerieben wären die Aufständischen gefeit gegen Angriffe durch Gewehrkugeln und daher unbesiegbar. Der Aufstand endete katastrophal, es wurden 34 Mienenarbeiter durch die Maschinengewehrkugeln der Polizei getötet. Die *Muthi*-Mischung zeigte keinerlei Wirkung (Conway-Smith 2012).

Diese nach missbräuchlicher Ausübung klingende Seite des traditionellen Heilens wird aber konterkariert durch eine tiefe historische Manifestation des Heilwesens in lokalen Strukturen (Flint 2004). Dieses Heilwesen ist geprägt von soziokulturellem und spirituellem Wissen und einem tiefen Verständnis für die lokale Umwelt und Biodiversität. Insbesondere das Wissen über Medizinalpflanzen ist abhängig vom lokalen Pflanzenbestand. Heiler bezeichnen sich entsprechend als „members of [a] profession with distinct intellectual tradition“

(Thornton 2009). In den dicht besiedelten Dörfern der K2C-Region leben große Familien auf engstem Raum und in direktem Kontakt zum nächsten Nachbarn. Neben den Kirchen gibt es kaum Anlaufstelle für soziale und/oder psychische Probleme. Heiler werden daher besonders bei sozialen und familiären Krisen als neutrale und klärende Instanz aufgesucht. Ähnlich wie medizinisch ausgebildete Ärzte haben auch Heiler einen *Code of Conduct*, der unter anderem Verschwiegenheit impliziert (Rutert 2020).

Heiler-Traditionen in Südafrika unterscheiden sich regional. Was sie aber alle verbindet, ist die tiefe Verbindung zu und mit den Ahnen. Die Ahnen spielen grundsätzlich eine große Rolle im Leben des schwarzen Südafrika, die Verbindung eines Heilers mit den Ahnen ist von tief spiritueller Bedeutung. Diese Verbindung wird während des Trainings zum Heiler manifestiert und bleibt während des gesamten Heilerlebens bestehen. Sie ist die Grundlage des Heilens und bildet die zentrale Verbindung zwischen Heiler und Patient. Jeder Heiler bekommt eine bestimmte Begabung und Fähigkeiten durch die Ahnen mitgegeben. Mein Forschungsassistent hatte besondere Fähigkeiten in der Technik des Knochen-Werfens und Interpretierens (*tinhlolo*). Dabei setzt sich der Heiler in seinem heiligen Raum (*Indumba)* dem Patienten gegenüber und tritt somit mit dem Patienten und den Ahnen in Verbindung. Der Heiler nimmt einen Beutel, gefüllt mit diversen Knochen, Muscheln, Geldstücken und anderen Gegenständen. Er schüttelt den Beutel und wirft die Gegenstände vor sich auf ein Ziegenfell oder eine Strohmatte. Die Gegenstände nehmen auf der Matte eine zueinander in Beziehung stehende Position ein, so liegen z. B. zwei ähnlich aussehende Knochen nebeneinander oder eine Muschel liegt mit der geöffneten Seite nach oben. Jede Position der Gegenstände zueinander hat eine Bedeutung, die die soziale Realität des Patienten widerspiegelt. Während der Heiler diese Position deutet, spricht er mit dem Patienten in einer ritualisierten Form (jede Aussage endet mit dem Wort *Siyavuma* – „Wir stimmen zu"). Dabei beobachtet er den Patienten und dringt so immer tiefer ein in die sozialen Beziehungen des Patienten ein. Diese Interaktion wird oft von einer starken Emotionalität der Patienten begleitet.

Eine Patientin, die mit ihrer Tochter zum Kurieren ihrer chronischen Rückenschmerzen aus einer zwei Stunden entfernten Stadt zu ihm kam, ist während eines „Knochen-Werfen"-Rituals in dramatisches Schluchzen verfallen. Bald stellte sich heraus, dass der Mann der Patientin schon seit mehreren Jahren eine zweite Frau hatte. Obwohl es nicht unüblich ist im subsaharischen Afrika, dass Männer mehrere Frauen haben, wurde klar, dass dieser Mann seine Affäre gerne zur ersten Frau machen würde und dass damit die erste Frau ihre Rechte als Ehefrau verlieren würde, d. h. auch ihre Rechte an Haus und Hof. Der Streit zwischen den Eheleuten schwelte schon lange, und die Frau war sichtlich verzweifelt. Zur Heilung wurden vom Heiler dann verschiedene Schritte vorgeschlagen. Zu-

Abb. 1: Heilerin bei einem *tinhlolo*-Ritual. Foto: Britta Rutert

nächst muss die Patientin ein Dampfbad (*Futha*) mit ausgewählten Kräutern machen. Während dieser *Futha* soll sie sich ihre Wünsche und Ziele aufsagen. Nach der *Futha* erhält sie kleine Ritze, die mit einer Rasierklinge entlang der Schulter eingeritzt werden, genau an der Stelle, an der die Rückenschmerzen präsent sind. In die kleinen Ritze wird ebenfalls eine *Muthi*-Mischung eingerieben. Die Frau bekommt nach diesem Ritual noch eine *Muthi*-Mischung mitgegeben, die sie regelmäßig applizieren soll. Sie werde sehen, so der Heiler, ihr Mann werde sich am Ende für sie entscheiden. Sie soll dem Heiler später berichten, ob seine Behandlung Erfolg gezeigt hat. Die Behandlung kostete insgesamt 700 Südafrikanische Rand (damals ca. 50 Euro), eine Menge Geld für die Frau. Sie kann die Summe nicht auf einmal zahlen und verspricht, sie bald zu bringen.

5 Was bedeutet Gesundheit im Kontext traditionellen Heilens in Südafrika?

Auch wenn die Geschichte anekdotenhaft wirkt, so beschreibt sie doch die therapeutische Realität vieler Konsultationen zwischen Patient und Heiler. Der Heiler hat einen zweifachen Heilungsweg gewählt. Er hat die Rückenschmerzen der Patientin behandelt und gleichzeitig die psychosozialen Probleme mit Hilfe eines Rituals zunächst an die Oberfläche geholt und dann behandelt. Wichtig waren dafür das Gespräch, in dem die Patientin ihre Sorgen offenlegen konnte, sowie die rituelle Handlung am Körper. Während der gesamten Behandlungszeit ist die volle Aufmerksamkeit und Konzentration des Heilers auf die Patientin gerichtet gewesen. Für die Heilung wurde eine komplexe Verbindung zwischen dem Heiler und der Patientin, den Ahnen des Heilers und dem sozialen Umfeld der Patientin sowie der applizierten Muthi hergestellt. Der Glaube daran, dass dieses Interaktionsfeld eine heilende Bedeutung hat, ist hier essentiell. Diese Verbindung ist der Schlüssel zu Heilung und Wohlergehen. Robert Thornton beschreibt diese Verbindung folgendermaßen:

> *Bungoma*, the knowledge and practice of ‚traditional healing' in eastern Mpumalanga, is built on the fundamental premise that all persons are exposed to each other and to other person-like agents, including ancestors and witches, among others. This mutual and inescapable exposure is the condition for the possibility of healing but also ultimately the cause of all illness, misfortune and death. Against this, the sangoma as healer attempts to augment the self of the exposed being through protective magic and by exposing relations between tangible (living human) and intangible (spiritual) agents or persons. Bungoma comprises multiple modalities including trance, music and rhythm, divination, herbal lore, teaching and learning, craftsmanship and healing. The aim of bungoma is to enable patients to heal themselves by transforming their personal narratives of self (Thornton 2017, S. 1–43).

Was also bedeutet Gesundheit in diesem Kontext? Mit der Definition von Gesundheit der WHO ist der Terminus Gesundheit von der rein biomedizinischen, pathologisch orientierten Sicht entbunden worden und hat die seelische und geistige Dimension integriert. Wie diese seelisch und geistige Dimension aber genau aussieht, hat die WHO-Definition offengelassen. Die Einbeziehung der Ahnen als spirituelle Dimension könnte als die Dimension geistigen Wohlergehens interpretiert werden, und doch ist es eine Dimension, die global-politisch gesehen nicht gedacht wird, wenn es um Gesundheit geht. In den südafrikanischen Heiler-Traditionen sind die Ahnen jedoch die wesentliche Dimension, die Heilung herbeiführen. Auch wenn eine Konsultation nicht zu einem persönlichen Ruf zum Heiler führt, sondern zu einem Heilprozess wie bei der oben genannten Patientin, sind die Ahnen wesentlich. Oft müssen Opfertiere wie Hühner oder Ziegen von dem Patienten und dessen Familie geschlachtet werden, die den Ahnen geopfert werden, um Heilung auf physischer und psychischer Ebene zu erwirken. Sind die Ahnen nicht miteinbezogen und werden sie nicht beachtet, können sie den Menschen sogar Schaden zufügen. Gesundheit in diesem Kontext bedeutet also nicht nur das Fehlen von Krankheit und Gebrechen, sondern auch noch die Herstellung einer „gesunden Gemeinschaft". Diese Gemeinschaft beinhaltet nicht nur die aktuelle Lebensgemeinschaft der Familie, des Klans oder der dörflichen Gemeinschaft, sondern auch die in diesen sozialen Kosmos integrierten Ahnen. Die südafrikanische Lebensphilosophie *Ubuntu*[2] bezieht die Lebendigen wie die Toten mit ein, die materiellen und die nicht materiellen Kräfte. Somit wird eine holistische Sicht des Heilens hergestellt, die die Dimension der Vergangenheit durch die Ahnen, miteinbezieht. Durch die Verabreichung von Muthi wird zusätzlich die lokale Biodiversität integriert. Die Abbildung der Knochen beim „Knochen-Werfen"-Ritual zeigt plastisch diesen Kosmos sozialer Strukturen aus Vergangenheit, Gegenwart und Zukunft. Gesundheit ist daher nicht rein pathologisch, sondern bezieht auch die Dimensionen Zeit und Umwelt mit ein.

6 Schlussbemerkungen

Gesundheit ist ein komplexes Gebilde, das in der WHO Definition zu erfassen versucht wird. In der biomedizinischen Praxis wird vor allem Wert auf die körperliche Heilung gelegt. Bei Patienten entsteht dadurch aber häufig das Gefühl von mangelnder Zuwendung, der prozessualen Zugang zu Heilung, der die Selbstheilungskräfte miteinbezieht, wird als fehlend erachtet. Südafrikanisches

2 Ubuntu, in Xhosa mit „Umntu ngumntu ngabantu" umschrieben, ist eine afrikanische Lebensphilosophie, die mit „eine Person ist eine Person durch andere Personen" übersetzt werden kann (Tutu 1999).

Heilen widmet sich der geistigen, emotionalen und vor allem sozialen Dimension des Heilens. Da körperliche Probleme und persönliche Konflikte stets in einer Einheit mit dem sozialen Gesamtgefüge gesehen werden, muss sowohl die Ebene der Lebenden als auch die der Ahnen miteinbezogen werden. Gesundheit ist daher nicht rein physisch zu betrachten, sondern beinhaltet stets das gesamte soziale Leben einer Person. Erst wenn dieses soziale Leben von Problemen befreit ist, kann Gesundung und Wohlergehen stattfinden. In diesem Sinne sind traditionelle Heiler nicht alleine für die physische Heilung wichtig, sondern auch für die Aufrechterhaltung der sozialen Ordnung. Da diese soziale Ordnung von guten wie weniger guten Kräften bestimmt ist, liegen Heilung und Hexerei nah beieinander und werden in den engen sozialen Verhältnissen in Südafrika situativ ausgetauscht. Dieses von Ambivalenzen und regionalen Bedingungen samt lokaler Umwelt und Biodiversität geprägte System kann kaum in andere Kontexte übertragen werden. Eine Ausbildung zum Heiler in einem Zentrum für afrikanisches Heilen in Berlin-Kreuzberg ist schon deshalb schwer vorstellbar, weil der soziale Kontext und die notwendigen natürlichen Ressourcen fehlen. Nicht zuletzt sind die archaisch anmutenden und streng hierarchischen Methoden während des Heiler-Trainings kaum über den südafrikanischen Kontext hinaus vermittelbar. Im Gegensatz zu der eher technischen Ausbildung z. B. in Akupunktur, die auf einem jahrhundertealten, verschriftlichen Wissenskorpus basiert gibt es für das südafrikanische Heilwesen keine „Gebrauchsanleitung“. Ausbildung und Heilung beruhen vielmehr auf intuitiv erfahrbarem und übertragbarem Wissen, denn auf schulischem, global transportierbarem Wissen.

Literatur

Antonovsky, Aaron/Franke, Alexa (1997): *Salutogenese. Zur Entmystifizierung der Gesundheit.* Tübingen: dgvt.

Ataguba, John E./Day, Candy/McIntyre, Di (2014): „Monitoring and Evaluating Progress towards Universal Health Coverage in South Africa“. In: *PLOS Medicine* 11(9), S. e1001686.

Berlund, Axel-Ivar (1976): *Zulu Thoughts, Patterns and Symbolism.* London: Hurst & Co.

Bodeker, Gerard/Ong, Chi-Keong/Grundy, Chris et al. (2005): *WHO Global Atlas of Traditional, Complementary and Alternative Medicine.* Kobe, Japan: WHO Centre for Health Development, https://apps.who.int/iris/handle/10665/43108, besucht am 6.1.2020.

Buhrmann, Vera (1994): *Living in Two Worlds. Communication between a White Healer and Her Counterpart.* Cape Town & Pretoria: Human & Rousseau.

Conway-Smith, Erin (2012): „South Africa: Striking Miners ‚thought they were invincible‘ after Taking ‚muti‘“. https://www.pri.org/stories/2012-08-21/south-africa-striking-miners-thought-they-were-invincible-after-taking-muti, besucht am 6.1.2020.

Coulter, Ian/Willis, Evan (2007): „Explaining the Growth of Complementary and Alternative Medicine“. In: *Health Sociology Review* 16(3–4), S. 214–225.
Dilger, Hansjörg/Kane, Abdulaye/Langwick, Stacey (2012): *Medicine, Mobility, and Power in Global Africa: Transnational Health and Healing* Bloomington: Indiana University Press.
Eisenberg, David M./Davis, Roger B./Ettner, Susan L. et al. (1998): „Trends in Alternative Medicine Use in the United States, 1990–1997: Results of a Follow-up National Survey“. In: *Jama* 280(18), S. 1569–1575.
Flint, Karen (2004): *Healing Traditions. African Medicine, Cultural Exchange, and Competetion in South Africa, 1820–1948.* Athens: Ohio Press.
Guest, Robert (2010): *The Shackled Continent: Power, Corruption, and African Lives.* Washington: Smithsonian Books.
Hammond-Tooke, David W. (1998): „Selective Borrowing? The Possibility of San Shamanistic Influence on Southern Bantu Divination and Healing Practices“. In: *The South African Archaeological Bulletin* 53(167), S. 9–15.
Heaton, Tim B./Amoateng, Acheampong. Y. (2007): „The Family Context for Racial Differences in Child Mortality in South Africa“. In: A. Y. Amoateng/T. B. Heaton (Hrsg.): *Families and Households in Post-apartheid South Africa: Socio-demographic Perspectives.* Cape Town: HSRC Press, S. 171–187.
Hirst, Martin (1990): *The Healer's Art: Cape Nguni Diviners in the Township of Grahamstown.* Grahamstown: Grahamstown University.
Joos, Stefanie/Musselmann, Berthold/Miksch, Antje et al. (2008): „The Role of Complementary and Alternative Medicine (CAM) in Germany – A Focus Group Study of GPs“. In: *BMC Health Services Research* 8, S. 127–127.
Leslie, Charles (1976): *Asian Medical Systems: A Comparative Study.* Berkeley, CA: California University Press.
Mokgobi, Maboe G. (2013): „Towards Integration of Traditional Healing and Western Healing: Is This a Remote Possibility?“. In: *African Journal for Physical Health Education, Recreation, and Dance* 2013 (Suppl. 1), S. 47–57.
Morris, Christopher (2012): „Pharmaceutical Bioprospecting and the Law: The Case of Umckaloabo in a former Apartheid Homeland of South Africa“. In: *Anthropology News* 53(10), S. 6–7.
Ngubane, Heriette (1977): *Body and Mind in Zulu Medicine: An Ethnography of Health and Disease in Nyuswa-Zulu Thought and Practice.* London: Academic Press.
Pinkoane, Martha G./Greeff, Minrie/Koen, Magdalena P. (2012): „A Model for the Incorporation of the Traditional Healers into the National Health Care Delivery System of South Africa“. In: *African Journal of Traditional, Complementary, and Alternative Medicines* 9 (Suppl. 3), S. 12–18.
Reid, Walter V. /Laird, Sarah A. /Meyer, Carrie A. et al. (1993): *Biodiversity Prospecting.* Washington: The World Reseach Institute.
Rutert, Britta (2020): *Contested Properties: People, Plants, and Politics in Post-Apartheid South Africa.* Bielefeld: Transcript.
Thornton, Robert (2002): „Environment and Land in Bushbuckridge, South Africa“. In: L. Zarsky (Hrsg.): *Human Right and the Environment: Conflicts and Norms in a Globalizing World.* Oxon & New York: Earthscan.
Thornton, Robert (2009): „The Transmission of Knowledge in South African Traditional Healing“. In: *Africa* 79(1), S. 17–34.

Thornton, Robert (2017): *Healing the Exposed Being.* Johannesburg: Wits University Press.
Tutu, Desmond (1999): *No Future without Forgiveness.* London: Image.
World Health Organization (2019): „The WHO Global Report on Traditional and Complementary Medicine 2019 is Released". World Health Organization. https://www.who.int/news-room/detail/20-05-2019-the-who-global-report-on-traditional-and-complementary-medicine-2019-is-released, besucht am 6.1.2020.
Wreford, Jo Tboeka (2004): *Working with Spirit. Experiencing Izangoma Healing in Contemporary South Africa.* New York & Oxford: Berghahn Books.

Roman M. Marek

Das Amazonasbecken: Eine vergessene Kulturlandschaft und ihre Medizin

Abstract: *The Amazon Basin: A Forgotten Cultural Landscape and Its Medicine.* While the Amazon region's ecological importance remains uncontested, its role as a cultural hotspot is largely unknown to most people. Yet, recent archeological findings revise the image of a lush but inhospitable landscape whose farm produce could not sustain advanced civilization. The indigenous people today are only a tiny remainder of a far bigger population that developed impressive agricultural and forest engineering skills – until it was wiped out by diseases brought in from Europe. In fact, modern medicine benefits greatly from biological knowledge of indigenous Amazonians even today. This resource could prove to be much more valuable than any short-term profit realized by slash-and-burn farming or the extraction of raw materials. Therefore, it is all the more important to protect this endangered region. Scientific research will not only help to rescue indigenous biomedical knowledge, it will also give back respect and dignity to so-called savages and their cultural achievements.

1 Das Amazonasgebiet als Wüste in Grün

Unser Planet beherbergt eine Fülle an Naturregionen, denen der Mensch nur mit Ehrfurcht und Andacht begegnen kann. Von diesen ist das Amazonasbecken erstaunlich tief im kulturellen Gedächtnis des Globalen Nordens verankert, Amazonien ist zum Mythos geworden (Fatheuer 2019, S. 11). Diese starke Präsenz überrascht, denn im Gegensatz zu anderen Landschaften eignete sich diese nur bedingt als touristischer Sehnsuchtsort. Es fehlt darüber hinaus die ökonomische Bedeutung – wenn man einmal von dem vergleichsweise kurzen Kautschukboom absieht, der etwa 1870 begann und bereits 1915 abebbte. Der Amazonas fand Eingang in Weltliteratur und Filmkunst, jedoch in Maßen, nicht als unendlich zum Klischee perpetuierter Schauplatz. In unserer Vorstellungswelt oszilliert der Amazonas zwischen „Lunge der Welt“ und „Grüne Hölle“, zwischen Piranhas und Curare.

Roman M. Marek, Interdisziplinäre Arbeitsgruppe „Zukunft der Medizin: Gesundheit für alle“, Berlin-Brandenburgische Akademie der Wissenschaften

Vielleicht hat es sich als schicksalshaft erwiesen, dass ein derart exotisches Gebiet durch seine Namensgebung dann doch wieder Anknüpfung fand an die reichhaltige Welt griechischer Mythen;[1] und damit an das, was wir gemeinhin als die Wiege unserer „abendländischen Kultur" verstehen. Als der spanische Eroberer Francisco de Orellana Bejarano Pizarro y Torres de Altamirano (1511–1546) im Jahr 1541 als erster Europäer den Amazonas bereiste, traf er dort – so sein Bericht – auf hellhäutige Kriegerinnen, die sich durch besonderen Mut, aber auch durch Kampfeslust und Wildheit hervortaten (Markham 2010 [1859]). Allem Anschein nach hinterließ diese radikale Umkehr gewohnter Rollenbilder einen bleibenden Eindruck, denn ganz im Bann ihrer von europäischen Werten, europäischen Mythen und der europäischen Geschichte ausgehenden Weltsicht benannten sie den Fluss just nach diesen wilden „Amazonen".

Wie wir noch sehen werden, bestimmen diese beiden Topoi – Eurozentrismus (Chakrabarty 2000; Quijano 2002) und Wildheit – unsere Denkmuster bis zum heutigen Tag.

Mit einer Fläche von etwa sieben Millionen Quadratkilometern ist das Amazonasbecken größer als ganz Europa ohne Russland. In dieser unermesslichen Weite wurde es nicht nur zum Auffangbecken für etwa 15 % des Süßwassers, das sich weltweit in die Ozeane ergießt, sondern auch für alles, was das Gegenteil von „uns" ist: hier Kultur, dort Natur; hier Zivilisation, dort unberührte Wildnis; hier fruchtbares Ackerland, dort nährstoffarme Böden; hier prosperierende Städte, dort Menschenleere. Unstrittig ist, dass der Amazonas-Regenwald die größte Biodiversität hat (Ter Steege et al. 2016) und eine der wichtigsten Stützen des Weltklimas ist (Nepstad et al. 2008): „a pillar of life on Earth" (World Wide Fund For Nature 2020).

---

1 Die Etymologie des Begriffs „Amazone" ist noch nicht eindeutig geklärt (Blok 1994, S. 21–37). Doch unabhängig davon, ob es die Amazonen tatsächlich gab, galten sie der antiken griechischen Welt als Prototyp des Kämpferisch-Wilden und Anderen, das sich nicht in ihre Welt integrieren ließ: „As autonomous women warriors, they were reputed to have founded a society of their own, where men were either absent or subservient. Hence the Amazons could not be accommodated in the regular realm of history, where men were unquestionably assumed to be the agents of culture and politics" (Blok 1994, S. 433–432).

2 Der Amazonas als Kulturlandschaft: Neue Erkenntnisse aus Bioarchäologie und Paläoökologie

Nur langsam dringt in das Bewusstsein der Weltöffentlichkeit, dass das Amazonasgebiet bei aller Biodiversität auch eine Kulturlandschaft ist: Hier lebt eine Vielzahl indigener Völker, die Europa in Anzahl, sowie sprachlicher und kultureller Diversität in nichts nachstehen. So gibt es über 350 ethnische Gruppen von denen etwa 60 noch weitgehend unberührt leben (World Wide Fund For Nature 2020). Jedoch gehören von den heute ca. 30 Millionen Bewohnern des Amazonasgebiets nur noch 9 % zur indigenen Bevölkerung, wobei die Grenzen zur mehrheitlichen Mestizen-Kultur fließend sind. Bis heute hält sich deshalb das Bild einer kleinen, einfachen, durch ihre natürliche Umgebung stark eingeschränkten und vereinzelt lebenden indigenen Bevölkerung (Clement et al. 2015; Heckenberger 2010), die im Gegensatz zu z. B. den mittelamerikanischen und andinen Hochkulturen keine nennenswerten zivilisatorischen Leistungen hervor gebracht hat.

Für die Archäologie stellt das Amazonasgebiet eine ganz besondere Herausforderung dar: Einerseits ist das Gebiet riesig und kaum erschlossen, andererseits tragen die klimatischen Bedingungen nicht gerade zum Erhalt organischer Materialien bei. Doch zwei sehr gegensätzliche Prozesse haben hier neue Forschungsmöglichkeiten eröffnet: Einerseits brachten die zunehmende wirtschaftliche Erschließung und die Abholzung unvorstellbar großer Flächen immer mehr Artefakte und Ruinen ans Licht (De Souza et al. 2018; Roosevelt 2013; Rostain 2008; Watling et al. 2017). Andererseits führten neue und verbesserte Methoden zu einer Blüte der Bioarchäologie und Paläoökologie. Beide Prozesse zusammen mündeten in den letzten 25 Jahren in Forschungsergebnisse, die im Hinblick auf die Betrachtung des Amazonasbeckens einen Paradigmenwechsel auslösten (Balée 2013; Clement et al. 2015; Erickson 2008; Pärssinen et al. 2020; Roosevelt 2013).

Die erste Überraschung war, dass Menschen bereits viel länger als ursprünglich gedacht dauerhaft im angeblich so unwirtlichen Amazonasbecken siedelten. In von den damaligen Bewohnern künstlich geschaffenen, verdächtig runden und noch heute sichtbaren „Waldinseln" fanden sich Hinweise darauf, dass sich die ersten sesshaften Kulturen nicht wie zuvor angenommen erst um die Zeitenwende, sondern bereits vor 7.000, möglicherweise sogar 10.000 Jahren bildeten (Capriles et al. 2019). In einigen Gebieten wurde zudem eine verzweigte Raumordnung mit Grabenanlagen, Wällen und breiten Straßen sichtbar, die

„Gartenstädte" im Urwald miteinander verknüpften (*prehistoric urbanism*). Dies kann als Hinweis auf eine komplexere politische Gesellschaftsstruktur interpretiert werden (Heckenberger 2010).

Genetische Untersuchungen zeigten außerdem, dass einige der Völker des Amazonasbeckens eher mit den indigenen Einwohnern Australiens, Neu-Guineas und der Andamanen verwandt sind als mit anderen indigenen Amerikanern (Barbieri et al. 2019; Posth et al. 2018; Skoglund et al. 2015). Auch mit Polynesiern gab es präkolumbianische Kontakte (Ioannidis et al. 2020). Diese Erkenntnisse widersprechen der bisherigen „First Americans"-Hypothese, denn es musste mehrere Einwanderungswellen aus verschiedenen Richtungen gegeben haben. Bei der Untersuchung heutiger indigener Populationen gilt es zu bedenken, dass diese nur einen Bruchteil der ursprünglichen Bevölkerung vor Ankunft der Europäer ausmachen, die mit geschätzten acht Millionen etwa dreimal so hoch war wie heute (Clement et al. 2015).

Auch wenn diese Population nur etwa 10 % der damaligen Bevölkerungsdichte Europas ausmacht, ist sie für die nährstoffarmen Böden des Regenwaldes unerwartet groß. Zudem war sie nicht gleichmäßig über das Gebiet verteilt, es bildeten sich bedeutendere kulturelle Zentren (De Souza et al. 2018). Ein Beispiel dafür wäre der *Chiribiquete National Park* im Nordwesten des Amazonasbeckens mit der größten Fundstätte prähistorischer Felsmalereien Amerikas (UNESCO 2018). Diese neuen Erkenntnisse stützen die Berichte des eingangs erwähnten Konquistadoren Francisco de Orellana, die man zuvor als Übertreibung abgetan hatte. Darin beschreibt er nicht nur die so genannten „Amazonen", sondern auch eine hohe Bevölkerungsdichte und größere Städte (Achmatowicz 2019; Harris 2017).

Ohne die Tötung, Versklavung, Kulturzerstörung und allgemeine Unterdrückung der indigenen Bevölkerung kleinreden zu wollen, waren es nach Ankunft der Europäer weniger diese selbst, als vielmehr die von ihnen eingeschleppten und dank Ansteckung sogar vorauseilenden Infektionskrankheiten, die den Großteil der einheimischen Bevölkerung auslöschten (Ashburn 1947; Chambouleyron et al. 2011; Cook 1998; Drake & Oxenham 2013). Bereits eine der bis dato nicht vorkommenden Krankheiten (Pocken, Grippe, Masern, Mumps, Typhus, Malaria, Gelbfieber und Cholera) hätte zu einer tödlichen Epidemie geführt, doch die geballte Kombination gleich mehrerer Krankheitserreger rottete die immunologisch naive indigene Bevölkerung nahezu aus. Das gleiche Risiko besteht übrigens auch heute noch bei nicht kontaktierten Völkern (Pringle 2014). Neben den Epidemien hatten die Menschen damals zusätzlich noch mit einem länger anhaltenden Klimawandel und den dadurch ausgelösten Konflikten und Migrationsbewegungen zu kämpfen (De Souza et al. 2019).

Dessen ungeachtet steht heute fest, dass im Amazonasbecken vor Ankunft der Europäer eine kulturell reichhaltige und diverse indigene Bevölkerung beachtliche zivilisatorische Leistungen vollbrachte: So wird das südwestliche Amazonasgebiet heute als eines der Hauptzentren landwirtschaftlicher Entwicklung gesehen (Browne Ribeiro 2017). Die Domestizierung und Züchtung von Nutzpflanzen markiert den Anfang jeglicher Hochkultur. Bisher hatte man hier weltweit vier Zentren ausgemacht: China (Reis), den Nahen Osten (Getreide und Hülsenfrüchte), Mittelamerika (Mais, Bohnen und Kürbisse), sowie die Andenregion (Kartoffeln und Quinoa). Dank neuer bioarchäologischer Erkenntnisse muss diesen etablierten Zentren nun ein fünftes hinzugefügt werden: Die südwestliche Amazonasregion (Lombardo et al. 2020).

Bereits im frühen Holozän, d. h. vor etwa 10.000 Jahren wurden in der Region Maniok und Kürbis kultiviert. Der erste Mais tauchte vor etwa 6.850 Jahren auf, außerdem wohl Erdnüsse, sowie einige Varianten von Chilis und Bohnen. Auch Kakao stammt nicht wie zuvor angenommen aus Mittelamerika, vielmehr begann die Kultivierung dieser Medizin- und Genusspflanze vor ca. 5.300 Jahren in der oberen Amazonasregion im heutigen südöstlichen Ecuador (Zarrillo et al. 2018). Tatsächlich gestaltete Menschen die Amazonasregion seit ihrer Ankunft um. Sie betrieben eine ganze eigene Form der Landwirtschaft, deren Spuren bis heute sichtbar sind. Die nur scheinbar unberührten Urwälder sind de facto über weite Strecken „Kulturwälder" (*cultural forests*), geprägt durch technische Landschaftsplanung (Balée 2013).

Bei allen Debatten über Ausmaß und Verbreitung – einige Experten gehen von bis zu 12% der Fläche des Regenwaldes aus – steht inzwischen fest, dass sich im Amazonasbecken eine Vielzahl heterogener, aber äußerst leistungsfähiger präkolumbianischer Kulturen entwickelte, die sich eng an ihre jeweilige Umwelt anpassten und diese sorgfältig bewirtschafteten und weiter entwickelten (*heterogeneous landscape domestication*) (Arroyo-Kalin 2010; De Souza et al. 2020; Erickson 2008; Harris 2017; Hermenegildo et al. 2017; Levis et al. 2018; Lombardo et al. 2020; Miller 2014; Odonne et al. 2019; Oliveira et al. 2020; Oliver 2008; Roosevelt 2013; Rostain 2008; Valdez 2003; Watling et al. 2017; Wingard & Hayes 2013).

Mit zunehmender Abholzung zeigen sich auch die architektonischen Spuren dieser Amazonas-Kulturen. Vor etwa 10 Jahren entdeckte man große geometrische Strukturen aus Erdwällen, so genannte „Geoglyphen", außerdem zeremonielle Zentren und ein entwickeltes Straßennetz (Pärssinen et al. 2020). Zudem entwickelte z. B. das Volk der Shipibo ein an eine eigene Schrift grenzendes Mustersystem. Das letzte der damit verfassten Bücher wurde erst 1978 verbrannt, angeblich enthielt es „Dinge des Teufels" (Andritzky 1989, S. 190). Keine Hinweise fanden sich hingegen auf größere Abholzungen. Vielmehr schienen die Bewohner bestimmte Pflanzen zu kultivieren, während sie gleichzeitig die anderen, ursprünglichen Pflanzen respektierten und an ihrem Platz beließen (Pärssinen et al. 2020).

3 Erhöhung der Artenvielfalt durch indigene Land- und Forstwirtschaft

Die Bewertung der Böden des Amazonas-Regenwaldes als unfruchtbar und nährstoffarm verrät den eurozentrischen Blick. Im Ergebnis eignet sich der Regenwald nicht für eine Landwirtschaft europäischer Prägung, die nach einer anfänglichen Brandrodung die mit anfälligen Monokulturen bepflanzten Böden schnell auslaugt. Im Gegensatz dazu erhöhen die landwirtschaftlichen Anbaumethoden der indigenen Kulturen die natürliche Vielfalt noch. Die ausgelaugte Erde des Regenwaldes reicherten sie mit Holzkohle und organischen Abfällen an, um so Bereiche mit fruchtbarer Schwarzerde (*terra preta de índio*) herzustellen (Arroyo-Kalin 2010; Levis et al. 2018; Oliveira et al. 2020). In eigentlich unbewohnbaren, saisonal überfluteten Savannenlandschaften schufen sie über hunderte von Kilometern erhöhte Felder (*raised fields*) (Rostain 2008) oder Waldinseln (*forrest islands*) (Lombardo et al. 2020; Watling et al. 2017).

In den so veränderten Landschaften erhöhte sich die Biodiversität, da in den kultivierten Bereichen andere Arten gedeihen als in den umgebenden, natürlich belassenen Gebieten. Die durch indigene Flächenbewirtschaftung (*land management*) kultivierten Bereiche erstrecken sich zum Teil über tausend Kilometer, und selbst 500 Jahre nach der letzten menschlichen Bearbeitung (die Bewohner verstarben nach Ankunft der Europäer) lässt sich die durch kulturelle Prozesse erhöhte Artenvielfalt noch immer nachweisen (Oliveira et al. 2020). Allem Anschein nach entwickelten die indigenen Völkern des Amazonasbeckens verschiedene besonders nachhaltige Techniken landwirtschaftlicher Bewirtschaftung, die eine sowohl Kultur als auch Natur bereichernde Koexistenz ermöglichten (Pärssinen et al. 2020).

4 Indigene Konzepte von Gesundheit und Krankheit: Medizin- und Lehrpflanzen

Diese erstaunliche kulturelle Leistung, die unserer eigenen Gesellschaft noch nicht gelungen ist, lässt auf eine besondere Geisteshaltung im Hinblick auf die natürliche Umgebung mit ihren Tieren, Pflanzen, Flüssen und Wäldern schließen, aus der eine ganz eigene Weltsicht mit reichhaltigen symbolischen Vorstellungen und rituellen Praktiken erwachsen ist. Diesem Selbstverständnis nach ist der Mensch eben nicht der Herr bzw. die Krone der Schöpfung. Bei allen kulturellen Unterschieden zwischen den indigenen Völkern ist ihnen doch gemeinsam, dass der Mensch eine eher untergeordnete Rolle spielt; nämlich die eines transienten Wesens, das erst noch werden und sich über sein soziales Gefüge und seine Rolle in der natürlichen Umwelt finden muss (Rival 2005).

Die Natur hingegen ist mit einem ganz eigenen Daseins- und Lebensrecht ausgestattet und tritt als des Menschen Lehrmeister in Erscheinung (Andritzky 1988, 1989; Jauregui et al. 2011). Grob zusammengefasst gibt es in den meisten metaphysischen Vorstellungen der indigenen Völker des Amazonasbeckens neben der Ebene des Hier-und-jetzt noch weitere Ebenen, z. B. die der Verstorbenen. Im Hier-und-jetzt tritt der Mensch nur als Gast auf, als Reisender, wobei die Pflanzen und Tiere die eigentlichen Bewohner dieser Ebene darstellen. Pflanzen und Tiere wird dabei meist eine eigene Persönlichkeit, Geschichte, und Sozialstruktur zugeschrieben. Prinzipiell sind aber die Grenzen fließend: Tiere können sich in Menschen verwandeln, und Menschen in Tiere (Viveiros de Castro 1998, 2012). Oftmals hat die Menschheit ihre Existenz stärkeren Naturkräften oder mythischen Tieren zu verdanken (z. B. Illius 1988). Tiere sind es auch, die in ihrer Agilität meist als Botschafter und Vermittler zwischen den Ebenen in Erscheinung treten. Die statischen Pflanzen hingegen werden meist als Träger uralter Kräfte und Weisheiten interpretiert, mit einem jeweils eigenen Charakter.

Diese Vorstellung zeigt sich auch im Begriff der Lehr- oder Meisterpflanzen (*plantas maestras*). Es ist nicht so, dass sich der Mensch dieser Pflanzen bedienen kann, etwa zu medizinischen Zwecken. Vielmehr verlangen die Pflanzen Respekt, Zuwendung und Aufmerksamkeit. Wer sich, etwa zu Heilzwecken, einer ritualisierten Pflanzenkur (*dieta*) unterwirft, muss fasten und im Hinblick auf viele Dinge des alltäglichen Lebens Verzicht üben (Jauregui et al. 2011). Durch die Einnahme pflanzlicher Extrakte wird dann eine Verbindung mit der Pflanze eingegangen, die für den Rest des Lebens Bestand haben soll. In der Vorstellung der indigenen Völker nimmt der Mensch die Pflanze, und mir ihr ihre Weisheit und Kraft in sich auf, so wie auch eine schwangere Frau ihr Kind in sich hat. Und dieses Kind gilt es zu nähren und zu respektieren damit eine lebenslängliche harmonische Verbindung aufgebaut werden kann (Andritzky 1988).

Auch die weiblichen oder männlichen Heiler (*curanderos*)[2] sehen sich nicht als die Eigentümer oder Bewahrer des Wissens, vielmehr erhalten sie ihr Wissen

2 Der häufig anzutreffende Begriff „Schamane“ entstammt dem sibirisch-mongolisch-nordchinesischen Kulturkreis, entsprechend ist er mit ganz anderen Vorstellungen und Praktiken kon-

von den Pflanzen und vermitteln lediglich zwischen den verschiedenen sozialen und spirituellen Entitäten. Während bei uns die Problembehandlung zwischen Ärzten, Psychologen, Richtern und Priestern etc. aufgeteilt wird, ist eine derartige Trennung zwischen körperlicher, geistig/emotionaler, sozialer und spiritueller Ebene der indigenen Vorstellungswelt fremd, denn eine Störung an einem Punkt würde sich automatisch auch auf alle anderen Bereiche auswirken (Rattay 2001).

5 Beitrag der Amazonas-Medizin für die heutige medizinische Versorgung

Die hier skizzierten Elemente indigener Weltvorstellungen beschränken sich sicherlich nicht auf das Amazonasgebiet – überall auf der Welt wird es vergleichbare Ansichten und holistische Gesundheitskonzepte geben. Das Besondere am Amazonasgebiet aber ist das Zusammenkommen dieses ganzheitlichen Konzeptes mit einer außergewöhnlich hohen Artenvielfalt und einer enormen kulturellen Diversität. Dennoch ist die Pflanzenmedizin des Amazonasbeckens beinahe unbekannt. Hinzu kommt, dass sie als das genaue Gegenteil westlicher Biomedizin gilt (Fotiou 2014). Während anderen Medizintraditionen wie etwa Āyurveda oder der Chinesischen Medizin noch eine gewisse Nähe – vielleicht Kultiviertheit – zugebilligt wird, verkörpert dieses indigene medizinische Wissen das wilde, radikale Andere.

Tatsächlich aber hat die westliche Biomedizin längst indigenes medizinisches Wissen des Amazonasbeckens inkorporiert, das z. B. tagtäglich bei jeder Operation unter Narkose zum Einsatz kommt. So bildet die Anwendung von Curare-Präparaten neben der Ausbildung der Intubationsnarkose und der Einführung kurzwirkender Narkotika eine der drei Grundlagen der modernen Anästhesie (Schmitt 1952). Curare, ein Sammelbegriff für die von den indigenen Völkern des Amazonasbeckens entwickelten Pfeilgifte, wurde erstmals von Columbus, anschließend aber auch von vielen anderen rückkehrenden Entdeckern beschrieben, wobei den Erzählungen immer auch ein Hauch der Verwunderung, des Geheimnisvollen und Unwahrscheinlichen anhaftete (Gicklhorn 1961; Hein 1981; Schmitt 1952).

Die wissenschaftliche Auseinandersetzung mit Curare in Europa begann erst im Jahr 1745 mit Charles Marie de La Condamine (1701–1774) in Leiden – wobei sich von diesem Punkt ausgehend erstmals ein internationaler Gedankenaus-

notiert und wird von den indigenen Völkern des Amazonasbeckens eher abgelehnt (The Shipibo Conibo Center of New York 2018).

tausch über Experimentaltechniken und Wissensfortschritte entwickelte (Micheletti 2014). Curare ist demnach nicht nur als Wirkstoff bedeutend, viel mehr stellt dessen Untersuchung in einer Art Forschungsverbund auch den Anfang weltweiter Wissenschaftsentwicklung dar. Wichtige Beiträge zu diesen Anfängen pharmakologischer wissenschaftlicher Entwicklung leistete auch Alexander von Humboldt (1769–1859): In den Jahren 1799–1804 beschrieb er die Herstellung mehrerer Arten des Curare und unterschied sie anhand ihrer pharmakologischen Wirkung (Schmitt 1952).

Alexander von Humboldt berichtete neben Curare noch von einer weiteren Medizinzubereitung der indigenen Völker des Amazonasbeckens: Ayahuasca (Habekuß 2019; Ríos 1962). Ayahuasca ist ein Pflanzensud, dessen Hauptwirkstoffe *N,N*-Dimethyltryptamin (DMT) und verschiedene zu den β-Carbolinen gehörende Harman-Alkaloide sind (Simão et al. 2019). Interessant ist, dass beide Wirkstoffe aus zwei unterschiedlichen Pflanzen stammen: Die Harman-Alkaloide aus dem Stamm einer Liane (*Banisteriopsis caapi*), und das DMT aus den Blättern eines Busches (z. B. *Psychotria viridis*). DMT kommt über die ganze Welt verbreitet in verschiedenen Pflanzen vor, aber es wird auch endogen von verschiedenen Tieren (Menschen mit eingeschlossen) produziert (Cameron & Olson 2018); in seiner chemische Struktur ähnelt es stark dem wichtigen Neurotransmitter Serotonin und dem Hormon Melatonin. Wird DMT oral aufgenommen, entfaltet es jedoch keine Wirkung, da es im Verdauungstrakt sehr schnell durch bestimmte Enzyme, die Monoaminooxidasen (MAO), abgebaut wird. Vor hunderten, vielleicht sogar tausenden von Jahren entdeckten die Indigenen Völker des Amazonasgebiets jedoch, dass Harman-Alkaloide die Monoaminooxidase reversibel hemmen, dadurch wird die zweite Komponente DMT vor dem Abbau geschützt und kann ihre pharmakologische Wirkung entfalten (dos Santos & Hallak 2020). Angesichts der Artenvielfalt des Amazonasgebiets fällt es schwer, hier an einen Zufall zu glauben – schließlich muss der Sud aus dem Pflanzenmaterial auch noch in einer stundenlangen Prozedur zubereitet werden. Auch in diesem Fall müssen die indigenen Völker des Amazonasbeckens also als Entdecker der pharmakologischen Wirkung der Harman-Alkaloide gelten. In der heutigen Medizin werden sie und andere nach dem gleichen Prinzip wirkende Monoaminooxidase-Hemmer (MAO-Hemmer) zur Behandlung von Depressionen und Encephalitis, sowie bei Parkinson-Patienten eingesetzt. Der 1958 zugelassene MAO-Hemmer Iproniazid war das erste Antidepressivum überhaupt.

Abb. 1: Undatierte Aufnahme einer Heilzeremonie der Chocó-Indianer Kolumbiens, deren Lebensraum an das Amazonasbecken angrenzt. Der Patient liegt unter einem bemalten Zeremonialzelt, wahren der Heiler (mit Federkrone) Beschwörungsformeln spricht. Im Hintergrund wird musiziert und getanzt. Links ist eine hölzerne Ritualfigur mit ausgestreckten Armen zu sehen, eventuell handelt es sich um ein Tier oder eine Ahnenfigur. Quelle: *Wellcome Collection*. Attribution 4.0 International (CC BY 4.0)

6 Zukünftige Forschungsfelder: Psychopharmaka

Traditionelle Medizin wird meist mit der Behandlung (kleinerer) körperlicher Leiden assoziiert. Doch wie die WHO in ihrer Definition regionaler Medizintraditionen festhält, können diese auch zur Prävention, Diagnose oder Behandlung psychischer Leiden zum Einsatz kommen (WHO 2020). Der indigenen Amazonas-Medizin kommt auf diesem Gebiet eine besondere Rolle zu, denn zum Erhalt des psychisch-sozial-körperlichen Wohlergehens Einzelner oder der Gemeinschaft werden hier seit jeher spezielle Heilpraktiken eingesetzt. Dazu gehört auch das bereits erwähnte Ayahuasca, das bei zahlreichen indigenen Völkern ein integraler Bestandteil körperlicher, sozialer und spiritueller Heilriten ist: In ihren Augen handelt es sich um eine echte Medizin, die Respekt, Vorbereitung und die richtige Einstellung verlangt (Frecska et al. 2016; Salak 2006).

In den meisten Regionen des Globalen Südens gibt es keine Psychotherapeuten, sondern nur traditionelle Heiler, die Weltgesundheitsorganisation empfiehlt daher die weitere Erforschung und Qualitätssicherung regionaler Medizintraditionen, um diese in die allgemeine Gesundheitsversorgung zu integrieren (World Health Organization 2013, S. 43–57). Im Globalen Norden steigt unterdessen die Belastung durch psychische Störungen, es besteht ein großer Bedarf an neuen Therapiekonzepten und Behandlungsmöglichkeiten (Cressey 2011; Fibiger 2012; Pigott 2017). Interessanterweise reisen immer mehr Menschen aus dem Globalen Norden zu traditionellen Heilern in den Globalen Süden. In Peru und Brasilien z. B. floriert der Ayahuasca-Tourismus (Wolff et al. 2019). Gleichzeitig werden traditionelle Heiler nach Europa und Nordamerika eingeladen. So ist die Koexistenz verschiedener Medizinsysteme längst Realität geworden, der Amazonas ist gewissermaßen zu uns gekommen (ICEERS 2020).

Diese Situation sollte als Chance gesehen werden, denn die wissenschaftliche Auseinandersetzung mit der Pflanzenmedizin des Amazonasbeckens hat bisher äußerst vielversprechende Resultate erzielt. Für Ayahuasca etwa konnten teilweise deutlich positive Effekte auf psychische Leiden wie Depressionen, Substanzmissbrauch, sowie Ess- und Angststörungen nachgewiesen werden (Argento et al. 2019; Barbosa et al. 2018; Baumeister et al. 2014; Cruz & Nappo 2018; Dos Santos & Bouso 2019; dos Santos et al. 2016; Frecska et al. 2016; Hamill et al. 2019; Murphy-Beiner & Soar 2020; Muttoni et al. 2019; Nunes et al. 2016; Palhano-Fontes et al. 2018; Renelli, Fletcher, Loizaga-Velder, et al. 2018; Renelli, Fletcher, Tupper, et al. 2018; Sanches et al. 2016).

Auch auf dem für eine alternde Bevölkerung so wichtigen Gebiet der chronischen neurodegenerativen Krankheiten (wie Demenz oder Alzheimer) könnte Ayahuasca eine Rolle spielen. Noch bis 1990 ging man davon aus, dass die neuronalen Verbindungen unseres Gehirns unveränderbar festgelegt sind und Regeneration unmöglich ist. Inzwischen konnte jedoch nachgewiesen werden, dass das menschliche Nervensystem ein geradezu erstaunliches Regenerationspotential aufweist (*Neuroregeneration*) (Sharma 2012). Dies hat zu einem neuen Forschungsfeld und letztlich zu einem Paradigmenwechsel geführt: weg von der

Vorstellung eines statischen und hin zu einem lebenslang dynamisch modulierbaren Nervensystem. Verletzungen, Krankheiten und auch altersbedingte funktionelle Defizite können prinzipiell kompensiert werden, unser Gehirn kann sich anpassen (Bennett et al. 1964). Ziel aktueller Forschungsansätze ist es nun, die unserem Gehirn inhärente Fähigkeit zur Reorganisation zu modulieren und therapeutisch zu nutzen, d. h. Neuroplastizität zu fördern (Sasmita et al. 2018; Smith 2013). Der Stimulierung neurotropher Faktoren (NTF) durch psychoaktive Substanzen kommt dabei eine besondere Rolle zu (Frankel & Cunningham 2002; Gewirtz et al. 2002; González-Maeso et al. 2007). In Zellkulturen und Tiermodellen konnte bereits gezeigt werden, dass die beiden Hauptkomponenten von Ayahuasca die Neuroplastizität erhöhen, so fördern Harman-Alkaloide und DMT die Neubildung und Vernetzung von Gehirnzellen (Dakic et al. 2016; Ly et al. 2018; Morales-García et al. 2020; Morales-García et al. 2017). Der traditionelle Gebrauch von Ayahuasca ließe sich heute mit modernen Forschungsergebnissen kombinieren, um so eine wissenschaftlich fundierte Anwendungsstrategie zu entwickeln.

Bisher jedoch konnte nur ein Bruchteil der seit Jahrhunderten angewendeten Medizinrituale erfasst und untersucht werden, dies gilt insbesondere für die Wirkmechanismen psychoaktiver Pflanzenzubereitungen (Cauper Pinedo 2018; Desmarchelier et al. 1996; Jauregui et al. 2011; Miller et al. 2019; Tournon & Reátegui 1984; Tournon & Silva 1988), neben Ayahuasca wären hier z. B. auch Sanaga oder aus Tieren gewonnene Wirkstoffe wie Kambô zu nennen (Hesselink & Winkelman 2019; Majić et al. 2021; Schmidt et al. 2020). Gerade auf dem Gebiet der Psychopharmaka besteht ein hoher Bedarf an neuen Therapieoptionen, hier besitzt die traditionelle Pflanzenmedizin des Amazonasbeckens ein enormes und noch nicht erschlossenes Potential. Aus diesem Grund wird der Ruf immer lauter, die Forschung auf diesem Gebiet zu fördern und neue Konzepte für substanzunterstütze Psychotherapien zu untersuchen (Davis 2020; Schenberg 2018). Der Ruf ist umso dringlicher, denn aufgrund aktueller Entwicklungen ist die Welt der indigenen Völker des Amazonasbeckens eine Welt, die im Verschwinden begriffen ist (Ceballos Betancur & Finger 2020).

7 Gefährdung des Amazonasbeckens: Raubbau, Missionierung, Epidemien, Tourismus

Für das Amazonasbecken brachte das Jahr 2020 eine existenzbedrohende Doppel-Krise: Einerseits nahmen Brandrodungen und Gebietsbesetzungen ein ungeahntes Ausmaß an, gleichzeitig war die indigene Bevölkerung der COVID-19-

Pandemie größtenteils schutzlos ausgeliefert (Fischer 2020; Spektrum.de 2020). Im Schatten der Pandemie nahmen zudem die Attacken auf indigene Reservate zu (Bourscheit 2020). Die indigenen Völker erlebten die Pandemie als Retraumatisierung, als weitere eingeschleppte tödliche Epidemie, als Wiederkehr der Pocken (*Madre Viruela*). Sie zogen sich – wenn möglich – in entlegene Gebiete zurück und vertrauten für die Behandlung ihrer traditionellen Medizin, hier besteht die Befürchtung, dass kleinere Völker nun ganz aussterben könnten (Amigo 2020; Colmán Gutiérrez 2020).

Leider war das Amazonasgebiet bereits vor der COVID-19-Pandemie gefährdet. In seinem nachsynodalen apostolischen Schreiben *Querida Amazonia* äußerte sich Papst Franziskus besorgt:

> Bekanntlich wurde Amazonien [...] präsentiert, als wäre es einfach ein enormer leerer Raum, der besetzt, ein Reichtum im Rohzustand, der entwickelt, eine weite Wildnis, die gebändigt werden muss. All das im Zusammenhang mit einer Sichtweise, welche die Rechte der ursprünglichen Völker nicht anerkennt oder diese einfach ignoriert, als würde es sie gar nicht geben oder als würden ihnen die Gebiete, in denen sie wohnen, nicht gehören (Papst Franziskus 2020, S. 10).

Hier zeigt sich die fatale Wirkung des Topos der leeren Wildnis, der als implizite Rechtfertigung der zahlreichen Menschenrechtsverletzungen herhalten muss.

Neben der Bedrohung von Leib und Leben stehen die indigenen Völker des Amazonasbeckens allerdings auch vor der Bedrohung des Verlustes ihrer Kultur. Zu nennen wären an dieser Stelle besonders die evangelikalen Kirchen, die mit ihrer aggressiven Missionarstätigkeit ganze Gemeinschaften ihrer Kultur entfremden (Campos Lima 2019). Auf der anderen Seite sorgt auch der stark gestiegene Tourismus dafür, dass sich die indigene Kultur verfremdet, an den ausländischen Geschmack anpasst, und zum Souvenirkitsch verkommt (Fotiou 2014, 2016; Sánchez & Bouso 2015; Stuart 2002; Wolff 2019). Viele indigene Gemeinschaften bemerken mit Sorge, wie traditionelle Heiler ihre Dörfer verlassen, um mit Touristen Geld zu verdienen, und wie medizinisches Wissen mitgenommen wird (*spiritual extractivism*) ohne den indigenen Menschen etwas zurück zu geben (The Shipibo Conibo Center of New York 2018). Eine weitere Gefahr besteht darin, dass sich der zunehmende Gesundheitstourismus auf die indigenen Heilmethoden auswirkt: Oft erwarten die angereisten Therapeuten und Klienten dann doch ein klassisches europäisches Heilungsmodell, das sich vor allem auf das Individuum zentriert, indigene Heiler passen sich dieser Erwartungshaltung dann aus kommerziellen Gründen an und erfinden dann eine „Tradition", die einerseits von Reduktion und andererseits von Übertreibung geprägt ist (Wolff 2020, S. 234–236).

8 Schlussfolgerungen: Forschung als Rettung und Anerkennung

Es bleibt abzuwarten, ob von zahlreichen Prominenten unterstütze Appelle an die große Politik ihre Wirkung entfalten (Spiegel.de 2020). Im Hinblick auf die Umweltzerstörung könnte jeder Einzelne durch überlegtes Konsumverhalten zumindest einen kleinen Beitrag leisten (Rajão et al. 2020). Doch das medizinische Wissen der indigenen Völker des Amazonasbeckens ist eine Ressource, deren Erschließung für die Weltgemeinschaft viel wertvoller sein dürfte als die kurzfristigen Gewinne aus Brandrodung und Rohstoffabbau. Umso wichtiger ist es, dass die verbliebenen Reste dieser Region wirksam geschützt werden, und dass die darauf lebenden indigenen Völker anerkannt und ihre Rechte respektiert werden.

Bereits zum jetzigen Zeitpunkt hat unsere Gesellschaft dem biologischen Wissen und den Kulturleistungen der indigenen Völker des Amazonasbeckens viel zu verdanken – gerade auf dem Gebiet der Medizin. Eine dezidierte Förderung der wissenschaftlichen Erschließung der Pflanzen-Medizin des Amazonasbeckens würde einerseits medizinisches Wissen vor dem Verschwinden bewahren, und andererseits möglicherweise neue Therapieoptionen erschließen. Es besteht zudem die berechtigte Hoffnung, in der Auseinandersetzung mit indigenem Wissen neue Wege zu finden, die aufzeigen, wie auch wir im Globalen Norden eine friedliche Koexistenz von Biodiversität und Zivilisation entwickeln und ausbauen könnten (Institute of Social & Cultural Anthropology 2020).

Die Auseinandersetzung mit den indigenen Völkern des Amazonasbeckens verspricht somit einen enormen Wissenszuwachs im Hinblick auf die gegenseitige Abhängigkeit von Menschen und ihrer Umwelt, auf die Entwicklung sozialer Identitäten, sowie auf die Beziehungen zwischen der materiellen, sozialen, und emotionalen Welt (Institute of Social & Cultural Anthropology 2020). Doch die wissenschaftliche Erschließung z. B. indigener Medizinpraktiken dient nicht nur uns selbst, sie würde gleichzeitig den Völkern, die dieses Wissen ursprünglich erworben haben, Anerkennung und Respekt verschaffen. Zu viele Apelle sind bisher ungehört verhallt.

Literatur

Achmatowicz, Jerzy (2019): „La expedición de Francisco de Orellana y la exploración del río de Amazonas hasta su desembocadura en el Atlántico“. In: *Studia Iberystyczne* 17, S. 37 – 58.

Amigo, Ignacio (2020): „For Brazil's Indigenous Communities, Pandemic Revives Memories of Earlier Plagues". https://www.sciencemag.org/news/2020/04/brazil-s-indigenous-communities-pandemic-revives-memories-earlier-plagues, besucht am 15.4.2020.

Andritzky, Walter (1988): *Schamanismus und rituelles Heilen im Alten Peru: Die Menschen des Jaguar* (Bd. 1). Berlin: Clemens Zerling.

Andritzky, Walter (1989): „Ethnopsychologische Betrachtung des Heilrituals mit Ayahuasca (Banisteriopsis Caapi) unter besonderer Berücksichtigung der Piros (Ostperu)". In: *Anthropos* 84(1/3), S. 177–201.

Argento, Elena/Capler, Rielle/Thomas, Gerald et al. (2019): „Exploring Ayahuasca-assisted Therapy for Addiction: A Qualitative Analysis of Preliminary Findings among an Indigenous Community in Canada". In: *Drug and Alcohol Review* 38(7), S. 781–789.

Arroyo-Kalin, Manuel (2010): „The Amazonian Formative: Crop Domestication and Anthropogenic Soils". In: *Diversity* 2(4), S. 473–504.

Ashburn, Percy Moreau (1947): *The Ranks of Death: A Medical History of the Conquest of America*. New York: Coward-McCann.

Balée, William (2013): *Cultural Forests of the Amazon: A Historical Ecology of People and Their Landscapes*. Tuscaloosa: The University of Alabama Press.

Barbieri, Chiara/Barquera, Rodrigo/Arias, Leonardo et al. (2019): „The Current Genomic Landscape of Western South America: Andes, Amazonia, and Pacific Coast". In: *Molecular Biology and Evolution* 36(12), S. 2698–2713.

Barbosa, Paulo Cesar Ribeiro/Tófoli, Luís F./Bogenschutz, Michael P. et al. (2018): „Assessment of Alcohol and Tobacco Use Disorders Among Religious Users of Ayahuasca". In: *Frontiers in Psychiatry* 9, S. 1–12.

Baumeister, David/Barnes, Georgina/Giaroli, Giovanni et al. (2014): „Classical Hallucinogens as Antidepressants? A Review of Pharmacodynamics and Putative Clinical Roles". In: *Therapeutic Advances in Psychopharmacology* 4(4), S. 156–169.

Bennett, Edward L./Diamond, Marian C./Krech, David et al. (1964): „Chemical and Anatomical Plasticity of Brain: Changes in Brain through Experience, demanded by Learning Theories, are found in Experiments with Rats". In: *Science* 146(3644), S. 610–619.

Blok, Josine H. (1994): *The Early Amazons. Modern & Ancient Perspectives on a Persistent Myth*. Leiden: Brill.

Bourscheit, Aldem (2020): „Por qué el contexto es esencial para informar sobre el COVID-19 en comunidades indígenas". International Center for Journalists. https://ijnet.org/es/story/por-qu%C3%A9-el-contexto-es-esencial-para-informar-sobre-el-covid-19-en-comunidades-ind%C3%ADgenas, besucht am 12.5.2020.

Browne Ribeiro, Anna T. (2017): „Rice Cultivation in Ancient Amazonia". In: *Nature Ecology & Evolution* 1(11), S. 1598–1599.

Cameron, Lindsay P./Olson, David E. (2018): „Dark Classics in Chemical Neuroscience: N,N-Dimethyltryptamine (DMT)". In: *ACS Chemical Neuroscience* 9(10), S. 2344–2357.

Campos Lima, Eduardo (2019): „Evangelical Missions a Major Threat to Amazon Culture, Catholic Leaders Say". https://cruxnow.com/church-in-the-americas/2019/09/evangelical-missions-a-major-threat-to-amazon-culture-catholic-leaders-say/, besucht am 3.9.2019.

Capriles, José M./Lombardo, Umberto/Maley, Blaine et al. (2019): „Persistent Early to Middle Holocene Tropical Foraging in Southwestern Amazonia". In: *Science Advances* 5(4), S. eaav5449.

Cauper Pinedo, Samuel (2018): „Estudio de plantas medicinales desde conocimientos shipibo. Masisea, Perú“. In: *Ciencia y Desarrollo* 21(2), S. 7.

Ceballos Betancur, Karin/Finger, Evelyn (2020): „Den Amazoniern droht ein Genozid“. Zeit Online. https://www.zeit.de/2020/22/indigene-voelker-coronavirus-amazonas-regenwald-latainamerika/komplettansicht, besucht am 6. 6. 2020.

Chakrabarty, Dipesh (2000): *Provincializing Europe. Postcolonial Thought and Historical Difference.* Princeton, N.J.: Princeton University Press.

Chambouleyron, Rafael/Barbosa, Benedito Costa/Bombardi, Fernanda Aires et al. (2011): „‚Formidable Contagion‘: Epidemics, Work and Recruitment in Colonial Amazonia (1660 – 1750)“. In: *História, Ciências, Saúde-Manguinhos* 18(4), S. 987 – 1004.

Clement, Charles R./Denevan, William M./Heckenberger, Michael J. et al. (2015): „The Domestication of Amazonia before European Conquest“. In: *Proceedings of the Royal Society B: Biological Sciences* 282(1812), S. 20150813.

Colmán Gutiérrez, Andrés (2020): „Pueblos indígenas se aíslan y acuden a la medicina ancestral ante la pandemia“. International Center for Journalists. https://ijnet.org/en/node/8258?fbclid=IwAR0GRT0t0fTKbuejfHmrd6yLA629Zm7lr01piIMMddRCKZEMkNM0Tre5FYQ, besucht am 19. 6. 2020.

Cook, Noble David (1998): *Born to Die. Disease and New World Conquest, 1492 – 1650.* Cambridge: Cambridge University Press.

Cressey, Daniel (2011): „Psychopharmacology in Crisis“. Nature. https://www.nature.com/news/2011/110614/full/news.2011.367.html, besucht am 6. 6. 2020.

Cruz, J. I./Nappo, S. A. (2018): „Is Ayahuasca an Option for the Treatment of Crack Cocaine Dependence?“. In: *J Psychoactive Drugs* 50(3), S. 247 – 255.

Dakic, Vanja/Maciel, Renata de Moraes/Drummond, Hannah et al. (2016): „Harmine Stimulates Proliferation of Human Neural Progenitors“. In: *PeerJ* 4, S. e2727.

Davis, Nicola (2020): „Ease Rules on Research into Psychedelic Drugs, Urges David Nutt“. https://www.theguardian.com/politics/2020/apr/02/ease-rules-on-use-of-psychedelic-drugs-in-research-urges-david-nutt, besucht am 20. 5. 2020.

De Souza, Jonas Gregorio/Alcaina Mateos, Jonas/Madella, Marco (2020): „Archaeological Expansions in Tropical South America during the late Holocene: Assessing the Role of Demic Diffusion“. In: *PLoS One* 15(4), S. e0232367.

De Souza, Jonas Gregorio/Robinson, Mark/Maezumi, S. Yoshi et al. (2019): „Climate Change and Cultural Resilience in Late Pre-Columbian Amazonia“. In: *Nature Ecology & Evolution* 3(7), S. 1007 – 1017.

De Souza, Jonas Gregorio/Schaan, Denise Pahl/Robinson, Mark et al. (2018): „Pre-Columbian Earth-builders Settled along the Entire Southern Rim of the Amazon“. In: *Nature Communications* 9(1), S. 1125.

Desmarchelier, C./Gurni, A./Ciccia, G. et al. (1996): „Ritual and Medicinal Plants of the Ese'ejas of the Amazonian Rainforest (Madre de Dios, Perú)“. In: *Journal of Ethnopharmacology* 52(1), S. 45 – 51.

Dos Santos, R. G./Bouso, J. C. (2019): „Translational Evidence for Ayahuasca as an Antidepressant: What's Next?“. In: *Braz J Psychiatry* 41(4), S. 275 – 276.

dos Santos, Rafael G./Osório, Flávia L./Crippa, José Alexandre S. et al. (2016): „Antidepressive, Anxiolytic, and Antiaddictive Effects of Ayahuasca, Psilocybin and

Lysergic Acid Diethylamide (LSD): A Systematic Review of Clinical Trials Published in the Last 25 Years“. In: *Therapeutic Advances in Psychopharmacology* 6(3), S. 193–213.
dos Santos, Rafael Guimarães/Hallak, Jaime Eduardo Cecilio (2020): „Therapeutic Use of Serotoninergic Hallucinogens: A Review of the Evidence and of the Biological and Psychological Mechanisms“. In: *Neuroscience & Biobehavioral Reviews* 108, S. 423–434.
Drake, A./Oxenham, M. (2013): „Disease, Climate and the Peopling of the Americas“. In: *Historical Biology* 25(5–6), S. 565–597.
Erickson, Clark L. (2008): „Amazonia: The Historical Ecology of a Domesticated Landscape“. In: Helaine Silverman/William H. Isbell (Hrsg.): *The Handbook of South American Archaeology*. New York, NY: Springer, S. 157–183.
Fatheuer, Thomas (2019): *Amazonien heute. Eine Region zwischen Entwicklung, Zerstörung und Klimaschutz*. Berlin: Heinrich-Böll-Stiftung, https://www.boell.de/sites/default/files/amazonien_heute_kommentierbar.pdf, besucht am 05.05.2020.
Fibiger, H. Christian (2012): „Psychiatry, The Pharmaceutical Industry, and The Road to Better Therapeutics“. In: *Schizophrenia Bulletin* 38(4), S. 649–650.
Fischer, Lars (2020): „Amazonas-Waldbrände: Doppel-Krise durch Covid-19 und Feuer“. https://www.spektrum.de/news/doppel-krise-durch-covid-19-und-feuer/1743176, besucht am 10.6.2020.
Fotiou, Evgenia (2014): „On the Uneasiness of Tourism“. In: Beatriz Caiuby Labate/Clancy Cavnar (Hrsg.): *Ayahuasca Shamanism. In the Amazon and Beyond*. Oxford: Oxford University Press, S. 159–181.
Fotiou, Evgenia (2016): „The Globalization of Ayahuasca Shamanism and the Erasure of Indigenous Shamanism“. In: *Anthropology of Consciousness* 27(2), S. 151–179.
Frankel, Paul S./Cunningham, Kathryn A. (2002): „The Hallucinogen d-Lysergic Acid Diethylamide (d-LSD) Induces the Immediate-early Gene c-Fos in Rat Forebrain“. In: *Brain Research* 958(2), S. 251–260.
Frecska, E./Bokor, P./Winkelman, M. (2016): „The Therapeutic Potentials of Ayahuasca: Possible Effects against Various Diseases of Civilization“. In: *Front Pharmacol* 7, S. 35.
Gewirtz, Jonathan C./Chen, Andrew C./Terwilliger, Rose et al. (2002): „Modulation of DOI-induced Increases in Cortical BDNF Expression by Group II mGlu Receptors“. In: *Pharmacology Biochemistry and Behavior* 73(2), S. 317–326.
Gicklhorn, Renée (1961): „Der erste wissenschaftliche Bericht über das Curare“. In: *Beiträge zur Geschichte der Pharmazie* 13(1), S. 4–5.
González-Maeso, Javier/Weisstaub, Noelia V./Zhou, Mingming et al. (2007): „Hallucinogens Recruit Specific Cortical 5-HT2 A Receptor-Mediated Signaling Pathways to Affect Behavior“. In: *Neuron* 53(3), S. 439–452.
Habekuß, Fritz (2019): „Andrea Wulf: ‚Er wäre ziemlich geschockt‘“. https://www.zeit.de/2019/09/andrea-wulf-kunsthistorikerin-alexander-von-humboldt-naturforscher, besucht am 5.5.2020.
Hamill, Jonathan/Hallak, Jaime/Dursun, Serdar M. et al. (2019): „Ayahuasca: Psychological and Physiologic Effects, Pharmacology and Potential Uses in Addiction and Mental Illness“. In: *Current Neuropharmacology* 17(2), S. 108–128.
Harris, Mark (2017): „Revisiting First Contacts on the Amazon 1500–1562“. In: *Tempo* 23(3), S. 509–527.

Heckenberger, Michael J. (2010): „Amazoniens Tropenwälder – Eine alte Kulturlandschaft?“. https://www.spektrum.de/magazin/amazoniens-tropenwaelder-eine-alte-kulturlandschaft/1017407, besucht am 2.5.2020.

Hein, Wolfgang-Hagen (1981): „Zum Curarebericht des Jesuitenpaters Franz Xaver Veigl“. In: *Beiträge zur Geschichte der Pharmazie* 31(11), S. 81–84.

Hermenegildo, Tiago/O'Connell, Tamsin C./Guapindaia, Vera L. C. et al. (2017): „New Evidence for Subsistence Strategies of Late Pre-colonial Societies of the Mouth of the Amazon Based on Carbon and Nitrogen Isotopic Data“. In: *Quaternary International* 448, S. 139–149.

Hesselink, Jan M. Keppel/Winkelman, Michael (2019): „Vaccination with Kambo Against Bad Influences: Processes of Symbolic Healing and Ecotherapy“. In: *The Journal of Transpersonal Psychology* 51(1), S. 28–49.

ICEERS (2020): „The Role of Traditional Medicines in Global Mental Health“. International Center for Ethnobotanical Education, Research, and Service. https://www.iceers.org/the-role-of-traditional-medicines-in-global-mental-health/?fbclid=IwAR33ImbPRYrXQqLdjuXYwEitJTyOc7r4WQM0PeREgeVyXeh2UKvvOkI5rRE, besucht am 2.5.2020.

Illius, Bruno (1988): „Die ‚Große Boa‘. Kunst und Kosmologie der Shipibo-Conibo“. In: Mark Münzel (Hrsg.): *Die Mythen Sehen. Bilder und Zeichen vom Amazonas.* Frankfurt am Main: Museum für Völkerkunde, S. 705–728.

Institute of Social & Cultural Anthropology, University of Oxford (2020): „Amazonian Anthropology“. University of Oxford. https://www.isca.ox.ac.uk/amazonian-anthropology, besucht am 2.5.2020.

Ioannidis, Alexander G./Blanco-Portillo, Javier/Sandoval, Karla et al. (2020): „Native American Gene Flow into Polynesia Predating Easter Island Settlement“. In: *Nature*, S. 2–6.

Jauregui, X./Clavo, Z. M./Jovel, E. M. et al. (2011): „‚Plantas con madre‘: Plants that Teach and Guide in the Shamanic Initiation Process in the East-Central Peruvian Amazon“. In: *Journal of Ethnopharmacology* 134(3), S. 739–752.

Levis, Carolina/Flores, Bernardo M./Moreira, Priscila A. et al. (2018): „How People Domesticated Amazonian Forests“. In: *Frontiers in Ecology and Evolution* 5, S. 1–21.

Lombardo, Umberto/Iriarte, José/Hilbert, Lautaro et al. (2020): „Early Holocene Crop Cultivation and Landscape Modification in Amazonia“. In: *Nature* 581(7807), S. 190–193.

Ly, Calvin/Greb, Alexandra C./Cameron, Lindsay P. et al. (2018): „Psychedelics Promote Structural and Functional Neural Plasticity“. In: *Cell Reports* 23(11), S. 3170–3182.

Majić, Tomislav/Sauter, Meike/Bermpohl, Felix et al. (2021): „Connected to the Spirit of the Frog: An Internet-based Survey on Kambô, the Secretion of the Amazonian Giant Maki Frog (*Phyllomedusa bicolor*): Motivations for Use, Settings and Subjective Experiences“. In: *Journal of Psychopharmacology* 35(4), S. 421–436.

Markham, Clements R. (2010 [1859]): „The Voyage of Francisco De Orellana“. In: Clements R. Markham (Hrsg.): *Expeditions into the Valley of the Amazons, 1539, 1540, 1639.* Cambridge: Cambridge University Press, S. 21–40.

Micheletti, Silvia (2014): *Experimentalisierung und internationale Kommunikationen: Der Fall Curare.* Stuttgart: Deutscher Apotheker Verlag.

Miller, Melanie J./Albarracin-Jordan, Juan/Moore, Christine et al. (2019): „Chemical Evidence for the Use of Multiple Psychotropic Plants in a 1,000-Year-old Ritual Bundle from South America“. In: *Proceedings of the National Academy of Sciences* 116(23), S. 11207–11212.

Miller, Theresa L. (2014): „Valuing Varietal Diversity: Indigenous Canela Horticulture in Northeast Brazil". In: *Society, Biology & Human Affairs* 78, S. 62 – 82.

Morales-García, Jose A./Calleja-Conde, Javier/Lopez-Moreno, Jose A. et al. (2020): „N,N-dimethyltryptamine Compound found in the Hallucinogenic Tea Ayahuasca, Regulates Adult Neurogenesis in vitro and in vivo". In: *Translational Psychiatry* 10(1), S. 1 – 14.

Morales-García, Jose A./De la Fuente Revenga, Mario/Alonso-Gil, Sandra et al. (2017): „The Alkaloids of Banisteriopsis Caapi, the Plant Source of the Amazonian Hallucinogen Ayahuasca, Stimulate Adult Neurogenesis in vitro". In: *Scientific Reports* 7(1), S. 5309.

Murphy-Beiner, A./Soar, K. (2020): „Ayahuasca's ‚Afterglow': Improved Mindfulness and Cognitive Flexibility in Ayahuasca Drinkers". In: *Psychopharmacology (Berl)* 237(4), S. 1161 – 1169.

Muttoni, Silvia/Ardissino, Maddalena/John, Christopher (2019): „Classical Psychedelics for the Treatment of Depression and Anxiety: A Systematic Review". In: *Journal of Affective Disorders* 258, S. 11 – 24.

Nepstad, Daniel C./Stickler, Claudia M./Filho, Britaldo Soares et al. (2008): „Interactions among Amazon Land Use, Forests and Climate: Prospects for a Near-term Forest Tipping Point". In: *Philosophical Transactions of the Royal Society B: Biological Sciences* 363(1498), S. 1737 – 1746.

Nunes, Amanda A./dos Santos, Rafael G./Osório, Flávia L. et al. (2016): „Effects of Ayahuasca and Its Alkaloids on Drug Dependence: A Systematic Literature Review of Quantitative Studies in Animals and Humans". In: *Journal of Psychoactive Drugs* 48(3), S. 195 – 205.

Odonne, Guillaume/Bel, Martijn/Burst, Maxime et al. (2019): „Long-term Influence of Early Human Occupations on Current Forests of the Guiana Shield". In: *Ecology* 100(10), S. e02806.

Oliveira, Edmar Almeida/Marimon-Junior, Ben Hur/Marimon, Beatriz Schwantes et al. (2020): „Legacy of Amazonian Dark Earth Soils on Forest Structure and Species Composition". In: *Global Ecology and Biogeography*, S. 1 – 16.

Oliver, José R. (2008): „The Archaeology of Agriculture in Ancient Amazonia". In: Helaine Silverman/William H. Isbell (Hrsg.): *The Handbook of South American Archaeology*. New York, NY: Springer, S. 185 – 216.

Palhano-Fontes, Fernanda/Barreto, Dayanna/Onias, Heloisa et al. (2018): „Rapid Antidepressant Effects of the Psychedelic Ayahuasca in Treatment-resistant Depression: A Randomized Placebo-controlled Trial". In: *Psychological Medicine* 49(4), S. 655 – 663.

Papst Franziskus (2020): *Querida Amazonia*. http://www.vatican.va/content/francesco/de/apost_exhortations/documents/papa-francesco_esortazione-ap_20200202_querida-amazonia.html Pressemitteilung vom 02. 02. 2020.

Pärssinen, Martti/Ferreira, Evandro/Virtanen, Pirjo Kristiina et al. (2020): „Domestication in Motion: Macrofossils of Pre-Colonial Brazilian Nuts, Palms and Other Amazonian Planted Tree Species Found in the Upper Purus". In: *Environmental Archaeology* 26(3), S. 309 – 322.

Pigott, Ed (2017): „The Crisis in Psychopharmacology Provides an Opportunity for Neuroregulation Treatments to Gain Widespread Acceptance". In: *NeuroRegulation* 4(1), S. 28 – 36.

Posth, Cosimo/Nakatsuka, Nathan/Lazaridis, Iosif et al. (2018): „Reconstructing the Deep Population History of Central and South America". In: *Cell* 175(5), S. 1185 – 1197.e1122.

Pringle, Heather (2014): „Members of Previously Uncontacted Tribe Infected with Flu“. https://www.sciencemag.org/news/2014/07/members-previously-uncontacted-tribe-infected-flu#, besucht am 2.5.2020.
Quijano, Anibal (2002): „Colonialidad del Poder, eurocentrismo y America Latina“. In: Edgardo Lander (Hrsg.): *La Colonialidad del saber: eurocentrismo y ciencias sociales. Perspectivas latinoamericanas.* Buenos Aires: CLACSO, S. 201–246.
Rajão, Raoni/Soares-Filho, Britaldo/Nunes, Felipe et al. (2020): „The Rotten Apples of Brazil's Agribusiness“. In: *Science* 369(6501), S. 246.
Rattay, Brigitta (2001): „Susto und Curanderismo – ein holistisches und anpassungsfähiges Medizinmodell“. In: *Curare. Zeitschrift für Ethnomedizin und Transkulturelle Psychiatrie* 24(1), S. 65–80.
Renelli, Marika/Fletcher, Jenna/Loizaga-Velder, Anja et al. (2018): „Ayahuasca and the Healing of Eating Disorders“. In: Hillary L. McBride/Janelle L. Kwee (Hrsg.): *Embodiment and Eating Disorders. Theory, Research, Prevention and Treatment.* New York: Routledge, S. 214–230.
Renelli, Marika/Fletcher, Jenna/Tupper, Kenneth W. et al. (2018): „An Exploratory Study of Experiences with Conventional Eating Disorder Treatment and Ceremonial Ayahuasca for the Healing of Eating Disorders“. In: *Eating and Weight Disorders – Studies on Anorexia, Bulimia and Obesity* 25(2), S. 437–444.
Ríos, Oscar (1962): „Aspectos preliminares al estudio fármaco-psiquiátrico del Ayahuasca y su principio activo“. In: *Anales de la Facultad de Medicina* 45(1–2), S. 22–66.
Rival, Laura (2005): „Introduction: What Constitutes a Human Body in Native Amazonia?“. In: *Tipití: Journal of the Society for the Anthropology of Lowland South America* 3(2), S. 105–110.
Roosevelt, Anna C. (2013): „The Amazon and the Anthropocene: 13,000 Years of Human Influence in a Tropical Rainforest“. In: *Anthropocene* 4, S. 69–87.
Rostain, Stéphen (2008): „Agricultural Earthworks on the French Guiana Coast“. In: Helaine Silverman/William H. Isbell (Hrsg.): *The Handbook of South American Archaeology.* New York, NY: Springer, S. 217–233.
Salak, Kira (2006): „Hell and Back“. In: *National Geographic Adventure* 8(2), S. 54–64.
Sanches, Rafael Faria/De Lima Osório, Flávia/Dos Santos, Rafael G. et al. (2016): „Antidepressant Effects of a Single Dose of Ayahuasca in Patients with Recurrent Depression“. In: *Journal of Clinical Psychopharmacology* 36(1), S. 77–81.
Sánchez, Constanza/Bouso, Carlos (2015): „Ayahuasca: From the Amazon to the Global Village. An Analysis of the Challenges Associated with the Globalisation of Ayahuasca“. Amsterdam: Transnational Institute.
Sasmita, Andrew Octavian/Kuruvilla, Joshua/Ling, Anna Pick Kiong (2018): „Harnessing Neuroplasticity: Modern Approaches and Clinical Future“. In: *International Journal of Neuroscience* 128(11), S. 1061–1077.
Schenberg, Eduardo Ekman (2018): „Psychedelic-Assisted Psychotherapy: A Paradigm Shift in Psychiatric Research and Development“. In: *Frontiers in Pharmacology* 9, S. 733.
Schmidt, Timo Torsten/Reiche, Simon/Hage, Caroline L. C. et al. (2020): „Acute and subacute psychoactive effects of Kambô, the secretion of the Amazonian Giant Maki Frog (Phyllomedusa bicolor): retrospective reports“. In: *Scientific Reports* 10(1), S. 1–11.

Schmitt, Anton (1952): „Intubationsnarkose und Curareanwendung in der modernen Anästhesie". In: Karl Heinricht Bauer/Alfred Brunner (Hrsg.): *Ergebnisse der Chirurgie und Orthopädie*. Berlin & Heidelberg: Springer, S. 436–500.

Sharma, Hari Shanker (2012): „Preface". In: *International Review of Neurobiology* 102, S. xv-xx.

Simão, Ana Y./Gonçalves, Joana/Duarte, Ana Paula et al. (2019): „Toxicological Aspects and Determination of the Main Components of Ayahuasca: A Critical Review". In: *Medicines (Basel)* 6(4), S. 106.

Skoglund, Pontus/Mallick, Swapan/Bortolini, Maria Cátira et al. (2015): „Genetic Evidence for Two Founding Populations of the Americas". In: *Nature* 525(7567), S. 104–108.

Smith, Gwenn E. (2013): „Introduction". In: *Intersections: Canadian Journal of Music* 33(2), S. 3.

Spektrum.de (2020): „Rekordabholzung im Schatten der Coronakrise". https://www.spektrum.de/news/rekordabholzung-im-schatten-der-coronakrise/1722314, besucht am 2.5.2020.

Spiegel.de (2020): „Offener Brief an Bolsonaro. Stars fordern Schutz für Brasiliens Ureinwohner". https://www.spiegel.de/panorama/leute/brad-pitt-madonna-und-paul-mccartney-stars-fordern-schutz-vor-coronavirus-fuer-ureinwohner-brasiliens-a-9a2f2687-5a06-4c0c-abb1-70fba52b39e5, besucht am 5.5.2020.

Stuart, R. (2002): „Ayahuasca Tourism: A Cautionary Tale". In: *Newsletter of the Multidisciplinary Association for Psychedelic Studies MAPS* 12(2), S. 36–38.

Ter Steege, Hans/Vaessen, Rens W./Cárdenas-López, Dairon et al. (2016): „The Discovery of the Amazonian Tree Flora with an Updated Checklist of All Known Tree Taxa". In: *Scientific Reports* 6(1), S. 29549.

The Shipibo Conibo Center of New York (2018): „In the Declaration of Yarinacocha, Shipibo Healers Organize To Resist Spiritual Extractivism". https://realitysandwich.com/323245/in-the-declaration-of-yarinacocha-shipibo-healers-organize-to-resist-spiritual-extractivism/?fbclid=IwAR3Q2HxDpw1EubbCBsXQaJ-VflDbOjrgxVerFoGRBtjzfsrI3cjYtjeC67 g, besucht am 5.5.2020.

Tournon, Jacques/Reátegui, U. (1984): „Investigaciones sobre las plantas medicinales de los Shipibo-Conibo del Ucayali". In: *Amazonía Peruana* 5(10), S. 91–118.

Tournon, Jacques/Silva, Milton (1988): „Plantas para cambiar el comportamiento humano entre los shipibo-conibo". In: *Anthropologica Del Departamento De Ciencias Sociales* 6(6), S. 161–176.

UNESCO (2018): „Chiribiquete National Park – ‚The Maloca of the Jaguar'". https://whc.unesco.org/en/list/1174/, besucht am 5.5.2020.

Valdez, Francisco (2003): *Primeras sociedades de la alta Amazonia: La cultura Mayo Chinchipe-Marañón*. Marseille: IRD Éditions.

Viveiros de Castro, Eduardo (1998): „Cosmological Deixis and Amerindian Perspectivism". In: *The Journal of the Royal Anthropological Institute* 4(3), S. 469–488.

Viveiros de Castro, Eduardo (2012): „Cosmological Perspectivism in Amazonia and Elsewhere. Four Lectures Given in the Department of Social Anthropology, University of Cambridge, February–March 1998". In: *HAU Masterclass Series* 1, S. 45–82.

Watling, Jennifer/Iriarte, José/Mayle, Francis E. et al. (2017): „Impact of Pre-Columbian ‚Geoglyph' Builders on Amazonian Forests". In: *Proceedings of the National Academy of Sciences* 114(8), S. 1868–1873.

WHO (2020): „Traditional, Complementary and Integrative Medicine". https://www.who.int/health-topics/traditional-complementary-and-integrative-medicine#tab=tab_1, besucht am 5.5.2020.

Wingard, John D./Hayes, Sue Eileen (2013): *Soils, Climate and Society: Archaeological Investigations in Ancient America.* Boulder: University of Colorado Press.

Wolff, Tom John (2019): „Ayahuasca-Tourismus in Südamerika". In: Robert Feustel/Henning Schmidt-Semisch/Ulrich Bröckling (Hrsg.): *Handbuch Drogen in sozial- und kulturwissenschaftlicher Perspektive.* Wiesbaden: Springer VS, S. 555–575.

Wolff, Tom John (2020): *The Touristic Use of Ayahuasca in Peru. Expectations, Experiences, Meanings and Subjective Effects.* Wiesbaden: Springer VS.

Wolff, Tom John/Ruffell, Simon/Netzband, Nigel et al. (2019): „A Phenomenology of Subjectively Relevant Experiences Induced by Ayahuasca in Upper Amazon Vegetalismo Tourism". In: *Journal of Psychedelic Studies* 3(3), S. 295–307.

World Health Organization (2013): *WHO Traditional Medicine Strategy: 2014–2023.* Geneva: World Health Organization.

World Wide Fund For Nature (2020): „Inside the Amazon". https://wwf.panda.org/knowledge_hub/where_we_work/amazon/about_the_amazon/, besucht am 5.5.2020.

Zarrillo, Sonia/Gaikwad, Nilesh/Lanaud, Claire et al. (2018): „The Use and Domestication of Theobroma Cacao during the Mid-Holocene in the Upper Amazon". In: *Nature Ecology & Evolution* 2(12), S. 1879–1888.

Ohle Wrogemann

Bewegungskultur als elementarer Baustein sozialer und individueller Gesundheit: Was können wir von den Aboriginal People Australiens lernen?

Abstract: A Movement Culture as an Elementary Component of Social and Individual Health: What Can We Learn from the Aboriginal People of Australia? The Aboriginal People's traditional movement culture is part of the oldest health concept known to man. What can we still save and take on for our society today?

Die indigenen Völker Australiens hatten keinen Begriff für „krank". Gesundheit bezieht sich bei ihnen nicht auf das Wohlbefinden des Einzelnen, sondern auf die ganze Familie und den Stamm. Körper, Geist und die sozialen Beziehungen unterliegen ihrer Vorstellung nach einer steten Dynamik zwischen Leben und Tod (Wrogemann 2000a, S. 11). Doch ein langer Prozess gewaltsamer Umbrüche hat heute die älteste Bewegungs- und Medizinkultur der Menschheit fast restlos ausgelöscht. Die australischen Ureinwohner selbst verfügten über keine Schrift. Wissen und Werte wurden mündlich oder in Form von Kunst, Gesängen und ihrer traditionellen Bewegungskultur von Generation zu Generation weitergegeben. Roth (Roth 1897, S. 152–166) dokumentiert seine teilnehmenden Beobachtungen zu *Disease, Accident, Death, Canibalism* in seinen ethnologischen Studien von Aboriginals in North-West-Central Queensland und gibt dabei auch Hinweise auf die Bewegungskultur. Diese Erfahrungen sind leider heute in vergleichbarer Weise nicht mehr möglich und größtenteils nur noch aus der historischen Literatur zu interpretieren. Wenige Australier befassen sich mit diesem Thema. Eine Ausnahme ist der Sportpädagoge Ken Edwards, der sich mit seiner Veröffentlichung *Choopadoo: Games from the Dreamtime* (Edwards 1999), der Thematik annahm und gemeinsam mit seinem Sohn Tim Edwards (Edwards & Edwards 2011) ein ganz eigenes pädagogisches Sportprogramm für die direkte praktische Umsetzung z. B. in Kindertagesstätten und Schulen entwickelte (Edwards 2009, 2012). Darüber hinaus sind es leider nur wenige Initiativen, die einzelne Aspekte indigener Gesundheitskonzepte (wenn auch modifiziert) bewahren helfen. So starteten Wissenschaftler 1986 ein Projekt zum Sammeln der Heilmethoden austra-

---

Ohle Wrogemann, Bundesarbeitsgemeinschaft für Haltungs- und Bewegungsförderung e.V. (BAG), Wiesbaden lischer Ureinwohner. Bereits damals wurde zurecht befürchtet, dass das jahrtausendealte Wissen australischer Heilpraktiken in den nächsten zehn Jahren verlorengehen könnte. Die Wissenschaftler reisten in entlegene Gebiete des Northern Territory und befragten die Stammesältesten zu den bis dato nur mündlich überlieferten Heilmethoden mit Hilfe pflanzlicher, tierischer und mineralischer Produkte (Blackburn 1988). Heutzutage erfährt die Busch-Medizin traditioneller Heiler, z. B. der *Ngangkari*, zunehmend Wertschätzung. So werden die Ngangkari durch eigene staatliche Gesetze, die ihre Qualifizierung und Anerkennung regeln, geschützt und gefördert. Sie führen eigenständig Behandlungen durch und stellen ihre kulturspezifischen Kompetenzen Aboriginal-Patienten zur Verfügung. Die Versorgung findet dabei in Einrichtungen des modernen australischen Gesundheitssystems statt. Die *A̱nangu Ngangkaṟi Tjutaku Aboriginal Corporation* (ANTAC) in South Australia stellt diesen Gesundheitsservice dabei auch Australiern europäischer Abstammung zur Verfügung (ANTAC 2020). Andere traditionelle Heiler tragen in ihrer Bezeichnung meist einen regionalen Bezug, etwa „maban man“ und „jamandji doctor“. Sie sind mit Schamanen anderer Naturvölker vergleichbar, da sie auch spirituelles Wissen anwenden und soziale Konflikte regeln (Burnum 1988).

Doch weshalb spielt gerade die Bewegungskultur eine so wichtige Rolle im Leben des Einzelnen und für die Gesellschaft im Allgemeinen? Basierend auf der primären Sozialisation, in der sich – meist in der Familie – Persönlichkeitsmerkmale wie Sprache, Denken, Wissen und Emotionen ausbilden, lernt der Mensch in der sekundären Sozialisation durch die ihn umgebende Gesellschaft ein neues Rollenverhalten, mit dem er sich in die Kultur seiner Heimat einfügt. Salter (Salter 1967) machte in der einschlägigen Literatur 94 hierfür relevante Spiele und Freizeitaktivitäten ausfindig und konnte sie fünf Hauptkategorien zuordnen: ökonomische, politische und häusliche Aktivitäten, zeremonielle Identifikation und soziale Interaktion. Auf spielerische Weise werden somit Rollenverhalten und kulturelle Werte eingeübt, die für das Funktionieren einer Gesellschaft von essentieller Wichtigkeit sind. Dementsprechend sind auch die traditionellen Bewegungsspiele australischer Ureinwohner elementare und integrative, identitätsstiftende Bestandteile ihrer jeweiligen Stammeskultur (Wrogemann 1989). Heutzutage spielen soziale Einrichtungen wie Kindertagesstätten, Schulen und Sportvereine eine bedeutende Rolle in der sekundären Sozialisation von Heranwachsenden. Sport ist das Schulfach, in dem auch in Australien bildungsbenachteiligte Gesellschaftsgruppen, wie z. B. Aboriginal-Kinder, oft erfolgreicher sind als in kognitiven Unterrichtsfächern. Gerade deshalb hat der Sportunterricht einen besonderen pädagogischen Wert und er bietet eine ausgezeichnete Chance, bildungsbenachteiligte Kinder zu erreichen und zu ermutigen.

Die Bewegungskultur der Aboriginals als Teil ihres traditionellen Gesundheitskonzepts hat es bis auf wenige Referenzen nicht in die moderne australische Gesellschaft geschafft. Gründe dafür sind nicht nur die größere Attraktion des Sports europäischer Prägung und eine Politik der Akkulturation, sondern auch die fehlende Möglichkeit, auf eine Dokumentation zurückgreifen zu können, da der traditionellen Kultur eine eigene Schrift fehlt. Ein Großteil des Wissens über die traditionelle Bewegungskultur stammt von Aufzeichnungen aus europäischer Perspektive und von Sportwissenschaftlern, die nur vergleichsweise wenige Zeitzeugen befragen konnten. Heute gibt es jedoch zunehmend erstarkende politische Interessenvertretungen, die versuchen, sich gegenüber einer akkulturierenden Bildungspolitik durchzusetzen. Um die Verwobenheit der Bewegungskultur mit den gesamtgesellschaftlichen Entwicklungen besser nachvollziehen zu können, soll hier zunächst eine kurze Zusammenfassung der Lebensumstände australischer Ureinwohner erfolgen.

Abb. 1: Keine Chance für traditionelle Spiele: Mit Leichtigkeit und Spaß springen die Kinder auf ihrem Schulhof in Oenpelli im Arnhemland (Northern Territory) auf dem Trampolin, einem unglaublich attraktiven Gerät der dominierenden Bewegungskultur „Sport“. Foto: Ohle Wrogemann

1 Von der Kolonialisierung zum neuen Selbstverständnis

Der Begriff „Aborigines" gilt in Australien aufgrund seiner kolonialen Vergangenheit heute als diskriminierend. *Aboriginal People* oder *Black Fellas*, so bezeichnen sie sich selbst, zählten je nach Quelle bis zu 700 Stämme, die auch als Clans bezeichnet werden. Es existierten rund 200 bis 300 Sprachen mit etlichen Dialekten. Immer mehr der indigenen Sprachen sterben aus, weniger als 20 werden noch gelehrt. Mit jeder verloren gegangenen Sprache verschwindet auch das darin gespeicherte Wissen. Gleichzeitig entstehen auch neue Sprachen, wie Kriol im Norden von Queensland (Meakins 2014). Entsprechend ihrer Sprachzugehörigkeit und Heimatregion nennen sich die ersten Australier zum Beispiel *Koori* in Victoria und New South Wales, *Murri* in Queensland und im Nordwesten von New South Wales sowie *Yolngu* im North Arnhem Land im Northern Territory. Mit ihren Eigenbezeichnungen drücken sie ihre Identifikation mit ihrer Ethnie und vor allem ihren Stolz darauf aus. Der australische Staat bezeichnet die Ureinwohner des Kontinents zusammenfassend als „Aboriginals". In diesem Begriff sind oft auch die Ureinwohner der *Torres Strait Islands* im Norden des Kontinents zwischen Queensland und Papua-Neuguinea miteingeschlossen.

Nach der britischen Eroberung des heute als Australien bezeichneten Kontinents ab 1788 wurden die indigenen Völker nach unserem heutigen Verständnis enteignet, von ihrem Land vertrieben und bis über die Mitte des 20. Jahrhunderts hinaus ermordet. Dennoch scheuen sich viele Autoren nach wie vor, den Begriff „Genozid" zu verwenden, da sie, ohne es zu leugnen, u. a. das moderne Australien nicht mit diesen Gräueltaten in Verbindung bringen wollen (Tatz 1999). Im 19. Jahrhundert wurden die Stämme in sogenannten Reservaten konzentriert und vermischt. In den ihnen zugewiesenen Gebieten waren sie weit entfernt und abgeschnitten von ihren angestammten Lebensräumen, ihrer Ernährung und sogar von Wasserquellen, so dass sie abhängig von Nahrungsmittellieferungen der Regierung wurden. In den Jahren von etwa 1905 bis 1970 wurden, gemäß behördlicher Anweisungen des Australischen Staates, der Bundesstaaten und der Kirchen, zehntausende Aboriginal-Kinder ihren Eltern gewaltsam entzogen, um sie in Heimen, Missionen und bei weißen Familien umzuerziehen. Heute kämpfen Menschenrechtsorganisationen wie z. B. die *Gesellschaft für bedrohte Völker* (GfbV) für die Anliegen australischer Ureinwohner. Derartige NGOs und vor allem auch die Indigenen selbst haben in den vergangenen Jahrzehnten für eine größere Anerkennung ihrer Kultur gesorgt. Der inzwischen enorm gestiegene Bevölkerungsanteil an Ureinwohnern in Australien ist dafür ein ausschlaggebendes Indiz: *Aboriginal People* haben aufgrund der politisch deutlich verbesserten Bedingungen ein neues Selbstbewusstsein erlangt, werden nicht mehr verleugnet und müssen sich auch selbst nicht mehr aus Scham verleugnen. Ihre Kultur ist Teil der Identität aller Australier geworden.

Aktuell leben insgesamt rund 25 Millionen Menschen in Australien. Die Bevölkerungszahl der Ureinwohner bei Ankunft der Eroberer wurde je nach Quelle auf zwischen 300.000 und 1 Million geschätzt. Im Jahr 1901 wurden sie auf rund 67.000 geschätzt und 1930 nur noch auf 50.000. Die Volkszählung 1991 ermittelte 265.000 Aboriginals und 2006 waren es 464.000. Heute leben rund 800.000 *Aboriginal People* und *Torres Strait Islander* in Australien – die Prognose ist steigend. Als Aboriginal wird eine Person definiert, die von Aboriginals oder Torres Strait Islanders abstammt, sich als Aboriginal identifiziert und von einer Gemeinschaft, wie einem Clan, als Aboriginal anerkannt wird. Damit hat ein anerkannter Aboriginal alle Rechte, als solcher von den Regierungsstellen behandelt zu werden. Berndt und Berndt (Berndt & Berndt 1986) unterscheiden „modern-traditional Aboriginals", die ein modifiziert traditionelles Leben zurückgezogen auf ihrem Land führen, und „modern-urban Aboriginals", die sich einem europäischen Lebensstil angepasst haben. Für die Einschätzung der Lebendigkeit der traditionellen Kultur ist diese Unterscheidung bedeutend: Im Jahr 1960 schätzte man die Zahl derer, die ein modifiziert-traditionelles Leben führen, auf rund 7.500.

2 Wenn die Lebensumstände nicht mehr zur Biologie passen

Die *Aboriginal People* leben (je nach Quelle) seit ca. 40.000 bis 60.000 Jahren in Australien. Doch es sind gerade die letzten 250 Jahre, die maßgeblich ihre traditionellen Lebensweisen und ihren Gesundheitszustand zerstört haben. Immer mehr Aboriginals wurden sesshaft. Mit dem Einsatz von Gewehren zur Jagd wurden die natürlichen Nahrungsquellen im Busch bis zum Mangel reduziert. Die Jäger und Sammler mussten in den oftmals unwirtlichen Reservaten schließlich immer weiter hinausziehen, um traditionelle Nahrungsmittel zu finden. Diese schafften dann oftmals nicht mehr den Weg zurück zu den Kindern und Älteren, die sich zunehmend mit für sie unnatürlichen Lebensmitteln wie Mehl, Zucker und Konservennahrung ernähren mussten. Als Folge der unausgewogenen, kohlenhydratreichen und eiweißarmen Ernährung sowie des Bewegungsmangels stieg die Zahl der Fälle von Diabetes, Adipositas, Hypertonie und weiteren degenerativen metabolischen und kardiovaskulären Erkrankungen dramatisch an. Neville White (White 1985) spricht von *biologischen Konsequenzen der Akkultu-*

ration, wobei Männer verhaltensbedingt eher darunter leiden als Frauen und Kinder. Denn während Männer sich an den Wochenenden in die Städte begeben, um beliebten australischen Freizeitbeschäftigungen (z. B. *Australian Rules Football*) nachzugehen und dort zu essen, verpflegen sich die Frauen und Kinder zuhause mit hochwertiger Nahrung, die sie im Busch sammeln. Der Gesundheitsstatus der Aboriginals entspricht dem der ärmsten Länder der Welt. Wie Grattan (Grattan 2020) berichtet, sind die Regierungsprogramme, die die Lücke zur Mehrheitsgesellschaft schließen sollen, mehrheitlich gescheitert. Die Maßnahmen hatten zum Ziel, u. a. die Kindersterblichkeit und die Lebenserwartung der Aboriginals, die 8 Jahre niedriger ist als die der Australier europäischer Abstammung, anzupassen. Macniven et al. (Macniven et al. 2019) analysieren Sportprogramme mit gesundheitlichen Zielsetzungen. Sie zeigen, dass die Programme zur Verbesserung des Bildungsniveaus, zum Aufbau von psychosozialen Ressourcen und zu kriminalpräventiven Maßnahmen Defizite aufweisen und nicht sehr erfolgreich sind.

Folglich assoziiert die australische Bevölkerung ihre Ureinwohner im Allgemeinen mit Krankheit, Drogen und Gewalt und stellt sie somit an den Rand der Gesellschaft. Armut, Ausgrenzung, Rassismen, interkulturelle Konflikte u. a. m. belasten die Clans, die Familien und den Einzelnen schwer. Die sogenannten Reports der australischen Regierung zur gesundheitlichen Lage der Aboriginals, die regelmäßig vom *Australian Institute of Health and Welfare* veröffentlicht werden, geben ein detaillierteres Bild über den Prozess. Zahlreiche Quellen dokumentieren die etwa doppelt so hohen Suizid-Raten von erwachsenen Aboriginals und Aboriginal-Kindern. Interventionsprogramme stehen hier vor großen Herausforderungen. Oft legen Medien in der Berichterstattung ihren Fokus nicht auf die wesentlichen Hintergründe, sondern auf Tragik und Schuldfrage. Manipulierte pseudo-wissenschaftliche Studien leisten hierzu noch ihren Beitrag (Wrogemann 2000a, S. 14). Gleichzeitig wird die Selbstverwaltung der Aboriginals in ein schlechtes Licht gerückt. Abwertung erzeugt weitere Abwertung – so besteht auf beiden Seiten eine gruppenbezogene Menschenfeindlichkeit, die verschiedenste Formen von Diskriminierung zur Folge hat. Zum Schutz der indigenen Völker vor dem Coronavirus verkündet der australischen Premierminister Reiseeinschränkungen in ihre Gebiete (AFP 2020) und bekräftigt in einer Pressekonferenz nach einer Kabinettssitzung zur Gesundheit der indigenen Australier, diese partnerschaftlich mit ihnen gemeinsam verbessern zu wollen (The Prime Minister of Australia 2020).

3 Die traditionelle Bewegungskultur der australischen Ureinwohner

In der relativ kurzen Zeit seit der gewaltsamen Umsiedlung aus ihrer Heimat veränderte sich die traditionelle Bewegungskultur der australischen Ureinwohner radikal. Die Jäger und Sammler unter ihnen orientierten sich eher hin zu einer europäisch geprägten Bewegungskultur, die von den Traditionen und Werten unserer Leistungsgesellschaft beeinflusst ist. So dient der europäisch geprägte Sport als Medium zur Akkulturierung der Ureinwohnergesellschaft und unterstützt damit die Politik von Staat und Kirchen (Wrogemann 2000b, S. 304–311). Die traditionelle Bewegungskultur der Aboriginals war hingegen weniger an Wettbewerb und herausragenden Leistungen interessiert, sondern sie entwickelte sich im Sinne der Gemeinschaft: Fitness und Fair Play spielten eine große Rolle. Die Bedeutung einer gesundheitsorientierten Bewegungsförderung der Kinder war den australischen Ureinwohnern bewusst. Die Gemeinschaft forderte darüber hinaus zur Beteiligung aller auf. Zahlreiche Spiele wurden mit viel Spaß von Kindern und Erwachsenen gemeinsam gespielt (Edwards 1999, S. 2–3).

Die Bewegungskultur eines Aboriginal-Stammes steht prinzipiell in enger Beziehung zu der umgebenden Natur, d. h. seiner geographischen Lage und den dort herrschenden klimatischen Bedingungen. Aus Rohstoffen der Natur entwickelten sie ihre materiellen Kulturgüter, die sich auch in der Bewegungskultur wiederfinden, u. a., um den Umgang damit zu üben. Die Materialien der Bewegungskultur, etwa Waffen, erscheinen auf den ersten Blick einfach (Wrogemann 1989, S. 38–57). Sie sind jedoch Multifunktionsgeräte, die mit großem Geschick bis zur technischen Perfektion gefertigt werden und die nicht nur bei der Jagd auf Wild zum Einsatz kommen. Zu religiösen Zwecken, wie bei Ritualen der Initiation, sind sie oft mit Farben dekoriert. So werden sie heute auch als Souvenirs an Touristen verkauft. Als zweckdienliche Werkzeuge sind sie von schlichter Erscheinung. Der Speer ist beispielsweise in unterschiedlichsten Ausführungen überall in Australien zu finden. Er dient zum Jagen, Fischen, zur Selbstverteidigung, als Spielzeug und auch als Utensil zur Bestrafung. Speere werden mit unterschiedlichen Techniken geworfen. Sie werden bspw. vor dem Abwurf in Schwingung versetzt oder mit dem Ende in eine Speerschleuder – ein verlängerter Wurfarm, der häufig mit dem Wort Woomera bezeichnet wird – eingelegt, um damit einen kräftigeren Abwurf zu ermöglichen.

Auch die Woomera ist wiederum ein vielseitiges Werkzeug, das nicht überall in Australien zu finden ist. Es wird zum Feueranzünden durch Sägebewegungen auf weichem Holz benutzt, um Früchte von Bäumen zu holen, als Schale, Messer, Spaten, Schaufel und anderes mehr. Speerspiele von Jungen wurden auf dem ganzen Kontinent beobachtet. Als Ziele dienten dabei über den Boden gerollte Scheiben aus Rinde oder Büschel von Pflanzen, die an windigen Tagen davonwehen. Speerspiele wurden von Jungen und Männern als Mannschaftsspiele gespielt, die über Stunden andauerten. In Western Australia wurde das Speerspiel Malu genannt, was Känguru bedeutet. Dabei wurde eine ellipsenförmige Scheibe über den Boden gerollt, diese schien dann wie ein Känguru zu springen. Die Intention ist eindeutig – spielerisch werden motorische Fertigkeiten im Speerwerfen für die Jagd nach Nahrung erworben, doch auch für den Kampf bei ernsthaften Konflikten oder freundschaftlichen Turnieren. Gould (Gould 1970) beschreibt verschiedene Taktiken der Kriegsführung. Mit dem Speerwurf versuchte der Krieger, seinen Feind lediglich am Oberschenkel zu verletzen und so kampfunfähig zu machen. Gelegentlich kam es dabei aber doch auch zu Todesopfern. Ein Ngatatjara-Aboriginal in Western Australia berichtet von einer Taktik, bei der die Speere zwischen zwei Zehen eingeklemmt durch das Gras gezogen wurden, bis sich der Gegner auf eine gewisse Distanz genähert hatte.

Der Bumerang, bei uns als Sport- und Spielgerät bekannt, ist mehr als das Wurfinstrument, das in der Sprache der Dharuk-Aboriginals, die in der Gegend um Sydney ansässig waren, so bezeichnet wurde. Das Gerät wurde auch unter anderen Bezeichnungen, wie Kylie oder Kailee, geführt und hat verschiedenste Funktionen: Es dient zum Abschlagen von Gras, zum Ebnen von Flächen für Lager, Spiele und Zeremonien, zum Feuer entzünden sowie als Kochlöffel, Feuerschürer, Schaufel und Musikinstrument. Im Kampf wird der Bumerang in erster Linie als Schlag- und nicht als Wurfwaffe eingesetzt. Er ist in Australien, auch aufgrund der limitierten Handelswege zwischen den Stämmen, wenig verbreitet und variiert in Form und Größe. Im Westen von Queensland und in einigen Regionen von South Australia waren Bumerangs in einer Länge von bis zu zwei Metern in Gebrauch. Genaues Beobachten ihrer Natur und Umwelt sowie handwerkliches und künstlerisches Geschick bewegte Aboriginals im Süden von Viktoria zum Konstruieren von wiederkehrenden Bumerangs. Sie beobachteten, wie die Blätter eines Eukalyptusbaumes heruntersegelten und sich dabei drehten. Wenn ein Blatt gerade nach vorne geworfen wurde, machte es eine Kurve und kam zurück (McGivern 1972, S. 113).

Ihr Wissen bezogen die australischen Ureinwohner aus dem genauen Analysieren der physikalischen Bewegungen ihrer Umwelt, des Verhaltens von Tieren und der Eigenschaften von Pflanzen. Sie nutzten außerdem Wind und Thermik, Wasser und Strömung sowie unzählige weitere physikalische Zusammenhänge. Mit Wasser und dem Ozean waren die Aboriginals schon seit zehntausenden von Jahren vertraut, als sie mit Kanus aus Südostasien den Kontinent erreichten. Die meisten Ureinwohner lebten in der Nähe von lebensnotwendigem Süßwasser. Natürlich dienten die Gewässer auch als Nahrungsquelle, so schwammen, tauchten und fuhren sie darauf zum Jagen, Fischen und Sammeln ihrer Lebensmittel. Salter (Salter 1967, S. 173) beschreibt, wie Aboriginals Wasserschildkröten im Meer jagen. Sie klammern sich am Panzer fest und tauchen mit der Schildkröte in die Tiefe, um sie zu töten. Dabei bleiben sie geschätzte ein bis zwei Minuten unter Wasser. Mit Intelligenz und motorischen Fertigkeiten entwickelten sie Verhaltensweisen und auch Spiele für Kinder, die sensibilisieren und vor Gefahren schützen sollen. Im und um das Wasser sind das z. B. Brandung, Strömungen, Strudel, Tiefen, Krokodile und Haie. Spiele (Roth 1984 [1902], S. 10), wie das Fangenspiel „Haifisch", werden von kleinen Kindern gespielt. Ein Mädchen oder ein Junge imitiert dabei die Bewegung eines Haies und versucht, die Spielkameraden im Wasser zu fangen. Das „Krokodilspiel" ist am Princess Charlotte Bay beliebt. Hier tauchen die Kinder eine Strecke und lassen dabei Luftblasen, wie es ein Krokodil tut, nach oben steigen. Bei anderen Wasserspielen wird nach Gegenständen getaucht, von Felsen und Bäumen hineingesprungen, an glitschigen Böschungen hineingerutscht und auf kleinen Kanus aus Rinde gepaddelt. Die Nulakun-Aboriginals im Northern Territory hielten mit ihren Kindern einen formellen Schwimmunterricht ab, um ihnen die Nahrungssuche unter Wasser beizubringen (Moncrieff 1966, S. 9). Nach einem Badeunfall wurden alte Frauen beobachtet, wie sie jemanden mit einer Mund-zu-Nase-Methode wiederbelebten. Sie saugten an der Nase, und pressten und rollten den Körper, um das Wasser herauszubekommen (Salter 1967, S. 173). Die Mythologie der Aboriginals, unter den Stichworten Dreamtime oder Dreaming bekannt, nimmt u. a. auch Bezug auf Gefahren im Wasser. Die Aboriginals sprechen Tabus durch religiöse Regeln aus, wie das Verbot einen Wasserfall nicht als Spielplatz zu nutzen. So sind bspw. Wasserlöcher heilig und nicht zu betreten, weil das Wasser als Trinkwasser genutzt wird und durch das Plantschen der Kinder verunreinigt werden könnte (Wrogemann 1989, S. 62).

Ein weiteres prägendes Element sind größere Kulturfeste der australischen Ureinwohner, die sogenannten Corroborees. Die Anlässe können verschieden sein: religiöse Initiationen, Hochzeiten und Trauerfeiern. Sie können für Frauen, Männer und Kinder getrennt sein, können gemeinsam mit anderen Stämmen der Pflege ihrer Nachbarschaft dienen, sind teils geheim oder offen für alle, wenn die Unterhaltung im Vordergrund steht. Bei Corroborees mit Musik, Tanz und Pantomime, die über mehrere Tage gehen können, nehmen viele Hundert Personen teil, wobei es keine strikte Trennung zwischen Akteuren und Zuschauern gibt. Da die Aboriginals über keine Schrift verfügen, dienen die Events außerdem dem Informationsaustausch. Lieder und Tänze vermitteln Regeln und Verhaltensweisen. Es werden Artikel gehandelt, Spiele und Bewegungsformen vermittelt. Auch heute noch werden Corroborees gefeiert: z. B. Sports Carnivals wie in Barunga und Aboriginal Olympics in Yuendumu. Auf dem Programm stehen dabei neben Musik und Tanz versportete Wettkämpfe in traditionellen Bewegungsformen: Speerzielwurf auf eine Känguruattrappe, Demonstrationen und Meisterschaften im Feuermachen sowie *Australian Rules Football* und Volleyball. Doch über allem steht das soziale Miteinander. Die Besucher kommen von weither und benötigen oft Tage für die Anreise. In der traditionellen Ureinwohnergesellschaft hatte das Gewinnen und Verlieren anders als bei unserem Sport oft keine Bedeutung. Die aus unserer Sicht Besseren zeigten eher demütiges Verhalten und beschenkten beispielsweise die schlechteren Mitspieler mit einer schönen Feder. In unserem Sinne von schneller – höher – weiter wurde nicht gezählt oder gemessen, es sind Kriterien unserer europäisch geprägten Bewegungskultur. Dennoch zeigt sich auch bei den australischen Ureinwohnern ein gewisser Anspruch, Ehrgeiz oder Leistungsgedanke, etwa bei manchen traditionellen Bewegungsformen oder auch in der technischen Perfektion bei der Herstellung von Waffen (Wrogemann 1989, S. 63–67, 78–86, 90).

4 Resümee: Was können wir von der Bewegungskultur der australischen Ureinwohner lernen?

Erfolgreiche Mikroprojekte wie die von Edwards (Edwards 1999) zeigen, dass der Sportunterricht in den Schulen der australischen Ureinwohner durchaus traditionelle Inhalte integrieren kann. Der Sportpädagoge Peter Markey (Markey 1994) verdeutlicht andererseits in seiner kritischen Auseinandersetzung die grundsätzliche Problematik um die Medien Bewegung und Sport bei der gesellschaftlichen Integration von australischen Ureinwohnern, die auf Defizite des Selbstbewusstseins und schließlich gruppenbezogene Menschenfeindlichkeit zurückgehen. Dennoch hat der Sport in Verbindung mit der kulturellen Identität positive Effekte und schafft Persönlichkeiten mit Vorbildcharakter. Die traditionelle Bewegungskultur war so reichhaltig, dass sie trotz veränderter Lebensbedingung weiter hätte bestehen können. Nach dem *Land Right Act* leben viele Aboriginals wieder in der Heimat ihrer Vorfahren. Kinder, die am Wasser leben, könnten die alten Spiele zur Sensibilisierung von Gefahren spielen, sich aber auch neue Spiele ausdenken. Bei diesem Aufwachsen in der Natur würden sie sich auch gesünder entwickeln.

Auch in Deutschland zeigt sich eine vergleichbare Problematik: Der Mensch leidet unter der Umgebung, die er selbst geschaffen hat. Der Körper passt nicht mehr zur Umwelt. Bereits unsere Kinder weisen erhebliche und zunehmende Defizite in Bezug auf eine gesunde Entwicklung auf (Robert Koch-Institut 2020):

So bemängelt das Gesundheitssystem bei Kindern eine hohe Anzahl degenerativer Erkrankungen, damit sind auch die zunehmenden Störungen des Sozialverhaltens und der Psyche gemeint, die u. a. auf den Mangel an Bewegungserfahrungen zurückzuführen sind. Die Politik hat den zwar wichtigen Digitalpakt für Schulen durchgesetzt, gemäß ihrer Fürsorgepflicht für die Kindergesundheit hätte aber zunächst ein Bewegungspakt beschlossen werden müssen. In Rheinland-Pfalz soll dieser für die Kindertagesstätten mit einem Konzept zur Bewegungskindertagesstätte (Bewegungskindertagesstätte Rheinland-Pfalz e.V. 2020) folgen. Der organisierte Sport, der richtigerweise ein lebenslanges Sporttreiben propagiert, ist zwar das größte bürgerschaftliche Netzwerk in Deutschland, kann aber eine umfassende Prävention quantitativ unmöglich leisten. Er ist vornehmlich durch die Mittelschicht vertreten und propagiert darüber hinaus einen ebenso teuren wie imageträchtigen Bereich: den Spitzensport. Viele gesellschaftliche Gruppen sind aus unterschiedlichsten Gründen vom Sport ausgegrenzt und haben daher lebenslang die gesundheitlichen Folgen zu tragen. Eine allgemeine Teilhabe an einer Bewegungskultur im Sinne von Gesundheitsgerechtigkeit muss also unabdingbarer Teil eines sozialen Gesundheitskonzepts sein.

Bewegung ist elementar und entscheidend für einen ganzheitlichen Entwicklungsprozess zum gesunden Menschen und zum Erhalt seiner Gesundheit. Die Konzepte dazu liegen längst vor. So gibt Balster (Balster 2003) praktische Hilfen zur Förderung der Wahrnehmung und Bewegungsentwicklung, die leicht an die Bedürfnisse von z. B. Senioren angepasst werden können. Das Konzept von Waldkindergärten und Waldpädagogik ist aktueller denn je, da hier auf eine Nachhaltigkeit im Umgang mit einer für die Menschheit überlebenswichtigen Ressource hingearbeitet wird. Die traditionelle Kultur der Aboriginals liefert unzählige Erkenntnisse und relativiert zugleich die Forderung nach kostenintensiven Lernräumen, die von einer pädagogischen Architektur künstlich entwickelt wurden: Das Setting Natur bietet einen Bewegungsraum für alle. Dennoch: Dass es hierzu bei uns eines Handlungsplanes über alle Generationen hinweg bedarf, steht außer Frage. Es gilt sich nun den Herausforderungen zu stellen und Vertrauen aufzubauen. Denn unsere Gesellschaft differenziert: in der Bildung, im Beruf und auch im Sport. Gleichzeitig wird sie durch Globalisierung, Migration und Individualisierung immer heterogener. Mit der ökonomischen Ungleichheit geht oft eine kulturelle Ungleichheit und Ungleichbehandlung einher. Die negativen Erscheinungen, wie das Ausspielen von Personen und Gruppen gegeneinander durch Ausgrenzung, Vorurteile und Schuldzuweisungen ist eine altbekannte Masche bestimmter politischer Gruppierungen, die gesundheitlichen Folgen davon haben wir alle zu tragen. Der Blick in die Welt und auf andere Bewegungs- und Medizintraditionen, wenn auch retrospektiv, zeigt, dass es auch anders geht. Die nähere Betrachtung der inklusiven Bewegungskulturen australischer Ureinwohner zeigt Lösungsmöglichkeiten für einen Weg hin zum Ideal „Gesundheit für alle“. Es ist höchst bedauerlich, dass die indigenen Australier selbst ihre heutzutage wieder höchst geschätzten Werte nie selbst kennengelernt haben. Sie hatten nie eine Schrift, haben die meisten Sprachen verloren und ihre Bewegungskultur vergessen. Dennoch haben sie es geschafft, sich als Gemeinschaft wiederzufinden und sich eine hoffentlich gesündere Zukunft zu sichern.

Literatur

AFP (2020): „Coronavirus: Australia Restricts Travel to Indigenous Areas to Protect Aborigines“. *The Straits Times* vom 20. 3. 2020. https://www.straitstimes.com/asia/australianz/australia-restricts-travel-to-indigenous-areas-over-coronavirus-fears.

ANTAC (2020): „Ngangkari Services“. https://www.antac.org.au/ngangkai-services/ngangkari-services, besucht am 12. 05. 2020.

Balster, Klaus (2003): *Kinder mit mangelnden Bewegungserfahrungen. Teil 2. Praktische Hilfen zur Förderung der Wahrnehmung und Bewegungsentwicklung* (3. Aufl.). Duisburg: Sportjugend im Landessportbund Nordrhein-Westfalen e. V.

Berndt, Catherine Helen/Berndt, Ronald Murray (1986): *Aborigines in Australian Society.* Melbourne: Pitman.

Bewegungskindertagesstätte Rheinland-Pfalz e.V. (2020): „Bewegungskita RLP“. https://www.bewegungskita-rlp.de/, besucht am 15. 06. 2020

Blackburn, R. (1988): „40,000 Years of Healing in Print“. *The Australian* vom 9. 9. 1988.

Burnum, Burnum (1988): *Burnum Burnum's Aboriginal Australia. A Traveller's Guide* (David Stewart, Hrsg.). North Ryde: Angus & Robertson.

Edwards, Ken (1999): *Choopadoo: Games from the Dreamtime.* Brisbane: Queensland University of Technology Publications.

Edwards, Ken (2009): „Traditional Games of a Timeless Land: Play Cultures in Aboriginal and Torres Strait Islander Communities“. In: *Australian Aboriginal Studies* 2, S. 32 – 43.

Edwards, Ken (2012): *A Typology of the Traditional Games of Australian Aboriginal and Torres Strait Islander Peoples.* Esk: Ram Skulls Press, https://eprints.usq.edu.au/24916/12/Edwards_typology_PV.pdf, besucht am 14. 06. 2020.

Edwards, Ken/Edwards, Tim (2011): *A Bibliography of the Traditional Games of Torres Strait Islander Peoples.* Toowoomba: Faculty of Education, University of Southern Queensland, https://eprints.usq.edu.au/24915/7/Edwards_Edwards_Games2011_PV.pdf, besucht am 14. 06. 2020.

Gould, Richard A. (1970): „Spears and Spear-Throwers of the Western Desert Aborigines of Australia“. *American Museum Novitates* 2403 vom 18. 2. 1970, S. 1 – 42.

Grattan, Michelle (2020): „‚Closing the Gap‘ Report Shows Disappointing Results“. City News. https://citynews.com.au/2020/closing-the-gap-report-shows-disappointing-results/, besucht am 12. 4. 2020.

Macniven, R./Canuto, K./Wilson, R. et al. (2019): „The Impact of Physical Activity and Sport on Social Outcomes among Aboriginal and Torres Strait Islander People: A Systematic Scoping Review“. In: *J Sci Med Sport* 22(11), S. 1232 – 1242.

Markey, Peter Edward (1994): „Sport, Physical Education and Academic Success: Playing on the Same Team for Aboriginal Students?" [M. A. Thesis, Northern Territory University]. Darwin.

McGivern, Muriel Evelyn (1972): *Aborignal of the Dandenong Mountain.* Melbourne: Melbourne Printers.

Meakins, Felicity (2014): „Australiens Aborigines erfinden ganz neue Sprachen". Die Welt. https://www.welt.de/kultur/article134054781/Australiens-Aborigines-erfinden-ganz-neue-Sprachen.html, besucht am 10. 04. 2020.

Moncrieff, John (1966): „Physical Games and Amusements of the Australian Aboriginal". In: *The Australian Journal of Physical Education* 36, S. 5 – 11.

Robert Koch-Institut (2020): *KIGGS – Studie zur Gesundheit von Kindern und Jugendlichen in Deutschland.* Berlin: Robert Koch-Institut, https://www.kiggs-studie.de/deutsch/home.html, besucht am 14. 06. 2020.

Roth, Walter Edmund (1897): *Ethnological Studies Among the North-West-Central Queensland Aborigines.* Brisbane: Government Printer.

Roth, Walter Edmund (1984 [1902]): „Games, Sports and Amusements". In: Ken F. MacIntyre (Hrsg.): *The Queensland Aborigines*, Bd. 2. Carlisle: Hesparian Press, S. 10 – 11.

Salter, Michael. A. (1967): „Games and Pastimes of the Australian Aborigines" [M. A.-Thesis, University of Alberta]. Edmonton.

Tatz, Colin (1999): „Genocide in Australia". In: *Journal of Genocide Research* 1(3), S. 315 – 352.

The Prime Minister of Australia (2020): „Update on Coronavirus Measures. Media Statement 12. Jun 2020: Closing the Gap". https://www.pm.gov.au/media/update-coronavirus-measures-12june20, besucht am 14. 06. 2020.

White, Neville G. (1985): „Sex Differences in Australian Aboriginal Subsistence: Possible Implications for the Biology of Hunter-Gatherers". In: J. Ghesquiere/Robert D. Martin/F. Newcombe (Hrsg.): *Human Sexual Dimorphism.* London: Taylor & Francis, S. 323 – 361.

Wrogemann, Ohle (1989): „Die Bewegungskultur der australischen Ureinwohner (Aborgines)" [Magisterarbeit, Justus-Liebig-Universität Gießen]. Gießen.

Wrogemann, Ohle (2000a): „Der Sport und die traditionelle Bewegungskultur der Aborigines". [Inaugural-Dissertation, Justus-Liebig-Universität Gießen]. Gießen.

Wrogemann, Ohle (2000b): „Sport as a Tool to Erase the Traditional Culture of the Aborigines and Torres Strait Islanders". In: Manfred Messing/Norbert Müller (Hrsg.): *Blickpunkt Olympia: Entdeckungen, Erkenntnisse, Impulse.* Kassel: AGON Sportverlag, S. 304 – 311.

Verena Keck und Franziska A. Herbst

Lokale Gesundheits- und Krankheitskonzepte im Wandel: Beispiele aus Papua-Neuguinea

Abstract: *Local Concepts of Health and Illness in Transition: Examples from Papua New Guinea.* Papua New Guinea societies integrate traditional medicine, biomedicine, shamanic practices, and Christian healing techniques into herbal therapies. During an episode of illness, patients pragmatically apply different diagnostic and therapeutic procedures. Concepts of person and body are central to indigenous illness etiologies and therapeutic practices. This contribution offers an insight into local concepts of health in Papua New Guinea, shows interfaces of local medical systems with biomedical approaches, and addresses the constant change to which medical systems are subject.

1 Einleitung

Wie kaum ein anderes Land weltweit weist der melanesische Inselstaat Papua-Neuguinea bei einer Bevölkerung von ca. 8 Millionen mit über 800 unterschiedlichen Sprachen und Kulturen eine enorme soziokulturelle und linguistische Vielfalt auf. Diese Diversität drückt sich auch in den vielen unterschiedlichen indigenen Vorstellungen zu Krankheit und Gesundheit aus, da jede Gesellschaft ihre Vorstellungen von Gesundheit und Krankheit und die entsprechenden therapeutischen Praktiken kulturell anders konstruiert.

Die im Folgenden skizzierten Einblicke in lokale Gesundheitskonzepte in Papua-Neuguinea basieren auf medizinethnologischen Feldforschungen in zwei kulturell und ökologisch unterschiedlich geprägten Gesellschaften: den Giri am unteren Ramu-Fluss (Herbst 2017) und den Yupno im Finisterre-Gebirge (Keck 1992, 2005). Der vorliegende Beitrag thematisiert auch, inwiefern Schnittstellen mit biomedizinischen Ansätzen bestehen beziehungsweise eine entsprechende

Anmerkung: Einzelne Teile dieses Beitrags beruhen auf früheren Artikeln und Büchern (Herbst 2017; Keck 1992, 2005); sie wurden für diesen Aufsatz ergänzt und aktualisiert.

Verena Keck, Institut für Ethnologie, Goethe-Universität Frankfurt am Main
Franziska A. Herbst, Institut für Allgemeinmedizin und Palliativmedizin, Medizinische Hochschule Hannover

https://doi.org/10.1515/9783110713336-016

Integration stattfindet, und befasst sich mit dem ständigen Wandel, dem auch traditionelle Medizinsysteme unterliegen.

2 Personenkonzepte: Was definiert eine Person?

Personen- und Körperkonzepte sind für indigene Krankheitsätiologien und therapeutische Praktiken Papua-Neuguineas von zentraler Bedeutung:

> The body, in Pacific cultures and elsewhere, is intimately connected with notions of self, person, identity, growth, decline, attachment to the land, emplacement, the flows of substances, the cosmos, the effects of new disciplines such as are brought by government and missions, empowerment and dis-empowerment, the devaluation or re-valorization of customary practices such as witchcraft and sorcery, and ritual practices associated with the person's place within the landscape/environment and the cosmos (Stewart & Strathern 2007, S. x).

In Melanesien herrscht ein relationales Personenkonzept vor, nach dem sich die Person primär über ihre sozialen Beziehungen zu anderen Personen konstituiert und weniger über ihre individuellen Eigenschaften. Das bedeutet, ein Baby wird nicht als Person geboren, sondern erwirbt erst im Laufe der Jahre Aspekte, die es zu einer Person machen (Fajans 1985, S. 372; Herbst 2017, S. 167–176; Keck & Wassmann 2010, S. 192). In der indigenen Konzeption der Kayan am unteren Ramu-Fluss in Papua-Neuguinea konstituiert sich eine Person erst Jahre nach der Geburt vollständig und dekonstruiert sich lange nach ihrem Tod – menschliches (biologisches) Leben und Person-Sein fallen also bei den Kayan wie auch bei vielen anderen melanesischen Kulturen nicht zusammen (Poser 2014, S. 113–164).

In den meisten ozeanischen Kulturen ist das Personenkonzept eng mit Vorstellungen über den Körper und seine Beschaffenheit sowie Körpersubstanzen wie Blut und Sperma verbunden. Eine Person wird also als psychosomatische Einheit verstanden, die in ein Netz sozialer Beziehungen verflochten ist (Stewart & Strathern 2001).

Weitere Aspekte, die das Person-Sein entscheidend bestimmen, können räumliche und soziale Beziehungen sowie urzeitliche Namen der Ahnen sein (Wassmann 1991). Hinzu kommen globale Prozesse und die Christianisierung, die diese indigenen Vorstellungen verändern.

Bei den Yupno gehören zu jedem vollständigen Menschen zwei persönliche seelische Entitäten, die als weit wichtiger angesehen werden als der Körper. Die eine spirituelle Substanz, *moñan* (Wind, Atem, Hauch, Dampf), „Atemseele" genannt, bewirkt, dass der Mensch sehen, riechen, hören und sich bewegen kann. Sie befindet sich in jedem Teil des Körpers – im Speichel, in den Haaren, auf der

Haut und besonders konzentriert im Atem. Beim Tod eines Menschen löst sie sich auf. Die andere spirituelle Dimension, *wopm* (Bild, Schatten), „Schattenseele“, kann dem Körper während des Träumens oder bei Krankheit auch länger entschlüpfen. Beim Tod wird sie endgültig zur „Totenseele“ und im Lauf der Zeit zu einem immer unpersönlicher vorgestellten Totengeist. Jeder Mensch hat zudem ein bestimmtes Maß vitaler Energie in sich – nicht zu viel und nicht zu wenig.

Von zentraler Bedeutung für die Vollständigkeit und das Wohlergehen eines Menschen sind seine sozialen Beziehungen, die durch Sozialstruktur und Verwandtschaft vorgegeben sind. Und schließlich besitzt jeder Yupno eine unverwechselbare, individuelle Melodie, eine kurze Tonabfolge, *konggap* genannt, die, wichtiger als der Name, untrennbar zu jedem Menschen gehört (Ammann et al. 2013). Die vollständige Yupno-Person vereint also Körperlichkeit, unpersönliche, persönliche und soziale Aspekte, und all diese Aspekte sind bei einer Erkrankung und Heilung beteiligt (Keck 2005, S. 53–71).

3 Ein lokales Medizinsystem – das Beispiel der Yupno

Kranksein bei den Yupno bedeutet immer, sich in einem „außergewöhnlichen“, „heißen“ Zustand zu befinden. Jede Therapie zielt darauf ab, die erhitzten Kranken abzukühlen, sie aus ihrem unerwünschten, außergewöhnlichen Zustand in die „kühle“, harmonische Normalverfassung zurückzuführen. Dieses Kontinuum zwischen „heiß“, „kühl“ und „kalt“ bildet eine wesentliche Orientierungsachse im Denken und Medizinsystem der Yupno. Ähnliche Humoraltheorien finden sich bei den Melpa und Duna in Papua-Neuguinea (Strathern 1996; Strathern & Stewart 1999, S. 35–54).

Das Medizinsystem der Yupno umfasst mehrere Stufen. Die erste grosse Gruppe bilden die „natürlichen“ Störungen, wie Kopfschmerzen, Schnupfen, Gliederschmerzen, durch die man zwar „heiss“, aber noch nicht krank ist. Sie werden zunächst mit Hausrezepten behandelt. Hilft diese Behandlung nicht, wird eine Heilerin oder ein Heiler konsultiert, um mit Kräuterrezepten und Waschungen die „Erhitzten“ abkühlen. Für diese körperlichen Beschwerden wird auch die lokale Gesundheitsstation aufgesucht.

Tatsächliches Kranksein beginnt für die Yupno jedoch erst dann, wenn eine Störung des sozialen Umfelds, also ein belastendes Problem, angenommen wird. Das diagnostische Ziel ist hier die Identifikation des Problems. Stimmen soziale Beziehungen entweder auf individueller Ebene (zwischen zwei Personen) oder aber zwischen zwei Verwandtschaftsgruppen nicht, sind sie konfliktbeladen oder gespannt, dann entstehen „schwere, belastende Probleme“, an denen der Mensch erkranken kann. In Tok Pisin, der Lingua Franca Papua-Neuguineas, werden diese belastenden Probleme sehr treffend als *hevi* (vom englischen *heavy*) bezeichnet.

Vorbedingung für sämtliche belastende Probleme sind Streit und angespannte Sozialbeziehungen, ausgelöst durch unbewusstes oder kalkuliert durchgeführtes Fehlverhalten – wenn etwa jemand bei der Verteilung des Brautpreises aus Unkenntnis seines Anspruchs nicht berücksichtigt wird oder nach einem Schweinediebstahl oder bei unerlaubten sexuellen Beziehungen. Dieses Erklärungsmuster gilt auch für neuere Krankheiten wie AIDS (Keck 2007). Von dem Fehlverhalten bleiben immer „Überbleibsel“ über längere räumliche und zeitliche Distanzen erhalten. Dadurch entstehen „heisse“, krankmachende Gefühle wie Wut, Hass, und Zorn, die zu Kranksein führen. Die Erkrankung kann dabei sowohl den eigentlichen Verursacher des Konfliktes als auch einen beliebigen Verwandten befallen. Damit wird deutlich, dass ein Individuum nicht nur für die Folgen seines eigenen Handelns verantwortlich ist, sondern dass sein individuelles Handeln in die Sozialstruktur eingebettet ist und damit auch auf seine Verwandten Auswirkungen hat: Jeder und jede trägt somit Verantwortung für die Verwandtschaftsgruppe und ist dadurch ein sozial fest eingebundenes Wesen.

Nicht nur lebende Menschen, sondern auch Totengeister können belastende Probleme verursachen. Hat sich ein Totengeist zu Lebzeiten entweder selbst falsch verhalten oder wurde von anderen sehr verärgert und damit in eine „heisse“ zornige Stimmung versetzt, in die er auch nach seinem Tod noch verstrickt ist, kann er diese krankmachend auf seine Nachkommen übertragen.

Als die schlimmsten Krankheitsursachen gelten zwei Arten von Schadenszauber, *poisin* und *sanguma*. Bei *poisin* wird ein Spezialist beauftragt, dem Opfer ein Stückchen seiner Atemseele zu entwenden, die etwa an einer angebissenen Betelnussschale, einem ausgespuckten Stückchen Zuckerrohr oder an den Haaren haftet und dieses Teilchen dann in einem komplexen, strikt geheimen Vorgang zu erhitzen, was dann zur Erhitzung, d. h. Erkrankung, des Opfers führt. Soll das Opfer sterben, wird das Stückchen (d. h. die Atemseele) verbrannt, und ohne sie wird auch die Schattenseele das Opfer verlassen. Auch *sanguma*-Schadenszauber wird in Auftrag gegeben: das meist ahnungslose Opfer wird überfallen, sein Körper wird – real oder magisch – manipuliert. Der Betroffene wird sehr schnell sehr schwer erkranken (Keck 2005, S. 145–229). In vielen Regionen Papua-Neuguineas sind diese oder leicht abgewandelte Schadenszaubertechniken bekannt. Durch die Entwendung einer seelisch-körperlichen Substanz wird der nun unvollständige Mensch verletzbar und krank. Heute werden bei Todesfällen infolge von HIV/AIDS, die für viele Menschen mangels Aufklärung und Faktenwissen unerklärbar sind, vermehrt Vorwürfe gegenüber (oft alleinstehenden) Frauen erhoben, *sanguma* Schadenszauber oder Hexerei zu praktizieren. Damit beginnt dann eine Spirale von Konflikten mit Gewalt sowie Kompensationszahlungen (siehe Abschnitt 6).

4 Integration medizinischer Vorstellungen und Praktiken im Medizinsystem der Giri

Von verschiedenen soziokulturellen Gruppen Papua-Neuguineas wissen wir, dass unterschiedliche medizinische Traditionen von denjenigen, die therapeutische und diagnostische Verfahren durchführen und in Anspruch nehmen, aktiv zu jeweils einzigartigen Medizinsystemen verknüpft werden (siehe z. B. Herbst 2017; LiPuma 1989, S. 302). Traditionelle pflanzliche Medizin, Biomedizin, schamanische Praktiken sowie christliche Heilmethoden werden miteinander verbunden. Während einer Krankheitsepisode wenden Betroffene pragmatisch verschiedenste diagnostische und therapeutische Praktiken an. Manchmal nehmen sie primär schulmedizinische Dienste in Anspruch, manchmal greifen sie auf traditionelle Praktiken, christliche Gebete oder einen Schamanen zurück. Oftmals kommen nacheinander verschiedenen Verfahren zum Einsatz, vielfach werden diese parallel eingesetzt. Die Wahl der Diagnose- und Behandlungsverfahren hängt von einer Vielzahl von Faktoren ab, darunter auch von der Zugänglichkeit und den Kosten (Macintyre et al. 2005, S. 89).

Beispielhaft sollen hier anhand des medizinischen Systems der Giri (Madang Provinz, Papua-Neuguinea) Wandel und Integration von Medizinsystemen in Papua-Neuguinea erläutert werden. Eine bemerkenswerte Neuerung in ihrem Medizinsystem ist die Erweiterung lokaler Krankheitskategorien, die sich aus dem Zusammenspiel mit der Biomedizin ergibt. Bevor die westliche Biomedizin Ende der 1950er Jahre durch Eröffnung einer missionarisch geführten Gesundheitsstation Einzug im Dorf Giri hielt, wurde zwischen „leichten" und „schweren" Erkrankungen differenziert. Wie bei den Yupno wurden leichte Erkrankungen, wie etwa Schnittwunden, Hautausschlag oder leichter Husten mit Hausmitteln behandelt. Schwere Erkrankungen hingegen wurden mit sozialen Ursachen in Verbindung gebracht: Schadenszauber (*poisin* und *sanguma*), Wald- und Ahnengeistern, Tabubrüchen oder sozialen Übertretungen. Krankheiten dieser Kategorie waren zumeist schwere Erkrankungen mit oftmals fatalem Verlauf. Heutzutage wird zwischen „gewöhnlichen" und „lokalen" Erkrankungen unterschieden. Diese neue Terminologie wurde vermutlich von dem seit den späten 1950er Jahren in der Region aktiven Gesundheitspersonal übernommen. Auch heutzutage differenziert das medizinische Personal des örtlichen Gesundheitszentrums zwischen einerseits Erkrankungen, für die es eine biomedizinische Behandlung an-

Abb. 1: Werbeschild eines Verkäufers auf dem Markt in Madang für einen Kräuter-Kombucha-Biotee, der alle möglichen Erkrankungen heilen soll (Foto: Verena Keck 2009)

bieten kann – sogenannte „körperliche Störungen" – und „lokalen Erkrankungen". Letztere sind Erkrankungen, die nicht oder nur schlecht auf die verfügbaren biomedizinischen Therapien ansprechen. Die Giri haben dieser Unterscheidung eine dritte Kategorie hinzugefügt: „fremde Erkrankungen". Dieser Begriff umschreibt Erkrankungen, wie beispielsweise Masern, die von Westlern eingeführt wurden. Der Begriff „fremde Erkrankung" wird oft synonym mit „körperlicher Störung" verwendet, da die Giri davon ausgehen, dass Erkrankungen beider Kategorien auf biomedizinische Therapien ansprechen.

Röntgengeräte, wie sie im Provinzkrankenhaus in Madang eingeschränkt vorhanden sind, und die von ihnen produzierten Bilder sehen Giri als nutzbringend, da sie Aufschluss über die Art körperlicher Beschwerden geben können. Die spezifische biomedizinische Diagnose, die Patientinnen und Patienten nach einer Röntgenuntersuchung erhalten, spielt für sie hingegen oftmals eine untergeordnete Rolle. Zentral ist für sie, dass eine biomedizinische Diagnose mit sich anschließender medikamentöser Therapie folgt, die als Beweis interpretiert wird, dass die Erkrankung nicht auf Schadenszauber zurückzuführen ist.

Ähnlich wie in der Vergangenheit bei „schweren" Erkrankungen, wird die Ursache „lokaler" Erkrankungen in gestörten sozialen Beziehungen zu den Lebenden, den Ahnen und Waldgeistern gesehen. Dies schließt das Fehlverhalten anderer Menschen und das Wissen um dieses sowie die Verletzung von Verhaltenskodizes und sozialen Normen ein. „Lokale" Krankheiten können nur mit traditionellen Methoden geheilt werden; harmonische soziale Beziehungen müssen wiederhergestellt werden, um eine Genesung zu ermöglichen. Mit anderen Worten: Das soziale Selbst kann nur durch die Heilung des sozialen Körpers wiederhergestellt werden (Frankel 1986, S. 124–136; Herbst 2017, S. 50–51).

5 Die Befreiung von der Last – Gruppentherapie bei den Yupno

Die Parallelen der Krankheitsvorstellungen der Giri und der Yupno sind auffällig: beide unterscheiden zwischen „leichten" (Giri) bzw. natürlichen (Yupno) Krankheiten, für die auch die biomedizinische Behandlung in den lokalen Gesundheitsstationen aufgesucht wird, und den „schweren", lokalen (Giri) Krankheiten bzw. „belastenden Problemen" („hevis") bei den Yupno, deren Ursachen in konfliktreichen sozialen Beziehungen liegen.

Als Grundlage jeder Therapie der soziosomatischen Krankheiten, der „hevis" bei den Yupno, gilt es, die genaue Ursache für das belastende Problem herauszufinden. Die für die Yupno entscheidenden Fragen lauten also nicht, an *was* jemand (ableitbar von möglichen körperlichen Symptomen), sondern *warum* jemand erkrankt ist und wer dafür verantwortlich ist. Welchen Grund könnte eine Verwandtschaftsgruppe oder ein Individuum haben, jemanden durch eine „heisse" Gefühlsverfassung krank zu machen? Wo sind die Schuldigen zu suchen? Die Yupno kennen dafür verschiedene Methoden.

Zunächst wird die erkrankte Person sowie ihre soziale und räumliche Umgebung auf bestimmte Zeichen hin beobachtet; sie können Hinweise auf die Ursache beinhalten. Diese Zeichen können mimischer oder gestischer Art des Kranken selbst sein; sie umfassen aber auch Tiere, die sich in seiner nächsten Umgebung aufhalten. Für die Yupno haben diese Zeichen ihre festgelegte Bedeutung; eine große Zahl verweist auf eine bestimmte Gruppe von Verwandten, andere Zeichen sind durch das „Heiss-kühl-kalt-Konzept bestimmt, nach dem Pflanzen oder Substanzen klassifiziert werden. Ein Teil entspricht der „Rechts-links"-Aufteilung, wobei „rechts" für die männliche, „starke" Seite steht, die den Bogen spannt und den Pfeil abschießt, links dagegen für die weibliche, „helfende", die den Bogen hält. Ein kleinerer Teil dieser Zeichen hat seine Erklärung in der Mythologie und im Ritual. Gleichzeitig achtet man auf die Träume des Erkrankten oder Angehöriger, die von einem Spezialisten interpretiert werden und weitere Aufschlüsse für die Ursache des Krankseins geben können (Keck 2005, S. 192–205). Ist durch die Zeichen oder die Deutung der Träume nun der Kreis der möglicherweise für die Erkrankung verantwortlichen Personen eingegrenzt, treffen sich die Angehörigen des Kranken mit den Verursachern zu einer oft mehrstündigen Diskussion, in der alle Beteiligten ihr Fehlverhalten oder den Grund für ihr „heisses Gefühl" aus ihrer Sicht schildern. Ist die Ursache so geklärt, dann wird der Erkrankte durch die Betreffenden entschädigt, durch die Übergabe eines Schweins oder Geldbetrags „abgekühlt" und somit von der Last des *hevis*, des Problems, befreit.

Tritt keine Besserung ein, wird erneut ein Treffen einer je nach belastendem Problem neu und anders zusammengesetzten Gruppe anberaumt, um andere *hevis* zu debattieren. Geht es der erkrankten Person aber immer noch nicht besser und kann ein belastendes Problem nicht eindeutig bestimmt werden, gehen die Angehörigen von der schlimmsten Ursache aus, den zwei Arten von Schadenszauber, *poisin* und *sanguma*. Auch dafür gibt es Spezialisten, die mit bestimmten Techniken die Schuldigen ausfindig machen können.

Die Yupno bringen ihre Theorie vom Menschen und seinen Dimensionen und ihre Vorstellungen und Methoden von Kranksein und Konfliktlösung zusammen. Krankheit wird nicht als biologischer Unfall eines Körpers gesehen, sondern als ein die Gemeinschaft betreffendes soziales Ereignis, das im Rahmen eines geteilten gedanklichen Wissens- (oder Glaubens-)Systems gedeutet wird.

Viele Yupno machen komplementär Gebrauch von Medikamenten, wie sie in der kleinen Gesundheitsstation erhältlich sind. Ersetzen allerdings können diese westlichen Medikamente die Suche nach der sozialen Ursache einer Erkrankung nicht.

6 Schadenszauber und Gewalt

Papua-Neuguinea ist heute ein Land im Umbruch; die Bevölkerung erlebt rapide kulturelle und gesellschaftspolitische Veränderungen. Die Verbreitung westlicher Konzepte und Werte und damit einhergehend veränderte Generationen- und Geschlechterbeziehungen, die Einführung von neuen Informationstechnologien wie Internet und nicht zuletzt westlicher Medizintechnik haben weitreichende Auswirkungen auf die Erklärungsmodelle und Praktiken im Kontext von Krankheit und Gesundheit. Klimawandel und das Ansteigen des Meeresspiegels bedrohen die kleineren Atolle; riesige Bergbauprojekte, Öl- und Gasförderung sowie Abholzungen führen zu nachhaltigen Veränderungen der Umwelt und wegen ungleicher Verteilung des Gewinns oft auch eine Gefährdung des sozialen Friedens.

Ein zunehmendes Problem in mehreren Provinzen Papua-Neuguineas ist mit Schadenszauber im Zusammenhang stehende Gewalt. Die Arbeitsgruppe um Miranda Forsyth, Philipp Gibbs und Kolleginnen und Kollegen widmet sich seit 2016 der Dokumentation und Analyse entsprechender Gewaltverbrechen sowie der Ermittlung erfolgreicher lokaler Strategien, um dieser Gewalt entgegenzuwirken (Forsyth & Eves 2015; Forsyth & Gibbs 2019; Forsyth et al. 2019). Die Entstehung von im Zusammenhang mit Schadenszauber stehender Gewalt beschreiben Forsyth et al. wie folgt:

> Sorcery often plays the role of answering the ‚why me?' question about misfortune in PNG: it is a way of making sense of seemingly random events (sickness, death, drought, business failure etc.) and does so through allocating blame or responsibility to sorcery. In some cases, this leads to accusations being made against particular individuals who are claimed to have caused harm through sorcery (Forsyth et al. 2019, S. 2).

Formen der Gewalt reichen von Schadenszauber- und Hexereibeschuldigungen über Vergewaltigung und Folter bis zur Tötung (Forsyth et al. 2019, S. 2–3). Hexereibeschuldigungen führen zu Stigmatisierung und sozialer Isolation und erlittene Gewalt zu erheblichem emotionalen Leid (Forsyth et al. 2019, S. 3 und 7). Zudem sind die Auswirkungen auf den familiären und gesellschaftlichen Zusammenhalt massiv (Forsyth et al. 2019, S. 7).

7 Aneignung reproduktiver Gesundheitsdienste bei den Giri

Indigenes Wissen über Reproduktion und Praktiken im Kontext von Schwangerschaft, Geburt und Mutterschaft unterliegt einem ständigen Wandel und formt sich im Zusammenspiel mit eingeführten biomedizinischen Praktiken (Fiti-Sinclair 2002; Herbst 2017; Jolly 2002).

Auch hier soll bezugnehmend auf die Giri erläutert werden, inwieweit Dienste im Bereich der reproduktiven Gesundheit genutzt und reinterpretiert werden. Ein zentraler Grund für die Entbindung in schulmedizinischen Einrichtungen sind für Giri-Frauen die postnatalen Gesundheitsdienste. Sie sehen diese als Strategien, um den eigenen Körper von *seva* (Geburtsblut und Lochien; in anderen Kontexten auch: Menstruationsblut) zu reinigen. Etwa werden die in Tok Pisin als *blut marasin* bezeichneten Eisen- und Folsäuretabletten als neues, frisches Blut im Körper der Frau bildend und darüber hinaus den Körper reinigend und die *seva* abstoßend und ersetzend wahrgenommen. Darüber hinaus wird praktisch jedes Medikament oder Nahrungsergänzungsmittel, das Frauen postnatal erhalten, von ihnen als Hilfsmittel zur schnelleren Abstoßung von *seva* und damit als den Körper stärkend verstanden. Dies umfasst Schmerzmittel sowie Antibiotika.

Nicht nur die postnatale Versorgung, sondern auch die Gesundheitsdienste für das Neugeborene werden gerne genutzt. Die Reinigung der Haut, der Nase und des Mundes des Säuglings von Schleim und Blut (*seva*) wird geschätzt. Insbesondere erfreuen sich Vitamin K-Prophylaxe sowie Tuberkulose- und Hepatitis-B-Impfungen großer Beliebtheit. Die Mütter sagen, dass die Impfungen den Körper ihres Kindes stärken und es von absorbierter *seva* befreien und somit eine gesundheitsförderliche Langzeitwirkung haben, da sie das Auftreten von *seva*-bedingten Atemwegserkrankungen in der Kindheit verhindern, denn Atemwegserkrankungen bei Kinder werden oft auf früheren Kontakt des Kindes zu *seva* zurückgeführt.

Die Schwangerschaftsvorsorge betreffend bilden die bereitgestellten Medikamente eine Hauptmotivation für den Besuch pränataler Sprechstunden. Auch die Frauen, die bevorzugen, ihr Kind im Dorf zu gebären, greifen regelmäßig auf diese Medikamente zurück.

Die bedeutendste Veränderung, die prä-, peri- und postnatale Gesundheitsversorgung mit sich gebracht haben, liegt in der den Diensten zugeschriebenen Fähigkeit, die Reinigung des Körpers von *seva* zu beschleunigen. Dies ist u. a. in der heutigen Zeit bedeutend, da Giri-Frauen (z. B. wenn sie in der Stadt mit anderen Familienmitgliedern gemeinsam nur wenige Zimmer bewohnen) oftmals nicht mehr in der Lage sind, den gleichen Mustern räumlicher Seklusion wie in der Vergangenheit nachzukommen. In der Vergangenheit verbrachten Frauen bis zum Versiegen der Lochien mehrere Wochen in einem abgetrennten Bereich der Veranda des familiären Wohnhauses.

Zusammenfassend lässt sich sagen, dass sich Giri-Frauen die in den schulmedizinischen Einrichtungen angebotenen Dienste angeeignet haben, da sie bei der Erfüllung traditioneller Anforderungen in der prä-, post- und perinatalen Phase hilfreich sind. Die Reaktionen der Frauen auf die Medikamente, die sie während der Schwangerschaft, der Geburt und in der Zeit nach der Geburt erhalten, sind von lokalen Vorstellungen über die Kraft von *seva* und die Erhaltung der Gesundheit von Mutter und Kind geprägt.

Während Giri-Frauen scheinbar mühelos lokal geprägte Vorstellungen von Körper, Gesundheit und Krankheit verweben, berichtet Karen Cheer in einer aktuellen Studie (Cheer 2019), dass sich Studierende eines Bachelor-Studienganges für Hebammenwissenschaft in Papua-Neuguinea mit der Überbrückung von Unterschieden verschiedener Erklärungsmodelle für Totgeburten schwer tun. Cheer befragte die Studierenden zum Thema der Gesundheitsversorgung von Frauen nach einer erlittenen Totgeburt. Dabei erfuhr Cheer, dass einige angehende Hebammenwissenschaftlerinnen und -wissenschaftler Totgeburten auf

Schadenszauber (*poisin* und *sanguma*) infolge sozialer Konflikte zurückführten, während andere Studierende mit starken christlichen Überzeugungen auf religiöse Erzählungen zurückgriffen, um Totgeburten einen Sinn zu geben (Cheer 2019, S. 232–236). Wieder andere Studierende lehnten lokale bzw. nicht-biomedizinische Erklärungsmodelle für Totgeburten ab. Gemeinsam ist den Studierenden, dass sie der Herausforderung gegenüberstehen, in verschiedenen Regionen Papua-Neuguineas mit unterschiedlichen Erklärungsmodellen für Totgeburt konfrontiert zu sein.

8 Schlussfolgerungen

Trotz der enormen Vielfalt an Gesundheits- und Krankheitsvorstellungen sowie therapeutischen Praktiken in Papua-Neuguinea können, wie die beiden hier vorgestellten Medizinsysteme der Giri und der Yupno zeigen, einige grundsätzliche Gemeinsamkeiten genannt werden:

Gesundheit und Wohlbefinden umfassen neben den physischen Aspekten die Beziehung zu Land und Umwelt, die Beziehung zu den Mitmenschen und zu den Ahnen. Ursachen für Kranksein können Spannungen oder Konflikte zwischen Individuen oder Verwandtschaftsgruppen sein, eine Tabuüberschreitung, das Verärgern von Ahnengeistern oder Schadenszauber. Mit Ritualen oder Zahlungen aller Art werden die belasteten Sozialbeziehungen entspannt und somit die soziale Harmonie wiederhergestellt. Heilerinnen und Heiler mit Spezialwissen in der Kräutermedizin helfen mit Tees, Getränken aus Blättern und Rinde sowie mit Waschungen und Massagen, die Gesundheit wiederherzustellen. In allen Gesellschaften Papua-Neuguineas war oder ist die traditionelle Medizin integraler Bestandteil des traditionellen Glaubenssystems; Elemente des Christentums wie Heilungsmessen sowie Praktiken und Elemente der Biomedizin werden in vielfältigen Ausformungen bei Krankheit zusammen mit lokalen Therapien verbunden. Das traditionelle Heilen umfasst also spirituelle, psychologische, soziale und physische Komponenten.

Lokale Medizinsysteme in Papua-Neuguinea nehmen dabei Einflüsse anderer Medizintraditionen auf und passen sich den sich ändernden Gegebenheiten an. Die Etablierung biomedizinischer Diagnose- und Behandlungsmethoden scheint dabei am ehesten zu gelingen, wenn diese sich in traditionelle Denkmuster integrieren lassen. In einem dynamischen Prozess entstehen so vielfältige Verflechtungen indigener Erklärungsmodelle und Praktiken im Kontext von Krankheit und Gesundheit mit anderen Medizintraditionen.

Um eine auf die lokalen Bedürfnisse zugeschnittene Gesundheitsversorgung anbieten zu können erscheint es sinnvoll, Giri und Yupno als Partner bei der

Planung und Gestaltung kulturell sensibler Gesundheitsdienste einzubinden (vgl. Lock & Nguyen 2010, S. 10). Im Bereich von *Public Health* wird dem Nutzen der Förderung des Dialogs mit lokalen Gemeinschaften und der Beteiligung der Adressaten von Gesundheitsprogrammen etwa durch partizipative Ansätze zunehmend Rechnung getragen (Cargo & Mercer 2008, S. 326–327).

Literatur

Ammann, Raymond/Keck, Verena/Wassmann, Jürg (2013): „The Sound of a Person“. In: *Oceania* 83(2), S. 63–87.

Cargo, Margaret/Mercer, Shawna L. (2008): „The Value and Challenges of Participatory Research: Strengthening Its Practice“. In: *Annual Review of Public Health* 29(1), S. 325–350.

Cheer, Karen Diane (2019): „Balancing It Out: The Process by which Midwifery Students Provide Care to Women Following Stillbirth in Papua New Guinea“ [PhD Thesis, James Cook University Australia]. Townsville & Cairns, Queensland. https://researchonline.jcu.edu.au/59778/, abgerufen am 17. 04. 2021.

Fajans, Jane (1985): „The Person in Social Context. The Social Character of Baining ‚Psychology‘“. In: Geoffrey M. White/John Kirkpatrick (Hrsg.): *Person, Self, and Experience. Exploring Pacific Ethnopsychologies*. Berkeley, CA: University of California Press, S. 367–397.

Fiti-Sinclair, Ruta (2002): „Childbirth in Papua New Guinean Villages and in Port Moresby General Hospital“. In: Vicky Lukere/Margaret Jolly (Hrsg.): *Birthing in the Pacific. Beyond Tradition and Modernity?* Honolulu: University of Hawai'i Press, S. 56–78.

Forsyth, Miranda/Eves, Richard (Hrsg.) (2015): *Talking It Through, Responses to Sorcery and Witchcraft Beliefs and Practices in Melanesia*. Canberra: Australian National University Press.

Forsyth, Miranda/Gibbs, Philip (2019): „Contagion of Violence: The Role of Narratives, Worldviews, Mechanisms of Transmission and Contagion Entrepreneurs“. In: *International Journal for Crime, Justice and Social Democracy* 9(2), S. 37–59.

Forsyth, Miranda/Gibbs, Philip/Hukula, Fiona et al. (2019): „Ten Preliminary Findings Concerning Sorcery Accusation-Related Violence in Papua New Guinea“. In: *SSRN Electronic Journal*(80), ohne Seitenzahlen.

Frankel, Stephen (1986): *The Huli Response to Illness*. Cambridge: Cambridge University Press.

Herbst, Franziska A. (2017): *Biomedical Entanglements: Conceptions of Personhood in a Papua New Guinea Society*. New York & London: Berghahn Books.

Jolly, Margaret (2002): „Introduction. Birthing beyond the Confinements of Tradition and Modernity?“. In: Vicky Lukere/Margaret Jolly (Hrsg.): *Birthing in the Pacific. Beyond Tradition and Modernity?* Honolulu: University of Hawai'i Press, S. 1–30.

Keck, Verena (1992): *Falsch gehandelt – schwer erkrankt. Kranksein bei den Yupno in Papua New Guinea aus ethnologischer und biomedizinischer Sicht*. Basel: Wepf.

Keck, Verena (2005): *Social Discord and Bodily Disorders: Healing among the Yupno of Papua New Guinea*. Durham, NC: Carolina Academic Press.

Keck, Verena (2007): „Knowledge, Morality and ‚Kastom‘: ‚SikAIDS‘ among Young Yupno People (Finisterre Range, Papua New Guinea)“. In: *Oceania* 77(1), S. 43–57.

Keck, Verena/Wassmann, Jürg (2010): „Das Älterwerden, der Tod und die Erinnerung – ein Beispiel aus Melanesien“. In: Andreas Kruse (Hrsg.): *Potenziale im Alter. Chancen und Aufgaben für Individuum und Gesellschaft.* Heidelberg: Akademische Verlagsgesellschaft, S. 185–201.

LiPuma, Edward (1989): „Modernity and Medicine among the Maring“. In: Stephen Frankel/Gilbert Lewis (Hrsg.): *A Continuing Trial of Treatment. Medical Pluralism in Papua New Guinea.* Dordrecht: Kluwer Academic, S. 295–310.

Lock, Margaret/Nguyen, Vinh-Kim (2010): *An Anthropology of Biomedicine.* Chichester: Wiley-Blackwell.

Macintyre, Martha/Foale, Simon/Bainton, Nicholas et al. (2005): „Medical Pluralism and the Maintenance of a Traditional Healing Technique on Lihir, Papua New Guinea“. In: *Pimatisiwin: A Journal of Aboriginal and Indigenous Community Health* 3(1), S. 87–99.

Poser, Alexis Themo von (2014): *The Accounts of Jong. A Discussion of Time, Space and Person in Kayan, Papua New Guinea.* Heidelberg: Universitätsverlag Winter.

Stewart, Pamela J./Strathern, Andrew J. (Hrsg.) (2001): *Humors and Substances: Ideas of the Body in New Guinea.* Westport, CT: Bergin and Garvey.

Stewart, Pamela J./Strathern, Andrew J. (2007): „Series Editors Preface“. In: Sandra C. Bamford (Hrsg.): *Embodying Modernity and Post-Modernity. Ritual, Praxis and Social Change in Melanesia.* Durham, NC: Carolina Academic Press, S. ix–xx.

Strathern, Andrew J. (1996): *Body Thoughts.* Ann Arbor: The University of Michigan Press.

Strathern, Andrew J./Stewart, Pamela J. (1999): *Curing and Healing: Medical Anthropology in Global Perspective.* Durham, NC: Carolina Academic Press.

Wassmann, Jürg (1991): *The Song to the Flying Fox. The Public and Esoteric Knowledge of the Important Men of Kandingei about Totemic Songs, Names, and Knotted Cords (Middle Sepik, Papua New Guinea).* Port Moresby: Institute of Papua New Guinea Studies.

Teil 3: **Neue Perspektiven auf die evidenzbasierte Medizin**

Gabriele Laschinski, Roman M. Marek und Ivar Roots

Das Entstehen der modernen Medizin – und ein neues Verständnis von Gesundheit und Krankheit: Rudolf Virchow und die *Berliner Medizinische Gesellschaft*

Abstract: *The Emergence of Modern Medicine and a New Understanding of Health and Disease: Rudolf Virchow and the Berlin Medical Society.* At the beginning of the 19th century, the most important cities for medicine were Paris and Vienna. Berlin had less than 200,000 inhabitants and no university. Within a short period of time, this changed dramatically – and progress in medicine was a main catalyst. At the end of the 19th century, around two million people lived in Berlin and the city had become the world metropolis of modern medicine. This article examines the main causes and the central figures of this astonishing development. The driving force behind this advance was the rise of a new sort of medicine, i. e., a medicine based on evidence and science. Here, the *Berlin Medical Society* and its long-time president Rudolf Virchow played a central role. His concept of cellular pathology changed the definitions, methods and understanding of health and disease. Thus, it is no exaggeration to state that Virchow served as one of the most important founding fathers of modern medicine.

Zu Beginn des 19. Jahrhunderts waren die Zentren der Medizin Paris und Wien. Berlin spielte kaum eine Rolle. Das änderte sich jedoch schnell. Am Ende des 19. Jahrhunderts war Berlin eine Zweimillionenstadt und Weltmetropole der modernen Medizin. In den dazwischenliegenden hundert Jahren hatte sich die Entwicklung zur neuen wissenschaftsbasierten Medizin vollzogen und Berlin hatte dabei eine führende Rolle gespielt.

Die Universität sowie vielfältige Reformen auch in der Medizin und in den Geisteswissenschaften hat Berlin Napoleon zu verdanken. Nachdem dieser die Preußen 1806 vernichtend geschlagen hatte, wurde der preußische Staat umfassend modernisiert. Nur so, das war den Verantwortlichen klar, konnte man die Oberhoheit der Franzosen wieder abschütteln. Zu den Modernisierungsmaßnah-

Gabriele Laschinski, Berliner Medizinische Gesellschaft
Roman M. Marek, Interdisziplinäre Arbeitsgruppe „Zukunft der Medizin: Gesundheit für alle", Berlin-Brandenburgische Akademie der Wissenschaften
Ivar Roots, Berliner Medizinische Gesellschaft

https://doi.org/10.1515/9783110713336-017

men gehörte auch eine Bildungsreform, für die Wilhelm von Humboldt (1767–1835) verantwortlich zeichnete. Die Universität wurde von ihm als ein Ort der Forschung und Lehre in Freiheit konzipiert, an dem die Studenten wissenschaftliches Arbeiten und selbständiges Denken lernen sollten. Mit diesem Konzept betrat v. Humboldt damals bildungspolitisches Neuland.

Als die Berliner Universität am 15. Oktober 1810 eröffnet wurde, gehörten der medizinischen Fakultät sechs Ordinarien, ein Extraordinarius und sieben Privatdozenten an. Dekan war der 48-jährige Christoph Wilhelm Hufeland (1762–1836), königlicher Leibarzt und eine der Schlüsselfiguren des medizinischen Berlins. Gleich im ersten Semester schrieben sich 117 Studenten ein.

Ganz reibungslos verlief die erste Dekade der neuen Einrichtung jedoch nicht. Dafür sorgte zunächst einmal der Mangel an geeigneten Räumlichkeiten, der vor allem die chirurgische Klinik über Jahre dazu zwang, von einer Mietwohnung zur nächsten zu ziehen. Doch auch die Nachricht, es solle ein Lehrstuhl für tierischen Magnetismus eingerichtet und mit Karl Christian Wolfart (1778–1832) besetzt werden, brachte Unruhe in die Fakultät. Diese von Franz Anton Mesmer (1734–1815) in den 1770er Jahren propagierte Methode hatte zwar schon mancher seiner aufgeklärten Zeitgenossen als Scharlatanerie kritisiert, doch unter dem Einfluss der Naturphilosophie erlebte sie jetzt eine Renaissance. Wolfarts „magnetische Praxis" gehörte zu den Sehenswürdigkeiten der Stadt. Als Modearzt verkehrte er mit den Vertretern der gebildeten Kreise, mit Heinrich v. Kleist, Joseph v. Eichendorff, Achim v. Arnim, v. Savigny, Schleiermacher. Wolfart wurde schließlich 1817 gegen den Willen der Fakultät Professor.

Schon ein Jahr vorher war mit David Ferdinand Koreff (1783–1851) per Kabinettsorder ein anderer Vertreter der Naturphilosophie der medizinischen Fakultät aufoktroyiert worden. Koreff verkehrte in literarischen Kreisen, war Mitglied des Freundeskreises um E. T. A. Hoffmann, Hausarzt von Wilhelm v. Humboldt und der Vertraute des Staatskanzlers Karl August v. Hardenberg (1750–1822), der ihm die Professur verschaffte. Glücklich aber wurde Koreff damit nicht. Vor allem der Anatom Karl Asmund Rudolphi (1771–1832) bot ihm hartnäckig die Stirn: „Unwissenheit heißt die Mutter der mehrsten naturphilosophischen Schriften" (Rudolphi 1812, S. 41). Als Hardenberg Koreff wegen eines diplomatischen Fauxpas 1822 fallen ließ, ging Koreff nach Paris.

Inzwischen hatte auch die Anziehungskraft des Magnetiseurs Wolfart nach einer undurchsichtigen Affäre um eine Patientin, eine Enkelin von Feldmarschall Blücher, erheblich nachgelassen. Damit hatte die naturphilosophische Fraktion zwei wichtige Exponenten verloren. Die Naturphilosophie geht auf den jungen Friedrich Wilhelm Schelling (1776–1854) zurück und hat in den ersten 30 Jahren des 19. Jahrhunderts die Theorienbildung in der Medizin entscheidend bestimmt. Ihre Anhänger versuchten, die Medizin aus einem generellen Prinzip systematisch abzuleiten. Hufeland, als einer ihrer einflussreichsten Vertreter, war Vitalist und vermutete hinter allen Lebensvorgängen das Walten einer allgemeinen Lebenskraft. Er blieb weiter in der Stadt wirksam.

Doch die Naturphilosophie hatte ihre große Zeit hinter sich. Der Philosoph und Naturforscher Henrich Steffens (1773–1845), 1832 auf einen Lehrstuhl der philosophischen Fakultät in Berlin berufen, registrierte: Während vor 20 Jahren begeisterte Mediziner sein Katheder umgaben, waren seine eifrigsten Hörer nun die Theologen.

> Der Maaßstab wissenschaftlicher Bestrebungen, der bei einer jeden Beurtheilung in Berlin angelegt wurde, konnte mir nicht günstig sein. [...] Die großen Entdeckungen einerseits in der Physik, dann in der Geologie, endlich in der comparativen Physiologie, hatten einen jeden Keim spekulativer Ansichten erstickt, und die Naturphilosophie ward als ein willkürliches, phantastisches Spiel betrachtet, welches vielleicht hier und da ein dichterisches, keineswegs ein wissenschaftliches Interesse erregen konnte (Steffens 1844, S. 290–291).

1 Aufbau der wissenschaftsorientierten Medizin

Dem Ruf nach mehr Wissenschaft und weniger Philosophie und Empirie, der sich mittlerweile unter den jüngeren Medizinern regte, versuchte die Universität bei Neuberufungen Rechnung zu tragen. Mit Johannes Müller (1801–1858) wurde 1833 ein Mann auf den Lehrstuhl für Physiologie und Anatomie berufen, der als Student zwar mit naturphilosophischen Ideen geliebäugelt, sich davon aber inzwischen weitestgehend befreit hatte. Stattdessen vermittelte er in seinen Vorlesungen nun Erkenntnisse der Experimentalphysiologie und exakte Methoden. Müller brachte außerdem seinen Schüler Jacob Henle (1809–1885), einen exzellenten Mikroskopiker, mit. Albert von Kölliker (1817–1905), später Professor für Anatomie und Physiologie, beschreibt in seinen Lebenserinnerungen den prägenden Eindruck dieser neuen Art der Lehre:

> Ein Wendepunkt in meinem Leben war Berlin, an welcher Universität ich 3 Semester, vom Herbst 1839 an bis zum Frühling 1841 zubrachte. Hier waren es vor allem Johannes Müller und Jakob Henle, deren Einfluss ein mächtiger war. [...] Ich sehe noch den schmalen langen Vorplatz im Universitätsgebäude neben seinem Hörsaale, in dem Henle in Ermangelung eines anderen Raumes für Demonstrationen, an wenigen, kaum 5 oder 6 Mikroskopen uns die einfachsten, aber in ihrer Neuheit so imponierenden Sachen, Epithelien, Epidermisschüppchen, Flimmerzellen, Blutkörperchen, Eiterzellen, Samentierchen, dann Zupfpräparate von Muskeln, Sehnen, Nerven, Schnitte von Knorpeln, Schliffe von Knochen u.s.w. vorwies und erläuterte, alle Teile selbstverständlich ganz und gar in ihren natürlichen Verhältnissen und ungefärbt. Jetzt wo der jüngste Mediziner schon alles das und viel mehr aus Abbildungen aller Art kennt und die Thatsachen des feinsten Baues des Körpers schon im Gymnasium in aller Munde sind, kann sich nicht leicht einer eine Vorstellung des Ein-

drucks machen, den damals das erste Erblicken eines Blutstropfens, eines Flimmersaumes, eines Knochenschliffes, einer quergestreiften Muskulatur auf den Studierenden machte und bleibt das Erleben solcher Eindrücke jedem zeitlebens in Erinnerung (Kölliker 1899, S. 8).

Eine weitere wegweisende Neubesetzung war 1840 die Berufung von Johannes Lukas Schönlein (1793–1864) zum Ordinarius und Direktor der Medizinischen Klinik. Er führte die moderne, wissenschaftliche Methode in die Diagnostik ein: Auskultation, Perkussion, Urin- und Blutanalysen, mikroskopische Untersuchungen. Dokumentierte Krankheitsverläufe wurden die Voraussetzung für einen objektiven Befund als Basis für die Diagnose, die ggf. durch eine Obduktion zu kontrollieren ist. Schönlein setzte durch, dass er seine Vorlesung nicht mehr in Latein, sondern auf Deutsch halten durfte – auch dies ein Zeichen dafür, dass in der Medizin klassische Bildung gegenüber naturwissenschaftlicher Methodik an Bedeutung verlor.

Müller und Schönlein werden oft als Begründer der *Berliner Schule* bezeichnet (z. B. Fischer-Homberger 1977, S. 98). Ihr methodenbasierter Ansatz teilte sich den Studenten als etwas Neues, Zukunftsweisendes mit und versetzte sie in Begeisterung. Der Ruf der Berliner Medizinischen Fakultät verbreitete sich und zog Talente an. Um Müller und Schönlein bildete sich bald ein Kreis hochbegabter Schüler, die hier ihre ersten wissenschaftlichen Erfahrungen sammelten: Rudolf Virchow, Hermann v. Helmholtz, Robert Remak, Emil du Bois-Reymond, Albrecht v. Graefe, Carl Ludwig, Ernst Brücke, Joseph Meyer. Sie und weitere haben die Auffassung von einer, auf physiologischen und pathologischen Grundlagen beruhenden, wissenschaftlichen Medizin in die Welt hinausgetragen und weiter verbreitet. Aus diesem Kreis kam auch eine wichtige Entdeckung, die der Ausgangspunkt für ein epochales Werk wurde: der Müller-Schüler Theodor Schwann (1810–1882) formulierte 1839 die Theorie, dass Tiere – wie Pflanzen – aus Zellen bestehen.

2 Die *Gesellschaft für wissenschaftliche Medizin* und der junge Rudolf Virchow

Ein Ausdruck der bewussten Positionierung der neuen Medizinergeneration war auch die Gründung der *Gesellschaft für wissenschaftliche Medizin* im Dezember 1844 durch 18 jüngere Ärzte unter dem Vorsitzenden Friedrich Körte (1818–1914). Die Mitglieder trafen sich alle drei Wochen montags von 7 bis 9 Uhr in einem Vereinslokal zu einer Sitzung, bei der ausschließlich sichere, auf Tatsachen begründete Beobachtungen vorgetragen werden durften. Vage Hypothesen waren verboten. Der Anspruch an die Mitarbeit war hoch: von jedem wurden regelmäßig

Beiträge erwartet, wer dreimal ohne Entschuldigung fehlte, galt als ausgetreten. Die Vortragenden gehörten zu den besten Männern aus Universität und Praxis, aus diesem Kreis wurden die Mitglieder gewählt.

Bald tauchte ein Name immer häufiger im Programm auf: der des jungen Rudolf Virchow (1821–1902). Virchow hatte 1843 bei Müller promoviert. Er wurde 1846 Prosektor an der Charité und habilitierte sich 1847. Virchow gehörte zu den wenigen genialen Menschen, die eine Sache bis in die Tiefe erfassen, sobald sie diese in Augenschein nehmen, um dann, unbeeindruckt von ihrer Umgebung, voranzuschreiten und neue Wege zu zeigen. Schon der 23-Jährige machte als Festredner bei der Jubiläumsfeier des militärärztlichen *Friedrich-Wilhelms-Instituts* mit einem Plädoyer für die Medizin als angewandte Naturwissenschaft von sich reden. Während der Märzrevolution 1848/49 gehörte er unter den Medizinern zu den führenden Köpfen. Seine politische Aktivität führte zu Spannungen mit der vorgesetzten Behörde, die Virchow, wenn auch widerstrebend, veranlassten, einen sehr vorteilhaften Ruf nach Würzburg anzunehmen. Allerdings musste er zusichern, sich dort jeglicher agitatorischer Tätigkeit zu enthalten.

So wurde die Zeit in Würzburg für Virchow die wissenschaftlich fruchtbarste seines Lebens. Im Jahr 1856 kehrte er als Professor für Pathologie nach Berlin zurück und wurde mit offenen Armen empfangen. Die *Gesellschaft für wissenschaftliche Medizin* wählte ihn 1857 zu ihrem Vorsitzenden. Von Februar bis April 1858 stellte er dann in 20 Vorlesungen sein berühmtestes Werk vor: *Die Cellular-Pathologie in ihrer Begründung auf physiologische und pathologische Gewebelehre* (Virchow 1862).

3 „Omnis cellula e cellula" – Virchows Verständnis von Gesundheit und Krankheit

Aufbauend auf der Entdeckung der tierischen Zellen durch Schwann postulierte Virchow, dass die Zelle die Grundeinheit des Lebens sei und jede (pflanzliche, tierische und menschliche) Zelle direkt von einer anderen abstamme. Damit stehen fortan die Zellen im Mittelpunkt seiner forschenden Aufmerksamkeit: Sie sind die Grundelemente des Lebens; ihre dynamischen Wechselwirkungen bestimmen über Krankheit und Gesundheit; sie sind der Ort krankhafter Veränderungen. Krankheit wird damit zu einer Störung der physiologischen Abläufe der Zellen, die mit naturwissenschaftlichen Untersuchungsmethoden beobachtet und analysiert werden kann. Seine epochemachende These „Omnis cellula e cellula" („Jede Zelle entsteht aus einer Zelle") verlegt also den Ursprung des Lebens und der *vis vitalis*, der Lebenskraft, in die einzelne Zelle. Damit aber formulierte Virchow einen radikalen Bruch mit religiös und kulturell geprägten Vorstellungen vom Ursprung des Lebens – etwa der bis dato vorherrschenden Ansicht, Zellen entstünden aus einer Art unförmigem Urschleim (dem so genannten Blastem).

Mit seinem Konzept der Cellular-Pathologie legte Rudolf Virchow gleichzeitig die Grundlage für ein neues Verständnis von Gesundheit und Krankheit, das auch in der heutigen biomedizinischen Forschung und Versorgung nichts von seiner Gültigkeit verloren hat: Ohne funktionelle Zellbiologie sind die Teilgebiete Genomik, Proteomik, Metabolomik und das moderne Konzept der Biomarker nicht denkbar (Fischer & Ganten 2021). Doch während Virchow noch mit dem Mikroskop nach auffälligen oder abweichenden Strukturen auf und zum Teil in Zellen suchen musste, stehen der modernen Zellanalyse ungleich detailliertere und sensiblere Techniken zur Verfügung, um Phänomene auf molekularer oder sogar atomarer Ebene zu erfassen. So erlauben die gegenwärtig verfügbaren Methoden (z. B. Radbruch 2020) Einblicke in die molekularen Strukturen und funktionellen Prozesse von Zellen, die zur Zeit Virchows unvorstellbar waren. Nach wie vor aber gelten Zellen als die Grundeinheiten des Lebens.

Heute lassen sich aus der Analyse einer einzigen Zelle so viele Daten gewinnen, dass diese nur noch mit Hilfe moderner Informationstechnologien und Techniken des maschinellen Lernens interpretiert werden können. Die neuen diagnostischen Möglichkeiten sind heutzutage noch gar nicht zu überblicken. Sicher aber ist, dass die Medizin der Zukunft nicht mehr darauf warten wird, bis ein Mensch mit Schmerzen – d. h. häufig schon zu spät – zum Arzt geht. Neue Technologien wie das *Single Cell Sequencing* und die daran anschließenden Analysen können Funktionsstörungen oder abweichende Entwicklungen bereits auf zellulärer Ebene aufzeigen, d. h. bevor diese zu klinischen Symptomen führen, die dann ganze Organe betreffen. So eröffnet sich hier eine naturwissenschaftlich fundierte Perspektive auf eine vorbeugende Medizin, die übrigens ganz im Sinne von Virchows Verständnis der „Medizin als sozialer Wissenschaft" sein dürfte. Denn erst dieses auf Zellbiologie und Biomarkern fußende Verständnis von Krankheit ermöglicht das frühzeitige Erkennen von Krankheitsrisiken und damit langfristig echte Prävention und *Global Health.*

Bereits zu Virchows Zeiten galt, dass es nicht ausreicht, wenn ein einzelner Kopf eine gute Idee hat. Für das Verwirklichen großer Einfälle und für das Einschätzen der Tragweite neuer Konzepte braucht es meist Zeit. Schon damals und heute vielleicht noch mehr braucht es aber auch Zusammenarbeit und internationale Kooperation – nebst den dafür nötigen Methoden, Strukturen und einer Finanzierung. Virchows Gedankensprung stellt einen Bruch mit bis dato etablierten Vorstellungen dar; für unser heutiges medizinisches Denken ist sein Konzept der Cellular-Pathologie selbstverständlich geworden. Doch für Virchows Zeitgenossen war es eine Erleuchtung, die Ordnung und Zusammenhang in bereits Beobachtetes brachte, wie es der französische Pathologe Victor André Cornil (1837–1908) schildert: „die Zellularpathologie war für uns eine regelrechte Offenbarung. Im Lichte der Zellschäden füllte sich die pathologische Anatomie mit Leben, trat mit der Physiologie in Verbindung und ließ uns die Entwicklung krankhafter Veränderungen verstehen“ (Cornil 1901). Ausgestattet mit einem Empfehlungsschreiben von Claude Bernard machte sich Cornil auf den Weg nach Berlin, um bei Virchow Histopathologie zu erlernen. Er blieb nicht allein, bald strömten Ärzte aus aller Welt zur Ausbildung in Virchows Labor.

Doch war die Pathologie nicht die einzige Attraktion im medizinischen Berlin der 1860er Jahre. Die *Chirurgische Universitätsklinik* stand seit 1848 unter der Leitung von Bernhard v. Langenbeck (1810–1887), einer Leitfigur der deutschen Chirurgie. Seine ausgefeilte, elegante Operationstechnik, noch in einer Ära erworben, in der es keine Narkose gab, zog Schüler aus dem In- und Ausland an. Er hat die bedeutendste deutsche Chirurgenschule hinterlassen. In seiner Privatklinik vor den Toren der Charité wirkte der Augenarzt Albrecht v. Graefe (1828–1870), auch er ein brillanter Operateur, der die Operationstechnik für Strabismus, Glaukom und Katarakt weitergebracht hat. Von Graefe führte den von Hermann v. Helmholtz entwickelten Augenspiegel in die Praxis ein.

Noch war Berlin nur preußische Hauptstadt, und die Preußen waren bekanntlich sparsam. Selbst einer Weltberühmtheit wie v. Langenbeck gelang es nicht, die zuständigen Stellen von der dringend erforderlichen Modernisierung der *Chirurgischen Universitätsklinik* zu überzeugen. Diese wurde erst nach der Reichsgründung 1871 in Angriff genommen: Der finanzielle Spielraum war durch die französischen Reparationszahlungen größer geworden, dies kam auch anderen medizinischen Einrichtungen Berlins zugute.

Bald wurde Berlin Zeuge einer neuen Ära: Am 24. März 1882 hielt Robert Koch (1843–1910) vor der *Berliner Physiologischen Gesellschaft* seinen epochalen Vortrag über den Erreger der Tuberkulose. Koch, seit 1880 am *Kaiserlichen Gesundheitsamt*, wurde 1885 Direktor des *Instituts für Hygiene* der *Friedrich Wilhelms Universität*. Am 4. Oktober 1890 stellte er vor dem *10. Internationalen Medizinischen Kongress* in Berlin seine Befunde über die antituberkulöse Wirksamkeit von Tuberkulin vor und löste damit eine beispiellose Pilgerwanderung von Tuberkulosekranken nach Berlin aus. Auch um Koch scharte sich ein Kreis begabter Schüler: Emil v. Behring und Paul Ehrlich, Mitbegründer der modernen Immunologie (Kaufmann 2019), aber auch Friedrich Loeffler, Richard Pfeiffer, August v. Wassermann, Bernhard Nocht, um nur einige zu nennen.

Inzwischen waren seit der Gründung des deutschen Reichs nahezu 30 Jahre vergangen, in denen sich die Einwohnerzahl Berlins mehr als verdoppelt hatte. Dieses explosionsartige Wachstum war hauptsächlich auf Zuzug zurückzuführen, denn als Hauptstadt mit einem großen Dienstleistungssektor und als bedeutender

Industriestandort übte Berlin eine beträchtliche Anziehungskraft auf auswärtige Arbeitskräfte aus. Wenn stadthygienische Maßnahmen und die medizinische Versorgung der Bevölkerung weitgehend mit dieser rasanten Entwicklung Schritt hielten, war dies zum großen Teil Virchow zu verdanken, der sich um Planung und Ausführung städtischer Krankenhäuser genauso verdient gemacht hat wie u. a. um die Errichtung der Kanalisation. Dafür ernannte die Stadt Berlin ihn 1891 zu ihrem Ehrenbürger.

Rudolf Virchow und Robert Koch sind Jahrhundertgestalten der Wissenschaft; der eine gab der Krankheitslehre mit der Zellularpathologie ein tragfähiges Grundkonzept, der andere erschloss der Medizin mit der Bakteriologie ein neues Gebiet. Beide wirkten über ca. 20 Jahre gemeinsam in Berlin, wenn auch nicht immer einvernehmlich. Sie zogen die Blicke der wissenschaftlichen Welt auf die Stadt; doch sie waren nicht allein. Berlin war inzwischen zum Treffpunkt der Mediziner von Weltrang geworden, Ordinariate und Chefarztpositionen waren heißbegehrt und wurden als Höhepunkt der Laufbahn angesehen (für eine Übersicht vgl. Ebstein 1923). An der Wende zum 20. Jahrhundert leitete Ernst v. Bergmann die chirurgische Klinik der Universität, Ernst v. Leyden und Carl Gerhardt standen den beiden medizinischen Kliniken der Charité vor, Direktor der Gynäkologie war Adolf Gusserow, der Universitätsfrauenklinik Robert v. Olshausen. Otto Heubner war Ordinarius für Kinderheilkunde an der Charité, Wilhelm v. Waldeyer lehrte und forschte in der Anatomie, Max Rubner leitete das Hygienische Institut und Oskar Liebreich, der 1869 mit dem Chloralhydrat das erste moderne Schlafmittel entdeckt hatte, das Pharmakologische Institut. Emil Warburg las Experimentalphysik, Emil Fischer (Nobelpreis für Chemie 1902) organische Experimentalchemie für die Medizinstudenten.

Medizinische Kapazitäten waren jedoch nicht nur in den Universitätsklinika und staatlichen Instituten, sondern auch an städtischen und konfessionellen Kliniken zu finden. Am *Augusta-Hospital* war der Neurochirurg Fedor Krause tätig, im *Krankenhaus der Jüdischen Gemeinde* der Chirurg James Israel, im *Krankenhaus Friedrichshain* leitete Paul Fürbringer die Innere Abteilung, im *Krankenhaus Am Urban* war Werner Körte Chef der Chirurgie und Prosektor war der berühmte Pathologe Karl Benda. Daneben gab es, vor allem im „Medizinischen Viertel" rund um die Charité, zahlreiche von bekannten Spezialisten geführte Privatkliniken: die gynäkologischen Kliniken der Gebrüder Landau, von Paul Strassmann und Alfred Dührssen, die dermatologische Klinik von Oscar Lassar und die neurologische von Hermann Oppenheim seien hier beispielhaft genannt.

An all diesen Stätten wirkten, neben Assistenten und Studenten, Gäste aus dem In- und Ausland, die an den Arbeiten teilnahmen und später in ihre Heimat zurückkehrten, um dort im Geist der *Berliner Schule* weiter tätig zu sein. Das medizinische Berlin war ein hochkompetitives Feld, auf dem sich nur behaupten konnte, wer Leistungen und Erfolge vorzuweisen hatte. Der Schauplatz, auf dem dies Kräftemessen stattfand, wo wissenschaftliche Ergebnisse diskutiert, bewertet, gutgeheißen oder verworfen wurden, waren die Sitzungen der *Berliner Medizinischen Gesellschaft.*

4 Die *Berliner Medizinische Gesellschaft*

Die *Berliner Medizinische Gesellschaft* war aus der Vereinigung der *Gesellschaft für wissenschaftliche Medizin* (Vorsitzender Virchow) mit dem 1858 gegründeten *Verein Berliner Ärzte* (Vorsitzender v. Graefe) hervorgegangen (Artelt 1956). Beim Zusammenschluss im Oktober 1860 hatte die Gesellschaft 204 Mitglieder. Man traf sich anfangs in Vereinslokalen, später im Postfuhramt in der Oranienburger Straße, bis 1892 das von der *Deutschen Gesellschaft für Chirurgie* neben der chirurgischen Universitätsklinik in der Ziegelstraße erbaute Langenbeckhaus auch der *Berliner Medizinischen Gesellschaft* eine feste Heimstatt bot. Schon bald wurde dieses Gebäude den beiden Gesellschaften zu klein und sie errichteten in der Luisenstraße gemeinsam das 1915 fertiggestellte *Langenbeck-Virchow-Haus.*

Den Vorsitz führte bis zu seinem frühen Tod 1870 Albrecht v. Graefe, dann Bernhard v. Langenbeck und ab 1882, bis zu seinem Tode 1902, der gestrenge Virchow. Ihm folgte bis 1907 der Chirurg Ernst v. Bergmann. Die Sitzungen fanden im Winter wöchentlich, im Sommer zweiwöchentlich statt, im Mittel kam man auf 30 Sitzungen im Jahr. Das Auditorium bestand regelmäßig aus mehreren Hundert Zuhörern, denn die Gesellschaft wuchs schnell und hatte 1900 mehr als 1200 Mitglieder. Dazu gehörte nahezu jeder, der im medizinischen Berlin Rang und Namen hatte, die größte Fraktion aber bildeten niedergelassene Ärzte. Man ging in die Sitzungen der Gesellschaft, um das Neueste aus Forschung und Klinik zu hören, denn hier wurden Ergebnisse vorgetragen, die noch nicht publiziert waren. Wer vor diesem Forum sprach, wusste, dass sich Kenner der Materie im Saal befanden. So wurde in wochenlanger Auseinandersetzung um die Bewertung des Behringschen Diphtherieserums und der Kochschen Tuberkulintherapie oder um die Frage nach Indikationsstellung und richtigem Zeitpunkt für eine Appendektomie gerungen. Die Debatte wurde mitstenographiert, und da in Berlin viele der besten medizinischen Köpfe versammelt waren und jeder zu Wort kam, der zu dem Thema etwas beitragen konnte, lesen sich die Sitzungsprotokolle wie gute Übersichtsarbeiten, die Argumente und Gegenargumente sorgsam wiedergeben.

Virchow ragt als der Vorsitzende hervor, der der *Berliner Medizinischen Gesellschaft* die markanteste Prägung gab. Er wachte über ihre Debatten, sorgte dafür, dass vom Pfad der Wissenschaftlichkeit nicht abgewichen wird und

Schwachstellen in der Argumentation unerbittlich offengelegt wurden. Geschickt wusste er die Energien der Gesellschaft dahin zu leiten, wo sie am wirksamsten waren.

5 Virchows Antagonismus zur Bakteriologie

Bedauerlicherweise verstand sich Virchow nicht gut mit Robert Koch. Die beiden großen Männer hatten seit ihrer ersten Begegnung eine Abneigung gegeneinander, und so kam es, dass Koch 1882 seinen berühmten Vortrag über die Entdeckung des Tuberkelbazillus nicht vor der *Berliner Medizinischen Gesellschaft*, sondern vor der sehr viel kleineren *Berliner Physiologischen Gesellschaft* hielt. Möglich, dass der weltberühmte Virchow in dem genialen Koch einen Konkurrenten sah, der den Stellenwert der Bakteriologie überschätzte und mit den Leistungen anderer Disziplinen auch die Virchowsche Zellularpathologie ungerechtfertigt in die zweite Reihe verwies. Virchow stand mit seinen Vorbehalten gegenüber den Bakteriologen auch nicht allein; es hatten sich vielmehr zwei Lager gebildet, zwischen denen es immer wieder zum Schlagabtausch kam.

Bei aller Voreingenommenheit gegen die Bakteriologen erkannte Virchow aber echte medizinische Durchbrüche blitzschnell, wie die heftige Diskussion über die Wirksamkeit des Behringschen Diphtherieserums zeigt.

Nachdem Emil v. Behring (1854–1917) Ende 1890 publiziert hatte, dass die Immunität gegen Diphtherie und Tetanus durch Serum von einem Tier auf das andere übertragen werden kann, lag es nahe, diese Methode auch beim Menschen zu versuchen. Das von Behring selbst entwickelte Serum gegen Diphtherie (Kaufmann 2017) ging im August 1894 bei den Farbwerken Hoechst in Produktion. In Berlin war auch Hans Aronson (1865–1919) bei der Firma Schering die Herstellung eines Diphtherieserums gelungen; es wurde ab März 1894 im *Kaiser-und-Kaiserin-Friedrich-Kinderkrankenhaus* erprobt.

Ende November 1894 kam es dann anlässlich eines Referats des Pathologen David Paul Hansemann (1858–1920) vor der *Berliner Medizinischen Gesellschaft* (Hansemann 1895) zu einer spektakulären Auseinandersetzung. Hansemann behauptete, es fehle der Beweis, dass das Heilserum ein spezifisches Heilmittel gegen Diphtherie sei, eine Haltung, die auch von anderen „Bakteriologie-Skeptikern" geteilt wurde. Doch diesmal hatten sie Virchow nicht auf ihrer Seite.

Virchow legte bei der Diskussion dieses Vortrages am 5. Dezember 1894 die Diphtherie-Statistik des *Kaiser-und-Kaiserin-Friedrich-Kinderkrankenhauses* vor. Vom 3. Juni bis 4. August 1894 war das von der Firma Schering kostenlos zur Verfügung gestellte Diphtherieserum angewendet worden; in dieser Periode wurden 72 Kinder geheilt, 10 waren gestorben (Abb. 1, obere Tabelle). Dann starben die

3.	Juni	bis	9.	Juni	geheilt	13,	gestorben	1,
10.	„	„	16.	„	„	9,	„	1,
17.	„	„	23.	„	„	6,	„	2,
24.	„	„	30.	„	„	10,	„	1,
1.	Juli	bis	7.	Juli	„	12,	„	1,
8.	„	„	14.	„	„	6,	„	1,
15.	„	„	21.	„	„	6,	„	2,
22.	„	„	28.	„	„	7,	„	1,
29.	„	„	4.	Aug.	„	3,	„	0.
12.	Aug.	bis	18.	Aug.	geheilt	5,	gestorben	7,
19.	„	„	25.	„	„	6,	„	8,
26.	„	„	1.	Sept.	„	6,	„	6,
2.	Sept.	„	8.	„	„	5,	„	11,
9.	„	„	15.	„	„	5,	„	5,
16.	„	„	22.	„	„	8,	„	12,
23.	„	„	29.	„	„	13,	„	6.

Abb. 1: Sterblichkeit der an Diphtherie erkrankten Kinder im Kaiser-und-Kaiserin-Friedrich-Kinderkrankenhaus (Direktor: Adolf Baginsky) im Sommer 1894 unter Anwendung des von Emil v. Behring entwickelten Antitoxins. Virchow stellt die Ergebnisse bei der Berliner Medizinischen Gesellschaft vor: „Sie wissen ja, dass in dieser Zeit Herr Dr. Aronson in der Lage war, Heilserum zu liefern, welches er in der Schering'schen Fabrik hergestellt hatte. Dieses Heilserum hatte sich vortrefflich bewährt" (Berliner medicinische Gesellschaft 1895a, S. 237). (Siehe obere Tabelle)

„Anfang August oder Ende Juli ging das eine der benutzten Pferde plötzlich durch einen Wirbelbruch zu Grunde, ein anderes starb auf andere Weise, – kurz, es war im Augenblick die Quelle für die Gewinnung von neuem Serum in der Schering'schen Fabrik verschlossen. Nunmehr beginnt die andere Periode, wo fast sämmtliche an Diphtherie leidende Kinder, die im Krankenhaus waren, nicht injicirt sind" (Berliner medicinische Gesellschaft 1895a, S. 237). (Siehe untere Tabelle)

beiden Pferde, die das Serum lieferten, so dass vom 12. August bis zum 29. September kein Serum vorhanden war; ohne Serumgabe wurden 48 Kinder geheilt, 55 starben (Abb. 1, untere Tabelle). Ende September kam Virchow nach Berlin zurück, nahm Einsicht in die Krankenberichte und stellte umgehend Mittel zum Ankauf des Behringschen Serums zur Verfügung. Unter dessen Anwendung wurden vom 14. Oktober bis zum 30. November 110 Kinder geheilt, nur vierzehn verstarben.

„Alle die theoretischen Betrachtungen, die sich sonst an die blossen Thierexperimente und an die anatomischen Verhältnisse knüpfen, müssen zurücktreten gegenüber diesen, wenn ich so sagen soll, brutalen Zahlen, die so eindringlich sprechen, dass sie meiner Meinung nach alle Widersprüche zurückschlagen", so Virchow (Berliner medicinische Gesellschaft 1895a, S. 238). Damit hatte sich die führende Autorität der deutschen Medizin, trotz der noch vielen offenen Fragen bezüglich Dosierung, Dauer der Immunität, schädlicher Wirkungen, eindeutig zum Behringschen Diphtherieserum bekannt.

In seinem Schlusswort beklagte Hansemann, dass die Bakteriologen der Diskussion, wie üblich, ferngeblieben wären: „Denn die Erfahrung hat uns doch das gezeigt: alle die wichtigen Fragen, die die Medicin bewegt haben, sind durch unsere Gesellschaft gegangen, sind hier zum Theil bestätigt und auch zum Theil widerlegt worden" (Berliner medicinische Gesellschaft 1895b, S. 283).

Die Debatte nahm drei Abende in Anspruch. Die Sitzungsprotokolle wurden in der Berliner Klinischen Wochenschrift veröffentlich sowie, jahrgangsweise zusammengefasst, als *Verhandlungen der Berliner Medizinischen Gesellschaft* in Buchform herausgegeben (Laschinski & Roots 2018). Sie waren sehr geschätzt, wurden weltweit gelesen und finden sich noch heute in den Archiven der Universitätsbibliotheken rund um den Globus als Zeugnis für die zentrale Stellung, die Berlin in der Medizin für etliche Jahrzehnte innehatte.

Es war deshalb nicht übertrieben, als Virchow 1885 beim 25-jährigen Jubiläum verkündete, dass die *Berliner Medizinische Gesellschaft* die Stelle einnehme, die anderswo eine Akademie innehabe. Er selbst hat, wie kein anderer Vorsitzender, zu dieser hohen Qualität beigetragen. Als die Welt 1901 seinen 80. Geburtstag feierte, verehrte man in ihm den Mann, der ein halbes Jahrhundert Medizingeschichte maßgeblich geprägt hat (Dhom 2003).

6 Virchow 2.0: Von der Einzelzellanalyse zum *Berlin Cell Hospital*

Doch auch heute noch gilt Rudolf Virchow als der wichtigste Begründer der modernen Medizin.

Dafür gibt es zwei Gründe: Erstens ist das durch ihn geprägte wissenschaftliche und evidenzbasierte Verständnis von Gesundheit und Krankheit bis in die heutige Zeit maßgeblich geblieben für die medizinische Versorgung und die biomedizinische Forschung. Zweitens entspringen seinem Zell-zentrierten Verständnis des Lebens auch heute noch neue Strukturen der Gesundheitsversorgung (Fischer & Ganten 2021). Der Ausdruck „Virchow 2.0" verweist darauf, dass die von Rudolf Virchow etablierten Grundsätzen der Zelltheorie und Zytologie angesichts der enormen technischen Fortschritte bei der Identifikation, Isolierung, Beobachtung und Analyse einzelner lebender Zellen heute aktueller sind als je zuvor (Helmstetter et al. 2015; Manz et al. 1995; Muñoz et al. 2021; Peine et al. 2013; Radbruch 2020). Neu entwickelte Technologien ermöglichen es heute der biomedizinischen Forschung, mit Hilfe von Einzelzellanalysen den Weg nachzuzeichnen, den einzelne in ihren Funktionen gestörte, d. h. kranke Zellen nehmen, und der schließlich zu systemischen Problemen und letztlich zu einer Krankheit führt, unter der ein Patient leidet. Tatsächlich repräsentiert die Analyse einzelner Zellen mit ihren individuellen Eigenschaften – Einzelzelltechnologien – derzeit die medizinische Spitze des wissenschaftlichen Fortschritts (Alliance for Regenerative Medicine 2020; Karaiskos et al. 2017; Pennisi 2018; Walter & Schickl 2019). Berliner Wissenschaftler waren hier maßgeblich am Aufbau des generellen *Human Cell Atlas* (Plass et al. 2018) und auch bei spezifischeren Projekten, die einzelnen Organe betreffen wie z. B. der *Human Cardiac Cell Atlas*, beteiligt. Diese in Berlin gebündelte Expertise führte in Zusammenarbeit mit der *Charité –Universitätsmedizin Berlin* zu Plänen, ein *Berlin Cell Hospital* ins Leben zu rufen (Fischer & Ganten 2021). Hierbei handelt es sich um einen neuen Krankenhaus-Typ, der den jüngsten wissenschaftlichen Stand moderner Zellbiologie für Diagnose und Therapie nutzt und eng an eine Zell-Bank angegliedert ist, die verschiedenste Zelltypen abrufbar hält. Ein wichtiges Ziel wäre hier, spezielle Zellen zur Heilung von Krankheiten zu erzeugen, z. B. für CAR-T-Zell-Therapien (Buchholz et al. 2018; DGHO 2020; Die forschenden Pharma-Unternehmen 2019; Li et al. 2019; Siegmund-Schultze 2019; Singh & McGuirk 2020; Wörmann 2020). Ein weiterer Meilenstein in diesem Zusammenhang ist *LifeTime*, eine Initiative, die von mehr als 200 internationalen Wissenschaftlerinnen und Wissenschaftlern initiiert wurde (Rajewsky et al. 2020). Durch interdisziplinäre Zusammenarbeit möchte *LifeTime* Technologien entwickeln, mit deren Hilfe man einzelne menschliche Zellen während der Entstehung einer Krankheit verfolgen kann. Das Ziel ist, den Einfluss dieser Zellen auf das Krankheitsgeschehen zu verstehen, um dann ihr Verhalten in Richtung auf gesunde oder gar heilende Prozesse umlenken zu können. So wird die einzelne Zelle zum Kristallisationspunkt für die Medizin von morgen – Rudolf Virchow würde sich freuen.

Literatur

Alliance for Regenerative Medicine (2020): *Advancing Gene, Cell, & Tissue-Based Therapies. ARM Annual Report & Sector Year in Review: 2019.* https://alliancerm.org/sector-report/2019-annual-report, besucht am 5. 2. 2021.

Artelt, Walter (1956): „Die Berliner Medizinische Fakultät". In: *Ciba-Zeitschrift* 78, S. 2569–2608.

Berliner medicinische Gesellschaft (1895a): „Discussion über den Vortrag des Herrn Hansemann vom 28. November: Diphtherie und Diphtherieheilserum". In: Berliner medicinische Gesellschaft (Hrsg.): *Verhandlungen der Berliner medicinischen Gesellschaft aus dem Gesellschaftsjahre 1894*, Bd. 25, Teil 1. Berlin: L. Schumacher, S. 232–242.

Berliner medicinische Gesellschaft (1895b): „Discussion über den Vortrag des Herrn Hansemann: Mittheilungen über Diphtherie und das Diphtherieheilserum (Fortsetzung)". In: Berliner medicinische Gesellschaft (Hrsg.): *Verhandlungen der Berliner medicinischen Gesellschaft aus dem Gesellschaftsjahre 1894*, Bd. 25, Teil 1. Berlin: L. Schumacher, S. 261–285.

Buchholz, Christian J./Hartmann, Jessica/Schüßler-Lenz, Martina et al. (2018): „CAR-T-Zell-Therapie: Aussichten und Risiken". In: *Dtsch Arztebl International* 115(7), S. 38.

Cornil, Victor André (1901): „Souvenirs d'autrefois". In: *Berliner Klinische Wochenschrift* 38, S. 1036.

DGHO (2020): *CAR-T-Zelltherapie. Qualitätsgesicherte Durchführung in Deutschland. Stand 5/2020.* Berlin: Deutsche Gesellschaft für Hämatologie und Medizinische Onkologie, https://www.dgho.de/publikationen/stellungnahmen/gute-aerztliche-praxis/car-t-zelltherapie/car-t-zellen-status-20200722.pdf, besucht am 5.2.2021.

Dhom, Georg (2003): „Rudolf Virchows Spuren in der Medizin nach 100 Jahren". In: *Der Pathologe* 24, S. 1–8.

Die forschenden Pharma-Unternehmen (2019): „Die Zukunft der T-Zell-Therapien". https://www.vfa-bio.de/vb-de/aktuelle-themen/forschung/zukunft-der-t-zell-therapien.html, besucht am 5.2.2021.

Ebstein, Erich (1923): *Ärzte-Memoiren aus vier Jahrhunderten.* Berlin: Julius Springer.

Fischer, Ernst Peter/Ganten, Detlev (2021): *„Die Idee des Humanen". Rudolf Virchow und Hermann von Helmholtz – Das Erbe der Charité.* Stuttgart: S. Hirzel.

Fischer-Homberger, Esther (1977): *Geschichte der Medizin* (2. Aufl.). Berlin: Springer.

Hansemann, David Paul (1895): „Mittheilungen über Diphtherie und das Diphtherie-Heilserum". In: Berliner medicinische Gesellschaft (Hrsg.): *Verhandlungen der Berliner medicinischen Gesellschaft aus dem Gesellschaftsjahre 1894*, Bd. 25, Teil 2. Berlin: L. Schumacher, S. 185–206.

Helmstetter, Caroline/Flossdorf, Michael/Peine, Michael et al. (2015): „Individual T Helper Cells Have a Quantitative Cytokine Memory". In: *Immunity* 42(1), S. 108–122.

Karaiskos, Nikos/Wahle, Philipp/Alles, Jonathan et al. (2017): „The Drosophila Embryo at Single-cell Transcriptome Resolution". In: *Science* 358(6360), S. 194–199.

Kaufmann, Stefan H. E. (2017): „Emil von Behring: Translational Medicine at the Dawn of Immunology". In: *Nature Reviews Immunology* 17(6), S. 341–343.

Kaufmann, Stefan H. E. (2019): „Immunology's Coming of Age". In: *Frontiers in Immunology* 10, S. 1–13.

Kölliker, Albert (1899): *Erinnerungen aus meinem Leben.* Leipzig: Wilhelm Engelmann.

Laschinski, Gabriele/Roots, Ivar (Hrsg.) (2018): *Das Entstehen der modernen Medizin. Vorträge vor der Berliner Medizinischen Gesellschaft von 1860 bis 1935.* Berlin: ABW-Wissenschaftsverlag.

Li, Dan/Li, Xue/Zhou, Wei-Lin et al. (2019): „Genetically Engineered T cells for Cancer Immunotherapy". In: *Signal Transduction and Targeted Therapy* 4(1), S. 1–17.

Manz, R./Assenmacher, M./Pfluger, E. et al. (1995): „Analysis and Sorting of Live Cells according to Secreted Molecules, Relocated to a Cell-surface Affinity Matrix". In: *Proc Natl Acad Sci U S A* 92(6), S. 1921–1925.

Muñoz, Melba/Hegazy, Ahmed N./Brunner, Tobias M. et al. (2021): „Th2 Cells Lacking T-bet Suppress Naive and Memory T Cell Responses via IL-10". In: *Proceedings of the National Academy of Sciences* 118(6), S. e2002787118.

Peine, Michael/Rausch, Sebastian/Helmstetter, Caroline et al. (2013): „Stable T-bet(+) GATA-3(+) Th1/Th2 Hybrid Cells Arise in vivo, Can Develop Directly from Naive Precursors, and Limit Immunopathologic Inflammation". In: *PLoS Biol* 11(8), S. e1001633.

Pennisi, Elizabeth (2018): „2018: Breakthrough of the Year. Development Cell by Cell. With a Trio of Techniques, Scientists Are Tracking Embryo Development in Stunning Detail". *Science Magazine.* https://vis.sciencemag.org/breakthrough2018/index.html, besucht am 5. 2. 2021.

Plass, Mireya/Solana, Jordi/Wolf, F. Alexander et al. (2018): „Cell Type Atlas and Lineage Tree of a Whole Complex Animal by Single-cell Transcriptomics". In: *Science* 360(6391), S. eaaq1723.

Radbruch, Andreas (2020): „Cell Sorting in Immunological Memory and the Past, Present and Future of Immunology". https://www.flowcytometry-news.com/category/edito/2020/04/07/cell-sorting-in-immunological-memory-and-the-past-present-and-future-of-immunology-interview-with-prof-dr-andreas-radbruch-scientific-director-german-rheumatism-research-centre-drfz/, besucht am 5. 2. 2021.

Rajewsky, Nikolaus/Almouzni, Geneviève/Gorski, Stanislaw A. et al. (2020): „LifeTime and Improving European Healthcare through Cell-based Interceptive Medicine". In: *Nature* 587(7834), S. 377–386.

Rudolphi, Karl Asmund (1812): „Peter Simon Pallas. Ein biographischer Versuch". In: Karl Asmund Rudolphi (Hrsg.): *Beyträge zur Anthropologie und allgemeinen Naturgeschichte.* Berlin: Haude und Spener, S. 1–79.

Siegmund-Schultze, Nicola (2019): „CAR-T-Zellen: Hoffnung und Hype". In: *Dtsch Arztebl International* 116(49), S. 2303.

Singh, Anurag K./McGuirk, Joseph P. (2020): „CAR T Cells: Continuation in a Revolution of Immunotherapy". In: *The Lancet Oncology* 21(3), S. e168-e178.

Steffens, Henrich (1844): *Was ich erlebte. Aus der Erinnerung niedergeschrieben.* Bd. 10. Breslau: Josef Mar und Komp.

Virchow, Rudolf (1862): *Vorlesungen über Pathologie. Die Cellular-Pathologie in ihrer Begründung auf physiologische und pathologische Gewebelehre.* Bd. 1. Berlin: August Hirschwald.

Walter, Jörn/Schickl, Hannah (2019): *Einzelzellanalyse in Forschung und Medizin. Eine Stellungnahme der interdisziplinären Arbeitsgruppe Gentechnologiebericht.* Berlin: Berlin-Brandenburgische Akademie der Wissenschaften, https://www.gentechnologiebericht.de/fileadmin/user_upload/Webseitendateien/Dokumente/BBAW_Einzelzellanalyse_A5_PDF-A1-b.pdf, besucht am 5. 2. 2021.

Wörmann, Bernhard (2020): „Struktur von CAR-T-Zell-Zentren". 34. Deutscher Krebskongress, Berlin, 19. Februar 2020. https://dkk.conference2web.com/#!contentsessions/42254, besucht am 5. 2. 2021.

Karl Sperling, Roman M. Marek, Frank Rühli, Nicole Bender, Antoine Flahault und Detlev Ganten

Ein holistisches Gesundheitskonzept: Die *Evolutionäre Medizin*

Abstract: *Evolutionary Medicine and its Holistic Concept of Health.* Recent years have seen tremendous advances in our understanding of biological processes on genomic, cellular, and evolutionary levels. We owe this progress in great part to modern genetic techniques, steady improvements in imaging technology, and ground-breaking molecular tools. These findings not only helped turning *Darwin's hypothesis on the origin of species* into an exact science, they also require us to integrate the complex interactions between biology, environment, and behavior into our ways of thinking. As a result, a new scientific rationale for a holistic concept of health and disease emerged: *Evolutionary Medicine.* The holistic approach of *Evolutionary Medicine* provides a new perspective on human biology: Why are people so frail, why do we get sick? Most importantly, it helps us comprehend how to better preserve health – as opposed to merely focusing on the treatment of diseases. For example, it is the misalignment between our evolutionary 'old' biology and our fast-changing, man-made environment (e.g., urbanization and nutrition with processed food) that helps to comprehend the emergence of civilization diseases.

1 Einleitung

Big Data, Digitalized Health, Artificial Intelligence, e-Health, Personalized Medicine, Evolutionary Medicine, One Health, Public Health und *Global Health* sind nur einige der Schlagworte, die einen Aufbruch in eine „Neue Medizin" verheißen

Karl Sperling, Interdisziplinäre Arbeitsgruppe „Zukunft der Medizin: Gesundheit für alle", Berlin-Brandenburgische Akademie der Wissenschaften; Institut für Medizinische Genetik und Humangenetik, Charité – Universitätsmedizin Berlin, Berlin, Deutschland; Geteilte Erstautorenschaft
Roman M. Marek, Interdisziplinäre Arbeitsgruppe „Zukunft der Medizin: Gesundheit für alle", Berlin-Brandenburgische Akademie der Wissenschaften; Geteilte Erstautorenschaft
Frank Rühli, Nicole Bender, Institut für Evolutionäre Medizin, Universität Zürich, Schweiz
Antoine Flahault, Institut de santé globale, Université de Genève, Genf, Schweiz
Detlev Ganten, Interdisziplinäre Arbeitsgruppe „Zukunft der Medizin: Gesundheit für alle", Berlin-Brandenburgische Akademie der Wissenschaften; World Health Summit, Charité – Universitätsmedizin Berlin, Berlin, Deutschland

 https://doi.org/10.1515/9783110713336-018

und globale Herausforderungen signalisieren. Tatsächlich führten in den letzten Jahrzehnten verbesserte technische Möglichkeiten, die z. B. die *Omics-Technologien* (*Genomics*, *Proteomics*, *Metabolomics* etc.) oder *Big Data*-Analysen bieten, zu bahnbrechenden Erkenntnissen über zelluläre und molekulare, letztlich aber auch die gesamte Tier- und Pflanzenwelt betreffende Zusammenhänge. Folge dieser Forschungsergebnisse war die Einsicht, dass wir alle Teil eines homöostatischen Netzwerkes sind, welches das Ergebnis eines langen evolutionären Prozesses ist, in dem endo- und exogene Faktoren aufs engste zusammenwirken (Ganten et al. 2009). Vor diesem Hintergrund muss das Phänomen „Krankheit" als Störung eines hochkomplexen homöostatischen Netzwerkes angesehen werden, das in jedem von uns unterschiedlich ausgeprägt ist. Entsprechend variabel sind individuelle Reaktionen auf Veränderungen in diesem reaktiven Netzwerk, entsprechend individuell sollte die medizinische Betreuung sein. Es geht dabei nicht wie in der traditionellen Medizin um die unmittelbaren Krankheitsursachen (*Wie kommt es zu einer Erkrankung?*), sondern um die grundlegende Ursache, die sich aus dem entwicklungsgeschichtlichen Kontext ergibt (*Warum tritt diese Krankheit zu diesem Zeitpunkt bei dieser Person auf?*). Diese neue Sichtweise ist die Sichtweise der evolutionären Medizin (*Evolutionary Medicine*).

Für die gesundheitliche Versorgung zieht die Sichtweise der evolutionären Medizin jedoch noch weitere, tiefergreifende Konsequenzen nach sich, die den Kern der Medizin betreffen: Die Entschlüsselung unserer DNA-Sequenz und die revolutionären neuen molekularen Einsichten in die Biologie und Herkunft des Menschen zwingen Medizin und Wissenschaft geradezu dazu, nicht nur eine immer individuellere, sondern gleichzeitig auch eine holistische Perspektive einzunehmen. Diese ganzheitliche Sichtweise dient 1.) als Grundlage der molekularen Anatomie, Physiologie und Pathologie und ermöglicht dadurch 2.) ein neues Verständnis pathophysiologischer Prozesse; erst durch sie nämlich lassen sich 3.) fachübergreifende Zusammenhänge aufzeigen, die 4.) eine neue Sicht auf Gesundheit und Krankheit eröffnen um 5.) neue Ansätze für Prävention und Therapie zu entwickeln (Brüne & Schiefenhövel 2019; Buselmaier 2015; Ganten & Nesse 2012; Gluckman et al. 2016; Nesse & Williams 1996; Rühli et al. 2016; Stearns & Koella 2008; Stearns & Medzhitov 2015; Trevathan et al. 1999). In Forschung, Lehre und Praxis ist eine ganzheitliche Betrachtung deshalb zwar höchst relevant, aber derzeit noch weit entfernt von ihrer Realisierung:

> Die praktizierte Medizin beschränkt sich [...] bislang auf die [proximaten] (unmittelbaren) Ursachen einer Krankheit, also auf die physiologischen, anatomischen und heute auch teilweise molekularen bzw. genetischen Voraussetzungen. Der Mensch wird dabei isoliert und nicht als Produkt einer 3 Mrd. Jahre langen Entstehungsgeschichte betrachtet. Die Folge: Grundlegende evolutionsbiologische Ursachen für Gesundheit und Krankheit werden erst gar nicht beachtet und damit nicht tiefgreifend verstanden (Buselmaier 2015, S. VII).

Nach den epochalen Fortschritten der Medizin im 19. und 20. Jahrhundert schien der Mensch dauerhaft die Oberhand gewonnen zu haben – vor allem im Kampf gegen Infektionskrankheiten. Doch vor allem die sich bei jeder neuen Antibiotikageneration mit geradezu ernüchternder Regelmäßigkeit wiederholende Entwicklung von Resistenzen zwang die wissenschaftliche Forschung dazu, evolutionäre Prozesse stärker zu berücksichtigen. Zugleich scheint sich das Auftreten neuer Pathogene zu häufen – die COVID-19 Pandemie stellt hier nur einen aktuellen, dramatischen Höhepunkt dar, dem weitere folgen werden (Kaufmann 2008).

Bei den damit verbundenen enormen globalen Herausforderungen ist Deutschland zwar in vielen Bereichen der Medizin führend, weist aber gleichzeitig gravierende Defizite auf. So wurde bereits erkannt, dass die IT-Infrastruktur insgesamt und speziell auch im Gesundheitswesen nicht annähernd auf dem Stand ist, der notwendig wäre, um im internationalen Wettbewerb zu bestehen. Zudem gibt es in Deutschland nicht nur gegenüber der Genetik, sondern auch gegenüber der Nutzung von Gesundheitsdaten eine Skepsis, sowohl in der Bevölkerung als auch in Fachkreisen. Dies führt dazu, dass die Erfassung von Daten (z. B. aus Krankenkassendaten und populationsbezogenen Vorsorge- und Früherkennungsuntersuchungen) bewusst *nicht* digital erfolgt und hierfür datenschutzrechtliche Gründe angeführt bzw. teilweise vorgeschoben werden. So werden große Chancen für die Versorgung vertan und aus unserer Sicht ist es unethisch, vorhandenes Wissen und Möglichkeiten bewusst nicht zum Wohle und für die Gesundheit einzusetzen. Der Schutz persönlicher Daten muss und kann dabei gewährleistet werden.

Ein weiteres, massives Defizit betrifft die Beteiligung am Genomprojekt und den damit einhergehenden technischen und bioinformatischen Entwicklungen sowie den Einsatz der Hochdurchsatzsequenzierung (HDS) in der medizinischen Diagnostik. So sind die Kosten für die Sequenzierung eines Genoms dank der HDS von 100 Mio. US $ im Jahr 2001 auf ca. 1.000 $ gesunken, die erforderliche Zeit konnte auf 50 Stunden reduziert werden (Saunders et al. 2012). Heute bereits verfügbare Sequenzierungssysteme werden die Kosten weiter reduzieren. England ist das erste Land weltweit, das 2018 die Sequenzierung des gesamten Genoms bereits in die Routinediagnostik eingeführt hat. Damit kann bei nahezu der Hälfte der Patienten mit Verdacht auf eine seltene genetisch bedingte Entwicklungsstörung eine molekulare Diagnose gestellt und eine oftmals jahrelange diagnostische Odyssee vermieden werden. Eine immer größere Bedeutung spielt die Genomsequenzierung auch für Tumorpatienten: Abgesehen von der Frage einer genetischen Disposition für bestimmte Tumore (Präventionsmedizin) geht es um die genetische Klassifizierung der Tumore im Hinblick auf eine individualisierte Krebstherapie. Wenn man bedenkt, dass die Grundlage der *Cancerogenese* (spontane) Mutationen sind (in Verbindung mit Selektionsprozessen), passt dies ebenfalls in den Rahmen der *Evolutionären Medizin.* Das *Bundesministerium für Gesundheit* plant jetzt im Rahmen von *genomDE* die Genommedizin in die Gesundheitsversorgung zu integrieren. Dies wird nach Ansicht der Bundesregierung

> zu einem tieferen Verständnis von Krankheitsmechanismen beitragen und neue Wege für die Diagnostik, Prävention und personalisierte Behandlung von Patientinnen und Patienten aufzeigen. Von diesen Entwicklungen werden nach Ansicht der Bundesregierung zunächst insbesondere Patientinnen und Patienten mit seltenen und onkologischen Erkrankungen profitieren (Deutscher Bundestag 2020, S. 2).

Es bleibt zu hoffen, dass es gelingt, im Rahmen von *genomDE* (Deutscher Bundestag 2020) den bestehenden Rückstand aufzuholen. Eine faktenbasierte Analyse des Erreichten, eine wissenschaftlich fundierte Abschätzung des Potentials der Hochdurchsatzmethoden (Farnaes et al. 2018; Gilissen et al. 2014) und der daraus entstehenden Daten sowie die öffentliche Kommunikation erscheinen aufgrund der Aktualität, der hierfür einzusetzenden Ressourcen und einer Koordinierung der Aktivitäten in Deutschland mehr als dringlich, worauf immer wieder hingewiesen wurde (Gießelmann 2019; Propping et al. 2010; Robinson et al. 2008; Ropers 2018; Ropers et al. 2015). Dabei sind es von allen *Omics-Technologien* vor allem die *Genomics*, d.h. die Genomforschung, die am meisten zum Paradigmenwechsel hin zur *Evolutionären Medizin* beigetragen haben (Ganten & Nesse 2012): Im Zentrum steht das Gen (Ganten et al. 2009).

2 Genetik und Genomik als Grundlagen der *Evolutionären Medizin*

Bis in die Mitte des vergangenen Jahrhunderts bildete Virchows *Cellularpathologie* die fachübergreifende Grundlage für weite Bereiche der Medizin (Virchow 1858). Heute nimmt die molekulare Pathologie diese Position ein, welche sich auf ein tiefer liegendes Erklärungsprinzip stützt, nämlich auf Veränderungen im Erbgut. Damit ist der direkte Anschluss an die Evolutionstheorie und die *Evolutionäre Medizin* gegeben (Sperling 2020). Die Begründung hierfür resultiert aus der 1885 von August Weismann aufgestellten Theorie von der *Kontinuität der Keimbahn* (Weismann 1885). Danach wurde die Weitergabe der genetischen Information seit Anbeginn des Lebens niemals unterbrochen, das Erbgut eines jeden Individuums repräsentiert also die im Laufe der Stammesgeschichte bis zu ihm angesammelten Veränderungen. Dank des größten biomedizinischen Forschungsvorhabens unserer Zeit, des Humangenomprojekts (Sperling 2000), ist die vollständige Abfolge

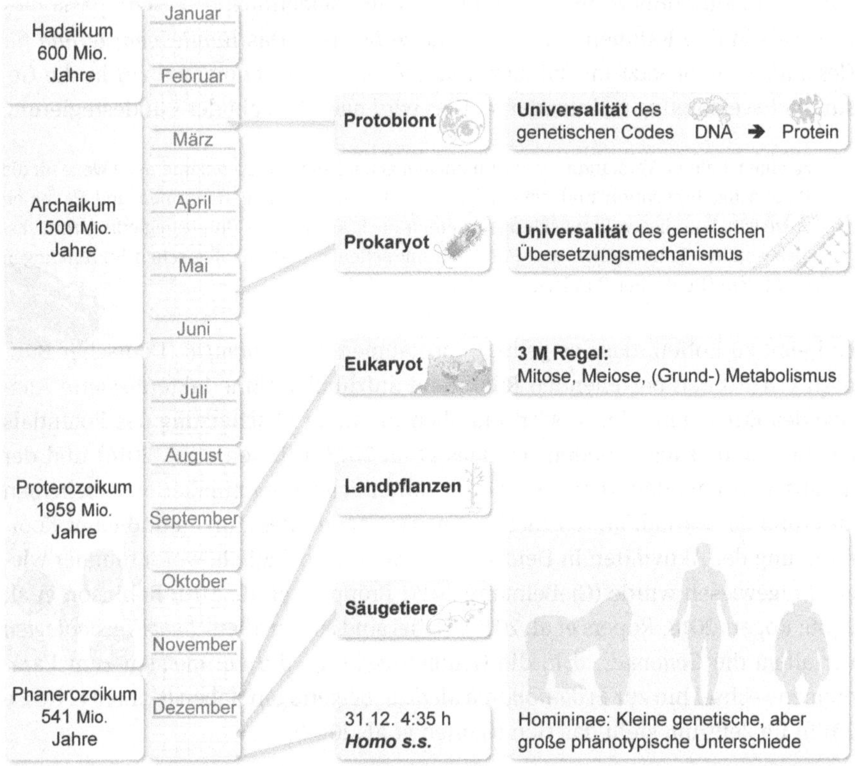

Abb. 1: Die Evolution des Lebens auf ein Jahr komprimiert, Grafik: Roman Marek, Vergleich der Größe von Gorilla (*Gorilla gorilla*), Schimpanse (*Pan troglodytes*) und Menschen nach: https://commons.wikimedia.org/wiki/File:Comparison_of_size_of_western_gorilla_(Gorilla_gorilla),_chimpanzee_(Pan_troglodytes)_and_human.svg, CC-BY-SA-4.0

der einzelnen Bausteine des menschlichen Erbgutes inzwischen bekannt. Die Funktion der einzelnen Bausteine erschließt sich nicht zuletzt aus dem evolutionären Kontext, wobei etwas vereinfacht gilt: Je wichtiger ein Abschnitt in der DNA ist, desto stärker ist er in der Evolution konserviert.

Komprimiert man die Evolution des Lebens von der Entstehung der Erde an auf ein Jahr (Abb. 1) (Sperling 2020), entstanden die ersten Lebensformen (Protobiont) Ende Februar. Die „Universalität" des genetischen Codes ist noch heute Beleg aus dieser Zeit. Mitte Mai traten die ersten prokaryotischen Zellen (Bakterien) auf. Dass Bakterien heute z. B. menschliches Insulin bilden können, ist auf die Übereinstimmung im genetischen Übersetzungsapparat zurückzuführen. Die Eukaryoten, zu denen alle Pflanzen und Tiere einschließlich des Menschen zählen, treten erstmals Anfang September auf. Ihre zelluläre Ultrastruktur stimmt noch weitgehend überein, ebenso der Ablauf von **M**itose, **M**eiose und des (Grund-)**M**etabolismus (3 M-Regel). Die damals entstandenen Gene blieben bis zum heutigen Zeitpunkt weitgehend erhalten. Dies zeigt sich z. B. an den monogen bedingten Krankheiten beim Menschen. In den überwiegenden Fällen sind so genannte Haushaltsgene betroffen, die sich bereits bei einzelligen Pflanzen und Pilzen finden. Nur fünf Prozent dieser Gene treten erst bei Vielzellern auf (Lee et al. 2020). Insgesamt wurden viele der Gene, die auch beim Menschen den Zellzyklus oder die Proteinsekretion steuern, zuerst bei Einzellern identifiziert. Es überrascht daher nicht, dass grundlegende physiologische Eigenschaften an Modellorganismen entdeckt und danach auf den Menschen übertragen wurden, wie umgekehrt auch die Analyse monogen bedingter Krankheiten des Menschen zum Verständnis derart fundamentaler Vorgänge beigetragen hat. Im Prinzip ist daher jeder molekulare Genetiker in der Medizin zugleich auch Evolutionsforscher, denn er trägt dazu bei, evolutionär konservierte biologische Prozesse zu entschlüsseln.

Die Entwicklung ist aber kein genetisch fest vorgegebener, sondern ein epigenetischer Prozess. Danach geht das Individuum aus der Befruchtung einer Eizelle durch ein Spermium hervor. In den jeweiligen Zellkernen findet sich die genetische Information in Form der DNA-Doppelhelix und beide Eltern tragen nahezu gleich viel zum Vererbungsgeschehen bei. Da praktisch alle Körperzellen durch Zellteilung aus der befruchteten Eizelle hervorgehen, enthalten sie im Prinzip auch sämtliche Erbanlagen. Dass sich die verschiedenen Gewebe unterscheiden, beruht letztlich darauf, dass jeweils nur bestimmte Gene aktiviert sind. Die Embryonalentwicklung ist daher ein epigenetischer Prozess, der auf dem *noch weitgehend unverstandenen* Wechselspiel vieler tausend Erbanlagen mit exo- und endogenen Umweltfaktoren beruht und auch den Zufall miteinschließt.

Die Konsequenzen aus dieser scheinbar trivialen Feststellung werden häufig übersehen: Gene für Intelligenz oder bestimmte charakterliche Veranlagung kann es nicht geben, da es sich hierbei ja erst um Ergebnisse sehr komplexer Entwicklungsprozesse handelt. Die Gleichsetzung eines Gens mit einem sichtbaren Merkmal (Phän) ist daher unzulässig. Zugleich gilt es zu bedenken, dass genetische Information nur über die Keimzellen weitergegeben wird. Daher können Eigenschaften, die während des individuellen Lebens erworben wurden, nicht vererbt werden. Damit steht jedoch nicht im Widerspruch, dass bestimmte epigenetische Veränderungen sehr wohl an die Nachkommen weitergegeben werden können. So hat als einer der ersten Günter Dörner von der Charité – Universitätsmedizin Berlin darauf hingewiesen, dass unphysiologische Dosen von Hormonen, Neurotransmittern und Zytokinen, die während der Embryonalentwicklung einwirken, später zu lebenslangen Störungen des Stoffwechsels, der Fortpflanzung und der Immunantwort führen können (Plagemann 2014).

Überraschend war auch, dass die protein-kodierenden Gene weniger als 2% des menschlichen Genoms ausmachen, während etwa die Hälfte aus repetitiven Elementen besteht. So haben vor etwa 25 Millionen Jahren Retroviren das Genom unserer Primatenvorfahren besiedelt und sich durch Transposition darin vermehrt (Cordaux & Batzer 2009). Ebenso war unerwartet, dass auf DNA-Niveau der Schimpanse mehr Übereinstimmung mit dem Menschen als mit dem Gorilla aufweist. Es kommt daher zu dem Paradoxon, dass die phänotypischen Unterschiede zwischen Mensch und Schimpanse eine Zuordnung zu verschiedenen Familien rechtfertigten, während die genetischen Unterschiede nicht größer als die zwischen Arten einer Gattung sind. Die Frage stellt sich daher, wie können in evolutionär so kurzer Zeit bei einer derart hohen genetischen Übereinstimmung so weitreichende Veränderungen eingetreten sein, wie der aufrechten Gang und die enorme Zunahme des Neocortex?

Für derart weitreichende Veränderungen kommen grundsätzlich Mutationen in Strukturgenen und/oder in regulatorischen Elementen infrage. Da die meisten Strukturgene aber in vielfältige, verschiedene Entwicklungsprozesse einbezogen sind, würden sich hier Veränderungen auf verschiedene Prozesse gleichzeitig auswirken, sie wären deshalb prinzipiell eher nachteilig. Aus diesem Grund genießen Strukturgene einen besonderen Schutz, sie sind evolutionär konserviert. Regulatorische Elemente hingegen wirken sich deutlich spezifischer aus, bei ihnen herrscht deshalb mehr Flexibilität. Wesentliche morphologisch-anatomische Unterschiede zwischen Mensch und Menschenaffen sind daher auf veränderte Entwicklungsabläufe zurückzuführen, die entscheidend von Änderungen in der Regulation der Genaktivität abhängen dürften. Dafür sprechen evolutionäre Veränderungen in der Anzahl spezifischer regulatorischer DNAs, aber auch die zahlenmäßigen Veränderungen solcher Gene, die im Neocortex aktiv sind (Sperling 2015).

Überraschende Erkenntnisse erbrachte auch der DNA-Vergleich heute lebender Menschen: So sind die genetischen Unterschiede innerhalb der einzelnen Ethnien deutlich größer als die Unterschiede zwischen ihnen. Dies deutet darauf hin, dass sich die einzelnen Ethnien erst seit relativ kurzer Zeit getrennt entwickelt haben. Zugleich zeigte sich, dass die genetischen Unterschiede zwischen verschiedenen Bevölkerungsgruppen in Afrika deutlich größer sind als z. B. zwischen Europäern und Asiaten. Die Erklärung hierfür ist, dass der Ursprung der heutigen Menschen in Afrika liegt und die Auswanderung erst vor weniger als 100.000 Jahren erfolgte. Der vor 2 Millionen Jahren aufgetretene Frühmensch, †*Homo erectus*, wanderte ebenfalls aus Afrika aus, es handelt sich jedoch bei diesen Populationen um ausgestorbene Seitenzweige und nicht um direkte Vorfahren des modernen Menschen.

Nicht alle Seitenzweige verschwanden spurlos (Fu et al. 2015; Pääbo 2014; Slon et al. 2018; Warren 2018). So konnte gezeigt werden, dass es nach der Auswanderung des *Homo sapiens sapiens* aus Afrika unter anderem zu einer Verbindung mit dem Neandertaler (†*Homo sapiens neanderthalensis*) gekommen ist, dessen Reste von Erbgut sich bei Eurasiern, nicht jedoch bei Afrikanern nachweisen lassen. Es handelt sich dabei vor allem um solche Gene, die Haut und Haar betreffen und die eine Anpassung an die kälteren klimatischen Bedingungen begünstigt haben dürften.

Eine Besonderheit des Menschen ist, dass er als einziger Primat das schützende Haarkleid (Fell) verlor, wodurch die Haut dem intensiven Sonnenlicht direkt ausgesetzt war. Die dunkle Hautfarbe der Afrikaner ist ein essentieller Schutz gegen das UV-Licht, gegen dessen erbgutschädigende Wirkung und die Zerstörung der lebenswichtigen Folsäure. Die Lichtstärke war aber noch ausreichend, um in den Zellen der Haut das Vitamin D (D3) zu bilden. Mit der Auswanderung des Menschen aus Afrika in die lichtärmeren Breiten der Erde und deren erheblichen jahreszeitlichen Schwankungen in der Lichtstärke änderten sich diese Verhältnisse grundlegend. Die hellere Hautfarbe ist ein Ausdruck davon, ebenso auch die Korrelation der Hautfarbe mit der jahreszeitlichen Lichtstärke. Die Pigmentierung zählt damit zu dem variabelsten Merkmal des Menschen überhaupt (Jablonski & Chaplin 2010). Diese Anpassung an die veränderten Umweltbedingungen erfolgte über hunderte von Generationen. Heute können sich Auswanderer in wenigen Stunden in geographischen Regionen ansiedeln, denen sie evolutionär nicht angepasst sind. Dies hat weitreichende gesundheitliche Auswirkungen, sowohl für hellhäutige Menschen in den Tropen als auch für dunkelhäutige in den nordischen Breiten, wenn nicht entsprechende Gegenmaßnahmen vorgenommen werden.

Bei Hellhäutigen kann dies zu einem Mangel an Folsäure führen, der bei Föten ein erhöhtes Risiko zur Bildung von Neuralrohrdefekten (Spina bifida) zur Folge haben kann (Parra 2007), außerdem entwickelt sich leichter Hautkrebs (Williams et al. 2013). Dunkelhäutige haben hingegen eher unter einem Mangel an Vitamin D zu leiden, der das Risiko für bestimmte Krebsarten (Brust, Prostata, Dickdarm) erhöht (Jablonski & Chaplin 2010), und außerdem zu mangelhafter Knochenbildung (bis hin zu Rachitis) führen, aber auch das Immunsystem (mit einem erhöhten Risiko für Autoimmunkrankheiten) und die Zellproliferation beeinträchtigen kann.

Aus genetischer Sicht spricht alles dafür, dass die Kulturfähigkeit des Menschen schon in der Altsteinzeit vor der Auswanderung aus Afrika gegeben war. Die entscheidende Voraussetzung hierfür war die enorme Zunahme des Gehirns, genauer der Großhirnrinde, deren Volumen größer ist als das gesamte Gehirn eines Schimpansen. Die Größenzunahme des Gehirns ist beim Menschen aber nicht wie bei den anderen Primaten mit der Geburt abgeschlossen. Das menschliche Neugeborene ist daher unreifer und hilfsbedürftiger als das aller anderen Säugetiere und in besonderem Maße auf Fürsorge und Schutz durch das soziale Umfeld angewiesen. Es spricht vieles dafür, dass die Zunahme der kognitiven Fähigkeiten in der menschlichen Stammesgeschichte eng mit dem Zusammenleben in komplexen Sozialverbänden zusammenhängt, sprachliche Verständigung dürfte hier eine entscheidende Rolle gespielt haben. Die anatomischen und genetischen Voraussetzungen zur Ausbildung der Sprache besaß vermutlich bereits der gemeinsame Vorfahre von Mensch und Neandertaler (Sperling 2015).

Das Sprachvermögen ist zugleich Grundlage des begrifflichen Denkens und damit der Entstehung menschlicher Kulturfähigkeit. Das heißt, die entscheidende Umwelt des Menschen ist der Mensch. Das unbewusste Erlernen der Sprache ist jedoch an eine bestimmte Entwicklungsphase gebunden. Vereinfacht gilt, dass in dieser sensitiven Periode genetisch festgelegte Entwicklungsabläufe in Verbindung mit bestimmten sensorischen Reizen zur Bildung neuer neuronaler Verbindungen (Synapsen) führen. Bleiben die exogenen Stimuli aus, kommt es auch zum Absterben von Nervenzellen und die entsprechenden Lernvorgänge können später nur schwer oder gar nicht nachgeholt werden. Die Entwicklung der Kulturfähigkeit in der Ontogenese beruht daher auf einer phylogenetisch bedingten genetischen Veranlagung, die in einer bestimmten Entwicklungsphase durch die jeweilige Umwelt ihre Ausprägung erfährt.

Im Verband mit Sesshaftigkeit, Ackerbau und Viehzucht markiert die neolithische Revolution vor ca. 10.000 Jahren einen weiteren Meilenstein der kulturellen Evolution. Als Folge davon haben die Infektionskrankheiten zugenommen und als starke Selektionsfaktoren gewirkt, was seinen Niederschlag im Erbgut gefunden hat. Hinzu kamen Veränderungen in Anpassung an die neuen Ernährungsbedingungen. Mit der Entwicklung der ersten Schrift in Mesopotamien und Ägypten gegen Ende des 4. Jahrtausend v. u. Z. wird die Sprache dann auf ein dauerhaftes Fundament gestellt. Mit der Renaissance und der Aufklärung kam es in Verbindung mit der Industrialisierung zu einem beispiellosen naturwissenschaftlichen und technologischen Fortschritt, wobei sich mit Erfindung der Buchdruckkunst eine ganz neue Dimension der Verbreitung des Geschriebenen eröffnete. Heute wird dieser Fortschritt extrem gesteigert durch die digitale Revolution, die intensive internationale Kooperation und entscheidend befördert durch eine einheitliche Wissenschaftssprache: Englisch als *lingua franca*. Die extreme Bevölkerungszunahme in den letzten 200 Jahren ist Ausdruck dieser kulturellen und nicht einer darwinschen Evolution (Sperling 2015). Der Kulturfähigkeit des Menschen liegt danach eine genetisch bedingte Anpassungsfähigkeit zugrunde, wobei die jeweilige Kultur manifester Ausdruck der Angepasstheit ist. So gesehen, „ist die Kultur die wahre Natur des Menschen, seine spezifische Weise der Anpassung an die Welt" (Markl 1998, S. 6).

Das, was den Menschen auszeichnet, ist sein Verstand. Unser Gehirn ist aber nicht entstanden, um die Wahrheit zu erkennen, sondern um das Überleben im Mesokosmos, den mittleren Dimensionen, zu sichern. Allerdings hat die Evolution uns Fähigkeiten verliehen, die weit über das hinausgehen, wofür sie ursprünglich selektioniert wurden, weshalb wir den Mesokosmos auch überschreiten können (siehe Quantenphysik). Evolutionär von zentraler Bedeutung war zudem, aus der Vielzahl der Sinneseindrücke jene zu extrahieren, die kausal in Beziehung zueinanderstehen. Diese Anpassung ist jedoch nicht ideal und mit Fehlleistungen verbunden. So geht damit die Veranlagung einher, kausale Beziehungen zu Dingen herzustellen, die nichts miteinander zu tun haben (z. B. das menschliche Schicksal mit der Konstellation der Gestirne). Da unsere Denkweise das jüngste Ergebnis der Evolution ist, ist sie auch durch die darwinsche Selektion am wenigsten erprobt (Vollmer 2016). „Reinen Unsinn zu glauben, ist ein Privileg des Menschen", sagt Konrad Lorenz. Entsprechend stellt Hubert Markl fest: „Der Mensch ist vor allem „Kausalitätssuchmaschine mit der Neigung, Glaubensvorstellungen über schier alles, was er erlebt, zu entwickeln", er ist ein „Ursachensucher und Ursachen(er)finder" (Markl 2008). Es fällt nicht schwer, Beispiele hierfür auch aus der Medizin anzuführen. Die Evolutionäre Erkenntnistheorie macht hier verständlich, welchen unbewussten Zwängen unsere kognitiven Fähigkeiten unterliegen.

Stark vereinfacht kann man sagen, dass die frühen Entwicklungsphasen eines Menschen stärker genetisch bestimmt sind als die späteren und dass eine Störung des genetischen Netzwerkes als Folge einer Genmutation daher generell schwerwiegendere klinische Konsequenzen hat und sich häufig als monogen bedingte Krankheit äußert. Mehr als 80 % davon manifestieren sich bis zur Pubertät. Danach überwiegen die komplexen oder multifaktoriell bedingten Krankheiten. Dazu zählen die Herz-Kreislauferkrankungen, Diabetes oder Psychosen, von denen jeweils einige Prozent der Bevölkerung betroffen sind. In diesen Fällen liegen häufig genetische Polymorphismen oder Varianten vor, die im Zusammenspiel mit anderen Faktoren genetischer und umweltbedingter Art zu der jeweiligen Krankheit führen. Die Polymorphismen zählen zur normalen Variabilität des Erbgutes, denen unter anderen Umweltverhältnissen durchaus ein Vorteil zukommen konnte. So muss man immer bedenken, dass der Mensch die weitaus längste Zeit seiner Stammesgeschichte nomadisch als Jäger und Sammler lebte und seine genetische Ausstattung daher auch primär diesen Lebensumständen angepasst ist. Damals gab es kein Überangebot an Nahrung, keinen Bewegungsmangel und keine Computerspiele. Evolutionär sind wir nur eingeschränkt an die globalisierte Welt angepasst, was auch die Zunahme psychischer Störungen (mit) erklären könnte.

So, wie sich die Menschen aufgrund ihrer Erbanlagen äußerlich unterscheiden, sind sie auch verschieden im Hinblick auf ihre normalen physiologischen Eigenschaften. Damit verbunden ist die individuell unterschiedliche Reaktion auf die Einnahme bestimmter Medikamente, die unterschiedliche Anfälligkeit gegenüber Infektionserregern, aber auch die unterschiedliche Disposition für Herz-Kreislauf-Erkrankungen. In vielen Fällen dürfte diese genetisch bedingte Variabilität Ausdruck einer Anpassung an bestimmte (frühere) Umweltbedingungen sein. Dieses auf Garrod zurückgehende Konzept von der biochemischen (heute würden wir sagen: genetischen) Individualität (Garrod 1909) begreift Krankheit nicht einfach als Gegensatz zu Gesundheit, sondern als Störung eines homöostatischen Netzwerkes, welches das Ergebnis eines langen evolutionären Prozesses ist. Entsprechend variabel ist die individuelle Reaktion auf genetisch bedingte Veränderungen in diesem Netzwerk, entsprechend individuell sollte die medizinische Betreuung sein. Im Prinzip bedeutet dies eine Abkehr von einer überwiegend typologisch ausgerichteten hin zu einer stärker individuell orientierten Medizin.

Bei allen Fragen an die zukünftige Genomforschung bleiben folgende wesentliche Erkenntnisse bestehen: 1.) Alle Lebewesen sind viel enger miteinander verwandt als zuvor gedacht; 2.) die meisten zellulären Bausteine finden sich über alle Artgrenzen hinweg; 3.) die evolutionäre Entwicklung wesentlicher Baupläne lässt sich konkret über den zeitlichen Verlauf nachweisen; und 4.) bestätigt sich die Hypothese der Evolution als großes Experiment zufälliger, nicht zielgerichteter Entwicklung, deren Ergebnisse immer abhängig von der jeweiligen Umgebung und Geschichte zu bewerten sind (Sperling 2001). Hinzu kamen noch überraschende Erkenntnisse, z. B. der Nachweis des Austausches von Erbmaterial über alle Artgrenzen hinweg. So stammt auch beim menschlichen Erbgut ein beachtlicher Anteil ursprünglich von Viren und Bakterien ab (Crisp et al. 2015).

Auf die Bedeutung von Neumutationen für das Evolutionsgeschehen wurde hier immer wieder hingewiesen. Entscheidend dabei ist jedoch die Mutationsrate, wie eine einfache Überlegung zeigt: Angesichts der Größe des menschlichen Erbguts treten allein aufgrund physiko-chemischer Gegebenheiten spontan pro Tag und Zellkern Zehntausende DNA-Einzelstrangbrüche und Tausende Basenverluste auf. Ohne wirkungsvolle DNA-Reparaturmechanismen gäbe es praktisch keine intakten Keimzellen. Die DNA ist daher das einzige Makromolekül der Zelle, das bei einer Schädigung repariert und nicht durch ein neues Molekül ersetzt wird. Dies ist eine Voraussetzung für das Leben schlechthin. Die Reparaturprozesse gehören daher zu den evolutiv besonders alten Errungenschaften. Dies erklärt auch, dass bestimmte Prozesse, die beispielhaft an Bakterien und Hefen erschlossen wurden, auch für menschliche Zellen gelten (Sperling 2016).

Allerdings treten pro Generation immer noch etwa 80 Basenaustausche als Neumutationen auf, die meisten davon paternalen Ursprungs. Mit jedem väterlichen Lebensjahr nimmt deren Zahl um 1–2 zu (Goldmann et al. 2016; Veltman & Brunner 2012). Diese spontanen Mutationen können erhebliche klinische Relevanz haben, wenn sie die Funktion von Strukturgenen beeinträchtigen und z. B. zu mentaler Retardierung führen (Gilissen et al. 2014). Die Mutationsrate von Gen- und Chromosomenmutationen kann zudem durch Umweltnoxen, wie ionisierende Strahlen, erhöht werden (Holtgrewe et al. 2018).

3 Was unterscheidet die *Evolutionäre Medizin* vom traditionellen Verständnis von Gesundheit?

Wie bereits erwähnt, geht es bei der traditionellen Medizin um die unmittelbaren (proximaten) Krankheitsursachen, die durch eine Untersuchung der anatomischen und physiologischen Gegebenheiten aufgedeckt werden. Im Vordergrund steht die Frage: Wie kommt es zu einer Erkrankung (Gegenstand ist der Phänotyp)? Die *Evolutionäre Medizin* hingegen sieht den Organismus als das Produkt einer 3 Milliarden Jahre langen Geschichte an und fragt, warum tritt diese Krankheit bei dieser Person zu diesem Zeitpunkt auf (Gegenstand ist der Genotyp). Beide Sichtweisen ergänzen sich. Die Antworten der evolutionären Medizin reichen jedoch tiefer, da es hier um die grundlegenden (ultimaten) Krankheitsursachen geht.

Die *Evolutionäre Medizin* sieht unseren Körper folglich nicht als ausgereifte und durchdachte Maschine, die nach einem Plan entworfen wurde. Stattdessen ist der derzeitige Stand als das Ergebnis eines Prozesses zu sehen, der sich über Milliarden von Jahren erstreckt hat, und der das Ergebnis unzähliger winziger Veränderungen ist, die unter den jeweiligen Umweltbedingungen kleine Verbesserungen darstellten. Vieles wurde im Laufe der Zeit ‚mitgeschleppt', auch wenn sich die Umwelt- oder Lebensbedingungen drastisch geändert hatten. Keineswegs wurde immer die optimale Lösung gefunden, vielmehr wurde etwas bereits Vorhandenes angepasst. Das Auge z. B. gilt als „unvollkommenes Konstruktionsmerkmal" des menschlichen Körpers aufgrund evolutionärer Beschränkungen: Die Photorezeptoren (Stäbchen und Zapfen) sind dem Licht abgewandt, im Gegensatz zum Auge des Tintenfischs. Die Konstruktion der Wirbelsäule zur Erlangung des aufrechten Ganges belegt, welche Vorteile damit für die Menschwerdung verbunden waren, aber auch welche Nachteile hinsichtlich der Anfälligkeit für bestimmte Krankheiten damit in Kauf genommen werden mussten. So unangenehme Beschwerden wie Schmerzen und Fieber, Angst und Depressionen sind als Abwehr- und Schutzmechanismen entstanden. Darüber hinaus haben andere Lebewesen ihre Spuren in unserem Erbgut hinterlassen. Man könnte unseren Körper somit als verstetigtes Provisorium aus lauter zusammengewürfelten Notlösungen verstehen. Das Paradox ist nun, dass dieser Zustand unseren Körper einerseits so anfällig für Krankheiten macht, ihn gleichzeitig aber auch überraschend widerstandsfähig und anpassungsfähig hält (Nesse & Stearns 2008). Die *Evolutionäre Medizin* sucht hier nach den Kompromissen im Aufbau, die entwicklungsgeschichtlich eingegangen werden mussten und bietet mehr Hinweise auf die Prävention von krankhaften Entwicklungen.

Ein weiterer wichtiger Aspekt der *Evolutionäre Medizin* ist die Erkenntnis, dass unsere Entwicklungsgeschichte eben nicht auf ein langes und gesundes Leben ausgerichtet war, sondern auf reproduktive Fitness (Jasienska et al. 2017). Wenn eine Genvariante einen positiven Effekt in der Jugend mit sich bringt, dann setzt sie sich durch, selbst wenn sie im Alter nachteilige Wirkung entfalten wird (antagonistische Pleiotropie, s.u.): Jugend sticht Alter (Ganten et al. 2009). Falls Krankheiten also eine genetische Komponente beinhalten, so muss man sich immer fragen, weshalb sich diese Gene entwicklungsgeschichtlich erhalten haben. Entscheidend ist hier auch das Konzept des Mismatch: Genvarianten, die uns ursprünglich beim Überleben geholfen haben, stellen nun eine Bedrohung dar. Nicht, weil sie ‚schlecht' sind, sondern weil sich die Umweltbedingungen drastisch und schnell verändert haben. Hier fragt die *Evolutionäre Medizin* verstärkt nach der Rolle von Umwelteinflüssen auf krankhafte Veränderungen und nach der Rolle von Genen unter früheren Lebensbedingungen oder in anderen Lebewesen. Gerade im Hinblick auf die Ernährung und Prävention spielen diese Überlegungen eine große Rolle.

Auch im Hinblick auf die Symptome fordert die *Evolutionäre Medizin* eine erweiterte Perspektive ein. Die Symptome einer Krankheit werden nicht einfach bekämpft; zunächst gilt es zu klären, welche direkt durch die Krankheit verursacht werden und welche auf die Abwehrmaßnahmen unseres Köpers zurückzuführen sind. Dies kann von Erreger zu Erreger unterschiedlich sein, im jeweiligen Fall muss genau unterschieden werden, welche Reaktion unseres Körpers uns, und welche dem Erreger zugutekommt (Buselmaier 2015, S. 51–52). Das Augenmerk gilt der Ursache einer Krankheit, nicht ihren Symptomen.

Die *Evolutionäre Medizin* ist von Natur aus eine stark interdisziplinär ausgerichtete Wissenschaft, sie vereint Erkenntnisse aus den verschiedensten Fachbereichen, von der Archäologie über die Humangenetik bis zur Paläobiologie. Der Hintergrund ist, dass Erkenntnisse aus grauer Vorzeit oder der Stoffwechsel eines anaerob auf dem Boden der Ozeane lebenden Bakteriums für die Behandlung heutiger Patienten große Relevanz haben können. Ebenso verschwinden die Grenzen zwischen den verschiedenen Arten (*One Health*), denn die *Evolutionäre Medizin* hat alle Lebewesen im Blick – um uns zu verstehen und um uns selbst zu helfen. Aktuelle Herausforderungen wie der Klimawandel, Pandemien oder Antibiotikaresistenzen lassen sich nur in einer globalen Perspektive lösen, dies lenkt den Fokus noch mehr auf die Gesundheit des gesamten Planeten (*Planetary Health*) – selbst wenn wir nur rein egoistisch an unsere eigene Gesundheit denken wollen (Beaglehole & Yach 2003; Chopra et al. 2002; Kaufmann 2008; The Lancet 2017a). Damit erstreckt sich die ganzheitliche Perspektive der *Evolutionären Medizin* auf alle Lebewesen, auf den gesamten Planeten, und auf unsere gemeinsame Vergangenheit seit Anbeginn des Lebens. Letztliches Ziel ist dabei, Krankheiten nicht nur immer besser zu verstehen und zu behandeln, sondern ihre Entstehung zu verhindern. Gerade hier liegt die große Chance der *Evolutionären Medizin* (Nesse & Stearns 2008).

Das aus der evolutionären Betrachtungsweise resultierende neue Verständnis von Krankheit kann z. B. an folgenden Beispielen illustriert werden:

- Angeborene Fehlbildungen: Die Ontogenese der Wirbeltiere beruht auf der Musterbildung sog. Entwicklungsfelder, bei denen es sich „um die fundamentalen Einheiten der Entwicklung und der Evolution" handelt (Opitz & Rauch 1999). Daran beteiligten Genfamilien finden sich bereits bei Invertebraten, Untersuchungen haben hier zu grundlegenden Einsichten in die Entstehung von Fehlbildungen beim Menschen geführt (Kantaputra et al. 2010). Durch die evolutionäre Analyse struktureller Varianten konnten zudem am Beispiel seltener Entwicklungsstörungen grundlegende Einsichten in die Regulation der Genaktivität gewonnen werden (Spielmann et al. 2012; Spielmann et al. 2018). Allgemein gilt, dass angeborene Fehlbildungen sog. Entwicklungsfelddefekte darstellen, sie haben daher auch eine evolutionäre Entsprechung. In einigen Fällen handelt es sich um die Persistenz eines Embryonalstadiums, wie Neuralrohrdefekte (Spina bifida), das Vorhandensein eines Schwanzes oder Schwimmhäute zwischen den Fingern. Andere dieser Fehlbildungen betreffen Strukturen, die aus evolutionärer Sicht noch relativ neu, und damit fehleranfälliger sind. So ist z. B. bei den meisten Reptilien, also unseren evolutionären Vorfahren, eine einfache Gaumenspalte normal, ebenso wie zwei unvollständig getrennte Herzkammern. Beim Menschen aber zählen Gaumenspalten und Ventrikelseptumdefekte zu den häufigsten Fehlbildungen.
- Die Mukoviszidose ist bei uns mit 1:2500 unter Neugeborenen eine der häufigsten autosomal-rezessiven Stoffwechselerkrankungen. Jeder 25. ist heterozygoter Genträger. Mehr als 1000 Mutationen sind bekannt, jedoch weisen

in Deutschland mehr als 70 % eine Mutation auf (ΔF508), bei der heterozygote Träger in den Alveolen der Lunge weniger Cl-Ionenkanäle aufweisen (Bertranpetit & Calafell 1996). Die Cl-Ionenkanäle stellen die Eintrittspforte für Typhusbakterien dar. Im Mausmodell konnte gezeigt werden, dass die heterozygoten Träger der Mutation weniger anfällig gegenüber Typhusbakterien waren (Pier et al. 1998). Es wird daher vermutet, dass dies auch bei Menschen so ist und sich daher diese Mutation so verbreiten konnte.

- Das Gen für das Enzym *Glukose-6-Phosphat Dehydrogenase* (G6PD) liegt auf dem X-Chromosom. Die Mutation zu G6PD-Defizienz ist in Gebieten mit Malaria weit verbreitet und betrifft ~400 Millionen Personen weltweit. Es ist damit der häufigste Enzym‚defekt' (Howes et al. 2012). Ebenso wie der Träger des Gens für Sichelzellanämie weisen Personen mit G6PD-Defizienz einen Vorteil gegenüber der Malaria auf. Sie sind ansonsten gesund, entwickeln jedoch nach Einnahme bestimmter Medikamente (Antimalaria Mittel, Sulfonamide, ASS/Aspirin, Nitrofurantoin, Quinidine, Purin Glycoside) eine Hämolyse. Dieses ist nur ein Beispiel für die individuell unterschiedliche Reaktion auf die Einnahme von Medikamenten. So wird derzeit (Juli 2021) für 83 Wirkstoffen eine genetische Diagnostik vor der Behandlung verlangt und für weitere 9 Wirkstoffe empfohlen (Die forschenden Pharma-Unternehmen 2021). Derartige pharmakogenetische Reaktionen können auch deutliche ethnische Unterschiede aufweisen. Das bekannteste Beispiel dafür ist die Cytochrom-P450-abhängige Monooxygenase CYP2D6, die bei der Verstoffwechselung von nahezu 25 % der gebräuchlichsten Arzneistoffe, insbesondere Psychopharmaka vom Typ der SSRI, Betablocker und Schmerztherapeutika, beteiligt ist. Dabei wird zwischen langsamen, schnellen und sehr schnellen Metabolisierern unterschieden. In Deutschland finden sich ca. 3 % sehr schnelle Metabolisierer, im Mittelmeerraum und in Teilen Afrikas hingegen bis zu 10 oder 20 % (Kirchheiner 2003).
- Alterserscheinungen: Eine der wichtigsten Erklärungen ist hier das Konzept der *antagonistischen Pleiotropie* (Williams 1957). Nach dieser Theorie gibt es bestimmte Genvarianten, die im jugendlichen Alter, d. h. der reproduktiven Phase, vorteilhaft sind und weitergegeben werden (s. o.). Im höheren Alter wirken diese sich dann aber negativ aus, nur unterliegen sie dann nicht mehr der darwinschen Selektion, da die reproduktive Phase bereits abgeschlossen ist. Ein Beispiel dafür könnte eine Mutation im Faktor-V-Gen der Blutgerinnung sein, die sich bei ~5 % der kaukasischen Bevölkerung findet und die das Thromboserisiko bei älteren Menschen erhöht. Als Erklärung für die erhöhte Häufigkeit wird angenommen, dass im jugendlichen Alter eine raschere Blutgerinnung bei der Menstruation oder nach Verletzungen von Vorteil ist, jedoch mit einem Nachteil (Thrombosebildung) in höherem Alter einhergeht

(Lindqvist & Dahlback 2008). Es gibt experimentelle Belege und Untersuchungen an Modellorganismen, die die Theorie der *antagonistischen Pleiotropie* stützen, ebenso eine Reihe von Beobachtungen am Menschen, bei denen es sich jedoch überwiegend um Korrelationen und keine direkten kausalen Beweise handelt. Insgesamt dürfte die *antagonistische Pleiotropie* den wichtigsten evolutionären Mechanismen darstellen, um das Altern von Organismen und ihren natürlichen Tod zu erklären (Austad & Hoffman 2018; Barbi et al. 2018a, 2018b; Beltrán-Sánchez et al. 2018; Burger et al. 2012; Byars & Voskarides 2019; Dong et al. 2016).

- Bei den meisten Tieren ist die durchschnittliche Lebenserwartung mit dem Ende der Fortpflanzungsfähigkeit erreicht. Eine der wenigen Ausnahmen ist der Mensch. Die Lebensdauer der Frauen reicht weit über die Menopause hinaus. Als eine Erklärung wird der *Großmutter-Effekt* angenommen. Als Folge der enormen Zunahme des Gehirns ist das menschliche Neugeborene nicht nur hilfsbedürftiger als das aller anderen Säugetiere, sondern der Geburtsvorgang für die Mutter auch besonders riskant. Die Großmutter kann sie unterstützen, und im Falle des Todes sogar an die Stelle der Kindsmutter treten. Hinweise auf diesen Großmuttereffekt haben sich in ursprünglichen (pre-modernen) Bevölkerungen in Finnland und Kanada nachweisen lassen (Hawkes 2004; Lahdenperä et al. 2004). Auch die unterschiedlichen Sterberaten zwischen den Geschlechtern beim Menschen können evolutionsbiologisch begründet werden (Kruger & Nesse 2006).

Folgt man dem Denkansatz der evolutionären Medizin, so muss man die bisherige phänomenologische Einteilung der Krankheiten im Sinne der Osler'schen (1892) Vorgehensweise nach Manifestationsalter, Geschlecht bzw. betroffenem Organsystem durch eine zunehmend ätiologisch orientierte Klassifikation ergänzen, die zugleich eine ganzheitlichere Betrachtungsweise des Krankheitsgeschehens bedingt. Auf diese Weise wird der Zersplitterung in der Medizin entgegengewirkt und es werden fachübergreifend Zusammenhänge aufgezeigt, die zugleich Grundlage einer molekularen Anatomie und Physiologie sind, dem Verständnis pathophysiologischer Prozesse dienen und bestimmte ökologische Zusammenhänge verständlich machen.

4 Kritik an der *Evolutionären Medizin*

Da heute der naturwissenschaftlichen Medizin ein naturalistisches Weltbild zugrunde liegt, braucht in diesem Kontext nicht auf religiös motivierte Argumente gegen die Evolutionstheorie eingegangen zu werden. Wie bei allen naturwissenschaftlich-atheistischen Betrachtungsweisen muss aber auch bei der *Evolutionären Medizin* darauf geachtet werden, dass der Aspekt der ‚Spiritualität' hinsichtlich der psychischen Gesundheit und des Wertes des Lebens nicht vernachlässigt wird. An dieser Stelle sei warnend auf den beispiellosen medizinischen Missbrauch hingewiesen, der gestützt auf – meist falsch verstandene oder missinterpretierte – evolutionsbiologische bzw. sogenannte ‚sozialdarwinistische' Vorstellungen von Eugenik und Rasse begangen wurde. Von diesen auf Halbwissen beruhenden Fehlinterpretationen der Evolutionstheorie distanziert sich die *Evolutionäre Medizin* aufs Schärfste.

Selbstverständlich unterlag auch die Evolutionstheorie selbst einer Entwicklung, sie wird auch weiterhin erweitert, und noch immer gibt es offene Fragen, die innerhalb der Wissenschaft umstritten sind und offen thematisiert werden (Kutschera & Niklas 2004). Unstrittig ist, dass es sich bei der Evolutionstheorie um eine historische Disziplin handelt, die sich anfangs nur auf Beobachtungen, Annahmen und deren Interpretation stützte. Inzwischen aber konnten unzählige experimentelle Untersuchungen an Modellorganismen zum Evolutionsgeschehen und die gefundenen mathematischen Gesetzmäßigkeiten jeglichen Zweifel am Faktum der Evolution ausräumen. Wie bei allen über Modelle oder Tierexperimente gewonnenen Erkenntnissen ist bei der Übertragung auf den Menschen Vorsicht geboten. Doch in letzter Zeit hat die molekulare Analyse tausender Genome die Evolutionstheorie, gerade auch im Hinblick auf ihre medizinische Relevanz, wesentlich erweitert (Stearns 2017). Im Nachhinein – d. h. vor dem Hintergrund unseres heutigen Wissens – mögen viele der über Jahrhunderte gewonnen Erkenntnisse natürlich trivial oder selbstverständlich erscheinen.

Ein valider Kritikpunkt hingegen ist, dass die Sichtweise der *Evolutionären Medizin* offensichtlich begrenzt ist, da die natürliche Selektion primär auf den Reproduktionserfolg gerichtet ist und nicht auf ein langes Leben in Gesundheit. Sie steht daher unter dem Generalverdacht einer geringen praktischen Relevanz (Uncommon Descent 2018) und wird oft als medizinische Grundlagenwissenschaft (wie etwa die Biologie) angesehen. Angesichts des übervollen Lehrplans im Medizinstudium ist daher nur noch wenig Platz für die *Evolutionäre Medizin*. Schließlich geht es für die betroffenen Patienten in der Therapie um die proximaten Ursachen, und nicht um die ultimaten. Über die Epigenetik kommt auch der anderen Vererbungslehre – nach der sich Lebewesen aktiv an veränderte Umweltbedingungen anpassen und dies dann an ihre Nachkommen weitergeben – eine medizinisch immer wichtigere Rolle zu. Selbstverständlich hat der Lebensstil Auswirkungen auf die Genaktivität der Keimzellen und embryonalen Stammzellen und darüber auf die Gesundheit von Kindern und Enkelkindern – ohne dass dabei die Gensequenz selbst verändert wird. Auch diese Sichtweise ist daher Gegenstand der *Evolutionären Medizin.* Für sie trifft der bekannte Aphorismus zu „Es gibt nichts Praktischeres als eine gute Theorie".

5 Zusammenfassung und Empfehlungen

Gesundheit ist ein Menschenrecht und Gesundheit hat nicht nur für die einzelne Person sondern für die Gesellschaft insgesamt einen besonderen Stellenwert. Es zeigte sich aber, dass Gesundheit mehr ist als Medizin. Gesundheit umfasst die gesamte Biologie des Menschen einschließlich unseres evolutionären Ursprungs, unserer Umwelt (z. B. Urbanisierung, Verschmutzung, Konflikte, Klimawandel), und unser Verhalten (Kultur, Ernährung, Bewegung, Bildung). Zudem wird Gesundheit maßgeblich beeinflusst von den vielfachen Einflüssen der sich verändernden Umwelt auf unsere Biologie (*Planetary Health*). Die enge Einbindung des Menschen in die Tier- und Pflanzenwelt sowie die der Mikroorganismen, z. B. durch von Tieren übertragene Infektionskrankheiten (wie AIDS, die Spanische Grippe, Trichinen, Vogelgrippe, Ebola, COVID-19) haben zu dem umfassenden Konzept *One Health* geführt. Für die Medizin der Zukunft bedeutet dies, dass sie über die klassischen Bereiche Diagnostik, Therapie, Prävention hinaus Gesundheit aus einer holistischen Perspektive betrachten muss.

In Forschung, Lehre und Praxis steht immer noch die Krankheit selbst im Zentrum, eine holistische Perspektive ist nicht etabliert. Hier wäre dringend geboten, das Konzept der Evolutionären Medizin mit seinen präventiven und evolutionären Aspekten im Schulunterricht und medizinischen Curriculum zu verankern. Bei allen vielversprechenden Ansätzen übernimmt die Wissenschaft noch zu wenig Verantwortung im Hinblick auf Globale Gesundheit (Ganten et al. 2018), sie ist auf den Gebieten *Public Health* und *Global Health* schlecht aufgestellt: Globale Gefahren durch Seuchenausbrüche in Entwicklungsländern werden vernachlässigt, dabei erfordern Pandemien globale Herangehensweisen (Mobilität, Antibiotika-Resistenzen). Gerade auf diesem Gebiet ergeben sich über die Sichtweise der *Evolutionären Medizin* neue und vielversprechende Ansatzpunkte (Kruger 2011; Omenn 2009; The Lancet 2017b), besonders im Hinblick auf eine genauere *Precision Public Health*, die mehr Rücksicht nimmt auf regionale und populationsspezifische Unterschiede und Bedürfnisse (James et al. 2019; Sheath et al. 2020). Es ist ein Missverständnis, dass die *Evolutionäre Medizin* nur bei somatischen Krankheiten zur Anwendung kommen kann. Gerade auf dem Gebiet psychischer Erkrankungen verspricht ein Perspektivwechsel neue Erkenntnisse und Therapiemöglichkeiten (Nesse 2019). Störungen wie Depressionen, Essstörungen oder Suchtkrankheiten liegen Mismatch-Komponenten zugrunde, meist im Hinblick auf ein fehlendes oder falsches soziales Umfeld in unseren modernen

Gesellschaften, oder es gibt einen Mismatch zwischen unserer evolutionären psychischen Ausstattung und unserem modernen Angebot an Nahrungs- und Genussmitteln. Bei Phänomenen wie Schizophrenie oder Autismus ließe sich aus evolutionärer Sicht hinterfragen, ob es sich überhaupt um ‚Krankheiten' handelt, oder ob die Verhaltensweisen aus evolutionärer Sicht unter anderen Umgebungen von Vorteil waren. Vor diesem Hintergrund erscheint unverständlich, dass es im Gegensatz zu anderen europäischen Ländern in Deutschland noch kein *Institut für Evolutionäre Medizin* gibt.

Die Perspektive der *Evolutionären Medizin* führt unausweichlich dazu, dass sich die Grenzen zwischen präventiven, diagnostischen und therapeutischen Eingriffen verschieben werden. Hier stellen sich neue ethische Fragen: Was muss oder darf therapiert werden? Neue und verbesserte Diagnose- und Therapiemöglichkeiten im Bereich der Genomik und Präzisionsmedizin stellen zudem eine finanzielle Herausforderung dar, außerdem sind ihre psychischen Auswirkungen auf die Patienten und deren Angehörigen noch unklar. In Bezug auf diese Punkte besteht dringender Forschungsbedarf. Kritisch zu sehen ist auch, dass Gesundheit zunehmend als individuelle Aufgabe verhandelt wird (Verantwortung für die eigene Gesundheit, Lebensstile), damit geht eine gesellschaftliche Entsolidarisierung einher. Dabei sollte allen bewusst sein, dass wir als Gesellschaft nur solidarisch überleben können, dies gilt insbesondere im Hinblick auf die Erreichung der 17 *Nachhaltigkeitsziele der Vereinten Nationen* (SDGs). Diese geben bereits eine holistische Sicht für die weltweite Verbesserung der Gesundheit vor, leider aber sind die 17 SDGs in Deutschland noch immer nicht in einem ausreichenden Maß implementiert. Die SDGs können wir aber nur erreichen, wenn wir die Perspektive der *Evolutionären Medizin* einnehmen (Ganten et al. 2018).

Literatur

Austad, Steven N./Hoffman, Jessica M. (2018): „s Antagonistic Pleiotropy Ubiquitous in Aging Biology?". In: *Evolution, Medicine, and Public Health* 2018(1), S. 287–294.

Barbi, Elisabetta/Lagona, Francesco/Marsili, Marco et al. (2018a): „The Plateau of Human Mortality: Demography of Longevity Pioneers". In: *Science* 360(6396), S. 1459–1461.

Barbi, Elisabetta/Lagona, Francesco/Marsili, Marco et al. (2018b): „Response to Comment on ‚ThePlateau of Human Mortality: Demography of Longevity Pioneers'". In: *Science* 362(6412), S. eaav3229.

Beaglehole, R./Yach, D. (2003): „Globalisation and the Prevention and Control of Non-communicable Disease: The Neglected Chronic Diseases of Adults". In: *The Lancet* 362(9387), S. 903–908.

Beltrán-Sánchez, H./Austad, S. N./Finch, C. E. (2018): „Comment on ‚The Plateau of Human Mortality: Demography of Longevity Pioneers'". In: *Science* 361(6409), S. eaav1200.

Bertranpetit, Jaume/Calafell, Francesc (1996): „Genetic and Geographical Variability in Cystic Fibrosis: Evolutionary Considerations". In: *Ciba Foundation Symposium* 197, S. 97–118.

Brüne, Martin/Schiefenhövel, Wulf (2019): *Oxford Handbook of Evolutionary Medicine*. Oxford: Oxford University Press.

Burger, O./Baudisch, A./Vaupel, J. W. (2012): „Human Mortality Improvement in Evolutionary Context". In: *Proceedings of the National Academy of Sciences* 109(44), S. 18210–18214.

Buselmaier, Werner (2015): *Evolutionäre Medizin: Eine Einführung für Mediziner und Biologen*. Wiesbaden: Springer Fachmedien.

Byars, Sean G./Voskarides, Konstantinos (2019): „Genes that Improved Fitness also Cost Modern Humans: Evidence for Genes with Antagonistic Effects on Longevity and Disease". In: *Evolution, Medicine, and Public Health* 2019(1), S. 4–6.

Chopra, M./Galbraith, S./Darnton-Hill, I. (2002): „A Global Response to a Global Problem: The Epidemic of Overnutrition". In: *Bull World Health Organ* 80(12), S. 952–958.

Cordaux, Richard/Batzer, Mark A. (2009): „The Impact of Retrotransposons on Human Genome Evolution". In: *Nature Reviews Genetics* 10(10), S. 691–703.

Crisp, Alastair/Boschetti, Chiara/Perry, Malcolm et al. (2015): „Expression of Multiple Horizontally Acquired Genes Is a Hallmark of Both Vertebrate and Invertebrate Genomes". In: *Genome Biology* 16(1), S. 50.

Deutscher Bundestag (2020): *Drucksache 19/21111. Antwort der Bundesregierung auf die Kleine Anfrage der Abgeordneten Katrin Helling-Plahr, Michael Theurer, Grigorios Aggelidis, weiterer Abgeordneter und der Fraktion der FDP – Drucksache 19/20508 – Deutschlands Beitritt zur ‚1+ Million Genomes'-Initiative*. Berlin: Deutscher Bundestag, https://dip21.bundestag.de/dip21/btd/19/211/1921111.pdf, besucht am 14.07.2020.

Die forschenden Pharma-Unternehmen (2021): „In Deutschland zugelassene Arzneimittel für die Personalisierte Medizin". https://www.vfa.de/de/arzneimittel-forschung/datenbanken-zu-arzneimitteln/individualisierte-medizin.html, besucht am 5.7.2021.

Dong, Xiao/Milholland, Brandon/Vijg, Jan (2016): „Evidence for a Limit to Human Lifespan". In: *Nature* 538(7624), S. 257–259.

Farnaes, Lauge/Hildreth, Amber/Sweeney, Nathaly M. et al. (2018): „Rapid Whole-genome Sequencing Decreases Infant Morbidity and Cost of Hospitalization". In: *npj Genomic Medicine* 3(1), S. 10.

Fu, Qiaomei/Hajdinjak, Mateja/Moldovan, Oana Teodora et al. (2015): „An Early Modern Human from Romania with a Recent Neanderthal Ancestor". In: *Nature* 524(7564), S. 216–219.

Ganten, Detlev/Nesse, Randolph (2012): „The Evolution of Evolutionary Molecular Medicine: Genomics Are Transforming Evolutionary Biology into a Science with New Importance for Modern Medicine". In: *Journal of Molecular Medicine* 90(5), S. 467–470.

Ganten, Detlev/Silva, João Gabriel/Regateiro, Fernando et al. (2018): „Science Has to Take Responsibility. 10 Years World Health Summit – The Road to Better Health for All". In: *Front Public Health* 6, S. 314.

Ganten, Detlev/Spahl, Thilo/Deichmann, Thomas (2009): *Die Steinzeit steckt uns in den Knochen: Gesundheit als Erbe der Evolution*. München: Piper.

Garrod, Archibald E. (1909): *Inborn Errors of Metabolism*. London: Henry Frowde and Hodder & Stoughton.

Gießelmann, Kathrin (2019): „Genomsequenzierung: Deutschland steht im Abseits". In: *Deutsches Ärzteblatt International* 116(25), S. A-1215/B-1004/C-1992.

Gilissen, Christian/Hehir-Kwa, Jayne Y./Thung, Djie Tjwan et al. (2014): „Genome Sequencing Identifies Major Causes of Severe Intellectual Disability". In: *Nature* 511(7509), S. 344–347.
Gluckman, Peter/Beedle, Alan/Hanson, Mark (2016): *Principles of Evolutionary Medicine* (2 Aufl.). Oxford: Oxford University Press.
Goldmann, Jakob M./Wong, Wendy S. W./Pinelli, Michele et al. (2016): „Parent-of-origin-specific Signatures of de novo Mutations". In: *Nature Genetics* 48(8), S. 935–939.
Hawkes, Kristen (2004): „The Grandmother Effect". In: *Nature* 428(6979), S. 128–129.
Holtgrewe, Manuel/Knaus, Alexej/Hildebrand, Gabriele et al. (2018): „Multisite de novo Mutations in Human Offspring after Paternal Exposure to Ionizing Radiation". In: *Scientific Reports* 8(1), S. 14611.
Howes, Rosalind E./Piel, Frédéric B./Patil, Anand P. et al. (2012): „G6PD Deficiency Prevalence and Estimates of Affected Populations in Malaria Endemic Countries: A Geostatistical Model-Based Map". In: *PLOS Medicine* 9(11), S. e1001339.
Jablonski, N. G./Chaplin, G. (2010): „Human Skin Pigmentation as an Adaptation to UV Radiation". In: *Proceedings of the National Academy of Sciences* 107(Supplement_2), S. 8962–8968.
James, W. P. T./Johnson, R. J./Speakman, J. R. et al. (2019): „Nutrition and Its Role in Human Evolution". In: *Journal of Internal Medicine* 285(5), S. 533–549.
Jasienska, Grazyna/Bribiescas, Richard G./Furberg, Anne-Sofie et al. (2017): „Human Reproduction and Health: An Evolutionary Perspective". In: *The Lancet* 390(10093), S. 510–520.
Kantaputra, Piranit N./Klopocki, Eva/Hennig, Bianca P. et al. (2010): „Mesomelic Dysplasia Kantaputra Type Is Associated with Duplications of the HOXD Locus on Chromosome 2q". In: *European Journal of Human Genetics* 18(12), S. 1310–1314.
Kaufmann, Stefan H.E. (2008): *Wächst die Seuchengefahr? Globale Epidemien und Armut: Strategien zur Seucheneindämmung in einer vernetzten Welt.* Frankfurt am Main: Fischer.
Kirchheiner, Julia (2003): „Arzneitherapieempfehlungen auf pharmakogenetischer Basis". [Habilitationsschrift, Charité – Universitätsmedizin Berlin]. Berlin. https://edoc.hu-berlin.de/bitstream/handle/18452/14589/Kirchheiner.pdf?sequence=1.
Kruger, Daniel J. (2011): „Evolutionary Theory in Public Health and the Public Health of Evolutionary Theory". In: *Futures* 43(8), S. 762–770.
Kruger, Daniel J./Nesse, Randolph M. (2006): „An Evolutionary Life-history Framework for Understanding Sex Differences in Human Mortality Rates". In: *Human Nature* 17(1), S. 74–97.
Kutschera, Ulrich/Niklas, KarlJ (2004): „The Modern Theory of Biological Evolution: An Expanded Synthesis". In: *Naturwissenschaften* 91(6), S. 255–276.
Lahdenperä, Mirkka/Lummaa, Virpi/Helle, Samuli et al. (2004): „Fitness Benefits of Prolonged Post-reproductive Lifespan in Women". In: *Nature* 428(6979), S. 178–181.
Lee, Chelsea E./Singleton, Kaela S./Wallin, Melissa et al. (2020): „Rare Genetic Diseases: Nature's Experiments on Human Development". In: *iScience* 23(5), S. 101123.
Lindqvist, Pelle/Dahlback, Bjorn (2008): „Carriership of Factor V Leiden and Evolutionary Selection Advantage". In: *Current Medicinal Chemistry* 15(15), S. 1541–1544.
Markl, Hubert (1998): *Homo sapiens. Zur fortwirkenden Naturgeschichte des Menschen.* Münster: Rhema.

Markl, Hubert (2008): „Der Mensch – das sich selbst erfindende Wesen“. In: Detlev Ganten/Volker Gerhardt/Jan-Christoph Heilinger/Julian Nida-Rümelin (Hrsg.): *Was ist der Mensch?* Berlin & New York: De Gruyter, S. 183.

Nesse, Randolph M. (2019): *Good Reasons for Bad Feelings: Insights from the Frontier of Evolutionary Psychiatry.* New York, NY: Dutton.

Nesse, Randolph M./Stearns, Stephen C. (2008): „The Great Opportunity: Evolutionary Applications to Medicine and Public Health“. In: *Evol Appl* 1(1), S. 28 – 48.

Nesse, Randolph M./Williams, G.C. (1996): *Why We Get Sick: The New Science of Darwinian Medicine.* New York, NY: Vintage Books.

Omenn, G. S. (2009): „Evolution and Public Health“. In: *Proceedings of the National Academy of Sciences* 107(Suppl. 1), S. 1702 – 1709.

Opitz, John M./Rauch, Anita (1999): „Von der befruchteten Eizelle zum Menschen: genetische Defekte als Schlüssel zum Verständnis der menschlichen Ontogenese“. In: Detlev Ganten (Hrsg.): *Unsere Welten der Information – Gene, Neurone, Qubits & Co.* Stuttgart: Wissenschaftliche Verlagsgesellschaft, S. 237 – 254.

Pääbo, Svante (2014): *Neanderthal Man: In Search of Lost Genomes.* New York, NY: Basic Books.

Parra, Esteban J. (2007): „Human Pigmentation Variation: Evolution, Genetic Basis, and Implications for Public Health“. In: *American Journal of Physical Anthropology* 134(S45), S. 85 – 105.

Pier, Gerald B./Grout, Martha/Zaidi, Tanweer et al. (1998): „Salmonella typhi Uses CFTR to Enter Intestinal Epithelial Cells“. In: *Nature* 393(6680), S. 79 – 82.

Plagemann, Andreas (2014): „Perinatale Programmierung, neuro-endokrine Epigenomik und präventive Medizin – Das Konzept der Vegetativen Prägung“. In: *Nova Acta Leopoldina* NF 120, S. 197 – 225.

Propping, Peter/Bartram, Claus R./Brandis, Matthias et al. (2010): *Prädiktive genetische Diagnostik als Instrument der Krankheitsprävention.* Halle an der Saale: Nationale Akademie der Wissenschaften Leopoldina, Deutsche Akademie der Technikwissenschaften, Berlin-Brandenburgische Akademie der Wissenschaften, https://www.leopoldina.org/uploads/tx_leopublication/201011_natEmpf_praedikative-DE.pdf, besucht am 10. 11. 2010.

Robinson, Peter N./Köhler, Sebastian/Bauer, Sebastian et al. (2008): „The Human Phenotype Ontology: A Tool for Annotating and Analyzing Human Hereditary Disease“. In: *The American Journal of Human Genetics* 83(5), S. 610 – 615.

Ropers, Hans-Hilger (2018): *Medizinische Genomsequenzierung: Warum Deutschland nicht länger abseits stehen darf.* Berlin: Konrad-Adenauer-Stiftung, https://www.kas.de/documents/252038/3346186/Analysen+&+Argumente+324+-+Medizinische+Genomsequenzierung.pdf/b24bfa86-b10a-04d5-2870-843e3f219d79?version=1.1, besucht am 11. 11. 2020.

Ropers, Hans-Hilger/Diekämper, Julia/Hümpel, Anja (2015): „Themenbereich Gendiagnostik: Hochdurchsatz-Sequenzierung – eine Chance für die genetische Krankenversorgung in Deutschland“. In: Bernd Müller-Röber/Nediljko Budisa/Julia Diekämper/Silke Domasch/Boris Fehse/Jürgen Hampel/Ferdinand Hucho/Anja Hümpel/Kristian Köchy/Lilian Marx-Stölting/Jens Reich/Hans-Jörg Rheinberger/Hans-Hilger Ropers/Jochen Taupitz/Jörn Walter/Martin Zenke (Hrsg.): *Dritter Gentechnologiebericht. Analyse einer Hochtechnologie.* Baden-Baden: Nomos, Bd. 32, S. 91 – 147.

Rühli, Frank/van Schaik, Katherine/Henneberg, Maciej (2016): „Evolutionary Medicine: The Ongoing Evolution of Human Physiology and Metabolism“. In: *Physiology* 31(6), S. 392 – 397.

Saunders, C. J./Miller, N. A./Soden, S. E. et al. (2012): „Rapid Whole-Genome Sequencing for Genetic Disease Diagnosis in Neonatal Intensive Care Units“. In: *Science Translational Medicine* 4(154), S. 154ra135.

Sheath, Danny J./Castañeda, Rafael Ruiz de/Bempong, Nefti-Eboni et al. (2020): „Precision Global Health: A Roadmap for Augmented Action“. In: *Journal of Public Health and Emergency; Vol 4 (March 2020): Journal of Public Health and Emergency* 4(5), S. 1 – 12.

Slon, Viviane/Mafessoni, Fabrizio/Vernot, Benjamin et al. (2018): „The Genome of the Offspring of a Neanderthal Mother and a Denisovan Father“. In: *Nature* 561(7721), S. 113 – 116.

Sperling, Karl (2000): „Das Humangenomprojekt: Medizin im Licht der Evolution“. In: *Deutsche medizinische Wochenschrift* 125, S. A15–A20.

Sperling, Karl (2001): „‚Altes‘ Genom und moderne Umwelt – Lehren aus der Wissenschaft und Problem der Medizin“. In: Karl-Friedrich Wessel/Kurt S. Zänker/Günter Dörner (Hrsg.): *Genom und Umwelt. Berliner Studien zur Wissenschaftsphilosophie und Humanontogenetik.* Bielefeld: Kleine, Bd. 19, S. 31 – 47.

Sperling, Karl (2015): „Die Natur-Kultur-Grenze im Licht des Humangenomprojekts“. In: *Medizinische Genetik* 27(1), S. 7 – 18.

Sperling, Karl (2016): „Das Humangenomprojekt und die Identifizierung von Krankheitsgenen: DNA-Reparaturdefekte als Modell“. In: Walter Sudhaus (Hrsg.): *Sitzungsberichte der Gesellschaft Naturforschender Freunde zu Berlin.* Keltern: Goecke & Evers, Bd. 52, S. 55 – 87.

Sperling, Karl (2020): „Das Humangenomprojekt und die Evolution des Menschen“. In: Walter Sudhaus/Andreas Wessel (Hrsg.): *Sitzungsberichte der Gesellschaft Naturforschender Freunde zu Berlin.* Keltern: Goecke & Evers, Bd. 54, S. 67 – 88.

Spielmann, Malte/Brancati, Francesco/Krawitz, Peter M. et al. (2012): „Homeotic Arm-to-Leg Transformation Associated with Genomic Rearrangements at the PITX1 Locus“. In: *The American Journal of Human Genetics* 91(4), S. 629 – 635.

Spielmann, Malte/Lupiáñez, Darío G./Mundlos, Stefan (2018): „Structural Variation in the 3D Genome“. In: *Nature Reviews Genetics* 19(7), S. 453 – 467.

Stearns, S.C./Koella, J.C. (2008): *Evolution in Health and Disease.* Oxford: Oxford University Press.

Stearns, Stephen C. (2017): „Outstanding Research Opportunities at the Interface of Evolution and Medicine“. In: *Nature Ecology & Evolution* 2(1), S. 3 – 4.

Stearns, Stephen C./Medzhitov, Ruslan (2015): *Evolutionary Medicine.* Sunderland, MA: Sinauer Associates.

The Lancet (2017a): „Climate Change and Health“. http://www.thelancet.com/infographics/climate-and-health, besucht am 29. 6. 2020.

The Lancet (2017b): „What Can Evolutionary Theory Do for Public Health?“. In: *The Lancet* 390(10093), S. 430.

Trevathan, Wenda R./Smith, E. O./McKenna, James J. (Hrsg.) (1999): *Evolutionary Medicine.* Oxford: Oxford University Press.

Uncommon Descent (2018): „‚Core Principles of Evolutionary Medicine' Still Clinically Useless". https://uncommondescent.com/intelligent-design/core-principles-of-evolutionary-medicine-still-clinically-useless/, besucht am 24. 9. 2020.

Veltman, Joris A./Brunner, Han G. (2012): „De novo Mutations in Human Genetic Disease". In: *Nature Reviews Genetics* 13(8), S. 565–575.

Virchow, Rudolf (1858): *Die Cellularpathologie in ihrer Begründung auf physiologische und pathologische Gewebelehre*. Berlin: A. Hirschwald.

Vollmer, Gerhard (2016): *Im Lichte der Evolution: Darwin in Wissenschaft und Philosophie*. Leipzig: Hirzel.

Warren, Matthew (2018): „Mum's a Neanderthal, Dad's a Denisovan: First Discovery of an Ancient-human Hybrid". In: *Nature* 560(7719), S. 417–418.

Weismann, August (1885): *Die Continuitat des Keimplasma's als Grundlage einer Theorie der Vererbung*. Jena & Naumburg an der Saale: Fischer Verlag.

Williams, Alison L./Grogan, Sarah/Clark-Carter, David et al. (2013): „Appearance-based Interventions to Reduce Ultraviolet Exposure and/or Increase Sun Protection Intentions and Behaviours: A Systematic Review and Meta-analyses". In: *British Journal of Health Psychology* 18(1), S. 182–217.

Williams, George C. (1957): „Pleiotropy, Natural Selection, and the Evolution of Senescence". In: *Evolution* 11(4), S. 398.

Roman M. Marek und Stefan H. E. Kaufmann

Gesundheit aus Sicht der Immunologie und Infektionsbiologie: Neun Chancen für die Zukunft

Abstract: *The Concept of Health in Immunology and Infection Biology: Nine Opportunities for the Future.* Looking at our individual immune systems, one might get the impression that health is mostly a personal matter. However, infection biology immediately points to the fact that health is the outcome of a global joint effort undertaken not only by all humans, but actually by all living beings. From the very large to the very small, health is based on a fragile balance and the successful collaboration of numerous single entities in a highly sensitive and complex network that connects our innermost world with that of the outside. Diseases have been with us forever, and in the course of time, they shaped our political and cultural community. Yet, they also are one of the main drivers of evolutionary development. In that capacity, they have promoted progress from simple life forms to complex beings, i. e., ourselves. Thus, health can also be seen as the product of innumerable tiny coincidences. Politics, academia and society should ensure prevention of future detrimental (or harmful) coincidences with such tragic outcomes.

1 Einleitung – Der Mensch und seine Infektionskrankheiten

Infektionskrankheiten begleiten die Menschheit seit Anbeginn: Dank tropischer Krankheiten wie Malaria, der Afrikanischen Schlafkrankheit und verschiedener parasitischen Fadenwürmer (Filariosen) wurden unsere Vorfahren wohl nur 17 bis 20 Jahre alt (Aker & Cecil 1983). Tatsächlich haben ansteckende Krankheiten über Jahrhunderte hinweg unsere wirtschaftliche, politische, kulturelle und soziale Entwicklung beeinflusst (Frith 2012; Huremović 2019). Vielen Menschen dürfte

Roman M. Marek, Interdisziplinäre Arbeitsgruppe „Zukunft der Medizin: Gesundheit für alle", Berlin-Brandenburgische Akademie der Wissenschaften; Deutsches Rheuma-Forschungszentrum Berlin
Stefan H. E. Kaufmann, Interdisziplinäre Arbeitsgruppe „Zukunft der Medizin: Gesundheit für alle", Berlin-Brandenburgische Akademie der Wissenschaften; Max-Planck-Institut für Infektionsbiologie, Berlin; Max-Planck-Institut für biophysikalische Chemie, Göttingen

https://doi.org/10.1515/9783110713336-019

dabei nicht bewusst sein, dass die meisten der heute bekannten Krankheiten relativ jung sind. Sie entstanden erst, als der Mensch vor etwa 10.000 Jahren sesshaft wurde, sich eine größere Bevölkerungsdichte entwickelte und man mit der Domestizierung von Tieren begann. So sind etwa 60 % der menschlichen Infektionskrankheiten durch einen Artensprung von Haus- und Nutztieren entstanden (Zoonosen), und von den etwa fünf neu auftretenden Krankheiten pro Jahr sind drei Zoonosen (OIE 2015). Die Masern stammen vom Rind (Domestizierung vor ca. 8000 Jahren), die Grippe vom Schwein (Domestizierung vor ca. 10.000 Jahren) und die Pocken vom Kamel (Domestizierung vor ca. 3000 bis 4000 Jahren) (Buselmaier 2015). Auch Vorräte, Abfälle und Exkremente zogen Schädlinge an, insbesondere Ratten und Mäuse – mit ihnen kam die Pest, die sich regelrecht ins kulturelle Gedächtnis der Menschheit eingebrannt hat (*Schwarzer Tod*). Tatsächlich wird die Pestepidemie, die zwischen 1346 und 1353 in Europa zum Tod von bis zu 50 Millionen Menschen führte – etwa 60 % der damaligen Bevölkerung – als „The Greatest Catastrophe Ever" bezeichnet (Benedictow 2005). Auch die Pocken (*Blattern*), Lepra (*Aussatz*), Syphilis (*französische Krankheit*), Tuberkulose (*Schwindsucht*, *Weißer Tod*), Diphtherie (*Würgeengel der Kinder*) oder das so genannte Kindbettfieber haben tiefe Narben im kulturellen Gedächtnis hinterlassen.

Interessanterweise sind die meisten tödlichen Epidemien menschengemacht. Während Europa z. B. über Jahrhunderte von Seuchen heimgesucht wurde, blieben andere Kontinente verschont. Dies änderte sich allerdings mit deren ‚Entdeckung': Die Unterjochung Amerikas ist nicht etwa auf überlegene Technik zurückzuführen, vielmehr wurde der Großteil der indigenen Bevölkerung durch eingeschleppte Krankheiten regelrecht ausgerottet (Ashburn 1947; Chambouleyron et al. 2011; Cook 1998; Drake & Oxenham 2013). So scheint es erstaunlich, dass ein Aufsatz aus dem Jahr 1983 im Fachmagazin *Military Medicine* mit folgendem Fazit endet:

> On the whole, an overview of Europe's history suggests that diseases have spurred the inhabitants of the European continent to positive efforts. The diseases can be seen as historic forces impelling or motivating Europeans to find new ways to counter the challenges presented by disease, to search for cures, and to press forward with such concerns as commerce, the development of a high culture, and war (Aker & Cecil 1983).

Tatsächlich haben Epidemien die wissenschaftliche Erforschung von Prävention, Impfschutz, Antibiotika und Epidemiologie geradezu vorangetrieben (Frith 2012; Huremović 2019). Auch die aktuelle Pandemie führt zu vermehrten Anstrengungen in der Infektionsbiologie, insbesondere was die Entwicklung von Impfstoffen angeht. In der historischen Perspektive zeigen sich gerade auf diesem Gebiet zahlreiche Parallelen zu Emil von Behrings Aktivitäten im Zusammenhang mit seiner Impfung gegen den Würgeengel der Kinder (Diphtherie), etwa im Hinblick auf die Rolle staatlicher Regulierung und Förderung, öffentlich-private Partnerschaften sowie die Impfgegnerschaft (Kaufmann 2017).

2 Infektionskrankheiten: Der Teufelskreis aus Panik und Vernachlässigung

Einem bekannten Bonmot zufolge kümmert man sich erst dann um seine Gesundheit, wenn diese nicht mehr da ist. Für Infektionskrankheiten gilt indes das Gegenteil: Diesen schenken wir unsere Aufmerksamkeit erst dann, wenn die Epidemie da ist. Bereits im Jahr 2013 wurde der Deutsche Bundestag im *Bericht zur Risikoanalyse im Bevölkerungsschutz 2012* über das Szenario eines weltweiten Coronavirus-Ausbruchs informiert. Trotzdem war man auf das Auftreten einer derartigen Pandemie – im Gegensatz zu Ländern wie Südkorea oder Taiwan (Chiu et al. 2020; Han et al. 2020; Lee 2020; Onchi & Ihara 2020; Park et al. 2020; Summers et al. 2020; Wang et al. 2020; Wu et al. 2020) – nicht ausreichend vorbereitet (*pandemic preparedness*):

> Die Regierung wird sich in den nächsten Wochen und Monaten wohl noch öfter kritische Frage gefallen lassen müssen. Die Pandemie hätte sie am Ende wohl nicht verhindern können. Dass hierzulande Desinfektionsmittel, Schutzbekleidung in Krankenhäusern und einfache Masken knapp werden, schon (Merlot 2020).

Angesichts der mangelhaften Vorbereitung vieler Länder und der drohenden Schwächung der Weltgesundheitsorganisation (World Health Organization, WHO) fordern viele Institutionen daher, den Teufelskreis aus „*Panic and Neglect*“ zu durchbrechen (Pandemic Action Network et al. 2020). Bereits seit 2005 bestehen Pläne für ein internationales Überwachungssystem von Krankheitsausbrüchen (*surveillance*) (World Health Organization 2005), damit diese bekämpft werden können, bevor sie zu einer Epidemie oder gar Pandemie anschwellen können. Der wichtigste Ansatzpunkt hierbei war eine Erweiterung der seit 1969 bestehenden *Internationalen Gesundheitsvorschriften* (IGV) der WHO. Um zu vermeiden, dass sich eine nationale Gesundheitskrise in eine internationale verwandelt, verpflichteten sich die Unterzeichnerstaaten dazu, potentielle Bedrohungen umgehend zu melden und die koordinierende Rolle der WHO bei der Bekämpfung weltweiter Bedrohungen anzuerkennen. Außerdem sollten national und international Überwachungssysteme zur Früherkennen von Seuchenausbrüchen auf-, bzw. ausgebaut werden. Angesichts der dringenden Notwendigkeit der Erweiterung der bestehenden IGV stand bereits kurz nach der Unterzeichnung fest:

„Hoffentlich greifen die internationalen Gesundheitsvorschriften bei einer realen Bedrohung zügig und werden nicht hinter eigennützige Handelsinteressen zurückgestellt“ (Kaufmann 2008, S. 310). Diese Hoffnung hat sich leider nicht erfüllt, und so führt uns COVID-19 vor Augen, dass Gesundheitsprobleme nur weltweit und nur gemeinsam angegangen werden können: Gesundheit ist ein globales Phänomen.[1]

Bereits vor COVID-19 sahen wir auf globaler Ebene immer häufiger Ausbrüche mit dem Potential, sich zu Epidemien und dann gar Pandemien zu entwickeln. Diese Entwicklung ist hauptsächlich in zwei Bereichen festzustellen: Erstens nehmen Antibiotika-Resistenzen durch unsachgemäße Anwendung, industrielle Massentierhaltung und verantwortungslose Antibiotika-Herstellung dramatisch zu (Larsson et al. 2020; Laxminarayan et al. 2020; Nijsingh et al. 2019; Schießl 2020). In Bezug auf Antibiotika ist das Versagen des Marktes so offensichtlich geworden, dass von Seiten der Wissenschaft bereits gefordert wird, Antibiotika zum globalen öffentlichen Gut (*public common good*) zu erklären (Kaufmann 2016; Nijsingh et al. 2020; Singer et al. 2020). Zweitens steigt die Zahl unberechenbarer Seuchenausbrüche in den Ländern des Globalen Südens. Gründe hierfür sind häufig der zunehmend enge Kontakt zwischen Tier und Mensch, die zunehmende Urbanisierung sowie die vermehrte Migration und Mobilität. Für eine hohe Geschwindigkeit der Ausbreitung sorgt in erster Linie der Flugverkehr: 4,54 Milliarden Menschen saßen 2019 in einem Flugzeug (Mazareanu 2020). Damit wächst die Gefahr einer weltweiten Ausbreitung, die auch uns treffen kann (Morse et al. 2012; United Nations Environment Programme and International Livestock Research Institute 2020).

In der Forschungsgemeinschaft der Infektiologen hat sich „Ernüchterung breitgemacht“: „Von 1940 – 2004 sind 325 Infektionskrankheiten neu entstanden bzw. wieder aufgetreten“ (Buselmaier 2015, S. 27). Während es bei der Mutationsrate zwischen Menschen und den meisten Mikroorganismen keinen wesentlichen Unterschied gibt, ist der entscheidende Faktor die Generationsrate: Beim Menschen beträgt diese etwa 35 Jahre, bei einem Bakterium unter günstigen Bedingungen nur etwa 20 Minuten, auf jeden Fall meist nicht länger als einige Stunden. Hinzu kommt, dass viele Bakterienarten untereinander Erbinformationen austauschen können (etwa Gene für Resistenzen gegen Antibiotika), dies führt in der Masse zu einer noch größeren Anzahl von Kombinationsmöglichkeiten als bei der sexuellen Fortpflanzung. Das bedeutet, dass uns Mikroorga-

---

1 Auf die internationalen Vernachlässigungen der Seuchengefahr, verbunden mit einem Aufruf auf eine komplette Kehrtwende, hat die von der WHO ins Leben gerufene unabhängige Kommission unter der Leitung von E.J. Sirleaf und H. Clark hingewiesen (https://theindependentpanel.org/).

nismen in ihrer evolutionären Entwicklung, d.h. der Anpassung an neue Lebensbedingungen immer überlegen sind. Diese Feststellung mag etwas ernüchternd sein, doch die ‚höheren' Lebewesen setzten auf die Strategie der Spezialisierung (d.h. auf die Entwicklung von Organen wie Herz, Lunge, Gehirn, Haut etc.), daher hat der Mensch noch ein As im Ärmel: sein Immunsystem.

3 Das Immunsystem: Missverstanden, unterschätzt und unterforscht

Unser Immunsystem verrichtet Tag für Tag seine Arbeit; doch erst, wenn es einmal nicht mehr funktioniert, scheint es unsere Aufmerksamkeit auf sich zu ziehen:

> Die Immunantwort gehört zu den am meisten unterschätzten Funktionen des Körpers: Sie kann problemlos Milliarden verschiedene Strukturen unterscheiden. Bildlich gesprochen hätte sie kein Problem damit, jeden einzelnen der 6,5 Milliarden Menschen [Update: heute 7,5 Milliarden Menschen] dieser Erde genau zu erkennen. Und sie kann nach dem Schlüssel-Schloss-Prinzip ebenso viele Strukturen zum Einfangen dieser unzähligen Kontakte bilden (Kaufmann 2008, S. 40).

Fälschlicherweise wird das Immunsystem oft als Einheit wahrgenommen. Neben mechanischen und physiologischen Barrieren des Körpers (z.B. der Haut oder der Magensäure) besteht unsere Immunabwehr tatsächlich aber aus einer Vielzahl spezialisierter Zellen, die sich in zwei große Funktionseinheiten unterteilen lassen: das angeborene und das erworbene Immunsystem (Japanische Gesellschaft für Immunologie 2011). In der Realität verwischt aufgrund der zahlreichen Kooperationen und Wechselwirkungen diese nur scheinbar klare Trennung, ganz abgesehen davon, dass es bei den Zellen auch Mischformen gibt (Bhandoola et al. 2013; Fang & Zhu 2017). Den Hauptteil der Arbeit erledigt das angeborene Immunsystem – es bekämpft im täglichen Kleinkrieg die überwiegende Mehrheit eindringender Krankheitserreger. Die hier beteiligten Zellen nutzen generelle Muster, um sofort zu erkennen, ob eine Struktur körperfremd ist und zu Viren, Bakterien, Pilzen, Parasiten, Abfallprodukten oder schädlichen Substanzen passt. Auch entartete Krebszellen werden erfasst. Die so identifizierten Eindringlinge, Krebszellen oder Schadstoffe werden blockiert, umschlossen, durchlöchert, aufgefressen, aufgelöst und abgeführt. Das System ist so erfolgreich, dass es sich von der Fruchtfliege bis zu uns fast unverändert erhalten hat (Martinelli & Reichhart 2005). Einigen Krankheitserregern gelingt es jedoch, das angeborene System zu überlisten: Sie tarnen sich z.B. mit harmlos aussehenden Zuckermolekülen, ziehen sich in körpereigene Zellen zurück, oder produzieren Signale, die unsere Immunantwort hemmen. Erst in diesen Fällen haben wir überhaupt einen Namen für eine Krankheit: Atemwegsinfekte, Durchfallerkrankungen, die unterschätzten Kinderkrankheiten, aber auch HIV/Aids, Tuberkulose, Malaria, Grippe oder die große Gruppe der sogenannten vernachlässigten Krankheiten, die durch tropische Parasiten und Würmer hervorgerufen werden. Gelingt Krankheitserregern die Ausbreitung, rufen die Zellen der angeborenen Immunantwort das erworbene Immunsystem zur Verstärkung.

Was wir gemeinhin mit dem Begriff „Immunsystem" assoziieren, ist die Aufgabe der erworbenen Immunabwehr: Krankheitserreger werden durch eine passgenaue, spezifische Immunantwort abgewehrt (Kaufmann 2020). Die Reaktion der adaptiven Immunantwort dauert etwas länger – jedoch nur beim ersten Mal. Denn das erworbene Immunsystem speichert einmal erkannte Krankheitserreger und löst bei Wiederholungstätern sofort die passende Immunabwehr aus – dies schließt übrigens auch Zellen des angeborenen Immunsystems mit ein, denn diese sind durch frühere Auseinandersetzungen mit Erregern trainiert und durch epigenetische Veränderungen besser auf den nächsten Schlag vorbereitet. Das Adjektiv „passend" bezieht sich hier vor allem auf Antikörper, dies sind von spezialisierten Zellen des Immunsystems entwickelte und hergestellte Y-förmige Eiweißmoleküle. Man kann sie sich wie einen Schlüssel vorstellen, der zu einer spezifischen Struktur auf der Oberfläche eines Krankheitserregers – dem Schloss – passt. Wenn der Schlüssel passt, bleibt der Antikörper an der Oberfläche kleben und Schadstoffe und Krankheitserreger werden markiert oder unschädlich gemacht.

Häufig wird angenommen, dass zur Herstellung eines Schlüssels ein Abdruck von der gesuchten Oberflächenstruktur gemacht wird – so als würde man heißes Wachs ins Schlüsselloch gießen, um ein Modell des Schlüssels zu erhalten. Dies wäre wohl die effizienteste Methode; doch die Natur hat eine andere, zwar weniger effiziente, dafür aber faszinierende Möglichkeit gefunden. Bei allen Vorgängen in den Zellen unseres Körpers wird peinlich genau darauf geachtet, dass die Erbinformation im Zellkern nicht verändert wird, denn dies würde höchstwahrscheinlich zu Funktionsverlusten und schlimmstenfalls zu Krebs führen. Bei der Entstehung bestimmter Zellen des erworbenen Immunsystems aber gibt es eine Ausnahme: Hier werden spezifische Teile der Erbinformation nach dem Zufallsprinzip neu zusammengewürfelt, um so individuelle, einzelangefertigte und zufällig generierte Schlüssel zu erzeugen (Krangel 2009). Bei der Entstehung dieser Zellen steht somit noch gar nicht fest, auf was für eine Struktur ihr Schlüssel überhaupt passt, ja es steht noch nicht einmal fest, ob der Schlüssel überhaupt zu irgendeiner Struktur passt. In einem ersten Schritt muss deshalb zunächst sichergestellt werden, dass diese Schlüssel nicht zufällig körpereigene Strukturen erkennen und als schädlich markieren. Die Zellen, die auf köpereigene

Strukturen ansprechen, werden deshalb direkt in den Zelltod geschickt. Versagt dieser wichtige Kontrollmechanismus, können sich Autoimmunkrankheiten bilden. Die frisch erzeugten Schlüssel können aber auch zu harmlosen Strukturen (etwa aus Lebensmitteln) passen, in diesen Fällen können Allergien entstehen. In den meisten Fällen aber werden die zufällig generierten Zellen auf keine Struktur passen, die Zellen zirkulieren für ihre Lebensspanne im Blut und sterben dann ab – selbst wenn ein vielleicht später aufgetretener Krankheitserreger das passende Schloss zu ihrem Schlüssel gewesen wäre.

Ob eine spezifische Immunantwort ausgebildet wird, hängt also zum Großteil vom Zufall ab: Erst im seltenen Fall, dass tatsächlich einer der individuell erzeugten Schlüssel einigermaßen zur Oberflächenstruktur eines Krankheitserregers passt, kommt ein Prozess der Verfeinerung und Anpassung in Gang: Die Zelle und ihr Schlüssel werden weiter zufällig modifiziert, um eine optimale Passgenauigkeit des Schlüssels zu erreichen. So faszinierend und ausgeklügelt dieser Prozess ist – dass wir weiterhin an Krankheiten leiden, zeigt, dass er fehleranfällig ist und manchmal zu lange dauert. Gesundheit stellt sich aus dieser Perspektive dar als ständiger Kampf zwischen unserem Körper und der Außenwelt, als das Ergebnis einer ausgeklügelten und ausbalancierten Zusammenarbeit unzähliger spezialisierter Zellen, letztlich aber auch als das Resultat eines gewissermaßen mikro-evolutionären Prozesses, der sich aus Zufall und Glückstreffern speist. Es scheint rätselhaft, weshalb die Natur ein derart ineffizientes und fehleranfälliges System entwickelt hat, das gleichzeitig überraschend gut funktioniert. Das Rätsel wird umso größer, wenn man bedenkt, dass sich das gleiche Prinzip – d. h. die Herstellung zufälliger Schlüssel – parallel bei verschiedenen Gruppen von Lebewesen entwickelt hat (*Homoplasie*) (Dickerson & Findly 2017; Magadan et al. 2015; Müller et al. 2018).

Die Unübersichtlichkeit dieses Systems erschließt sich, wenn man bedenkt, dass sich die verschiedenen Zellarten gegenseitig beeinflussen, denn Immunantworten müssen angeschoben oder gehemmt werden – über alle unterschiedlich festen Organen und bis ins Kleinste verästelte Gefäß hinein. Diese Prozesse beruhen auf einem fein aufeinander abgestimmten System, Störungen können zum Beispiel zu Immunpathologien führen, d. h. eine überschießende Immunreaktion richtet größeren Schaden an, als der Erreger selbst. Die Komplexität des Systems und der Kommunikation zwischen den involvierten Zellarten in vielschichtigen molekularen Netzwerken und Regelkreisen ist kaum zu überschätzen:

> Importantly, the immune apparatus is increasingly seen as a highly diffuse organ comprising not only bone marrow, thymus and spleen, but also lymph nodes and lymphoid follicles which are spread throughout the body and interconnected by circulating leukocytes and soluble mediators. [...] Future immunology will have to take into account an integrated view

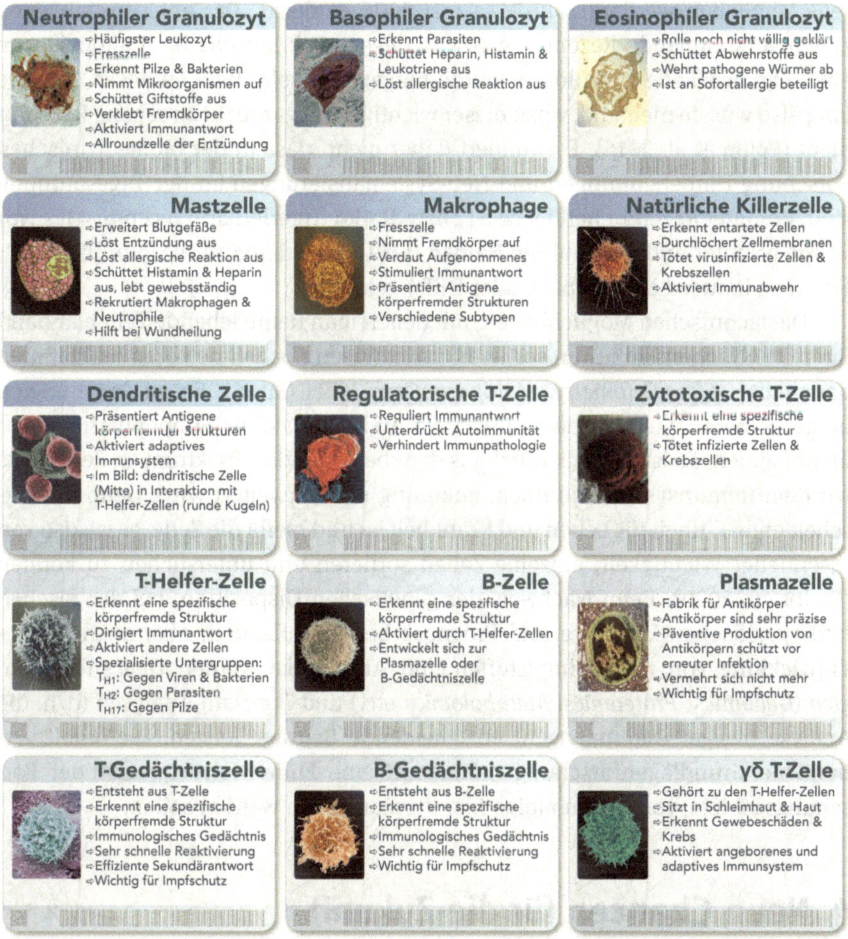

Abb. 1: Die wichtigsten Zellen des menschlichen Immunsystems. Grafik: Roman Marek, Quellen der einzelnen eingefärbten rasterelektronenmikroskopischen Aufnahmen: *Wellcome Trust* (CC BY-NC 4.0)

> on these crosstalks at all levels from organs to tissues to cells to molecules (Kaufmann 2019b, S. 11).

So sind selbst nach jahrelanger Forschung noch immer nicht alle Botenstoffe (Zytokine) entdeckt, und selbst bei einer so gut erforschten Zytokin-Familie wie dem Interleukin-1 (IL-1) sind noch viele Fragen offen (Dinarello 2019). IL-33 zum Beispiel ist Mitglied dieser Familie, doch obwohl es ein zentrales und weit verbreitetes Alarmin ist (d. h., seine Funktion kann mit dem Heulen einer Alarmsirene verglichen werden), wurde es erst 2005 entdeckt. Der auf verschiedenen Zellen vorkommende Rezeptor, d. h. das Gegenstück, an das IL-33 andockt, um eine Signalkaskade auszulösen, wurde hingegen bereits 1989 entdeckt. 16 Jahre lang also wusste niemand, wozu dieser wichtige und gar nicht so seltene Rezeptor dient (Peine et al. 2016). Es wundert daher nicht, dass in der biomedizinischen Forschung Umbenennungen und Neu-Systematisierungen an der Tagesordnung sind. Besagter Rezeptor heißt jetzt ST2 bzw. IL-1R4 (Interleukin-1 receptor-4), zuvor wurde er unter anderem auf die Namen IL1RL1 (Interleukin-1 receptor-like-1), T1, Fit-1 (Fos-induced transcript-1), oder DER4 getauft.

Die technischen Möglichkeiten, mit denen man heute lebende Zellen anhand ihrer Oberflächenstrukturen sortieren kann, waren noch vor einigen Jahrzehnten undenkbar (*Flow-Cytometry*, *Multiparameter*, MELC/MICS). So ist es gelungen, immer feinere Unterschiede zu erkennen und neue stabile Subpopulationen zu identifizieren. Es ist deshalb durchaus denkbar, dass das Spektrum an Zellen, die wir dem Immunsystem zuordnen, zukünftig noch erweitert wird. Denn die entscheidende Einheit für Leben und Krankheit ist und bleibt die Zelle, es ist also von essentieller Wichtigkeit, einzelne Zellen sortieren und untersuchen zu können (Radbruch 2020). Beim Nachweis der genetischen Disposition, bei der raschen und spezifischen Diagnose und Prognose bereits Infizierter, aber auch bei der Entwicklung von neuen Impfstoffen und Antibiotika werden *Omics-Technologien* (*Genomics*, *Proteomics*, *Metabolomics* etc.) und *Big-Data*-Analysen (d. h. die Analyse riesiger Datenmengen) entscheidende Beiträge leisten. Die damit verbundene Grundlagenforschung mündet in eine Fülle vielversprechender Forschungsgebiete, von denen einige hier kurz umrissen werden sollen.

4 Neun Chancen für die Zukunft

4.1 Individualität des Immunsystems

Die Infektionsbiologie hat sich vom Dogma „ein Erreger – eine Krankheit" verabschiedet. Immer mehr Krankheiten haben multifaktorielle Ursachen, d. h., dass Erreger eine wichtige, aber nicht die einzige, manchmal sogar nicht einmal die wichtigste Rolle spielen. Hierzu zählen Ko-Infektionen, wie z. B. mit Helminthen, die durch Immunmodulation das Risiko für zahlreiche bakterielle und virale Infektionskrankheiten erhöhen, sowie sich gegenseitig beeinflussende Komorbiditäten, wie z. B. bei Typ-II-Diabetes und Tuberkulose. Ein gutes Beispiel für multifaktorielle Ursachen ist Tuberkulose, an der nur 10 % der Infizierten erkranken. Gleichzeitig sind aber weltweit ca. 1,7 Milliarden Menschen mit dem Erreger infiziert, so dass die Morbiditäts- und Mortalitätsdaten erschreckend hoch bleiben.

Diese Dualität war bereits vor über 125 Jahren ein wichtiger Diskussionspunkt, als Robert Koch die ursächliche Bedeutung von Mikroben aufklärte, während Rudolf Virchow an der Charité darauf beharrte, dass auch solche Krankheiten eine innere Ursache haben (Kaufmann & Winau 2005). Diese nur scheinbare Dualität ist nun aufgelöst: Beide hatten Recht. Der Krankheitserreger ist die Ursache, die genetische und sonstige körperliche Disposition des Infizierten entscheidet aber, ob die Krankheit ausbricht oder nicht. Hinzu kommen noch Umweltfaktoren, wie z.B. Luftverschmutzung. Um Infektionen besser behandeln und Impfstoffe optimieren zu können (*Human Vaccines Project*), gilt es deshalb, die Individualität des Immunsystems des Menschen besser zu verstehen und auszunutzen.

4.2 Biologische Therapien: Plastizität und quantitative Unterschiede einzelner Zellen

Obwohl prinzipiell alle Zellen des Körpers die gleiche Erbinformation besitzen, gibt es auch bei Zellen der gleichen Art stabile Unterschiede, z.B. im Hinblick auf ihre Produktion wichtiger Botenstoffe (Helmstetter et al. 2015). Erst seit Kurzem richtet sich das Forschungsinteresse vermehrt auf die Individualität einzelner Zellen, auch weil die technische Erfassung quantitativer Differenzen in der Produktion einzelner Proteine (z.B. mit Hilfe einer Fangmatrix) höchst anspruchsvoll ist. Tatsächlich aber können diese kleinen, aber feinen Unterschiede entscheidend sein für den späteren Lebensweg einer Zelle, oder für ihr therapeutisches Potential. Eine direkte Therapieoption, die sich aus dieser Grundlagenforschung ergibt, sind Zelltherapien (Buchholz et al. 2018; Hartmann et al. 2017; Li et al. 2019; Singh & McGuirk 2020). Über die genaue Einzelzellanalyse können Zellen mit bestimmten nützlichen Eigenschaften aus dem Blut des Patienten isoliert und außerhalb des Körpers unter idealen Bedingungen vermehrt und eventuell durch genetische Modifikation weiter verbessert werden (*T cell gene engineering, CAR-T/NK Zelltherapien*). Anschließend werden diese Zellen wieder in den Körper zurückgegeben, um dort gegen die Krankheit zu arbeiten: Die veränderten Zellen des Immunsystems erkennen nun z.B. Tumore, die zuvor für das Immunsystem ‚unsichtbar' waren. In der Vergangenheit haben derartige Zelltherapien bereits „in einigen klinischen Anwendungen zu spektakulären Therapieerfolgen für Krebspatienten mit weit fortgeschrittener Tumorerkrankung geführt" (Buchholz et al. 2018, S. 38). Für zelltherapeutische Ansätze ist aber von größter Wichtigkeit, dass man erstens genau die Zellen findet und isoliert, die man benötigt, und dass zweitens diese Zellen dann auch ihren Phänotyp beibehalten und sich nicht in der Zwischenzeit verändern, oder gar zu Krebszellen entarten.

4.3 Impf- und Diagnoseplattformen

Bis heute ist umstritten, welche Prozesse und Umstände bestimmen, ob eine Zelle nach einer überstandenen Infektionskrankheit abstirbt, oder ob sie sich zu einer Gedächtniszelle weiterentwickelt, die gehegt und gepflegt wird, damit sie bei einer erneuten Infektion sofort für den Abwehrkampf bereit steht. Sind es zum Beispiel die ‚Kriegshelden', also die, die sich im Kampf gegen den Krankheitserreger hervor getan haben und besonders erfolgreich waren? Oder haben sich die ‚Kriegshelden' am Ende zu sehr verausgabt, so dass eher unbeteiligte Zellen zur Gedächtniszelle befördert werden, die nur am Rande eines Infektionsherdes patrouilliert haben? Welche Prozesse führen dazu, dass Krankheiten chronisch werden, dass also die Immunabwehr irgendwann resigniert und die spezifischen Zellen erschöpft aufgeben? Das immunologische Gedächtnis ist nicht nur eine Schlüsseleigenschaft unseres Immunsystems, es ist auch für die Entwicklung von Impfstoffen und für Impfstrategien von essentieller Wichtigkeit: Im Idealfall soll eine Impfung ja symptomlos bleiben, sich aber trotzdem tief im immunologischen Gedächtnis verankern und langfristig schützen, bestenfalls bereits nach nur einer Immunisierung. Doch obwohl Impfungen zu den kostengünstigsten, erfolgreichsten und effizientesten Präventionsmaßnahmen zählen, ist die Entwicklung geeigneter Impfstoffe sehr kostenintensiv. Für die effektive Bekämpfung von Infektionskrankheiten ist aber von entscheidender Wichtigkeit, dass die Impfung flächendeckend zum Einsatz kommt. Besonders in den Ländern mit niedrigem oder mittlerem Einkommen müssen sie möglichst kostengünstig erhältlich sein, was zum Beispiel durch große Absatzmengen erreicht werden kann (Kaufmann 2019a). In der Zwischenzeit haben die mRNA-Impfstoffe und die Andenovirus-Vektorimpfstoffe ihren hohen Wert bewiesen: In zahlreichen Industrieländern wurden bereits mehr als die Hälfte der Menschen zumindest einmal geimpft. Dagegen hinken die Länder des globalen Südens hinterher. Ziel muss aber sein, dass alle Menschen auf der Erde baldmöglichst eine Impfung erhalten. Die COVID-19-Pandemie hat deutlich gezeigt, dass Diagnostik und Impfung von entscheidender Wichtigkeit sind. Die genetische Information des neuen Virus war relativ schnell entschlüsselt und wurde umgehend der Forschungsgemeinschaft zur Verfügung gestellt. In dieser Erbinformation enthalten ist auch der Bauplan für die Oberflächenstruktur des Virus. Die Hoffnung ist, dass man in Zukunft diese genetische Information nutzen kann, eine bewährte und genehmigte Impfplattform minimal zu modifizieren, um so einen neuen, passgenauen Impfstoff zu erhalten. Das Ziel wäre also, eine Art Impfplattform zu entwickeln, die je nach Bedarf mit neuen Oberflächenstrukturen beladen angewendet werden kann (Kaufmann 2021). Ein solcher Impfstoff müsste dann nicht immer die gesamten klinischen Phasen durchlaufen, da seine Sicherheit und die Dosierung weitgehend bekannt sind. Denkbar wäre zum Beispiel, bereits heute angewendete Adenoviren als Plattform zu nutzen, diese können sich nämlich im Menschen nicht vermehren. Durch Gentechnik könnte die natürliche Oberflächenstruktur des Adenovirus mit der gewünschten Oberflächenstruktur eines gefährlichen Erregers gespickt werden. Einmal in den menschlichen Körper gelangt, könnten die harmlosen, aber mit *heterologen Antigenen* modifizierten Adenoviren das adaptive Immunsystem anlernen. Ein anderer Ansatz bedient sich direkt der Erbinformation des Krankheitserregers: Bei den Nukleinsäure-Impfstoffen werden Teile der Bauanleitungen für Oberflächenstrukturen eines Krankheitserregers in den Körper gebracht. Bei DNA-Impfstoffen werden dazu spezielle Maßnahmen benötigt, so werden z. B. mit Hilfe elektrischer Felder Zellmembranen vorübergehend durchlässig gemacht (Elektroporation). Im Gegensatz dazu können mRNA-Impfstoffe wie eine gewöhnliche Impfung direkt injiziert werden, allerdings muss hierfür die mRNA vor einem raschen Abbau durch unseren Körper geschützt werden, etwa durch stabilisierende Sequenzen oder eine Verpackung in lipidreiche Kapseln. Ist die Erbinformation einmal in unsere eigenen Zellen gelangt, dann beginnen diese mit der Produktion von harmlosen Oberflächenproteinen eines Erregers, auch in diesem Fall sollen diese dann unser Immunsystem anlernen. Nach diesem Prinzip arbeiten mehrere der neu entwickelten COVID-19-Impfstoffe. Doch währen in der Veterinärmedizin Impfstoffe auf Basis von Nukleinsäuren bereits verwendet werden, ist für den Menschen noch kein Impfstoff dieser Art zugelassen. Der Vorteil dieser Methoden ist, dass schnell und kostengünstig große Mengen an Impfstoffe bereitgestellt werden können. Allerdings sind auch bei der Diagnostik Zeit und Geld entscheidende Faktoren. Wie sich gezeigt hat, kommt unsere derzeitige Diagnosetechnik im Fall einer Pandemie schnell an ihre Grenzen, und selbst einfachste Reagenzien können zur Mangelware werden. Wünschenswert wäre hier, dass es einen Test gäbe, der ohne Labor funktioniert und den man im Idealfall zuhause wie einen Schwangerschaftstest anwenden könnte. Gerade bei Krankheiten mit unspezifischen Symptomen, oder Infektionen, bei denen viele Menschen asymptomatisch bleiben, wäre ein solches System, das in den eigenen vier Wänden angewendet zwischen verschiedenen Krankheiten unterscheiden könnte, äußerst nützlich. Auch hier wäre eine Diagnoseplattform erstrebenswert, die nach dem Baukastenprinzip mit Teilen aus der Erbinformation eines Erregers bestückt werden könnte. Wie sich in der aktuellen Pandemie gezeigt hat, ist bei neu auftretenden Krankheiten Schnelligkeit ein entscheidender Faktor. Für generisch verwandte Impfstoffe und Diagnoseverfahren könnten beschleunigte Zulassungsverfahren entwickelt werden.

4.4 Antibiotika-Resistenzen: Antiinfektiva systematisch regulieren und entwickeln

Im Wettlauf mit den Mikroorganismen haben Antibiotika dem Menschen in den letzten 70 Jahren dazu verholfen, die Oberhand zu gewinnen. Heutzutage jedoch steht dieser Vorteil auf dem Spiel, denn immer schneller verbreiten sich unter problematischen Krankheitserregern Resistenzen gegenüber gängigen Antibiotika. Gleichzeitig haben Forschung und Entwicklung auf diesem Gebiet drastisch abgenommen, was nicht zuletzt auf ökonomische Kurzsichtigkeit zurückzuführen ist (Kaufmann 2016). Hinzu kommt noch, dass die meisten aktiven Komponenten häufig unter katastrophalen Bedingungen außerhalb der EU hergestellt werden, wo in Abwesenheit von Umweltstandards Unmengen dieser Subtanzen in die Umwelt entlassen werden (etwa im Abwasser), was nachweislich zu Resistenzbildung geführt hat. Die aktuelle Pandemie hat erneut die Systemrelevanz antiviraler, antimykotischer und antibiotischer Wirkstoffe vor Augen geführt, der Nachholbedarf an Forschung und Entwicklung sowie der adäquate Umgang mit diesen Substanzen sollte international auf höchster Ebene thematisiert werden. Insbesondere der Einsatz in der industriellen Tiermast – in den USA wandern 80 % aller Antibiotika in den Veterinärbereich und nur 20 % in die Humanmedizin (Martin et al. 2015) – oder im Pflanzenschutz sollten verboten werden; geradezu weltfremd mutet es an, wenn es über den Einsatz von Streptomycin, Oxytetracyclin und Gentamicin beim Pflanzenschutz heißt: „Antibiotics have been indispensable for crop protection in the United States for more than 50 years without reports of adverse effects on human health or persistent impacts on the environment" (Stockwell & Duffy 2012). Meist wird dabei noch übersehen, dass Antibiotika in der Tiermast zur Wachstumsförderung eingesetzt werden – häufig auch noch in subtherapeutischen Dosen, die Resistenzbildung noch fördern – und nicht zur Prophylaxe oder Therapie von Infektionen (die in den meisten Fällen wohl auf Überzüchtung und eine tierquälerische Haltung zurückzuführen sind). Ein 2016 im Auftrag der britischen Regierung erstellter Bericht zur Resistenzbildung gegen Antibiotika kommt zu einer erschreckenden Prognose: Wenn sich Resistenzen wie bisher verbreiten können, kommt es bis ins Jahr 2050 pro Jahr zu bis zu zehn Millionen zusätzlichen Todesfällen (gegenüber derzeit ‚nur' 700.000 zusätzlichen Verstorbenen pro Jahr) und einem wirtschaftlichen Verlust von 1,5 Milliarden Euro pro Jahr (O'Neill 2016). Im Jahr 2019 wurde die Umsetzung der damals empfohlenen Maßnahmen überprüft, die Bilanz war eher ernüchternd (Clift 2019): Zwar wurden mehrere Initiativen zur Förderung innovativer Antibiotikaforschung gestartet, doch die daraus resultierende Entwicklung neuer Antibiotika, aber auch von Impfstoffen und Diagnostika blieb hinter den Erwartungen zurück – und während der Antibiotikaverbrauch in der Landwirtschaft der industrialisierten Ländern gesunken ist, war dies bei den Schwellenländern und ärmeren Ländern nicht der Fall. Insbesondere mangelt es vielen Ländern des Globalen Südens an einem funktionierenden öffentlichen Gesundheitswesen, an sauberem Wasser, sowie an hygienischen Sanitäreinrichtungen – dabei würden alleine diese Maßnahmen den Bedarf an Antibiotika deutlich verringern. Insgesamt bleibt auch die Dokumentation des Antibiotikaverbrauchs sowie die Untersuchung der Resistenzentwicklungen ungenügend – selbst im humanmedizinischen Bereich. Auch wenn der Antibiotikaverbrauch generell deutlich gesenkt werden muss, werden wir sie trotzdem weiterhin benötigen. Neue Forschungsansätze versprechen Auswege aus dieser verfahrenen Situation, etwa durch den gezielten Einsatz von Bakteriophagen, d. h. Viren, die spezielle Bakterien befallen. Bakteriophagen haben den Vorteil, dass sie meist hoch spezialisiert sind und so nur schädliche Bakterien töten könnten. Der daraus entstehende Nachteil ist, dass man zuvor eine genaue Diagnose über den Krankheitserreger treffen muss, im klinischen Alltag ist dafür aber meist die Zeit zu knapp. Trotzdem kommen bereits jetzt in der so genannten Phagentherapie Bakteriophagen zum Einsatz, besonders bei chronischen Infektionen mit multiresistenten Erregern (Golkar et al. 2014; Gordillo Altamirano & Barr 2021; Petrovic Fabijan et al. 2020; Rahimzadeh et al. 2020; Wan et al. 2021; Wittebole et al. 2013). Da sich die Pharmaindustrie aus dem Bereich der Antiinfektiva-Entwicklung weitgehend zurückgezogen hat, sollten öffentliche Fördermittel dafür eingesetzte werden, Entwicklung und klinische Prüfung zu finanzieren.

4.5 Therapeutische humane Antikörper

Eine weitere noch nicht ausreichend erforschte Therapiemöglichkeit besteht darin, schützende Antikörper aus Menschen zu isolieren, die eine Infektionskrankheit überstanden haben. Diese Antikörper könnten dann in großem Maßstab gentechnisch hergestellt werden, um damit Risikopatienten zu schützen. Die Antikörper würden nach Verabreichung für eine Zeit im Körper zirkulieren und diesen passiv schützen bzw. bereits eingedrungene Krankheitserreger bekämpfen. Teilweise wurde dieser Ansatz bereits jetzt zur Behandlung von schwer an COVID-19 erkrankten Patienten genutzt (*Convalescent plasma therapy*). Ein weiterer Therapieansatz wäre, die entsprechenden Antikörper gleich künstlich herzustellen (*Customized antibodies*) (Borrebaeck & Ohlin 2002); in der biomedizinischen Forschung sind maßgeschneiderte Antikörper zum Markieren spezifischer Strukturen Alltag. Für HIV ist es einer Arbeitsgruppe bereits gelungen, einen Antikörper zu erzeugen, der zugleich drei verschiedene Oberflächenstrukturen des HI-Virus erkennt – jedoch gäbe es für solche Antikörper noch weitere

Anwendungsmöglichkeiten: „Trispecific Abs thus constitute a platform to engage multiple therapeutic targets through a single protein, and could be applicable for diverse diseases, including infections, cancer and autoimmunity" (Xu et al. 2017, S. 1). Zur Neutralisation von Erregern oder Giftstoffen ist außerdem eine Minimalversion des Antikörpers geeignet: so genannte *Nanokörper* (*Nanobodies*, V_HH). Diese kommen in der Natur in Kamelen, Dromedaren, Lamas und Haien vor und sind aus mehreren Gründen für die therapeutische Anwendung interessant (Harmsen & De Haard 2007; Khodabakhsh et al. 2019; Liu & Huang 2017; Muyldermans 2013): Sie besitzen eine hohe Stabilität gegenüber Hitze, Säure und abbauende Enzyme, sie sind leicht und günstig herzustellen, sie erkennen Strukturen äußerst genau – auch solche, die normale Antikörper nicht erkennen, sie können oral verabreicht werden, sie können außerdem leicht in Zellen eindringen, um auch dort zu wirken, und unser Köper scheidet sie über die Niere wieder aus. Da *Nanokörpern* die Komponente des normalen Antikörpers fehlt, die Entzündungsreaktionen auslöst, bleibt eine überschießende Immunreaktion aus. Dadurch eigenen sie sich vor allem zum Umhüllen und Blockieren von Fremdkörpern, als weitere Anwendungsbereiche gelten außerdem die Behandlung von Krebs (Kijanka et al. 2015; Lecocq et al. 2019; Moradi et al. 2020; Zhu et al. 2020), die Heilung von Verletzungen der Blutgefäßen (*Hämostase*) (Peyron et al. 2020), die Bekämpfung von Allergien (Flicker et al. 2020) oder die Diagnostik (Bastos-Soares et al. 2020; Chakravarty et al. 2014).

4.6 *One Health:* Mensch, Tier, Zoonosen

Die aktuelle Pandemie lenkte erneut Aufmerksamkeit auf eine Säugetiergruppe, die schon in der Vergangenheit mehrfach unangenehm aufgefallen war: Fledermäuse sind nicht nur ein Reservoir für SARS-CoV-2, sondern auch für andere Corona-Viren (SARS, MERS), sowie eine Vielzahl weiterer Krankheitserreger wie Tollwut und Hepatitis C, oder Ebola-, Marburg-, Nippah- und Lassa-Viren (Banerjee et al. 2019; Calisher et al. 2006; Han et al. 2015; MacKenzie 2020). Diese für den Menschen äußerst gefährlichen Viren schaden Fledermäusen nicht; denn während bei Menschen eine überschließende Reaktion des Immunsystems (*Immunpathologie*) wesentlich für den eigentlichen Schaden sorgt, sind Fledermäuse in der Lage, ihre Immunantwort auf ein Minimum zu reduzieren. Aus dieser Beobachtung könnte sich bereits ein Hinweis auf Therapieoptionen ergeben. So zeigt sich hier der springende Punkt des *One-Health*-Konzepts: Es geht nicht nur darum, dass zwischen allen Lebewesen auf diesem Planeten ein enger (genetischer) Zusammenhang besteht und wir alle voneinander (ökologisch) abhängig sind. Entscheidend ist vielmehr, dass wir voneinander lernen können. Manche Tiere erkranken nicht an unseren Krankheiten, oder sie haben Möglichkeiten, die wir nicht haben. Die fantastischen Regenerationsmöglichkeiten des Axolotl-Salamanders (*Ambystoma mexicanum*) sind dabei nur das wohl bekannteste Beispiel (Nowoshilow et al. 2018). Doch während diese positive Sichtweise das noch nicht annährend ausgeschöpfte Potential von *One Health* aufzeigt, sollte man auf der anderen Seite die Gefahren nicht unterschätzen: „Der enger werdende Kontakt zwischen Mensch und Tier sowohl in der Wildnis als auch in der industrialisierten Massentierzucht erhöht in besorgniserregender Weise das Risiko, dass neue Krankheitserreger den Menschen befallen, von denen einer das Zeug zu einer Pandemie haben wird“ (Kaufmann 2008, S. 306). Während für den Laien die COVID-19-Pandemie wie das Ergebnis einer Verkettung unglücklicher Umstände wirken mag, gab es für die Fachwelt nie einen Zweifel, dass das Auftreten der nächsten Pandemie nur eine Frage der Zeit ist. Leider schien die neue Krankheit für den Laien vor allem ein Problem der anderen zu sein – vortrefflich ließ sich mit dem Finger auf die vermeintlich unhygienischen Zustände des inzwischen zu trauriger Berühmtheit gelangten *Südchinesischen Großhandelsmarktes für Fische und Meeresfrüchte Wuhan* zeigen. Tatsächlich aber kann jederzeit ebenso gut in Europa ein neuer Krankheitserreger vom Tier auf den Menschen überspringen, etwa in Tierzuchtanlagen – hier fallen zudem Unmengen Exkremente an, in Schlachtereien, oder der fleischverarbeitenden Industrie – inklusive riesiger Abfallmengen, die fachgerecht entsorgt werden müssen. Leider setzt sich auch in Deutschland zu häufig die Industrie mit ihren Eigeninteressen durch (Hartmann 2020; Schießl 2020; Thadden), während der Verbraucher seinen Fleischkonsum nur allzu zögerlich zu überdenken scheint und vor allem auf den Preis schielt.

4.7 Forschungsschwerpunkt Mykologie

Aus geschichtlichen und technischen Gründen ist die Welt der Pilze bisher noch nicht ausreichend in den Fokus der Forschung geraten; erst seit kurzem stehen uns Technologien zur Verfügung, die es Wissenschaftlern erlauben, dieses dritte große Reich eukaryotischer Lebewesen zu erforschen (Cooke 2020; Hyde et al. 2018). Pilzinfektionen nehmen bei Menschen und Tieren in den letzten Jahrzehnten zu (Fisher et al. 2012; Seyedmousavi et al. 2018): „Fungal diseases are currently emerging at record rates, posing a direct threat to global biodiversity in the face of climate change“ (Greenspan et al. 2017). Tatsächlich wäre gerade der Klimawandel ein dringender Grund dafür, die Forschungsaktivitäten auf dem Gebiet der Mykologie zu verstärken (Ball et al. 2020; Bidartondo et al. 2018). Erstens erlaubt der allgemeine Temperaturanstieg schädlichen Pilzen, neue Gebiete zu erobern. Dies ist z.B. im Fall des *San Joaquin Valley Fevers* (Kokzidioidomykose) bereits geschehen (Ashraf et al. 2020). Zweitens könnten das erwärmte Klima dazu führen, dass sich Pilze generell an höhere Temperaturen gewöhnen (Casadevall et al. 2019; Fisher et al. 2012; Garcia-Solache & Casadevall 2010). Für den Menschen wäre das fatal, denn dass wir nur äußerst selten an Pilzinfektionen erkranken, liegt vor allem an unserer Körpertemperatur, die für Pilze meist zu hoch ist (Bergman et al. 2010; Robert & Casadevall 2009). Ein weltweit wärmeres Klima könnte die Pilze dazu zwingen, höhere Temperaturen zu tolerieren, was ihnen letztlich auch den Menschen als Lebensraum erschließen könnte. Die Behandlung solcher Pilzinfektionen könnte sich schwierig gestalten, denn auch Pilze können Resistenzen entwickeln. Andererseits können Pilze auch neue, höchst vielversprechende Ansätze aufzeigen für die Entwicklung neuer Antibiotika (King et al. 2014; Lucas et al. 2016; Pathak et al. 2019). Bereits das erste Antibiotikum wurde aus der Pinselschimmelart *Penicillium notatum* isoliert – besonders interessant ist aber nun die Entdeckung, dass ein Molekül des Pilzes *Aspergillus versicolor* offenbar gezielt ein Resistenzgen (NDM-1) des Bakteriums *Klebsiella pneumoniae* blockiert, so dass ein durch Resistenzbildung unwirksam gewordene Antibiotikum wieder wirken konnte (Park 2014). Die Hoffnung ist hier, dass sich dieses Prinzip auch auf den Menschen übertragen lässt, damit neue Kombinationspräparate die Therapieoptionen im Fall von Infektionen entscheidend erweitern. Außerdem wurden einige der Mittel für die Behandlung von Tumorerkrankungen oder zur Unterdrückung des Immunsystems (Ciclosporin) z. B. in der Transplatationsmedizin, bei Psoriasis oder bei Morbus Crohn ausgehend von Pilzprodukten entwickelt, auch auf diesem Gebiet gibt es noch großes Potential (Ramos et al. 2015; Uzma et al. 2018).

4.8 Das Mikrobiom und das Immunsystem

Wir erkennen zunehmend, dass unser Körper ein weiteres Organ besitzt: das Mikrobiom, d. h. die Gesamtheit alle Mikroorganismen (Bakterien, Pilze, Viren) u. a. auf der Haut, im Magen-Darm-Kanal und in den Luftwegen. Das Mikrobiom ist für unser Immunsystem eine Herausforderung – und umgekehrt (Fritsch & Abreu 2019). Die Rolle unseres Immunsystems ist in erster Linie, den Körper zu schützen; in Bezug auf unser Mikrobiom muss es dafür zwischen schädlichen und nützlichen Mikroorganismen unterscheiden und das Gleichgewicht bewahren, denn auch Nützliches kann überhandnehmen und Schaden anrichten. Um diese Aufgabe zu erfüllen, muss unser Immunsystem lernen, dass nicht alles, was körperfremd ist, schädlich ist. Die erworbene Toleranz gegenüber Andersartigem kann im Hinblick auf Immunpathologien und Allergien von Vorteil sein (Kotas & Medzhitov 2015; Wang et al. 2019). Die Einflüsse des Mikrobioms besonders auf

Stoffwechselkrankheiten, neurodegenerative Erkrankungen, aber auch auf zahlreiche immunologisch bedingte Krankheiten und auf Infektionskrankheiten sowie möglicherweise auf andere bislang als nicht ansteckend geltende Erkrankungen können am besten mit modernen Omics-Technologien aufgeklärt werden und sind ein riesiges neues Forschungsthema von z. T. noch unterschätzter Bedeutung (Gomaa 2020). Neurologische und psychologische Erkrankungen treten meist zusammen mit einer Reihe systemischer Komorbiditäten auf, insbesondere mit Störungen des Immunsystems und des Stoffwechsels, aber auch des Mikrobioms. In der Wissenschaft und medizinischen Versorgung sollte daher ein systemischer Ansatz verfolgt werden, der den Gesamtzusammenhang berücksichtigt (Qureshi & Mehler 2013). Die gezielte Beeinflussung der Zusammensetzung unseres Mikrobioms (*Microbiome engineering*) könnte so verschiedene Krankheiten wie Übergewicht, Diabetes, chronisch entzündlichen Darmerkrankungen, Herz-Kreislauf-Erkrankungen und neurologische Störungen therapieren (Holmes et al. 2020; Inda et al. 2019; Sasmita 2019). Insbesondere der Zusammenhang zwischen Mikrobiom und psychischer Gesundheit ist ein immer noch nicht ausreichend erforschtes Gebiet (Cryan et al. 2019; Konturek & Zopf 2016; Sherwin et al. 2016). Unstrittig ist, dass wir unser Mikrobiom brauchen: „Moreover, our microbiome is increasingly viewed as a human organ vital to health and disease and tightly intertwined with the immune system" (Kaufmann 2019b, S. 11). So produzieren unsere bakteriellen Mitbewohner etwa im Darmtrakt Stoffwechselprodukte (*Metabolite*), die unser Körper benötigt und die z. B. unser Immunsystem beeinflussen. Zudem nehmen unsere Darmbakterien Einfluss auf die Wirkung bestimmter Medikamente. Ein genaueres Verständnis dieser Organismen, die ihrer Anzahl nach gegenüber den Zellen unseres Köpers sogar in der Mehrheit sind, ist demnach nicht nur entscheidend für Patienten mit chronisch entzündlichen Erkrankungen des Darms (z. B. Morbus Crohn oder Colitis ulcerosa), sondern für die Erhaltung unserer Gesundheit und unseres Wohlbefindens im Allgemeinen.

4.9 Wechselbeziehung Gehirn – Immunsystem

Heute wissen wir, dass unser Immunsystem nicht nur unser Wohlbefinden beeinflusst, sondern dass es auch in einer engen Beziehung mit verschiedenen psychischen und neurologischen Erkrankungen steht (Ambrósio et al. 2018; Ashwood et al. 2011; Filiano et al. 2016; Gupta et al. 1998; Jha et al. 2017; Liu et al. 2017; Na et al. 2014; Savino et al. 2020; Waisman et al. 2015). Dank verbesserter technischer Möglichkeiten (Schain & Kreisl 2017) konnte gezeigt werden, dass Entzündungen nicht mehr nur bei den klassischen immun-gesteuerten neurologischen Krankheiten (z. B. Multiple Sklerose oder Meningoenzephalitis) eine Rolle spielen, sondern dass entzündliche Prozesse auch bei Störungen beteiligt sind, die man bisher nicht als entzündlich angesehen hat (Alzheimer, Parkinson, Huntington, Amyotrophe Lateralsklerose, Schlaganfall oder Schädel-Hirn-Trauma) (Degan et al. 2018; Khansari & Sperlagh 2012). Tatsächlich wirken sich nicht nur akute entzündliche Prozesse auf unsere Gefühle aus – wenn wir Fieber haben, fühlen wir uns müde, schlapp und ‚krank' –, sondern auch chronische subklinische entzündliche Prozesse (*low-level inflammation*) scheinen zum Beispiel mit Depressionen in einem Zusammenhang zu stehen (Milenkovic et al. 2019; Zhao & Liu 2019). Zu erwähnen wäre hier, dass die meist unterschätzten Zahnfleischentzündungen zu den häufigsten bakteriell-induzierten Entzündungskrankheiten überhaupt gehören, auch hier scheint es einen Zusammenhang mit Depressionen zu geben (Berk et al. 2013; Nascimento et al. 2018; Rosania et al. 2009). Selbst auf unser Sozialverhalten scheinen sich entzündliche Vorgänge auszuwirken. Der klassisch entzündungsfördernde Botenstoff IFN-γ zum Beispiel scheint anti-soziales Verhalten zu bewirken: „Meta-analysis of the transcriptomes of a range of organisms reveals that rodents, fish, and flies elevate IFN-γ/JAK-STAT-dependent gene signatures in a social context, suggesting that the IFN-γ signalling pathway could mediate a co-evolutionary link between social/aggregation behaviour and an efficient anti-pathogen response" (Filiano et al. 2016, S. 425). Aus evolutionärer Sicht ist eine derartige Verhaltensänderung sinnvoll, denn erkrankte Individuen sollten sich isolieren, um andere nicht anzustecken. Doch das Verhältnis von Immunsystem und Psyche ist keine Einbahnstraße. Der umgekehrte Weg, nämlich der von der Psyche zum Immunsystem ist fast noch interessanter, aber kaum erforscht. Es gibt zahlreiche Hinweise darauf, dass sich psychoaktive Substanzen, z. B. Ayahuasca oder Kambô, auch auf unser Immunsystem auswirken (Dos Santos 2014; Dos Santos et al. 2011; Frecska et al. 2013; Hesselink & Winkelman 2019; Majić et al. 2021; Schmidt et al. 2020; Szabo 2015; Szabo et al. 2014). Diese Substanzen entstammen meist regionalen Medizintraditionen und sind – zum Teil aus regulatorischen Gründen – trotz ihres vielversprechenden Potentials noch nicht ausreichend erforscht. Doch die Zusammenhänge zwischen Immunsystem und Psyche bieten ein vielversprechendes Untersuchungsgebiet, auf dem sich interdisziplinäre Ansätze zwischen biomedizinischer Grundlagenforschung und Psychologie besonders anbieten.

5 Fazit – Der Klempner und die Krankenschwester

Bereits im September 2019, also vor der aktuellen Pandemie warnte das *Global Preparedness Monitoring Board*, eine gemeinsame Initiative von Weltgesundheitsorganisation und Weltbank:

> A rapidly spreading pandemic due to a lethal respiratory pathogen [...] poses additional preparedness requirements. Donors and multilateral institutions must ensure adequate investment in development of innovative vaccines and therapeutics, surge manufacturing capacity, broad-spectrum antivirals and appropriate non-pharmaceutical interventions. All countries must develop a system for immediately sharing sequences of any new pathogen for public health purposes, along with the means to share limited medical countermeasures across countries (Global Preparedness Monitoring Board 2019, S. 8).

Da irgendwo auf dieser Welt immer eine ansteckende Krankheit unerwartet ausbrechen kann (Kaufmann 2008, S. 280) und deshalb gilt „Nach der Pandemie ist vor der Pandemie", bleibt zu hoffen, dass Pandemieforschung, Immunologie und Infektionsbiologie nachhaltig unterstützt werden und eine koordinierte Europäisierung auf diesen Fachgebieten eingeleitet wird, denn: „Das Buch der Infektionskrankheiten bleibt geöffnet, und es wird wohl immer offen bleiben" (Kaufmann 2008, S. 280). Wichtig ist vor allem die Erkenntnis, dass Pandemien kein Naturphänomen sind. Der Mensch fördert das Entstehen neuer Krankheiten maßgeblich, etwa durch die Erschließung vormals unberührter Naturgebiete, die industrielle Massentierhaltung, den Klimawandel, die Verschmutzung der Gewässer, den generellen schlechten Gesundheitszustand ganzer Populationen, Antibiotikamissbrauch, mangelhafte Krankenhaushygiene, das Versagen öffentlicher Gesundheitsinstitutionen, sowie den internationalen Reise- und Warenverkehr (Buselmaier 2015, S. 27–28). In unserer globalisierten Welt ist auch das Entfernteste quasi vor unserer Haustür. Vorschnell ist auch der Reflex, immer auf die üblichen Verdächtigen zu zeigen: Der Slum in Indien, das kleine Dorf im afrikanischen Dschungel oder der chinesische Tiermarkt. Vielen dürfte nicht bewusst sein, dass auch z. B. Europa eine Brutstätte neu auftretender Krankheiten ist (*emerging disease hotspot*) (Jones et al. 2008; Morse et al. 2012), als Beispiel sei hier nur an die Bovine spongiforme Enzephalopathie (BSE) erinnert. Bei Infektionskrankheiten zeigt sich am deutlichsten, dass die Grenzen zwischen Tieren und Menschen eine künstliche ist, hier sind dringend weitere Forschungsinitiativen auf dem Gebiet *One Health* erforderlich.

In letzter Zeit wurde der Weltöffentlichkeit zudem schmerzhaft bewusst, was es für Folgen hat, wenn populistische Regierungen sich über wissenschaftlich fundierte Ratschläge hinwegsetzen und akademische Institutionen kaltstellen (Interlandi 2020). Tatsächlich sind biologische, soziale und ökonomische Verhältnisse untrennbar miteinander verknüpft (Hartmann 2020). So zeigt sich hier einmal mehr die politische Dimension von Gesundheit. Der tödlichste Feind der Infektionskrankheit ist das Dreigespann aus Hygiene, Aufklärung und Impfung. Ärzte und Krankenhäuser sind unverzichtbar, doch Kanalisation, Bildung, ausgewogene Ernährung und Prävention haben zusammen genommen sicherlich mehr Menschenleben gerettet. Unsere Anerkennung sollte demnach nicht nur dem medizinischen Personal gelten, sondern ebenso unserem Klempner und unserer Lehrerin. Gerade in Bezug auf Bildung und Wissenschaftskommunikation hat die aktuelle Pandemie Defizite erkennen lassen. Bereits Anfang 2019 erklärte die WHO Impfgegner zu einer der zehn größten Gefahren für die globale Gesundheit (Frühwein 2019). Die Impfgegnerschaft ist dabei kein neues Phänomen: „Alle Epidemien von der Pest im Mittelalter über die Cholera im 19. Jahrhundert bis zur Corona-Pandemie heute wurden von Desinformationen und Verschwörungstheorien begleitet" (Reich 2020). Auf diesem Gebiet könnte es helfen, die Risikowahrnehmung weiter zu erforschen, um durch eine verbesserte Kommunikation die Akzeptanz notwendiger Maßnahmen im Gesundheitswesen zu erhöhen. Es ist bekannt, dass das Verständnis für statistische Zusammenhänge fehlt – die Anekdote besitzt daher mehr Schlagkraft –, und dass auch das Prinzip exponentieller Wachstums- und Verbreitungsprozesse nur schwer durch den menschlichen Geist erfasst werden kann (Kaufmann 2008, S. 308; Stöcker 2020). Erste Forschungsergebnisse deuten darauf hin, dass besonders Männer verstärkt angesprochen werden müssen (Galasso et al. 2020). Allerdings ist insgesamt wichtig, „eine Krisenkommunikation zu etablieren, die das Prinzip von Sorge und Solidarität als Grundelement betont und aufwertet. Und dabei eben auch die Verwundbarkeit und Bedürftigkeit von uns allen deutlich macht" (Hahne 2020).

Auch wenn der Blick auf das individuelle Immunsystem zunächst den Eindruck erweckt, Gesundheit sei vor allem die Sache des Einzelnen, zeigt die Infektionsbiologie sehr schnell auf, dass Gesundheit ein globales Gemeinschaftsprodukt ist nicht nur von allen Menschen, sondern tatsächlich von allen Lebewesen zusammen:

> Die Biosphäre lebt davon, dass alle an ihr Teilnehmenden ihre Interessen haben, die es vonseiten des Menschen zu respektieren gilt. Alles Lebende trägt zur Biosphäre bei und erhält etwas aus ihr. Das kognitive Imperium westlicher Prägung übersieht gern, dass auch wir Menschen in diesem Stoffwechsel aller Lebewesen leben. Stattdessen betrachten wir alles, was kein Mensch ist, als Ding, über das wir verfügen (Thadden).

Im Großen wie im Kleinen ist Gesundheit das Ergebnis einer fragilen Balance, einer gelungenen Zusammenarbeit zahlreicher Einzeleinheiten in einem ebenso störempfindlichen wie komplexen Netzwerk, das unser Innerstes mit der Außenwelt verknüpft. Krankheiten begleiten den Menschen seit jeher, sie formten unsere politische und kulturelle Gemeinschaft. Sie sorgten aber als Störung im System auch dafür, dass sich Lebewesen in ihrem andauernden Abwehrkampf zu immer komplexeren Gebilden entwickelten, unter ihnen der Mensch selbst. Die Herausbildung von Antibiotikaresistenzen ist dabei nur eines der letzten Kapitel in dieser langen Geschichte, die ohne das Verständnis evolutionärer Prozesse kaum zu erfassen ist. So ist Gesundheit letztlich auch das Produkt unzähliger winziger Zufälle. Wenn Politik, Forschung und Gesellschaft an einem Strang ziehen, werden sich unglückliche Zufälle in Zukunft nicht mehr so tragisch auswirken. Denn die *schwarzen Schwäne* kommen häufiger vor, als man denkt; entscheidend ist deshalb, die Bedingungen so zu gestalten, dass ihr Auftreten verhindert wird oder schneller kontrolliert werden kann (Taleb 2007).

Literatur

Aker, Frank/Cecil, James C. (1983): „The Influence of Disease upon European History“. In: *Military Medicine* 148(5), S. 441–446.

Ambrósio, Gabriela/Kaufmann, Fernanda N./Manosso, Luana et al. (2018): „Depression and Peripheral Inflammatory Profile of Patients with Obesity“. In: *Psychoneuroendocrinology* 91, S. 132–141.

Ashburn, Percy Moreau (1947): *The Ranks of Death: A Medical History of the Conquest of America*. New York: Coward-McCann.

Ashraf, Nida/Kubat, Ryan C./Poplin, Victoria et al. (2020): „Re-drawing the Maps for Endemic Mycoses“. In: *Mycopathologia* 185(5), S. 843–865.

Ashwood, Paul/Krakowiak, Paula/Hertz-Picciotto, Irva et al. (2011): „Altered T Cell Responses in Children with Autism“. In: *Brain, Behavior, and Immunity* 25(5), S. 840–849.

Ball, Brianna/Langille, Morgan/Geddes-McAlister, Jennifer (2020): „Fun(gi)omics: Advanced and Diverse Technologies to Explore Emerging Fungal Pathogens and Define Mechanisms of Antifungal Resistance“. In: *mBio* 11(5), S. 1–18.

Banerjee, Arinjay/Kulcsar, Kirsten/Misra, Vikram et al. (2019): „Bats and Coronaviruses“. In: *Viruses* 11(1), S. 41.

Bastos-Soares, Erika A./Sousa, Rosa Maria O./Gómez, Ana Fidelina et al. (2020): „Single Domain Antibodies in the Development of Immunosensors for Diagnostics“. In: *International Journal of Biological Macromolecules* 165, S. 2244–2252.

Benedictow, Ole J. (2005): „The Black Death. The Greatest Catastrophe Ever“. In: *History Today* 55(3), S. 42–49.

Bergman, Aviv/Casadevall, Arturo/Dromer, Françoise (2010): „Mammalian Endothermy Optimally Restricts Fungi and Metabolic Costs“. In: *mBio* 1(5), S. 1–2.

Berk, Michael/Williams, Lana J./Jacka, Felice N. et al. (2013): „So Depression Is an Inflammatory Disease, But Where Does the Inflammation Come From?“. In: *BMC Medicine* 11(1), S. 1–16.

Bhandoola, Avinash/Peine, Michael/Rausch, Sebastian et al. (2013): „Stable T-bet+GATA-3+ Th1/Th2 Hybrid Cells Arise in vivo, Can Develop Directly from Naive Precursors, and Limit Immunopathologic Inflammation". In: *PLoS Biology* 11(8), S. e1001633.
Bidartondo, Martin I./Ellis, Christopher/Kauserud, Håvard et al. (2018): *State of the World's Fungi 2018. 9. Climate Change: Fungal Responses and Effects*. Kew, UK: Royal Botanic Gardens.
Borrebaeck, Carl A. K./Ohlin, Mats (2002): „Antibody Evolution beyond Nature". In: *Nature Biotechnology* 20(12), S. 1189 – 1190.
Buchholz, Christian J./Hartmann, Jessica/Schüßler-Lenz, Martina et al. (2018): „CAR-T-Zell-Therapie: Aussichten und Risiken". In: *Deutsches Ärzteblatt International* 115(7), S. 38 – 40.
Buselmaier, Werner (2015): *Evolutionäre Medizin: Eine Einführung für Mediziner und Biologen*. Wiesbaden: Springer Fachmedien.
Calisher, Charles H./Childs, James E./Field, Hume E. et al. (2006): „Bats: Important Reservoir Hosts of Emerging Viruses". In: *Clinical Microbiology Reviews* 19(3), S. 531 – 545.
Casadevall, Arturo/Kontoyiannis, Dimitrios P./Robert, Vincent et al. (2019): „On the Emergence of Candida auris: Climate Change, Azoles, Swamps, and Birds". In: *mBio* 10(4), S. 1 – 7.
Chakravarty, Rubel/Goel, Shreya/Cai, Weibo (2014): „Nanobody: The ‚Magic Bullet' for Molecular Imaging?". In: *Theranostics* 4(4), S. 386 – 398.
Chambouleyron, Rafael/Barbosa, Benedito Costa/Bombardi, Fernanda Aires et al. (2011): „‚Formidable Contagion': Epidemics, Work and Recruitment in Colonial Amazonia (1660 – 1750)". In: *História, Ciências, Saúde-Manguinhos* 18(4), S. 987 – 1004.
Chiu, Wen-Ta/Laporte, Ronald P./Wu, Jonathan (2020): „Determinants of Taiwan's Early Containment of COVID-19 Incidence". In: *American Journal of Public Health* 110(7), S. 943 – 944.
Clift, Charles (2019): *Review of Progress on Antimicrobial Resistance: Background and Analysis*. London: Chatham House.
Cook, Noble David (1998): *Born to Die. Disease and New World Conquest, 1492 – 1650*. Cambridge: Cambridge University Press.
Cooke, Rachel (2020): „The Future is Fungal: Why the ‚Megascience' of Mycology Is on the Rise". The Guardian. https://www.theguardian.com/science/2020/aug/23/the-future-is-fungal-why-the-megascience-of-mycology-is-on-the-rise?CMP=Share_AndroidApp_Other&fbclid=IwAR2D_b4dPC2pbMRBEQdCTr4s9-wN29K_inOzeBpqv4bmn7nZBGx-PuJWqA4, besucht am 3. 11. 2020.
Cryan, John F./O'Riordan, Kenneth J./Cowan, Caitlin S. M. et al. (2019): „The Microbiota-Gut-Brain Axis". In: *Physiological Reviews* 99(4), S. 1877 – 2013.
Degan, Diana/Ornello, Raffaele/Tiseo, Cindy et al. (2018): „The Role of Inflammation in Neurological Disorders". In: *Current Pharmaceutical Design* 24(14), S. 1485 – 1501.
Dickerson, Harry W./Findly, Robert Craig (2017): „Vertebrate Adaptive Immunity – Comparative Insights from a Teleost Model". In: *Frontiers in Immunology* 8, S. 1 – 7.
Dinarello, Charles A. (2019): „The IL-1 Family of Cytokines and Receptors in Rheumatic Diseases". In: *Nat Rev Rheumatol* 15(10), S. 612 – 632.
Dos Santos, Rafael Guimarães (2014): „Immunological Effects of Ayahuasca in Humans". In: *Journal of Psychoactive Drugs* 46(5), S. 383 – 388.

Dos Santos, Rafael Guimarães/Valle, Marta/Bouso, José Carlos et al. (2011): „Autonomic, Neuroendocrine, and Immunological Effects of Ayahuasca“. In: *Journal of Clinical Psychopharmacology* 31(6), S. 717 – 726.

Drake, Allison/Oxenham, Marc (2013): „Disease, Climate and the Peopling of the Americas“. In: *Historical Biology* 25(5 – 6), S. 565 – 597.

Fang, Difeng/Zhu, Jinfang (2017): „Dynamic Balance between Master Transcription Factors Determines the Fates and Functions of CD4 T Cell and Innate Lymphoid Cell Subsets“. In: *Journal of Experimental Medicine* 214(7), S. 1861 – 1876.

Filiano, Anthony J./Xu, Yang/Tustison, Nicholas J. et al. (2016): „Unexpected Role of Interferon-Gamma in Regulating Neuronal Connectivity and Social Behaviour“. In: *Nature* 535(7612), S. 425 – 429.

Fisher, Matthew C./Henk, Daniel A./Briggs, Cheryl J. et al. (2012): „Emerging Fungal Threats to Animal, Plant and Ecosystem Health“. In: *Nature* 484(7393), S. 186 – 194.

Flicker, Sabine/Zettl, Ines/Tillib, Sergei V. (2020): „Nanobodies – Useful Tools for Allergy Treatment?“. In: *Frontiers in Immunology* 11, S. 1 – 9.

Frecska, Ede/Szabo, Attila/Winkelman, Michael J. et al. (2013): „A Possibly Sigma-1 Receptor Mediated Role of Dimethyltryptamine in Tissue Protection, Regeneration, and Immunity“. In: *Journal of Neural Transmission* 120(9), S. 1295 – 1303.

Frith, John (2012): „The History of Plague – Part 1. The Three Great Pandemics“. In: *Journal of Military and Veterans' Health* 20(2), S. 11 – 16.

Fritsch, Julia/Abreu, Maria T. (2019): „The Microbiota and the Immune Response: What Is the Chicken and What Is the Egg?“. In: *Gastrointestinal Endoscopy Clinics of North America* 29(3), S. 381 – 393.

Frühwein, Markus (2019): „Impfgegner – eine globale Bedrohung“. Ärztliches Journal. https://www.aerztliches-journal.de/medizin/allgemein-medizin//impfgegner-eine-globale-bedrohung/9c74814e96ee2103c61eb51bdef2c63a/, besucht am 11. 11. 2020.

Galasso, Vincenzo/Pons, Vincent/Profeta, Paola et al. (2020): „Gender Differences in COVID-19 Related Attitudes and Behavior: Evidence from a Panel Survey in Eight OECD Countries“ [Working Paper]. Bureau Of Economic Research. https://www.nber.org/system/files/working_papers/w27359/w27359.pdf. [unver. Manuskript].

Garcia-Solache, Monica A./Casadevall, Arturo (2010): „Global Warming Will Bring New Fungal Diseases for Mammals“. In: *mBio* 1(1), S. 1 – 3.

Global Preparedness Monitoring Board (2019): *A World at Risk: Annual Report on Global Preparedness for Health Emergencies.* Genf: World Health Organization, https://apps.who.int/gpmb/assets/annual_report/GPMB_annualreport_2019.pdf, besucht am 11. 2. 2021.

Golkar, Zhabiz/Bagasra, Omar/Pace, Donald Gene (2014): „Bacteriophage Therapy: A Potential Solution for the Antibiotic Resistance Crisis“. In: *The Journal of Infection in Developing Countries* 8(02), S. 129 – 136.

Gomaa, Eman Zakaria (2020): „Human Gut Microbiota/Microbiome in Health and Diseases: A Review“. In: *Antonie van Leeuwenhoek*, S. 1 – 22.

Gordillo Altamirano, Fernando L./Barr, Jeremy J. (2021): „Unlocking the Next Generation of Phage Therapy: The Key Is in the Receptors“. In: *Current Opinion in Biotechnology* 68, S. 115 – 123.

Greenspan, Sasha E./Bower, Deborah S./Roznik, Elizabeth A. et al. (2017): „Infection Increases Vulnerability to Climate Change via Effects on Host Thermal Tolerance". In: *Scientific Reports* 7(1), S. 1–10.

Gupta, Sudhir/Aggarwal, Sudeepta/Rashanravan, Babek et al. (1998): „Th1- and Th2-like Cytokines in CD4+ and CD8+ T Cells in Autism". In: *Journal of Neuroimmunology* 85(1), S. 106–109.

Hahne, Helen (2020): „Corona-Regeln: ‚Männer reagieren auf Unsicherheit oft mit rebellischem Gebaren'". https://ze.tt/darum-nehmen-maenner-die-corona-pandemie-nicht-so-ernst-wie-frauen-maennlichkeitsideale-studie-gefahr-gesundheitsrisiko/?utm_campaign=ref&utm_content=zett_zon_teaser_teaser_x&utm_medium=fix&utm_source=zon_zettaudev_int&wt_zmc=fix.int.zettaudev.zon.ref.zett.zon_teaser.teaser.x, besucht am 3.11.2020.

Han, Emeline/Chiou, Shu-Ti/McKee, Martin et al. (2020): „The Resilience of Taiwan's Health System to Address the COVID-19 Pandemic". In: *EClinicalMedicine* 24, S. 100437.

Han, Hui-Ju/Wen, Hong-ling/Zhou, Chuan-Min et al. (2015): „Bats as Reservoirs of Severe Emerging Infectious Diseases". In: *Virus Research* 205, S. 1–6.

Harmsen, Michiel M./De Haard, Hans J. (2007): „Properties, Production, and Applications of Camelid Single-domain Antibody Fragments". In: *Applied Microbiology and Biotechnology* 77(1), S. 13–22.

Hartmann, Jessica/Schüßler-Lenz, Martina/Bondanza, Attilio et al. (2017): „Clinical Development of CAR T Cells – Challenges and Opportunities in Translating Innovative Treatment Concepts". In: *EMBO Molecular Medicine* 9(9), S. 1183–1197.

Hartmann, Kathrin (2020): „‚Wir können einpacken!' Interview. Die Corona-Pandemie hängt eng mit dem Kapitalismus, der Agrar-Industrie und dem Raubbau an der Natur zusammen, sagt der Epidemiologe und Biologe Rob Wallace". Der Freitag. https://www.freitag.de/autoren/der-freitag/wir-koennen-einpacken, besucht am 3.11.2020.

Helmstetter, Caroline/Flossdorf, Michael/Peine, Michael et al. (2015): „Individual T Helper Cells Have a Quantitative Cytokine Memory". In: *Immunity* 42(1), S. 108–122.

Hesselink, Jan M. Keppel/Winkelman, Michael (2019): „Vaccination with Kambo Against Bad Influences: Processes of Symbolic Healing and Ecotherapy". In: *The Journal of Transpersonal Psychology* 51(1), S. 28–49.

Holmes, Aleah/Finger, Carson/Morales-Scheihing, Diego et al. (2020): „Gut Dysbiosis and Age-related Neurological Diseases; an Innovative Approach for Therapeutic Interventions". In: *Translational Research* 226, S. 39–56.

Huremović, Damir (2019): „Brief History of Pandemics (Pandemics Throughout History)". In: Damir Huremović (Hrsg.): *Psychiatry of Pandemics. A Mental Health Response to Infection Outbreak.* Cham: Springer, S. 7–35.

Hyde, Kevin D./Al-Hatmi, Abdullah M. S./Andersen, Birgitte et al. (2018): „The World's Ten Most Feared Fungi". In: *Fungal Diversity* 93(1), S. 161–194.

Inda, María Eugenia/Broset, Esther/Lu, Timothy K. et al. (2019): „Emerging Frontiers in Microbiome Engineering". In: *Trends in Immunology* 40(10), S. 952–973.

Interlandi, Jeneen (2020): „When Science Is Pushed Aside". The New York Times. https://www.nytimes.com/2020/10/16/opinion/trump-covid-public-health.html, besucht am 3.11.2020.

Japanische Gesellschaft für Immunologie (2011): *Das faszinierende Immunsystem. Wie es deinen Körper schützt!* Freiburg: Pelz Verlag.

Jha, Manish K./Minhajuddin, Abu/Gadad, Bharathi S. et al. (2017): „Can C-reactive Protein Inform Antidepressant Medication Selection In Depressed Outpatients? Findings from the CO-MED Trial“. In: *Psychoneuroendocrinology* 78, S. 105–113.

Jones, Kate E./Patel, Nikkita G./Levy, Marc A. et al. (2008): „Global Trends in Emerging Infectious Diseases“. In: *Nature* 451(7181), S. 990–993.

Kaufmann, Stefan H. E. (2021): *Impfen. Grundlagen, Wirkung, Risiken. Serie Wissen.* München: C.H. Beck Verlag.

Kaufmann, Stefan H.E. (2008): *Wächst die Seuchengefahr? Globale Epidemien und Armut: Strategien zur Seucheneindämmung in einer vernetzten Welt.* Frankfurt am Main: Fischer.

Kaufmann, Stefan H.E. (2016): „Wächst die Seuchengefahr – ein Update“. In: Klaus Wiegand (Hrsg.): *Mut zur Nachhaltigkeit: 12 Wege in die Zukunft.* Frankfurt am Main: Fischer, S. 403–440.

Kaufmann, Stefan H.E. (2017): „Emil von Behring: Translational Medicine at the Dawn of Immunology“. In: *Nature Reviews Immunology* 17(6), S. 341–343.

Kaufmann, Stefan H.E. (2019a): „Highly Affordable Vaccines Are Critical for Our Continued Efforts to Reduce Global Childhood Mortality“. In: *Human Vaccines & Immunotherapeutics* 15(11), S. 2660–2665.

Kaufmann, Stefan H.E. (2019b): „Immunology's Coming of Age“. In: *Frontiers in Immunology* 10, S. 1–13.

Kaufmann, Stefan H.E. (2020): „Immunologie“. In: Sebastian Suerbaum/Gerd-Dieter Burchard/Stefan H.E. Kaufmann/Thomas F. Schulz (Hrsg.): *Medizinische Mikrobiologie und Infektiologie.* Berlin & Heidelberg: Springer, 9. Aufl., S. 35–115.

Kaufmann, Stefan H.E./Winau, Florian (2005): „From Bacteriology to Immunology: The Dualism of Specificity“. In: *Nature Immunology* 6(11), S. 1063–1066.

Khansari, Parto S./Sperlagh, Beata (2012): „Inflammation in Neurological and Psychiatric Diseases“. In: *Inflammopharmacology* 20(3), S. 103–107.

Khodabakhsh, Farnaz/Behdani, Mahdi/Rami, Abbas et al. (2019): „Single-Domain Antibodies or Nanobodies: A Class of Next-Generation Antibodies“. In: *International Reviews of Immunology* 37(6), S. 316–322.

Kijanka, Marta/Dorresteijn, Bram/Oliveira, Sabrina et al. (2015): „Nanobody-based Cancer Therapy of Solid Tumors“. In: *Nanomedicine* 10(1), S. 161–174.

King, Andrew M./Reid-Yu, Sarah A./Wang, Wenliang et al. (2014): „Aspergillomarasmine A Overcomes Metallo-β-lactamase Antibiotic Resistance“. In: *Nature* 510(7506), S. 503–506.

Konturek, Peter C./Zopf, Yurdagül (2016): „Darmmikrobiom und Psyche: der Paradigmenwechsel im Konzept der Hirn-Darm-Achse“. In: *MMW – Fortschritte der Medizin* 158(S4), S. 12–16.

Kotas, Maya E/Medzhitov, Ruslan (2015): „Homeostasis, Inflammation, and Disease Susceptibility“. In: *Cell* 160(5), S. 816–827.

Krangel, Michael S. (2009): „Mechanics of T Cell Receptor Gene Rearrangement“. In: *Current Opinion in Immunology* 21(2), S. 133–139.

Larsson, D. G. Joakim/Tiedje, James M./Smalla, Kornelia et al. (2020): „Editorial: The Environmental Dimension of Antibiotic Resistance“. In: *FEMS Microbiology Ecology* 96(8), S. 1–2.

Laxminarayan, Ramanan/Van Boeckel, Thomas/Frost, Isabel et al. (2020): „The Lancet Infectious Diseases Commission on Antimicrobial Resistance: 6 Years Later". In: *The Lancet Infectious Diseases* 20(4), S. e51 – e60.

Lecocq, Quentin/De Vlaeminck, Yannick/Hanssens, Heleen et al. (2019): „Theranostics in Immuno-oncology Using Nanobody Derivatives". In: *Theranostics* 9(25), S. 7772 – 7791.

Lee, Tsung-Ling (2020): „Legal Preparedness as Part of COVID-19 Response: The First 100 Days in Taiwan". In: *BMJ Global Health* 5(5), S. e002608.

Li, Dan/Li, Xue/Zhou, Wei-Lin et al. (2019): „Genetically Engineered T Cells for Cancer Immunotherapy". In: *Signal Transduction and Targeted Therapy* 4(1), S. 1 – 17.

Liu, Yongkang/Huang, He (2017): „Expression of Single-domain Antibody in Different Systems". In: *Applied Microbiology and Biotechnology* 102(2), S. 539 – 551.

Liu, Yun-Zi/Wang, Yun-Xia/Jiang, Chun-Lei (2017): „Inflammation: The Common Pathway of Stress-Related Diseases". In: *Frontiers in Human Neuroscience* 11, S. 1 – 11.

Lucas, D./Badia-Fabregat, M./Vicent, T. et al. (2016): „Fungal Treatment for the Removal of Antibiotics and Antibiotic Resistance Genes in Veterinary Hospital Wastewater". In: *Chemosphere* 152, S. 301 – 308.

MacKenzie, Debora (2020): *COVID-19. The Pandemic that Never Should Have Happened, And How to Stop the Next One.* London: Hachette Books.

Magadan, Susana/Sunyer, Oriol J./Boudinot, Pierre (2015): „Unique Features of Fish Immune Repertoires: Particularities of Adaptive Immunity within the Largest Group of Vertebrates". In: *Results and Problems in Cell Differentiation* 57, S. 235 – 264.

Majić, Tomislav/Sauter, Meike/Bermpohl, Felix et al. (2021): „Connected to the spirit of the frog: An Internet-based survey on Kambô, the secretion of the Amazonian Giant Maki Frog (Phyllomedusa bicolor): Motivations for use, settings and subjective experiences". In: *Journal of Psychopharmacology*, S. 026988112199155.

Martin, Michael J./Thottathil, Sapna E./Newman, Thomas B. (2015): „Antibiotics Overuse in Animal Agriculture: A Call to Action for Health Care Providers". In: *American Journal of Public Health* 105(12), S. 2409 – 2410.

Martinelli, Cosimo/Reichhart, Jean-Marc (2005): „Evolution and Integration of Innate Immune Systems from Fruit Flies to Man: Lessons and Questions". In: *Journal of Endotoxin Research* 11(4), S. 243 – 248.

Mazareanu, E. (2020): „Global Air Traffic – Scheduled Passengers 2004 – 2021". Statista. https://www.statista.com/statistics/564717/airline-industry-passenger-traffic-globally/, besucht am 24. 11. 2020.

Merlot, Julia (2020): „Corona-Faktencheck: Das Pandemie-Planspiel". Der Spiegel. https://www.spiegel.de/wissenschaft/medizin/coronavirus-was-der-rki-katastrophenplan-aus-2012-mit-der-echten-pandemie-zu-tun-hat-a-8d0820ca-95a7-469b-8a6a-074d940543d6, besucht am 3. 11. 2020.

Milenkovic, Vladimir M./Stanton, Evan H./Nothdurfter, Caroline et al. (2019): „The Role of Chemokines in the Pathophysiology of Major Depressive Disorder". In: *International Journal of Molecular Sciences* 20(9), S. 2283.

Moradi, Azita/Pourseif, Mohammad M./Jafari, Behzad et al. (2020): „Nanobody-based Therapeutics against Colorectal Cancer: Precision Therapies Based on the Personal Mutanome Profile and Tumor Neoantigens". In: *Pharmacological Research* 156, S. 104790.

Morse, Stephen S./Mazet, Jonna A. K./Woolhouse, Mark et al. (2012): „Prediction and Prevention of the Next Pandemic Zoonosis". In: *The Lancet* 380(9857), S. 1956 – 1965.

Müller, Viktor/de Boer, Rob J./Bonhoeffer, Sebastian et al. (2018): „An evolutionary perspective on the systems of adaptive immunity". In: *Biological Reviews* 93(1), S. 505–528.
Muyldermans, Serge (2013): „Nanobodies: Natural Single-Domain Antibodies". In: *Annual Review of Biochemistry* 82(1), S. 775–797.
Na, Kyoung-Sae/Jung, Han-Yong/Kim, Yong-Ku (2014): „The Role of Pro-inflammatory Cytokines in the Neuroinflammation and Neurogenesis of Schizophrenia". In: *Progress in Neuro-Psychopharmacology and Biological Psychiatry* 48, S. 277–286.
Nascimento, Gustavo G./Gastal, Márcia T./Leite, Fábio R. M. et al. (2018): „Is There an Association between Depression and Periodontitis? A Birth Cohort Study". In: *Journal of Clinical Periodontology* 46(1), S. 31–39.
Nijsingh, Niels/Larsson, D. G. Joakim/de Fine Licht, Karl et al. (2020): „Justifying Antibiotic Resistance Interventions: Uncertainty, Precaution and Ethics". In: Euzebiusz Jamrozik/Michael Selgelid (Hrsg.): *Ethics and Drug Resistance: Collective Responsibility for Global Public Health.* Cham: Springer International, S. 357–375.
Nijsingh, Niels/Munthe, Christian/Larsson, D. G. Joakim (2019): „Managing Pollution from Antibiotics Manufacturing: Charting Actors, Incentives and Disincentives". In: *Environmental Health* 18(1), S. 1–17.
Nowoshilow, Sergej/Schloissnig, Siegfried/Fei, Ji-Feng et al. (2018): „The Axolotl Genome and the Evolution of Key Tissue Formation Regulators". In: *Nature* 554(7690), S. 50–55.
O'Neill, Jim (2016): *Tackling Drug-Resistant Infections Globally: Final Report and Recommendations.* London: Review on Antimicrobial Resistance.
OIE (2015): *Biological Threat Reduction Strategy: Strengthening Global Biological Security.* Paris: World Organisation for Animal Health (OIE).
Onchi, Yosuke/Ihara, Kensaku (2020): „Coronavirus. Seoul and Taipei Show the World How to Contain Pandemics". Nikkei Asia. https://asia.nikkei.com/Spotlight/Coronavirus/Seoul-and-Taipei-show-the-world-how-to-contain-pandemics, besucht am 10.10.2020.
Pandemic Action Network/ONE/PATH et al. (2020): *Break The Cycle of Panic and Neglect: Preventing the Next Pandemic.* https://pandemicactionnetwork.org/wp-content/uploads/2020/05/Break-the-Cycle-of-Panic-and-Neglect-Preventing-the-Next-Pandemic-1.pdf. [unver. Manuskript].
Park, Alice (2014): „Here's What You Use to Fight Antibiotic Resistant Bacteria". Time. https://time.com/2922389/antibiotic-resistant-bacteria/, besucht am 11.11.2020.
Park, Sangchul/Choi, Gina Jeehyun/Ko, Haksoo (2020): „Information Technology–Based Tracing Strategy in Response to COVID-19 in South Korea – Privacy Controversies". In: *Jama* 323(21), S. 2129.
Pathak, Ayush/Kett, Steve/Marvasi, Massimiliano (2019): „Resisting Antimicrobial Resistance: Lessons from Fungus Farming Ants". In: *Trends in Ecology & Evolution* 34(11), S. 974–976.
Peine, Michael/Marek, Roman M./Löhning, Max (2016): „IL-33 in T Cell Differentiation, Function, and Immune Homeostasis". In: *Trends in Immunology* 37(5), S. 321–333.
Petrovic Fabijan, Aleksandra/Lin, Ruby C. Y./Ho, Josephine et al. (2020): „Safety of Bacteriophage Therapy in Severe *Staphylococcus aureus* Infection". In: *Nature Microbiology* 5(3), S. 465–472.
Peyron, Ivan/Kizlik-Masson, Claire/Dubois, Marie-Daniéla et al. (2020): „Camelid-derived Single-chain Antibodies in Hemostasis: Mechanistic, Diagnostic, and Therapeutic

Applications". In: *Research and Practice in Thrombosis and Haemostasis* 4(7), S. 1087–1110.

Qureshi, Irfan A./Mehler, Mark F. (2013): „Towards a ‚Systems'-level Understanding of the Nervous System and Its Disorders". In: *Trends in Neurosciences* 36(11), S. 674–684.

Radbruch, Andreas (2020): „Cell Sorting in Immunological Memory and the Past, Present and Future of Immunology". https://www.flowcytometry-news.com/category/edito/2020/04/07/cell-sorting-in-immunological-memory-and-the-past-present-and-future-of-immunology-interview-with-prof-dr-andreas-radbruch-scientific-director-german-rheumatism-research-centre-drfz/, besucht am 05.05.2021.

Rahimzadeh, Golnar/Gill, Pooria/Saeedi, Majid et al. (2020): „Evaluation of Bacteriophage Products Against Burn Wound Methicillin-resistant *Staphylococcus aureus* (MRSA) Infections". In: *Wound Medicine* 28, S. 100182.

Ramos, Alice Abreu/Prata-Sena, Maria/Castro-Carvalho, Bruno et al. (2015): „Potential of Four Marine-derived Fungi Extracts as Anti-proliferative and Cell Death-inducing Agents in Seven Human Cancer Cell Lines". In: *Asian Pacific Journal of Tropical Medicine* 8(10), S. 798–806.

Reich, Stephan (2020): „Pandemien: ‚Wir erleben mit Corona ein Déjà-vu'". Zeit Online. https://www.zeit.de/wissen/gesundheit/2020-10/pandemien-corona-spanische-grippe-pest-cholera-schutzmassnahmen-geschichte/komplettansicht, besucht am 10.10.2020.

Robert, Vincent A/Casadevall, Arturo (2009): „Vertebrate Endothermy Restricts Most Fungi as Potential Pathogens". In: *The Journal of Infectious Diseases* 200(10), S. 1623–1626.

Rosania, Amy E./Low, Kathryn G./McCormick, Cheryl M. et al. (2009): „Stress, Depression, Cortisol, and Periodontal Disease". In: *Journal of Periodontology* 80(2), S. 260–266.

Sasmita, Andrew Octavian (2019): „Modification of the Gut Microbiome to Combat Neurodegeneration". In: *Reviews in the Neurosciences* 30(8), S. 795–805.

Savino, Rosa/Carotenuto, Marco/Polito, Anna Nunzia et al. (2020): „Analyzing the Potential Biological Determinants of Autism Spectrum Disorder: From Neuroinflammation to the Kynurenine Pathway". In: *Brain Sciences* 10(9), S. 631.

Schain, Martin/Kreisl, William Charles (2017): „Neuroinflammation in Neurodegenerative Disorders – A Review". In: *Current Neurology and Neuroscience Reports* 17(25), S. 1–11.

Schießl, Michaela (2020): „Reserveantibiotika in Tierhaltung: Steak oder Leben". Der Spiegel. https://www.spiegel.de/wirtschaft/steak-oder-leben-a-d77c3a88-8850-4d20-9484-563220b3bca8, besucht am 3.11.2020.

Schmidt, Timo Torsten/Reiche, Simon/Hage, Caroline L. C. et al. (2020): „Acute and Subacute Psychoactive Effects of Kambô, the Secretion of the Amazonian Giant Maki Frog (*Phyllomedusa bicolor*): Retrospective Reports". In: *Scientific Reports* 10(1), S. 1–11.

Seyedmousavi, Seyedmojtaba/Bosco, Sandra de M. G./de Hoog, Sybren et al. (2018): „Fungal Infections in Animals: A Patchwork of Different Situations". In: *Medical Mycology* 56(Suppl. 1), S. S165-S187.

Sherwin, Eoin/Rea, Kieran/Dinan, Timothy G. et al. (2016): „A Gut (Microbiome) Feeling about the Brain". In: *Current Opinion in Gastroenterology* 32(2), S. 96–102.

Singer, Andrew C./Kirchhelle, Claas/Roberts, Adam P. (2020): „(Inter)nationalising the antibiotic research and development pipeline". In: *The Lancet Infectious Diseases* 20(2), S. e54-e62.

Singh, Anurag K./McGuirk, Joseph P. (2020): „CAR T Cells: Continuation in a Revolution of Immunotherapy". In: *The Lancet Oncology* 21(3), S. e168-e178.

Stöcker, Christian (2020): „Corona: Die Psychologie der Unvernunft". Der Spiegel. https://www.spiegel.de/wissenschaft/mensch/corona-die-psychologie-der-unvernunft-kolumne-a-6de180be-d04b-4351-8359-b25d4c71b82d, besucht am 3.11.2020.
Stockwell, V. O./Duffy, B. (2012): „Use of Antibiotics in Plant Agriculture". In: *Revue Scientifique et Technique de l'OIE* 31(1), S. 199–210.
Summers, Jennifer/Cheng, Hao-Yuan/Lin, Hsien-Ho et al. (2020): „Potential Lessons from the Taiwan and New Zealand Health Responses to the COVID-19 Pandemic". In: *The Lancet Regional Health – Western Pacific*, S. 100044.
Szabo, Attila (2015): „Psychedelics and Immunomodulation: Novel Approaches and Therapeutic Opportunities". In: *Frontiers in Immunology* 6, S. 1–11.
Szabo, Attila/Kovacs, Attila/Frecska, Ede et al. (2014): „Psychedelic N,N-Dimethyltryptamine and 5-Methoxy-N,N-Dimethyltryptamine Modulate Innate and Adaptive Inflammatory Responses through the Sigma-1 Receptor of Human Monocyte-derived Dendritic Cells". In: *PLOS ONE* 9(8), S. e106533.
Taleb, Nassim Nicholas (2007): *The Black Swan: The Impact of the Highly Improbable.* New York, NY: Random House.
Thadden, Elisabeth von (2020): „Andreas Weber: 'Wir betrachten alles, was kein Mensch ist, als Ding'". Zeit Online. https://www.zeit.de/kultur/2020-11/andreas-weber-coronavirus-natur-biologie-tiere-philosophie, besucht am 14.11.2020.
United Nations Environment Programme and International Livestock Research Institute (2020): *Preventing the Next Pandemic: Zoonotic Diseases and How to Break the Chain of Transmission.* Nairobi, Kenya: UNEP.
Uzma, Fazilath/Mohan, Chakrabhavi D./Hashem, Abeer et al. (2018): „Endophytic Fungi – Alternative Sources of Cytotoxic Compounds: A Review". In: *Frontiers in Pharmacology* 9, S. 1–37.
Waisman, Ari/Liblau, Roland S./Becher, Burkhard (2015): „Innate and adaptive immune responses in the CNS". In: *The Lancet Neurology* 14(9), S. 945–955.
Wan, Xing/Hendrix, Hanne/Skurnik, Mikael et al. (2021): „Phage-based Target Discovery and Its Exploitation towards Novel Antibacterial Molecules". In: *Current Opinion in Biotechnology* 68, S. 1–7.
Wang, Andrew/Luan, Harding H./Medzhitov, Ruslan (2019): „An Evolutionary Perspective on Immunometabolism". In: *Science* 363(6423), S. eaar3932.
Wang, C. Jason/Ng, Chun Y./Brook, Robert H. (2020): „Response to COVID-19 in Taiwan. Big Data Analytics, New Technology, and Proactive Testing". In: *Jama* 323(14), S. 1341.
Wittebole, Xavier/De Roock, Sophie/Opal, Steven M. (2013): „A Historical Overview of Bacteriophage Therapy as an Alternative to Antibiotics for the Treatment of Bacterial Pathogens". In: *Virulence* 5(1), S. 226–235.
World Health Organization (2005): „International Health Regulations". World Health Organization. https://www.euro.who.int/en/health-topics/health-emergencies/international-health-regulations, besucht am 11.11.2020.
Wu, Wei-Kai/Liou, Jyh-Ming/Hsu, Cheng-Chih et al. (2020): „Pandemic Preparedness in Taiwan". In: *Nature Biotechnology* 38(8), S. 932–933.
Xu, Ling/Pegu, Amarendra/Rao, Ercole et al. (2017): „Trispecific Broadly Neutralizing HIV Antibodies Mediate Potent SHIV Protection in Macaques". In: *Science* 358(6359), S. 85–90.

Zhao, Guoqing/Liu, Xiaohua (2019): „Neuroimmune Advance in Depressive Disorder". In: Yiru Fang (Hrsg.): *Depressive Disorders: Mechanisms, Measurement and Management.* Singapur: Springer, S. 85–98.
Zhu, Lichen/Yang, Xiaomei/Zhong, Dani et al. (2020): „Single-Domain Antibody-Based TCR-Like CAR-T: A Potential Cancer Therapy". In: *Journal of Immunology Research* 2020, S. 1–8.

Achim D. Gruber

One Health und das Mensch-Tier-Verhältnis: Macht der Mensch die Tiere krank?

Abstract: *One Health and Human-Animal Relationships: Do We Make Our Animals Sick?* Since the very beginning of human-animal relationships, humankind took advantage of animals, as of nature in general. While many people today perceive themselves as animal-loving, in reality we tend to systematically deprive our farm animals and pets of their own nature and health. On our quest to perfect our exploitation of the animal world, we reached a dimension that started to profoundly worry veterinary professionals, animal welfare activists, and also the informed public. Ultimately, this destructive relationship leads to detrimental consequences for both parties: e. g., the extinction of wild animals, or the transmission of diseases from one to the other. However, one could argue that the suffering we cause to animals clearly and by far exceeds the harm caused by, for example, the animal-derived COVID-19. Is this a too provocative hypothesis? This article is an invitation to take a closer look at various facets of our current human-animal relationship with its consequences for both.

1 Alte und neue Bedrohungen durch Krankheitserreger aus Tieren

Seit der Antike bedrohen uns Tollwut und über 250 weitere Zoonosen, also zwischen Tier und Mensch übertragbare Krankheiten. Über 70 Prozent der menschlichen Infektionskrankheiten werden durch Erreger tierischen Ursprungs verursacht (Bauerfeind et al. 2015). Die mittelalterliche Pest sowie die saisonale Grippe mit ihren sporadisch auftretenden, gravierenden Epidemievarianten (Spanische Grippe 1918, Vogelgrippe 2004 und Schweinegrippe 2009/2010) zählen zu den Prototypen menschlicher Seuchen tierischen Ursprungs. Darüber hinaus zeigen uns HIV, Ebola und Coronaviren zusätzliche, teils alttestamentarische Ausmaße des Bedrohungspotenzials (Yang et al. 2020). Die SARS-CoV-2-Pandemie ist keine

Anmerkung: Der Autor dankt Christa Thöne-Reineke, Nancy Erickson und Holger Martens für ihre kritische Manuskriptdurchsicht.

Achim D. Gruber, Institut für Tierpathologie am Fachbereich Veterinärmedizin, Freie Universität Berlin

Ausnahmeerscheinung, sondern nur eine besondere Variante in einer Kette von prinzipiell ähnlichen Ereignissen. Dabei sind noch weitaus bedrohlichere Szenarien als die bislang aufgetretenen denkbar. Wie wäre es, wenn in der Zukunft ein bislang unbekanntes Tiervirus beim Menschen die schrecklichen Krankheitsbilder von Ebola mit der Ausbreitungseffektivität von Coronaviren und einer jahrelangen Latenz mit Erregerverbreitung vor Ausbruch der Symptome wie bei HIV miteinander kombinieren würde? Utopie oder kalkulierbares Risiko?

Mit zunehmenden globalen Reiseaktivitäten, Urbanisierungen, Urwaldrodungen und anderem Raubbau an der Natur, Klimawandel und neuen Kontakten zu den entlegensten Ökosystemen kommen wir immer wieder in neue, evolutionär nicht vorgesehene Kontakte mit Wildtieren und deren für Menschen unberechenbaren Mikroben. Exotische Tiere dienen, gemeinsam mit ihren Erregern, als Nahrung, Heilmittel oder Haustiere und werden global transportiert (Tappe et al. 2019). In den letzten Jahrzehnten haben sich dabei unter anderen verschiedene Affen-, Nager- und Fledermausarten als gefährliche Quellen herausgestellt für Erreger, die in ihren natürlichen Tierreservoiren zumeist harmlos sind, jedoch beim Menschen ein weites Krankheitsspektrum bis zu schwersten Pandemien mit hohen Opferzahlen verursachen können (Hu et al. 2015; Mackenzie et al. 2016). Dabei ist von besonderer Bedeutung, dass sich manche Erreger durch Anpassung an den menschlichen Wirt und eine darin entfaltete Eigendynamik mit langfristigen evolutionären Weiterentwicklungen vom ursprünglichen Tierreservoir völlig entkoppeln (Beloukas et al. 2016). Die dadurch entstehenden, sowohl medizinisch als auch volkswirtschaftlich und sozial teils hoch relevanten Krankheiten beruhen zwar auf grundlegenden Mechanismen der Evolution, sind jedoch reine Artefakte menschlicher Aktivitäten. Und diese werden sich in naher Zukunft kaum ändern. Welche Besonderheiten wird die nächste Pandemie aus Tier-Mikroben mit sich bringen? Der Einsatz von deutlich mehr Forschungsmitteln zur Klärung der Zusammenhänge und Verbesserung von Präventionsmöglichkeiten wäre eine vortreffliche Investition aus wirtschaftlicher Sicht, besonders aber auch für die Gesundheit von Mensch, Tier und Ökosystemen (Abb. 1).

2 Gesundheit für alle, auch für Tiere

Kann der Mensch auch Tiere krankmachen? In Bezug auf Zoonosen kennen wir viele Beispiele. Wenn das Kind mit Lippenherpes sein Kaninchen küsst, kann das der Todeskuss für das Tier sein, denn bei Kaninchen und Chinchillas verursacht dieses Virus eine tödliche Gehirnentzündung (Azab et al. 2018). Auch die offene Tuberkulose des Besitzers infiziert dessen Hund mit tödlichem Ausgang. Die Risiken für Tiere durch von Menschen übertragene Zoonosen verblassen jedoch bis

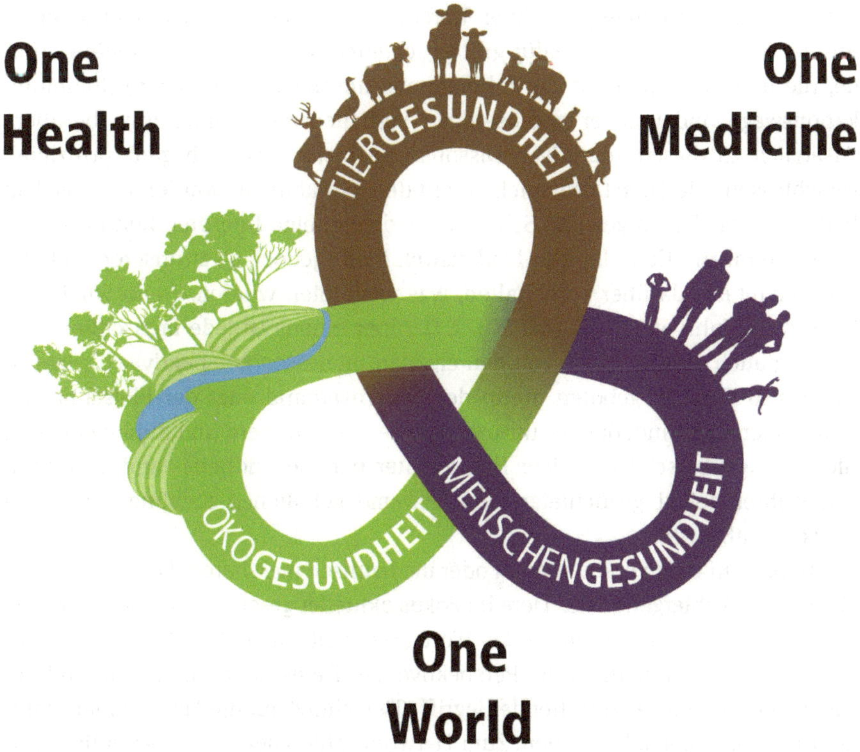

Abb. 1: Graphical Abstract.

zur Unkenntlichkeit, wenn wir die vielfachen gesundheitlichen Opfer betrachten, die wir unseren Nutz-, Haus-, Labor- und Wildtieren abverlangen als den von ihnen gezahlten Preis dafür, wie wir heute durch sie und mit ihnen leben.

2.1 Was ist Tiergesundheit?

Die Bewertung der Gesundheit von Tieren fällt schwer, wenn man Tiergesundheit in einem umfassenderen Sinne versteht, wie es in den übrigen Beiträgen des vorliegenden Bandes für den Menschen erfolgt. Auch für Tiere zählt hierzu weitaus mehr als die Abwesenheit von äußerlich erkennbarer oder klinisch messbarer Krankheit (Mondon et al. 2017). Entgegen der festen Überzeugung mancher Haustierbesitzer mit enger Bindung an ihre Ersatzkinder oder -sozialpartner können wir uns nach heutiger Erkenntnis grundsätzlich *nicht* in Tiere hineindenken, -fühlen oder mit ihnen mitfühlen. Wir sind unfähig zu einer echten

Perspektivenübernahme gegenüber Tieren, wie wir sie für andere Menschen in unserer Kindheit erlernen. Dafür gibt es scheinbar komplexe evolutionäre Gründe, die unter anderem auf der Inkongruenz unserer (non-verbalen) Kommunikationswege und unserer gegenseitigen Verhaltensmustererkennung beruhen. Zusätzlich zu diesen kognitiven Dissonanzen bleibt uns auch ganz prinzipiell verschlossen, wie Tiere tatsächlich empfinden. Wir können zwar lernen, aus dem Verhalten von Tieren gewisse Schlüsse zu ziehen, eine Interpretation bezüglich ihrer Gedanken-, Gefühls- und Leidenswelt bleibt jedoch stets unserer spekulativen Phantasie darüber vorbehalten, was wir fühlen würden, wenn wir Hund, Pferd oder Huhn wären (Körner 2017). Darüber hinaus ist jede menschliche Bewertung auch diesbezüglich von den eigenen Interessen perspektivisch verzerrt. Es ist also Vorsicht geboten, wenn der Bauernverband oder der Fleischhandel davon überzeugt sind, dass es unseren Schweinen, Hühnern und Kühen gut geht. Gleichzeitig überschätzen viele Hundehalter den Gesundheits- und Wohlfühlstatus ihrer defekt gezüchteten und artfremd gehaltenen Lieblinge erheblich (Packer et al. 2019).

Neben äußerlich erkennbarem oder medizinisch messbarem Leiden steht das allgemeine Wohlergehen der Tiere im Fokus aktueller gesellschaftlicher Diskurse. Dazu wurde vor einigen Jahren das Wort „Tierwohl" als politisches Fahnenwort geprägt, welches inhaltlich die Perspektive des Tieres übernimmt, während der zuvor meist alleinig anzutreffende Begriff „Tierschutz" für die Maßnahmen steht, die Tierwohl ermöglichen sollen. Zum Tierwohl zählen neben Tiergesundheit und Schutz vor äußeren Schmerzen, Leiden oder Schäden nach dem Tierschutzgesetz insbesondere auch die artgerechte und tiergerechte Haltung (Mondon et al. 2017; Sachser et al. 2018). Davon ist die Tiergerechtheit einfacher zu erklären: Hiermit sind die Umwelt- und Haltungsbedingungen gemeint, die den Bedürfnissen des Einzeltiers in menschlicher Obhut gerecht werden, mit seinen individuellen Ansprüchen gemäß seiner Art, seines angeborenen Verhaltens, Alters, Geschlechts, individueller Genetik, Prägungen und seines aktuellen Gesundheitszustandes (Knierim 2001). Die Artgerechtheit dagegen ist heute bei vielen landwirtschaftlichen Nutztieren sowie gezüchteten Hobby- und Versuchstieren kaum belastbar einzuschätzen, denn durch Domestikation oder Zucht auf Extremleistungen oder -merkmale haben sie im Vergleich zu ihren Naturformen teils erhebliche Abweichungen ihrer Anatomie, Physiologie und in ihrem Verhalten entwickelt. Belastbare tierbezogene Indikatoren und Messparameter für Tier- und Artgerechtheit sowie Tierwohl sind bis heute nur schwer zu definieren (Mondon et al. 2017).

„Das Tier" und „die Art" gibt es schon lange nicht mehr. Zu divers sind heutige Zucht-, Nutzungs- und Haltungsvarianten. Streng genommen kann es keine artgerechte Haltung geben, da keine Tierart von Natur aus gehalten wird. Der Begriff der Artgerechtheit ist besonders bei durch Zucht vielfältig umgestalteten Tieren eine Illusion, da er die massiven innerartlichen, rasse- und linienspezifischen Unterschiede ungenügend berücksichtigt, wie etwa jeder Hundekenner zu berichten weiß. Im erstaunlich weiten Spektrum der Hunderassen mit stark abweichenden Verhaltensmustern und Haltungsansprüchen fällt es schwer, einen Wolf mit arttypischen Bedürfnissen zu erkennen. Selbst in so fundamentalen Ansprüchen wie der Ernährung unterscheiden sich die meisten Hunde infolge Jahrtausende langer Lebensgemeinschaft mit ackerbauenden Menschen deutlich vom Wolf, etwa in Bezug auf Kohlenhydrate-Verdauung. Noch komplexer sind die Unterschiede in Bezug auf ihr Verhaltensrepertoire, welches bei den meisten Hunden extreme Verarmungen aufweist. Dagegen können viele Hunde, ähnlich wie der Mensch, zu Zwecken der sozialen Kommunikation die Augenbrauen anheben, was der Wolf bis heute nicht vermisst (Kaminski et al. 2019). Verluste von Verhaltensrepertoires und damit möglicherweise auch von Ansprüchen an ihre Haltung sind besonders auch bei der Zucht von Nutz- und Versuchstieren zu verzeichnen, was in Zukunft weiter durch genetische Manipulationen perfektioniert werden könnte. Dadurch könnten im Extremfall vielleicht sogar verhaltens- und leidensfreie, weitgehend anspruchslose Lieferanten von Fleisch, Milch und Eiern erzeugt werden. Der Trend dahin ist deutlich erkennbar, und in Teilen heute bereits durch Zucht erreicht. Dieser Gedanke wird dem einen als Segen, dem anderen als Fluch vorkommen. Die Möglichkeit, sein Verhaltensrepertoire auszuleben als ein zentrales Element des Tierwohls erhält dadurch eine völlig neue Bewertungsgrundlage.

Das *Farm Animal Welfare Council* formulierte bereits 1979 fünf Freiheiten (Farm Animal Welfare Council 1979), die heute oft als Maßstab für Tierwohl und Tiergerechtheit angelegt werden:

1. Freiheit von Hunger, Durst und Fehlernährung
2. Freiheit von Unbehagen
3. Freiheit von Schmerz, Verletzung und Krankheit
4. Freiheit von Angst, Stress und Leiden
5. Freiheit zum Ausleben normalen Verhaltens

Die fünfte Freiheit bereitet bei der fallbezogenen Bewertung des Tierwohls aufgrund der Verhaltensverarmungen durch Zucht und Domestikation im Vergleich zu den Wildformen die größten Probleme (Mondon et al. 2017). Noch schwieriger ist, wie auch in der menschlichen Soziologie und Psychologie, die Definition von Grenzen des ‚Normalen'.

Das Konzept einer holistischen Tiergesundheit erfährt weitere Herausforderungen, wenn es um Wildtiere in ihren natürlichen Biotopen geht. In der Wildnis ist selbst dramatisches Tierleid ganz natürlich, also ‚normal', etwa beim Gefressenwerden, üblichen Krankheiten oder schicksalhaften Unfällen. Wildtieren wird oft nachgesagt, dass sie Leiden nicht zu erkennen geben. Oder leiden sie weniger, gemessen an unserem Empfinden? Spätestens hier enden unsere Fähigkeit – durch fehlende Perspektivenübernahmekompetenz – und unsere moralische Legitimation, subjektives Tierleid nach unseren eigenen Maßstäben zu bewerten. Sobald wir Tiere aber in unsere Obhut nehmen, sie durch Zucht verändern oder ihnen zur Befriedigung unserer eigenen Bedürfnisse andere Opfer abverlangen, obliegt uns nach unserem heutigen gesellschaftlichen Verständnis eine besondere moralische Verantwortung für ihr Wohl (Abb. 2). Dass auch diese empfundene Verantwortung äußerst variabel und mehr oder weniger anthropozentrisch ist, zeigen eklatante Unterschiede zwischen unseren Umgangsformen mit Heim-, Nutz-, Versuchs- und Wildtieren. Auch historische und interkulturelle Perspektivenwechsel eröffnen eine erstaunliche Dynamik: Wie denken andere Menschenkulturen heute über Tiergesundheit und Tierwohl? Wie ist der Zentraleuropäer im Mittelalter mit seinen Tieren umgegangen?

Unser heutiges, deutlich weniger anthropozentrisches und stärker naturwissenschaftlich aufgeklärtes Weltbild sowie umfangreiche Erkenntnisse aus der Evolutionsbiologie und Verhaltenskunde räumen den Tieren neben ihrem praktischen Nutzen einen eigenen Wert als Mitgeschöpf ein. Für unsere moralischen Bewertungen sind besonders Erkenntnisse aus der vergleichenden Neurologie entscheidend, wonach zumindest höhere Säugetiere über neurologische Strukturen von Bewusstsein, Selbstbewusstsein und Persönlichkeit verfügen sowie menschenähnliche Schaltkreise des Gehirns, um Emotionen wie Angst, Freude und Leiden zu empfinden (Sachser 2018). Sowohl biologisch als auch für immer mehr Menschen moralisch verwischt damit die ehemals klar gezogene Grenze zwischen Tier und Mensch. Damit steigt für uns die Verantwortung für ihr Wohlergehen, und zwar als Selbstzweck, und nicht nur als Mittel zu unserem eigenen Vorteil.

2.2 Mensch-Tier-Ethik im Wandel

Eine ethische Bewertung der Leiden und Krankheiten, die wir Tieren als Preis für unseren Vorteil abverlangen, unterliegt einem fundamentalen historischen Wandel. Durch das gesamte Mittelalter war unser Umgang mit Tieren geprägt durch reine Zweckmäßigkeit, grausame Rohheit und weitgehende Mitleidslosigkeit bei Krankheit oder offenkundigen Schmerzen. Vielmehr erfreute man sich auf Jahrmärkten an sadistischen Spielen, Tierkämpfen und Vorführungen (Körner 2017). Achtsam ging man mit Tieren dann um, wenn man auf sie angewiesen war, etwa als Produzenten von Milch, Fleisch und Wolle. Der Versuch, sich in Tiere empathisch einzufühlen erfolgte in der mitteleuropäischen Gesellschaft nach

Abb. 2: Die Leistungen von Tieren und die dabei erzielte Ressourceneffizienz stehen oft in untrennbarem Zusammenhang mit den gesundheitlichen Opfern, die wir ihnen dafür abverlangen. Dies gilt nicht nur für Versuchstiere, sondern in gleichem Maße auch für landwirtschaftliche Nutztiere, Heim- und Wildtiere. Quelle: freepic.com

Jürgen Körner erst in der Neuzeit (Körner 2017). Bis dahin wurden nur in Adelskreisen vorkommende Pferde, Falken, Schoßhündchen und Exoten für ihre besonderen Leistungen, Verhaltensweisen oder ihr Aussehen geschätzt, jedoch ohne die Dimension, die wir heute „Tierliebe" nennen. Eine Vorstellung von der Empfindungsfähigkeit der Tiere setzte sich in der gebildeten, städtischen Gesellschaft erstmals zur Zeit der Romantik in der zweiten Hälfte des 18. Jahrhunderts durch. Der erste deutsche Tierschutzverein wurde 1838 gegründet, das erste deutsche Tierschutzgesetz knapp einhundert Jahre später erlassen, 1933. Die Erkenntnisse der modernen Verhaltens- und Evolutionswissenschaften (Sachser et al. 2018) zusammen mit fundamentalen Entwicklungen in der Ethik der Mensch-Tier-Beziehungen haben seitdem über mehrere Neufassungen des Tierschutzgesetzes zu unserem heutigen Leitbild geführt. Nach diesem muss jedes Hinzufügen von Schmerzen, Leiden und Schäden gegenüber Tieren einen *vernünftigen Grund* als Voraussetzung haben (§ 1 Tierschutzgesetz seit 1972). Grundlage für diesen Anspruch ist der Pathozentrismus, also ein ethischer Ansatz, der sinnesphysiologisch höher entwickelten Wesen aufgrund ihrer Empfindungs- und Leidensfähigkeit einen moralischen Eigenwert zuspricht. Seit 2002 ist der Tierschutz zudem als erklärtes Staatsziel in unserer Verfassung verankert. Mehr noch, Tierliebe steht heute so hoch im Kurs wie nie zuvor. Dabei ist nicht immer gleich erkennbar, ob wahre, also selbstlose Liebe oder die Befriedigung eigener Bedürfnisse als zentrales Motiv im Vordergrund steht, wie etwa Sozialpartnerersatz oder die Befriedigung von (Brut-)Pflegeinstinkten, Sammelleidenschaft oder von Sucht nach Anerkennung über indirekte Selbstdarstellung (Abb. 3).

Abb. 3: Extrem kurzbeinig gezüchtete Dackelkatzen, auch Munchkins genannt, rufen bei manchen Katzenliebhabern aufgrund ihrer anatomischen Besonderheit (links) große Entzückung hervor. Gleichzeitig erschreckt ihr Anblick andere Betrachter, denn offensichtlich wurden diese Tiere ihrer natürlichen Bewegungsfähigkeit beraubt – für vermeintliche Niedlichkeit und Extravaganz. Bei Katzen noch zu wenig erforscht führt diese angezüchtete Kurzbeinigkeit bei Dackeln und anderen Hunderassen häufig zu Knorpeldefekten mit Bandscheibenvorfällen (rechts) und Querschnittslähmungen. Bei Hunden nehmen wir dieses angezüchtete Leiden seit weit über hundert Jahren gedankenlos in Kauf und erkennen die guten Baujagdeigenschaften des charaktervollen Krummbeiners als *vernünftigen Grund* dafür an. Quelle: (Gruber 2019) Alle Zeichnungen von Linus Beckmann

2.3 Die Balance finden

Beispielhaft für eine Reifung des Kompromisses zwischen Menscheninteressen und Tierwohl sind die Entwicklungen unseres Umgangs mit Versuchstieren in der Biomedizin, angewandter und Grundlagenforschung über die letzten 200 Jahre. Erste organisierte Demonstrationen von Tierversuchsgegnern im frühen 19. Jahrhundert waren geprägt vom Gedankengut der Aufklärung und Romantik, die erstmals eine Abwägung zwischen dem Nutzen für den Menschen (oder die Tiermedizin oder Umwelt) und dem Leid der Versuchstiere forderten. Diese Abwägung führte graduell zu einer immer stärkeren Gewichtung des Tierwohls gegenüber dem Versuchszweck, etwa dem Erkenntnisgewinn und damit dem Vorteil des Menschen. Der Zweck muss das Leid der Versuchstiere aufwiegen, und damit moralisch rechtfertigen (Prinzip der Verhältnismäßigkeit). Der Wandel über die Jahrzehnte ist an einigen Beispielen klar erkennbar. So sind seit 1998 in Deutschland und seit 2009 in der Europäischen Union Tierversuche bei der Entwicklung und Prüfung von neuen Kosmetika-Inhaltsstoffen gänzlich verboten (Europäische Union 2009), seit 2013 auch der Import von derart getesteten Kosmetika. Die Schönheit einzelner Menschen ist seitdem nach der Argumentation des Tierschutzgesetzes kein vernünftiger Grund mehr für Tierleid, nicht einmal geringes. Gleichzeitig ist jedoch nicht abzusehen, dass auch mit schwerem Versuchstierleid einhergehende Tierversuche verboten werden, die etwa bei der Entwicklung von Therapien gegen bedeutsame Menschenkrankheiten wie Krebs heute noch unvermeidbar sind.

Das Maß für Tierleid, welches für eine Abwägung einem vernünftigen Grund gegenübergestellt werden soll, unterliegt dabei verschiedenen Dimensionen. Die Zahl der in Versuchen eingesetzten oder für wissenschaftliche Zwecke getöteten Tieren (in Deutschland etwa 2,1 bzw. 0,7 Mio. in 2018) (Bundesministerium für Ernährung und Landwirtschaft 2019) wird ergänzt durch die Speziesgruppen, da etwa Wirbeltiere, Kraken und Tintenfische bezüglich ihrer Leidensfähigkeit höher eingestuft werden als die übrigen Wirbellosen. Auch bestimmte (Menschen-)Affenarten erfahren aus ethischen Gründen eine herausgehobene Bewertung. Des Weiteren werden verschiedene Grade der Art und Dauer der Belastung, spezifiziert für die jeweilige Spezies und möglichst anhand tierbasierter Parameter, für eine Gesamtbeurteilung herangezogen (Dülsner et al. 2020). Zudem sind auch dem Versuch selbst im Rahmen von Gesetzen, Verordnungen, Leitlinien und Handlungsanweisungen (Dülsner et al. 2020) durch verschiedene nationale (Tierschutzgesetz und Tierschutz-Versuchstierverordnung) und internationale Rechtsorgane (Europäische Union 2010) und Gesellschaften sehr spezifische und detaillierte Handlungsrahmen vorgegeben. Dies gilt separat für jeden Schritt von der Beantragung der Versuche über die Prüfung durch Ethikkommissionen, die Genehmigung durch Behörden, die Durchführung und Protokollierung bis schließlich zu ihrer Auswertung. Dieser sehr präzisen und aufwändigen Messung des Tierleids gegenüberzustellen ist in jedem einzelnen Tierversuch der dadurch erhoffte Erkenntnisgewinn, der in angewandter oder Grundlagenforschung dem Menschen, Tieren, Pflanzen oder der Umwelt zugutekommt. Eine vergleichbare ethische Abwägung zwischen *ihrem Nachteil* und *unserem Vorteil* mit klaren, praktisch umsetzbaren Handlungskriterien steckt für unser Verhältnis mit unseren 215 Mio. Nutz-, 34 Mio. Heim- und unzähligen Wildtieren erst in den Welpenschuhen.

2.4 Leistungs- und Effizienzsteigerungen bei Nutztieren kosten Tiergesundheit

Während sich die Tiermedizin des ausgehenden 19. und des 20. Jahrhunderts noch überwiegend mit der Bekämpfung von natürlichen Krankheiten wie Maul- und Klauenseuche, Rinder- und Schweinepest befasste, nehmen zu Beginn des 21. Jahrhunderts die teils schweren Gesundheitsprobleme infolge von Zucht und Haltung für wirtschaftliche Extremleistungen großen Raum ein. Die in der Ökonomie dogmatisch gepredigte Notwendigkeit eines permanenten Wirtschaftswachstums erleben wir bei Nutztieren in Form von kontinuierlicher Leistungs- und Effizienzsteigerung über mehr als die letzten einhundert Jahre. Unsere Kühe geben heute etwa fünf- bis zehnmal mehr Milch im Jahr als ihre nicht domestizierten Artgenossen. Hennen legen jährlich mit über 300 Eiern die sechs- bis fünfzehnfache Zahl im Vergleich zum Naturhuhn. Während Schweine um 1850 zwei Jahre gemästet werden mussten, um 70 kg zu erreichen, bringen es unsere Turbomastschweine heute in spätestens einem halben Jahr auf weit über 100 kg. Neben züchterischen Einflüssen auf die primär leistungsorientierte Genetik der Tiere ermöglichen optimierte Fütterung, leistungsfördernde und zugleich kostenorientierte Haltungsformen sowie eine intensive tiermedizinische Betreuung inklusive eines hohen Antibiotikaeinsatzes diese Zahlenerfolge.

Solche in der Natur gänzlich unbekannten Leistungssteigerungen haben ihren Preis, den viele Nutztiere in Form eines weiten Spektrums an Krankheitsneigungen und deutlich verkürzter Lebenserwartung zahlen. Die mittlere Lebenserwartung unserer Milchleistungskühe liegt mit gut fünf Jahren bei etwa einem Viertel ihrer natürlichen Lebenserwartung. Bis dahin bringen sie nur noch knapp drei Kälber zur Welt, während die Ur-Kuh bequem Ur-Urgroßmutter werden konnte. Während ihrer kurzen Produktionszeit treten deutlich öfter Stoffwechselerkrankungen auf wie Leberverfettung sowie Entzündungen ihrer Klauen, ihres Euters und ihrer Gebärmutter, bis die Fruchtbarkeit unnatürlich früh eingestellt wird (Martens 2020b). Viele Legehennen sind extrem stoffwechselbelastet, Mastbroiler dagegen erleiden unter anderem schwere Probleme ihrer Beinknochen, Füße, Gelenke sowie des Kreislaufs. Zucht und Haltung auf Leistung zwingen den Tieren oft Krankheitsneigungen auf, wobei natürliche Kontrollmechanismen teilweise aufgehoben werden (Martens 2020a). Dass züchterisch für Leistungssteigerung in Kauf genommene Krankheiten punktuell durch korrigierende Zucht wieder behoben werden können, haben bei Mastschweinen deutlich abnehmende Häufigkeiten bestimmter Muskelerkrankungen gezeigt. Dafür war bislang jedoch fast ausschließlich die Wirtschaftlichkeit des Problems entscheidend. Und ein weiterer Faktor war maßgebend für diese Entwicklungen: Heutige von Tieren stammenden Lebensmittel werden dem Verbraucher als so hochwertig und gesundheitlich unbedenklich wie nie zuvor verkauft.

Zusätzlich zu ihren teils schweren Gesundheitsstörungen erbringen viele unserer konventionell-intensiv gehaltenen lebensmittelliefernden Tiere erhebliche Opfer bezüglich der Möglichkeit, ihr tiergerechtes Verhalten auszuüben. Zwar konnten hier in den letzten Jahren im Gegensatz zu früher weit verbreiteten, dauerhaften Anbindehaltungen von Kühen und Sauen deutliche Verbesserungen erzielt werden. Dennoch sind zahlreiche, oft komplex verursachte und folgenschwere Verhaltensstörungen wie gegenseitiges Schwanzbeißen bei Schweinen und Federpicken beim Geflügel bis heute ein vermeintlich unlösbares Problem. Aus wirtschaftlicher Sicht geht die Rechnung auf, denn die Eckdaten dieser Produktion erlauben wesentlich niedrigere Konsumentenpreise als naturnähere und für die Tiere gesündere Produktionsformen. Paradoxerweise ist die Bilanz auch für die Umwelt günstig, denn der Verbrauch von Ressourcen und die Belastung durch etwa Gülle und Methangas sind pro erzeugtem Liter Milch, Ei oder Kilogramm Fleisch in der Intensivproduktion geringer als bei tierfreundlicheren Zucht- und Haltungsformen. Gleichzeitig muss aber auch erwähnt werden, dass sich der Verzehr tierischer Lebensmittel auf den Verbrauch von Umweltressourcen und Treibhauseffekte wesentlich stärker auswirkt als eine mehr pflanzliche Ernährung (Habekuß 2012). Neben der Ökobilanz pro Produktmenge ist also der Pro-Kopf-Verbrauch die entscheidende Größe. Am Ende liegt auch hier die Kausalkette auf der Hand, die mögliche Handlungsfelder aufzeigt: Die aktuell üblichen Ernährungsgewohnheiten belasten neben unserer eigenen Gesundheit ganz wesentlich die Gesundheit und das Wohlergehen der tierischen Produzenten wie auch Umweltressourcen. Unsere gesellschaftlichen Ansprüche an die Menge, den Preis und die Qualität tierischer Lebensmittel haben aktuell noch deutlichen Vorsprung vor unserem ethischen Anspruch an Tierwohl. Gleichzeitig stellt uns die Ernährung einer zunehmend wachsenden Weltbevölkerung auch mit von Tieren stammenden Lebensmitteln vor neue Herausforderungen bezüglich der Belastung von Umweltressourcen sowie der Gesundheit und dem Wohl der Produktionstiere. Die historische und gegenwärtige Praxis von oft krankmachenden Leistungs- und Effizienzoptimierungen sowie die ökologischen Kostenexternalisierungen müssen dringend gegen Nachhaltigkeit in Ressourcenverbrauch, Umweltnutzung, Tiergesundheit und Tierwohl ersetzt werden.

2.5 Blinde Heimtierliebe, die krank macht

In scheinbar starkem Kontrast zum konsumgeprägten Verhältnis zu landwirtschaftlichen Nutztieren steht die verzückte Liebe zu unseren besten Freunden in den eigenen Wohn- und Kinderzimmern, allen voran Hunden, dicht gefolgt von Katzen, Stubenvögeln und zahllosen Streicheltieren und Exoten. Für ihre über die letzten Jahrzehnte kontinuierlich steigenden Zahlen sind nicht nur Wohlstand und Freizeit verantwortlich, sondern auch eine immer stärker vereinzelnde und vereinsamende Gesellschaft. Für viele Menschen füllen ihre Heimtiere die Leere und befriedigen essenzielle Bedürfnisse, die früher von Menschen im sozialen Umfeld bedient wurden. Ein Miteinander auf Augenhöhe heißt hier Hundegeburtstag mit Hundekuchen und zum Begräbnis eine feierliche Zeremonie im Krematorium mit vergoldeter Tierurne. Prinzipiell ist das auch gut so, denn in diesem Paket sind auch künstliche Hundehüften enthalten, eine graue-Star-OP im Alter sowie kostspielige Chemotherapien bei Hunde- und Katzenkrebs. Die am Ende vielfach eigennützigen Vermenschlichungsphantasien überstrahlen dabei jedoch unbequeme Wahrheiten, denn viele Bellos und Miezis, die heute Oskar und Frieda heißen, zahlen dafür einen hohen Preis ihrer Gesundheit und Tiergerechtheit (Gruber 2019).

Neben anderen kleinen und großen Sünden im Umgang mit unseren Haustieren stehen in den letzten Jahrzehnten teils dramatisch zunehmende Krankheitsveranlagungen durch Zuchtfolgen im Vordergrund. Der Deutsche zieht einen Rassehund vor, aber viele der von Züchtern und Käufern favorisierten Zuchtziele sind nahezu untrennbar verknüpft mit Neigungen zu Krankheiten, Leiden und Schäden, die eindeutig gegen den Geist und den Wortlaut des Tierschutzgesetzes verstoßen. Auf dem Weg ihrer Vermenschlichung wurden Möpsen, Bulldoggen, Perserkatzen und vielen anderen Rassen die Köpfe derart rund und nasenlos gezüchtet, dass sie massive Atemstörungen, Entzündungen der Augen und der Haut sowie viele andere Probleme bis zum Hitzschlag im zunehmend heißen Sommer erleiden (Gruber 2019). Die Lufthansa und viele andere Fluggesellschaften transportieren keine kurzköpfig gezüchteten Hunde- und Katzenrassen mehr im Frachtraum von Passagierfliegern, weil sie in der Luft ohne Nase allzu oft ‚auf der Strecke bleiben' (Gruber & Röcken 2020). Populäre Fellfärbungen wie beim Dalmatiner, Merle-Schecken (Abb. 4) und weißen Katzen können zu Taubheit führen, da die zugrundeliegenden Gendefekte gleichzeitig auch die Funktion des Gehörs beeinflussen können. Viele besonders groß gezüchtete Hunderassen entwickeln mit unnatürlich schnellem und starkem Knochenwachstum hohe Knochenkrebsraten mit tödlichen Lungenmetastasen. Es existiert kaum noch eine beliebte große Hunderasse, die nicht von ‚kaputten Hüften' (Hüftgelenksdysplasie, HD) geplagt ist. Neben der Zucht auf extreme Merkmale stellt ein teils außerordentlich hohes Maß an Inzucht das zweite Hauptproblem dar. Bei uns selbst aus gutem Grund verboten, werden Verwandtenverpaarungen bei Hund und Katze vielfach praktiziert, weil erst dadurch die kompromisslosen Rassehygienestandards erreicht werden können. Der deutsche Schäferhund führt mit knapp 80 teils oder vollständig genetisch bedingten Krankheitsneigungen die Liste an, dicht gefolgt von den anderen beliebtesten Rassen (Farrell et al. 2015). Was beliebt, ist scheinbar auch erlaubt.

Eine zentrale Ursache dieser Probleme scheint der Rassebegriff selbst zu sein, und es kostet etwas Überwindung, diesen zu hinterfragen. Tatsächlich aber gibt es Rassen nicht wirklich, etwa wie es Gartenzwerge nur gibt, weil Menschen sie kreiert haben. In der Natur gibt es keine Rassen, sie wurden von Menschen geschaffen, definiert und bewahrt. Die Statik der von Zuchtverbänden definierten Rassegrenzen und viele der darin formulierten Eigenschaften und Zuchtziele stehen in krassem Gegensatz zu den dynamischen Prozessen und Kräften, die in der Natur wirken. Letztere sind geprägt durch überlebensnotwendige Veränderungen und Gesundheits- (= Fitness-)orientierte Auslese. Ähnliches gilt für den Menschen, für den die Existenz von Rassen wissenschaftlich als grundsätzlich widerlegt gilt. Die Begründung menschlicher Rassen ist nach der Jenaer Erklärung von 2019 (Fischer et al. 2019) das Ergebnis von Rassismus und diente primär der Ausbeutung und psychosozialen Abgrenzung. Hier ergeben sich ganz erstaunliche Parallelen zum Rassebegriff bei Tieren. Heute geben systematische Gesundheitsprobleme vieler Tierrassen Anlass zur dringenden Überarbeitung dieses Rassekonzeptes.

Vereinbar mit der oben bereits geschilderten Unfähigkeit des realistischen Einfühlens – Perspektivenübernahme – wird das vielfache Haustierleid von ihren Besitzern trotz der vermeintlich engen Bindung verdrängt. Diese kognitive Dissonanz wurde exemplarisch an 2.168 Besitzern von Möpsen und Bulldoggen gezeigt, die den Gesundheitszustand ihrer eigenen degenerierten Tiere völlig überbewerteten, jedoch den Großteil der anderen Hunde derselben Rasse für krank hielten (Packer et al. 2019). Diese verzerrte Wahrnehmung erhält dem es gut meinenden Menschen seine Illusion, denn das angezüchtete Leid der Tiere kann auch unbewusstes Zucht- und Kaufziel sein, wenn dadurch der Pflegetrieb von Frauchen oder Herrchen effektiv bedient wird und die Freude an ihrer Abhängigkeit (Sandøe et al. 2017). Auch Haustiere zahlen einen hohen Preis, um die Bedürfnisse des Menschen zu erfüllen. Wir konsumieren sie wie Nutztiere, und beide müssen dafür vielfach ihre Gesundheit und Tiergerechtheit opfern.

Neben den bedenklichen Folgen unserer Liebe für Heimtiere kann diese auch Folgen für uns selbst haben. Die eingangs beschriebenen Zoonosen bei Menschen resultieren nicht nur aus exotischen Tieren in fernen Ökosystemen wie bei COVID-19, sondern können auch in unseren Wohn- und Kinderzimmern lauern. Zwar gilt

Abb. 4: Schönheit hat ihren Preis. Der Merle-Faktor führt bei Hunden zu einer hübschen, scheckigen Aufhellung der Grundfarbe mit teils hellblauen Augen und ist daher extrem beliebt. Er wurde bereits in viele Rassen eingekreuzt, obwohl der zugrundeliegende Gendefekt Taubheit und andere Sinnesstörungen verursachen kann. Quelle: Gruber 2019. Alle Zeichnungen von Linus Beckmann

Tollwut in Deutschland seit 2008 als ausgerottet, dafür drohen neue Gefahren, die ähnlich wie Infektionen durch HIV und neuartige Coronaviren allein durch menschliches Handeln entstehen. So dekorieren wir unsere Wohnungen mit Exoten, etwa in Terrarien, die dauerhaft Erreger mit großem Gefahrenpotential für das häusliche Umfeld beherbergen können. Wenn dieselbe Hand, die soeben das Terrarium gereinigt hat, danach dem Säugling Zärtlichkeit spendet oder das Fläschchen reicht, können die dadurch übertragenen exotischen Salmonellen zur tödlichen Hirnhautentzündung beim eigenen Nachwuchs führen. Kinderärzte schlagen diesbezüglich Alarm und beklagen mangelnde Hygiene (Robert Koch Institut 2013).

Zivilisierte Menschen im Wohlstand reisen auch gern, und mit ihnen ihre Hunde und Katzen und zu sportlichen Zwecken auch mal Pferde und Brieftauben, die alle bei ihrer Heimkehr diverse Zoonosen mitbringen können, wie etwa Hunde den Herzwurm (*Dirofilaria immitis*) oder Pferde eine Hendravirus-Infektion (Mackenzie et al. 2016). Zusätzlich importieren wir in Deutschland Schätzungen zufolge jährlich etwa 500.000 Hunde, zumeist aus dem Mittelmeerraum und osteuropäischen Ländern, da unser Bedarf an besten Freunden die heimische Produktion deutlich übersteigt. Dabei wird auch viel Gutes getan, wenn verwahrloste Straßenhunde aus so genannten Tötungsstationen gerettet werden, was jedoch auch zu illegalen bis mafiösen Strukturen mit kommerziellem Missbrauch unserer Tierliebe und Gutmütigkeit geführt hat. Derartige Hundeimporte erfolgen oft ohne ausreichende tiermedizinische Begleitung und bescheren den neuen Besitzern und deren Familien völlig neue Infektionserreger, von denen einige nicht mal in den einschlägigen Lehrbüchern zu finden sind. Nach vielen parasitären Leishmanien-Arten sind so auch der Hautwurm (*Dirofilaria repens*) und der orientalische Augenwurm (*Thelazia callipaeda*) in mehreren Regionen Deutschlands angekommen, nicht zuletzt in Berlin. Dieser früher nur in China und Russland vorkommende Parasit kann auch leicht auf Menschen übertragen werden und fordert aktuell Besitzer wie Augenärzte gleichermaßen heraus.

Der Hunde, Reptilien und viele andere Heimtiere befallende exotische Zungenwurm (*Linguatula serrata*), der in Zungengestalt mit bis zu 12 cm Länge irrigerweise in der Nase seiner Opfer parasitiert, wird bereits in mehreren zentraleuropäischen Ländern bei Tierhaltern diagnostiziert und steht bei uns ante portas (Koehsler et al. 2011). Auch SARS-CoV-2 macht vor unseren befellten Lieblingen nicht Halt, die in Zeiten von Quarantäne und Ausgangsbeschränkungen wichtige Funktionen beim Stressabbau übernehmen. Das neue Coronavirus infiziert Katzen und diese können das Virus auch wieder ausscheiden (Shi et al. 2020), wobei ihre Bedeutung als relevante Infektionsquelle für Menschen noch unklar ist. Gleichzeitig vernachlässigen viele Tierhalter bei zunehmender Vermenschlichung ihrer Heimtiere bis zum Kind- oder Sozialpartnerersatz die Grundregeln der Hygiene, so dass mehrere Paralleltrends ganz neue Gesundheitsrisiken für beide Seiten mit sich bringen. Und alle Vorzeichen sprechen dafür, dass diese Entwicklungen fortschreiten werden.

2.6 Wildtiergesundheit im *One-Health*-Kontext

Der *One-Health*-Gedanke ist nicht neu: Bereits Hippokrates (460 – 370 v. Chr.) wusste um die eng verwobenen Zusammenhänge zwischen Menschengesundheit, Tiergesundheit und Umwelteinflüssen. Wahrscheinlich ging es ihm und den meisten Menschen bis zum neunzehnten Jahrhundert dabei ganz überwiegend um den eigenen Vorteil. Tiergesundheit sowie eine intakte Umwelt waren nur insoweit von Bedeutung, wie sie dem Nutzen der Menschen dienten (Körner 2017). Mit allein dieser Bewertungsperspektive könnte es uns auch heute noch egal sein, dass Eisbären infolge unserer Lebensweise in ihrer Heimat schneller aussterben, dass Mikro- und Makroplastik die marine Tierwelt belasten, Fische und Amphibien durch hormonbelastete Abwässer geschädigt werden und dass unsere Art der Landwirtschaft teils dramatische Reduktionen von Insekten, Kleinsäugern und Vögeln verursacht (van Klink et al. 2020). Bei aller Kenntnis dieser Zusammenhänge und erster, zarter Maßnahmen werden in Deutschland noch über 90 Prozent der landwirtschaftlichen Fläche ‚konventionell' intensiv bewirtschaftet.

Bereits vor 200 Jahren hat Alexander von Humboldt auf seinen Reisen folgenschwere Veränderungen der Natur durch Eingriffe des Menschen beschrieben. Mit Staunen und Erschrecken verstehen wir heute zunehmend die komplexen Auswirkungen unserer Lebensweise auf die globale Wildtiergesundheit, praktisch alle Ökosysteme sowie die Rückwirkungen auf unsere eigene Gesundheit. Methangas aus Steak, Milch und Leder liefernden Wiederkäuermägen trägt als anthropogenes Treibhausgas gleich nach CO_2 erheblich zum Klimawandel bei, Gülle belastet Böden sowie Gewässer und Antibiotikaeinsatz bei praktisch allen konventionell gehaltenen Nutztieren befeuert die Entstehung und Verbreitung von Resistenzen, die beim erkrankten Menschen zum Therapienotstand beitragen. Diese und noch viele weitere Effekte sind ökonomisch als Externalisierung von Betriebskosten zu verstehen, also Ausbeutung. Der Verbraucher zahlt nicht an der Kasse beim Kauf des vom Tier stammenden Produktes, sondern erst später und indirekt mit eigenen Gesundheitsrisiken und Verlust von Lebensqualität durch Verarmung oder Zerstörung globaler Ökosysteme und Artensterben. In Anbetracht der wachsenden Weltbevölkerung, die auch durch hochwertige, von Tieren stammenden Lebensmittel ernährt werden will, sind alternative Proteinquellen durch Insekten, Aquakulturen oder Fleisch aus Kulturflaschen mit deutlich geringerem ökologischem Fingerabdruck (= Ressourcenverbrauch) sowie mehr Kompromisse zwischen Menschenwohl, Tierwohl und Schutz der globalen Ökosysteme und Ressourcen zentrale Aufgaben für Wissenschaft und Politik. Je eher, desto besser.

3 Handlungsfelder Tiergesundheit

Nicht nur von Versuchstieren, sondern auch vielen landwirtschaftlichen Nutztieren und unseren eigenen Haustieren verlangen wir Opfer in Form ihrer Gesundheit und ihres Wohlergehens ab für die Leistungen, die sie für uns erbringen sollen. Der *vernünftige Grund* als ethische Rechtfertigung für diese Opfer ist für Versuchstierleid nach über einhundertjährigem Diskurs rechtlich und in der verwaltungstechnischen Umsetzung bis in kleinste Details und mit weitgehender gesellschaftlicher Akzeptanz geregelt. Paradoxerweise ist dagegen ein solcher Reifungsprozess für Nutz- und Heimtiere noch lange nicht abgeschlossen. Obwohl sie uns näherstehen, wird das Staatsziel Tierschutz für sie deutlich weniger konsequent umgesetzt. Der Geist des Tierschutzgesetzes ist in seinen Paragrafen 1 bis 3 eindeutig und völlig ausreichend formuliert. Gegen den Qualzuchtparagrafen 11b sowie das Tierzuchtgesetz, welches unerklärlicherweise nicht für Heimtiere gilt, wird in Deutschland jedoch aktuell systematisch und substanziell verstoßen. Möglich wird dies durch ein weitgehendes Vollzugsdefizit der Veterinärämter als Überwachungsbehörden sowie eine Mischung aus Desinformation und nicht leicht erklärbarer Toleranz in der Gesellschaft. Dabei haben wir weniger ein generelles Erkenntnisproblem oder Forschungsdefizite. Vielmehr scheinen mangelnde Aufklärung sowie bislang noch weitestgehend mangelndes Interesse oder völlige Ausblendung beim Verbraucher in Kombination mit einem Lenkungsdefizit infolge fehlender politischer Vorgaben zu einem *Umsetzungsdefizit* zu führen. Die teils wahrscheinlich unbewussten Eigeninteressen von Hunde- und Katzenkäufern sowie Konsumenten von Fleisch, Eiern und Milch scheinen hier schwer in der Waagschale zu liegen (Abb. 2).

Erste zarte Pflänzchen sind jedoch zu erkennen. Alternative, auf Hundegesundheit ausgerichtete Zuchtorganisationen, breite Öffentlichkeitskampagnen tierärztlicher Verbände über Folgen von Defektzuchten sowie Gesetzesinitiativen zur Produktkennzeichnung mit dem politischen Fahnenwort „Tierwohl" zeigen punktuelles Erwachen aus einem Dornröschenschlaf-ähnlichen Zustand. Leider scheinen jedoch auch hier gut gemeinte Motive an den reell existierenden Interessen der Stakeholder zu zerschellen. So will das Landwirtschaftsministerium die vom Bundesverwaltungsgericht als eindeutig tierschutzrechtswidrig eingestufte, bis heute jedoch gängige Praxis der Kastenstand-Haltung von Muttersauen durch eine Überarbeitung der Nutztierhaltungsverordnung zwar verbieten. Darin wird jedoch eine 15(!)-jährige Übergangsfrist eingeräumt, die von der Ministerin mit den wirtschaftlichen Herausforderungen der Branche begründet wird (Jahberg 2020). Entlarvende Ehrlichkeit der Ministerin. Ähnliches gilt für die betäubungslose Ferkelkastration und die nicht vermittelbaren Umwege bei ihrer Abschaffung (Friedrich 2018). Die Liste ähnlicher Beispiele wäre lang. Das Schließen von Kompromissen zwischen gerechtfertigten Interessen zählt zwar zum Tagesgeschäft der Politik. Derartige Schwerpunktsetzungen bei der Balancierung zwischen Tierwohl und anderen Menscheninteressen sind jedoch der Lackmustest für die Ernsthaftigkeit bei der Umsetzung des Staatsziels Tierschutz. In Deutschland ist der Tierschutz dem falschen Ministerium (Landwirtschaftsministerium) zugeordnet und wird durch Lobbyismus behindert, findet selbst der Vorsitzende engagierter amtlicher Tierärzte und Amtstierärzte in der Bundesarbeitsgemeinschaft für Fleischhygiene, Tierschutz und Verbraucherschutz (Braunmiller 2020).

Zwar in größerem Rahmen, jedoch prinzipiell ähnlichen Kräften folgend steht es um die perspektivischen Wahrnehmungsverzerrungen und von kurzfristigen Eigeninteressen dominierten Kompromisse bei der Steuerung von Wildtiergesundheit und der Integrität globaler Ökosysteme. Auch hier überwiegen die Argumente der wirtschaftlich Betroffenen, wenn unsere Praxis des Ackerbaus zum regionalen Aussterben von Vögeln, Kleinsäugern und Insekten führt. Manche Staatsoberhäupter lassen sich in ihrem Krisenmanagement mehr von ihren Eigeninteressen lenken als vom Wohl ihres Volkes oder übergeordneter Interessen. Und werden wiedergewählt. Der Regenwald des Amazonas wird weiter dramatisch abgeholzt. Die Hauptschuld daran wird vor allem dem brasilianischen Präsidenten angelastet. Wir aber sehen nicht, dass wir selbst diesen Trend mit unserem eigenen Einkaufswagen steuern, wenn wir zu Produkten mit Palmöl, Soja, Tropenholz oder südamerikanischem Rindfleisch greifen. Unsere Konsumentscheidungen machen den Unterschied. Immer wieder ist zu lesen, dass der Mensch als Fremdkörper, Störfaktor, Ausnahmeerscheinung oder aus der Art geschlagener Erdenbewohner die Natur ausraubt, verarmt, zerstört. Ist das nicht zu überheblich gedacht? Ist der Mensch nicht auch Teil einer weiter zu definierenden, ihn einschließenden Natur, und wird er dadurch nicht genauso schuldfrei wie ein Bär, der einen Wildbienenstock plündert? Ausgestorben wurde schon immer, heißt es. Dynamik und Veränderung sind das Wesen des Lebens und der gesamten Natur, nicht Bewahrung oder Schutz des Gegenwärtigen. Der Mensch aber hat diese Naturgesetze um völlig neue Dimensionen erweitert und gleichzeitig alte Regeln außer Kraft gesetzt. Mit seinen technischen Möglichkeiten, den genetischen Code von Tieren gegen ihre Fitness weit von ihrer Natur zu entfernen, um aus ihnen Leistungskreaturen zu formen, die globalen Ökosysteme bis zu ihrem Kollaps zu verarmen und seine eigene Gesundheit durch evolutionär nicht vorgesehene Begegnungen mit exotischen Arten und ihren Krankheitserregern zu gefährden übernimmt der Mensch die Verantwortung für seine Aktivitäten. Zu dieser Verantwortung zählen die Gesundheit und das Wohl der durch ihn genutzten Tiere als Selbstzweck, und nicht nur als Mittel zum eigenen Vorteil. Die moralische Bewertung seines Tuns, seine Schuldfähigkeit sowie die daraus resultierende Bereitschaft zu Gestaltung und Korrektur zählen zu den herausragenden Eigenschaften des Menschen, die ihn vom Tier unterscheiden. Daran ist er zu messen.

Literatur

Azab, Walid/Dayaram, Anisha/Greenwood, Alex D., Osterrieder, Nikolaus(2018): „How Host Specific Are Herpesviruses? Lessons from Herpesviruses Infecting Wild and Endangered Mammals". In: *Annu Rev Virol* 5(1), S. 53–68.

Bauerfeind, Rolf/Graevenitz, Alexander von/Kimmig, Peter et al. (2015): *Zoonoses: Infectious Diseases Transmissible from Animals to Humans.* Hoboken, NJ: Wiley.

Beloukas, Apostolos/Psarris, Alexandros/Giannelou, Polina, Kostaki, Evangelia, Hatzakis, Angelos/Paraskevis, Dimitrios (2016): „Molecular Epidemiology of HIV-1 Infection in Europe: An Overview". In: *Infect Genet Evol* 46, S. 180–189.

Braunmiller, Kai (2020): „Editorial". In: *Deutsches Tierärzteblatt* 68(6), S. 1.

Bundesministerium für Ernährung und Landwirtschaft (2019): „Verwendung von Versuchstieren im Jahr 2018". https://www.bmel.de/DE/Tier/Tierschutz/_texte/Versuchstierzahlen2018.html;jsessionid=DB48 A5ED1C1DB1C5129EAF1FC6552089.2_cid288, besucht am 9.4.2020.

Dülsner, André/Hack, Rüdiger/Krüger, Christine et al. (2020): *Stellungnahme aus dem Ausschuss für Tierschutzbeauftragte: Möglichkeiten der Belastungsbeurteilung im Tierversuch.* http://www.gv-solas.de/fileadmin/user_upload/pdf_publikation/Tierschutzbeauftragte/2020tie_belastungsbeurteilung.pdf, besucht am 17.05.2021

Europäische Union (2009): „Verordnung (EG) Nr. 1223/2009 des Europäischen Parlaments und des Rates vom 30. November 2009 über kosmetische Mittel". In: *Amtsblatt der Europäischen Union* L 342, S. 59–209. http://data.europa.eu/eli/reg/2009/1223/oj, besucht am 01.12.2009.

Europäische Union (2010): „Richtlinie 2010/63/EU des Europäischen Parlaments und des Rates vom 22. September 2010 zum Schutz der für wissenschaftliche Zwecke verwendeten Tiere". In: *Amtsblatt der Europäischen Union* L 276, S. 33–79. http://data.europa.eu/eli/dir/2010/63/oj, besucht am 08.04.2020.

Farm Animal Welfare Council (1979): „Five Freedoms". https://webarchive.nationalarchives.gov.uk/20121010012427/http://www.fawc.org.uk/freedoms.htm, besucht am 22.4.2020.

Farrell, Linda./Schoenebeck, Jeffrey/Wiener, Pamela, Clements, Dylan/Summers, Kim (2015): „The Challenges of Pedigree Dog Health: Approaches to Combating Inherited Disease". In: *Canine Genet Epidemiol* 2(3), S. 1–15.

Fischer, Martin S./Hoßfeld, Uwe/Krause, Johannes et al. (2019): „Jenaer Erklärung – Das Konzept der Rasse ist das Ergebnis von Rassismus und nicht dessen Voraussetzung". In: *Biologie in unserer Zeit* 49(6), S. 399–402.

Friedrich, Hans-Peter (2018): „Fristverlängerung: Bundestag erlaubt betäubungslose Ferkelkastration noch bis Ende 2020". https://www.tagesspiegel.de/politik/fristverlaengerung-bundestag-erlaubt-betaeubungslose-ferkelkastration-noch-bis-ende-2020/23700638.html, besucht am 5.5.2020.

Gruber, Achim (2019): *Das Kuscheltierdrama – Ein Tierpathologe über das stille Leiden der Haustiere.* München: Droemer.

Gruber, Achim D./Röcken, Friedrich (2020): „Todesgefahr: Brachyzephale Hunde und Katzen dürfen nicht mehr mitfliegen". In: *Deutsches Tierärzteblatt* 4, S. 478–480.

Habekuß, Fritz (2012): „Treibhauseffekt Klimarechnung spricht für Tofu statt Rindersteak". https://www.zeit.de/wissen/umwelt/2012-07/klimakiller-fleisch, besucht am 5.5.2020.

Hu, Ben/Ge, Xingyi/Wang, Lin-Fa./Shi, Zhengli (2015): „Bat Origin of Human Coronaviruses". In: *Virol J* 12, S. 221.

Jahberg, Heike (2020): „Tierschützer klagen an: So elend leben Sauen in Deutschland". https://www.tagesspiegel.de/wirtschaft/tierschuetzer-klagen-an-so-elend-leben-sauen-in-deutschland/25477622.html, besucht am 5.5.2020.

Kaminski, Juliane/Waller, Bridget./Diogo, Rui/Hartstone-Rose, Adam/Burrows, Anne (2019): „Evolution of Facial Muscle Anatomy in Dogs". In: *Proc Natl Acad Sci USA* 116(29), S. 14677–14681.

Knierim, Ute (2001): „Grundsätzliche ethologische Überlegungen zur Beurteilung der Tiergerechtheit bei Nutztieren". In: *Deutsche Tierärztliche Wochenschrift* 109, S. 261–266.

Koehsler, Martina/Walochnik, Julia/Georgopoulos, Michael/ Pruente, Christian, Boeckeler, Wolfgang/Auer, Harbert/Barisani-Asenbauer, Talin (2011): „Linguatula serrata Tongue Worm in Human Eye, Austria". In: *Emerg Infect Dis* 17(5), S. 870–872.

Körner, Jürgen (2017): *Gutes Tier – böser Mensch? Psychologie der Mensch-Tier-Beziehung.* Göttingen: Vandenhoeck & Ruprecht.

Mackenzie, John S./Childs, James E./Field, Hume E./Wang, Lin-Fa/Breed, Andrew (2016): „The Role of Bats as Reservoir Hosts of Emerging Neuroviruses". In: Carol Shoshkes Reiss (Hrsg.): *Neurotropic Viral Infections.* Bd. 2: *Neurotropic Retroviruses, DNA Viruses, Immunity and Transmission.* Cham: Springer International, S. 403–454.

Martens, Holger (2020a): „Transition Period of the Dairy Cow Revisited: I. Homeorhesis and Its Changes by Selection and Management". In: *Journal of Agricultural Science* 12(3), S. 1–23.

Martens, Holger (2020b): „Transition Period of the Dairy Cow Revisited: II. Homeorhetic Stimulus and Ketosis with Implication for Fertility". In: *Journal of Agricultural Science* 12(3), S. 25–54.

Mondon, Maiken/Thöne-Reineke, Christa/Merle, Roswitha (2017): „Tierwohl und Wohlbefinden – Definition, Bewertung und Diskussion mit Fokussierung auf die Milchkuh". In: *Berliner und Münchener tierärztliche Wochenschrift* 130(9/10), S. 369–376.

Packer, Rowena M. A./O'Neill, Dan G./Fletcher, Francesca/Farnworth, Mark (2019): „Great Expectations, Inconvenient Truths, and the Paradoxes of the Dog-Owner Relationship for Owners of Brachycephalic Dogs". In: *PLOS ONE* 14(7), S. e0219918.

Robert Koch Institut (2013): „Salmonella-Infektionen bei Säuglingen und Kleinkindern durch Kontakt zu exotischen Reptilien". In: *Epidemiologisches Bulletin* 9(3), S. 71–82.

Sachser, Norbert (2018): *Der Mensch im Tier: Warum Tiere uns im Denken, Fühlen und Verhalten oft so ähnlich sind.* Hamburg: Rowohlt.

Sachser, Norbert/Richter, Sophie Helene/Kaiser, Sylvia (2018): „Artgerecht/tiergerecht". In: Johann S. Ach/Dagmar Borchers (Hrsg.): *Handbuch Tierethik.* Stuttgart: J. B. Metzler, S. 155–160.

Sandøe, P./Kondrup, S. V./Bennett, P. C. et al. (2017): „Why Do People Buy Dogs with Potential Welfare Problems Related to Extreme Conformation and Inherited Disease? A Representative Study of Danish Owners of Four Small Dog Breeds". In: *PLOS ONE* 12(2), S. 1–25.

Shi, Jianzhong./Wen, Zhyuan./Zhong, Ggongxun (2020): „Susceptibility of Ferrets, Cats, Dogs, and Other Domesticated Animals to SARS-coronavirus 2". In: *Science* 368(6494), S. 1016 – 1020.

Tappe, Dennis./Frank, Christina./Homeier-Bachmann, Timo/Wilking, Hendrik/Allendorf, Valerie/Schlottau, Kore/Munoz-Fontela, Cesar/Rottstegge, Monika, Port, Julia/Rissland, Jürgen/Eisermann, Philip/Beer, Martin/Schmidt-Chanasit, Jonas (2019): „Analysis of Exotic Squirrel Trade and Detection of Human Infections with Variegated Squirrel Bornavirus 1, Germany, 2005 to 2018". In: *Euro Surveill* 24(8), S. 1 – 7.

van Klink, Roel/Bowler, DDiana .E./Gongalsky, Konstantin. B./Swengel, Ann/Gentile, Alessandro/Chase, Jonathan (2020): „Meta-analysis Reveals Declines i Terrestrial But Increases in Freshwater Insect Abundances". In: *Science* 368(6489), S. 417 – 420.

Yang, Yongshi/Peng, Fujun/Wang, Runsheng./Yange, Ming/Guan, Kai/Jiang, Taijiao/Xu, Guogang/Sun, Jinlyu/Chang, Christopher (2020): „The Deadly Coronaviruses: The 2003 SARS Pandemic and the 2020 Novel Coronavirus Epidemic in China". In: *J Autoimmun*, S. 102434.

Bettina Hitzer

Ein Gefühl von Gesundheit: Neue Perspektiven auf die moderne Medizin

Abstract: *The Feeling of Being Healthy: New Perspectives on Modern Medicine.* „Well-being" and mental health have become increasingly important in the definitions of health since 1945. Has this also changed the feeling of being healthy? The chapter demonstrates that the intuitive feeling of being healthy when the body does not cause any discomfort has been increasingly delegitimized in the last hundred years. It identifies three developments as responsible for this shift: the establishment of the risk factor model, the reconceptualization of health as result of a constant process of rebalancing health and illness, and the emphasis on the subjective component of health.

Gesundheitsdefinitionen sind ebenso zahlreich wie umstritten, vielleicht – so betonen manche Medizinethiker – sogar gänzlich unmöglich, da Gesundheit für jeden etwas Anderes bedeute (Borck 2016; Pöltner 2002). Fast allen Versuchen der letzten Jahrzehnte, Gesundheit auf (k)einen Nenner zu bringen, ist jedoch eines gemeinsam: Das Gefühl spielt eine Rolle. Ob die Präambel der WHO 1948 das „Wohlergehen" in den Mittelpunkt stellte, der Philosoph Hans-Georg Gadamer eine „Art Wohlgefühl" als Indikator von Gesundheit benannte, der Soziologe Aaron Antonovsky das „Kohärenzgefühl" zum Angelpunkt der Salutogenese machte oder die Gesundheitswissenschaftler Klaus Hurrelmann und Peter Franzkowiak Gesundheit als Stadium von „Wohlbefinden und Lebensfreude" definierten – Gefühl und Empfindung sind zentrale Elemente dessen, was jenseits einer funktionalistischen Perspektive der Abweichung von Normwerten als Gesundheit verstanden wird (Antonovsky 1997; Franzkowiak & Hurrelmann 2018; Gadamer 2010). Dieser Befund verweist darauf, dass das Bemühen um einen ganzheitlicheren Gesundheitsbegriff mit der Aufwertung der subjektiven Dimension von Gesundheit einhergeht, die im Begriff des Gefühls gefasst wird. Bestimmte Gefühle, allen voran das Wohlbefinden, treten hier als Erkennungszeichen oder Vorbedingung von Gesundheit auf. Interessanterweise handelt es sich dabei meistens um ein sich selbst nicht bewusstes Gefühl, so wie es Gadamer in der eingängigen Formel von der „Verborgenheit der Gesundheit" fasste (Gadamer 2010). Gesundheit ist damit also ein Zustand des Empfindens, als dessen Vorbe-

Bettina Hitzer, Hannah-Arendt-Institut für Totalitarismusforschung e.V. an der TU Dresden dingung die „Selbstvergessenheit“ gilt und der darum erst rückblickend – aus der Krankheit heraus – überhaupt als solcher wahrgenommen wird. Doch wie viel Raum lassen die Medizin, die Psychologie und die Gesundheitswissenschaft zu Beginn des 21. Jahrhunderts für einen solchen Zustand des „Lebens im Schweigen der Organe“, wie es der Chirurg René Leriche noch 1936 ausdrückte (Leriche 1936)? Hat sich nicht gerade das Gefühl von Gesundheit im 20. Jahrhundert tiefgreifend verändert, weil die Bewahrung von Gesundheit in den Fokus gerückt ist, während zugleich die Eingriffsmöglichkeiten der kurativen Medizin bedeutend erweitert wurden?

Drei neue Perspektiven auf Gesundheit sind dafür verantwortlich. Gesundheit wurde im Verlauf des 20. Jahrhunderts, erstens, immer stärker in den Horizont des Risikos gerückt. Zweitens wurde Gesundheit zunehmend als Prozess verstanden, als etwas, das kontinuierlich geschützt, hergestellt und ausbalanciert werden muss. Und drittens schließlich wurde Gesundheit vermehrt als das Ergebnis einer Entscheidung betrachtet: Gesund ist, wer sich dazu entscheidet, sich gesund zu fühlen – selbst wenn der eigene Körper oder die physiologischen Werte langfristig oder gar dauerhaft von der medizinischen Norm abweichen. Diese drei Prozesse setzten zu unterschiedlichen Zeitpunkten im 20. Jahrhundert ein und veränderten das Gefühl von Gesundheit in je unterschiedlicher Weise.

1 Das Gefühl von Gesundheit im Horizont des Risikos

Gemeinhin gilt die Nachkriegszeit als Geburtsstunde des Risikofaktors in der Medizin. Denn 1947 fiel der Startschuss für die sogenannte Framingham-Studie, deren Ziel es war, langfristig wirksame Risikofaktoren für die Entwicklung von Herz-Kreislauferkrankungen zu identifizieren. Ohne Zweifel verhalf diese bis heute fortgeführte Studie der Epidemiologie chronischer Krankheiten zum Durchbruch und damit der Annahme, dass bestimmte Faktoren innerhalb und außerhalb der Körper gesunder Menschen deren Risiko für eine Herz-Kreislauferkrankung signifikant erhöhen (Aronowitz 1998; Leanza 2017; Timmermann 2009). Gesund war fortan eben nicht gleich gesund. Obwohl sich zwei Körper gleichermaßen gesund anfühlen mochten, war der eine Körper schon ein Stück weiter auf dem Weg in die Krankheit unterwegs – wie weit, das ließ sich messen, aber nicht zwangsläufig fühlen. Die Grenze zwischen gesund und krank wurde auf diese Weise durchlässiger und das Gefühl von Gesundheit als Gradmesser von Gesundheit zunehmend entwertet.

Denn bereits ein halbes Jahrhundert zuvor hatte eine Entwicklung begonnen, die darauf hinauslief, Menschen für das in der Gesundheit verborgene Krankheitsrisiko zu sensibilisieren. Die Rede ist von den ersten Kampagnen zur Früherkennung von Krebs, die im späten 19. Jahrhundert entworfen wurden. Hier ging es darum zu vermitteln, dass Erscheinungen des Körpers, die zuvor als alltäglich und harmlos galten, ein frühes Anzeichen für eine lebensbedrohliche Krankheit sein konnten. Menschen, die sich gesund fühlten, sollten zu „Wächtern" ihres Körpers erzogen werden (Pinell 1992). Eine Haltung gegenüber dem eigenen Körper, die kleinere Störungen als unbedeutend übersah, wurde aus dieser Perspektive umgedeutet zum „indolenten Stumpfsinn", wie es der Initiator einer dieser Früherkennungskampagnen formulierte (Winter 1911). Die nachfolgenden Jahrzehnte zeigten, dass es keineswegs leicht war, Menschen zu einem anderen, feiner kalibrierten Gefühl von Gesundheit zu erziehen. Auch wenn Hygieneausstellungen mit drastischen Bildern von Tumoren zu Sorge und Aufmerksamkeit mahnten, klagten die Ärzte darüber, dass die meisten Patientinnen und Patienten erst in die Praxis kamen, wenn sie stärkere Beschwerden hatten (Hitzer 2020). Ob dies allein der Tatsache geschuldet war, dass diejenigen, die „zu spät" kamen, gelegentliche Schmerzen oder kleinere Blutungen außerhalb des Regelkalenders nicht als Störung von Gesundheit wahrnahmen, blieb jedoch offen. Nicht auszuschließen war es, dass sich manche Menschen angesichts dieser Symptome zwar Sorgen machten, den zeitaufwändigen Weg zum Arzt aber scheuten oder grundsätzlich wenig Vertrauen in die medizinische Kunst, Krebs tatsächlich zu heilen, hatten.

Doch die medizinische Infragestellung des Gesundheitsgefühls im Zeichen des Risikos ging weiter. Schon während der 1930er Jahre wurde im lokalen Rahmen ausprobiert, ob Reihenuntersuchungen des symptomlosen Körpers, wie sie bereits der Früherkennung der Tuberkulose dienten, auch Modell für die frühzeitige Entdeckung bestimmter Krebstumoren stehen konnten. In größerem Maßstab führte schließlich die DDR in den 1950er Jahren „Vorsichtsuntersuchungen" für Frauen ein, die Bundesrepublik folgte mit einigen regionalen Modellversuchen in den 1960er Jahren. Bundesweit wurde das erste Krebsfrüherkennungsprogramm 1971 etabliert, in der DDR 1972 das sogenannte Zytologieprogramm (Hitzer 2017). Die Kampagnen, die beide Programme flankierten, zielten wiederum auf das Gesundheitsgefühl, dessen Konturen in der Bundesrepublik im Auftrag der Kampagnengestalter von Umfrageinstituten erkundet wurden. Dieses zeigte sich bereits verändert: Zwar schienen sich nach wie vor viele gesund zu fühlen, sofern sie keine Beschwerden hatten, sie wussten aber bereits um die Möglichkeit des im symptomlosen Körper verborgenen Risikos – ein Wissen, das viele jedoch aus Angst verdrängten. Um nicht noch mehr Angst zu erzeugen, die ebenfalls verdrängt werden würde, stellten viele bundesdeutsche

Kampagnen das Lebensglück ins Zentrum: ein Glück, das erst längerfristig gesichert sein konnte, wenn die Gesundheit des Körpers medizinisch bestätigt war. Dass unter Umständen ein Tumor gefunden werden konnte, wurde dabei weitgehend ausgeblendet. Ähnliche Strategien werden noch heute vielfach genutzt. Weniger als das Glück wird allerdings das Wohlbefinden – und damit ein zentrales Gefühl vieler Gesundheitsdefinitionen – adressiert. Geradezu paradigmatisch zeigt dies eine Kampagne der Felix-Burda-Stiftung von 2009, die mit dem Slogan „I feel good" auf sich aufmerksam machte. Hier wurde das intuitive Gefühl von Gesundheit im Sinne eines „Sich-gut-Fühlens" dekonstruiert mit der Mahnung, dass auch derjenige, der sich gut fühle, Darmkrebs haben könne. Erst nach Besuch einer Darmkrebsvorsorgeuntersuchung – so stellte das Kampagnenplakat in Aussicht – könne man sich besser als gut, nämlich berechtigterweise gesund fühlen (Hitzer 2020). Sofern diese Form der Früherkennungsuntersuchung Erfolg hat, ändert sie also unweigerlich das Gefühl von Gesundheit: Dieses erscheint erst legitim, wenn es medizinisch kontrolliert wurde. Damit bekommt es auch eine Art Haltbarkeitsdatum. Es gilt so lange, bis die nächste Früherkennungsuntersuchung, der nächste Check-up ansteht.

Nicht immer jedoch wird dieses Haltbarkeitsdatum ohne Wenn und Aber verlängert. Manche Befunde liegen zwischen gesund und krank. Dies ist in der Krebs-Früherkennung der Fall, wenn Zellen verändert sind, ohne bereits als Krebs erkennbar zu sein, zum Beispiel bei einem sogenannten Befund Pap II oder III. In diesem Fall wird öfter als sonst vorgesehen kontrolliert, ähnlich wie bei bestimmten Krebstumoren, die nur langsam wachsen und deshalb in vielen Fällen während der Lebenszeit des Betroffenen als Krankheit nicht in Erscheinung treten. Wie verändert diese Praxis des „watchful waiting" das Gesundheitsgefühl desjenigen, der die Zellveränderung nicht spürt, aber weiß, dass sein Risiko für eine bestimmte Krankheit erhöht ist? Hier trifft sich die Geschichte der Früherkennung mit der anfänglich angedeuteten Geschichte der Risikofaktoren. Denn die Framingham-Studie ist nicht bei der Identifizierung von Risikofaktoren und dementsprechenden Ratschlägen zur Lebensführung stehengeblieben. Ihren Erfolg verdankt sie auch der Tatsache, dass Risikofaktoren wie Bluthochdruck medikamentös behandelt werden können (Timmermann 2006). Mit der pharmazeutischen Intervention bei Risikofaktoren für Herz-Kreislauferkrankungen verwischte die Grenze zwischen gesund und krank noch stärker. Denn Abweichungen von Normalwerten, die lediglich das Risiko für bestimmte Krankheiten erhöhten, wurden nun immer öfter so behandelt, als seien sie bereits Krankheiten. In einigen extremen Fällen unterscheidet sich mittlerweile die therapeutische Intervention bei Risikofaktoren nicht mehr von der Behandlung der Krankheit selbst. Dies ist etwa bei Frauen der Fall, die infolge einer Mutation des BRCA1- oder BRCA2-Gens ein deutlich erhöhtes Risiko für eine Brust- oder Eierstockkrebserkrankung haben. Manche Betroffene entscheiden sich zu einer prophylaktischen Operation ihrer Brust und Eierstöcke, die sich nicht grundsätzlich von Operationen zur Entfernung von Brust- oder Eierstockkrebs unterscheidet (Löwy 2010). Fühlt sich der Körper, dessen Erkrankungsrisiko auf diese Weise gesenkt wurde, gesund an? Wie fühlt sich der risikobehaftete, aber nicht behandelte Körper an?

2 Das Gefühl der Balance – Gesundheit als Prozess

Während in der Medizin das Risikofaktorenmodell entwickelt und davon ausgehend Modelle der Verhaltens- und Verhältnisprävention konzipiert wurden, richtete sich in anderen Disziplinen der Fokus auf Faktoren der Gesunderhaltung. Kurz nachdem die Framingham-Studie angelaufen war, begann auf der hawaiianischen Insel Kauai eine ähnlich angelegte, wenn auch zahlenmäßig bescheidenere Studie. Mehr als vierzig Jahre lang wurden hier die Lebensschicksale von 698 Kindern beobachtet, um herauszufinden, welche Kinder sich trotz widriger Lebensumstände positiv entwickelten (Werner et al. 1977; Werner & Smith 1982). Der Lebenslauf dieser Kinder sollte Aufschluss darüber geben, ob es Schutzfaktoren gebe, die es Menschen ermöglichten, Belastungen und Schicksalsschläge besser zu überstehen. Diese Idee stand am Beginn dessen, was später als „Resilienz" bezeichnet und von dem Soziologen Ulrich Bröckling als einer der Schlüsselbegriffe des frühen 21. Jahrhunderts identifiziert werden sollte (Bröckling 2017). Aus Sicht der frühen Resilienzforschung war Gesundheit also nichts, was einfach da war, solange es keine Krankheit gab, sondern etwas, was an Vorbedingungen geknüpft war, die identifiziert und hergestellt werden konnten.

Diesen Gedanken griff der amerikanisch-israelische Soziologe Aaron Antonovsky in den 1970er Jahren auf. Ihm war im Rahmen einer Studie über das Klimakterium aufgefallen, dass manche der von ihm befragten Frauen sowohl psychisch als auch physisch gesund waren, obwohl sie als KZ-Überlebende traumatische Erfahrungen hinter sich hatten. Um diesen Befund zu erklären, begann er in der Lebensgeschichte dieser Frauen nach Faktoren zu suchen, die sie vor den schädlichen Folgen ihrer KZ-Erfahrung geschützt hatten (Laukötter 2019). Als zentralen Faktor benannte er schließlich das Kohärenzgefühl. Dieses Gefühl ergab sich nach seiner Beobachtung immer dann, wenn einem Menschen das ihm Zugestoßene erklärbar und mit den ihm zur Verfügung stehenden Mitteln sinnhaft zu bewältigen schien (Antonovsky 1987). Das Kohärenzgefühl wurde für Antonovsky zum Dreh- und Angelpunkt seines neu entwickelten Modells der Salutogenese. Mit diesem Modell definierte er Gesundheit anders, als es die Medizin bis dato tat. Für ihn war Gesundheit kein statischer Zustand, der durch Krankheit aus dem Gleichgewicht gebracht wurde, sondern Gesundheit schien ihm vielmehr ein dynamischer Prozess, der stetig neu austariert werden musste.

Sowohl der Resilienzgedanke als auch das Modell der Salutogenese gingen in die 1986 von der WHO verabschiedete „Ottawa-Charta zur Gesundheitsförderung" ein, die in ihrer Definition einen Paradigmenwechsel vollzog und Gesundheit fortan als Prozess festschrieb, der durch die immer wieder neu hergestellte Balance zwischen Schutz- und Risikofaktoren erhalten werden kann. Dieses neue Verständnis von Gesundheit hat vor allem in der Psychologie, Gesundheitswissenschaft und Pädagogik Einzug gehalten. Weite Verbreitung fand dieser Gedanke durch Ratgeber im Buchformat, die Techniken zu präsentieren versprechen, mit denen die eigene Widerstandskraft gestärkt sowie Körper und Geist gegen Katastrophen und Gefahren immunisiert werden könnten. Diese Vorstellungen haben nachhaltigen Einfluss auf das Gefühl von Gesundheit, und auch diese Entwicklung holt die Gesundheit aus ihrer Verborgenheit. Denn die Notwendigkeit, Gesundheit immer wieder neu herzustellen, indem Resilienz trainiert und ein Gefühl von Kohärenz gefördert wird, macht Gesundheit zum Produkt einer dauerhaften Anstrengung. Da Gefühle in diesem Modell zudem eine zentrale Position einnehmen, wird das neue Gefühl von Gesundheit mit dem Empfinden bestimmter als positiv definierter Gefühle sowie einer Haltung verbunden, die Gefühle als bearbeitbar versteht.

3 Anders gesund fühlen

Noch zu Beginn des 20. Jahrhunderts wurde meist eine klare Grenze zwischen gesund und krank gezogen. Menschen mit Behinderungen galten eindeutig nicht als gesund. Demgegenüber wurden an schwerwiegenden Erkrankungen leidende Menschen nach erfolgreich überstandener Therapie behandelt, als seien sie vollständig und langfristig geheilt, auch wenn dies in manchen Fällen – etwa bei einer Krebserkrankung – durchaus zweifelhaft war und sich die behandelnden Ärztinnen und Ärzten dessen bewusst waren. Diese beiden Umgangsweisen mit der Grenze zwischen gesund und krank änderten sich insbesondere in der zweiten Hälfte des 20. Jahrhunderts.

Zwei Entwicklungen kamen hier zusammen: Nach dem Ende des Zweiten Weltkrieges wurde in den meisten europäischen Staaten ebenso wie in Nordamerika mehr Gewicht auf Rehabilitationsmaßnahmen gelegt, sowohl im Hinblick auf die vielen „kriegsversehrten" Männer als auch im Hinblick auf Menschen nach überstandener schwerer Erkrankung (Boldorf 2006; Rudloff 2005). Damit rückte die Zeit nach der „Heilung“ bei vielen Erkrankungen erstmals in den Fokus medizinisch-therapeutischer Maßnahmen (Cantor 2014). Spätestens seit den 1970er Jahren begann auch bei einigen schwerwiegenden Erkrankungen wie Krebs die Zahl derjenigen zu steigen, die nach Abschluss ihrer Therapie noch monate- oder jahrelang lebten. Ob sie geheilt waren, blieb oft ungewiss – und im Unterschied zu den wenigen Langzeitüberlebenden der ersten Jahrhunderthälfte war dies der deutlich größeren Zahl von Langzeitüberlebenden im letzten Jahrhundertdrittel bewusst. Der amerikanische Medizinsoziologe Arthur W. Frank, selbst ehemaliger Krebspatient, beschrieb diesen neuen Zustand der „Remission“ als einen Zustand des Dazwischen, in dem Krankheit und Gesundheit beständig ineinanderfließen (Frank 2013).

Seit einigen Jahren bevorzugen viele an Krebs erkrankte Menschen nach Abschluss ihrer Therapie die Bezeichnung „survivor“, um auf ihre aktive Rolle während der Therapie aufmerksam zu machen. Dennoch bleibt für viele der Therapieabschluss jahre- oder jahrzehntelang eine „Heilung auf Widerruf“ (Buhl 2019). Das Risiko, dass der Krebs zurückkommt, wird zwar mit den Jahren geringer, bleibt aber zeitlebens höher als bei anderen Menschen. Hinzu kommen oftmals fortdauernde gesundheitliche Beeinträchtigungen als Folge der Tumorerkrankung oder der Therapie. Gesundheitliche Bedürfnisse und körperliche Leistungsfähigkeit der über vier Millionen in Deutschland lebenden „Cancer Survivors“ sind fast immer anders als vor der Erkrankung. Ist damit für diese Menschen ein Gefühl von Gesundheit für immer verloren? Selbsterzählungen von Langzeitüberlebenden deuten auf etwas Anderes hin, einige beschreiben ihren alltäglichen Körperzustand als „gefühlt gesund“ (Löll 2017). Oft basiert dieses neuartige Gesundheitsgefühl auf der Entscheidung, den veränderten, von „Normalwerten“ abweichenden Zustand ihres Körpers als gesund zu akzeptieren. Ein solches Gesundheitsgefühl bleibt in gewisser Weise jedoch angewiesen auf die Gesellschaft, die anerkennen muss, dass sich Gesundheit verschieden anfühlen kann und dass manche Formen von Gesundheit größerer Unterstützung bedürfen als andere.

Diese Art des Gesundheitsgefühls kann anknüpfen an Errungenschaften, die in den 1970er Jahren zunächst von Initiativen wie der „Krüppelbewegung“, später von den *disability studies* erkämpft wurden. Zwar stand hier der Begriff „Normalität“ im Vordergrund (Bösl 2009; Lingelbach & Waldschmidt 2016). Doch auch hier ging es nicht nur darum, was Gesundheit im normativen Sinn ist, sondern auch darum, wie sich Gesundheit anfühlt und auf welche Bedingungen ein Gefühl von Gesundheit für Menschen mit Behinderungen angewiesen ist.

4 Fazit

Der Blick auf die Entwicklung des Gesundheitsgefühls in den letzten hundert Jahren macht deutlich, dass immer weniger Möglichkeiten bleiben, sich dann als „sicher" gesund zu empfinden, wenn der Körper keine Beschwerden verursacht. Dies ist den neuartigen Logiken der Krankheitsverhinderung und Gesundheitsförderung geschuldet. Früherkennung und Prävention zielen geradezu darauf ab, das intuitive Gesundheitsgefühl zu delegitimieren. Denn ohne Überprüfung kann dieses Gefühl trügerisch sein, ohne eigene Anstrengung ist es womöglich nicht von Dauer. Das, was zunehmend als affektiver Kern des Gesundheitsgefühls in den Vordergrund gestellt wird, das Wohlbefinden, ergibt sich nach den neueren Konzepten von Salutogenese und Resilienzförderung nicht mehr quasi von selbst aus physischer Gesundheit, sondern muss erworben und trainiert werden. Die Entdeckung der Risikofaktoren seit den 1950er Jahren machte aus gefühlt gesunden Menschen vielfach dauerhaft medizinisch überwachte oder pharmazeutisch behandelte Menschen. Der Preis für ein Mehr an Gesundheit und Lebenserwartung ist in beiden Fällen der weitgehende Verlust eines um sich selbst nicht besorgten Gefühls von Gesundheit. Dagegen muss der tatsächliche Gesundheitsgewinn von Prävention und Gesundheitsförderung sorgfältig abgewogen und die Stigmatisierung individueller Entscheidungen gegen entsprechende präventive oder gesundheitsfördernde Maßnahmen vermieden werden. Doch es gibt noch eine andere neuartige Facette des Gesundheitsgefühls: Menschen mit Behinderungen, Menschen mit chronischen Erkrankungen ebenso wie Langzeitüberlebende nach Krebs erheben heute den Anspruch, sich trotz eines vom „Normalen" abweichenden Körperzustandes gesund zu fühlen. Gefühlte Gesundheit bedeutet heute also sehr oft etwas Anderes als noch 1936, als René Leriche sein Diktum vom „Leben im Schweigen der Organe" formulierte.

Literatur

Antonovsky, Aaron (1987): *Unraveling the Mystery of Health. How People Manage Stress and Stay Well* (1. Aufl.). San Francisco: Jossey-Bass.

Antonovsky, Aaron (1997): *Salutogenese. Zur Entmystifizierung der Gesundheit.* Tübingen: dgvt.

Aronowitz, Robert A. (1998): „The Social Construction of Coronary Heart Disease Risk". In: Robert A. Aronowitz: *Making Sense of Illness: Science, Society and Disease.* Cambridge: Cambridge University Press, S. 111–144.

Boldorf, Marcel (2006): „Rehabilitation und Hilfen für Behinderte". In: Christoph Kleßmann (Hrsg.): *1961–1971. Deutsche Demokratische Republik. Politische Stabilisierung und wirtschaftliche Mobilisierung.* Baden-Baden: Nomos, S. 451–469.

Borck, Cornelius (2016): *Medizinphilosophie zur Einführung*. Hamburg: Junius.
Bösl, Elsbeth (2009): *Politiken der Normalisierung. Zur Geschichte der Behindertenpolitik in der Bundesrepublik Deutschland*. Bielefeld: Transcript.
Bröckling, Ulrich (2017): *Gute Hirten führen sanft. Über Menschenregierungskünste* (1. Aufl.). Berlin: Suhrkamp.
Buhl, Petra-Alexandra (2019): *Heilung auf Widerruf. Überleben mit und nach Krebs*. Stuttgart: Klett-Cotta.
Cantor, David (2014): „Before Survivorship: The Moment of Recovery in Twentieth-century American Cancer Campaigns". In: *Social History of Medicine* 27(3), S. 440–465.
Frank, Arthur W. (2013): *The Wounded Storyteller. Body, Illness & Ethics* (2. Aufl.). Chicago: The University of Chicago Press.
Franzkowiak, Peter/Hurrelmann, Klaus (2018): „Gesundheit". In: Bundeszentrale für gesundheitliche Aufklärung (Hrsg.): *Leitbegriffe der Gesundheitsförderung und Prävention. Glossar zu Konzepten, Strategien und Methoden*. Köln: Bundeszentrale für gesundheitliche Aufklärung, S. 175–184, https://www.leitbegriffe.bzga.de/fileadmin/user_upload/leitbegriffe/e-Books/E-Book_Leitbegriffe_2018_08.pdf, besucht am 11. 11. 2020.
Gadamer, Hans-Georg (2010): *Über die Verborgenheit der Gesundheit. Vorträge und Aufsätze*. Frankfurt am Main: Suhrkamp.
Hitzer, Bettina (2017): „Krebs fühlen. Die Emotionsgeschichte der Krebserkrankung im 20. Jahrhundert" [Habilitationsschrift, FU Berlin]. Berlin.
Hitzer, Bettina (2020): *Krebs fühlen. Eine Emotionsgeschichte des 20. Jahrhunderts*. Stuttgart: Klett-Cotta.
Laukötter, Anja (2019): „Salutogenese oder die Herstellung von Gesundheit als neue Perspektive für die Psychosomatik". In: Alexa Geisthövel/Bettina Hitzer (Hrsg.): *Auf der Suche nach einer anderen Medizin. Psychosomatik im 20. Jahrhundert*. Frankfurt am Main: Suhrkamp, S. 434–447.
Leanza, Matthias (2017): *Die Zeit der Prävention. Eine Genealogie* (1. Aufl.). Weilerswist: Velbrück Wissenschaft.
Leriche, René (1936): „De la Santé à la Maladie". In: René Leriche (Hrsg.): *L'être humain. Encyclopédie française*, Bd. 6. Paris: Larousse, S. 16.
Lingelbach, Gabriele/Waldschmidt, Anne (Hrsg.) (2016): *Kontinuitäten, Zäsuren, Brüche? Lebenslagen von Menschen mit Behinderungen in der deutschen Zeitgeschichte*. Frankfurt am Main & New York: Campus.
Löll, Christiane (2017): „Besser überleben". *Süddeutsche Zeitung* 47 vom 25./26. 2. 2017, S. 35.
Löwy, Ilana (2010): *Preventive Strikes. Women, Precancer, and Prophylactic Surgery*. Baltimore, MD: Johns Hopkins University Press.
Pinell, Patrice (1992): *Naissance d'un fléau. Histoire de la lutte contre le cancer en France (1890–1940)*. Paris: Métailié.
Pöltner, Günther (2002): *Grundkurs Medizin-Ethik*. Wien: Facultas.
Rudloff, Wilfried (2005): „Rehabilitation und Hilfen für Behinderte". In: Günther Schulz (Hrsg.): *1949–1957. Bundesrepublik Deutschland. Bewältigung der Kriegsfolgen, Rückkehr zur sozialpolitischen Normalität*. Baden-Baden: Nomos, S. 517–557.
Timmermann, Carsten (2006): „A Matter of Degree: The Normalisation of Hypertension, c. 1940–2000". In: Waltraud Ernst (Hrsg.): *Histories of the Normal and the Abnormal: Social*

and Cultural Histories of Norms and Normativity. London & New York: Routledge, S. 245–261.

Timmermann, Carsten (2009): „Risikofaktoren: Der scheinbar unaufhaltsame Erfolg eines Ansatzes aus der amerikanischen Epidemiologie in der deutschen Nachkriegsmedizin". In: Martin Lengwiler/Jeannette Madarász-Lebenhagen (Hrsg.): *Das präventive Selbst. Eine Kulturgeschichte moderner Gesundheitspolitik.* Bielefeld: Transcript, S. 251–277.

Werner, Emmy E./Bierman, Jessie M./French, Fern E. (1977): *The Children of Kauai. A Longitudinal Study from the Prenatal Period to Age Ten.* Honolulu: University of Hawaii Press.

Werner, Emmy E./Smith, Ruth S. (1982): *Vulnerable But Invincible: A Study of Resilient Children and Youth.* New York, NY: McGraw-Hill.

Winter, Georg (1911): „Die Bekämpfung des Krebses im Königreich Preussen". In: *Zeitschrift für Krebsforschung* 10, S. 343–364.

Julian C. Hughes

Gesundheitsbegriffe in der Psychiatrie

Abstract: *Concepts of Health in Psychiatry.* In talking about concepts of health in psychiatry, we are not talking about an essentialist concept of health, where there is some essential thing that health might be. There is a straightforward sense in which psychiatric „health" simply means the absence of psychiatric disease. Marking out our concepts of health in psychiatry would then involve marking out the boundaries between normal and abnormal psychic phenomena. However, there is no single, neat concept of health in psychiatry; nor are there concepts of health that neatly cohere into one overarching theory of health. This is not because psychiatry is vague. It is because psychiatry reflects the complexity of the whole person.

1 Einführung

Wenn wir über Gesundheitsbegriffe in der Psychiatrie sprechen, geht es uns gewiss nicht um einen essentialistischen Begriff, als ob die Gesundheit ein Gegenstand mit bestimmten notwendigen Eigenschaften wäre. Oder um es anders auszudrücken: Es soll nicht behauptet werden, Begriffe würden konkrete Dinge bezeichnen. Vielmehr wollen wir in post-Wittgenstein'scher Manier davon ausgehen, dass wir die Bedeutung des Wortes ‚Gesundheit' dann verstanden haben, wenn wir verstanden haben, wie es gebraucht wird, d. h., wie es im konkreten Leben funktioniert. Wenn das Wort ‚Gesundheit' im Alltag vielfältige Bedeutungen annehmen kann, liegt es also nahe, dass es auch im psychiatrischen Kontext verschiedene Bedeutungen besitzen wird. Natürlich bedeutet ‚Gesundheit' in der

Anmerkung: Der ausgesprochene Dank des Autors gilt Dorothea Keller für die Übersetzung des vorliegenden Kapitels aus dem Englischen und Professor Philip van der Eijk für die Durchsicht der Übersetzung sowie Professor Hanfried Helmchen, der das Kapitel freundlicherweise gelesen und einige hilfreiche Anmerkungen beigesteuert hat, die zweifellos geholfen haben, einige Passagen und Ausdrücke deutlicher zu gestalten. Ferner dankt der Autor Herrn Dr. Roman Marek, der den Text durch Beisteuern weiterer Vorschläge bereichert hat. An dieser Stelle seien außerdem noch Hinweise auf weiterführende Literatur deutscher Sprache gegeben, die ebenfalls auf Prof. Helmchen zurückgehen. Sie können als Kommentare zu den Gedanken des Autors verstanden werden: Fuchs 2010; Heinz 2014.

Julian C. Hughes, Bristol Medical School: Bristol Population Health Science Institute, University of Bristol

 https://doi.org/10.1515/9783110713336-022

Psychiatrie zunächst einmal schlicht die Abwesenheit psychischer Erkrankungen. Dementsprechend bestünde die Bestimmung von Gesundheitsbegriffen in der Psychiatrie darin, Grenzlinien zwischen normalen und abnormen psychischen Phänomenen zu ziehen.

2 Die Eingrenzung des Normalen

Hierzu sind zunächst zwei Punkte anzumerken. Erstens ist eine solche Grenzziehung natürlich schon unternommen worden. Das ganze Arbeitsgebiet, das man als Psychopathologie bezeichnet, beschäftigt sich konkret damit, gewissermaßen normale und abnorme psychische Erfahrungen voneinander abzugrenzen. Karl Jaspers beispielsweise erreicht dieses Ziel in seiner grundlegenden Arbeit von 1913, in der er eine philosophische Methode vorlegt, um abnorme psychische Phänomene darzustellen. Das Abnorme dient zur Beschreibung des Normalen. Mit anderen Worten: Wenn wir exakt definieren, was es bedeutet, an Wahnvorstellungen zu leiden, dann lässt sich Gesundheit offensichtlich nicht mit Überzeugungen vereinbaren, die jemanden glauben machen, er sei für alles Übel in der Welt verantwortlich, bloß weil er eventuell etwas unhöflich zu der Frau beim Bäcker war. Stellt man sich auf der anderen Seite jemanden vor, den seine Angstzustände nicht daran hindern, souverän vor Vorgesetzten aufzutreten, so ist gleichermaßen klar, dass er in dieser Hinsicht als gesund anzusehen ist. Wenn eine Person aber wegen ihrer Angstzustände unter allen Umständen vermeiden will, überhaupt zur Arbeit zu gehen, dann liegt schon eher eine pathologische Situation vor.

Wir sollten diese beiden Beispiele dennoch nicht vorzeitig als offensichtliche Tatsachen akzeptieren. Es gibt ja Leute, die Vorstellungen haben, welche den Kriterien von Wahnvorstellungen entsprechen, in ihrem Leben aber sehr gut zurechtkommen und sich durch ihre scheinbar abnormen Überzeugungen nicht allzu sehr beeinträchtigen lassen. Auf der anderen Seite mag Ängstlichkeit kontrollierbar genug sein, um im Berufsleben souverän auftreten zu können, und kann sich dennoch spürbar auf Kosten anderer Lebensbereiche auswirken, etwa durch anderweitige Phasen der Niedergeschlagenheit, in denen der Betroffene unter seinen Möglichkeiten bleibt, durch stundenlanges Proben, Gereiztheit dem familiären Umfeld gegenüber usw. Eine trotz Wahnvorstellungen zufriedene Person erscheint dann gesünder als jemand, der unter ‚normaler' Ängstlichkeit leidet. Das führt uns zum zweiten Punkt, der sich um Wertvorstellungen dreht.

3 Wertvorstellungen

Wenn wir die Grenze zwischen dem psychisch Normalen und Abnormen untersuchen, stoßen wir auf einen Aspekt, der bereits vielfach Forschungs- und Untersuchungsgegenstand geworden ist, nämlich auf die Rolle, die Werturteile in der Psychiatrie spielen. Der Ansatz des wertorientierten Handelns (*values-based practice*), wie Bill Fulford ihn aus der allgemeinen Sprachphilosophie hergeleitet hat, zeigt zum einen, dass Wertvorstellungen in der Medizin und insbesondere in der Psychiatrie allgegenwärtig sind, und zum anderen, dass Werturteile daher unumgänglich sind – auch dann, wenn es an die Diagnose geht (Fulford et al. 2012; Fulford & van Staden 2013). Hier zeigt sich, dass wertorientiertes Handeln sogar in der organischen Psychiatrie[1] fruchtbar angewandt werden kann, einer Disziplin, in der doch konkrete Fakten (beispielsweise über Demenz) zur Verfügung stehen, durch die, so könnte man meinen, die Diskussion von Werturteilen obsolet werden sollte (Hughes & Williamson 2019). Es gäbe viel über Werturteile und die Abgrenzung zwischen normalen und abnormen psychischen Phänomenen zu sagen – an dieser Stelle soll jedoch der Hinweis darauf genügen, dass das jeweilige Verständnis von Gesundheit immer wertgeladen ist, insbesondere wenn Grenzfälle verhandelt werden.

Um ein konkretes Beispiel zu nennen: Es wäre interessant zu überlegen, wie aufgedreht jemand sein kann, ehe man ihn als ‚manisch' bezeichnen würde. Gegebenenfalls wird ein hypomanischer Zustand, der sich in Kreativität und Tatendrang ausdrückt, sogar positiv erlebt. Kann man das gesund nennen? Der Betroffene mag behaupten, er fühle sich kerngesund, und doch beginnen andere, ernsthaft an seiner geistigen Gesundheit zu zweifeln. Man holt eine Beurteilung von dritter Seite ein, um herauszufinden, wer recht hat. Urteile, die die geistige Gesundheit betreffen, sind also wertend, und zwar wohlgemerkt in höherem Maße als solche, die sich auf die physische Gesundheit beziehen, obgleich (zumal in Grenzfällen) Werturteile auch dort im Spiel sind. Wir könnten etwa fragen, ab wann aus pfeifendem Atem Asthma wird oder ab welchem Wert wir von erhöhtem Blutdruck sprechen wollen.

---

1 ‚Organische' Psychiatrie ist das Gebiet, das sich fest auf die Pathologie des Gehirns stützt und damit im Gegensatz zur ‚funktionalen' Psychiatrie steht, in der die organische Grundlage der Störung nicht berücksichtigt wird, wie z. B. im Falle von Schizophrenie. Diese alte Trennung zwischen ‚organischen' und ‚funktionalen' Krankheiten ist jedoch stückweise aufgegeben worden, da die Hirnforschung mittlerweile ein besseres Verständnis der organischen Grundlagen etlicher Krankheiten ermöglicht, die vormals als ‚funktional' eingestuft worden waren, etwa Depression oder auch Schizophrenie.

Natürlich gibt es Kriterien, um diese und ähnliche Fragen zu beantworten. Aber solche Kriterien beruhen ihrerseits auf einem Urteil darüber, wie groß die Abweichung vom jeweiligen Normwert ausfallen darf, die einem gesunden Menschen zuzumuten ist. Wir wollen diese Probleme beiseitelassen und lediglich eines festhalten: Dass Urteile über geistige Gesundheit in höherem Maße wertend sind, hat seine Ursache gerade in der *Natur des Geistigen*. Der Geist ist der Punkt, der es der Psychiatrie so schwer macht zu entscheiden, was gesund und normal ist und was nicht.

4 Begriffe und Modelle

Was verstehen wir unter dem Geist? – In der Philosophie ist diese Frage wirklich ein alter Hut und kann hier nicht ausführlich beantwortet werden (Matthews 2005). Ich möchte lediglich hervorheben, dass unser Verständnis des Geistes – unsere Begriffe des Geistes – oft auf modellhaften Vorstellungen beruhen. Die Begriffe klinken sich sozusagen in die Modelle ein.

Ich will versuchen, diese Idee anhand dreier Modelle des Geistes noch ein Stück weiter zu verfolgen. Im Fokus stehen ein biologisches oder materialistisches Modell, ein funktionalistisches Modell, das sich den Geist wie einen Computer oder Prozessor vorstellt, sowie ein sozialkonstruktivistisches Modell (mehr zu diesen Modellen und der Natur des Geistes im Zusammenhang mit Demenz in Hughes 2016). Dabei handelt es sich angesichts der Vielzahl von Modellen, die in der Psychiatrie zur Anwendung kommen (Tyrer & Steinberg 2005), natürlich um eine vereinfachende Auswahl; später unternehme ich einen kurzen Exkurs in die psychodynamische Theorie.

4.1 Ein biologisches Modell

Ich fasse diesen ersten Modelltypus als physikalistisch oder materialistisch auf; man könnte auch von einem biomedizinischen oder einem Krankheitsmodell sprechen. Es geht davon aus, der Geist sei nichts weiter als das Gehirn. Wenn ich also psychische Probleme habe, stehen die Ursachen dafür – nach meiner grob verkürzten Darstellung des Modells – in irgendeinem Zusammenhang mit dem Gehirn. Es handelt sich um eine grobe Verkürzung, weil es sich so anhört, als könnten psychische Störungen demnach ausschließlich medikamentös oder invasiv behandelt werden. Aber das Modell schließt psychologische oder soziale Hilfe natürlich nicht aus, da auch psychosoziale Ansätze hinsichtlich ihrer Wirkungen auf das Gehirn betrachtet werden können. Körperliche Ertüchtigung stimuliert beispielsweise die Freisetzung von Endorphinen und steigert so das Wohlbefinden: Die Wirksamkeit körperlicher Ertüchtigung gegen Depression wird durch gutestatistische Befunde gestützt (Schuch et al. 2016).

Was besagt dieses Modell also für unsere geistige Gesundheit? Es legt nahe, dass gesund bleibt, wer sein Gehirn gesund hält.

Personen, die Probleme mit ihrer psychischen Gesundheit haben, bekommen oft zu hören, im Gehirn bestehe ein chemisches Ungleichgewicht: Serotoninmangel im Falle von Depressionen, Dopaminüberschuss bei Psychose, Acetylcholinmangel bei Demenz usw. Die Realität gestaltet sich jedoch deutlich komplexer, als dass sie sich einfach durch Korrelationen zwischen bestimmten Neurotransmittern und der Symptomatologie erklären ließe. Tatsächlich scheint die Annahme, Depression werde durch Serotoninmangel verursacht, sogar falsch zu sein, auch wenn Serotonin unser Gefühlsleben nachweislich beeinflusst (Cowen & Browning 2015).

In einer Hinsicht spricht allerdings einiges für dieses Krankheits- oder biologische Modell des Geistes. In Bezug auf Demenz wird ja oft betont, dass dem Gehirn guttut, was auch gut für das Herz ist. Eine einflussreiche Untersuchung zur Demenzprävention kommt, statistisch bestens fundiert, zum Schluss, dass Behandlung von Bluthochdruck, Beschränkung im Rauchen, Kontrolle über Diabetes und Übergewicht – alles Dinge, die ebenso förderlich in Bezug auf das Herz-Kreislauf-System sind –, außerdem höhere Bildungsstandards im Kindesalter sowie Prävention von Gehörverlust und Depression Maßnahmen sind, die ein Drittel der Demenzfälle verzögern oder ganz verhindern könnten (Livingston et al. 2017). Eine aktuelle Studie, die von Almeida-Meza, Steptoe und Cadar (Almeida-Meza et al. 2020) vorgelegt wurde, betont die Bedeutung psychosozialer Faktoren für die Demenzprävention: Die Untersuchung legt nahe, dass höhere Bildungsstandards, komplexe Tätigkeiten in der Lebensmitte und eine Kombination aus geistig anregender und sportlicher Freizeitgestaltung im Alter die sogenannte kognitive Reserve erhöhen und dadurch vor Demenz schützen könnten. Dem liegt die Annahme zugrunde, dass (vereinfachend gesprochen) kognitive Reservekapazitäten dazu beitragen, dass das Gehirn den zerstörerischen Alterungsprozessen besser widersteht und so eine Demenzerkrankung vermeidet: Dieser Punkt unterstreicht einmal mehr die Bedeutung des Gehirns für alle psychischen Belange. Also: Bleibende psychische Gesundheit beruht darauf, das Gehirn gesund zu erhalten.

Es überrascht wenig, dass Schädeltraumata auch psychiatrisch betrachtet nicht gut für die Gesundheit sind. Aber reicht das biologische Modell aus, um psychische Gesundheit zufriedenstellend zu beschreiben? Es gibt einige Gründe, die gegen dieses Modell sprechen – ich nenne nur drei:

Erstens gibt es keine strenge Korrelation zwischen Hirnverletzungen und dem Grad der geistigen Einschränkung. Ich führe noch ein anderes Beispiel aus der Forschungsliteratur zur Demenz an: In einer Reihe von Veröffentlichungen im Rahmen der berühmten „Nonnenstudie“, die eine Gruppe amerikanischer Ordensschwestern bis zu ihrem Tod begleitet und danach Gewebeproben untersucht hat, ließ sich zeigen, dass Pathologie und Symptomatik sich einander nicht eindeutig zuordnen lassen: Obwohl sie neuropathologische Läsionen aufwiesen, die sich in Bezug auf Lokalisierung, Typ und Ausmaß annähernd glichen, zeigten die Teilnehmerinnen der Studie eine erstaunliche Bandbreite an klinischen Erscheinungsbildern, von völliger Symptomfreiheit bis hin zu schwerwiegender Symptomatik (Snowdon 2003, S. 453). Ganz sicher ist einem Gehirn nicht einfach anzusehen, ob zu Lebzeiten bestimmte Anzeichen schlechter geistiger Gesundheit anzutreffen waren.

Wenn wir zweitens an bestimmte intellektuelle Einschränkungen, zum Beispiel an die mit Trisomie 21 verbundenen, denken, müssen wir annehmen, dass sich das Gehirn der betroffenen Person in einer gewissen Hinsicht abnorm verhält: Dennoch sollten wir uns davor hüten, diese Person als nicht gesund zu bezeichnen. Natürlich können anderweitige physische Erscheinungen auftreten, die oft in Verbindung mit bestimmten Syndromen stehen (beispielsweise weisen Kinder mit Down-Syndrom überdurchschnittlich oft Herzfehler oder eine Ösophagusatresie auf, eine Fehlbildung, bei der die Speiseröhre – der Ösophagus – nicht bis zum Magen reicht), aber viele Menschen, die mit der Diagnose Down-Syndrom leben, erscheinen sonst kerngesund und glücklich. Dieser Punkt führt uns zu zwei weiteren Erwägungen.

Erstens liegt eine Unterscheidung zwischen subjektiver und objektiver Perspektive nahe; es existiert eine große Bandbreite an Auffassungen des Begriffs ‚Wohlbefinden‘ (Griffin 1986). Manche rein objektiv orientierte Einschätzung dagegen verleitet dazu, eine Person mit geistiger Behinderung als nicht gesund zu bezeichnen (auch wenn viele dagegen Einspruch erheben würden, und das mit gutem Grund). Wer aber wollte dieser Person absprechen, dass sie sich subjektiv gesund und munter fühlt? Entscheidend ist, dass die geistige Behinderung nicht in Zusammenhang mit einem Gesundheitszustand steht, der sich chronisch verschlechtert, so dass das Bekenntnis des Betroffenen, sich gerade geistig fit und zufrieden zu fühlen, zutreffend erscheint. Der springende Punkt ist, dass wir solche Unterschiede werten.

Außerdem kann der Begriff der ‚Behinderung‘ auf zwei unterschiedliche Weisen verstanden werden: Eine Person *ist* behindert durch eine körperliche Einschränkung, die ihren Aktionsradius begrenzt; sie macht aber auch die Erfahrung, durch unangemessene soziale Reaktionen anderer stigmatisiert und so zusätzlich behindert zu *werden*. Problematischerweise legt das biologische bzw.

Krankheitsmodell nahe, von einer besonderen Gestalt des Genotyps darauf zu schließen, dass der Phänotyp nicht gesund sein könne – und genau solche Urteile sind ausgesprochen fragwürdig.

Daraus folgt der dritte Einwand gegen das biologische Modell: Es gilt, zwischen einer kausal und einer konstitutiv orientierten Betrachtungsweise des Geistes zu unterscheiden. Der kausale Zugang beschreibt die biologischen Ursachen für eine bestimmte Geistesregung. Er lässt sich beispielsweise leicht auf Schizophrenie anwenden: Sobald wir uns auf eine Form der Schizophrenie festgelegt haben (was, wohlgemerkt, Werturteile impliziert), gibt es gute Gründe dafür, manche der Symptome über einen hirnpathologischen Ansatz zu erklären. Eine aktuelle Studie (Osimo et al. 2019) beschäftigt sich beispielsweise mit Synapsenschwund. Die Synapse ist der Ort, an dem Nervenzellen aufeinandertreffen und über chemische Neurotransmitter Informationen austauschen. Das Protein Synaptophysin gilt dabei als guter Gradmesser für die Dichte der interneuronalen Synapsen. Osino und sein Team konnten mit ihrer Untersuchung eine mäßige bis starke Verminderung von Synaptophysin in zwei Gehirnregionen, Hippocampus und Frontallappen, nachweisen. Wie derartige Ergebnisse zu interpretieren sind, bleibt im Letzten bislang unklar. Dennoch gibt es Hinweise auf einen möglicherweise zwingenden Kausalzusammenhang zwischen Gehirnbiologie und Schizophrenie.

Konstitutiv orientierte Zugänge auf der anderen Seite, die sich im weiteren Sinne der Phänomenologie zuordnen lassen, beschreiben, wie es sich tatsächlich anfühlt, diese oder jene Geistesregung zu erleben. Wie geht es jemandem wirklich, der an Schizophrenie leidet? An dieser Stelle wird der Phänomenologie psychischer Erfahrungen nachgegangen, nicht ihren physischen Ursachen. Beide Ansätze, der kausal und der konstitutiv orientierte, liefern uns nützliche Informationen über Geisteszustände. Dennoch gibt es einiges, was der konstitutive Zugang dem kausalen voraus hat (was selbstverständlich auch umgekehrt gilt). Jemand, der ein Verständnis davon hat, wie es sich tatsächlich anfühlt, an Halluzinationen oder Wahnvorstellungen zu leiden, der sich die Angst vorstellen kann, die solche Erfahrungen mitunter auslösen, der bringt ein größeres Einfühlungsvermögen mit, so dass sich eine andere Person, die solche Erfahrungen durchlebt, von ihm eher verstanden fühlen wird. Jaspers Unterscheidung zwischen Erklären und Verstehen ist hier ganz am Platze. Der konstitutive Zugang zielt letztlich darauf ab, zu verstehen, was bestimmte Erfahrungen bedeuten.

Das biologische bzw. Krankheitsmodell dagegen gibt uns überhaupt keinen solchen konstitutiven Zugang. Es kann ihn uns auch gar nicht geben; er will an anderer Stelle gesucht werden. Das biologische Begriffsmodell kann uns also nicht viel darüber sagen, was Gesundheit in der psychiatrischen Praxis bedeutet. Es beschreibt die physische Grundlage guter geistiger Gesundheit – dass etwa unsere Gene eine Rolle spielen, dass wir Schädeltraumata vermeiden und auf unsere physische Gesundheit Acht geben sollten, um das Gehirn gesund zu halten usw. – aber es sagt uns nicht, worin gute *psychische* Gesundheit besteht.

4.2 Ein Computer-Modell

Mit gutem Grund wird das Gehirn oft mit einem Computer verglichen. Die kognitive Neuropsychologie vermittelt nützliche Erkenntnisse über die Hirnfunktionen, indem sie einzelne und relativ präzise eingegrenzte neuronale Läsionen und die daraus entstehenden Störungen betrachtet. Auf diese Weise lassen sich Flussdiagramme generieren, die zeigen, wie das Gehirn Informationen verarbeitet. Man kann z. B. ein Wort anhand seines Lautbildes (der Phoneme) oder anhand seines Schriftbildes (der Grapheme) analysieren; alternativ kann man das Wort als Einheit im auditiven Input-Lexikon wahrnehmen. Die anschließende semantische Verarbeitung befähigt zu einem Output, etwa in Form eines geschriebenen Wortes über das graphemische (oder orthographische) Output-Lexikon. Dieses Modell mag sehr raffiniert erscheinen, im Grunde geht es aber nur von Input, Analyse und Output aus. Die Hirnregionen, in denen die Analyse stattfindet, stellt man sich als Lexika vor, in denen Laut- oder Schriftbild mit dem internen Bestand an Laut- und Schriftbildern abgeglichen werden. Indem es die erforderliche Vorstellung an ein Output-Zentrum übermittelt, kann es in mündlicher oder schriftlicher Form den jeweils passenden Output erzeugen. Anhand dieses Modells lässt sich gut rekonstruieren, wie sich ein lokal begrenzter Schlaganfall auswirkt: Der Betroffene kompensiert das Ablaufproblem im Gehirn, indem er einen anderen Weg für die Informationsvermittlung sucht.

Dennoch beinhaltet das Modell philosophische Anleihen: Am augenfälligsten ist die Nähe zum Funktionalismus. Funktionalisten betrachten geistige Zustände als *Kausalfaktoren*, die das Verhalten eines Subjektes in der jeweiligen Situation mitbestimmen (Lowe 2000, S. 45). Der wohl bekannteste Funktionalist war Jerry Fodor (1935–2017). Er vertrat die Ansicht, dass geistige Regungen (Motive, Emotionen, Intentionen usw.) kausal miteinander zusammenhängen, dass sie gemeinsam eine systematische Sprache bilden, und dass diese Sprache des Geistes aus geistigen Repräsentationen besteht, die dazu dienen, unser Verhalten zu erklären (z. B. Fodor 1976).

Was kann uns dieses Konzept über geistige Gesundheit sagen? Gewissermaßen handelt es sich nur um eine Verfeinerung des biologischen Modells: Während das biologische Modell sich daran orientiert, was physiologisch passiert, geht das Computermodell einen Schritt weiter und betrachtet, was auf funktionaler Ebene geschieht. Wenn ich einen kleinen Schlaganfall in einem klar eingegrenzten Bereich meines Gehirns erleide, dann bedeutet das vielleicht für die pathophysiologische Ebene, dass neuronale Funktionen ausfallen – für die funktionale Ebene bedeutet es, dass ich geschriebene Wörter zwar lesen und verstehen, aber nicht aussprechen kann (auch wenn ich sie vielleicht sogar noch schreiben kann). Das Computermodell erweist sich also als durchaus nützlich und bleibt doch anfällig für dieselben Kritikpunkte wie das biologische Modell.

Der damit implizierte Begriff betrachtet Gesundheit als gegeben, solange die Verbindungen des inneren Computers intakt und die Informationsverarbeitung gewährleistet sind. Darüber hinaus stützt es einige der oben genannten Annahmen, etwa, dass Bildung und soziale Stimulation gut für unsere psychische Gesundheit sind, weil sie die Datenmenge erhöhen, die das Gehirn als computerähnlicher Mechanismus verarbeitet. Wir können uns vorstellen, wie immer neue Verbindungen entstehen und das Gehirn zur optimalen Funktionstüchtigkeit und zu maximalen kognitiven Reserven gelangt. Wo also liegt das Problem an diesem Modell des Geistes?

Einmal mehr kommen wir auf die bereits angestellten Beobachtungen zurück: Während das Computer-Modell Dinge gut kausal erklären kann, erklärt es dennoch nicht, was nun genau diesen oder jenen Geisteszustand ausmacht. Es sagt uns nicht, was es heißt, aus psychologischer Perspektive gesund zu sein. Es erläutert lediglich, inwiefern die Verarbeitung von Geistesregungen sich mit Computerprozessen vergleichen lässt. Doch das Modell birgt noch ein weiteres Problem, und zwar auf einer eher philosophischen Ebene.

Zumindest insofern es von Fodors Funktionalismus beeinflusst ist, hängt das ganze Modell von geistigen – inneren – Repräsentationen ab.[2] Die Schwierigkeit besteht nun darin, dass solche internen Repräsentationen in keinem oder in nur sehr geringem Zusammenhang mit der Außenwelt stehen müssen. Sie sind auf einer subpersonalen Ebene anzusiedeln. Natürlich erhält das System ganz am Anfang einen Input, aber dieser braucht nur so beschaffen zu sein wie der Input, den eine Maschine erhält: Er muss nicht notwendig etwas bedeuten. Das Gehirn handelt (nach dieser Sichtweise) nicht anders als ein Computer, der imstande ist, einen Text laut vorzulesen. Der entscheidende Unterschied liegt darin, dass der Text für die Person eine Bedeutung haben sollte; für den Computer braucht er weder bedeutungsvoll zu sein noch ist er es denn wirklich. In einer gewissen Weise liest und verarbeitet das Gehirn den Text durchaus wie ein Computer, aber es tut eben weit mehr als nur das (solange keine Störungen auftreten), denn es

2 Unter der Bezeichnung ‚Repräsentation' sei hier eine Art Informationseinheit verstanden, mit der der Geist operiert. Sie lässt sich näherungsweise beschreiben als das ‚innere Bild' einer Sache. Es gibt neben den bildlich-anschaulichen aber auch symbolische Repräsentationen, auf die der Geist zurückgreift, wenn er ein nicht-anschauliches, abstraktes Konzept vergegenwärtigt.

erfasst auch den Sinn des Textes. Subpersonale (innere) Repräsentationen jedoch haben ohne jegliche Einbettung in den Kontext der (äußeren) Umwelt der Person keinen Sinn (Hughes 2011, S. 131–145). Der Organismus versteht also etwas nur, weil er das Gehirn einer Person ist. Er ist unmittelbar im Kontext der menschlichen Welt situiert, in dem Dingen eine Bedeutung zukommt.

Was hier nur angedeutet ist, bahnt uns den Weg zu dem, was tatsächlich einen sinnvollen Gesundheitsbegriff in der Psychiatrie ausmachen kann. Wir beginnen, den Geist als mehr anzusehen als bloß das Gehirn, als etwas, das im Kontext von Personen situiert ist. Ein gesunder Geist ist folglich einer, der im weiteren Umfeld der menschlichen Welt den richtigen Platz einnimmt. Das führt uns zur Betrachtung der sozialen Welt, jedoch nicht bevor wir einen sehr kurzen Exkurs in die psychodynamische Theorie unternommen haben.

4.3 Psychodynamische Theorie

Ich habe das Computer-Modell als Beispiel für ein psychologisches Modell angeführt. Dabei sei an dieser Stelle der Diskussion noch ein kleiner Vorbehalt ausgesprochen: Es mag andere psychologische Modelle geben, auf die Kritik, wie ich sie am Computer-Modell geäußert habe, nicht zutrifft. Ein Beispiel dafür ist das psychodynamische Modell des Geistes. Psychodynamische Theorie (nicht, dass es nur die eine gäbe!) macht einige Aussagen über Bedeutung und Kontext, den Kontext der individuellen Entwicklung und den Umgang mit Lebensereignissen mit eingeschlossen. Als Modell setzt sie verschiedene Aspekte des Geistes voraus, hauptsächlich die Unterscheidung zwischen Unbewusstem und Bewusstem und die Annahme, Ersteres beeinflusse das Letztere. Man kann das auf eine mechanistische Weise verstehen, wie die frühen Schriften Freuds zeigen. Aber der entscheidende Aspekt der psychodynamischen Psychotherapie liegt darin, dass subpersonale, unbewusste Prozesse mit der bewussten Welt verbunden werden, in der sie Sinn und Bedeutung erhalten.

So ist es möglich, aus der psychodynamischen Theorie eine Art Gesundheitsbegriff herzuleiten. Wenn Freud und Breuer am Ende der *Studien über Hysterie* (1895) erklären,

> dass viel damit gewonnen ist, wenn es uns gelingt, Ihr hysterisches Elend in gemeines Unglück zu verwandeln. Gegen das letztere werden Sie sich mit einem wieder genesenen Nervensystem besser zur Wehre setzen können (Freud & Breuer 1895, S. 269),

wird „gemeines Unglück" nicht als zwangsläufig ungesund aufgefasst. Will man aber bei der Pathologie des Unterbewussten, wie im Fall der Hysterie, von verschobenen Symptomen ausgehen, ist es notwendig, „das pathogene psychische Material dem Bewußtsein zuzuführen [..., um] so die durch die Bildung von Ersatzsymptomen hervorgerufenen Leiden zu beseitigen" (Freud 1910, S. 40). Ein zweites Fundament psychischer Gesundheit (neben der grundlegend bedeutenden biologischen und kognitiven Stabilität) ist also eine Form von Einsicht: Selbsterfahrung und Selbsterkenntnis der Person. Nun aber zu einem sozialen Modell.

4.4 Ein sozialkonstruktivistisches Modell

Nach Rom Harré (1927–2019) ist das zentrale Thema des Sozialkonstruktivismus die Annahme, dass die meisten psychischen Phänomene sozial konstruiert sind und vorrangig im sozialen Umgang mehrerer Personen miteinander existieren (Harré 1993, S. 95). An anderer Stelle äußert Harré, ein grundlegender Gedanke des Sozialkonstruktivismus sei, dass alle psychischen Phänomene *und die Subjekte, in denen sie realisiert werden,* diskursiv erzeugt würden (Harré 1992, S. 154, Hervorhebung im Original). Dieser psychologische Ansatz hat großen Einfluss ausgeübt und unter anderem gezeigt, dass das Verhalten einer Person, die mit der Diagnose ‚Demenz' lebt, möglicherweise eher durch ihre psychosoziale Umwelt denn durch Hirnpathologie bedingt ist (Sabat 2001).

Es gibt Kritikpunkte, die man dem sozialkonstruktivistischen Modell vorhalten kann (Thornton 2006). Wenn es eine kausale Erklärung für geistige Phänomene liefern soll, scheint es ihm an Weite zu fehlen, denn es berücksichtigt nicht die biologischen und neurokognitiven Gegebenheiten, d. h. die Mechanismen, ohne welche soziales oder diskursives Geschehen gar nicht erst möglich wäre. Als konstitutiv orientierter Zugang dagegen verleiht es dem Modell des Geistes einiges an Weite. Und dennoch krankt es daran, dass es keine guten Gründe für die Normativität intentionaler Geisteszustände vorbringen kann.

Intentionale Geistesregungen, z. B. etwas meinen, etwas verstehen, sich an etwas erinnern, beziehen sich immer auf ein etwas: wenn ich X meine, sage ich etwas *über* X; Erinnerung ist immer Erinnerung *an* etwas. Intentionale Geistesregungen tragen bereits eine gewisse Normativität in sich, die ihrerseits Teil dieser Zustände ist. Diese geistigen Regungen legen die Welt auf etwas Bestimmtes, und eben nichts anderes, fest. Wer beispielsweise weiß, wie man +2 rechnet, der wird nach der Aufforderung, 2046+2 zu rechnen, notwendig 2048 sagen. Das gehört wesentlich dazu, wenn wir behaupten wollen, die betreffende Person könne +2 rechnen. Die Frage für den Sozialkonstruktivismus lautet: Woher kommt diese Normativität? Ein Sozialkonstruktivist antwortet darauf, es handele sich um eine soziale Konstruktion, ohne dabei jedoch dem Umstand gerecht zu werden, dass gerade Normativität ja bereits Voraussetzung dafür ist, dass Bedeutung überhaupt entstehen kann. Ein Philosoph wird vielleicht sagen, es handele sich hier um eine transzendente Voraussetzung, nicht um einen Gegenstand sozialer Vereinbarung, die einer entsprechenden Normativität vorausgegangen wäre (für eine ausführlichere Diskussion siehe Hughes 2011, S. 81–116).

Im Rahmen des Gesundheitsbegriffes in der Psychiatrie führt uns der Sozialkonstruktivismus zu der Erkenntnis, dass psychische Gesundheit zu einem nicht unerheblichen Teil eine Funktion des sozialen Umfeldes ist. Tom Kitwood (1937–1998), der große Befürworter der personenzentrierten Pflege von Demenzerkrankten, greift eine sozialkonstruktivistische Perspektive auf, wenn er Personsein definiert als eine Stellung oder einen Status, der einem menschlichen Wesen von anderen im Kontext von Beziehungen und sozialem Miteinander zugeschrieben wird (Kitwood 1997, S. 8). Kitwood spricht ferner von einer „bösartigen Sozialpsychologie" (*malignant social psychology*), die die Stellung einer Person, die an Demenz leidet, untergraben kann (Kitwood 1997, S. 45–49). Sabat spricht in ähnlicher Weise von „bösartiger Positionierung" (*malignant positioning*) der Person (Sabat 2001, S. 124–125), an der auch andere ihren Anteil haben, wenn sie, mitunter aus wohlmeinenden Absichten, Dinge tun, die den Betroffenen nichtsdestoweniger degradieren. Unsere psychische Gesundheit hängt also davon ab, dass wir das richtige psychosoziale Umfeld haben.

5 Zwischenfazit

Bislang sind wir davon ausgegangen, dass der Gesundheitsbegriff in der Psychiatrie auch gute genetische Anlagen voraussetzt. Diese liefern jedoch weder ein notwendiges noch ein hinreichendes Kriterium für gute psychische Gesundheit (ein Hoch auf Unterschiede!). Außerdem sollten wir Hirntraumata vermeiden und auch unsere physische Gesundheit nicht vernachlässigen (was dem Herzen guttut, ist auch gut für das Gehirn). Und dennoch kann der Zustand des Gehirns weder notwendig mit der An- noch mit der Abwesenheit geistiger Erkrankung in Verbindung gebracht werden, auch wenn gewisse hirnpathologische Befunde die materielle Grundlage für geistige Krankheiten darstellen. Ebenso sind wir davon ausgegangen, dass „gemeines Unglück" Gesundheit keinesfalls ausschließt, wiewohl eine gewisse Selbsterkenntnis und Selbsterfahrung der Gesundheit natürlich zuträglich sind. Wir haben gesehen, dass gute geistige Gesundheit durch Bildung und soziale Stimulation unterstützt werden kann. Aber wir sind zu einer noch weiteren Perspektive auf den gesamten Organismus – nicht nur auf das Gehirn – gelangt, die den Kontext der menschlichen Welt miteinbezieht, um die Bedeutung geistiger Vorgänge zu verstehen, seien sie nun krank oder gesund.

Doch selbst von ‚geistigen Vorgängen' zu sprechen, kann irreführend sein (insofern es nahelegt, dass es sich dabei um *innere* Vorgänge handelt), wenn wir uns vergegenwärtigen, welch großen Einfluss die (äußere) psychosoziale Umwelt auf die psychische Gesundheit ausübt. Unser Augenmerk gilt nun also der Person in der Welt.

Ehe wir jedoch zu dieser Betrachtung der Person gelangen, sollten wir noch ein Wort darüber verlieren, inwiefern die oben diskutierten Modelle in der Praxis einen Unterschied machen. Ich denke, sie machen einen Unterschied; dennoch bleibt die Frage zu beantworten, wie realistisch man davon ausgehen kann, dass jemand sich tatsächlich auf ein bestimmtes Modell festlegt. Das hängt damit zusammen, dass praktizierende Psychiater wissen, dass sie mit Modellen eklektisch umgehen müssen. Es mag hochspezialisierte Einrichtungen geben, in denen ein Modell dominiert, aber generell ist es eher hilfreich, offen für eine größere Bandbreite an Ansätzen zu sein.

Strikt angewandt kann ein biologisches Modell eine Menge erreichen, doch setzt es generell ein gewisses Verständnis der psychischen Konstitution des Patienten voraus (in einem konstitutiven, nicht rein kausalen Sinne), um sein oder ihr Vertrauen für die Behandlung und das behandelnde Team gewinnen zu können. Was soll eine Behandlung auch ausrichten, wenn sie die prekären Verhältnisse unberücksichtigt lässt, in denen die Person lebt? Auf ähnliche Weise kann das Computer-Modell ein sinnvoller Weg sein, um die kognitiven Defizite einer Person zu erklären – ein Weg auch im therapeutischen Sinne. Dennoch wird die Therapie nicht besonders sinnvoll sein, wenn die biochemischen Auffälligkeiten im Gehirn des Betroffenen, die seine Kognition beeinflussen, dabei ignoriert werden. Ähnliches kann man dem psychotherapeutischen Verständnis und dem sozialkonstruktivistischen Ansatz vorhalten. Sie alle erlauben uns hilfreiche Einsichten: Liegt aber ein chemisches Ungleichgewicht vor, dem man abhelfen und so eine Verbesserung des Zustandes herbeiführen könnte – sollte dann dieser Ansatz nicht versucht werden?

Was wir also brauchen, ist ein Ansatz, der die ganze Person in den Blick nimmt, keine Ebene außer Acht lässt und der Person als Person und nicht als Gegenstand eines Modells begegnet. Gesundheit in der Psychiatrie stellt sich so dar als das gesunde Aufeinandertreffen von Personen *als solchen.*

6 Zwei Überlegungen und eine Perspektive

Ehe wir zum Schluss kommen, möchte ich noch zwei weitere Überlegungen anbringen, um eine angemessene Sicht auf das Personsein entwickeln zu können. Die erste betrifft unseren Begriff des Geistes, die zweite Modelle als solche.

6.1 Der Geist

Ich habe skizziert, inwiefern der Geist, verstanden als etwas Inneres, dennoch nicht von der Außenwelt abgeschnitten ist, sondern in Verbindung mit ihr steht. Eine solche Idee des externen Geistes birgt noch weitere Implikationen: Der externalistische Geistesbegriff besagt, dass wir den Inhalt unseres Geistes, das Geistige, nicht charakterisieren können, ohne dabei auf Weltliches, Nicht-Geistiges zu verweisen – frei formuliert nach McCulloch: „der Geist sitzt halt nicht im Kopf" (McCulloch 2003, S. 12). Wie an anderer Stelle erläutert, setzt sich ein Gutteil unseres geistigen Lebens im externen Raum fort, in dem unser Geist mit Objekten und mit anderen in Beziehung tritt (Hughes 2006). Die Welt ist konstitutiv für den Geist (Hughes 2011, S. 76–78). Wenn unser geistiges Leben also in seiner Einzigartigkeit durch unseren Sprachgebrauch charakterisiert wird, der die Welt mit umfasst, dann sind wir als menschliche Wesen in die Welt eingebettet, und zwar nicht als eine empirische Datengröße, sondern als metaphysische Realität.[3]

6.2 Modelle

Heuristisch haben wir nun vom Gebrauch von Modellen profitieren können; dennoch sollten wir festhalten, dass alle Modelle stets auf die eine oder andere Weise Schwachstellen aufwiesen. Wir hatten gehofft, dass die Begriffe sich in die Modelle einklinken würden, und müssen nun sehen, dass unsere Modelle nicht in der Lage sind, die Realität des Geistes zu erfassen. Der Geist sprengt die Modelle sozusagen und greift auf die Welt über. Die Modelle hätten niemals ausreichen können, und so müssen wir zu einer Welt jenseits von Modellen vordringen (Hughes 2011, S. 185–220). Diese Welt ist die Welt tatsächlicher Leute in der tatsächlichen Welt, die sich nicht auf einfache Begriffe herunterbrechen lässt.

6.3 Personsein

So gelangen wir zu einer Sicht von Personen, die physisch und metaphysisch in der Welt situiert sind, und in der wir auch leiblich individuierte, selbstbestimmte

3 Alltägliche Erfahrung lehrt uns, dass wir in einem empirischen Sinne Teil der Welt sind: Wir bewegen uns in ihr, wir bestehen selbst aus weltlicher Materie usw. Dem metaphysischen Verständnis geht es darüber hinaus darum, dass auch der Geist, recht verstanden, mit der Welt zu tun hat. Er existiert nicht als ein gespenstisches Wesen in vollkommener Loslösung von der Welt. Vielmehr ist die Welt konzeptuell, und nicht bloß empirisch, Teil des geistigen Lebens.

Handlungsinstanzen (*embodied agents*) darstellen (Hughes 2001; 2011, S. 29–54). Diese Auffassung der Person (als situierte, leiblich individuierte, selbstbestimmte Handlungsinstanz) lässt sich nicht herunterbrechen oder umschreiben: Die Vielfalt der Möglichkeiten, wie Personen situiert sein können, lässt sich weder modellhaft noch begrifflich voll erfassen. Trifft dies zu, so ist es unwahrscheinlich, dass ein Gesundheitsbegriff, insofern er sich auf Personen bezieht, aus psychiatrischer Sicht jemals festzumachen sein wird.

7 Schlussfolgerung

Es gibt in der Psychiatrie nicht den einen, fixen Gesundheitsbegriff; es handelt sich auch nicht um mehrere Gesundheitsbegriffe, die sich nahtlos in eine übergeordnete Gesundheitstheorie integrieren ließen. Dies liegt nicht etwa daran, dass Psychiatrie vage wäre. Es liegt daran, dass in der Psychiatrie die Komplexität der ganzen Person in den Blick genommen wird. Wie Jaspers (1923) gleich zu Beginn seiner *Allgemeinen Psychopathologie* sagt: „Im praktischen psychiatrischen Berufe handelt es sich immer um *einzelne ganze Menschen*" (Jaspers 1923, S. 1, Hervorhebung im Original). Vielmehr muss Gesundheit also jeweils neu verhandelt werden.

Selbst dort, wo chronische Erkrankungen oder regelmäßige Rückfälle vorliegen, bleibt es sinnvoll, von Gesundheit zu sprechen, zumindest in Form von Rehabilitation oder Genesung bzw. *recovery* (Anthony 1993). *Recovery* muss dabei nicht gleichbedeutend mit ‚Heilung' sein, sondern geht eher – etwa im Fall von Demenz – mit der Vorstellung einher, einen gewissen Lebensstandard zurückzuerlangen oder mit den Umständen gut umgehen zu können (Hill et al. 2021). Die Person selbst ist unausweichlich miteinbezogen, wenn in der Psychiatrie eine Entscheidung zwischen ‚gesund' und ‚nicht gesund' zu fällen ist (ob das tatsächlich geschieht, steht auf einem anderen Blatt).

Natürlich kann dies nur funktionieren, sofern die zugrundeliegenden (Wert-)Urteile von allen Seiten geteilt werden. Einmal mehr sind wir bei wertorientiertem Handeln angekommen (Fulford & van Staden 2013). Wo solche Urteile eben *nicht* geteilt werden, braucht es gegebenenfalls eine offene Verhandlung. Aber es wird unausweichlich Fälle geben, beispielsweise bei Zwangseinweisungen, wo auch durch Verhandeln kein voller Konsens erreicht wird. Klassischerweise geht es dabei um die Gefahr, die eine Person für sich selbst und für andere darstellt. Wichtig ist hier, dass die Prozesse, die eine Zwangseinweisung ermöglichen, transparent gemacht und unabhängig begutachtet werden. Darüber hinaus sollte die Perspektive der betroffenen Person nicht beiseitegelassen, sondern weiterhin ernstgenommen und respektiert werden. Es handelt sich um die Realität der

Betroffenen. Dazu passt eine Bemerkung, die Wittgenstein einmal seinem früheren Schüler Maurice O'Connor Drury, einem angehenden Psychiater, gegenüber gemacht hat:

> Du darfst nie aufhören, dich über geistige Krankheit zu wundern. Sollte ich psychisch erkranken, dann wäre meine größte Angst die, dass du dem gesunden Menschenverstand folgen könntest, dass du also einfach für gegeben annimmst, ich sei wahnsinnig (Drury 1981, S. 166).

Literatur

Almeida-Meza, Pamela/Steptoe, Andrew/Cadar, Dorina (2020): „Markers of Cognitive Reserve and Dementia Incidence in the English Longitudinal Study of Ageing". In: *British Journal of Psychiatry*, S. 1–9.

Anthony, William Arnold (1993): „Recovery from Mental Illness: The Guiding Vision of the Mental Health Service System in the 1990s". In: *Psychosocial Rehabilitation Journal* 16(4), S. 11–23.

Cowen, P. J./Browning, M. (2015): „What Has Serotonin to Do with depression?". In: *World Psychiatry* 14(2), S. 158–160.

Drury, Maurice O'Connor (1981): „Conversations with Wittgenstein". In: Rush Rhees (Hrsg.): *Ludwig Wittgenstein – Personal Recollections.* Oxford: Blackwell, S. 112–189.

Fodor, Jerry A. (1976): *The Language of Thought.* Hassocks, Sussex: The Harvester Press.

Freud, Sigmund (1910): *Über Psychoanalyse. Fünf Vorlesungen gehalten zur 20jährigen Gründungsfeier der Clark University in Worcester Mass., September 1909.* Leipzig & Wien: Deuticke.

Freud, Sigmund/Breuer, Josef (1895): *Studien über Hysterie.* Leipzig & Wien: Deuticke.

Fuchs, Thomas (2010): *Das Gehirn – ein Beziehungsorgan. Eine phänomenologisch-ökologische Konzeption.* Stuttgart, Berlin & Köln: Kohlhammer.

Fulford, K. W. M. (Bill)/Peile, Ed P./Carroll, Heidi (2012): *Essential Values-based Practice: Clinical Stories Linking Science with People.* Cambridge: Cambridge University Press.

Fulford, K. W. M. (Bill)/van Staden, C. W. (Werdie) (2013): „Values-based Practice: Topsy-turvy Take-home Messages from Ordinary Language Philosophy (and a Few Next Steps)". In: K. W. M. (Bill) Fulford/Martin Davies/Richard G. T. Gipps/George Graham/John Z. Sadler/Giovanni Stanghellini/Tim Thornton (Hrsg.): *Oxford Handbook of Philosophy and Psychiatry.* Oxford: Oxford University Press, S. 385–410.

Griffin, James (1986): *Well-Being: Its Meaning, Measurement and Moral Importance.* Oxford: Clarendon Press.

Harré, Rom (1992): „What Is Real in Psychology: A Plea for Persons". In: *Theory & Psychology* 2(2), S. 153–158.

Harré, Rom (1993): *Social Being.* Oxford: Blackwell.

Heinz, Andreas (2014): *Der Begriff der psychischen Krankheit.* Berlin: Suhrkamp.

Hill, Laura/Roberts, Glenn/Perkins, Rachel (2021): „What Can Person-centred Care in Dementia Learn from the Recovery Movement?". In: Philippa Lilford/Julian C. Hughes (Hrsg.):

Clinical Topics in Old Age Psychiatry. Cambridge: Cambridge University Press, S. 202 – 212.

Hughes, Julian C. (2001): „Views of the Person with Dementia“. In: *J Med Ethics* 27(2), S. 86 – 91.

Hughes, Julian C. (2006): „Beyond Hypercognitivism: A Philsophical Basis for Good Quality Palliatice Care in Dementia“. In: *Les Cahiers de la Fondation Médéric Alzheimer* 2, S. 17 – 23.

Hughes, Julian C. (2011): *Thinking Through Dementia*. Oxford: Oxford University Press.

Hughes, Julian C. (2016): „Dementia and the Nature of Mind“. In: Geoffrey Scarre (Hrsg.): *The Palgrave Handbook of the Philosophy of Aging*. London: Palgrave Macmillan, S. 283 – 303.

Hughes, Julian C./Williamson, Toby (2019): *The Dementia Manifesto: Putting Values-based Practice to Work*. Cambridge: Cambridge University Press.

Jaspers, Karl (1923): *Allgemeine Psychopathologie für Studierende, Ärzte und Psychologen* (3., vermehrte u. verbesserte Aufl.). Berlin & Heidelberg: Springer.

Kitwood, Tom (1997): *Dementia Reconsidered: The Person Comes First*. Buckingham: Open University Press.

Livingston, Gill/Sommerlad, Andrew/Orgeta, Vasiliki et al. (2017): „Dementia Prevention, Intervention, and Care“. In: *The Lancet* 390(10113), S. 2673 – 2734.

Lowe, E. Jonathan (2000): *An Introduction to the Philosophy of Mind*. Cambridge: Cambridge University Press.

Matthews, Eric (2005): *Mind: Key Concepts in Philosophy*. London & New York: Continuum.

McCulloch, Gregory (2003): *The Life of the Mind. An Essay on Phenomenological Externalism*. London & New York: Routledge.

Osimo, Emanuele F./Beck, Katherine/Reis Marques, Tiago et al. (2019): „Synaptic Loss in Schizophrenia: A Meta-analysis and Systematic Review of Synaptic Protein and mRNA Measures“. In: *Molecular Psychiatry* 24(4), S. 549 – 561.

Sabat, Steven R. (2001): *The Experience of Alzheimer's Disease: Life Through a Tangled Veil*. Oxford & Malden, MA: Blackwell.

Schuch, Felipe B./Vancampfort, Davy/Richards, Justin et al. (2016): „Exercise as a Treatment for Depression: A Meta-analysis Adjusting for Publication Bias“. In: *Journal of Psychiatric Research* 77, S. 42 – 51.

Snowdon, David A. (2003): „Healthy Aging and Dementia: Findings from the Nun Study“. In: *Annals of Internal Medicine* 139(5 Pt. 2), S. 450.

Thornton, Tim (2006): „The Discursive Turn, Social Constructionism, and Dementia“. In: Julian C. Hughes/Stephen J. Louw/Steven R. Sabat (Hrsg.): *Dementia: Mind, Meaning, and the Person*. Oxford: Oxford University Press, S. 123 – 141.

Tyrer, Peter/Steinberg, Derek (2005): *Models for Mental Disorder: Conceptual Models in Psychiatry* (4. Aufl.). Chichester: John Wiley & Sons.

Klaus Reinhardt

Gesundheit von Ärztinnen und Ärzten im Berufsalltag

Abstract: *Physician Health in the Workplace.* Physicians are exposed to a variety of risks in their everyday work. There is an obvious risk, especially in view of the current pandemic, of contracting communicable diseases like COVID-19, HIV and Hepatitis C. The commercialization of healthcare and associated cost-saving measures – particularly in the field of human resources – lead to unhealthy workloads and, correspondingly, an increased risk of suffering from psychological disorders like burnout and depression. Scientific studies reveal a correlation between psychological stress and the quality of patient care. The health of medical personnel must be given high priority in the interest of both patients and those working in the healthcare system. This requires adequate funding with staffing that is appropriate to the patient and the task at hand, thus ensuring humane and high-quality patient care. In addition, physicians must be relieved of performing non-medical tasks, and their resilience must be strengthened through individual and operational measures.

„Als Mitglied der ärztlichen Profession gelobe ich feierlich, mein Leben in den Dienst der Menschlichkeit zu stellen. Die Gesundheit und das Wohlergehen meiner Patientin oder meines Patienten werden mein oberstes Anliegen sein." So beginnt das Genfer Gelöbnis, das 1948 auf der 2. Generalversammlung des Weltärztebundes in Genf verabschiedet wurde. Auf der ganzen Welt berufen sich Ärztinnen und Ärzte auf die Deklaration von Genf. Das Gelöbnis fasst die grundlegenden ethischen Prinzipien des ärztlichen Handelns zusammen und ist in vielen Ländern – so auch in Deutschland – Teil der ärztlichen Berufsordnung. Im Oktober 2017 hat der Weltärztebund eine überarbeitete Fassung des zeitgemäßen hippokratischen Eids für Ärzte veröffentlicht. Neu ist das Versprechen, auch die eigene Gesundheit zu pflegen: „Ich werde auf meine eigene Gesundheit, mein Wohlergehen und meine Fähigkeiten achten, um eine Behandlung auf höchstem Niveau leisten zu können."

Gesundheit und Wohlergehen von Ärztinnen und Ärzten sind in den letzten Jahren zunehmend in den Fokus von Politik und Öffentlichkeit gerückt; der 122. Deutsche Ärztetag 2019 in Münster hat die Gesundheit und die Gesund-

Klaus Reinhardt, Bundesärztekammer

 https://doi.org/10.1515/9783110713336-023

erhaltung von Ärztinnen und Ärzten in einem eigenen Tagesordnungspunkt und im Kontext der Arbeitsbedingungen im deutschen Gesundheitswesen hervorgehoben. Dieser Beitrag soll die gesundheitlichen Gefährdungen und Folgen aufzeigen, die sich im ärztlichen Berufsalltag aufgrund der aktuellen Arbeitsbedingungen ergeben. Er soll Lösungsansätze aufzeigen, die die Arztgesundheit und damit auch die Patientenversorgung mittel- und langfristig verbessern können.

1 Gesundheitsrisiken für Ärztinnen und Ärzte in der medizinischen Versorgung

Ärztinnen und Ärzte gehen bei der Ausübung ihres Berufes gesundheitliche Risiken ein, die sich zu einem Teil zwar minimieren, nie aber ganz vermeiden lassen. Gefahren für die Gesundheit des medizinischen Personals ergeben sich aus dem Umgang mit infektiösen Materialien, Gefahrenstoffen, Strahlung und Instrumenten sowie durch Schäden aufgrund einseitiger Belastungen und Fehlhaltungen bei Untersuchungen und Eingriffen. Auch psychische Belastungen aufgrund der hohen Verantwortung für Leben und Wohlergehen der ihnen anvertrauten Menschen sowie des Erlebens von Leid und Sterben gehören seit jeher zum Arztberuf, wenngleich ihre Auswirkungen lange Zeit wenig Beachtung fanden.

Aktuelles Beispiel für die Risiken einer Tätigkeit im medizinischen Bereich ist die SARS-CoV-2-Pandemie, bei der sich, vor allem durch eine vollkommen unzureichende Versorgung mit Schutzausrüstungen, weltweit Ärzte und medizinisches Personal bei der Versorgung von Patienten infiziert haben. Exemplarisch für diese Gefährdung steht der Tod des 34-jährigen Arztes Li Wenliang aus Wuhan, der als Erster in sozialen Netzwerken vor dem Coronavirus warnte, selbst infiziert wurde und an COVID-19 verstarb. In Deutschland war laut Lagebericht des Robert Koch-Instituts bis Mitte Juni 2020 bei 14.443 Infizierten (darunter 23 Todesfällen) bekannt, dass sie in einer medizinischen Einrichtung gemäß § 23 IfSG (z. B. Krankenhäuser, ärztliche Praxen, Dialyseeinrichtungen und Rettungsdienste) tätig waren (Robert Koch-Institut 2020). Die tatsächliche Zahl dürfte aufgrund unvollständiger Datenerhebung bei der Meldung noch deutlich höher liegen. Die WHO nennt in diesem Zusammenhang weitere Risiken für das in die Versorgung von COVID-19-Patienten eingebundene medizinische Personal: die hohe zeitliche Arbeitsbelastung, psychischer Stress, Erschöpfung, Burnout sowie physische und psychische Gewalterlebnisse (World Health Organization 2020).

Auch wenn die Corona-Pandemie ein extremes Versorgungsszenario darstellt, sind die von der WHO genannten Faktoren auch in der Versorgung unter „Normalbedingungen“ längst Realität. Gesundheitssysteme drohen unter der Last der Pandemie zusammenzubrechen, unter Alltagsbedingungen funktionieren sie teilweise nur, weil das medizinische Personal trotz widriger Rahmenbedingungen die Versorgung aufrechterhält und Raubbau an der eigenen Gesundheit betreibt.

2 Arbeitsbelastung in der ärztlichen Tätigkeit

Ärztinnen und Ärzte haben eine hohe zeitliche Arbeitsbelastung. Dies betrifft sowohl die Anzahl von Überstunden, die tatsächliche Beanspruchung während der Bereitschaftsdienste, die Möglichkeiten, Pausenzeiten einhalten zu können, und die Arbeit an Wochenenden, in der Freizeit und im Urlaub. Insgesamt liegt die Arbeitszeit der Ärzte zum Teil ganz erheblich über den gesetzlichen Vorgaben, mit negativen Folgen für die Vereinbarkeit von Familie und Beruf und die Work-Life-Balance (Hartmannbund 2019; Hussenöder et al. 2020; Kassenärztliche Bundesvereinigung & Verband der niedergelassenen Ärzte Deutschlands e.V. 2018; Marburger Bund 2020; Raspe et al. 2019).

Ein wichtiger Grund für die hohe zeitliche Beanspruchung ist der Ärztemangel beziehungsweise die unzureichende Personalausstattung des Gesundheitswesens, nicht nur im ärztlichen Bereich, sondern auch im Bereich der Pflege. Deutsche Ärztetage haben wiederholt für eine angemessene ärztliche Personalausstattung im stationären Bereich plädiert. Zahlreiche von Abgeordneten des Ärztetags eingebrachte Beschlussanträge haben in eindringlichen Appellen Personalvorgaben für Ärzte gefordert, die eine patienten- und aufgabengerechte Versorgung ermöglichen. In der Hartmannbund-Assistenzarztumfrage 2018/2019 wurde die Personaldecke in den Abteilungen von einem Drittel der Befragten als mangelhaft bis ungenügend eingeschätzt. Die Hälfte der Befragten gab an, dass ein Puffer für Personalausfälle fehle. Dies hat Auswirkungen auf die Zeit, die verbleibt, um sich direkt den Patienten widmen zu können, und führt zu einer deutlichen Verdichtung der Arbeit (Hartmannbund 2019).

Im ambulanten Bereich bedingen demographischer Wandel, vermehrte Tätigkeiten in Anstellung und Teilzeit sowie der zunehmende Ärztemangel insbesondere in strukturschwachen und ländlichen Gebieten überfüllte Arztpraxen und eine hohe Arbeitsbelastung.

Die zunehmende Bürokratisierung der Medizin als Folge umfänglicher sozialrechtlicher und wirtschaftlicher Vorgaben ist ein weiteres Problem im Berufsalltag von Ärzten (Kassenärztliche Bundesvereinigung & Verband der niedergelassenen Ärzte Deutschlands e.V. 2018). Der Bürokratieindex für die vertragsärztliche Versorgung von 2019 geht von etwa 60 Arbeitstagen aus, die pro Jahr und Praxis für die Erfüllung von Informationspflichten aufgewendet werden müssen (Kassenärztliche Bundesvereinigung 2019). In der Hartmannbund-Umfrage gaben 80 Prozent der Befragten an, bis zu 50 Prozent ihrer Arbeitszeit mit Tätigkeiten wie Dokumentation, Telefonaten, Befund-Recherchen, Arztbriefen, Rehabilitations-Anträgen und der Organisation von Terminen zu verbringen (Hartmannbund 2019). Gespräche mit Patienten, Angehörigen und Kollegen müssen häufig auf ein Minimum reduziert werden, oft fehlt sogar die Zeit für Essen und Trinken.

Daneben fühlen sich vor allen Dingen junge Ärzte oftmals mit ihren Sorgen, den anspruchsvollen Tätigkeiten und der hohen Verantwortung für ihre Patienten allein gelassen. Sie beklagen teilweise eine mangelnde Unterstützung durch erfahrene Ärzte (Hartmannbund 2019), die aber häufig ebenfalls der unzureichenden Personalausstattung geschuldet ist.

3 Gewalt gegen Ärztinnen und Ärzte

Neben der hohen Arbeitsbelastung stellt Gewalt durch Patienten bzw. Angehörige eine unmittelbare Bedrohung für die physische und psychische Gesundheit von Ärzten und ihren Mitarbeitern dar. Berichte zu Gewalt gegen medizinisches Personal haben in den letzten Jahren deutlich zugenommen, insbesondere Notärzte und Rettungssanitäter wurden wiederholt angegriffen. Betroffen sind außerdem Arbeitsbereiche mit direktem Patientenzugang wie Notaufnahmen, Ambulanzen und Kreißsäle (Lindner et al. 2015). Auch in Praxen niedergelassener Ärzte zeigen sich Gewalterlebnisse erschreckenden Ausmaßes (Kassenärztliche Bundesvereinigung & Verband der niedergelassenen Ärzte Deutschlands e.V. 2018; Vorderwülbecke et al. 2015).

Zu Gewaltereignissen kommt es häufig in Situationen, in denen Ärzte ohnehin an die Grenzen ihrer körperlichen und mentalen Belastbarkeit gelangen. Überfüllte Notaufnahmen und Wartezimmer, Patientinnen und Patienten mit Erwartungen, die nicht erfüllt werden können, erzeugen Anspannung und Stress. Gewalt kann in diesen Situationen zusätzlich ein Gefühl von Unzulänglichkeit und Überforderung auslösen.

4 Kommerzialisierung des Gesundheitswesens

Die Ursachen für die hohe Arbeitsbelastung von Ärztinnen und Ärzten lassen sich auch auf das Problem der zunehmenden Kommerzialisierung in der Medizin zurückführen, die zu der vollkommen unzureichenden Personalausstattung beiträgt und so letztendlich die Arbeitsbelastung erhöht. Wirtschaftliches Verhalten ist, gerade in einem Solidarsystem, eine wichtige Voraussetzung für ein nachhaltiges und funktionierendes Gesundheitssystem. Dennoch dürfen wirtschaftliche Prämissen nicht über die Bedarfe und Bedürfnisse von Patientinnen und Patienten und das Wohl der Mitarbeiter gestellt werden. Krankenhäuser sind einem zunehmenden wirtschaftlichem Leistungsdruck ausgesetzt, viele Krankenhäuser befinden sich in einer schlechten wirtschaftlichen Verfassung mit steigender Insolvenzwahrscheinlichkeit (Augurzky et al. 2020) und müssen zunehmend profitorientiert agieren. Da die Personalkosten im Gesundheitsbereich mit rund 60 Prozent den größten Kostenfaktor darstellen (Destatis 2018), werden Einsparungen vor allen Dingen in diesem Bereich vorgenommen. Inzwischen wurden, um hier Abhilfe zu schaffen, die Pflege-Personalkosten aus dem Finanzierungssystem ausgegliedert. Das ist gut und richtig, zu konstatieren ist aber auch, dass sich seither der Druck auf das ärztliche Personalbudget weiter verschärft. Gleichzeitig hat sich die Arbeit in den Krankenhäusern in den vergangenen Jahren auf Grund eines immer höheren Patientendurchsatzes und immer kürzerer Verweildauern deutlich verdichtet. Patienten müssen in kürzester Zeit alle diagnostischen und therapeutischen Prozesse durchlaufen, um Kosten zu sparen und Sanktionen zu vermeiden, die bei einer Überschreitung festgelegter Verweildauern fällig werden. Grundleistungen wie ärztliche Gespräche und Beratungen sowie der interdisziplinäre Austausch in Klinik und Praxis werden dagegen nicht adäquat finanziert. Die Folge ist, dass finanzielle Mittel, insbesondere aus dem Personalbereich, für dringende Investitionen zweckentfremdet werden, was den Arbeitsdruck weiter erhöht. Die Ärzteschaft fordert deshalb seit langem, dass die Vergütungssystematik der Krankenhäuser nicht länger ausschließlich auf wirtschaftliche Effizienz eines Krankenhausbetriebes hin ausgerichtet wird, sondern sich die Vergütung vielmehr nach der tatsächlichen Behandlungsbedürftigkeit des einzelnen Patienten richtet und die Angemessenheit der Behandlung honoriert. Zudem ist dringend erforderlich, dass die Bundesländer in vollem Umfang ihren Investitionsverpflichtungen für den stationären Bereich nachkommen und den Investitionsstau von rund 30 Milliarden Euro auflösen.

5 Auswirkungen der Arbeitsbelastung auf die Arztgesundheit

Glücklicherweise gelingt es vielen Ärztinnen und Ärzten immer noch, gut mit Stressoren in ihrem Arbeitsalltag umzugehen. Niedergelassene Ärzte konstatieren insgesamt eine hohe Berufszufriedenheit, die meisten Ärzte empfinden ihre Tätigkeit als nützlich und sinnvoll und würden den Beruf erneut ergreifen

(Kassenärztliche Bundesvereinigung & Verband der niedergelassenen Ärzte Deutschlands e.V. 2018). Auch in einer Umfrage unter sächsischen Ärzten wurde insbesondere das hohe Sinnerleben hervorgehoben (Hussenöder et al. 2020).

Das Erleben, eigenen Qualitätsansprüchen an die Patientenversorgung aus Zeitmangel und Überforderung nicht genügen zu können, stellt für Ärzte allerdings eine immense seelische Belastung dar. Bereits 2018 sprach der damalige Präsident des Weltärztebundes, Prof. Dr. Leonid Eidelman, von einer weltweiten „pandemic of physician burnout". Er warnte, dass fast die Hälfte der weltweit zehn Millionen Ärzte Symptome eines Burnouts wie emotionale Erschöpfung, zwischenmenschliche Distanzierung und vermindertes Zutrauen in die eigene Leistungsfähigkeit zeigen würden (World Medical Association 2018).

Viele Ärzte berichten schon in jungen Jahren von einer Erschöpfungssymptomatik und zwischenmenschlicher Entfremdung. Dies kann in eine Erschöpfungsdepression münden, aber auch ungesunde Verhaltensweisen zur Folge haben, wie z. B. einen erhöhten Suchtmittelgebrauch (Raspe et al. 2019).

Wissenschaftliche Studien zeigen eine erhöhte Krankheitslast von Ärzten insbesondere für Depressionen, Angst und Burnout auf, die über der der Normalbevölkerung liegt (Angerer et al. 2007; Gottschling 2019; Mata et al. 2015).

Arbeitsverdichtung, Schlafmangel, Daueranspannung, aber auch der Umgang mit menschlichem Leid, hohe Verantwortung und das Erleben von Hilflosigkeit im Angesicht unheilbarer Erkrankungen können bei prädisponierten Ärzten auch zu Suchterkrankungen führen.

6 Folgen der Arbeitsbelastung für die Patientenversorgung

Die hohe Arbeitsbelastung und auch die damit verbundenen gesundheitlichen Folgen für Ärztinnen und Ärzte können die Versorgungsqualität und die Patientensicherheit beinträchtigen. So ist ärztliches Burnout mit einem erhöhten Risiko reduzierter Patientensicherheit und Patientenzufriedenheit sowie reduzierter Versorgungsqualität assoziiert, die sich an Kriterien wie vermehrten Behandlungskomplikationen, Medikationsfehlern und fehlender Berücksichtigung wissenschaftlicher Leitlinien sowie fehlender Empathie festmachen lassen (Fahrenkopf et al. 2008; Klein et al. 2011; Loerbroks et al. 2017; Panagioti et al. 2018).

Auch ein häufiges Erleben von verbalen Aggressionen geht mit einer subjektiv geringeren Versorgungsqualität einher (Raspe et al. 2019). Stress und Überlastung können sich auch auf das Verhalten von Ärzten auswirken. Von Ärzten genannt werden Gereiztheit, Unfreundlichkeit, reduziertes Engagement, Aufmerksamkeitsdefizite und Fehleranfälligkeit (Gottschling 2019).

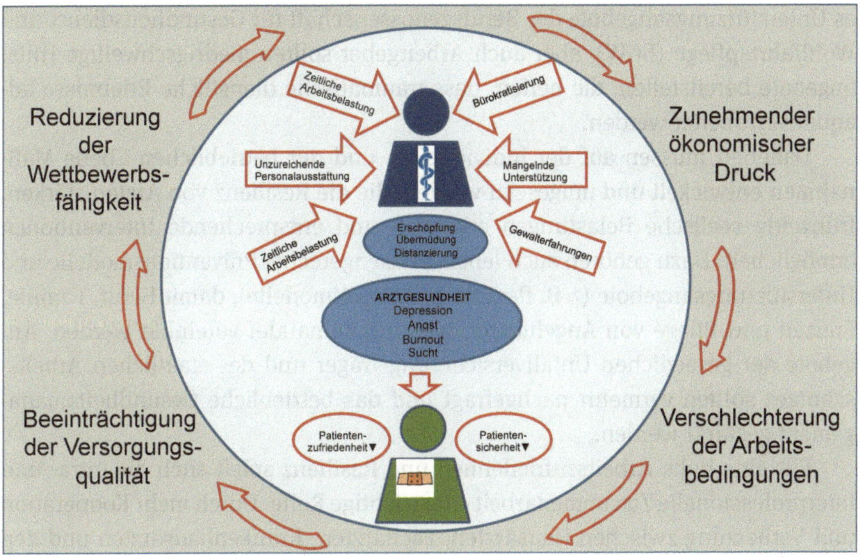

Abb. 1: Arztgesundheit und Versorgungsqualität im Circulus vitiosus der Kommerzialisierung des Gesundheitswesens (Eigene Abbildung)

7 Lösungsansätze zur Förderung der Arztgesundheit

Als wesentliche Voraussetzungen für gesundheitsförderliche Arbeitsbedingungen in den Krankenhäusern und Arztpraxen sieht die Ärzteschaft gesetzliche und ökonomische Rahmenbedingungen, die der Kommerzialisierung des Gesundheitswesens entgegenwirken, die Personalausstattung in den Kliniken verbessern, die Bürokratisierung abbauen und den Mangel an Arztstunden beheben.

Der 122. Deutsche Ärztetag 2019 in Münster hat die „Arztgesundheit" zu einem Schwerpunktthema gewählt und zahlreiche Beschlüsse gefasst, die Lösungswege für Erhalt und Förderung insbesondere auch der seelischen Gesundheit von Ärzten aufzeigen.

Ärzte mit manifesten Berufskrankheiten, mit Depression und Burnout oder Suchterkrankungen müssen unterstützt und behandelt werden. Die Ärztekammern bieten zum Beispiel vertrauliche Hilfs- oder Interventionsprogramme für suchtkranke Ärzte an. Wichtig sind außerdem Angebote der Primär-, Sekundär-

und Tertiärprävention gegen körperliche und verbale Gewalt am Arbeitsplatz. Die Ärztekammern bieten hierzu eine Vielzahl von Beratungs- und Fortbildungsangeboten an. Für Beschäftigte mit posttraumatischem Syndrom (PTS) gibt es Unterstützungsangebote der Berufsgenossenschaft für Gesundheitsdienst und Wohlfahrtspflege (BGW), aber auch Arbeitgeber sollten niedrigschwellige Hilfsangebote bereitstellen, die helfen, dass traumatische dienstliche Erlebnisse adäquat verarbeitet werden.

Daneben müssen auf der individuellen und der betrieblichen Ebene Maßnahmen entwickelt und umgesetzt werden, die die Resilienz von Ärzten stärken, frühzeitig seelische Belastungen erkennen und entsprechende Interventionen ermöglichen. Dazu gehören auch lebensphasengerechte Präventionsmodelle und Unterstützungsangebote (z. B. flexible Arbeitszeitmodelle), damit Beruf, Familie, Freizeit und Pflege von Angehörigen besser miteinander vereinbar werden. Angebote der gesetzlichen Unfallversicherungsträger und des staatlichen Arbeitsschutzes sollten vermehrt nachgefragt und das betriebliche Gesundheitsmanagement gestärkt werden.

Für eine hohe Arbeitszufriedenheit und Resilienz spielt auch die intra- und interprofessionelle Zusammenarbeit eine wichtige Rolle. Durch mehr Kooperation und Vernetzung zwischen Hausärzten, Fachärzten, Krankenhausärzten und den Gesundheitsfachberufen lässt sich die Versorgung patientenzentriert organisieren und dem Effizienz- und Wirtschaftlichkeitsdruck eher begegnen. Die Förderung von Organisations- und Personalentwicklung, der Abbau starrer Hierarchien und ein an der Gesundheit der Mitarbeiterinnen und Mitarbeiter orientierter, wertschätzender und kooperativ ausgerichteter Führungsstil sind weitere Maßnahmen, die zu einem gesunden Arbeitsumfeld beitragen. Wichtig ist zudem ein umfassendes Angebot der Aus-, Fort- und Weiterbildung zu Themen wie Resilienz, Stressbewältigung, ärztliche Führung und Teamentwicklung, um bereits frühzeitig entsprechende Kompetenzen zu stärken.

Eine große Bedeutung kommt der ärztlichen Führung im Krankenhaus zu. Medizinethiker plädieren dafür, dass ethische Vorgaben integraler Bestandteil des Krankenhaus-Managements werden. Dafür muss eine klare Definition der normativen Vorgaben, z. B. in Form eines Leitbildes, erarbeitet und durch wiederholte Mitarbeiterbefragungen in der Routine der Krankenhausversorgung systematisch überprüft werden. Mehr Ethik im Krankenhaus werde sich letztendlich durch eine Steigerung der wirtschaftlichen Leistungsfähigkeit auszahlen (Marckmann & Maschmann 2017).

Die Arbeitgeber im Gesundheitswesen müssen zudem ihrer Verpflichtung für die Schaffung gesundheitsgerechter Arbeitsbedingungen deutlich stärker als bisher nachkommen. Dies bedeutet konkret, Arbeitsschutzregelungen einschließlich des Arbeitszeitgesetzes (ArbZG) konsequent einzuhalten und Perso-

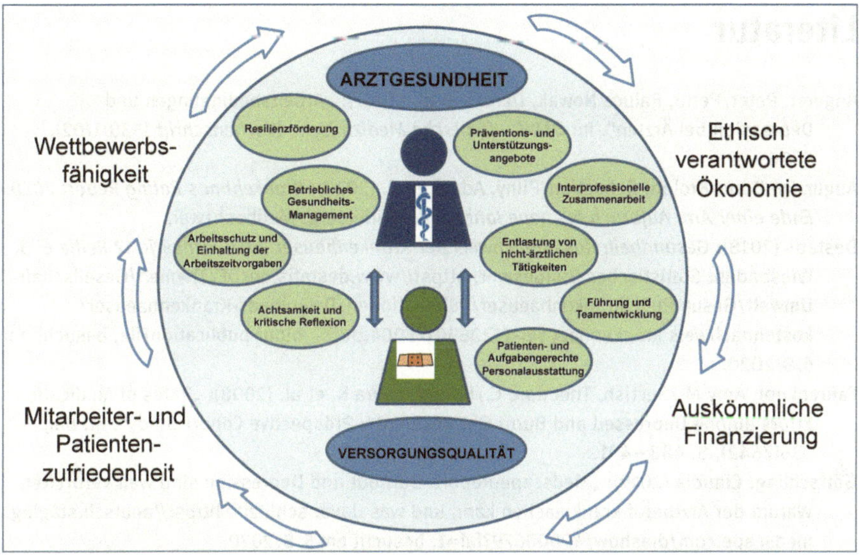

Abb. 2: Voraussetzungen für die Steigerung und den Erhalt von Arztgesundheit und Versorgungsqualität (Eigene Abbildung)

nalschlüssel auf arbeitswissenschaftlicher Grundlage auszugestalten, so dass eine patienten- und aufgabengerechte Versorgung zu jeder Zeit möglich ist.

Ärzte müssen zudem stärker von Verwaltungstätigkeiten und anderen nichtärztlichen Tätigkeiten entlastet werden, um mehr Zeit für die direkte Patientenversorgung zu haben. Hier wird auch die digitale Transformation eine große Rolle spielen, sofern es gelingt, die digitalen Anwendungen des Gesundheitswesens so auszugestalten, dass Patienten und Personal davon profitieren und Vertrauen in die neuen Strukturen und Abläufe entwickeln können.

Daneben sind auch die Ärzte selbst gefragt, sich kritisch mit den Arbeitsbedingungen auseinanderzusetzen, Verstöße gegen geltende Arbeitszeitregelungen nicht länger hinzunehmen, sich gegen Missstände, die die Qualität der Patientenversorgung beeinträchtigen, zur Wehr zu setzen und sich auch berufspolitisch zu engagieren. Ärzte müssen auf ihre eigene Gesundheit achten und sich dagegen verwahren, dass ökonomische Zwänge und unhaltbare Arbeitsbedingungen ihnen die Freude und Begeisterung am Beruf und am Einsatz für ihre Patienten nehmen.

Unser Ziel muss ein humanes Gesundheitswesen sein, das nicht „durchökonomisiert" ist wie ein Industriebetrieb. Patienten haben einen berechtigten Anspruch darauf, angemessen behandelt zu werden – nicht nur technisch, sondern vor allem auch menschlich.

Literatur

Angerer, Peter/Petru, Raluca Nowak, Dennis et al. (2007): „Arbeitsbedingungen und Depression bei Ärzten". In: *DMW – Deutsche Medizinische Wochenschrift* 133(01/02), S. 26 – 29.

Augurzky, Boris/Krolop, Sebastian/Pilny, Adam et al. (2020): *Krankenhaus Rating Report 2020: Ende einer Ära. Aufbruch ins neue Jahrzehnt.* Heidelberg: Medhochzwei.

Destatis (2018): *Gesundheit: Kostennachweis der Krankenhäuser 2017 Fachserie 12 Reihe 6. 3.* Wiesbaden: Statistisches Bundesamt, https://www.destatis.de/DE/Themen/Gesellschaft-Umwelt/Gesundheit/Krankenhaeuser/Publikationen/Downloads-Krankenhaeuser/kostennachweis-krankenhaeuser-2120630177004.pdf?__blob=publicationFile, besucht am 5. 8. 2020.

Fahrenkopf, Amy M./Sectish, Theodore C./Barger, Laura K. et al. (2008): „Rates of Medication Errors among Depressed and Burnt Out Residents: Prospective Cohort Study". In: *Bmj* 336(7642), S. 488 – 491.

Gottschling, Claudia (2019): „Medscape-Report: Burnout und Depression sind weit verbreitet. Warum der Arztberuf krankmachen kann und was davor schützt". https://deutsch.staging.medscape.com/diashow/49000679?faf=1, besucht am 5. 8. 2020.

Hartmannbund (2019): *Die große HB-Assistenzarztumfrage 2018/2019: Zwischen Arbeitszeit, Fehlermanagement und Digitalisierung. Wie gut können Sie gute Ärzte werden?*, https://www.hartmannbund.de/fileadmin/user_upload/Downloads/Umfragen/HB-Assistenzarztumfrage-2018 - 2019.pdf, besucht am 5. 8. 2020.

Hussenöder, Felix S./Conrad, Ines/Riedel-Heller, Steffi (2020): *Berufliche Belastung, Gesundheitszustand und Berufszufriedenheit sächsischer Ärztinnen und Ärzte 2019 – eine Folgebefragung.* Dresden: Sächsische Landesärztekammer, https://www.slaek.de/media/dokumente/05slaek/publikation/studiebroschur/Berufliche_Belastung__Gesundheitszustand_Studie.pdf, besucht am 5. 8. 2020.

Kassenärztliche Bundesvereinigung (2019): „Bürokratieindex (BIX)". https://www.kbv.de/html/bix.php, besucht am 5. 8. 2020.

Kassenärztliche Bundesvereinigung/Verband der niedergelassenen Ärzte Deutschlands e.V. (2018): *Tabellenband Ärztemonitor 2018: Ergebnisse für Haus- und Fachärzte.* Bonn: infas Institut für angewandte Sozialwissenschaft GmbH, https://www.kbv.de/media/sp/infas_TabBand_Aerztemonitor2018_Aerzte_20180615.pdf, besucht am 5. 8. 2020.

Klein, Jens/Frie, Kirstin Grosse/Blum, Karl et al. (2011): „Psychosocial Stress at Work and Perceived Quality of Care among Clinicians in Surgery". In: *BMC health services research* 11(1), Article number: 109.

Lindner, Tobias/Joachim, R./Bieberstein, Stefanie. et al. (2015): „Aggressives und herausforderndes Verhalten gegenüber dem Klinikpersonal". In: *Notfall + Rettungsmedizin* 18(3), S. 195 – 200.

Loerbroks, Adrian/Glaser, Jack/Vu-Eickmann, Patricia et al. (2017): „Physician Burnout, Work Engagement and the Quality of Patient Care". In: *Occupational Medicine* 67(5), S. 356 – 362.

Marburger Bund (2020): „MB-Monitor 2019: Überlastung führt zu gesundheitlichen Beeinträchtigungen". https://www.marburger-bund.de/mb-monitor-2019, besucht am 5. 8. 2020.

Marckmann, Georg/Maschmann, Jens (2017): „Ethische Mangelverwaltung“. In: *Deutsches Ärzteblatt* 114(44), S. A 2028 – 2032.

Mata, Douglas A./Ramos, Marco A./Bansal, Narinder et al. (2015): „Prevalence of Depression and Depressive Symptoms Among Resident Physicians“. In: *Jama* 314(22), S. 2373.

Panagioti, Maria/Geraghty, Keith/Johnson, Judith et al. (2018): „Association Between Physician Burnout and Patient Safety, Professionalism, and Patient Satisfaction“. In: *JAMA Internal Medicine* 178(10), S. 1317.

Raspe, Matthias/Koch, Peter/Zilezinski, Max et al. (2019): „Arbeitsbedingungen und Gesundheitszustand junger Ärzte und professionell Pflegender in deutschen Krankenhäusern“. In: *Bundesgesundheitsblatt – Gesundheitsforschung – Gesundheitsschutz* 63(1), S. 113 – 121.

Robert Koch-Institut (2020): „Täglicher Lagebericht des RKI zur Coronavirus-Krankheit-2019 (COVID-19). 04.08.2020 – Aktualisierter Stand für Deutschland“. https://www.rki.de/DE/Content/InfAZ/N/Neuartiges_Coronavirus/Situationsberichte/2020-08-04-de.pdf?__blob=publicationFile, besucht am 5.8.2020.

Vorderwülbecke, Florian/Feistle, Maximilian/Mehring, Michael et al. (2015): „Aggression and Violence Against Primary Care Physicians“. In: *Deutsches Aerzteblatt Online*. https://www.aerzteblatt.de/archiv/168409/Aggression-und-Gewalt-gegen-Allgemeinmediziner-und-praktische-Aerzte, besucht am 5.8.2020

Weltärztebund (2017): „Deklaration von Genf. Deutsche Fassung 2017“. https://www.bundesaerztekammer.de/fileadmin/user_upload/downloads/pdf-Ordner/International/Deklaration_von_Genf_DE_2017.pdf, besucht am 5.8.2020.

World Health Organization (2020): „Coronavirus Disease (COVID-19) Outbreak: Rights, Roles and Responsibilities of Health Workers, Including Key Considerations for Occupational Safety and Health. Interim Guidance“. https://www.who.int/publications/i/item/coronavirus-disease-(covid-19)-outbreak-rights-roles-and-responsibilities-of-health-workers-including-key-considerations-for-occupational-safety-and-health, besucht am 5.8.2020.

World Medical Association (2018): „WMA Leader Warns of Global Physician Burnout“. https://www.wma.net/news-post/wma-leader-warns-of-global-physician-burnout/, besucht am 5.8.2020.

Teil 4: **Gesundheit als politisches Konzept**

Volker Hess

Gesundheit als Politik: Taming the European Leviathan. Skizze eines Forschungsvorhabens

Abstract: *Taming the European Leviathan: Health as Politics. A Research Project.* This article outlines the research project „Taming the European Leviathan: The Legacy of Post-War Medicine and the Common Good". It is funded by a Synergy Grant of the *European Research Council* and unites European researchers comparing health policies (from drug research to prevention) in West- and East-European countries, e. g., Bulgaria, Germany, France, Czechoslovakia, Hungary, and the United Kingdom. The common goal is to provide a different perspective on post-war Europe, a perspective that emphasizes commonalities rather than differences.

1 Einleitung

„Poor, nasty, brutish, and short" sei der Mensch in der Masse, heißt es bei Thomas Hobbes (Hobbes 1952 [1651], vgl. Chapter XIII: „Of the Natural Condition of Mankind As Concerning Their Felicity, and Misery").[1] Wie bändigt man dieses Ungeheuer der menschlichen Natur, wie hält man eine Gesellschaft zusammen? Die Antwort ist bis heute: durch den Staat. Der Staat zähmt den Leviathan – zuvörderst natürlich der englische Staat. Der Geschichte bzw. Geschichtsschreibung kommt hierbei eine besondere Bedeutung zu. Sie legitimiert den Staat – und gibt ihm Identität und Geschichte. Es gibt folglich eine britische Geschichte (Macaulay 1848 – 1861), eine französische Geschichte (Michelet 1837– 1867), eine deutsche Geschichte (Ranke 1839 – 1847; Treitschke 1879 – 1894), eine ungarische Geschichte (Kontler 2008). Die Liste lässt sich beliebig fortsetzen. Geschichte ist ein Mittel des *nation building*, ein Mittel zur Herstellung von Gemeinschaft (Anderson 2016). Das Europa der Nachkriegszeit lebte jedoch eine weitere Identität

1 Der folgende Beitrag basiert auf dem vom European Research Council vergebenen Synergy-Grant No. 854503 „Taming the European Leviathan: The Legacy of Post-War Medicine and the Common Good". Das Forschungsprojekt begann im Herbst 2020.

Volker Hess, Institut für Geschichte der Medizin und Ethik in der Medizin der Charité – Universitätsmedizin Berlin

 https://doi.org/10.1515/9783110713336-024

jenseits des nationalen Paradigmas – und zwar eine Identität, die aus der Perspektive der Geschichtswissenschaften, der Politikwissenschaften und der Wirtschaftswissenschaften ganz wesentlich auf ideologischen, politischen und ökonomischen Gegensätzen beruhte (Beyrau 2000; Jarausch 1997). Mehr noch: Nach 1989 haben wir – gerade hier in Berlin – zwei euphorische Jahrzehnte erleben dürfen, voller Optimismus, dass die herkömmlichen nationalen Grenzen, die alten, tradierten Konflikte und sozialen Gegensätzen in nächster Zukunft überwunden werden würden. Damit wäre dann wirklich das „Ende der Geschichte" gekommen (Fukuyama 2006 [1992]). Doch solche post-nationalen Träume sind längst verblasst, zerstoben gleich Seifenblasen angesichts des Abschottens von Grenzen, des neuen Nationalismus, und des Revivals autoritärer Regime oder gelenkter Demokratien. Und wir Historikerinnen und Historiker laufen heute erneut Gefahr, die alten nationalen Muster zu bedienen. Europa ist kein Staat, worauf viele zu Recht hinweisen. Europa ist auch keine Nation. Dennoch wäre es falsch, Europa auf eine bloße Ansammlung von Staaten zu reduzieren, einen Flickenteppich nationaler Traditionen und Geschichten, zusammengehalten durch Binnenmarkt und Zollunion. Was ist Europa? Diese Frage ist eine echte Herausforderung für die Geschichtsschreibung, der sich unser Forschungsvorhaben stellt. Wir wollen in einem vom European Research Council (ERC) für sechs Jahre geförderten Verbundprojekt Europas eigene Geschichte schreiben, d.h. Europa als ein Objekt, als eine *imagined community* eigener Art begreifen, deren Identität wir in den nächsten sechs Jahren Forschung auf die Spur kommen wollen. Das bedeutet ganz konkret, eine ausgewogene Geschichte zu entwickeln, die beide Perspektiven – West und Ost – einnimmt, tradierte Dichotomien überwindet und den Eisernen Vorhang nicht länger als undurchdringliche Mauer, sondern eher, wie manche vorschlagen, als Nylon-Curtain (Péteri 2004) betrachtet.

Aber was kann Geschichte, wie kann ein historisches Forschungsprojekt, zumal eines, das zum Zeitpunkt der in diesem Band dokumentierten Tagung seine Arbeit noch nicht aufgenommen hat, zum heutigen Verständnis von Gesundheit beitragen? Und wie kann ein Vorhaben, das dezidiert die europäische Identität zur Forschungsfrage erhebt, helfen, sich über die Aufgaben der Medizin zu verständigen?

Ich will im Folgenden in wenigen Strichen skizzieren, warum die weitreichende Frage: „Was ist Gesundheit?" durchaus eine neue Perspektive auf das Europa der Nachkriegszeit eröffnet, die weniger auf Differenzen und Gegensätzen abhebt, sondern Gemeinsamkeiten und Interdependenzen aufzeigt. Auch wenn viele Ideale und Ziele in Ost und West unterschiedlich waren, so hat man doch auf beiden Seiten die Sorge um Leib, Leben und Wohl der eigenen Bevölkerung geteilt, eine „lived communality". Wenn wir uns der Medizin bedienen, um diese

„gelebten Gemeinsamkeiten" zu erforschen, dann ist der zeithistorische Blick auf die medizinischen Wissenschaften und Institutionen nicht das Erkenntnisziel, sondern nur der Weg, nämlich eine Heuristik, um jene Prozesse zu identifizieren, zu beschreiben, zu vergleichen und in ihren Gemeinsamkeiten, aber auch Unterschieden, zu verstehen, die wesentlich dazu beitragen, das Hobbes'sche Ungeheuer (Skinner 2002, 2017) zu zähmen:

Wohlfahrtsstaat mit solidarischer Krankenversicherung (Burdumy 2013; Esping-Andersen 1990; Gross-Solomon 2018; Inglot 2008), Impfprogramme und Gesundheitsversorgung (Hering et al. 2006; Reinisch 2013; Vargha 2018), Ethikkodizes und Psychiatriereformen (Carpenter 2000; Hess & Majerus 2011; Marks & Savelli 2015; Schmidt 2004), Alterssicherung und Arbeitsschutz (Frader 1996; Glootz 2005; Stiller 1988), Sexualerziehung und Psychoanalyse (Bernhardt & Lockot 2000; Brunnbauer & Taylor 2004; Häberlen et al. 2018; Steinbacher 2011). Dies sind nur einige Gemeinsamkeiten, die sich in ganz Europa entwickelten – und das Leben sowohl im Osten wie im Westen länger, gesünder und besser machten.

Unsere Arbeitshypothese ist folglich, dass Gesundheit und Gemeinwohl als jene Mittel begriffen und konzeptualisiert werden können, die heute wesentlich dazu beitragen, die brutale Natur des europäischen Leviathans zu zähmen. Das ist gewissermaßen das Vermächtnis der Nachkriegsmedizin.

Das erfordert erstens ein Mapping der Konzepte, Institutionen und Praktiken des Feldes, natürlich nicht in allen Staaten, aber auf der Grundlage von Fallstudien, zweitens eine Rekonstruktion der moralischen Landschaft, der Werte, Normen und Ethiken in Ost und West, eine Analyse dessen, was die europäische Gesellschaften zusammenhält (in den vier Dimensionen Körper, Reproduktion, Risiko und Utopie); und schließlich wollen wir Gesundheit und Gemeinwohl als identitätsstiftende Werte und Verpflichtungen darstellen.

Aber wie? Wir können diese Geschichte Europas nicht gleich der Geschichte eines Nationalstaates erzählen. Vielmehr müssen wir zugleich auch die disziplinäre Matrix der traditionellen Geschichtswissenschaft in Frage stellen, und zwar mit einem transdiziplinären Zugriff, der jene Analyseformen respektive *ways of knowing* (Pickstone 2000) mobilisiert, die das Projekt der europäischen Aufklärung auf den Weg gebracht haben: Anthropologie und Soziologie, die meine Kollegin an der bulgarischen Wissenschaftsakademie einbringt, Wissenschaft und Medizin, die ich in eine historische Perspektive zu setzen versuche, die Geschichte des Sozialen und der Ethik, die mein Kollege Ulf Schmidt an der Universität Kent stark macht, und schließlich auch die politische, juristische und ethische Dimension, die Judit Sandór von der Central European University (Budapest/Wien) im Blick hat. Die Stärke unseres Vorhabens, die vom ERC gewünschte Synergie gründet in diesen disziplinären Überschneidungen – ob zwischen Soziologie und Wissenschaftsgeschichte, Anthropologie und Politikwissenschaften, Medizin- und Allgemeingeschichte oder Geschichte der Ethik und Bioethik. Ich will drei Beispiele geben, wie das funktionieren könnte – auf der Ebene der Begriffe, der Konzepte und der medizinischen Entwicklungen:

2 Begriffe

Eine ausgewogene oder symmetrische Geschichte Europas muss bei den Begriffen anfangen. Ein anschauliches Beispiel ist die Bioethik. In der Forschungsliteratur, vor allem in der angelsächsischen, gilt die Präambel des US-amerikanischen Militärgerichts in Nürnberg gewissermaßen als die Stunde Null der Bioethik (Annas & Grodin 1992; Rothman 1990). Viele angelsächsische, vor allem US-amerikanische Kolleginnen und Kollegen sind bis heute der Meinung, es habe darüber hinaus und vor allem im sozialistischen Europa keine Bemühungen um ethische Grenzziehungen gegeben, weil sich dort kein bioethischer Diskurs nachweisen lässt (Blasszauer 2008). In der Tat ist der Begriff Bioethik in den sozialistischen Ländern kaum zu finden. Das liegt auch daran, dass der Versuch des Nürnberger Militärgerichts, zwischen gerechtfertigten und verwerflichen Menschenexperimenten zu unterscheiden, keineswegs Konsens war – angefangen von den Vorbehalten der französischen Ärzteschaft, überhaupt über die Zulässigkeit von Menschenexperimenten zu reden, bis hin zu den breiten Debatten um eine ärztliche Pflichtenlehre (Maio 2002). So gab es in der Tat keine „Bioethik" im Osten, wohl aber eine reiche Debatte über die Ethik ärztlichen Handelns, die unter dem Begriff Deontologie (ärztliche Pflichtenlehre) verhandelt wurde (Kielanowski 1985). Ich bin mir sehr wohl bewusst, dass die gesellschaftliche Verantwortung der Ärztinnen und Ärzte im kommunistischen Europa anders definiert und konzeptualisiert wurde als in der westlichen Bioethik. Ungeachtet der ideologischen und politischen Differenzen wurden aber das gleiche Ziel und vergleichbare Wertvorstellungen verfolgt, die sich am Wert des Menschen und der Verantwortung der Gesellschaft für das Wohlergehen des Einzelnen wie der Gemeinschaft orientierten.

3 Konzepte

Es gibt in der DDR-Geschichte das geflügelte Wort, man könne die Geschichte der Bundesrepublik ohne die DDR schreiben (so wird es ja bis heute oft gemacht), nicht aber die Geschichte der DDR ohne die BRD. Das liegt wesentlich daran, dass die theoretischen Konzepte und Modellierung einer solchen Geschichte aus einer West Perspektive entwickelt wurden.

Nehmen wir zum Beispiel den historisch beispiellosen Aufstieg der Medizin zu gesellschaftlicher und kultureller Deutungsmacht. Hierfür wurde vor rund 50 Jahren beispielsweise das Modell des „medizinisch-industriellen Komplexes“ (Ehrenreich 1971; Relman 1980) eingeführt, ein Modell, das erklärt, wie die technische und wissenschaftliche Entwicklung der Medizin maßgeblich durch Privatinitiative und liberale Wirtschaftspolitik vorangetrieben werden konnte. Freie Entfaltung individueller Genialität und profitorientierten Unternehmertums stellen in diesem Modell die treibende Kraft für medizinischen Fortschritt dar. Der Staat spielt hierbei meist nur eine Nebenrolle, und wenn, dann oft als Spielverderber, der durch Vorschriften, Kontrolle und Regulierung die freie Entfaltung der Kräfte behindert. Das ist jetzt vielleicht ein bisschen polemisch pointiert, doch selbst die Biowissenschaften gelten, meiner Kollegin Ilana Löwy und meinem Kollegen Jean-Paul Gaudillière zufolge, als Werk eines „invisible industrialist“. So gilt die Expansion der Apparatemedizin als Beispiel für die Herausbildung eines „large technological system“ (Hughes 1993), angetrieben und stabilisiert durch Wettbewerb, Rationalisierung und Kapitalintensivierung.

4 Entwicklung

Wie aber beschreiben wir die medizinische Entwicklung auf der anderen Seite des Eisernen Vorhangs? Auch ohne kapitalistische Profitmaximierung, ohne freies Unternehmertum und ohne liberale Wirtschaftsordnung haben die damaligen Ostblockstaaten am wissenschaftlichen Fortschritt partizipiert. Natürlich hat es meist drei, vier Jahre gedauert, bis ein alternativer Syntheseweg für neue Arzneiwirkstoffe gefunden und hochskaliert werden konnte (Hess 2007). Und natürlich war der Arzneimittelmarkt, verglichen mit den tausenden von Präparaten im „goldenen Westen“, sehr überschaubar. Diese Westperspektive übersieht jedoch, dass die abwartende Beobachtung neuer Entwicklungen, die Reduktion auf wenige Präparate, das umfassende Verbot von Werbung und Pharmamarketing keineswegs nur einer Mangelwirtschaft geschuldet war, sondern zu allererst die Folge einer rationalen Gestaltung des Arzneimittelmarktes war (Balz & Klöppel 2010), die der Sorge um die Gesundheit der Bevölkerung entsprang, sicherlich paternalistisch, sicherlich oft übergriffig, aber dennoch getrieben von dem Bemühen um das Wohlergehen der eigenen Bevölkerung.

Wir müssen daher auch unser Verständnis der medizinischen Entwicklung neu justieren. Nehmen wir die Transplantationsmedizin: ein weiteres Beispiel für die Entwicklung der modernen Medizin, interdisziplinär organisiert, technisch hoch aufgerüstet, eine pharmakologische Herausforderung – und über die Frage der Organbeschaffung auch eng in transnationale Organisationsstrukturen eingebunden. Auch dort sehen wir eine zunehmende Verflechtung von Medizin, Industrie und Politik zu einer High-Tech-Medizin, die im Osten genauso implementiert wurde wie im Westen – und in Berlin-Friedrichshain oder Prag nicht minder erfolgreich betrieben wurde wie in Hannover oder Zürich. Selbst an der Entwicklung der Cyclosporine partizipierte man – auf eigene Weise, durch Arzneimittelstudien, Import und Kompensationsgeschäfte (Hess et al. 2016). Intertransplant (Langer 2010) wiederum funktionierte auch ohne westliche Zivilgesellschaft nach ähnlichen Prinzipien wie Eurotransplant (Galden 2007; Langer et al. 2012). Die Beispiele lassen sich fortsetzen. Es geht hierbei nicht um ein Aufrechnen oder das Wiederbeleben beliebter Nachwende-Spiele. Solche Symmetrien in der Entwicklung sollten vielmehr Anlass zum Nachdenken darüber geben, ob wir – und damit meine ich die Historikerinnen und Historiker ebenso wie die Gesellschaft – im Hinblick auf das Europa der Nachkriegszeit die falschen Fragen stellen, indem wir nämlich immer wieder auf die Unterschiede, ob ideologisch, politisch oder ökonomisch, abheben, dabei aber die Gemeinsamkeiten übersehen. Damit bin ich beim Thema: Gesundheit.

Gesundheit ist das große Gemeinsame der Gesellschaften in Ost und West in diesem Nachkriegseuropa: Die Sorge um Leib und Leben, Vorsorge und Prävention von Beschwerden, Unterstützung im Alter und bei Arbeitslosigkeit und natürlich die Behandlung und Versorgung von Leiden wurden – so unsere Arbeitshypothese – in Ost wie West als eine gemeinschaftliche Aufgabe begriffen. Gesundheit ist hierbei nicht Sache des Einzelnen, keine Frage des Marktes. Gesundheit wurde im Nachkriegseuropa zu einer Aufgabe der Gesellschaft – und einer Politik, die sich als Sachwalter der Gesellschaft begreift, natürlich wieder in sehr unterschiedlicher Weise, und auch nicht erst ab Mai 1945. Sicherlich wurde Gemeinschaft in Ost und West anders ausbuchstabiert, die Ränder und Grenzen derselben wurden verschieden gezogen und abgesichert. Aber das Recht auf Gesundheit, auf körperliche Integrität und die Solidarität der Gemeinschaft, Anspruch auf soziale Leistungen, Fürsorge und Wohlfahrt: die Liste der Gemeinsamkeiten ist lang, offen, und bildet, so unsere These, eine europäische Tradition, die unsere europäischen Gesellschaften wesentlich geprägt hat.

Ich kann daher keine weitere Definition liefern von der Art „Gesundheit *ist* eine rote Kuh“ (vgl. Sadegh-zadeh 1977). Stattdessen plädiere ich für ein politisches Verständnis von Gesundheit. Mit politischem Verständnis meine ich das Bundesministerium und seine Gesundheitspolitik, nicht Gesundheit als ein politisches Programm oder als Spielwiese für ambitionierte Politiker, nicht den Gegenstand von Parteipolitik, Gesetzen und staatlichen Maßnahmen. Gesundheit ist kein Gegenstand von Politik, sondern selbst Politik. Wenn wir Politik als die

Gesamtheit aller Interaktionen begreifen, durch die allgemein-verbindlich Werte vermittelt werden, materielle wie Geld und immaterielle wie Freiheit oder Sicherheit (Bernauer 2009, S. 32), dann ist Gesundheit kein Feld der Politik, das gestaltet wird, sondern wird selbst Medium der Gestaltung – *politics*, nicht *polity*. Das geht weit über die einst programmatische Feststellung hinaus, Politik sei nichts anderes als Medizin im Großen (Virchow 1848). Medizin ist vielmehr Politik im Kleinen, nämlich das bzw. ein Instrument für die *politics* von Gesundheit. Medizin ist in diesem Sinne kein Mittel, um Gesundheit zu erreichen, sondern ein politisches Instrument, das Gemeinschaftlichkeit, Solidarität und Sozialität vermittelt. Das sollten wir bei der Betrachtung von Indizes, Ausgaben und Kosten nicht aus dem Auge verlieren.

Ich gebe zu, dass dieses politische Verständnis von Gesundheit auf eine merkwürdige Weise an Foucaults Thesen von der Medizin als Biomacht und Grundlage moderner Regierungstechnik anknüpft. Doch Vorsicht: Foucaults Thesen zielen auf die Genese des neoliberalen Subjekts, auf jene entfesselten Kräfte eines Individualismus, der sich im präventiven Selbst wie in den neuen Körperkulten manifestiert (Lengwiler & Madarász 2010). Foucaults Thesen sind damit auch wieder ein Beispiel für einen West-zentrierten Bias. Man verzeihe mir die Polemik, aber man wird den Staatssozialismus europäischer Prägung kaum als eine neoliberale Veranstaltung charakterisieren können.

Dieses Verständnis von Gesundheit zieht aber auch nach sich, dass wir den Blick in die hässliche Fratze einer politisch instrumentalisierten Gesundheit aushalten müssen, ob nun in Form einer nationalistischen Volksgesundheit oder einer drohenden Vorsorge-Gesellschaft. Ich will aber nicht dem beliebten Schreckensbild einer Gesundheitsdiktatur (Nawroth 2016) das Wort reden. Es geht nicht darum, in einer unheiligen Allianz von Ärztinnen, Psychologen, Diätberaterinnen und Physiotherapeuten die Politik auf das Abstellgleis zu schieben. Vielmehr zieht ein politisches Verständnis von Gesundheit darauf ab, die gesellschaftliche Verantwortung dieser medizinischen Professionen stärker in den Fokus zu rücken, also mehr Pflichtenlehre als Bioethik.

Wenn wir folglich danach fragen, was dieses Europa zusammenhält, dieses Ungeheuer ungezügelter Massen, „poor, nasty, brutish, and short", dann könnte, so der Vorschlag unseres Forschungsvorhabens, eine Antwort sein: *Gesundheit*. Gesundheit als eine der zentralen Politiken Europas. Oder, um Hobbes' Leviathan (Bredekamp 2003) zu aktualisieren: Nicht Kirche, Staatsgewalt oder Kanonen begründen heute Gemeinwohl und Gemeinschaft, sondern Gesundheit.

Literatur

Anderson, Benedict (2016): *Imagined Communities: Reflections on the Origin and Spread of Nationalism.* London: Verso.

Annas, George J./Grodin, Michael A. (Hrsg.) (1992): *The Nazi Doctors and the Nuremberg Code: Human Rights in Human Experimentation.* Oxford: Oxford University Press.

Balz, Viola/Klöppel, Ulrike (2010): „Psychopharmaka im Sozialismus. Arzneimittelregulierung in der Deutschen Demokratischen Republik in den 1960er Jahren". In: *Berichte zur Wissenschaftgeschichte* 33, S. 382 – 400.

Bernauer, Thomas (2009): *Einführung in die Politikwissenschaft* (1. Aufl.). Baden-Baden: Nomos.

Bernhardt, Heike/Lockot, Regine (Hrsg.) (2000): *Mit ohne Freud: Zur Geschichte der Psychoanalyse in Ostdeutschland.* Gießen: Psychosozial-Verlag.

Beyrau, Dietrich (2000): *Schlachtfeld der Diktatoren: Osteuropa im Schatten von Hitler und Stalin.* Göttingen: Vandenhoeck & Ruprecht.

Blasszauer, Bela (2008): „Medical Ethics and Communism in Eastern Europe". In: Robert B. Baker/Laurence B. Mccullough (Hrsg.): *The Cambridge World History of Medical Ethics.* Cambridge: Cambridge University Press, S. 617 – 624.

Bredekamp, Horst (2003): *Thomas Hobbes. Der Leviathan. Das Urbild des modernen Staates und seine Gegenbilder – 1651 – 2001.* Berlin: Akademie-Verlag.

Brunnbauer, U. L. F./Taylor, Karin (2004): „Creating a Socialist Way of Life: Family and Reproduction Policies in Bulgaria, 1944 – 1989". In: *Cont. Change* 19(2), S. 283 – 312.

Burdumy, Alexander (2013): „Reconsidering the Role of the Welfare State within the German Democratic Republic's Political System". In: *Journal of Contemporary History* 48(4), S. 872 – 889.

Carpenter, Mick (2000): „‚Its's a Small World': Mental Health Policy under Welfare Capitalism since 1945". In: *Sociology of Health & Illness* 22(5), S. 602 – 620.

Ehrenreich, Barbara (1971): *The American Health Empire: Power, Profits, and Politics.* New York, NY: Vintage.

Esping-Andersen, Gøsta (1990): *The Three Worlds of Welfare Capitalism.* Cambridge: Polity Press.

Frader, Laura L. (1996): *Gender and Class in Modern Europe.* Ithaca: Cornell University Press.

Fukuyama, Francis (2006 [1992]): *The End of History and the Last Man.* New York, NY: Free Press.

Galden, Daniel (2007): „Geschichte und Ethik der Verteilungsverfahren von Nierentransplantaten durch Eurotransplant" [Promotion, Eberhard-Karl-Universität]. Tübingen. https://publikationen.uni-tuebingen.de/xmlui/handle/10900/45027, abgerufen am 17. 5. 2020.

Glootz, Tanja Anette (2005): *Alterssicherung im europäischen Wohlfahrtsstaat: Etappen ihrer Entwicklung im 20. Jahrhundert.* Frankfurt am Main & New York: Campus.

Gross-Solomon, Susan (2018): „Foreword: East European Public Health and the Cold War. In Search of Circulation". In: *Revue d'études comparatives Est-Ouest (RECEO)* 49(1), S. 7 – 43.

Häberlen, Joachim C./Keck-Szajbel, Mark/Mahoney, Kate (Hrsg.) (2018): *The Politics of Authenticity. Countercultures and Radical Movements across the Iron Curtain, 1968 – 1989.* New York & Oxford: Berghahn Books.

Hering, Sabine/Waaldijk, Berteke/Schilde, Kurt et al. (2006): *Helfer der Armen – Hüter der Öffentlichkeit. Die Wohlfahrtsgeschichte Osteuropas 1900–1960/Guardians of the Poor – Custodians of the Public.* Opladen & Farmington Hills, MI: Barbara Budrich.
Hess, Volker (2007): „Psychochemicals crossing the wall. Die Einführung der Psychopharmaka in die DDR aus der Perspektive der neueren Arzneimittelgeschichte“. In: *Medizinhistorisches Journal* 42, S. 61–84.
Hess, Volker/Hottenrott, Laura/Steinkamp, Peter (2016): *Testen im Osten. DDR-Arzneimittelstudien im Auftrag westlicher Pharmaindustrie, 1964–1990.* Berlin: be.bra.
Hess, Volker/Majerus, Benoît (2011): „Writing the History of Psychiatry in the 20th Century“. In: *History of Psychiatry* 22, S. 144–154.
Hobbes, Thomas (1952 [1651]): *Hobbes's Leviathan.* Oxford: Clarendon Press.
Hughes, Thomas P. (1993): *Networks of Power. Electrification in Western Society, 1880–1930.* Baltimore & London: Johns Hopkins University Press.
Inglot, Tomasz (2008): *Welfare States in East Central Europe: 1919–2004* (1. Aufl.). Cambridge: Cambridge University Press.
Jarausch, Konrad (1997): *Amerikanisierung und Sowjetisierung in Deutschland 1945–1970.* Frankfurt am Main & New York: Campus.
Kielanowski, Tadeusz (1985): *Etyka i deontologia lekarska* (2. Aufl.). Warschau: Państwowy Zakład Wydawnictw Lekarskich.
Kontler, László (2008): *A History of Hungary.* Budapest: Atlantisz.
Langer, R. M./Cohen, B./Rahmel, A. (2012): „History of Eurotransplant“. In: *Transplantation Proceedings* 44(7), S. 2130.
Langer, Robert M. (2010): „Transplantation behind the Iron Curtain – A Short Historical Note on the 20th Anniversary (Report)“. In: *Clinical Transplantation* 24(1), S. 20.
Lengwiler, Martin/Madarász, Jeanette (Hrsg.) (2010): *Das präventive Selbst: eine Kulturgeschichte moderner Gesundheitspolitik* (1. Aufl.). Bielefeld: Transcript.
Macaulay, Thomas Babington (1848–1861): *The History of England from the Accession of James II.* London: Longmans.
Maio, Giovanni (2002): *Ethik der Forschung am Menschen: zur Begründung der Moral in ihrer historischen Bedingtheit.* Stuttgart-Bad Cannstatt: Frommann-Holzboog.
Marks, Sarah/Savelli, Mat (Hrsg.) (2015): *Psychiatry in Communist Europe.* London: Palgrave Macmillan.
Michelet, Jules (1837–1867): *Histoire de France.* Paris: Marpon & Flammarion.
Nawroth, Peter (2016): *Die Gesundheitsdiktatur: Weshalb uns Medizin und Industrie einen Lebensstil empfehlen, der nicht hält, was er verspricht.* Kulmbach: Plassen.
Péteri, György (2004): „Nylon Curtain – Transnational and Transsystemic Tendencies in the Cultural Life of State-Socialist Russia and East-Central Europe“. In: *Slavonica* 10(2), S. 113–123.
Pickstone, John (2000): *Ways of Knowing: A New History of Science, Technology, and Medicine.* Chicago: Chicago of University Press.
Ranke, Leopold von (1839–1847): *Deutsche Geschichte im Zeitalter der Reformation.* Wiesbaden & Berlin: Vollmer.
Reinisch, Jessica (2013): *The Perils of Peace. The Public Health Crisis in Occupied Germany.* Oxford: Oxford University Press.

Relman, Arnold S. (1980): „The New Medical-Industrial Complex“. In: *The New England Journal of Medicine* 303(17), S. 963–970.

Rothman, David J (1990): „Human Experimentation and the Origins of Bioethics in the United States“. In: George Weisz (Hrsg.): *Social Science Persepctives on Medical Ethics.* Dordrecht: Kluwer Academic, S. 185–200.

Sadegh-zadeh, Kazem (1977): „Krankheitsbegriffe und nosologische Systeme“. In: *Metamed* 1, S. 4–41.

Schmidt, Ulf (2004): *Justice at Nuremberg: Leo Alexander and the Nazi Doctors' Trial.* New York, NY: Palgrave Macmillan.

Skinner, Quentin (2002): „Hobbes and the Purely Artificial Person of the State“. In: Quentin Skinner (Hrsg.): *Vision of Politics.* Bd. 3: *Hobbes and Civil Science.* Cambridge: Cambridge University Press, S. 177–208.

Skinner, Quentin (2017): *Thomas Hobbes und die Person des Staates.* Berlin: Duncker & Humblot.

Steinbacher, Sybille (2011): *Wie der Sex nach Deutschland kam. Der Kampf um Sittlichkeit und Anstand in der frühen Bundesrepublik* (1. Aufl.). München: Siedler.

Stiller, Pavel (1988): *Altersrentensysteme und Sozialhaushalte in Osteuropa: eine vergleichende Studie über die Finanzierbarkeit der Altersversorgung.* München: Olzog.

Treitschke, Heinrich von (1879–1894): *Deutsche Geschichte im neunzehnten Jahrhundert.* Leipzig: Hendel.

Vargha, Dora (2018): *Polio across the Iron Curtain: Hungary's Cold War with an Epidemic.* Cambridge: Cambridge University Press.

Jan Paul Heisig, Jianghong Li und Jutta Allmendinger

Gesundheitsdaten als öffentliches Gut

Abstract: *Health Data as a Public Good.* Routine health data, which are collected by health insurers and other agencies in the health care system, offer enormous potential for health monitoring and research. Germany has been slow to make such data available for socially beneficial purposes, partly due to concerns about privacy and data protection. Against this background, we discuss some of the most important potential uses of routine health data and call for a broader societal debate about the benefits, risks, and appropriate regulation of routine health data usage. We then review the Western Australian Data Linkage System as an example of a data infrastructure that is characterized by high levels of stakeholder and patient involvement and a sophisticated method of privacy protection. While Germany does not need to copy this approach, we hope that the experiences of Western Australia and other countries will stimulate and inform the overdue debate about a modern, responsible, and sustainable approach to socially beneficial health data usage in Germany.

Sollte der Titel dieser Ausführungen ein Fragezeichen tragen? Diese Frage wurde immer wieder an uns herangetragen. Unsere deutliche Antwort: Nein. Gesundheitsdaten müssen zumindest teilweise als ein öffentliches Gut verstanden und behandelt werden. Ein öffentliches Gut sind Gesundheitsdaten, da ihre sachgerechte und angemessene Verwendung zu Forschungs-, Beobachtungs- und Berichtszwecken erheblichen gesellschaftlichen Nutzen mit sich bringen kann und deshalb grundsätzlich möglich sein sollte.

Mit „öffentlich" ist dabei aber keinesfalls „frei und für alle zugänglich" gemeint. Ganz im Gegenteil: Bei Gesundheitsdaten handelt es sich um höchst sensible Informationen, deren Nutzung besonders strengen Regeln unterworfen werden sollte.

Wenn wir in diesem Beitrag von „Gesundheitsdaten" sprechen, verweisen wir vor allem auf Daten, die im Zuge der alltäglichen Routinen im Gesundheitssystem „quasi nebenbei" anfallen. Wichtige Beispiele sind die Diagnose-, Behandlungs- und Abrechnungsdaten, die bei niedergelassenen Ärztinnen und Ärzten und in

Jan Paul Heisig, Wissenschaftszentrum Berlin für Sozialforschung; Freie Universität Berlin
Jianghong Li, Wissenschaftszentrum Berlin für Sozialforschung
Jutta Allmendinger, Wissenschaftszentrum Berlin für Sozialforschung; Humboldt-Universität zu Berlin

https://doi.org/10.1515/9783110713336-025

Krankenhäusern entstehen. Solche Daten sind also prozessproduziert und werden auch als „Routinedaten" bezeichnet. Primäre Zwecke der Datenerhebung und Dokumentation sind die optimale Behandlung der Patient*innen und die Erfassung und Abrechnung von Gesundheitsdienstleistungen. Die Generierung von Daten für die Forschung und Gesundheitsberichterstattung ist bei ihrer Entstehung allenfalls ein untergeordnetes Ziel.

Aufgrund der fortschreitenden Digitalisierung von Arbeits- und Verwaltungsprozessen liegen solche Routinedaten zunehmend in digitaler Form vor, was ganz neue Chancen und Risiken eröffnet: Chancen, weil verschiedene Datenquellen ohne großen Aufwand verknüpft werden können, neue und vor wenigen Jahrzehnten noch undenkbare Formen der Datennutzung möglich werden und sich der Kreis der Datennutzer*innen fast ohne zusätzliche Kosten erweitern lässt. Die Kehrseite dieser Chancen liegt in Risiken, die sich aus dem Zusammenfügen von Datenquellen und dem daraus entstehenden „Buch des Lebens" ergeben, welches höchst sensible Daten von vor der Geburt bis hin zum Tod enthält (Dunn 1946; Holman et al. 2008). Wird dieses Buch unzureichend abgesichert, entstehen verheerende Formen des Datenmissbrauchs oder -diebstahls.

Dieses Nebeneinander von Chancen und Risiken bedeutet, dass allen Entscheidungen bezüglich der Nutzung von Gesundheitsdaten ein Abwägungsprozess zugrunde liegen muss, der die individuellen und kollektiven Vorteile den individuellen und kollektiven Risiken einer Nutzung gegenüberstellt. Diese Abwägung darf nicht hinter verschlossenen Türen stattfinden. Eine breite gesamtgesellschaftliche Diskussion, klare und transparente Verfahrensregeln, eine offene Kommunikation von Entscheidungen sowie angemessene Widerspruchs- und Beschwerdemöglichkeiten sind für die gesellschaftliche Akzeptanz einer gemeinwohlorientierten Nutzung von Gesundheitsdaten unerlässlich.

Der vorliegende Beitrag will diesen gesellschaftlichen Diskussionsprozess unterstützen. Im Folgenden werden zunächst einige herausragende Potentiale verknüpfter, prozessproduzierter Gesundheitsdaten herausgearbeitet, sodann werden Ansatzpunkte für einen angemessenen Regulierungsrahmen skizziert. Dabei richten wir den Blick auch auf den australischen Bundesstaat Westaustralien, wo in den letzten Jahrzehnten eine in vielerlei Hinsicht beispielhafte verknüpfte Dateninfrastruktur aufgebaut wurde.

1 Potentiale verknüpfter Gesundheitsdaten

Die Verknüpfung und die zentrale Speicherung von Gesundheitsdaten bieten zunächst einige unmittelbare Vorteile für die Patient*innen selbst: Es entsteht ein individuelles Gut. Behandlungen können personalisiert und optimiert, Behandlungsfehler und Doppelbehandlungen vermieden werden. Genau dieser Prozess soll in Deutschland ab 2021 mit der elektronischen Patient*innenakte forciert werden.

Wenn es aber, wie hier, um Gesundheitsdaten als öffentliches Gut geht, stehen die Verfügbarkeit und Nutzung verknüpfter digitaler Gesundheitsdaten für große Bevölkerungsteile oder sogar für die Bevölkerung insgesamt im Mittelpunkt. Für die einzelne Patientin ergibt sich aus der Nutzung ihrer Daten oftmals kein nennenswerter unmittelbarer Nutzen; der gesellschaftliche Nutzen kann aber erheblich sein. Darin besteht die zentrale Parallele zu anderen Kollektivgütern, beispielsweise zur „Herdenimmunität", die durch eine hinreichend hohe Impfquote erreicht wird. Ist eine hinreichend große Zahl an Personen etwa gegen Masern geimpft, bringt die Impfung für den Einzelnen allenfalls überschaubare Vorteile – denn die Gefahr einer Infektion ist aufgrund der Herdenimmunität gering. Die Risiken einer Impfung können ihren Nutzen aus individueller Perspektive sogar überwiegen, da Impfungen immer gewisse – wenn auch vergleichsweise sehr geringe – Nebenwirkungen haben können. Entscheidet man sich aber gegen die Impfung, so gefährdet man das öffentliche Gut der Herdenimmunität, welches ja nur dadurch erreicht werden kann, dass sich eine hinreichend große Zahl von Personen impfen lässt.

Kehren wir zurück zu Gesundheitsdaten als öffentlichem Gut. Worin genau besteht der gesellschaftliche Nutzen? Warum werden diese Daten überhaupt benötigt, schließlich gibt es doch bereits eine Reihe von Befragungen, die mehr oder weniger umfangreiche Informationen zur Gesundheit der Befragten erheben? Beispiele hierfür sind Studien des Robert Koch-Instituts, der *NAKO Gesundheitsstudie* und der *Survey of Health, Ageing and Retirement in Europe* (SHARE). Auch viele weitere sozialwissenschaftliche Surveys wie etwa das *Sozio-oekonomische Panel* (SOEP) oder das *Nationale Bildungspanel* (NEPS) erheben eine Reihe von Gesundheitsindikatoren. Diese Datensätze sind wichtig und unverzichtbar, enthalten sie doch eine Reihe von Informationen zur individuellen Biographie, zum Haushaltskontext oder zum Gesundheitsverhalten, die in Routinedaten oftmals fehlen. Gleichzeitig haben Routinedaten aber einige entscheidende Stärken, durch die die Datengrundlage für Gesundheitsforschung und -berichterstattung entscheidend bereichert wird. Zu den wichtigsten Vorteilen gehören die Größe der Datensätze, ihre schnelle Verfügbarkeit und ihre Detailliertheit etwa im Hinblick auf objektive Gesundheitsinformationen, Diagnosen, Therapien und Medikationen.

Noch weiter steigern lässt sich der Nutzen von prozessproduzierten Gesundheitsdaten durch die *Verknüpfung* mit weiteren Datenquellen, z. B. aus dem Sterberegister, aus anderen Zweigen der Sozialversicherung wie der Arbeitslosenversicherung oder aus den genannten Bevölkerungsumfragen. Im Idealfall entsteht so ein detailliertes Bild individueller Lebensverläufe, das bereits genannte „Buch des Lebens“, das die Untersuchung des komplexen Zusammenspiels sozialer und individueller Faktoren bei der Entstehung und Bewältigung von Krankheiten und strukturellen gesundheitlichen Ungleichheiten ermöglicht.

Die Größe von Routinedatensätzen erlaubt unter anderem eine deutlich feingliedrigere räumliche Unterteilung als klassische Umfragedaten. Damit lassen sich Fragestellungen bearbeiten, die mit herkömmlichen Daten kaum zu beantworten wären, etwa zum Zusammenhang zwischen Wohnumgebung und Gesundheit (Engemann et al. 2019). Große Fallzahlen sind zudem eine oftmals entscheidende Voraussetzung für die Untersuchung von Kausalzusammenhängen mit modernen quasi-experimentellen Verfahren wie der Methode der Instrumentalvariablen oder der Regressions-Diskontinuitäts-Analyse (Gross et al. 2017; Hofmann & Mühlenweg 2017). Diese Verfahren sind in der Regel auf Vergleiche zwischen sehr spezifischen Subgruppen angewiesen, um daraus allgemeine Schlussfolgerungen hinsichtlich der kausalen Effekte von (gesundheits-) politischen Interventionen oder anderen Faktoren zu ziehen. In regulären Befragungen sind die relevanten Subgruppen oftmals nicht groß genug, um empirische Befunde statistisch hinreichend abzusichern. Ähnliches gilt – ganz unabhängig von den spezifischen Anforderungen quasi-experimenteller Untersuchungsdesigns – für seltene, in ihren Folgen für die Betroffenen oftmals aber verheerende Erkrankungen wie z. B. bestimmte Krebsarten oder post-traumatische Belastungsstörungen. Auch hier ermöglicht die Größe von Routinedatensätzen tiefergehende Analysen zu umwelt- und verhaltensbezogenen Bestimmungsfaktoren, die mit anderen Datenquellen schlichtweg nicht zu realisieren sind.

Eine weitere wichtige Stärke von Routinedaten besteht in der besseren Repräsentation bestimmter sozialer Gruppen und Krankheitsbilder (vgl. hierzu auch Stanley et al. 2011). Zu denken ist hier etwa an Personen mit schweren psychischen oder körperlichen Erkrankungen oder an Opfer häuslicher Gewalt. In herkömmlichen Befragungen sind diese Gruppen deutlich unterrepräsentiert. Zudem ist davon auszugehen, dass Fragen zu derartigen sensiblen Themen oftmals nicht oder nicht wahrheitsgemäß beantwortet werden. Die entsprechenden Potentiale (verknüpfter) Gesundheitsdaten werden zum Beispiel in verschiedenen Arbeiten auf Grundlage der unten näher beschriebenen westaustralischen Dateninfrastruktur deutlich (Hofmann & Mühlenweg 2017). So konnten O’Donnell und Koautor*innen (O’Donnell et al. 2009; O’Donnell et al. 2010) verschiedene negative Langfristeffekte des mütterlichen Gesundheitsverhaltens und Drogenkonsums während der Schwangerschaft auf das spätere Wohlergehen der Kinder nachweisen.

Ein weiterer wichtiger Vorteil verknüpfter digitaler Routinedaten ist ihre schnelle Verfügbarkeit, eine funktionierende und effiziente Infrastruktur vorausgesetzt. So können sie einen wichtigen Beitrag zum sogenannten „nowcasting", zur Gesellschaftsbeobachtung in Echtzeit, leisten (Lazer & Radford 2017). In Verbindung mit anderen Datenquellen etwa zum Suchverhalten im Internet, können Routinedaten zum Beispiel effizientere Überwachungs- und Frühwarnsysteme für die Ausbreitung von ansteckenden Krankheiten wie der saisonalen Influenza oder COVID-19 ermöglichen. Mögliche Bedrohungen für die öffentliche Gesundheit können so schneller und zuverlässiger erkannt und geeignete Gegenmaßnahmen ergriffen werden.

Auch zu anderen Formen der Gesundheitsberichterstattung und -überwachung können Routinedaten wichtige Beiträge leisten. Auffällige Häufungen von Krankheiten können auf unentdeckte schädliche Umwelteinflüsse oder unbekannte Nebenwirkungen von Medikamenten hindeuten und mit Routinedaten schneller erkannt werden. Das „Sentinel"-Programm der US-amerikanischen *Food and Drug Administration* (FDA) etwa nutzt Routinedaten, um die Wirksamkeit und mögliche unerwünschte Nebenwirkungen von Medikamenten nach der Zulassung zu überwachen (OECD 2019). Durch die Nutzung digitaler Routinedaten kann diese Überwachung effektiver und kostengünstiger erfolgen und herkömmliche Verfahren, die etwa auf der pro-aktiven Meldung von Komplikationen durch behandelnde Ärzt*innen basieren, wirksam ergänzen. Das Programm ist zudem ein gutes Beispiel für eine Architektur, die Erkenntnis- und Datenschutzinteressen in Einklang zu bringen versucht. Dank einer einheitlichen, harmonisierten Struktur der einzelnen dezentralen Datenbanken etwa von Krankenhäusern oder Versicherungen ist die Zusammenführung sämtlicher Informationen in einer umfassenden Datenbank gar nicht erforderlich. Anfragen der koordinierenden Behörde können unmittelbar von den dezentralen Institutionen bearbeitet werden, so dass nur die Ergebnisse zurückgemeldet und die vollständigen Datensätze nicht geteilt werden müssen. Auch das unten näher beschriebene *West Australian Data Linkage System* wurde bereits für zahlreiche Untersuchungen dieser Art genutzt. Wichtige Beispiele sind Studien zum Auftreten von Geburtsdefekten nach künstlicher Befruchtung (Hansen et al. 2002), zu den Auswirkungen von Langstreckenflügen auf das Thromboserisiko (Kelman et al. 2003) und zu beruflichen Gesundheitsrisiken, etwa durch die Exposition gegenüber kristallinem Silizium (De Klerk et al. 2002).

2 Die Nutzung von Gesundheitsdaten bedarf einer breiten gesellschaftlichen Diskussion

Die Verknüpfung von Gesundheitsdaten ist in vielen anderen Ländern bereits weit fortgeschritten (OECD 2015). Wichtige Beispiele sind Kanada, das Vereinigte Königreich, Dänemark, Schweden, die Schweiz und Australien (siehe unten). Fälle von schwerem Missbrauch oder Datendiebstahl sind bisher kaum bekannt, was aber nicht bedeutet, dass solche Ereignisse unvorstellbar sind – und natürlich können wir auch nicht ausschließen, dass es bereits zu derartigen Vorfällen gekommen ist, ohne dass man davon erfahren hätte. Auch in Deutschland ist die Nutzung von Routinedaten schon seit Längerem in verschiedenen Kontexten möglich. Wichtige Daten der Arbeitslosen- und Rentenversicherung etwa können über die Forschungsdatenzentren des Instituts für Arbeitsmarkt- und Berufsforschung und der Gesetzlichen Rentenversicherung für Forschungszwecke genutzt werden. Auch die Nutzung von Daten der gesetzlichen Krankenkassen ist prinzipiell möglich; der Datenzugang erfolgt jedoch über die einzelnen gesetzlichen Krankenkassen. Das ist nicht nur sehr aufwendig, sondern schmälert den Nutzen der Daten auch deshalb, weil viele Projekte sich auf die Versicherten einer einzelnen Krankenkrasse beschränken müssen, was sich nachteilig auf die Repräsentativität der Untersuchungspopulation auswirkt.

Obwohl Routinedaten also bereits genutzt werden, hinkt die gesellschaftliche Diskussion über das Für und Wider der Datennutzung und über angemessene Regeln für den Umgang mit Gesundheitsdaten in Deutschland weit hinterher. Sehr deutlich zeigte sich dies zuletzt in der massiven und durchaus berechtigten Kritik an Teilen des *Digitale-Versorgung-Gesetzes* aus dem Jahr 2019, insbesondere an der Schaffung eines Forschungsdatenzentrums, das die Abrechnungsdaten der verschiedenen gesetzlichen Krankenkassen in pseudoanonymisierter Form zusammenführen und für die Forschung verfügbar machen soll.

Deutschland braucht in dieser Frage den öffentlichen Diskurs. Wird er nicht geführt, bleiben die Potentiale verknüpfter Gesundheitsdaten weiter weitgehend ungenutzt, zum Nachteil von Forschung, Gesundheitssystem und Patient*innen. Trotz – oder gerade wegen – der Chancen, die die Nutzung von verknüpften digitalen Gesundheitsdaten bietet, sollten aber auch die erheblichen Risiken nüchtern und vorbehaltlos anerkannt werden. Ohne Frage können die unsachgemäße Nutzung oder gar Veröffentlichung sensibler Gesundheitsdaten gravierende Folgen haben, etwa in Form von sozialer Stigmatisierung oder Diskriminierung auf dem Arbeits- und Versicherungsmarkt. Datensicherheit und Datenschutz müssen daher höchste Priorität haben.

Wichtig ist, dass dieser gesellschaftliche Diskurs nicht bei Null anfangen, dass das Rad nicht neu erfunden werden muss. Die Erfahrungen anderer Länder und Expert*innenempfehlungen zur Regulierung von Gesundheitsdaten, wie sie in den letzten Jahren etwa im Rahmen der Gesellschaft für wirtschaftliche Zusammenarbeit und Entwicklung (OECD) erarbeitet wurden, können wichtige Impulse für die Diskussion in Deutschland liefern. So listet die offizielle Empfehlung des OECD-Rates zur Regulierung von Gesundheitsdaten aus dem Jahr 2016 zwölf Kernprinzipien für die nationalen Regulierungsrahmen auf (OECD 2019). Beteiligung, Transparenz und regelmäßige Überprüfungen unter Einbindung verschiedener Interessengruppen sind zentrale Elemente dieser Rahmenvorschläge. Grundsätzlich sollte Dritten, auch gemeinnützigen wissenschaftlichen Einrichtungen, kein genereller Zugang zu den Gesundheitsdaten gewährt werden. Der Zugang sollte stets zweckgebunden und nur nach hinreichender Darlegung des gesellschaftlichen Nutzens erfolgen. Ausreichende Infrastrukturen und Expertise im Bereich Datensicherheit sollten notwendige Voraussetzungen sein, damit eine Institution und ihre Mitarbeiter*innen Zugang zu diesen sensiblen Daten erhalten können. Alternativ wäre denkbar, dass der Zugang nur an ausgewählten Standorten mit besonderer Sicherheitsarchitektur erfolgen kann, so wie dies bereits jetzt der Regelfall bei der Arbeit mit Routinedaten aus anderen Zweigen der Sozialversicherung ist.

Um zu veranschaulichen, wie ein zukunftsfähiges Konzept für eine verbesserte Datenbasis aussehen und die adäquate Berücksichtigung verschiedener gesellschaftlicher Interessen gewährleistet werden könnte, stellen wir im Folgenden das westaustralische System einer verknüpften Dateninfrastruktur vor.

3 Westaustralien als Best-Practice-Beispiel für eine moderne verknüpfte Dateninfrastruktur

Der australische Bundesstaat Westaustralien hat im Laufe der letzten Jahrzehnte eine in vielerlei Hinsicht beispielhafte vernetzte Dateninfrastruktur geschaffen (Holman et al. 2008). Das *Western Australia Data Linkage System* (WADLS) verknüpft Gesundheits- und Sozialdaten aus 39 Quellen. Neben Gesundheitsdaten (u. a. aus dem Krankenhaussystem und dem Sterberegister) beinhaltet das WADLS eine Vielzahl weiterer Routinedaten etwa aus den Bereichen Bildung, Justiz- und Strafvollzug, Kindesschutz und Wohnen. Auch wenn die einzelnen Datensätze in Deutschland nur wenigen geläufig sein dürften, verdeutlicht Abbildung 1a sehr gut, wie breit das Spektrum der im Rahmen des WADLS verknüpfbaren Daten inzwischen ist.

Im August 2019 umfassten die Daten mehr als 117 Millionen Einträge, die sich auf insgesamt fast 4,5 Millionen „Ketten" („chains") verteilen und einen Zeitraum von mehr als 50 Jahren abdecken. Im Regelfall ist eine „Kette" von verknüpfbaren Einträgen genau einem Individuum zuzuordnen und jedem Individuum genau eine Kette. Grundsätzlich ist die gesamte westaustralische Bevölkerung von derzeit etwa 2,8 Millionen Menschen im WALDS erfasst (Government of Western Australia – Department of Health 2020b). Für Geburten ab dem Jahr 1975 ist zudem eine Verknüpfung von Eltern und Kindern möglich, so dass die Daten optimale Voraussetzungen bieten, um die Weitergabe gesundheitlicher und sozialer Ungleichheiten von einer Generation zur nächsten zu untersuchen. Besonders interessant – aber auch datenschutztechnisch sensibel – ist in diesem Zusammenhang die zunehmende Ergänzung der Daten mit genetischen Informationen.

Neben den verschiedenen Routinedatensätzen wurden inzwischen eine Reihe von Bevölkerungsumfragen, Kohortenstudien, Fall-Kontroll-Studien und randomisierten kontrollierten Studien in das WADLS integriert. Die Verknüpfung mit den Routinedaten kann die Potentiale solcher sozialwissenschaftlicher und medizinischer Datensätze deutlich erhöhen: So können Querschnittbefragungen mit Hilfe der Routinedaten mit längsschnittlichen Lebensverlaufsinformationen angereichert werden, und Personen, die vorzeitig aus Längsschnittbefragungen ausscheiden, können auf Grundlage der Routinedaten zumindest eingeschränkt weiterverfolgt werden (Stanley et al. 2011).

Der Erfolg dieses herausragenden Dateninfrastrukturprojekts zeigt sich darin, dass seit dem Jahr 2009 am Aufbau einer vergleichbaren Infrastruktur für das gesamte Land gearbeitet wird, auch wenn sich dieser Prozess auf Grund verschiedener technischer und administrativer Hürden als recht langwierig herausgestellt hat.

Zentrale Voraussetzung für den Erfolg des WADLS war und ist die frühzeitige und konsequente Einbeziehung verschiedenster gesellschaftlicher Gruppen. Die Zusammenarbeit von Forschung, Gesundheitswesen, Sozialversicherung, Verwaltung und Patient*innenvertretungen war entscheidend für die Entwicklung einer effizienten technischen Infrastruktur und für die Etablierung von Sicherheits- und Nutzungsprotokollen mit breiter gesellschaftlicher Akzeptanz (Holman et al. 2008). Ein wichtiger Baustein der dauerhaften Patient*innenbeteiligung ist das Amt einer/eines vollzeitbeschäftigten Patient*innenbeauftragten für die gegenseitige Vermittlung zwischen Forschung und Öffentlichkeit in Fragen des Datenschutzes und der Datennutzung. Die Sichtbarkeit von Forschungsergebnissen auf Grundlage des WADLS, unter anderem durch eine wöchentliche Beilage in der wichtigsten Tageszeitung des Bundesstaats, unterstreicht den Kollektivgutcharakter des Systems und fördert so seine Akzeptanz.

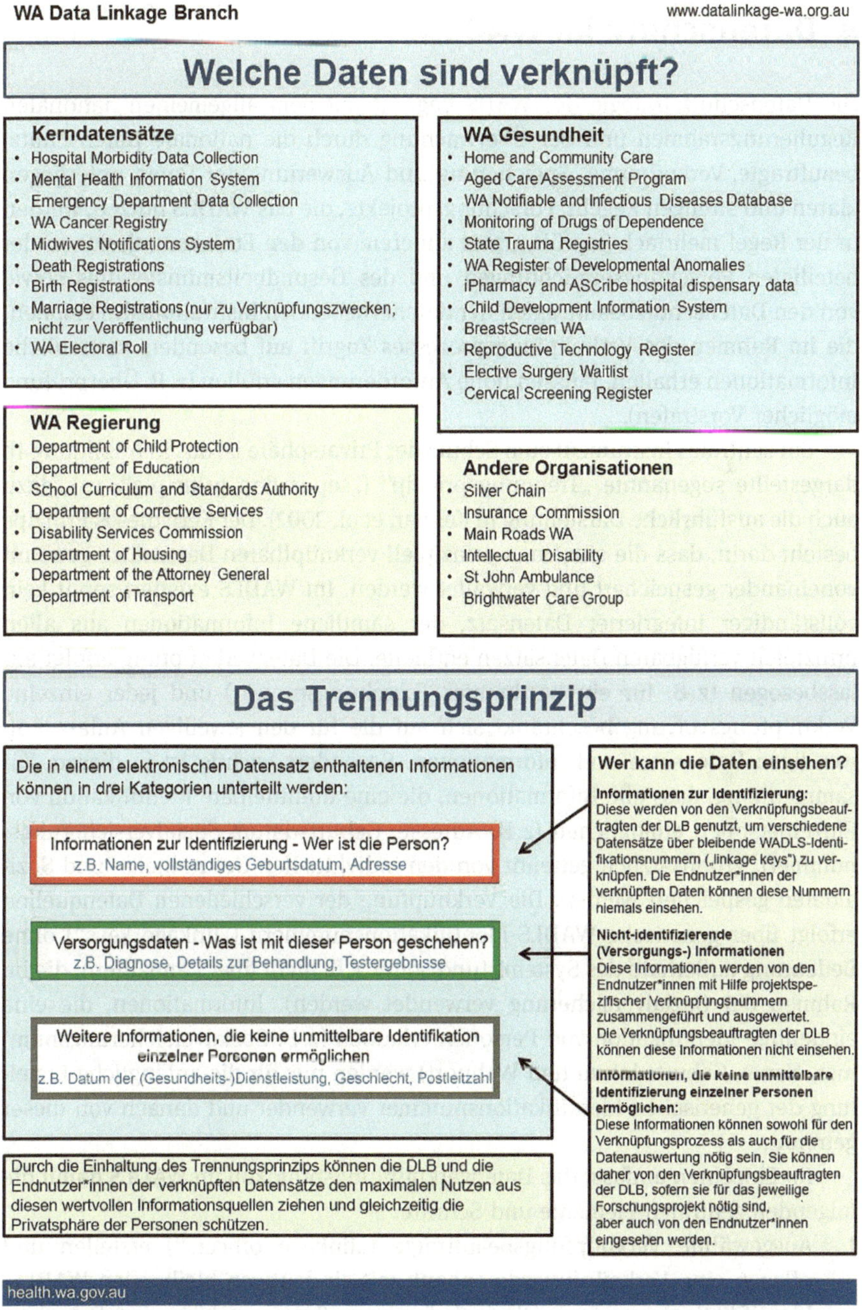

Abb. 1a (obere Hälfte): Verknüpfte Datenquellen im WADLS.
Abb. 1b (untere Hälfte): Das Trennungsprinzip des WADLS.
Quelle: Government of Western Australia – Department of Health 2020a. Übersetzung durch die Autor*innen. WA = Western Australia/Westaustralien. DLB = *Data Linkage Branch*, die für die Datenverknüpfung zuständige Abteilung des westaustralischen Gesundheitsministeriums.

4 Datenschutz im WADLS

Die Datenschutzstrategie des WADS beginnt mit dem allgemeinen nationalen Regulierungsrahmen und der Überwachung durch die nationale Datenschutzbeauftragte. Verknüpfung, Speicherung und Auswertung der Daten unterliegen klaren und strengen Regeln. Forschungsprojekte, die das WADLS nutzen, werden in der Regel mehrfach geprüft, unter anderem von den Ethikkommissionen der beteiligten Forschungseinrichtungen und des Gesundheitsministeriums sowie von den Datenschutzbeauftragten der datenerhebenden Institutionen. Personen, die im Rahmen des Verknüpfungsprozesses Zugriff auf besonders vertrauliche Informationen erhalten, müssen hohe Anforderungen erfüllen (z. B. Überprüfung möglicher Vorstrafen).

Ein zentrales Instrument zum Schutz der Privatsphäre ist das in Abbildung 1b dargestellte sogenannte „Trennungsprinzip" („separation principle"; vgl. dazu auch die ausführliche Darstellung in Kelman et al. 2002). Der Kern dieses Prinzips besteht darin, dass die einzelnen prinzipiell verknüpfbaren Datensätze getrennt voneinander gespeichert und verwaltet werden. Im WADLS existiert somit kein vollständiger integrierter Datensatz, der sämtliche Informationen aus allen prinzipiell verfügbaren Datensätzen enthielte. Die Datenverknüpfung erfolgt anlassbezogen (z. B. für ein bestimmtes Forschungsprojekt) und jeder einzelne Verknüpfungsvorgang beschränkt sich auf die für den jeweiligen Anlass notwendigen Datensätze und Informationen. Besonders wichtig ist in diesem Zusammenhang, dass alle Informationen, die eine unmittelbare Identifikation von Einzelpersonen ermöglichen (z. B. Adresse, Geburtsdatum Sozialversicherungsnummer), grundsätzlich getrennt von den individuellen Gesundheits- und Sozialdaten gespeichert werden. Die Verknüpfung der verschiedenen Datenquellen erfolgt über generische WADLS-Identifikationsnummern („linkage keys") ohne Bedeutung außerhalb des Systems (und somit z. B. nicht über Kennziffern, die im Rahmen der Sozialversicherung verwendet werden). Informationen, die eine eindeutige Identifikation von Personen erlauben (z. B. Sozialversicherungsnummer, Name, Geburtsdatum und Wohnort) werden nur für die anfängliche Erstellung der generischen Identifikationsnummer verwendet und danach von dieser getrennt.

Im Einzelnen umfasst das Datenverknüpfungsprotokoll im WADLS damit die folgenden zentralen Elemente und Schritte:

1. Ausgewählte Verknüpfungsbeauftragte („linkage officers") erstellen und pflegen eine Verknüpfungsdatenbank mit eindeutigen bleibenden WADLS-Identifikationsnummern, die in jedem zum System gehörenden Datensatz vorhanden sind und so die Verknüpfung ermöglichen. Informationen, die

eine eindeutige Identifikation von Personen erlauben, werden nur bei der Erstellung dieser WADLS-Identifikationsnummern verwendet und anschließend nicht mehr zusammen mit diesen gespeichert.

2. Endnutzer*innen (z.B. Forscher*innen) beantragen die Verknüpfung bestimmter Informationen aus den einzelnen am System beteiligten Datensätzen für spezifische Anlässe und Projekte. Vollständige Datensätze werden grundsätzlich nicht an die Endnutzer*innen ausgeliefert.
3. Die Verknüpfungsbeauftragten erstellen eine projektspezifische Zuordnung von bleibenden WADLS-Identifikationsnummern zu anlassbezogenen (projektspezifischen) Identifikationsnummern und übermitteln diese an die Verwalter*innen der einzelnen Datensätze.
4. Die Verwalter*innen erstellen einen Auszug aus dem verwalteten Datensatz, der nur die für das jeweilige Projekt nötigen Informationen enthält (siehe Schritt 2). Die unveränderlichen WADLS-Identifikationsnummern werden von den Verwalter*innen gemäß der Zuordnung aus Schritt 3 in die projektspezifischen Identifikationsnummern überführt. Die unveränderlichen WADLS-Identifikationsnummern werden vor der Weitergabe aus den Daten entfernt.
5. Die verschiedenen Teildatensätze aus Schritt 4 werden von den Endnutzer*innen unter Verwendung der anlassbezogenen Verknüpfungsnummern zusammengeführt. Die Verwalter*innen der einzelnen Datensätze sind somit nicht in der Lage, diese mit Informationen aus anderen Datensätzen zu verknüpfen. Gleichzeitig wird das Risiko einer Verknüpfung von Personen über verschiedene Projekte hinweg dadurch minimiert, dass den Endnutzer*innen nur die anlassbezogenen und von Projekt zu Projekt wechselnden Identifikationsnummern vorliegen.

5 Was wir gelernt haben – und gemeinsam umsetzen sollten

Das westaustralische Beispiel zeigt, wie eine umfassende nutzer*innenfreundliche und datenschutzkonforme Infrastruktur für verknüpfte Gesundheits- und Sozialdaten aussehen könnte. Es zeigt zudem, wie sich eine breite gesellschaftliche Akzeptanz einer solchen Infrastruktur erreichen lässt: durch die konsequente Aufklärung über den Nutzen einer gemeinwohlorientierten Verwendung von Gesundheitsdaten und durch die Einbindung verschiedener Interessengruppen in die Entwicklung und Überwachung des Systems. Allerdings verdeutlicht das Beispiel Westaustraliens auch, wie weit wir in Deutschland von einer solchen Infrastruktur entfernt sind und wie viel Aufklärungsarbeit und gesellschaftliche Diskussion noch nötig sind. Deutschland muss den westaustralischen

Ansatz nicht eins zu eins kopieren, aber es wäre fahrlässig, das Thema einer gemeinwohlorientierten Nutzung von prozessproduzierten Gesundheitsdaten nicht endlich entschiedener anzugehen. Die Corona-Pandemie hat uns zuletzt besonders deutlich vor Augen geführt, wie wichtig eine solide Datenlage und darauf basierende wissenschaftliche Erkenntnisse auch für weitreichende politische Entscheidungen sein können.

Die technischen und administrativen Grundvoraussetzungen für den Aufbau einer modernen Dateninfrastruktur sind in Deutschland gegeben: Wichtige Gesundheitsdaten werden routinemäßig digital erfasst und es gibt eine Reihe weiterer Routine- und Umfragesätze, die mit diesen gewinnbringend verknüpft werden könnten. Womöglich wäre die Akzeptanz für einen Ausbau der gemeinwohlorientierten Nutzung von Gesundheitsdaten auch größer als vielfach angenommen. Das Beispiel der Corona-Warn-App, die bis zum 15. April 2021 ca. 27 Millionen Mal heruntergeladen wurde, könnte zumindest ein Indiz dafür sein, dass weite Teile der Bevölkerung mit der Nutzung ihrer Daten einverstanden sind, wenn diese nach transparenten Regeln erfolgt und ihr ein klar erkennbarer gesellschaftlicher Nutzen gegenübersteht.

Literatur

De Klerk, Nicholas H./Ambrosini, Gina L./Musk, A. William (2002): „Crystalline Silica Exposure and Major Health Effects in Western Australian Gold Miners“. In: *The Annals of Occupational Hygiene* 46(Supplement 1), S.1–3.

Dunn, Halbert L. (1946): „Record Linkage“. In: *American Journal of Public Health and the Nation's Health* 36(12), S. 1412–1416.

Engemann, Kristine/Pedersen, Carsten B./Arge, Lars et al. (2019): „Residential Green Space in Childhood Is Associated with Lower Risk of Psychiatric Disorders from Adolescence into Adulthood“. In: *Proceedings of the National Academy of Sciences of the USA* 116(11), S. 5188–5193.

Government of Western Australia – Department of Health (2020a): „Data Linkage Branch Material“. https://www.datalinkage-wa.org.au/resources/data-linkage-branch-material/, besucht am 28. 8. 2020.

Government of Western Australia – Department of Health (2020b): „The WA Data Linkage System“. https://www.datalinkage-wa.org.au/data/wa-data-linkage-system, besucht am 28. 8. 2020.

Gross, Christiane/Hofmann, Sarah/Mühlenweg, Andrea et al. (2017): „Theoretische und empirische Perspektiven auf Bildung, Gesundheit und Arbeitsfähigkeit – ein interdisziplinärer Überblick“. In: *Sozialer Fortschritt* 66(1), S. 3–30.

Hansen, Michèle/Kurinczuk, Jennifer J./Bower, Carol et al. (2002): „The Risk of Major Birth Defects After Intracytoplasmic Sperm Injection and in vitro Fertilization“. In: *New England Journal of Medicine* 346(10), S. 725–730.

Hofmann, Sarah/Mühlenweg, Andrea (2017): „Eine Perspektive für Analysen des Zusammenhangs von Bildung und Gesundheit: Potential und Limitationen von Routinedaten der Gesetzlichen Krankenversicherung (GKV)“. In: *Sozialer Fortschritt* 66(1), S. 49 – 75.

Holman, C D'Arcy J./Bass, John A./Rosman, Diana L. et al. (2008): „A Decade of Data Linkage in Western Australia: Strategic Design, Applications and Benefits of the WA Data Linkage System“. In: *Australian Health Review* 32(4), S. 766 – 777.

Kelman, Christopher W./Bass, Alfred J./Holman, C D'Arcy J. (2002): „Research Use of Linked Health Data – A Best Practice Protocol“. In: *Australian and New Zealand Journal of Public Health* 26(3), S. 251 – 255.

Kelman, Christopher W./Kortt, Michael A./Becker, N. G. et al. (2003): „Deep Vein Thrombosis and Air Travel: Record Linkage Study“. In: *BMJ* 327, 1072.

Lazer, David/Radford, Jason (2017): „Data ex Machina: Introduction to Big Data“. In: *Annual Review of Sociology* 43(1), S. 19 – 39.

O'Donnell, Melissa/Nassar, Natasha/Leonard, Helen et al. (2009): „Increasing Prevalence of Neonatal Withdrawal Syndrome: Population Study of Maternal Factors and Child Protection Involvement“. In: *Pediatrics* 123(4), S. e614–e621.

O'Donnell, Melissa/Nassar, Natasha/Leonard, Helen et al. (2010): „Characteristics of Non-Aboriginal and Aboriginal Children and Families with Substantiated Child Maltreatment: A Population-based Study“. In: *International Journal of Epidemiology* 39(3), S. 921 – 928.

OECD (2015): *Health Data Governance: Privacy, Monitoring and Research – Policy Brief.* Paris: Organisation for Economic Co-operation and Development, https://www.oecd.org/health/health-systems/Health-Data-Governance-Policy-Brief.pdf, besucht am 11. 11. 2020.

OECD (2019): *Recommendation of the Council on Health Data Governance.* Paris: Organisation for Economic Co-operation and Development, https://www.oecd.org/health/health-systems/Recommendation-of-OECD-Council-on-Health-Data-Governance-Booklet.pdf, besucht am 11. 11. 2020.

Stanley, Fiona/Glauert, Rebecca/McKenzie, Anne et al. (2011): „Can Joined-up Data Lead to Joined-up Thinking? The Western Australian Developmental Pathways Project“. In: *Healthcare Policy* 6(Spec. Issue), S. 63 – 73.

Ortwin Renn

Vorsorge: Ein Prinzip zur vorbeugenden Risikoreduktion am Beispiel COVID-19

Abstract: *Prevention: The Concept of Preventive Risk Reduction, Illustrated by the COVID-19 Pandemic.* Risk assessment and risk management based on the precautionary principle are instruments to protect humans and the environment against uncertain threats and risks. At the same time, however, trade-offs must always be made in order to maintain cultural, economic and social objectives and to honor the principle of proportionality. Notwithstanding the need for continuous risk reduction, society must distance itself from the idea that science can predict all dangerous events and developments and exclude them through preventive action. At best, risk analyses are able to identify the possible threats and uncover weaknesses in the system. In addition, risk assessments help us to make better decisions in the conflict of objectives between the secondary consequences of taking risks (such as exposure in the event of a pandemic) and the secondary consequences of the protective measures taken (economic, social, cultural consequences). In this sense, decisions about acceptability of risks or risk reduction measures always reflect a combination of scientific knowledge with balancing judgments.

1 Einleitung

Konventionelle Formen der Risikobewertung beruhen auf der Annahme, dass die Wirkungen der zu beurteilenden Handlungen bekannt sind, und zwar im Hinblick auf die maximale Schadenshöhe wie auch im Hinblick auf die Wahrscheinlichkeitsverteilung potenzieller Schäden. Die Schwere und Häufigkeit der Konsequenzen einer Handlung oder eines Ereignisses werden dabei als Maßstab zur Beurteilung ihrer Akzeptabilität herangezogen.

Wie aber soll man Situationen einschätzen, bei denen die Wirkung selbst noch unsicher ist? Wie kann man Gefahren beurteilen, bei denen man die Wahrscheinlichkeit ihres Eintretens nicht oder noch nicht berechnen kann? Wie sollten Risikomanager auf Risiken reagieren, bei denen Schadenswirkungen vermutet werden, gleichzeitig aber die Datenlage fehlt, um die Höhe des Schadens zuverlässig abschätzen zu können? In diesen Situationen kommt das Prinzip der

Ortwin Renn, Institut für Transformative Nachhaltigkeitsforschung (IASS), Potsdam

 https://doi.org/10.1515/9783110713336-026

Vorsorge zum Tragen (Elliott & Charnley 2002). Das Prinzip der Vorsorge ist dann angesagt, wenn hohe Ungewissheit bei der Risikoabschätzung vorliegt. Das Konzept der Vorsorge ist also auf das Problem der Ungewissheit bei der Risikoabschätzung bezogen (Bennett 2000). Wie soll man Risiken regulieren, bei denen man über die möglichen Folgen einer zur Debatte stehenden Handlung nichts oder wenig weiß bzw. eine Ungewissheit über die Wahrscheinlichkeitsverteilung besteht?

Diese Situation war zum Beispiel zu Beginn der Coronakrise gegeben. Es herrschte große Unsicherheit darüber, welches Ansteckungsrisiko mit dem neuen Virus verbunden war und wie hoch die Letalität, also die Sterblichkeitsrate, bei infizierten Personen ausfiel (Kormann 2020). Zudem waren die Ausbreitungswege des Virus noch weitgehend unbekannt. In dieser Situation kommt das Vorsorgeprinzip zum Tragen: lieber eine Vorsichtsmaßnahme zu viel einleiten als hinterher schmerzhaft zu erfahren, dass „man das Virus nicht ernst genug genommen hat.

Häufig bleibt bei hoher Ungewissheit nur die Möglichkeit, nicht die vermuteten Wirkungen, sondern die Eigenschaften des Risikos selbst als Kriterien für die Anwendung des Vorsorgeprinzips zu nutzen. Das könnten beispielsweise bekannte Stoffeigenschaften sein, wie Toxizität, Entflammbarkeit oder ein besonders hoher oder niedriger PH-Wert (Wissenschaftlicher Beirat der Bundesregierung „Globale Umweltveränderungen" 1999, S. 53 ff.). Auf Corona übertragen bedeutet dies, den Virus vorrangig auf seine Ausbreitungsgeschwindigkeit und zeitliche Persistenz hin zu untersuchen, um auf dieser Basis entsprechende Präventionsmaßnahmen zu treffen (Phull 2020).

Institutionell macht es Sinn, die Frage nach der richtigen Balance zwischen zu viel und zu wenig Vorsicht bei der Bewertung der noch unsicheren Folgen nicht allein den Wissenschaftlern oder auch den Behörden zu überlassen. Denn die Frage der Verhältnismäßigkeit lässt sich nicht wissenschaftlich eindeutig beantworten, sondern setzt eine auf Werten basierende Abwägung voraus. Dazu müssen diejenigen, die von einem Risiko betroffen sind, auch mit in die Urteilsfindung einbezogen werden. Das geht natürlich nur, wenn dazu die institutionellen und prozessualen Rahmenbedingungen bereits vor Eintritt der Krise bestehen. Die deutsche Risikokommission hat in ihrem Endgutachten, das im Juni 2003 dem Umwelt- und dem Gesundheitsministerium vorgelegt wurde, zu diesem Zweck die Einrichtung eines Risikorates vorgeschlagen (Risikokommission 2003). Dieser hat die Aufgabe, eine vorsorgeorientierte Risikoabschätzung sicherzustellen und eine Umsetzung des Vorsorgeprinzips zu gewährleisten, die als rational begründbarer Kompromiss die Zustimmung der Parteien genießt, die letztlich die Kosten tragen müssen.

Die folgenden Ausführungen dienen dazu, das Vorsorgeprinzip im Rahmen der Risikoabschätzung und der Risikobewertung zu erläutern und die Umsetzung des Prinzips in der gegenwärtigen Coronakrise zu reflektieren. Dieser Vorschlag ist von dem Ziel getragen, die richtige Balance zwischen Leichtsinn und übertriebener Vorsicht zu finden, die für die Erhaltung der Gesundheit aber auch der Vitalität eines Landes wie Deutschland essentiell ist.

2 Vorsorge im nationalen und internationalen Kontext

Im deutschen Recht wird zwischen Schaden, Gefahr, Vorsorge und Restrisiko unterschieden (Rehbinder 1997). Ist ein Schaden mit einer hohen Wahrscheinlichkeit zu erwarten, spricht man von Gefahr. In diesem Falle ist Gefahrenabwehr geboten, sofern eine rechtliche Verpflichtung zur Abwendung des drohenden Schadens besteht. Ist die Wahrscheinlichkeit dagegen geringer, kann eine Regulierung des Risikos aus Vorsorgegesichtspunkten erfolgen. Bei sehr kleinen Wahrscheinlichkeiten spricht man von Restrisiken. Diese müssen – einen entsprechenden Nutzen der Aktivität vorausgesetzt – im Sinne des Allgemeinwohls hingenommen werden.

Im EU-Recht und im internationalen Recht ist das Vorsorgeprinzip im Wesentlichen auf das Problem der Ungewissheit bezogen. Obwohl es in der Literatur in vielfältiger Weise definiert und interpretiert worden ist, ist die Formulierung aus der Rio-Deklaration weiterhin die am häufigsten gebrauchte und zitierte Fassung dieses Prinzips (zitiert nach Paterson 2005):

> In order to protect the environment, the precautionary approach shall be widely applied by States according to their capabilities. Where there are threats of serious or irreversible damage, lack of full scientific certainty shall not be used as a reason for postponing cost-effective measures to prevent environmental degradation (Rio Declaration 1992, Principle 15).

Ungewissheit kann eine Reihe von Ursachen haben. Bei der Bewertung von Risiken lassen sich vier Typen von Ungewissheit unterscheiden (Klinke & Renn 2021):

- nicht erkannte oder nur geschätzte Variabilität bei den Endpunkten (targets) der Risikoanalysen, vor allem bei der inter-individuellen Sensibilität gegenüber gleich hohen Konzentrationen und gleichbleibender Exposition (etwa bei Exposition durch den COVID-19 Erreger);
- die Summe der systematischen und zufälligen Messfehler und der Extrapolationen bei der Interpretation von toxikologischen oder epidemiologischen Daten, bei der Dosis-Wirkungsbeziehung sowie der Berechnung der Exposi-

tionen (statistische Konfidenzintervalle für das Infektionsrisiko zum Beispiel);
- genuin stochastische Prozesse, bei denen eine Indeterminanz vorliegt (welches Individuum infiziert wird, ist nicht klar, man kennt nur die Wahrscheinlichkeit im Rahmen einer definierten Population);
- verbleibende Unwissenheit, Ahnungslosigkeit und Setzen von Systemgrenzen der Betrachtung (verbleibende Unsicherheiten und Nicht-Wissen).

Die ersten beiden Faktoren der Ungewissheit betreffen in erster Linie die Risikoabschätzung, die beiden letzten Faktoren das Risikomanagement. In den folgenden beiden Abschnitten soll zunächst der Vorsorgegedanke für die Risikoabschätzung, dann für das Risikomanagement näher erörtert werden. Um terminologische Klarheit zu gewinnen, spreche ich im ersten Falle von vorsorgeorientierter Risikoabschätzung, im zweiten Fall von der Anwendung des Vorsorgeprinzips (bei der Bewertung und beim Management von Risiken).

3 Vorsorge bei der Risikoabschätzung

Wegen der Ungewissheit über die Variationsbreite in der Reaktion der vom Risiko betroffenen Endpunkte (Personen, Tiere, Pflanzen oder Biotope) sowie dem Auftreten von systematischen und zufälligen Messfehlern bedeutet vorsorgeorientierte Risikoabschätzung die Notwendigkeit zu einer konservativen, d. h. auf der sicheren Seite liegenden Beurteilung der Risiken. So werden zur Simulation der Variabilität Sicherheitsfaktoren von 2 bis zu 100.000 eingesetzt. Diese Faktoren setzen den Grenzwert um den entsprechenden Faktor niedriger als den vermuteten bzw. gemessenen Schwellenwert einer zu erwartenden negativen Wirkung. Bei der Extrapolation werden häufig konservative Annahmen, also eher vorsichtige Werte bei den Parametern, zugrunde gelegt. So werden etwa bei der Extrapolation von hohen auf niedrige Dosen häufig lineare Zusammenhänge angenommen, obwohl eine quadro-lineare oder sogar logarithmische Dosis-Wirkungs-Kurve wahrscheinlicher wäre. Gleichzeitig ist aber auch klar, dass keine probabilistische Risikoabschätzung den ungünstigsten Fall und das sensibelste Individuum einbeziehen kann. Man kann sich über die Breite des Spektrums (etwa 99 % der Individuen) streiten, aber nicht über die Notwendigkeit einer gepoolten d. h. auf Gruppen bezogenen Betrachtung (Renn 2007).

Was bedeutet das für die Vorsorge? Wenn man vom Vorsorgegedanke ausgeht, dann sollte man bei Risikoabschätzungen, soweit dies vertretbar ist, eher auf der Seite der Vorsicht irren als auf der Seite des „Wagemuts“ (Renn 2002). Dabei ist die Festlegung von sinnvollen Annahmen für vorsichtige Vorgehensweisen selbst nicht naturwissenschaftlich exakt vorgegeben und setzt stets ein „Werturteil" im Sinne des Abwägens zwischen zu viel und zu wenig Vorsicht voraus. Denn maximale Vorsicht ist mit der Wahrscheinlichkeitstheorie unvereinbar; es muss stets ein vertretbares Maß an Vorsicht definiert werden, sonst müsste man im Prinzip alles, was Gefahren beinhalten kann, kategorisch verbieten. Dies kann aber niemand ernsthaft vertreten. Das vertretbare Maß an Vorsicht bei der Risikoabschätzung wird in der wissenschaftstheoretischen Literatur meist als Konvention bezeichnet (Akademie der Wissenschaften zu Berlin 1992, S. 342 ff.). Dazu gehört zunächst einmal die Definition dessen, was als Schaden bezeichnet wird und was in die Ermittlung des Risikos eingeht (*adverse effect*) oder die Wahl der Referenzgröße (etwa erwarteter Schaden pro Zeiteinheit oder pro gefahrenen Kilometer, oder pro Einheit Bruttosozialprodukt, usw.). Des Weiteren sind aber damit vor allem die Regeln gemeint, die Messstandorte, Messverfahren, Methoden zur Aggregation und Extrapolation von Messwerten usw. bestimmen.

Bei der Abschätzung des COVID-19 Erregers spielten am Anfang Abschätzungsunsicherheiten des Infektionsrisikos eine große Rolle (Li et al. 2020). Erst im Verlauf der Krise konnten der Grad der Gefährdung und auch die Letalität immer genauer bestimmt werden. Dagegen blieben hohe Unsicherheiten bei der Frage nach den neuen Risiken, die erst durch die Managementmaßnahmen ausgelöst werden. Denn auch der Stillstand des kulturellen, wirtschaftlichen und öffentlichen Lebens bringt Leid und Verluste mit sich. Arbeitslosigkeit, Konkurse, dramatische Einkommenseinbußen, räumliche Enge in kleinen Wohnungen und mangelnde Bewegung sind direkte Auslöser für menschliches Leid und führen zu gesundheitlichen Belastungen. Was die Risiken anbetrifft, gibt es auf beiden Seiten der Waage um die Vermeidung von Leiderfahrung. Ein kluges schrittweises Öffnen der wirtschaftlichen, sozialen und kulturellen Aktivitäten bei gleichzeitiger Wahrung der Abstandsregeln, vor allen in Innenräumen, wurde von der Bundesregierung zumindest in der ersten Welle der Pandemie als beste Umsetzung des Vorsorgegedankens angesehen, um im Saldo zwischen Infektionsschutz und Erstarrung des öffentlichen Lebens möglichst viel Leid zu vermeiden. Obwohl es sich hier um das später noch behandelte Risikomanagement handelt, spielt auch bei der Risikoabwägung der Maßnahmen die Unsicherheit über die dadurch ausgelösten Nebenfolgen eine wichtige Rolle für die später zu treffende Abwägungsentscheidung. Dafür sind eigene Konventionen und Regeln entweder vorhanden oder neu aufzustellen, um eine Kohärenz zwischen den ergreifenden Maßnahmen, also eine Stimmigkeit des gesamten Maßnahmenpakets, sicherzustellen (Migone 2020).

Aus normativer Sicht ist anzuraten, dass diese Konventionen im Rahmen des Wissenschaftssystems selbst gefunden und begründet werden sollen. Innerhalb der jeweiligen *scientific communities* können solche auf Vorsorge bezogenen

Konventionen im Diskurs der betroffenen Disziplinen (einschließlich der Kulturwissenschaften) am besten ausgehandelt werden, weil hierzu entsprechender Sachverstand und Erfahrung notwendig sind. Diese Aufgabe ist im strengen Sinne keine wissenschaftliche Tätigkeit, sondern eine auf Fachkompetenz und Folgenkenntnis beruhende Wertung. Solange deutlich ist, dass solche Wertungen auch immer Wertbezüge zu außerwissenschaftlichen Referenzsystemen umfassen und diese deshalb auch reflektiert werden müssen, ist eine Festlegung von vorsorgeorientierten Konventionen durch die Wissenschaft selbst legitim und pragmatisch empfehlenswert. In Bezug auf Risikokommunikation und öffentliche Legitimation ist es dann allerdings erforderlich, auch die Plausibilität der Konventionen vor Dritten zu rechtfertigen.

4 Vorsorge bei der Risikobewertung und beim Risikomanagement

Die zwei letzten Komponenten der Ungewissheit, „Indeterminanz“ und „Ahnungslosigkeit“, sind für die Risikoabschätzung wenig relevant. Was ich nicht weiß, kann ich auch nicht wissenschaftlich abschätzen. An dieser Stelle setzt die internationale Diskussion um das auf Risikomanagement bezogene Vorsorgeprinzip an. Nahezu alle Definitionen des Vorsorgeprinzips betonen die Notwendigkeit von regulativen Maßnahmen (Handlungen), bevor zweifelsfrei feststeht, dass und ob ein „intolerables“ Risiko besteht (siehe Übersicht in: Gilbert 2019). Solche Maßnahmen sind umso notwendiger, je größer die Eingriffstiefe der riskanten Aktivität ist und je irreversibler die Folgen sind. Risikobegrenzung ist in diesem Falle nicht auf eine Reduzierung des Risikos bezogen, sondern vielmehr auf eine Situationsveränderung, die so weit wie möglich Irreversibilitäten vermeidet. In der internationalen Literatur wird dieser Ansatz auch gerne als Resilienzstrategie bezeichnet (Linkov et al. 2014). Mit regulativen Maßnahmen soll das System der Risikokontrolle robust und weniger verwundbar gemacht werden.

Das Gebot der Vorsorge gegen noch unbekannte Wirkungen von Risiken und Bedrohungen wie Pandemien wird in zwei unterschiedlichen Ausprägungen zur Geltung gebracht (Akademie der Wissenschaften zu Berlin 1992, S. 370 ff.):

(1) Das Prinzip der geringstmöglichen Exposition (im englischen Sprachraum als „ALARA-Prinzip“ bekannt; as low as reasonably achievable): nach diesem Grundsatz muss jede Exposition so weit wie möglich reduziert werden, wobei die Grenze der Möglichkeit bei dem gerade noch wirtschaftlich und sozial vertretbaren Aufwand zur Reduktion liegt. Im Falle von COVID-19 bedeutet dieser Grundsatz, die Gelegenheiten für eine Exposition zu minimieren, etwa

durch besonders „strikte“ Abstandsregeln oder einem konsequent durchgehaltenen Mund- und Nasenschutz.

(2) *Der Stand der Technik:* Nach diesem Grundsatz muss jede verfügbare Technik genutzt werden, um das Risiko zu reduzieren. Bei Infektionskrankheiten wären dies Impfungen, Vorhalten von Isolierstationen in Krankenhäusern, eine ausreichende Menge medizinischer Schutzkleidung usw.

Die Anwendung beider Prinzipien führt bei nutzentheoretischer Sicht zu suboptimalen Lösungen, da Aufwand und Nutzen nicht systematisch miteinander verglichen werden. Theoretisch kann bei Anwendung dieses Grundsatzes ja nach verfügbaren Reduktionsoptionen ein potentiell gefährlicher Virus in großen Mengen emittiert werden (weil es keine Schutztechnik gibt) oder auch umgekehrt ein an sich wenig schädlicher Virus mit großem Aufwand begrenzt werden, nur weil es technisch und medizinisch möglich ist.

Ähnliches gilt auch für das ALARA-Prinzip: An welchem Punkt eine Reduktion nicht mehr vernünftigerweise vertretbar ist (unbestimmtes Rechtsprinzip), ergibt sich entweder aus einer formalen Analyse der systematischen Abwägung von Nutzen und Risiken (die aber bei hoher Unsicherheit nicht vorgenommen werden kann) oder als Resultat einer Betrachtung des Aufwandes zur Risikoreduktion, gleichgültig ob damit ein wirklicher Nutzen für Gesundheit und Umwelt verbunden ist.

In der neueren Diskussion sind neben den klassischen Elementen der Minimierung der Exposition und des Standes der Technik innovative Formen der Risikoregulierung nach dem Vorsorgeprinzip entwickelt worden. Darunter sind vor allem die sogenannten *Containment Methoden* zu nennen, nach denen Risikomaßnahmen, etwa erste Impfungen, erst langsam in kontrollierten Umgebungen eingeführt werden, bis einigermaßen klar ist, ob ein zum Zeitpunkt der Einführung nicht unplausibles Risiko (wie Nebenwirkungen der Impfung) auch in Wirklichkeit besteht oder nicht (Chen 2020). Mit der Begrenzung in Raum und Zeit werden mögliche Irreversibilitäten vermieden oder zumindest deren Auswirkungen zeitlich und räumlich begrenzt. In der Diskussion sind auch neue Haftungs- und Versicherungsmodelle, die Risikoverursacher dazu motivieren sollen, mögliche Risiken frühzeitig zu erkennen und diese kontinuierlich im Sinne eines Monitorsystems zu beobachten (Blumenthal et al. 2020). Dabei können auch öffentlich Zuschüsse für die Versicherungsprämien geleistet werden, wenn damit dem Gemeinwohl im Sinne von *Public Health* gedient ist.

Besonders interessant ist auch die Möglichkeit, bei hoher Ungewissheit über noch nicht bekannte Wirkungen die Eigenschaften des Risikos selbst als Kriterium für die Anwendung des Vorsorgeprinzips zu nutzen. Der *Wissenschaftliche Beirat Globale Umweltveränderungen* hat in seinem Jahresgutachten von 1998 vorgeschlagen, bei hoher Unsicherheit über Wahrscheinlichkeit und Ausmaß eines Risikos die Kriterien Ubiquität, Persistenz und Irreversibilität als Ersatzvariable für die Beurteilung von Risiken heranzuziehen; und zwar in den Fällen, in denen über Wirkungen noch keine hinreichend genaue Kenntnis vorliegt (Wissenschaftlicher Beirat der Bundesregierung „Globale Umweltveränderungen" 1999, S. 53 ff.). In einem von der EU finanzierten Projekt entwickelte ein Team um den Chemiker Ulrich Müller-Herold ein quantitativ messbares Filtersystem, das auf der Basis bestimmter Stoffeigenschaften (*hazards*) eine Vorauswahl nach dem Vorsorgeprinzip ermöglicht (Müller-Herold et al. 2005).

Institutionell macht es Sinn, die Frage nach der richtigen Balance zwischen zu viel und zu wenig Vorsicht bei der Bewertung der noch unsicheren Folgen nicht allein den Wissenschaftlern oder auch den Behörden zu überlassen. Da bestimmte Gruppen – bei zu viel Vorsorge sind es die Nutznießer des Risikos; bei zu wenig Vorsorge die Geschädigten des Risikos – die Folgekosten für diesen Balanceakt tragen müssen, sollten diese Gruppen auch bei der Festlegung des Ausmaßes der Vorsorge eingebunden werden (Klinke & Renn 2014). Eine Expertengruppe der damaligen *Akademie der Wissenschaften zu Berlin* hatte zu diesem Zweck die Einrichtung eines Risiko- und Umweltrates (analog dem Modell des deutschen Wissenschaftsrates) vorgeschlagen (Akademie der Wissenschaften zu Berlin 1992, S. 342 ff. sowie S. 475 ff.). Die erste Instanz (im Wesentlichen Wissenschaftler) sollte die vorsorgeorientierte Risikoabschätzung sicherstellen, die zweite Instanz eine Umsetzung des Vorsorgeprinzips im Sinne einer rational begründbaren Abwägung durch die vom Nutzen und den Kosten von Regulierungen betroffenen Gruppen gewährleisten. Dieser Vorschlag wurde von der Ad-hoc-Risikokommission des Bundes, die von 2001 bis 2003 die Bundesregierung beraten hat, aufgegriffen. Dem Bund wurde empfohlen, einen Risikorat einzurichten, der diese Aufgabe übernehmen soll (Risikokommission 2003). Leider wurde diese Empfehlung im Verlauf der politischen Diskussion nicht weiter verfolgt. Dagegen haben anderen Länder wie etwa die Niederlande diesen Gedanken aufgegriffen und im Sinne eines vergleichenden „national risk assessment" auch methodisch weiterentwickelt.

5 Schlussbetrachtung

Risikoabschätzung und Risikomanagement nach dem Vorsorgeprinzip sind Instrumente, um Mensch und Umwelt gegen ungewisse Bedrohungen und Risiken abzusichern. Gleichzeitig sind aber immer Abwägungen vorzunehmen, um kulturelle, wirtschaftliche und soziale Ziele nicht zu gefährden und das Prinzip der Verhältnismäßigkeit aufrecht zu erhalten. Die Gesellschaft muss bei aller Risikovorsorge von der Vorstellung Abstand nehmen, die Wissenschaft könne alle gefährlichen Ereignisse und Entwicklungen vorhersagen und durch präventives Handeln ausschließen. Risikoanalysen sind bestenfalls in der Lage, die möglichen Bedrohungen zu identifizieren und Schwachpunkte im System aufzudecken. Zudem helfen uns Risikoabschätzungen, bessere Entscheidungen im Zielkonflikt zwischen den Nebenfolgen der Risikoübernahme (etwa Exposition im Falle eine Pandemie) und den Nebenfolgen der eingeleiteten Schutzmaßnahmen (wirtschaftliche, soziale, kulturelle Folgen) zu treffen.

Das Vorsorgeprinzip kann dabei eine wichtige Rolle spielen. Bei hoher Unsicherheit bedeutet das Vorsorgedenken im Bereich der Risikoabschätzung, einer eher konservativen Abschätzung der Risiken (etwa 95% oder 99% Perzentil auf einer Normalverteilung) den Vorzug zu geben. Hier ist es also klug, eher von pessimistischen, aber keineswegs unrealistischen Annahmen auszugehen. Dazu werden von der jeweiligen Fachwissenschaft oder von interdisziplinär besetzten Gremien Konventionen und Regeln benötigt. Für den Bereich des Risikomanagements geht es vor allem um die sorgsame Abwägung von Maßnahmen nach dem Prinzip der Verhältnismäßigkeit, wobei bei hoher Unsicherheit Begleitmaßnahmen wie Containment, striktes Monitoring oder Expositionsvermeidung gerechtfertigt sind.

Ausreichende Kapazitäten, Diversifizierung und Flexibilisierung sind drei zentrale Mittel, um Systeme auch gegenüber immer wieder auftretenden Überraschungen anpassungsfähig und resilient zu gestalten. Dies gilt vor allem bei den vorbereitenden Planungen (*preparedness*) vor Eintritt der Krise. Das Gesundheitssystem muss mit besonderen Stressbelastungen umgehen können, es muss Notfallpläne geben, die im Ernstfall auch konsequent und zügig umgesetzt werden können, und es bedarf einer antizipativen Planung, die auch bei hohem Zeitdruck kohärentes politisches Handeln ermöglicht. Doch auch bei bester Vorsorge werden Gesellschaften mit einem gewissen Grad an Ungewissheit und Ambivalenz leben müssen.

Was ergibt sich aus dieser Problemsicht für die Umsetzung des Vorsorgeprinzips? Je komplexer die Auswirkungen einer Bedrohungssituation ausfallen, desto wichtiger sind die Instrumente der Vorsorge im Bereich der Risikoabschätzung. Je unsicherer die Folgen von möglichen Gegenmaßnahmen und je breiter gefächert die möglichen Nebenfolgen von risikoreduzierenden Maßnahmen, etwa im Falle eines *Lockdowns*, sind, desto wichtiger sind Maßnahmen eines vorsorgenden Risikomanagements. Und je umstrittener die verordneten Maßnahmen zur Risikoreduzierung sind, desto eher muss ein Diskurs mit den maßgeblichen Gestaltungskräften der Gesellschaft über die Akzeptabilität der jeweiligen Maßnahmen geführt werden. Dies sollte aber schon vor der Krise vorbereitet sein, weil langwierige Diskurse unter Zeitdruck nicht möglich sind. Interessant in diesem Zusammenhang ist die Tatsache, dass die Bundesregierung schon 2013 in einer Bundesdrucksache die Notwendigkeit einer umfassenden Vorsorgestrategie gegen eine Pandemie in Aussicht gestellt hat (Deutscher Bundestag 2013). Dazu ist es aber zumindest in dem notwendigen Detaillierungsgrad nie gekommen.

Ob diese frühzeitige Ausbalancierung der Vorsorgemaßnahmen gelingt, hat nicht nur Einfluss auf die weitere Entwicklung der Risikoanalyse als Mittel der Zukunftsvorsorge. Vielmehr entscheiden sich hier die Chancen und Möglichkeiten einer Gesellschaft: Inwieweit wird es ihr möglich sein, in Zeiten schnellen technischen und ökologischen Wandels in eigener Verantwortung und mit Blick auf die als wesentlich erkannten Werte des Menschseins verantwortungsvoll handeln zu können?

Literatur

Akademie der Wissenschaften zu Berlin (1992): *Umweltstandards. Grundlagen, Tatsachen und Bewertungen am Beispiel des Strahlenrisikos.* Berlin: De Gruyter.

Bennett, Paul G. (2000): „Applying the Precautionary Principle: A Conceptual Framework". In: M. P. Cottam/D. W. Harvey/R. P. Pape/J. Tait (Hrsg.): *Foresight and Precaution*, Bd. 1. Rotterdam & Brookfield: A. A. Balkema, S. 223–227.

Blumenthal, David/Fowler, Elizabeth J./Abrams, Melinda et al. (2020): „Covid-19 – Implications for the Health Care System". In: *New England Journal of Medicine* 383(15), S. 1483–1488.

Chen, Wangxue (2020): „Promise and Challenges in the Development of COVID-19 Vaccines". In: *Human Vaccines & Immunotherapeutics* 16(11), S. 2604–2608.

Deutscher Bundestag (2013): *Drucksache17/12051. Unterrichtung durch die Bundesregierung. Bericht zur Risikoanalyse im Bevölkerungsschutz 2012.* Berlin: Deutscher Bundestag, https://dipbt.bundestag.de/dip21/btd/17/120/1712051.pdf, besucht am 13. 1. 2020.

Elliott, E. Donald/Charnley, Gail (2002): „Risk versus Precaution: Environmental Law and Public Health Protection". In: *Environmental Law Reporter* 32, S. 10363–10366.

Gilbert, Steven G. (2019): „Precautionary Principle". In: Philip Wexler (Hrsg.): *Information Resources in Toxicology.* New York, NY: Academic Press, S. 489–494.

Klinke, Andreas/Renn, Ortwin (2014): „Expertise and Experience: A Deliberative System of a Functional Division of Labor for Post-normal Risk Governance". In: *Innovation: The European Journal of Social Science Research* 27(4), S. 442–465.

Klinke, Andreas/Renn, Ortwin (2021): „The Coming of Age of Risk Governance". In: *Risk Analysis*, 41 (3), S. 544–557

Kormann, Carolyn (2020): „From Bats to Human Lungs, the Evolution of a Coronavirus". The New Yorker. https://www.newyorker.com/science/elements/from-bats-to-human-lungs-the-evolution-of-a-coronavirus, besucht am 3. 4. 2020.

Li, Qun/Guan, Xuhua/Wu, Peng et al. (2020): „Early Transmission Dynamics in Wuhan, China, of Novel Coronavirus-Infected Pneumonia". In: *New England Journal of Medicine* 382(13), S. 1199–1207.

Linkov, Igor/Bridges, Todd/Creutzig, Felix et al. (2014): „Changing the Resilience Paradigm". In: *Nature Climate Change* 4(6), S. 407–409.

Migone, Andrea Riccardo (2020): „The Influence of National Policy Characteristics on COVID-19 Containment Policies: A Comparative Analysis“. In: *Policy Design and Practice* 3(3), S. 259–276.

Müller-Herold, Ulrich/Morosini, Marco/Schucht, Olivier (2005): „Choosing Chemicals for Precautionary Regulation: A Filter Series Approach“. In: *Environmental Science & Technology* 39(3), S. 683–691.

Paterson, John (2005): *Sustainable Development, Sustainable Decisions and the Precautionary Principle.* Aberdeen: University of Aberdeen.

Phull, Amit (2020): „What We Must Learn From Wuhan“. Op-Med. https://opmed.doximity.com/articles/what-we-must-learn-from-wuhan?_csrf_attempted=yes, besucht am 20.3.2020.

Rehbinder, Eckard (1997): „Stoffrecht“. In: Arbeitskreis für Umweltrecht (Hrsg.): *Grundzüge des Umweltrechtes.* Berlin: Erich Schmidt, S. 13/001–013/051.

Renn, Ortwin (2002): „Vorsorge als Prinzip: Besser in der Vorsicht irren als im Wagemut“. In: *GAIA – Ökologische Perspektiven in Natur-, Geistes- und Wirtschaftswissenschaften* 1, S. 44–46.

Renn, Ortwin (2007): „Precaution and Analysis: Two Sides of the Same Coin?“. In: *EMBO Reports* 8(4), S. 303–305.

Risikokommission (2003): *Abschlussbericht der Risikokommission „Neuordnung der Verfahren und Strukturen zur Risikobewertung und Standardsetzung im gesundheitlichen Umweltschutz der Bundesrepublik Deutschland“.* München: Bundesanstalt für Strahlenschutz, https://doris.bfs.de/jspui/handle/urn:nbn:de:0221–201004071338, besucht am 13.1.2021.

Wissenschaftlicher Beirat der Bundesregierung „Globale Umweltveränderungen“ (1999): *Welt im Wandel: Strategien zur Bewältigung globaler Umweltrisiken. Jahresgutachten 1998.* Berlin: Springer.

Ilona Kickbusch

Die Weltgesundheitsorganisation (WHO), Pandemien und COVID-19: Der steinige Weg zu einem multilateralen Verständnis globaler Gesundheit

Abstract: *The World Health Organization (WHO), Pandemics, and COVID-19: How to Proceed With a Multilateral Concept of Global Health?* The WHO grew to 194 member states, and with globalization, geopolitical shifts, and internal reorganizations, the lines of influence have become more complex. In 2020, the United States severely endangered multilateralism in health. Recently, the Biden administration has revived US commitment as a major global health player. Yet, the lack of coherence in supporting collective action on global health remains a problem. Global health geopolitics are shifting and China and India have acquired enough power to shape the global health agenda. At the instigation of Germany, health has become a regular topic at Group of Twenty (G20) and G7 meetings – a critical factor during the COVID-19 pandemic. The WHO's director general frequently states that health is a political choice. Many countries made unfortunate, if not questionable political choices in their responses to COVID-19. But as a matter of fact, they took the wrong turn much earlier when they neglected investments in pandemic preparedness and in the WHO. Countries have the political choice right now to seriously strengthen the WHO, its funding, and its legal power, or to weaken or even destroy one of the most important agencies in the UN system.

Die wohl bekannteste Definition von Gesundheit ist die der Weltgesundheitsorganisation (WHO): „Gesundheit ist ein Zustand vollkommenen körperlichen, geistigen und sozialen Wohlbefindens und nicht allein das Fehlen von Krankheit und Gebrechen." („Health is a state of complete physical, mental and social well-being and not merely the absence of disease or infirmity.") (World Health Orga-

---

Anmerkung: Der vorliegende Beitrag basiert auf einer stark erweiterten und aktualisierten Übersetzung des Artikels „COVID-19 Is Smoke and Mirrors – What Matters Is International Law" von Ilona Kickbusch, erschienen am 15. April 2020 in *Think Global Health* (Kickbusch 2020). Die Übersetzung wurde von Roman Marek angefertigt.

Ilona Kickbusch, Global Health Programme, Graduate Institute of International and Development Studies, Genf nization 2020 [1948]) Daneben gibt es aber noch weitere Definitionen von Gesundheit, die regional und kulturell geprägt sind. Die am 7. April 1948 gegründete WHO mit Ihren jetzt 194 Mitgliedern hat die Aufgabe, allen Vorstellungen von Gesundheit gerecht zu werden, zur Gesundheit der Weltbevölkerung beizutragen, sowie Gesundheitsgefahren abzuwehren. Die COVID-19-Pandemie hat allen bewusst gemacht, wie wichtig und zugleich wie schwierig diese Aufgabe ist.

Gesundheit ist auch ein Politikum. Dass die Weltgesundheitsorganisation dem politischen Druck ihrer Mitgliedsstaaten ausgesetzt ist, ist keineswegs neu. Geopolitik ist ihr täglich Brot, die Geopolitik sitzt bei jeder Besprechung mit am Tisch – nicht nur am Hauptsitz in Genf, sondern auch in den sechs Regionalbüros weltweit. Die Generaldirektoren der WHO müssen deshalb hochqualifizierte Diplomaten sein, die in der Lage sind, die zahlreichen Attacken auf sie an sich abperlen zu lassen (The Guardian 2020). Immer häufiger werden sie von Mitgliedsstaaten zum Sündenbock gemacht – diese Angriffe stehen jedoch meist im Zusammenhang mit geopolitischen Konflikten oder kommerziellen Interessen der heimischen Politik und Wirtschaft, sie werden für ein nationales Publikum inszeniert. Natürlich gibt es triftige Gründe, die WHO zu kritisieren. Sie hat im Laufe der Jahre zahlreiche Fehler gemacht, und bei ihren organisatorischen Abläufen gibt es viel zu verbessern (GreatGameIndia 2020). Die WHO hat sogar so viele Schwachstellen, dass sie beizeiten hochgradig dysfunktional erscheint – ein Vorwurf, der durchaus seine Berechtigung hat. Doch hinter der ganzen Rhetorik und dem andauernden Klagen, die WHO schaue nur tatenlos zu, gibt es eine traurige Wahrheit: Viele der Mitgliedstaaten wollen in Wirklichkeit eine schwache WHO. Und genau dies ist der Grund, warum sie nicht für sie bezahlen wollen.

Das Fachpersonal der WHO soll sich nicht politisch äußern. Es handelt sich dabei um Experten in Gesundheitsfragen, die nicht dazu gerüstet sind, mit den Fallstricken des diplomatischen Parketts umzugehen. Dies führt dazu, dass die WHO von ihren Mitgliedsstaaten an der Nase herumgeführt werden kann. Im Zeitalter der beschleunigten Aufmerksamkeitsökonomie sozialer Medien wird sie zu einer besonders leichten Zielscheibe, denn ihre fachlich ausgerichtete Aufstellung erlaubt es ihr gar nicht, sich in der Öffentlichkeit gegen einzelne Mitgliedsstaaten zur Wehr zu setzen und diese an den Pranger zu stellen. Die WHO hat deshalb äußerst selten eines ihrer Mitglieder öffentlich kritisiert. Die wenigen Male, die es dann doch passiert ist, haben sich im Gedächtnis der Weltöffentlichkeit eingebrannt. Während des Ausbruchs des *Schweren Akuten Atemwegssyndroms* (SARS) im Jahr 2003 beschuldigte die damalige WHO-Generaldirektorin Gro Harlem Brundtland China und die Stadt Toronto, verantwortungslos zu handeln (Christensen & Painter 2017; Krauss 2003; Shuhei 2020). Im Normalfall aber wird erwartet, dass die WHO einzelne Länder nicht öffentlich kritisiert, sondern versucht, sie zur Zusammenarbeit zu bewegen. Das derzeitige politische

Klima aber ist dafür denkbar ungeeignet, auch nach der Abwahl von Donald Trump.

1 Zweiundsiebzig Jahre Krise, Reformieren, Neu-Erfinden, Weitermachen

In ihrem Idealismus wollten die Architekten der WHO die neue Institution so weit wie möglich vor politischer Einflussnahme schützen – ganz so, wie Nichtregierungsorganisationen dies heute gerne hätten. Klar und deutlich formulierten sie in ihrem Bericht über die vorbereitenden Planungen: „There must be a fundamental change in the conception of the new Organization – it should be a single specialized agency with a high degree of independence“ (World Health Organization Interim Commission 1947, S. 5). Bereits im Jahr 1945 schlugen sie vor, dass die neue „technische Agentur für Gesundheit“ zwar Teil der Vereinten Nationen (UN) sein sollte, aber sie sollte ihren Sitz in Genf haben; weit weg von New York, wo die politischen Kämpfe der UN ausgetragen würden. Die Gründer hatten die Politisierung von Gesundheitsfragen vor und während des Zweiten Weltkriegs im Völkerbund miterlebt. Eine Wiederholung dieser Fehlentwicklung wollten Sie um jeden Preis verhindern.

Deshalb sollte diese neue Organisation mit *allen* Ländern – unabhängig von ihrer politischen Organisation – zusammenarbeiten: „It is desirable that the Organization include as many Member States as possible, and that it aim at becoming universal. This aim of universality was emphasized by the members of the Committee“ (World Health Organization Interim Commission 1947, S. 5). Sie sollte die Länder dazu motivieren, die Politik außen vor zu lassen, damit man gemeinsam um nur *ein* Ziel kämpfen kann; und dieses ist in der Satzung der WHO vorgegeben: „das höchste erreichbare Gesundheitsniveau“. Doch die Arbeit der WHO soll im Konsens erfolgen. In der Realität führt dies meist zu endlosen Verhandlungen in langwierigen Ausschüssen, besetzt mit Experten und Vertretern der Mitgliedsstaaten, und erarbeitet von erschöpften Mitarbeitern. In den politischen Auseinandersetzungen um COVID-19 und die Rolle der WHO scheint vom Ideal der unmittelbaren Nachkriegszeit, nämlich dem Ideal einer wissenschaftsbasierten und unpolitischen Organisation, nicht viel mehr übrig zu sein als eine verblasste Erinnerung. Aber die Verheißung einer politikfreien WHO war wohl zu schön, um wahr zu werden. Bekanntlich lehnte bereits der erste Generaldirektor der WHO, der Kanadier Brock Chisholm, eine zweite Amtszeit ab. Seine Begründung war, dass zu viel politischer Druck auf ihn ausgeübt werde. Und damals war die WHO erst fünf Jahre alt.

Und dennoch: Die Gründer der WHO waren sich dessen bewusst, dass bei öffentlichen Gesundheitsfragen das internationale Recht zum entscheidenden Faktor wird. So kommt es, dass ihre Satzung der WHO neben einem breiten Mandat auch außerordentliche Macht zubilligt: Die WHO kann Abkommen und Verträge vorantreiben und beschließen (Artikel 19) und sie verfügt über einen innovativen völkerrechtlichen Mechanismus in Gestalt verbindlicher Regelungen (Artikel 21) (World Health Organization 2006 [1948]). Genau diese Befugnisse sind denjenigen ein Dorn im Auge, die seit Jahrzehnten mit allen Mitteln und Wegen für die Auflösung der WHO kämpfen. In Artikel 19 heißt es, die Weltgesundheitsversammlung (WHA) habe „die Befugnis, Abkommen und Verträge, betreffend alle Angelegenheiten innerhalb der Zuständigkeit der Organisation, anzunehmen". Die WHO hat dies in vielen für die öffentliche Gesundheit kritischen Bereichen getan, ist interessanterweise aber nie so rigoros attackiert worden wie zu dem Zeitpunkt, als sie sich verstärkt der Prävention nichtübertragbarer Krankheiten gewidmet hat und dabei besonders die Tabakindustrie ins Visier nahm.

2 Die normative Macht der Organisation

Die wahre Ursache der Konflikte ist also nicht die Untätigkeit der WHO, sondern vielmehr ihre Tätigkeit – insbesondere, wenn sie, entsprechend ihrer Befugnis, internationale Regeln aufgestellt hat, die kommerziellen Interessen zuwiderliefen. Prominente Beispiele dafür sind etwa das *Rahmenübereinkommen zur Eindämmung des Tabakgebrauchs* (FCTC) (World Health Organization 2004), die *Modell-Liste der unentbehrlichen Arzneimittel* (Deutsches Ärzteblatt 2020), sowie der *Internationale Kodex für die Vermarktung von Muttermilchersatzprodukten* (Both 2018).

Die in der WHO-Verfassung verankerten Befugnisse bergen politischen Sprengstoff. Sie erlauben es der WHO zum Beispiel, internationale *Standards für die Sicherheit, Reinheit, Wirksamkeit, Werbung und Kennzeichnung von Biomaterialien, Arzneimitteln, Impfstoffen und ähnlichen Produkten* zu setzen. Dies wurde bereits im Jahr 1946 festgelegt, also lange vor der Globalisierung, und heute kritisieren einige Mitgliedsstaaten die Organisation dafür, dass sie „zu weich" sei und die ihr verliehenen Befugnisse nicht ausschöpfe. Die lautesten Klagen aber kommen von denen, die meinen, die WHO gehe viel zu weit. Man versetze sich in die Lage zahlreicher Produzenten: Wenn man die WHO endlich los wäre, würden auf einen Schlag all die unerträglich detaillierten Vorschriften verschwinden, die diese zum Schutz der Gesundheit aufgestellt hat, etwa Normen zur Luftverschmutzung und zum Schutz des Trinkwassers, oder die Empfehlungen zur sexuellen und reproduktiven Gesundheit und zu den damit verbundenen Rechten.

Ihre globalen Geschäfte wären nicht mehr den Regeln unterworfen, die von der Mehrheit der Staaten der Welt in der Weltgesundheitsversammlung – dem Entscheidungsgremium der WHO – beschlossen wurden.

Die meisten Kritiker der WHO – und zwar jeglicher politischer Couleur – vergessen nur zu gern, dass die WHO letztlich von ihren Mitgliedsstaaten regiert wird: ein Land, eine Stimme. Im Jahr 1948 begann es mit 56 Staaten, heute sind es bereits 194 und 2 Territorien. Diese Länder entscheiden auf der jährlichen Weltgesundheitsversammlung über Strategie und Budget, und alle fünf Jahre wählen sie den Generaldirektor. Prinzipiell werden gesundheitspolitische Fragen von den Gesundheitsministerien der Mitgliedsländer verhandelt, doch je politischer ein Thema ist, desto mehr übernehmen die Außenministerien der Länder die Federführung. In einigen Fällen werden die Verhandlungen sogar von Berufsdiplomaten übernommen. Gleichzeitig ist das Gesundheitswesen zu einem der umsatzstärksten und wichtigsten Industriezweige der Welt geworden. Es betrifft bedeutende Geschäftsinteressen – von Arzneimittelherstellern bis zur Tabak- oder Zuckerindustrie sowie zunehmend die Tech-Industrie. Und als ob das nicht schon genug wäre, berührt das Gesundheitswesen außerdem noch zentrale Sicherheitsinteressen. Genau in diesen Verstrickungen liegt nun das Problem der Zuständigkeiten – die Außen- und Wirtschaftsministerien müssen sehr genau hinsehen, ob der Gesundheitsminister tatsächlich politischen Anweisungen Folge leistet, bei denen die Gesundheit *nicht* an erster Stelle steht. Es besteht stets ein Risiko, dass seine Entscheidung fakten- und wissenschaftsbasiert sein könnte – und nicht den Interessen der Zuckerindustrie entspricht.

Nach dem Motto „Wer zahlt, bestimmt die Musik", wollen auch bei der WHO diejenigen, die am meisten einzahlen, gerne das Sagen haben. Dies trifft besonders für die Vereinigten Staaten zu, die sich als Zahlmeister der Vereinten Nationen sehen und daraus einen Führungsanspruch ableiten. Die Beiträge der Länder an die WHO werden durch Quoten bestimmt, die vom *Verwaltungs- und Haushaltsausschuss der Vereinten Nationen* berechnet werden. In der Tat zahlen die Vereinigten Staaten seit jeher den größten Beitrag: Im Budgetjahr 2016/2017 machten ihre festgesetzten und freiwilligen Beiträge zusammen etwa 17 Prozent der Gesamteinnahmen der WHO aus (World Health Organization 2020). Doch die Vereinigten Staaten spiel(t)en ein doppeltes Spiel: Während sie einerseits stets auf ihre Führungsrolle auf dem Gebiet globaler Gesundheit pochten, haben sie andererseits alles dafür getan, das Budget der WHO klein zu halten. Um dieses Ziel zu erreichen, kämpften sie mitunter mit harten Bandagen und drohten bereits mehrmals damit, die WHO zu verlassen. Im Mai 2020 kündigten sie an, damit Ernst zu machen (Eban 2020; Luther 2020) – nach der Amtsübernahme von Joe Biden wurde dieser Beschluss sofort rückgängig gemacht. Doch auch dieser Umschwung wird das Finanzproblem nicht lösen. Es ist ein beliebtes Bonmot, aber trotzdem wahr: Das Budget der WHO ist so groß wie das des *Universitätsspitals von Genf* (Kickbusch 2015; Reddy et al. 2018). So viel – eigentlich müsste man sagen: so wenig – ist uns also globale Gesundheit wert.

Doch die Zeiten, in denen mehr Geld automatisch mehr Macht bedeutete, sind vorbei. Auch wenn sie es niemals laut sagen würden, befürworten einige Länder sogar eine Neuberechnung der Beiträge – auch um den politischen Einfluss der USA zu beschneiden. In der Vergangenheit wussten die Amerikaner ihr Geld und ihren Einfluss dafür zu nutzen, lieber andere globale Gesundheitsorganisationen – wie etwa den *Global Fund* – zu unterstützen; auch, weil sie damit in den neuen Organisationen ihren Einfluss als wichtigster Geldgeber ausspielen konnten (Friends 2020; The Global Fund 2020). Hier muss man unwillkürlich an die Idee der Trump-Administration denken, eine neue Organisation für Gesundheitssicherheit zu gründen, die auch jetzt noch in Washington sowie unter einigen Wissenschaftlern kursiert: Wir zahlen, aber dafür akzeptiert ihr unsere Definition von Gesundheitssicherheit.

Die immer gleichen politischen Argumente leiern schon wie eine alte Platte: Die WHO sei ihrer Aufgabe nicht gewachsen, sie habe sich Reformen verschlossen, ihre Führung sei chaotisch, sie unterliege (falscher) politischer Einflussnahme, sie verschwende unser Steuergeld, kurz: sie tut nicht, was wir sagen. In Verbindung mit Budgetkürzungen werden diese Attacken dann zu einer sich selbst erfüllenden Prophezeiung: Einer der Gründe dafür, dass die WHO auf den Ebola-Ausbruch 2014/2015 nicht angemessen reagiert hat, war, dass sie zuvor viele erfahrene Ebola-Experten aufgrund von Budgetkürzungen entlassen musste (Yazbeck & Soucat 2019). Einen Nachhall des gleichen Problems erfahren gerade die Vereinigten Staaten in Bezug auf COVID-19 (Rago 2020; Reuters Fact Check 2020). Derzeit arbeiten einige Kommissionen im Kontext der WHO diese Lücken auf, im Mai 2021 werden hier erste Reformvorschläge vorliegen.

3 Geld ist nicht alles

Heute hat die WHO 194 Mitgliedsstaaten, und mit der Globalisierung, den geopolitischen Verschiebungen und internen Restrukturierungen ist die Gesamtsituation nur noch komplizierter geworden. Auch die neue US-Administration muss erst wieder Vertrauen aufbauen. Für die globale Gesundheit sind die neuen geopolitischen Konflikte ein schwieriges Terrain. China und Indien haben an Einfluss gewonnen und gestalten die globale Gesundheitsagenda mit, besonders seit das Thema Gesundheit – auf Betreiben Deutschlands – zu einem regelmäßigen Tagesordnungspunkt bei den Treffen der G20 geworden ist. Zudem kontrollieren sie auch die globalen Lieferketten für vielen medizinischen Güter. Wie abhängig viele Länder des Globalen Nordens auf diesem Gebiet von ihnen geworden sind, hat die COVID-19-Krise und der Zugang zu Impfstoffen mit erschreckender Deutlichkeit gezeigt (OECD 2020). Zudem haben China und Indien ihre Anstrengungen auf dem Gebiet wissenschaftlicher Forschung enorm erhöht. Sie sind inzwischen führend auf dem Gebiet der digitalen Gesundheitsversorgung, und im multilateralen Gefüge der Gesundheitspolitik testen sie gerade ihre neue Schlagkraft, dabei entwickelt sich einerseits ein neuer „soft power"-Wettkampf – Beispiel Maskendiplomatie – und andererseits harte Konkurrenz des „me first" – Beispiel Impfnationalismus (Meier 2020; VaticanNews 2020). Auch bei der COVID-19-Impfdiplomatie spielen diese Länder eine zentrale Rolle – nicht nur in der WHO, sondern auch in der Welthandelsorganisation.

Die Staaten mittlerer Größe verbünden sich inzwischen nicht mehr einfach nur zu einem Block, sondern sie bauen ihren Länderinteressen entsprechende agile, wechselnde Allianzen und nutzen dieses neue multilaterale Gefüge für eine themenbezogene Diplomatie. Hier spielt Gesundheit tatsächlich noch eine zentrale Rolle. Die Divergenzen und das Misstrauen bleiben aber bestehen, wenn auch anders verteilt. Die ärmeren Länder wollen eine möglichst starke WHO, damit diese ihnen bei der Lösung ihrer Gesundheitsprobleme helfen kann und auch die finanziellen Mittel dazu hat. Viele europäische Länder wollen hingegen eine WHO, die – entsprechend dem Ansatz der Europäischen Union – auf gemeinsamen Normen und Werten basiert und diese auch durchsetzt. Das drückt sich auch in der Initiative der EU für ein neues Pandemie-Abkommen aus. Die Zivilgesellschaft wiederum wünscht sich die ursprünglich von den Gründern vorgesehene unabhängige und unpolitische Organisation. Aber noch ein weiterer Aspekt hat sich verändert: Der Generaldirektor hat mehr Einfluss bekommen, z. B. nimmt er seit 2017 regelmäßig an den Treffen der G7 und G20 teil. Der heutige Generaldirektor Tedros Adhanom Ghebreyesus steht in regelmäßigem Kontakt mit zahlreichen Staats- und Regierungschefs – eine Interaktion, die während der Coronavirus-Krise in höchstem Maße intensiviert wurde. So ergibt sich eine ganz andere Basis, von der aus Angriffe auf die WHO abgewehrt werden können: So hat die US-amerikanische Abneigung gegenüber dem UNO-System unter Trump eine Gruppe von Ländern dazu gebracht, ein *Bündnis für Multilateralismus* zu gründen – und die Unterstützung der WHO sind Teil der Agenda.

Die afrikanischen Länder haben hart für ihren ersten Generaldirektor gekämpft. Dieses Ziel hatten sie erreicht, als der aus Äthiopien stammenden Tedros mit überwältigender Mehrheit zum Generaldirektor gewählt wurde. Sie haben sich erfolgreich gegen alle tatsächlichen oder vermeintlichen Attacken – aus welcher Ecke sie auch kommen mögen – und gegen Vorwürfe in Verbindung mit der Corona-Pandemie zur Wehr gesetzt, viele davon werden sie auch als rassistisch motiviert interpretieren (Newey 2020; Smith III 2020). Junge Menschen aus dem globalen Süden haben auch schon eine Bewegung zum Thema „decolonize global health“ gegründet – man will mitreden, nicht mehr das Objekt wohlgemeinter Ratschläge zur Entwicklung sein (Eichbaum et al. 2020; Green 2019; Philippi 2020).

4 Geopolitik und Krisen – nichts Neues für die WHO

Die WHO ist in schmerzlicher Regelmäßigkeit Verschiebungen tektonischen Ausmaßes unterworfen: Entkolonialisierung, der Kalte Krieg und sein Ende, die HIV/AIDS-Krise, die Finanzkrise, die kurze Zeit der amerikanischen Hegemonie, SARS, Zika, sowie zwei Ebola-Epidemien. Die WHO hat diese Krisen bewältigt, obwohl mit einer geradezu irritierenden Regelmäßigkeit die Frage nach ihrer Sinnhaftigkeit gestellt wurde. Von Beginn an, d. h. direkt nach dem Zweiten Weltkrieg, saß die WHO schon zwischen allen Stühlen (MacDonald 2008). Weil sie angeblich die jeweils andere Weltanschauung favorisierte, wurde sie ironischerweise gleichzeitig sowohl von Vertretern der Vereinigten Staaten, als auch von denen der Sowjetunion attackiert. Während das sozialistische Lager behauptete, die WHO kapituliere vor den Vereinigten Staaten und deren imperialistischen Gelüsten, warfen Anhänger des US-Senators Joseph McCarthy der WHO vor, diese sei von eben diesen Kommunisten infiltriert worden (Fee et al. 2016). Dieses Trauerspiel verschwand leider nicht in der Mottenkiste der Geschichte, sondern erlebt derzeit eine Wiederaufführung auf der großen Bühne der Geopolitik, mit den Vereinigten Staaten und China als Hauptdarstellern, auch nach Trump.

Schon früh ließen die Sowjetunion und einige ihrer Satellitenstaaten die WHO-Mitgliedschaft ruhen; sie kehrten erst 1956, nach dem Tod Josef Stalins, aktiv zurück (Birn & Krementsov 2018; Fee et al. 2016). Während des gesamten Kalten Krieges verlangte auch die kleinste Resolution der WHO sorgfältigste Formulierungskünste, nur um nicht als Verpflichtung zur Privatisierung *oder* Vergesellschaftung der Gesundheitsversorgung missverstanden zu werden. Und selbst im Jahr 2003 – d. h. lange nach dem Zerfall der Sowjetunion – kamen die Verhandlungen über die *Internationalen Gesundheitsvorschriften* (IGV) wegen einer Formulierung zum Stillstand, welche die Bedeutung des Kaliningrader Korridors für Russland (angeblich) nicht ausreichend gewürdigt hatte.

Für die WHO stellen die Verstrickungen der großen Politik gleichzeitig eine Gefahr, aber auch eine Chance dar. Zwischen 1960 und 1965 traten vierundzwanzig unabhängig gewordene afrikanische Länder den Vereinten Nationen bei. Der damalige Generaldirektor der WHO, Halfdan Mahler, nutzte das kurze Zeitfenster der 1970er Jahre dazu, um mit Hilfe der Länder des Globalen Südens eine neue Agenda aufzustellen, die auf dem Grundsatz „Gesundheit für alle“ basierte und Gesundheit mit der Gleichheitsagenda und der Forderung der *Brandt-Kommission* nach einer neuen Wirtschaftsordnung verknüpfte. Zu Beginn dieses Jahrhunderts nutzte Generaldirektorin Gro Harlem Brundtland ihre Amtszeit dazu, zwei wichtige internationale Abkommen auf den Weg zu bringen: Das *Rahmenübereinkommen zur Eindämmung des Tabakgebrauchs* und nach der SARS-Krise die *Internationalen Gesundheitsvorschriften.* Darüber hinaus machte sie Gesundheit zu einem unverzichtbaren Bestandteil der Entwicklungspolitik und schuf damit die Basis für die besondere Bedeutung, die Gesundheit in den siebzehn *Zielen für nachhaltige Entwicklung* (SDGs) der Vereinten Nationen spielt.

5 Was nun?

Nachdem sich 2014/2015 herausgestellt hatte, dass sie nicht rechtzeitig auf den Ausbruch der Ebola-Epidemie reagieren konnte, überarbeitete die WHO ihre Bereitschafts- und Reaktionsstrategie. Wer hingegen nichts aus der damaligen Krise gelernt hat, sind die Mitgliedstaaten, die ihren politischen und finanziellen Verpflichtungen aus den *Internationalen Gesundheitsvorschriften* (IGV) nicht nachgekommen sind. Eine kritische Überprüfung im Jahr 2015 deckte bereits damals die Schwächen der IGV auf, doch die Mitgliedstaaten waren nicht bereit, diese zu reformieren. Tatsächlich war schon damals die Befürchtung groß, dass eine Neuverhandlung dieses Instruments eher zu einer Schwächung desselben führen könnte. Im aktuellen geopolitischen Umfeld hat diese Befürchtung leider noch an Gewicht zugenommen. Doch bei all den politischen Problemen, denen sich die Länder derzeit im Zusammenhang mit den *Bereitschafts- und Informationsanforderungen* und der *Erklärung eines internationalen Notstands im Bereich öffentlicher Gesundheit* (ein neuer Mechanismus, der durch die IGV eingeführt wurde) stellen müssen, bleibt eine erneute Revision der IGV unumgänglich. Eventuell werden die IGV auch durch ein Pandemie-Abkommen ergänzt und verstärkt.

Vielleicht gibt es einen kosmopolitischen Moment der Klarheit, in der sich einer kritischen Masse von Ländern eine stärkere und finanziell besser ausgestattete WHO als wesentliche Voraussetzung für die Zukunft der globalen Gesundheit offenbart. So lautete jedenfalls die Botschaft, die nach dem virtuellen G20-Treffen am 26. März übermittelt wurde. „Wir unterstützen das Mandat der WHO zur Koordinierung der internationalen Maßnahmen zur Bekämpfung der Pandemie in vollem Umfang und bekennen uns dazu, es weiter zu stärken“ (Presse- und Informationsamt der Bundesregierung 2020). Noch bedeutender war die Resolution, die von der virtuellen Weltgesundheitsversammlung im Mai 2020 angenommen wurde. Die Mitgliedsstaaten stellten sich hinter ihre Organisation. Möglich wurde dieser Konsens durch die neu angenommene Vorreiterposition der Europäischen Union, die sich inzwischen sehr proaktiv an den Verhandlungen und Initiativen der WHO beteiligt. Unter der Führung der neuen Kommissionspräsidentin hat diese in den ersten Monaten des Jahres 2020 eine klare politische und finanzielle Führungsrolle übernommen. Anlässlich der deutschen EU-Präsidentschaft in der zweiten Jahreshälfte überbrachte der deutsche Gesundheitsminister der WHO einen Betrag von 500 Millionen € als deutliches politisches Signal der Unterstützung (Zeit Online 2020). Damit wurde Deutschland sprunghaft zu einem der größten Geldgeber der Organisation. Der Europäische Rat hat im November 2020 der WHO starke Unterstützung zugesagt. Die Zusammenarbeit zwischen EU und der WHO hat sich zunehmend intensiviert und ist enger geworden – politisch wie auch finanziell.

Der Einfluss Deutschlands ist in Bezug auf die globale Gesundheit in den letzten zehn Jahren signifikant angewachsen. Als Beginn wird meist der deutsche G8-Gipfel 2007 in Heiligendamm genannt. In enger Zusammenarbeit zwischen Kanzleramt und Gesundheitsministerium begann nach der Ebola Krise 2014/15 ein systematischer Prozess der Ausweitung dieses „soft power"-Politikfeldes. Zuvor war bereits 2013 eine „globale Gesundheitsstrategie" vom Kabinett verabschiedet worden. Nicht nur die WHO wurde dabei als Aktionsfeld genutzt, sondern verstärkt auch die G7- und G20-Präsidentschaften. Zugleich stieg innerhalb Deutschlands das Interesse an globaler Gesundheit – eine der wichtigsten Initiativen war hier sicherlich die Gründung des World Health Summits im Jahr 2009. Inzwischen schaut die Welt mit hohen Erwartungen auf Deutschland: Inwieweit ist es willig und fähig, eine starke und prägende Rolle einzunehmen? Die deutsche EU-Präsidentschaft hat erste Antworten gegeben – besonders im Hinblick auf die Zusammenarbeit mit anderen EU-Ländern, denn nur so kann eine globale Gesundheitsstrategie für die EU entwickelt werden. Von größter Wichtigkeit ist hier – wie auch in der Allianz für Multilateralismus – der enge Schulterschluss mit Frankreich. Die globale Absicht trifft sich auch mit dem Ziel eine Europäische Gesundheitsunion zu schaffen und viele der Gesundheitsinstitution – wie das ECDC – zu stärken.

Zentral in dieser Strategie sind die Stärkung und Reform der WHO – das drücken auch die Beschlüsse des Europäischen Rates aus. Der steinige Weg zu einem umfassenden, gut finanzierten *internationalen strategischen Bereitschafts- und Reaktionsplan*, zu einem überarbeiteten und erweiterten Satz *internationaler Gesundheitsvorschriften*, und zu einem schlagkräftigen Rechenschaftsmechanismus muss beschritten werden. Das neue Rechtsinstrument könnte und sollte nicht nur die WHO selbst, sondern auch die Mitgliedsländer zur Rechenschaft verpflichten – genau so, wie die Satzung der WHO es vorsieht. Zu Recht betont der

Generaldirektor immer und immer wieder, dass Gesundheit letztlich eine politische Entscheidung ist (Aye 2020; Kirton & Kickbusch 2019). Viele Länder haben in ihren Antworten auf COVID-19 katastrophale politische Fehlentscheidungen getroffen – tatsächlich aber hatten sie diese Fehlentscheidungen schon viel früher getroffen, nämlich als sie sich geweigert haben, in die WHO und in bessere Präventionsmaßnahmen zu investieren. In Bezug auf COVID-19 hören wir immer wieder, dass wir nicht zur Tagesordnung zurückkehren könnten. Das gilt insbesondere für die Einführung eines gut finanzierten Systems globaler Gesundheitspolitik, und zwar eines Systems, das auch Zähne hat. Die Debatte über Verständnisse von Gesundheit geht weit über Medizin und verschiedene Definitionen von Gesundheit und Krankheit hinaus. Es geht um wichtige nationale und internationale Organisationen und Strukturen, die Gesundheit erhalten und schützen. Gesundheit *ist* eine politische Entscheidung. Die Länder dieser Welt sind jetzt vor die Wahl gestellt, die WHO, ihre Finanzierung und ihre rechtlichen Befugnisse nachhaltig zu stärken – oder eine der wichtigsten Organisationen im UN-System zu zerstören. Die Chancen für eine Stärkung der WHO stehen jetzt sehr viel höher als Anfang des Jahres 2020. Besonders die Anstrengungen zum Erreichen eines neuen Pandemie-Abkommens werden das Jahr 2021 prägen. Der Druck, neue normative Mechanismen zu schaffen ist angesichts der ungleichen globalen Verteilung von Impfstoffen signifikant angestiegen. Wie sich gezeigt hat, ist der neue Verteilmechanismus COVAX sehr wichtig, doch er reicht keinesfalls aus. Immer deutlicher tritt zutage, dass globale Gesundheit weit über „soft power“ hinausgeht. Im Mai 2020, d. h. in der ersten Phase der Pandemie berechneten Wissenschaftler des Internationalen Währungsfonds, dass die einzelnen Länder weltweit etwas mehr als 9 Billionen US$ in die Bekämpfung der Pandemie investieren würden (Battersby et al. 2020) – und damals war noch nicht abzusehen, dass sie die Pandemie über mindestens noch ein weiteres Jahr erstrecken sollte. Interessanterweise würde es laut einer Schätzung der *International Chamber of Commerce* die globale Wirtschaft den gleichen Betrag kosten, wenn die Länder des Globalen Südens bei der Verteilung der Impfstoffe zu kurz kämen (ICC Research Foundation 2021). Tatsächlich bedeutet nur ein globaler und gerechter Zugang zu Impfstoffen die Sicherung wirtschaftlichen Handelns. So geht es nun um Milliarden Investitionen in Forschung und Entwicklung, um das Schaffen neuer Produktionsstätten weltweit und um einen anderen Umgang mit Patenten in Krisenzeiten. Der Impfnationalismus stößt klar an seine Grenzen und das alte Entwicklungshilfe Modell hat endgültig ausgedient. Der Ruf nach einer nachhaltigen Finanzierung von öffentlichen globalen Gütern ist wieder lauter geworden – nicht zuletzt weil jetzt auch der globale Norden betroffen ist. Damit rückt die WHO auf neue Weise und mit erhöhter Bedeutung wieder ins Zentrum politischen Handelns. Ob die Mitgliedsländer jedoch den nur folgerichtigen Schritt gehen werden, die WHO finanziell besser auszustatten – wofür sich Deutschland stark einsetzt – ist noch nicht abzusehen. Jetzt, d. h. Anfang 2021 und über ein Jahr noch der Entdeckung des SARS-CoV-2 Virus, steht zweifelsfrei fest: ohne die WHO geht Krisenbewältigung nicht. Dafür aber muss diese auch außerhalb von Krisenzeiten politisch unterstützt und finanziell gut, stabil und unabhängig ausgestattet sein.

Literatur

Aye, Baba (2020): „Dr Tedros at WHO Executive Board: ‚Health Is A Political Choice'". Public Services International. https://publicservices.international/resources/news/health-is-a-political-choice?id=10568&lang=en, besucht am 27. 8. 2020.

Battersby, Bryn/Lam, W. Raphael/Ture, Elif (2020): „Tracking the $9 Trillion Global Fiscal Support to Fight COVID-19". International Monetary Fund. https://blogs.imf.org/2020/05/20/tracking-the-9-trillion-global-fiscal-support-to-fight-covid-19/, besucht am 202106.05.

Birn, Anne-Emanuelle/Krementsov, Nikolai (2018): „‚Socialising' Primary Care? The Soviet Union, WHO and the 1978 Alma-Ata Conference". In: *BMJ Glob Health* 3(Suppl 3), S. e000992.

Both, Denise (2018): „Der Internationale Kodex zur Vermarktung von Muttermilchersatzprodukten: Entstehungsgeschichte, Inhalt und Bedeutung.". In: *Bundesgesundheitsblatt Gesundheitsforschung Gesundheitsschutz* 61(8), S. 1008 – 1011.

Christensen, Tom/Painter, Martin (2017): „The Politics of SARS – Rational Responses or Ambiguity, Symbols and Chaos?". In: *Policy and Society* 23(2), S. 18 – 48.

Deutsches Ärzteblatt (2020): „Unentbehrliche Arzneimittel: WHO legt digitales Verzeichnis auf". Deutsches Ärzteblatt International. https://www.aerzteblatt.de/nachrichten/109686/Unentbehrliche-Arzneimittel-WHO-legt-digitales-Verzeichnis-auf, besucht am 27. 8. 2020.

Eban, Katherine (2020): „Exclusive: The Secret Plan to Unwithdraw From the WHO After Trump's ‚Bizarre,' ‚Ruinous' Exit". Vanity Fair. https://www.vanityfair.com/news/2020/06/secret-plan-to-unwithdraw-from-the-who-after-trumps-exit, besucht am 27. 8. 2020.

Eichbaum, Quentin G./Adams, Lisa V./Evert, Jessica et al. (2020): „Decolonizing Global Health Education: Rethinking Institutional Partnerships and Approaches". In: *Academic Medicine* 96(3), S. 329 – 335.

Fee, Elizabeth/Cueto, Marcu/Brown, Theodore M. (2016): „At the Roots of the World Health Organization's Challenges: Politics and Regionalization". In: *American Journal of Public Health* 106(11), S. 1912 – 1917.

Friends (2020): „Global Fund and U.S. Partners". Friends of the Global Fight Against AIDS, Tuberculosis and Malaria. https://www.theglobalfight.org/impact/the-global-fund-and-u-s-partners/, besucht am 27. 8. 2020.

GreatGameIndia (2020): „WHO & Its Never Ending List Of Errors". GreatGameIndia. https://greatgameindia.com/who-list-of-errors/, besucht am 27. 8. 2020.

Green, Andrew (2019): „The Activists Trying to ‚Decolonize' Global Health". Devex – International Development News. https://www.devex.com/news/the-activists-trying-to-decolonize-global-health-94904, besucht am 27. 8. 2020.

ICC Research Foundation (2021): „The Economic Case for Global Vaccinations. An ICC Research Foundation commissioned study showing that advanced economies stand to lose USD trillions through vaccine nationalism“. International Chamber of Commerce (ICC) Research Foundation. https://iccwbo.org/publication/the-economic-case-for-global-vaccinations/, besucht am 06. 05. 2021.

Kickbusch, Ilona (2015): „Global Health Security: A Cosmopolitan Moment“. In: *G7 Germany: the Schloss Elmau Summit* Juni 2015, S. 96–97.

Kickbusch, Ilona (2020): „COVID-19 Is Smoke and Mirrors – What Matters Is International Law“. Think Global Health. https://www.thinkglobalhealth.org/article/covid-19-smoke-and-mirrors-what-matters-international-law, besucht am 27. 8. 2020.

Kirton, John/Kickbusch, Ilona (2019): *Health: A Political Choice.* Global Governance Project, www.bit.ly/2019UHC, besucht am 11. 11. 2020.

Krauss, Clifford (2003): „The SARS Epidemic: Canada; Advice To Put Off Trips to Toronto Is Lifted by W.H.O.“. The New York Times. https://www.nytimes.com/2003/04/30/world/the-sars-epidemic-canada-advice-to-put-off-trips-to-toronto-is-lifted-by-who.html, besucht am 06.052021.

Luther, Carsten (2020): „Weltgesundheitsorganisation: Noch geben die USA die WHO nicht auf“. Zeit Online. https://www.zeit.de/politik/ausland/2020-06/weltgesundheitsorganisation-donald-trump-usa-reform-china, besucht am 27. 8. 2020.

MacDonald, Théodore H. (2008): *Health, Human Rights and the United Nations: Inconsistent Aims and Inherent Contradictions.* Abingdon: Radcliffe.

Meier, Daniel (2020): „Beim Impfen denkt jedes Land zuerst an sich“. NZZ am Sonntag. https://nzzas.nzz.ch/hintergrund/impfnationalismus-staaten-die-genug-geld-haben-draengeln-vor-ld.1570387?reduced=true, besucht am 27. 8. 2020.

Newey, Sarah (2020): „Dr Tedros: The WHO Leader that Donald Trump is Gunning for“. Telegraph. https://www.telegraph.co.uk/global-health/climate-and-people/dr-tedros-leader-donald-trump-gunning/, besucht am 27. 8. 2020.

OECD (2020): *OECD Policy Responses to Coronavirus (COVID-19). Trade Interdependencies in Covid-19 Goods.* Paris: Organisation for Economic Co-operation and Development, http://www.oecd.org/coronavirus/policy-responses/trade-interdependencies-in-covid-19-goods-79aaa1d6/, besucht am 11. 11. 2020.

Philippi, Morghen (2020): „COVID-19, Decolonizing Global Health Top of Mind for Global Health Students Today“. IntraHealth International. https://www.intrahealth.org/vital/covid-19-decolonizing-global-health-top-mind-global-health-students-today, besucht am 27. 8. 2020.

Presse- und Informationsamt der Bundesregierung (2020): *Außerordentliches Gipfeltreffen der Staats- und Regierungschefs der G20. Erklärung zu COVID-19.* https://www.bundesregierung.de/breg-de/aktuelles/ausserordentliches-gipfeltreffen-der-staats-und-regierungschefs-der-g20-erklaerung-zu-covid-19-1735452 Pressemitteilung vom 26.3. 2020.

Rago, Matthew (2020): „Fact Check: Did the Trump Administration Fire the Entire Pandemic Team? Well, Sort of“. https://neiuindependent.org/16148/news/fact-check-did-the-trump-administration-fire-the-entire-pandemic-team-well-sort-of/, besucht am 27. 8. 2020.

Reddy, Srikanth K./Mazhar, Sumaira/Lencucha, Raphael (2018): „The Financial Sustainability of the World Health Organization and the Political Economy of Global Health Governance: A Review of Funding Proposals“. In: *Globalization and Health* 14(1), S. 1–11.

Reuters Fact Check (2020): „Partly False Claim: Trump Fired Entire Pandemic Response Team in 2018". https://www.reuters.com/article/uk-factcheck-trump-fired-pandemic-team/partly-false-claim-trump-fired-pandemic-response-team-in-2018-idUSKBN21C32M, besucht am 27.8.2020.

Shuhei, Ikehata (2020): „Why the WHO was accused of being pro-China". NHK World. https://www3.nhk.or.jp/nhkworld/en/news/backstories/1089/, besucht am 27.8.2020.

Smith III, Frank L. (2020): „A Healthy Dose of Realism: Stopping COVID-19 Doesn't Start with the WHO". https://warontherocks.com/2020/05/a-healthy-dose-of-realism-stopping-covid-19-doesnt-start-with-the-who/, besucht am 27.8.2020.

The Global Fund (2020): „United States". https://www.theglobalfund.org/en/government/profiles/united-states/, besucht am 27.8.2020.

The Guardian (2020): „Senior WHO adviser appears to dodge question on Taiwan's Covid-19 response". The Guardian. https://www.theguardian.com/world/2020/mar/30/senior-who-adviser-appears-to-dodge-question-on-taiwans-covid-19-response, besucht am 27.8.2020.

VaticanNews (2020): „Absage an ‚Impfnationalismus': WHO stärkt Papst den Rücken". VaticanNews. https://www.vaticannews.va/de/welt/news/2020-08/who-papst-kein-impfnationalismus-tweet.html, besucht am 27.8.2020.

World Health Organization (2004): *Rahmenübereinkommen der WHO zur Eindämmung des Tabakgebrauchs*. Genf: World Health Organization, https://www.dkfz.de/de/tabakkontrolle/download/fctc/FCTC_deutsche_Uebersetzung.pdf, besucht am 11.11.2020.

World Health Organization (2006 [1948]): *Constitution of the World Health Organization*. Genf: World Health Organization, https://www.who.int/governance/eb/who_constitution_en.pdf, besucht am 11.11.2020.

World Health Organization (2020): „How WHO is Funded". World Health Organization. https://www.who.int/about/planning-finance-and-accountability/how-who-is-funded, besucht am 27.8.2020.

World Health Organization (2020 [1948]): „Constitution". World Health Organization. https://www.who.int/about/who-we-are/constitution, besucht am 27.8.2020.

World Health Organization Interim Commission (1947): „The Move Towards a New Health Organization". In: *Chronicle Of World Health Organization* 1(1–2), S. 1–12.

Yazbeck, Abdo S. /Soucat, Agnès (2019): „When Both Markets and Governments Fail Health". In: *Health Syst Reform* 5(4), S. 268–279.

Zeit Online (2020): „Deutschland erhöht Hilfe für WHO auf 500 Millionen Euro". https://www.zeit.de/politik/2020-06/jens-spahn-weltgesundheitsorganisation-who-finazielle-unterstuetzung-deutschland, besucht am 27.8.2020.

Nikola Biller-Andorno und Susanne Jöbges

Angemessene Gesundheitsversorgung – Appropriate Care

Abstract: *Adequate Health Care – Appropriate Care.* The understanding of health is highly relevant in ethical as well as health policy terms because it is linked to entitlement to health services. In addition, conclusions can be drawn from what we consider to be appropriate health care to the current prevailing understanding of health and illness. The article describes the conceptual complexity of the normative concept of adequate health care and the opportunities and challenges of its effective operationalization.

1 Appropriate Care – eine begriffliche und thematische Annäherung

Angemessenheit, als eine Tugend der Mäßigung, findet sich bereits in Aristoteles' philosophischen Überlegungen zur Gerechtigkeit (Kositzke 2008). So bestimmt Aristoteles in seiner *Nikomachischen Ethik* Verteilungsgerechtigkeit zunächst in formaler Hinsicht mit dem Verweis auf die Proportionenlehre und hält fest, „dass das Gerechte bei den Verteilungen einer bestimmten Würdigkeit entsprechen muss, doch reden nicht alle von derselben Würdigkeit [...]" (Aristoteles 2020, S. 84). Während Aristoteles sich auf unterschiedliche Verständnisse von Würdigkeit/Angemessenheit und Anspruch bei Demokraten, Oligarchen und Aristokraten im antiken Griechenland bezieht, ist die Problematik auch in unserer heutigen Gesellschaft gerade mit Blick auf Gesundheitsleistungen bemerkenswert aktuell geblieben.

Bereits eine erste reflexive Annäherung an das, was Angemessenheit – also das richtige, den Verhältnissen entsprechende Bemessen oder Zuteilen – im Gesundheitswesen bedeuten kann, wirft zahlreiche Fragen auf, zum Beispiel:

- Was ist im Gesundheitswesen richtig, d. h. den Verhältnissen entsprechend?
- Aus welchem Blickwinkel wird die Angemessenheit einer Maßnahme im Gesundheitswesen bewertet?
- Warum ist eine angemessene Versorgung geboten?

Nikola Biller-Andorno, Susanne Jöbges, Institut für Biomedizinische Ethik und Medizingeschichte, Universität Zürich

https://doi.org/10.1515/9783110713336-028

- Welche Kriterien sollten in eine Bewertung von angemessener Versorgung im Gesundheitswesen einfließen?
- Welche Konzepte existieren, um eine angemessene Versorgung umzusetzen?

Bereits diese vorläufige Liste möglicher Fragen deutet die Vielschichtigkeit des Konzepts an. Die Relevanz wird besonders deutlich, wenn man sich dem Konzept *ex negativo* nähert. Die Problematik der unangemessenen Versorgung ist zunehmend Gegenstand gesundheitspolitischer Debatten. So wird geschätzt, dass Fehlversorgung – zu viel oder das Falsche – inzwischen fast ein Drittel der Gesundheitskosten ausmacht (Anastasy 2019; Coulter et al. 2018). Nicht nur entstehen durch unnötige oder falsch gewählte Eingriffe Belastungen und Schaden für Patienten; auch fehlen die dafür aufgewendeten Mittel andernorts, so dass zugleich eine Unterversorgung resultieren kann.

Aus einer zukunftsorientierten Perspektive wird deutlich, dass uns die Aushandlung dessen, was eine angemessene Versorgung darstellt, auch künftig begleiten wird: Die personalisierte Medizin mit ihren exorbitanten Preisen, die Möglichkeiten des pharmakologischen oder genetischen Enhancement, die zunehmende Erkenntnis der Zusammenhänge von sozialen Faktoren und Gesundheit sowie die Erweiterung präventiver, diagnostischer, therapeutischer und prognostischer Ansätze durch künstliche Intelligenz werden es erforderlich machen, die Angemessenheit der Gesundheitsversorgung immer wieder neu zu denken. Umso wichtiger ist es, sich Klarheit über das Konzept zu verschaffen.

2 Konzeptuelle Herausforderungen

Nicht nur bestehen inhaltliche Kontroversen darüber, welche gesundheitliche Versorgung angemessen ist; noch grundsätzlicher gibt es unterschiedliche Verständnisse dessen, was unter dem Begriff der angemessenen Versorgung oder, wie in der englischsprachigen und internationalen Literatur gebräuchlich, der *Appropriate Care* zu fassen ist. Ein umfassender Literaturreview hat mittels einer induktiven thematischen Analyse fünf Kategorien – evidenzbasierte Versorgung, Patientenzentrierung, klinische Expertise, Kosteneffektivität und fairer Zugang – identifiziert, die den aktuellen Begriffsgebrauch im Gesundheitsbereich reflektieren (Robertson-Preidler, Biller-Andorno et al. 2017) (vgl. Abb. 1).

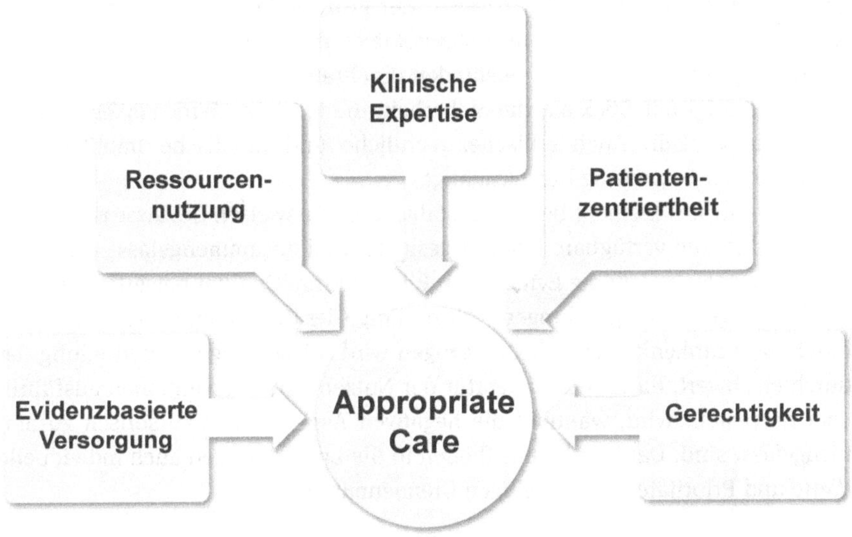

Abb. 1: Kategorien der angemessenen Versorgung (in Anlehnung an Robertson-Preidler, Biller-Andorno et al. 2017)

3 Empirische Evidenz als Grundlage für eine Bewertung der Angemessenheit

Bevor man sinnvollerweise über die Verteilung diskutieren kann, muss etabliert werden, dass die zu verteilende Ressource überhaupt ein Gut ist und für wen dieses erstrebenswert ist. Das ist gar nicht so offensichtlich, wie es scheinen mag. So hat man sich zum Beispiel in der Schweiz über einige Zeit hinweg mit großem Nachdruck der Sicherstellung einer flächendeckenden Versorgung mit Mammographie-Screening-Angeboten zugewandt, während zur gleichen Zeit die Frage ungelöst blieb, ob flächendeckende Screening-Programme überhaupt ein überzeugendes Nutzen-Schaden-Verhältnis haben und falls ja, für welche Subgruppen (Biller-Andorno & Jüni 2014). Bisweilen wird angemessene Versorgung auch auf den Aspekt des Nutzen-Schaden-Verhältnisses reduziert, so zum Beispiel in der Kurzdefinition eines populären Online-Lexikons: „Appropriate Care: Health care in which the expected clinical benefits (e. g. improved symptoms) of care outweigh the expected negative effects (e. g. adverse drug effects) to such an extent that the treatment is justified" (Segen 2012).

Die Frage nach einer angemessenen Versorgung wird im Gesundheitswesen oft im Zusammenhang mit sogenannten *Health Technology Assessments* (HTAs) gestellt. Unter HTA wird üblicherweise „der Prozess der systematischen Bewertung medizinischer Verfahren und Technologien mit Bezug zur gesundheitlichen Versorgung der Bevölkerung“ verstanden (Cochrane Deutschland 2020). Die Bewertung erfolgt mit Blick auf die Sicherheit, die klinische Wirksamkeit und die Kostenwirksamkeit. Auch ethische, rechtliche und juristische Implikationen werden in der Bewertung berücksichtigt.

Ein zentrales Element bei HTAs ist das klare Ausweisen des Assessment-Anteils, in dem die verfügbare Evidenz gesichtet und zusammengefasst wird, und des Appraisals, in dem die Evidenz mit Blick auf ihre Qualität bewertet wird und als Grundlage von Empfehlungen – oft zur Frage der Übernahme eines Heilmittels durch die Krankenkassen – herangezogen wird. Diese Aufgabe wird häufig dadurch erschwert, dass in der Literatur der Nutzen von Interventionen ausführlicher dargestellt wird, während die negativen Aspekte eher kursorisch zusammengefasst sind. Darüber hinaus fließen in die Empfehlungen auch individuelle Werte und Prioritäten des jeweiligen Gremienmitglieds ein.

4 Klinische Beurteilung der Angemessenheit

Selbst wenn die Wirksamkeit einer medizinischen Intervention grundsätzlich etabliert ist, bedeutet das nicht, dass sie auch bei einem Patienten in einer gegebenen Situation indiziert ist. Der Begriff der Indikation kann gefasst werden als

> ein fachliches Urteil im Einzelfall, initiiert durch den (mutmaßlichen) Willen des Patienten, normiert durch die ethischen Prinzipien „nutzen“ und „nicht schaden“ und basierend auf vergleichenden Prognosen zwischen dem unbehandelten Verlauf eines Leidens und der Wirksamkeit von Interventionen. Sie ist eine Empfehlung an den Patienten und eine professionsbedingte Selbstnormierung des Arztes (Wiesing 2017).

Ärztinnen und Ärzte sind in ihrer Professionalität dem Wohlergehen des Patienten verbunden. Die Genfer Deklaration des Weltärztebundes verweist diesbezüglich auf die „gute medizinische Praxis“, mit der die ärztliche Berufsausübung im Einklang stehen sollte (Parsa-Parsi 2017). Was damit genau gemeint ist, wird in der Deklaration nicht weiter definiert, kann aber als Geste hin auf gute Indikationsqualität interpretiert werden.

So identifiziert auch der Deutsche Ethikrat eine „verantwortungsvoll gestellte, auf den individuellen Patienten bezogene medizinische Indikation“ als Grundlage einer guten medizinischen Behandlungsqualität (Deutscher Ethikrat 2016). Alle Maßnahmen, Prozeduren, Prozesse sollen dabei die Umsetzung einer verantwortungsvollen Indikationsstellung unterstützen.

Eine individuelle Indikationsstellung basiert auf wissenschaftlicher Evidenz, welche so gut wie möglich in Bezug zum individuellen Patienten gesetzt wird (Neitzke 2013; Sackett et al. 1996). Eine wichtige Limitation besteht darin, dass für manche Patientengruppen oder Gesundheitszustände eine deutlich geringere Evidenzbasis zur Verfügung steht als für andere. So wurden zum Beispiel lange Zeit schwangere Frauen kategorisch von der Teilnahme an Forschungsprojekten ausgeschlossen, mit der Konsequenz, dass diese Personengruppe nur mit Einschränkungen am wissenschaftlichen Fortschritt partizipieren konnte (Biller-Andorno & Wild 2003).

Für Ärztinnen und Ärzte spielen aufbereitete Formen der Evidenz im klinischen Alltag als Grundlage für Indikationsstellungen eine große Rolle. Diese Aufbereitung kann durch Einrichtungen wie das deutsche Institut für Qualität und Wirtschaftlichkeit im Gesundheitswesen (IQWIG) erfolgen, welches evidenzbasierte Bewertungen des aktuellen medizinischen Wissensstandes zu diagnostischen und therapeutischen Verfahren vornimmt, oder durch Fachgesellschaften, die Leitlinien zu bestimmten Behandlungsformen oder Krankheitsbildern erstellen. In den USA wurde bereits in den 1980ern die *RAND/UCLA Appropriateness Method* (RAM) entwickelt, welche darauf zielt, die beste verfügbare wissenschaftliche Evidenz mit Bewertungen durch klinische Experten zu verbinden, Indikationslisten zu erstellen und Empfehlungen für den klinischen Alltag zu angemessener und unangemessener Versorgung für bestimmte Maßnahmen bei spezifischen Symptomen abzuleiten (Fitch et al. 2001).

Eine Frage, die sich aus Nutzen-Schaden-Analysen allein schlecht beantworten lässt, ist die Abgrenzung von Therapie und Enhancement, also einer Verbesserung über das Normale hinaus, welche in den vergangenen Jahrzehnten in der Medizin immer wieder thematisiert worden ist und die mit neuen technischen Möglichkeiten wie der Genschere CRISPR oder KI-basierten Hirn-Computer-Schnittstellen wieder an Aktualität gewonnen hat. Denn es ist durchaus denkbar, dass auch Enhancement-Eingriffe die Lebensqualität eines gesunden Menschen signifikant verbessern, ohne ein signifikantes Schadenspotenzial aufzuweisen. Dennoch ist damit die Frage noch nicht geklärt, ob wir Enhancement schon aufgrund dieses Kriteriums als Teil einer angemessenen Gesundheitsversorgung fassen möchten oder welche Priorität solchen Eingriffen zukommen sollte. Allerdings ist eine Abgrenzung zwischen Therapie und Enhancement, welche sich auf eine klare Unterscheidung von gesund und krank stützt, schwierig und wird von Ärzten auch tendenziell durch Kriterien wie Leidensdruck oder Funktionalität im Alltag ersetzt (Ott et al. 2012).

5 Angemessenheit als patientenzentriertes Konzept

Die Weltgesundheitsorganisation (WHO) hat die folgenden drei Schlüsselkriterien für die Angemessenheit medizinischer Versorgung über verschiedene kulturelle Kontexte und Gesundheitssysteme hinweg identifiziert: 1. Effektivität (beruhend auf valider Evidenz), 2. Kosteneffektivität und 3. Übereinstimmung mit ethischen Prinzipien und Präferenzen betroffener Individuen, der Gemeinschaft und der Gesellschaft (World Health Organization 2000). Damit hat die WHO bereits vor zwei Jahrzehnten klar auf die Relevanz der Patientenperspektive verwiesen. Diese wird in ihrer Bedeutung noch immer unterschätzt oder gar als unwissenschaftlich oder belanglos beiseitegelassen.

Dabei spielt es für die Frage einer angemessenen Versorgung eine große Rolle, ob eine Intervention im Sinne des Patienten stattfindet oder nicht. So haben empirische Studien gezeigt, dass die Behandlung fortgeschrittener Tumorleiden keinesfalls immer den Präferenzen der betroffenen Patienten entspricht (Silvestri et al. 1998). Die unzutreffende Bestimmung von Patientenpräferenzen kann, so wurde treffend formuliert, als eine Form der „misdiagnosis", einer fehlerhaften Diagnose, gewertet werden (Mulley et al. 2012). Im Rahmen der intensivmedizinischen Behandlungen von COVID-19-Patienten und der Frage nach möglicherweise knapp werdenden Behandlungsplätzen ist die Bedeutung einer sorgsamen Abklärung von Patientenpräferenzen besonders deutlich hervorgetreten.

Nicht nur lässt sich argumentieren, dass Menschen geschadet wird, wenn sie eine Behandlung erhalten, die sie nicht wollen. Darüber hinaus werden im Falle einer Knappheit auch die Zugangschancen derjenigen, die eine Behandlung wünschen, geschmälert und ein mögliches Verteilungsgerechtigkeitsproblem wird weiter akzentuiert. Dies gilt nicht nur mit Blick auf die konkrete Intervention, sondern auch für die – finanziellen, personellen und weiteren – Ressourcen im Gesundheitswesen. Wenn Mittel für eine vom Patienten nicht gewünschte Behandlung aufgewendet werden und dann für einen anderweitigen, benötigten und gewünschten Einsatz nicht zur Verfügung stehen, ist eine solche Versorgung doppelt unangemessen.

Kontroverser ist der Fall, dass Patientinnen oder Patienten eine Behandlung wünschen, deren Wirksamkeit nicht nachgewiesen ist. Dies geschieht regelmäßig im Rahmen von komplementärmedizinischen Behandlungswünschen oder experimentellen Therapien z. B. im Bereich der Onkologie. Die Frage der Kostenübernahme wird dann oft zum Politikum. Während man bei günstigen komplementärmedizinischen Ansätzen und subjektiver Zufriedenheit der Nutzer ohne signifikanten Schaden immer noch mit Blick auf unspezifische therapeutische

Effekte von einer im weiteren Sinne angemessenen Versorgung sprechen kann, wird das schwieriger, wenn die Therapien teuer sind und/oder mit erheblichen Risiken oder Belastungen einhergehen.

Eine patientenzentrierte, angemessene Versorgung kann verstanden werden als eine medizinische Versorgung auf Basis einer individuell gestellten Indikation unter Abwägung von Nutzen und Risiken der verfügbaren Behandlungsoptionen zum richtigen Zeitpunkt und unter Einbindung der individuellen Wünsche, Werte und Lebenssituation auf Seiten der Patienten (Coulter et al. 2018; Deutscher Ethikrat 2016). In den letzten Jahrzehnten sind Konzepte wie die gemeinsame Entscheidungsfindung (Shared Decision-Making) und die gesundheitliche Vorausplanung (Advance Care Planning) entwickelt worden, die eine Orientierung für das Führen dieser häufig anspruchsvollen Gespräche bieten (Rosca et al. 2020). Die Bewertung von Risiko, Belastung und Nutzen kann individuell sehr unterschiedlich ausfallen, doch ist ein für den Patienten überzeugendes Nutzen-Schaden-Verhältnis Voraussetzung für eine angemessene Versorgung.

6 Angemessener Einsatz knapper Ressourcen

Aus ökonomischer Perspektive setzt eine angemessene Versorgung auch eine entsprechende Kosten-Nutzen-Bewertung voraus. Es besteht ein differenziertes Instrumentarium für gesundheitsökonomische Evaluationen sowie eine lebhafte internationale Diskussion zu methodischen Fragen. Während Kosten-Nutzen-Bewertungen in der Medizin noch vor 20 Jahren mit Zurückhaltung aufgenommen wurden (Lauterbach & Hinzpeter 1997), sind sie heute selbstverständlicher Bestandteil von *Health Technology Assessments* und werden zum Teil bei der Preisfindung neuer Medikamente eingesetzt (Gemeinsamer Bundesausschuss 2020).

Für das Verhältnis von Nutzen und Kosten findet vielfach der englischsprachige Begriff des „value" – im Sinne von Patientennutzen pro aufgewendeter Geldeinheit (Porter 2010) – Verwendung, etwa im Zusammenhang mit „value based healthcare" oder „value based pricing". Während es unstrittig ist, dass bei zwei gleich wirksamen Alternativen die günstigere zu bevorzugen ist, gibt es durchaus Kontroversen darüber, wie der Patientennutzen zu fassen ist. Unter anderem sind die häufig eingesetzten qualitätsbereinigten Lebensjahre (QALYs) als Maßeinheit sowie die Nutzenmaximierung als Priorisierungsprinzip kritisch hinterfragt worden (Deutscher Ethikrat 2011).

Während es weitgehend akzeptiert ist, dass eine angemessene Versorgung auch die ökonomische Dimension – im Sinne eines haushälterischen Umgangs mit limitierten Ressourcen – berücksichtigen muss, wird die Kommerzialisierung der Medizin kritisch betrachtet. Wie das Positionspapier der Schweizerischen Akademie der Medizinischen Wissenschaften „Medizin und Ökonomie“ auseinandersetzt, können Qualitätseinbußen durch fehlgeleitete Effizienzsteigerung sowie eine Instrumentalisierung des Patienten zum Zwecke der Gewinnmaximierung die Folge sein, welche sich wiederum negativ auf die Patienten-Arzt-Beziehung auswirken und insbesondere auch medizinische Prioritäten verzerren und damit die Angemessenheit der Versorgung gefährden können (SAMW 2014b). Ärztinnen und Ärzte erleben den Druck, gewinnorientierte betriebswirtschaftliche Vorgaben erfüllen zu sollen als negativ, zugleich prägt der Gedanke der Gewinnmaximierung in vielen Bereichen der Gesundheitsversorgung den klinischen Alltag (Wehkamp & Naegler 2017).

Mittel sind im Gesundheitswesen prinzipiell knapp, auch wenn in Ländern wie Deutschland prinzipiell genügend Ressourcen für eine angemessene Versorgung vorhanden sind. Besonders aber unter den Bedingungen von Knappheit – wenn nicht alle jederzeit alles haben können – muss transparent gemacht werden, anhand welcher Regeln und Werturteile Beschränkungen vorgenommen werden (Kolmar 2008). Die Ausgestaltung dessen, was als angemessene Versorgung erachtet werden soll, bedarf eines kontinuierlichen gesellschaftlichen Aushandlungsprozesses, welcher die Spezifika des jeweiligen Gesundheitssystems wie Ressourcenlevel oder vulnerable Gruppen berücksichtigt (Robertson-Preidler, Anstey et al. 2017; World Health Organization 2000).

7 Fairer Zugang zu angemessenen Gesundheitsleistungen

Die Angemessenheit der Gesundheitsversorgung hängt auch davon ab, wie der Zugang zu den für angemessen befundenen Leistungen gestaltet wird. In einem steuerfinanzierten Gesundheitswesen wie dem britischen NHS oder einem umfassenden Versicherungssystem kann ein gleichberechtigter Zugang weitaus besser gewährleistet werden als in Ländern, in denen nur ein Teil der Bevölkerung versichert ist.

Aber auch in Ländern mit einem Versicherungsobligatorium kann der Zugang zu Gesundheitsleistungen problematisch werden, wenn ein hoher Eigenanteil vorgesehen ist. In der Schweiz zum Beispiel werden 28 % aller Gesundheitsausgaben privat bezahlt, der höchste Eigenanteil in der OECD. 21 % der Schweizer Versicherten verzichten aus Kostengründen auf medizinische Konsultationen, auch in dieser Hinsicht belegt die Schweiz einen der OECD-Spitzenplätze (OECD 2017).

Auch wenn es nachvollziehbar ist, Patienten einen Teil der Verantwortung für das Funktionieren eines Gesundheitswesens zuzuschreiben (Gethmann 2008), so kann ein stark an Selbstverantwortung ausgerichtetes und mit entsprechenden Anreizen versehenes System dazu führen, dass gerade finanzschwächere Patienten erschwerten Zugang zu Gesundheitsleistungen haben.

So kreiert jedes Gesundheitssystem spezifische vulnerable Populationen. In einem System wie dem deutschen, das zwischen Kassen- und Privatpatienten unterscheidet, liegen die Risiken beispielsweise in einer Posteriorisierung der Bedürfnisse von Kassenpatienten und einer teilweisen Über- oder Fehlversorgung von Privatpatienten. Zudem sind auch Ärzte nicht vor ungewollter Diskriminierung nach Faktoren wie sozialem Status und ethnischer Gruppenzugehörigkeit gefeit (Drewniak et al. 2016).

Die Gewährleistung eines fairen Zugangs zu Gesundheitsleistungen bleibt also in allen Gesundheitssystemen, wenngleich in unterschiedlicher Ausprägung, eine permanente Herausforderung. An Nutzenmaximierung oder Steigerung der Wirtschaftlichkeit orientierte Perspektiven verlieren Fairness als wichtige Dimension einer angemessenen Versorgung leicht aus dem Blick und bedürfen daher der Ergänzung (Marckmann & Siebert 2008).

8 Angemessenheit als mehrdimensionales Konzept

Der Bericht des europäischen Regionalbüros der WHO zu „Appropriateness in Health Care Services" hat bereits im Jahr 2000 hervorgehoben: „Appropriateness is a complex issue with various dimensions and definitions and these differ between countries" (World Health Organization 2000). In der Tat zeigen Länderstudien, wie das Konzept der Angemessenheit hinsichtlich der gewählten Strategien, aber auch der Schwerpunktsetzungen unterschiedlich ausgestaltet wird. Während manche Systeme wie zum Beispiel das englische den Fokus auf Kosteneffizienz und Zugang für alle legen und Nachteile wie ein eingeschränktes Angebot in Kauf nehmen, priorisieren andere wie etwa das Schweizer System die individuelle Wahlfreiheit, auch wenn ein solches System höhere Kosten verursacht (Robertson-Preidler, Anstey et al. 2017).

Der Begriff der Angemessenheit lässt also eine deutliche Spannbreite zu, innerhalb derer konkrete Vorstellungen zur bestmöglichen Umsetzung unter Berücksichtigung kontextueller Faktoren ausgehandelt werden können. Entsprechend groß ist die Variabilität der verwendeten Indikatoren für die Performance von Gesundheitssystemen (Braithwaite et al. 2017).

Angemessenheit ist eng verbunden mit dem Begriff der Versorgungsqualität, die, im umfassenden Sinne verstanden, über die Qualität der individuellen Behandlung hinaus wesentliche Aspekte einer angemessenen Versorgung abdeckt. Das *Handbook for National Quality Policy and Strategy* der WHO nennt unter Bezugnahme auf das US-amerikanische *Institute of Medicine* und die OECD folgende Attribute einer qualitativ hochstehenden Versorgung: „effective, safe, people-centred“. Damit sich der Nutzen der „quality health care“ entfalten kann, werden zusätzliche Anforderungen an die Versorgung formuliert, welche Kernanliegen des Konzepts der Angemessenheit abbilden: „timely, equitable, integrated, efficient“ (World Health Organization 2018).

Diese Auflistungen deuten bereits die Mehrdimensionalität des Konzepts einer angemessenen Versorgung an. Das sogenannte Triple Aim, eine Entwicklung des in Boston ansässigen *Institute of Healthcare Improvement* (IHI), die weite Verbreitung und Zustimmung gefunden hat, stellt in eingängiger bildlicher Form dar, dass eine angemessene Versorgung sich sowohl auf die individuelle Patientenerfahrung und die Bedürfnisse der Bevölkerung als auch auf die Kosten bezieht.

Das Triple Aim kann nur erreicht werden, wenn es gelingt, alle drei Dimensionen in einer für das jeweilige Gesundheitswesen passenden Weise zu integrieren. Das Konzept lässt zugleich Raum für Initiativen und Anpassungen, die die Bedürfnisse und Schwerpunktanliegen der jeweiligen Gesundheitssysteme abbilden. So hat Großbritannien ein „Triple Value Healthcare“-Ausbildungskonzept etabliert. Grundlage dieses Konzeptes sind aktuelle Evidenz, Aspekte der Verteilungsgerechtigkeit, Angemessenheit und die Berücksichtigung individueller Wertvorstellungen (Jani et al. 2018).

In ähnlicher Weise schlägt ein Experten-Panel der Europäischen Union vor, „Value-Based Healthcare (VBHC)“ als ein Vier-Säulen-Konzept zu definieren, das folgende Komponenten umschließt:

- „appropriate care to achieve patients' personal goals (personal value)“;
- „achievement of best possible outcomes with available resources (technical value)“;
- „equitable resource distribution across all patient groups (allocative value)“;
- „contribution of healthcare to social participation and connectedness (societal value)“ (Anastasy 2019).

Sowohl das Triple Aim als auch die vier Säulen der VBHC umfassen als Dimensionen einer angemessenen Gesundheitsversorgung die bestmögliche Versorgung im Einzelfall anhand der verfügbaren Evidenz sowie der Werte und Perspektiven individueller Patienten, eine Orientierung an den gesundheitlichen Bedürfnissen der jeweiligen zu versorgenden Population sowie den sorgsamen Einsatz knapper

Ressourcen mit dem Ziel finanzieller Stabilität und Nachhaltigkeit (Anastasy 2019; Biller-Andorno & Ollenschläger 2016; Institute for Healthcare Improvement 2021).

Die konkrete Ausgestaltung eines angemessenen Versorgungssystems erfordert die Berücksichtigung der Perspektiven der unmittelbar Betroffenen – insbesondere der Patientinnen und Patienten – und nach Möglichkeit die aktive Mitwirkung eines breiten Spektrums an Akteuren, die das Ziel einer angemessenen Versorgung teilen. Dabei ist der Blick nicht allein auf medizinische Konditionen und Interventionen im engeren Sinn zu richten. Wie der *World Health Summit* seit 2009 jedes Jahr aufs Neue eindrucksvoll demonstriert, muss Gesundheit global gedacht werden (Ganten & Ibingira 2020). Dies schließt soziale, ökonomische und ökologische Faktoren im Sinne von „Planetary Health" mit ein (Müller et al. 2018).

9 Von der Zielvorstellung zu Zielvereinbarungen

Auch wenn Konzepte wie das Triple Aim eine große unmittelbare Plausibilität besitzen, ist es dennoch ein weiter Weg hin zur Umsetzung (Anastasy 2019; Biller-Andorno & Ollenschläger 2016; Institute for Healthcare Improvement 2020). Die Gründe können vielfältiger Natur sein, von einer grundsätzlichen Lethargie oder Skepsis gegenüber Veränderung bis hin zu manifesten Partikularinteressen, die durch eine stringentere Ausrichtung der Versorgung hin auf Angemessenheit tangiert wären.

Es gibt eine Vielzahl konkreter Strategien, die sich zur Stärkung einer angemessenen Versorgung anbieten, zum Beispiel „Choosing Wisely"-Listen (Richter-Kuhlmann 2015), Leitlinien oder Qualitätsmonitoring, eventuell verbunden mit Akkreditierungsprozessen (Robertson-Preidler, Biller-Andorno et al. 2017; SAMW 2014b). Ein Ansatz, der besonders die Patientenrelevanz der Versorgung stärken möchte, sind die sogenannten Patient-Reported Outcome Measures (PROMs). Es gibt mehrere Organisationen, die PROMs entwickeln, darunter das *International Consortium for Health Outcomes Measurement* (ICHOM), ein Non Profit-Unternehmen, das seine Tätigkeit so umschreibt: „We bring together international teams of patients, physicians and researchers to define outcomes that matter most to patients who live with different conditions" (ICHOM 2021). Auf diese Weise soll eine Transformation des Gesundheitswesens im Sinne der Value-Based Healthcare erreicht werden.

PROMs kombinieren in interessanter Weise den aktiven Einbezug von Patienten mit der Bereitstellung von Daten, um eine evidenzbasierte Steuerung des Gesundheitswesens als lernendes System zu ermöglichen. Um solche Ansätze zur

Förderung einer angemessenen Versorgung aufzugreifen und anzuwenden, bedarf es einer nicht unerheblichen Anstrengung. Daher ist es von Vorteil, wenn diese Anstrengungen auch im Vergütungssystem abgebildet sind und das Erreichen der gesteckten Ziele dadurch auch eine gewisse Verbindlichkeit und Priorität erhält. An dieser Stelle setzen Anreize und Zielvereinbarungen an (Scott et al. 2016).

Die sogenannten *Accountable Care Organisations* (ACOs), welche im Rahmen des „Affordable Care Act" (HHS 2010) in das US-amerikanische Gesundheitswesen eingeführt worden sind, versuchen, Anreize auf zwei Ebenen wirksam werden zu lassen: auf der Ebene Arzt-Krankenhaus und auf der Ebene Krankenhaus-Kostenträger. Wenn bestimmte Zielvorgaben erreicht werden, erhalten die Ärztin oder das Krankenhaus finanzielle Vorteile (Mathes et al. 2019). Auf diese Weise kann der Interessenkonflikt zwischen Verdienst und angemessener Versorgung der einzelnen Patienten bzw. der Bevölkerung wenn nicht aufgehoben, so doch reduziert werden. Inwiefern es gelingt, mittels Zielvorgaben oder -vereinbarungen auf eine angemessene Versorgung hinzuwirken, hängt somit in entscheidender Weise davon ab, ob es gelingt, relevante Ziele zu identifizieren und in geeigneter Form zu operationalisieren.

Idealerweise können Zielvereinbarungen eine Verbindlichkeit erzeugen, die bewirkt, dass die Bemühungen um eine angemessene Versorgung im Alltag nicht untergehen. So plausibel die Idee klingt, die Vergütung von Ärzten und eventuell auch von Angehörigen anderer Gesundheitsberufe an das Erreichen bestimmter Ziele zu knüpfen, so hat sich die Umsetzung als durchaus komplex erwiesen (vgl. Abb. 2).

So bedarf es zunächst eines Konsenses bezüglich der übergeordneten Vision und der zu erreichenden *Ziele.* Wenn Anreize zum Einsatz kommen, sollten diese auf einer geteilten Zielvorstellung beruhen, ansonsten werden sie oft als Gängelung empfunden und können die wertvolle intrinsische Motivation der im Gesundheitswesen tätigen Fachpersonen unterminieren (Biller-Andorno & Lee 2013). Insofern Zielvereinbarungen zum Hinwirken auf eine angemessene Versorgung genutzt werden sollen, bietet sich ein Bezug auf Rahmenkonzepte wie das Triple Aim an, so dass Einzelziele auf ihre Kompatibilität mit dieser übergeordneten Zielsetzung hin überprüft werden können.

Aktuell werden Zielvereinbarungen primär mit Blick auf Qualität genutzt, zum Beispiel im Rahmen von Pay-for-Performance (P4P)-Programmen oder mit Blick auf wirtschaftliche Ziele, die sich jedoch oft eher an den betriebswirtschaftlichen Ergebnissen der jeweiligen Einrichtungen orientieren als an Kosteneffektivität im Sinne einer angemessenen Versorgung. In Deutschland und der Schweiz sind Zielvereinbarungen in Form volumenbasierter Boni in die Kritik geraten, u. a., da sie zu Überversorgung führen können (Fässler et al. 2020). Die

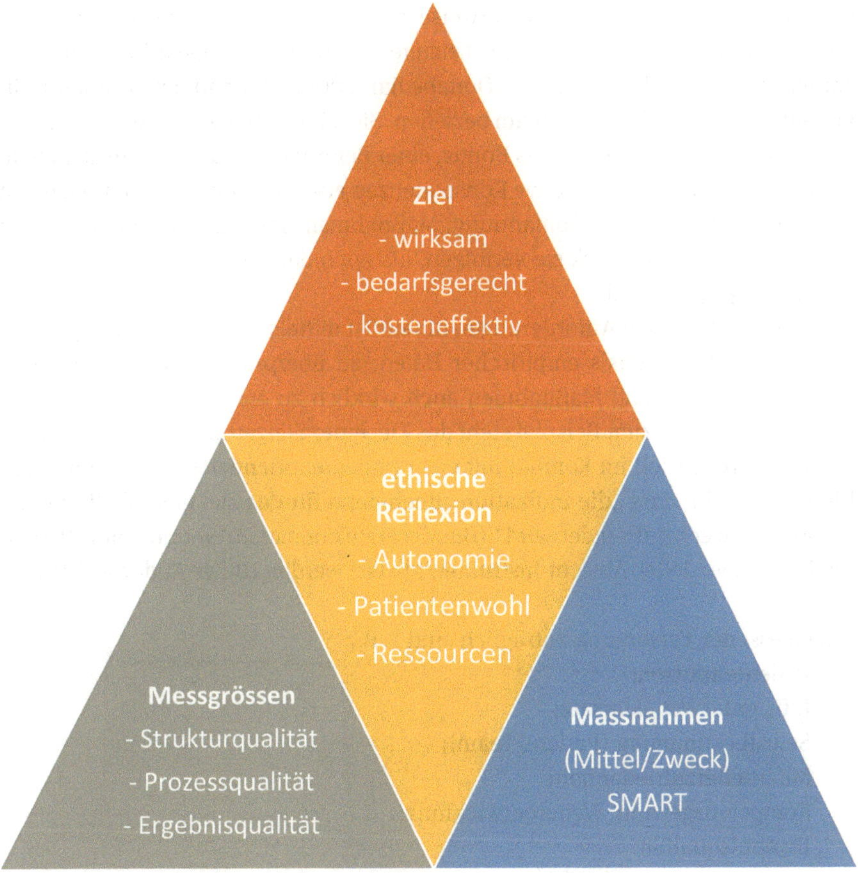

Abb. 2: Kritische Prüfung der Zielvereinbarungen

dritte Dimension des Triple Aim, die bedarfsgerechte Versorgung der Bevölkerung, ist weniger Gegenstand von Zielvereinbarungen zwischen Ärzten und ihren Arbeitgebern, sondern wird eher in Leistungsverträgen zwischen Gesundheitseinrichtungen und Trägern, z. B. staatlichen Behörden, aufgegriffen. Es könnte sich allerdings lohnen, die Frage nach der bedarfsgerechten Versorgung durchaus auch auf der Ebene ärztlicher Tätigkeit zu stellen, z. B. mit Blick auf die Patientenakquise in einer Praxis oder die Ausrichtung einer Fachabteilung in einem Krankenhaus.

Neben der inhaltlichen Zielsetzung sind formale Fragen von großer Bedeutung. Gemäß der gängigen SMART-Formel sollen Ziele spezifisch, messbar, akzeptiert, realistisch und terminierbar sein. Hierfür ist eine Operationalisierung mithilfe von *Messgrößen* und konkreten *Maßnahmen* erforderlich. Im Bereich der

Qualitätsmessungen wird üblicherweise zwischen Struktur-, Prozess- und Ergebnisqualität differenziert, wobei Letztere besonders aussagekräftig, aber anspruchsvoll in der Erfassung ist (Donabedian 2005). Maßnahmen können individuell sein oder sich auf ein Team beziehen. Sie können in Form positiver Anreize gestaltet sein, z. B. in Form eines Bonus, einer Beförderung oder von zusätzlichem Personal, oder auch als negative Konsequenzen etwa in Form von Kürzungen von Finanzmitteln oder einer Abmahnung. Maßnahmen sind also sowohl danach zu beurteilen, welchen Zweck sie verfolgen, als auch danach, ob die Mittel, die sie ergreifen, geeignet sind.

Über die formalen Anforderungen hinaus ist mittels einer *ethischen Reflexion*, wenn möglich auf Basis empirischer Daten, zu überprüfen, ob die gewählten Ziele, Messgrößen und Maßnahmen auch wirklich zu einer angemessenen Versorgung beitragen. Zum Beispiel steht das Ziel einer Steigerung der Umsatzzahlen zumindest potenziell im Konflikt mit einer patientenorientierten Versorgung und birgt die Gefahr, dass „die Indikation zunehmend für das Ziel einer Optimierung der Erlöse zweckentfremdet wird" (Bundesärztekammer 2015) und somit Patienten in kommerzieller Absicht instrumentalisiert werden (Biller-Andorno 2016).

Angemessener Versorgung zuträglich sind z. B.:
- Patientennutzen;
- Effizienter Mitteleinsatz;
- Selbstbestimmung (Patient/Team);
- Mitarbeiterzufriedenheit;
- Kompetenzgewinn, Weiterentwicklung;
- Ergebnisqualität

Angemessener Versorgung abträglich sind z. B.:
- Mengenabhängige Vereinbarungen;
- Umsatz-, Gewinnsteigerung;
- Einseitiger Fokus auf Reduktion der Mortalität;
- Produktivitätsgrößen;
- Wirtschaftlichkeit auf Kosten des Personals;
- Beeinflussung Indikationsstellung durch Ökonomie

Doch auch Programme, die ein Ziel verfolgen, das durchaus mit einer angemessenen Versorgung kompatibel ist, bleiben bisweilen hinter den Erwartungen zurück. So ist bislang der Effekt der ambitionierten Pay-for-Performance (P4P)-Programme, die mittels Zielvorgaben eine Orientierung an der Versorgungsqualität fördern wollten, auf die Ergebnisqualität unklar geblieben (Mandavia et al. 2017). Zugleich wurde auf die Gefahr hingewiesen, sich auf leicht messbare, aber für die Patientenversorgung nicht unmittelbar relevante Ziele zu fokussieren und somit Fehlanreize zu setzen (Herzer & Pronovost 2015).

Zielvereinbarungen müssen daher stetig adjustiert und auf das Verhältnis von Nutzen, ungewollten Nebeneffekten und Kosten hinterfragt werden (Glasziou et al. 2012). Dazu sind u. a. regelmäßige Rückmeldungen der Beteiligten erforderlich. Vorgaben oder Vereinbarungen, die in klarem Widerspruch zum Ziel einer angemessenen Gesundheitsversorgung stehen, haben keine ethische Legitimität und sind auch rechtlich fragwürdig. So wurden sowohl in Deutschland (Sozialgesetzbuch 2020) als auch in der Schweiz (Bundesrat 2020) Schritte ergriffen, um mengenabhängige Zielvereinbarungen zu unterbinden.

10 Schlussbetrachtungen und Ausblick

Was konkret unter einer angemessenen Versorgung verstanden wird, hängt von einer Vielzahl von Faktoren ab, die kulturelle und gesellschaftliche Werte, Normen und Prioritäten und nicht zuletzt auch den Ressourcenlevel umfassen. An diesem kontinuierlichen Aushandlungsprozess sind, gemäß den Geboten prozeduraler Fairness, die Perspektiven aller, von den jeweiligen Entscheidungen Betroffenen, in transparenter Weise zu berücksichtigen. Dies ist umso adäquater, als auch die Umsetzung nicht in den Händen einer einzelnen Gruppe liegen kann, sondern eine gemeinsame Anstrengung von Gesundheitsfachpersonen, Patienten, Gesundheitseinrichtungen und -behörden sowie weiteren Akteuren wie der Industrie sein muss.

Als übergeordnete Perspektive bietet sich an, im Sinne des Triple Aim sowohl die individuelle Behandlung als auch die Versorgung der Bevölkerung sowie die Kosten in den Blick zu nehmen. Es mag auch hilfreich sein, sich zu erinnern, welche Kerngehalte der Medizin nicht aufs Spiel gesetzt werden sollen, wie die Orientierung am Patientenwohl (Deutscher Ethikrat 2016), eine fürsorgliche, respekt- und vertrauensvolle Beziehung zwischen medizinischen Fachpersonen und Patienten sowie ein wertschätzendes Arbeitsumfeld für Ärzte und andere medizinische Fachpersonen (Hillienhof 2014; SAMW 2014a).

Wenn eine angemessene Versorgung bereits auf konzeptueller Ebene komplex ist, so gilt das nicht minder für die Umsetzung. Die Gesundheitsversorgung ist daher auf ihren verschiedenen Ebenen – von der Einzelpraxis bis hin zum nationalen Gesundheitswesen – als lernendes System zu verstehen, das anhand geeigneter Daten permanent in einem partizipativen, reflexiven Prozess adjustiert werden muss.

Das alltägliche Ringen um eine angemessene Versorgung auf politisch-strategischer wie auch auf klinischer-praktischer Ebene schließt Überlegungen ein, wie eine ökonomisch motivierte Unter- und Überversorgung vermieden werden oder wie eine Ausrichtung der Gesundheitsversorgung an den Präferenzen und Prioritäten der Patienten sichergestellt werden kann. Aber darüber hinaus steht zu erwarten, dass die Medizin in nächster Zeit durch Innovationen im Bereich der Computer-, Neuro- und Biowissenschaften eine dynamische Transformation durchlaufen wird (Mäder 2019; Topol 2019). Der Angemessenheitsdiskurs wird diesen Veränderungen Rechnung tragen müssen.

Um diesen Herausforderungen begegnen zu können, braucht es nicht einen einzelnen Ansatz, sondern ein Sortiment aufeinander abgestimmter Strategien. Neben einer konsequenten Ausrichtung von Datenerhebung und Anreizen am übergeordneten Ziel einer angemessenen Versorgung braucht es auch die Förderung einer „Ethik-Kultur" im Gesundheitswesen, welche die kritische Reflexion und – um den Bogen zurück zu Aristoteles zu schlagen – die Tugend der Klugheit und des Maßhaltens fördert.

Literatur

Anastasy, Christian et.al. (2019): „Opinion on Defining Value in ‚Value-based Healthcare'". https://ec.europa.eu/health/expert_panel/sites/expertpanel/files/docsdir/024_defining-value-vbhc_en.pdf, besucht am 1. 3. 2020.

Aristoteles (2020): *Nikomachische Ethik* (Dorothea Frede, Übers.). Berlin & Boston: De Gruyter.

Biller-Andorno, Nikola (2016): „Commercialism and Healthcare". In: Henk ten Have (Hrsg.): *Encyclopedia of Global Bioethics*. Cham: Springer International, S. 605–611.

Biller-Andorno, Nikola/Jüni, Peter (2014): „Abolishing Mammography Screening Programs? A View from the Swiss Medical Board". In: *New England Journal of Medicine* 370(21), S. 1965–1967.

Biller-Andorno, Nikola/Lee, Thomas H. (2013): „Ethical Physician Incentives – From Carrots and Sticks to Shared Purpose". In: *New England Journal of Medicine* 368(11), S. 980–982.

Biller-Andorno, Nikola/Ollenschläger, Günter (2016): „Editorial: Appropriateness – How Sweet the Sound". In: *Zeitschrift für Evidenz, Fortbildung und Qualität im Gesundheitswesen* 118–119, S. 80–81.

Biller-Andorno, Nikola/Wild, Verina (2003): „Arzneimittelforschung an Schwangeren: Besonderer Schutz – aber kein Ausschluss aus der Forschung". In: *Deutsches Ärzteblatt* 100(15), S. A-970–972.

Braithwaite, Jeffrey/Hibbert, Peter/Blakely, Brette et al. (2017): „Health System Frameworks and Performance Indicators in Eight Countries: A Comparative International Analysis". In: *SAGE Open Medicine* 5, S. 205031211668651.

Bundesärztekammer (2015): „‚Medizinische Indikationsstellung und Ökonomisierung' Stellungnahme der Bundesärztekammer". In: *Deutsches Ärzteblatt* 112(18), S. A-1375.

Bundesrat (2020): „Bundesrat will die Spitalplanung und die Bestimmung der Spitaltarife verbessern". https://www.admin.ch/gov/de/start/dokumentation/medienmitteilungen/bundesrat.msg-id-78072.html, besucht am 8. 1. 2021.

Cochrane Deutschland (2020): „Health Technology Assessment (HTA)“. https://www.cochrane.de/de/hta, besucht am 4.6.2020.

Coulter, Ian/Herman, Patricia/Ryan, Gery et al. (2018): „The Challenge of Determining Appropriate Care in the Era of Patient-centered Care and Rising Health Care Costs“. In: *Journal of Health Services Research & Policy* 24(3), S. 201–206.

Deutscher Ethikrat (2011): *Nutzen und Kosten im Gesundheitswesen – Zur normativen Funktion ihrer Bewertung. Stellungnahme.* Berlin: Deutscher Ethikrat, https://www.ethikrat.org/fileadmin/Publikationen/Stellungnahmen/deutsch/DER_StnAllo-Aufl2_Online.pdf, besucht am 9.1.2021.

Deutscher Ethikrat (2016): *Patientenwohl als ethischer Massstab für das Krankenhaus. Stellungnahme.* Berlin: Deutscher Ethikrat, https://www.ethikrat.org/fileadmin/Publikationen/Stellungnahmen/deutsch/stellungnahme-patientenwohl-als-ethischer-massstab-fuer-das-krankenhaus.pdf, besucht am 8.1.2021.

Donabedian, Avedis (2005): „Evaluating the Quality of Medical Care“. In: *Milbank Quarterly* 83(4), S. 691–729.

Drewniak, Daniel/Krones, Tanja/Sauer, Carsten et al. (2016): „The Influence of Patients' Immigration Background and Residence Permit Status on Treatment Decisions in Health Care. Results of a Factorial Survey among General Practitioners in Switzerland“. In: *Social Science & Medicine* 161, S. 64–73.

Fässler, Margrit/Jöbges, Susanne/Biller-Andorno, Nikola (2020): „Bonus Agreements of Senior Physicians in Switzerland – A Qualitative Interview Study“. In: *Zeitschrift für Evidenz, Fortbildung und Qualität im Gesundheitswesen* 158–159, S. 39–46.

Fitch, Kathryn/Bernstein, Steven J./Aguilar, Maria Dolores et al. (2001): *The RAND/UCLA Appropriateness Method User's Manual.* Santa Monica, CA: RAND Corporation, https://www.rand.org/pubs/monograph_reports/MR1269.html, besucht am 8.1.2021.

Ganten, Detlev/Ibingira, Charles (2020): „Newsletter 07/2020: Global Health in the Global Spotlight“. https://www.worldhealthsummit.org/newsletter-072020-global-health-global-spotlight.html, besucht am 6.8.2020.

Gemeinsamer Bundesausschuss (2020): „Kosten-Nutzen-Bewertung von Arzneimitteln nach § 35b SGB V“. https://www.g-ba.de/themen/arzneimittel/arzneimittel-richtlinie-anlagen/kosten-nutzen, besucht am 18.6.2020.

Gethmann, Carl Friedrich (2008): „Das Ethos des Heilens und die Effizienz des Gesundheitswesens“. In: Annemarie Gethmann-Siefert/Felix Thiele (Hrsg.): *Ökonomie und Medizinethik.* München: Fink, S. 33–48.

Glasziou, P. P./Buchan, H./Del Mar, C. et al. (2012): „When Financial Incentives Do More Good Than Harm: A Checklist“. In: *Bmj* 345(2), S. e5047–e5047.

Herzer, Kurt R./Pronovost, Peter J. (2015): „Physician Motivation: Listening to What Pay-for-Performance Programs and Quality Improvement Collaboratives Are Telling Us“. In: *The Joint Commission Journal on Quality and Patient Safety* 41(11), S. 522–528.

HHS (2010): „About the Affordable Care Act“. U.S. Department of Health & Human Services. https://www.hhs.gov/healthcare/about-the-aca/index.html, besucht am 8.1.2021.

Hillienhof, Arne (2014): „Ethik soll Einfluss der Ökonomie in der Medizin begrenzen“. Deutsches Ärzteblatt. https://www.aerzteblatt.de/nachrichten/60639/Ethik-soll-Einfluss-der-Oekonomie-in-der-Medizin-begrenzen, besucht am 4.6.2020.

ICHOM (2021): „International Consortium for Health Outcomes Measurement“. https://www.ichom.org/, besucht am 9.1.2021.

Institute for Healthcare Improvement (2020): „The IHI Triple Aim". http://www.ihi.org/engage/initiatives/tripleaim/pages/default.aspx, besucht am 1. 8. 2020.

Institute for Healthcare Improvement (2021): „The IHI Triple Aim". http://www.ihi.org/engage/initiatives/tripleaim/pages/default.aspx, besucht am 1. 8. 2021.

Jani, Anant/Jungmann, Sven/Gray, Muir (2018): „Shifting to Triple Value Healthcare: Reflections from England". In: *Zeitschrift für Evidenz, Fortbildung und Qualität im Gesundheitswesen* 130, S. 2–7.

Kolmar, M. (2008): „Ökonomie und Medizinethik – Theoretische Überlegungen". In: Annemarie Gethmann-Siefert/Felix Thiele (Hrsg.): *Ökonomie und Medizinethik.* München: Fink, S. 49–110.

Kositzke, Boris (2008): „Angemessenheit". Spektrum. https://www.spektrum.de/lexikon/philosophie/angemessenheit/129, besucht am 01. 03. 2020.

Lauterbach, Karl/Hinzpeter, Birte (1997): „Effizienz-Analysen: Eine ethische Notwendigkeit". In: *Deutsches Ärzteblatt* 94(51–52), S. A-3463.

Mäder, Claudia (2019): „Yuval Noah Harari: ‚Vor einer vergleichbaren Herausforderung hat die Menschheit noch nie gestanden'". https://www.nzz.ch/feuilleton/yuval-noah-harari-der-mensch-kann-gehackt-werden-ld.1496741, besucht am 8. 8. 2020.

Mandavia, Rishi/Mehta, Nishchay/Schilder, Anne et al. (2017): „Effectiveness of UK Provider Financial Incentives on Quality of Care: A Systematic Review". In: *British Journal of General Practice* 67(664), S. e800–e815.

Marckmann, G./Siebert, U. (2008): „Nutzenmaximierung in der Gesundheitsversorgung". In: Annemarie Gethmann-Siefert/Felix Thiele (Hrsg.): *Ökonomie und Medizinethik.* München: Fink, S. 111–140.

Mathes, Tim/Pieper, Dawid/Morche, Johannes et al. (2019): „Pay for Performance for Hospitals". In: *Cochrane Database of Systematic Reviews* 7, S. Cd011156.

Müller, Olaf/Jahn, Albrecht/Gabrysch, Sabine (2018): „Planetary Health: Ein umfassendes Gesundheitskonzept". In: *Deutsches Ärzteblatt* 115(40), S. A 1751–1752.

Mulley, A. G./Trimble, C./Elwyn, G. (2012): „Stop the Silent Misdiagnosis: Patients' Preferences Matter". In: *Bmj* 345(6), S. e6572–e6572.

Neitzke, G. (2013): „Indikation: fachliche und ethische Basis ärztlichen Handelns". In: *Medizinische Klinik – Intensivmedizin und Notfallmedizin* 109(1), S. 8–12.

OECD (2017): *Health at a Glance 2017: OECD Indicators. How Does Switzerland Compare?* Paris: Organisation for Economic Co-operation and Development, https://www.oecd.org/switzerland/Health-at-a-Glance-2017-Key-Findings-SWITZERLAND.pdf, besucht am 9. 1. 2021.

Ott, R./Lenk, C./Miller, N. et al. (2012): „Neuroenhancement – Perspectives of Swiss Psychiatrists and General Practitioners". In: *Swiss Medical Weekly*(142:w13707), S. 1–8.

Parsa-Parsi, Ramin Walter (2017): „The Revised Declaration of Geneva". In: *Jama* 318(20), S. 1971.

Porter, Michael E. (2010): „What Is Value in Health Care?". In: *New England Journal of Medicine* 363(26), S. 2477–2481.

Richter-Kuhlmann, Eva (2015): „Choosing wisely: Mut haben, etwas nicht zu tun". In: *Deutsches Ärzteblatt* 112(44), S. A-1810.

Robertson-Preidler, Joelle/Anstey, Matthew/Biller-Andorno, Nikola et al. (2017): „Approaches to Appropriate Care Delivery from a Policy Perspective: A Case Study of Australia, England and Switzerland". In: *Health Policy* 121(7), S. 770–777.

Robertson-Preidler, Joelle/Biller-Andorno, Nikola/Johnson, Tricia J. (2017): „What Is Appropriate Care? An Integrative Review of Emerging Themes In the Literature". In: *BMC Health Services Research* 17(1), S. 452.

Rosca, Ana/Krones, Tanja/Biller-Andorno, Nikola (2020): „Shared Decision Making: Patients Have a Right to Be Informed about Possible Treatment Options and Their Risks and Benefits". In: *Swiss Medical Weekly*(150:w20268), S. 1–3.

Sackett, D. L./Rosenberg, W. M. C./Gray, J. A. M. et al. (1996): „Evidence Based Medicine: What It Is and What It Isn't". In: *Bmj* 312(7023), S. 71–72.

SAMW (2014a): „Medizin und Ökonomie – wie weiter? Zusammenfassung und Empfehlungen des Positionspapiers". In: *Schweizerische Ärztezeitung* 95(43), S. 1598–1600.

SAMW (2014b): *Medizin und Ökonomie – wie weiter? Positionspapier.* Basel: Schweizerische Akademie der Medizinischen Wissenschaften, https://www.samw.ch/dam/jcr:a119053d-0e79-4ef5-a870-421be7b19010/positionspapier_samw_medizin_oekonomie.pdf, besucht am 9.1.2021.

Scott, Anthony/Liu, Miao/Yong, Jongsay (2016): „Financial Incentives to Encourage Value-Based Health Care". In: *Medical Care Research and Review* 75(1), S. 3–32.

Segen, Joseph C. (2012): „Appropriate Care". Segen's Medical Dictionary. https://medical-dictionary.thefreedictionary.com/appropriate+care, besucht am 8.1.2021.

Silvestri, G./Pritchard, R./Welch, H. G. (1998): „Preferences for Chemotherapy in Patients with Advanced Non-small Cell Lung Cancer: Descriptive Study Based on Scripted Interviews". In: *Bmj* 317(7161), S. 771–775.

Sozialgesetzbuch (2020): „§ 135c SGB V Förderung der Qualität durch die Deutsche Krankenhausgesellschaft". https://www.sozialgesetzbuch-sgb.de/sgbv/135c.html, besucht am 4.6.2020.

Topol, Eric (2019): *Deep Medicine: How Artificial Intelligence Can Make Healthcare Human Again.* New York, NY: Basic Books.

Wehkamp, Karl-Heinz/Naegler, Heinz (2017): „The Commercialization of Patient-Related Decision Making in Hospitals". In: *Deutsches Aerzteblatt Online* 114(47), S. 797–804.

Wiesing, Urban (2017): *Indikation. Theoretische Grundlagen und Konsequenzen für die ärztliche Praxis.* Stuttgart, Berlin & Köln: Kohlhammer.

World Health Organization (2000): *Appropriatness in Health Care Services.* Kopenhagen: WHO Regional Office For Europe, http://www.euro.who.int/__data/assets/pdf_file/0011/119936/E70446.pdf, besucht am 8.1.2021.

World Health Organization (2018): *Handbook for National Quality Policy and Strategy: A Practical Approach for Developing Policy and Strategy to Improve Quality of Care.* Genf: World Health Organization, https://apps.who.int/iris/handle/10665/272357, besucht am 4.6.2020.

Peter-Paul Bänziger

Bilder von Krankheit und Gesundheit: Das Beispiel Aids

Abstract: *Images of Health and Disease: the Example of HIV/AIDS.* There are two phases in the history of HIV/AIDS in the 1980s and 1990s. In the first of them, which lasted until the mid-1980s, HIV/AIDS was constructed as a disease of the (sexual) other. The second phase began around 1985 when the focus of AIDS prevention programs gradually shifted from „risk groups" to „risk behavior". This transformation came along with a reframing of the sexually active individual as self-reliant and socially responsible. Furthermore, the emergence of the risk discourse was accompanied by an iconography of a healthy and athletic „prevention body". In the 1990s it increasingly replaced the emaciated „AIDS body" that had dominated in the early years.

1 Einleitung

Aids/HIV stellte eines der zentralen gesundheitspolitischen Themen der 1980er und 1990er Jahre dar. Vor diesem Hintergrund gehe ich im Folgenden der Frage nach, inwiefern sich damals Bilder kranker und gesunder Körper veränderten. Ich argumentiere, dass sich zwei Phasen erkennen lassen, die allerdings nicht scharf voneinander getrennt werden können. Die erste entspricht ungefähr dem Zeitraum von 1982 bis zur Mitte des Jahrzehnts. Nicht zuletzt unter Bezug auf ältere Vorstellungen über Seuchen entstand das ikonische Bild des kranken und ausgemergelten „Aidskörpers". Die zweite Phase begann um 1985, als die für die Geschichte von Aids zentrale Verschiebung des Fokus von den „Risikogruppen" zum „Risikoverhalten" einsetzte. Vor allem ab den 1990er Jahren schob sich vor diesem Hintergrund der gesunde und sportliche „Präventionskörper" zunehmend an die Stelle des Aidskörpers.

Während meine Beispiele aus Deutschland und vor allem aus der Schweiz stammen, können die Resultate auch für Abbildungen von Krankheit und Ge-

Anmerkung: Beim vorliegenden Kapitel handelt es sich um eine stark gekürzte und aktualisierte Version eines Artikels, der zuerst in der Zeitschrift *Body Politics* veröffentlicht wurde (Bänziger 2014).

Peter-Paul Bänziger, Universität Basel

 https://doi.org/10.1515/9783110713336-029

sundheit im Kontext von Aids/HIV in anderen Teilen Mittel- und Nordwesteuropas und teilweise darüber hinaus Gültigkeit beanspruchen (vgl. etwa Roeßiger 2013; Studinka 2002). Das gilt insbesondere für die erste Phase (Gilman 1991; Pulver 1999). Einer der Gründe dafür ist, dass Deutschland und die Schweiz schon früh als „Modellfälle" beschrieben, beziehungsweise die deutsche Kampagne „GIB AIDS KEINE CHANCE" und stärker noch die schweizerische „STOP AIDS"-Kampagne als „best practices" zur Nachahmung empfohlen wurden (Bänziger & Çetin 2019; Rosenbrock et al. 1999; Voegtli 2016).

2 Von Seuchenvergleichen zum Aidskörper

In einem der ersten Artikel im deutschsprachigen Raum, in dem auf Phänomene hingewiesen wurde, die später als Aids zusammengefasst werden sollten, schrieb Jean Lindenmann, Professor für Immunologie und Virologie an der Universität Zürich, über „alte und neue Geschlechtskrankheiten" (Lindenmann 1982). An Beispielen wie diesem zeigte die kultur- und geschichtswissenschaftliche Forschung zu Aids schon früh auf, wie die in der Anfangszeit von Medien, Wissenschaften und Politik geschürte Krisenstimmung an die alte Angst vor der Syphilis und anderen übertragbaren Krankheiten anknüpfte. „Wie die Pest" titelte etwa der *SPIEGEL* im Jahr 1983, wenn auch in durchaus kritischer Absicht (Der Spiegel 1983b). Und kurze Zeit später erklärte er, dass die „Krankheit [...] mittlerweile häufiger als Pest und Pocken zusammen" sei (Der Spiegel 1983a, S. 239). Zwar gab es auch damals schon verschiedene Stimmen, die vor voreiligen Dramatisierungen warnten, doch auch sie verwendeten nicht selten ähnliche Vergleiche: „Ob AIDS zur modernen Pest wird, wie einige Kulturpessimisten befürchten, bleibt vorerst abzuwarten" (Ringger 1983).

Eine Entsprechung fand der verbale Bezug auf die Pest in zahlreichen Bildern aus jenem Zeitraum. Zur Illustration des ersten Artikels in der schweizerischen Boulevardzeitung *SonntagsBlick* wurde etwa ein Foto abgedruckt, das die nackte Brustpartie eines Mannes zeigt, unter dessen Schlüsselbein deutlich drei dunkle Punkte zu erkennen sind (Abb. 1). Wie Sander Gilman (Gilman 1991) argumentiert, verweisen solche Bilder auf die Ikonographie der Beulen-Pest oder der Syphilis. Auch das Wort „Seuche" im Titel macht diesen Bezug deutlich, während die Bildlegende mit dem „Krebs" auf ein weiteres zentrales Thema jener Zeit verweist: „Oft erstes Anzeichen von Aids: purpurfarbene Flecken auf der Haut – das Kaposi-Sarkom, eine Art Hautkrebs" (Thomi 1983, S. 91). Der auf diese Weise eingeführte, abgemagerte „Aidskörper" wurde zum ikonischen Bild von Aids, und zwar nicht nur in den Medien. Noch in den 1990er Jahren taucht er auf Plakaten auf (Abb. 2 und 3).

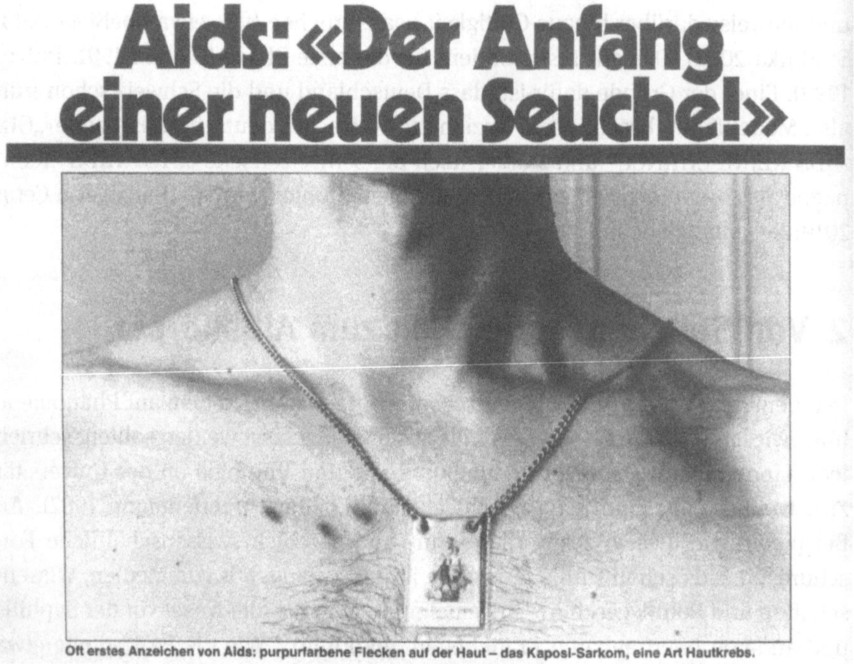

Oft erstes Anzeichen von Aids: purpurfarbene Flecken auf der Haut – das Kaposi-Sarkom, eine Art Hautkrebs.

Abb. 1: Foto aus dem schweizerischen *SonntagsBlick* (1983)

Der Aidskörper hatte verschiedene Gemeinsamkeiten mit der Figur des verelendeten „Junkie“ oder „Fixer“, der Ikone der Drogenthematik, des zweiten gesundheitspolitischen Brennpunktes jener Zeit. Beide Figuren wurden hauptsächlich in städtischen Umgebungen abgebildet. Beide waren deutlich durch ihre Krankheit beziehungsweise Sucht gezeichnet und wurden in der Regel als dieser passiv ausgesetzt dargestellt. „Nur in ihr Gesicht darf man nicht schauen: Die bleiche Haut ist von roten, aufgedunsenen Schwären überzogen. Sie hat Aids“, konnte man etwa in einem Bericht der *ZEIT* über die offene Drogenszene in Zürich lesen, der auf diese Weise eine direkte Verknüpfung zwischen Junkie- und Aidskörper herstellte (Sontheimer 1988). Nur selten hingegen wurden die Betroffenen im Kontext der Neuen Sozialen Bewegungen der 1970er und 1980er Jahre verortet, in denen sich viele von ihnen engagierten (vgl. Bänziger & Çetin 2017).

Abb. 2: Plakat der schweizerischen „STOP AIDS"-Kampagne (1990)

3 Risikoverhalten: der Aufstieg eines neuen gesundheitspolitischen Regimes

Der Aidskörper dominierte die Bildsprache während der 1980er Jahre. In der Aidspolitik hingegen kam es schon um die Mitte des Jahrzehnts zu einer weitreichenden Veränderung, als sich der Fokus von den „Risikogruppen" zu den „Risikopraktiken" beziehungsweise zum „Risikoverhalten" zu verschieben begann. Neben der allmählichen Durchsetzung der These einer viralen Ursache von Aids ist dieser Wandel auch vor dem Hintergrund der gesundheitspolitischen Debatten über die „Prävention" im 20. Jahrhundert zu betrachten (vgl. Lengwiler & Madarász 2010; Thießen 2014). Vorausgegangen war ihm eine langjährige Auseinandersetzung um die zu wählenden Strategien, in der sich nicht zuletzt Aktivistinnen und Aktivisten aus dem Umfeld der Homosexuellen- und (weiteren) Betroffenenbewegungen vehement gegen Diskriminierungen und für die Freigabe der benötigten Ressourcen eingesetzt hatten (Beljan 2014, Kap. VI).

Zwar ist eine Risikogruppe über ähnliche Verhaltensweisen oder körperliche Dispositionen einer Anzahl von Personen definiert, in der Praxis wird diese Be-

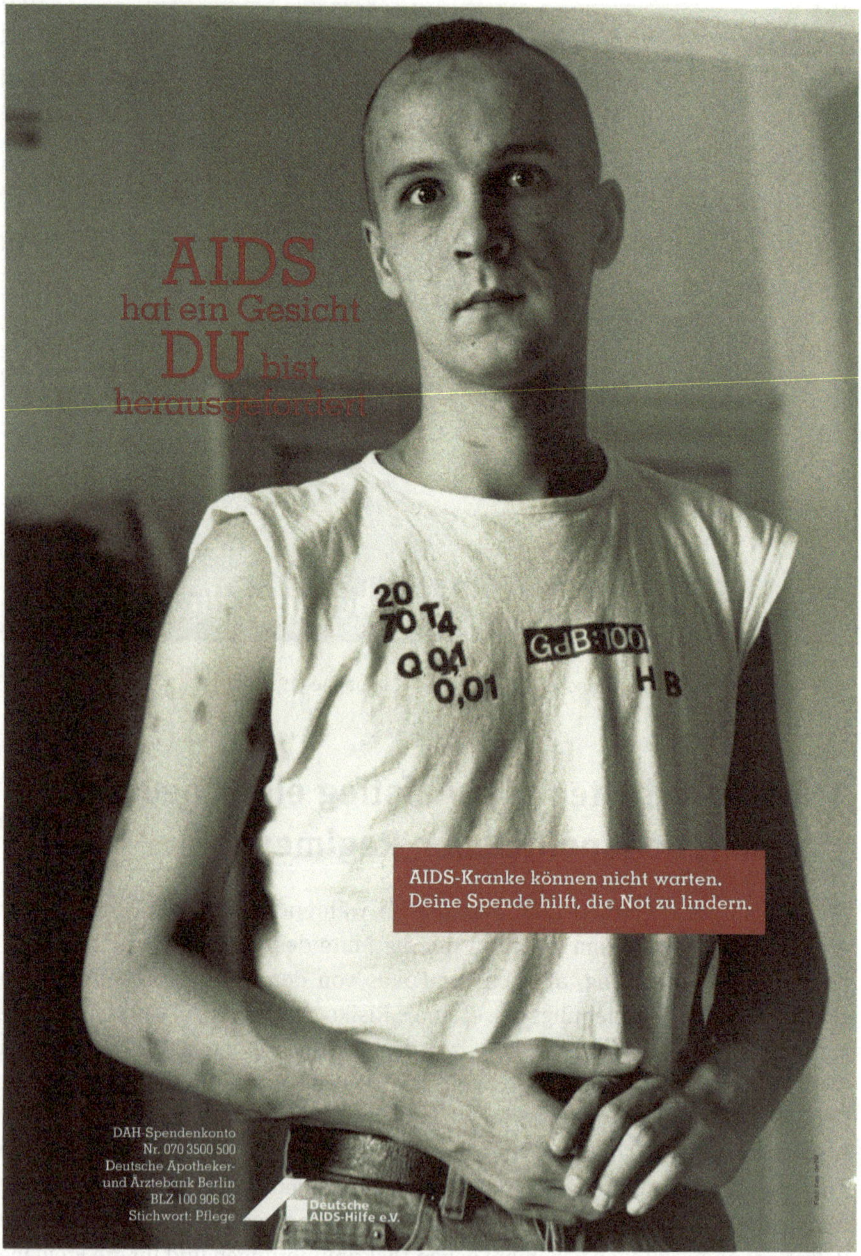

Abb. 3: Plakat der Deutschen Aids-Hilfe (1995)

ziehung zwischen Kollektiv und Einzelpersonen jedoch oftmals umgekehrt: Von der (vermeintlichen) Zugehörigkeit zu einer gesellschaftlichen Gruppe wird auf das angeblich gemeinsame Verhalten der ihr zugerechneten Personen geschlossen. Zudem wird das Konzept der Risikogruppe oftmals überaus pauschal angewandt. Auch wenn es am Anfang durchaus hilfreich für die Aidsarbeit war, da es der Thematik die nötige Aufmerksamkeit unter den hauptsächlich Betroffenen verschaffte, zeigte sich diese Anschlussfähigkeit für diskriminierende Vorstellungen und Praktiken sehr bald. Ähnliches konnte man auch jüngst wieder bei den „über 65-Jährigen“ während der SARS-CoV-2 Epidemie im Frühjahr 2020 beobachten, die pauschal als Risikogruppe bezeichnet und an manchen Orten vom öffentlichen Leben ausgeschlossen wurden. Man scheint aus der Aids-Krise nichts gelernt zu haben.

Das Konzept der Risikopraktiken erlaubte es damals, diskriminierende Tendenzen zu bekämpfen und differenzierter an die potentiell Betroffenen heranzutreten. Seine Etablierung erfolgte über einen längeren Zeitraum. Zunächst vergrößerte sich zunehmend die Zahl der Risikogruppen, da es ab Ende des Jahres 1984 immer schwieriger wurde, klare Grenzen zu ziehen. Im *SPIEGEL* stand Aids im Sommer 1984 zwar noch eindeutig als „Krankheit des Gettos und seiner Minderheiten“ in den Schlagzeilen, doch wurde nun darauf hingewiesen, dass möglicherweise die „Promiskuität“ ganz allgemein „das Vehikel der Seuche“ sei (Halter 1984, S. 131). Gegen Ende des Jahres wurde im Zusammenhang mit Homosexualität über „Safer Sex“ berichtet und die Forderung nach einer „Verhaltensänderung“ erhoben (Der Spiegel 1984, S. 258), die 1985 auf alle sexuell aktiven Personen ausgeweitet wurde. War zunächst noch von einer wenig konkreten „Allgemeingefährdung“ (Der Spiegel 1985, S. 235) die Rede, wurde im August ein Heft mit dem Titelthema „Aids und Liebe. Welches Risiko?“ veröffentlicht, als Titelbild ein sich küssendes heterosexuelles Paar. In verschiedenen Artikeln wurde darauf hingewiesen, dass die Zeit der Diskriminierung vorbei sei, weil Aids alle sexuell aktiven Personen betreffe.

Auf dieser Grundlage wurde der Fokus der Kampagnen und der Medienberichterstattung nun auf die Risikopraktiken verschoben: Schutz bot nicht mehr die Nichtzugehörigkeit zu einer Risikogruppe, sondern das Anpassen der je individuellen Handlungen an den aktuellen Stand des Wissens. So schrieben die Hannoveraner Sexualmediziner Wolfgang Müller und Klaus Pacharzina im *SPIEGEL:*

> Es geht nicht um eine „neue Moral“, um „neuen Sex“, um Treue oder Monogamie. Wir Sexualmediziner sind gewiss nicht die Saubermänner der Nation. Dies ist keine Handlungsanleitung nur für „Risikogruppen“. [...] Gefragt ist verantwortliches Handeln, gefragt sind

individuelle, freie Entscheidungen vor dem Hintergrund einer realen Gefahr (Müller & Pacharzina 1985).

Zwar biete nur „Enthaltsamkeit" vollkommene Sicherheit, doch da dies für die meisten nicht realistisch sei, gehe es vor allem darum, „das Risiko zu begrenzen". Solche Anleitungen unterscheiden sich grundlegend von den Forderungen nach Verboten und „Notrecht" (Moll 1984), die vereinzelt noch bis zum Ende der 1980er Jahre zu vernehmen waren. Im Frühjahr 1987 etwa beschloss die bayerische Regierung einen ganzen Katalog von Zwangsmitteln, vom Zwangstest bis zu drakonischen Strafen. Dass der *SPIEGEL* nun den Vorwurf erhob, Bayern wolle einen totalitären „Aids-Staat" errichten (Der Spiegel 1987), erstaunt nicht. Das neue, auf Risikopraktiken ausgerichtete Regime hatte sich damals bereits durchgesetzt (vgl. Beljan 2014, S. 210 – 211).

Aids sei geradezu die paradigmatische Epidemie eines neuen gesundheitspolitischen Regimes gewesen, argumentiert Delphine Moreau vor diesem Hintergrund (Moreau 2005). Da wichtigen Akteurinnen und Akteuren schon relativ früh klargeworden sei, dass das Immunschwächesyndrom in absehbarer Zeit nicht geheilt werden könne, hätten sie sich zunehmend darauf konzentriert, die HIV-Epidemie zu regulieren. An die Stelle des repressiven und überwachenden Zugriffs auf Gruppen oder Einzelpersonen sei die Information und statistische Kontrolle der Bevölkerung im Allgemeinen sowie einzelner Gruppen im Speziellen – die nun oftmals „Zielgruppen" genannt wurden – getreten. Vor allem aber sollten die Kranken nicht mehr von den Gesunden oder Gefährdeten getrennt werden; alle sollten gleichermaßen lernen, sich risikominimierend zu verhalten. Eine Medikalisierung der Aids-Thematik hingegen wurde erst seit den 1990er Jahren breiter diskutiert. Dank neuer Möglichkeiten der Prä- und Postexpositionsbehandlung steht sie seit einigen Jahren gar im Zentrum der Aufmerksamkeit (vgl. Kippax & Stephenson 2012).

Noch Ende 1984 hatte Friedhelm Farthmann, Gesundheitsminister in Nordrhein-Westfalen, in einem *SPIEGEL*-Interview erklärt, „daß der Mensch gegen Selbstschädigung nicht in allen Punkten geschützt werden" könne und dass die „staatliche Verantwortung" mit der Information jener Personen ende, „die bestimmte Sexualpraktiken" pflegen (Farthmann 1984). Die Analyse der nationalen Präventionskampagnen zeigt jedoch, dass das Propagieren von risikominimierendem Verhalten und „Eigenverantwortung" gerade nicht auf einfachen Appellen und dem Bereitstellen von Informationen beruhte, sondern auf einem ganzen Arsenal an Anleitungen zur Selbstführung, disziplinarischen „Maßnahmen", Institutionen, wissenschaftlichen Expertisen u. a. m. (Bänziger 2015). Seit Aids sieht sich jede sexuell aktive Person mit der ultimativen Forderung konfrontiert, sich „richtig" zu verhalten: verantwortlich im Umgang mit den eigenen wie auch den gesellschaftlichen „Ressourcen" zu sein. Fragen nach den Ursachen für eine Infektion können nicht mehr mit einem tragischen „weil ich so bin" oder einem unschuldigen „ich habe es nicht gewusst" beantwortet werden.

4 Vom Aids- zum Präventionskörper

Die Verbreitung von Wissen über einzelne Praktiken war eine Bedingung für die Durchsetzung der neuen Aidspolitik, die Propagierung des Kondoms eine zweite. Hier stellte das Jahr 1987 einen wichtigen Wendepunkt dar: In Deutschland wie in der Schweiz setzten die nun anlaufenden Kampagnen an zentraler Stelle auf den „Gummi". Neben dem spezifischen Wissen über sexuelle Praktiken wurde damit eine neue Norm aufgestellt, die man nicht ohne negative Sanktionen missachten durfte. Diese Problematik wurde schon durch die zeitgenössischen Sozialwissenschaften diskutiert, wenn etwa vermutet wurde, dass Befragte nicht mehr bereit waren, über unerwünschtes Verhalten wie den Verzicht auf das Kondom zu sprechen (vgl. Beljan 2015, S. 336 ff.). Solche Befunde sind jenen Stimmen gegenüberzustellen, die den Rückgang an Neuinfektionen direkt auf den Erfolg des neuen Präventionsregimes zurückführen. Viele Personen wussten zwar, wie sie sich schützen konnten. Die Frage hingegen, ob sie auch tatsächlich in diesem Sinne handelten, muss offen bleiben.

Abb. 4: Plakat der „STOP AIDS"-Kampagne, Schweiz (1992) (CC BY-NC 4.0)

Nicht zuletzt im Zusammenhang mit der Propagierung des Kondoms waren ab den frühen 1990er Jahren vermehrt Bilder „gesunder" Körper zu sehen. Ein Blick auf die Plakate der schweizerischen „STOP AIDS"-Kampagne macht deutlich, wie nun eine neue Norm, jene des „Präventionskörpers", den „Aidskörper" der 1980er Jahre zunehmend in den Hintergrund drängte. Besonders signifikant ist ein Plakat aus dem Jahr 1992 (Abb. 4). Als Referenz für den Präventionskörper war die hier abgebildete bäuerliche Welt geradezu prädestiniert: Bäuerinnen und Bauern konnten als Menschen dargestellt werden, die sich durch die Arbeit in der Natur gesund erhalten, nicht nur in ökonomischer Hinsicht für sich selbst sorgen können und auch räumlich weit entfernt vom meist urbanen Umfeld von Aidskranken und Junkies leben.

Abb. 5: Plakat der „STOP AIDS"-Kampagne, Schweiz (2006), Schweizerisches Sozialarchiv

Diese Bildsprache blieb in den folgenden Jahren zentral. Auf einem Plakat aus dem Jahr 2006 beispielsweise sind zwei unbekleidete Frauen beim Fechten zu sehen, auf einem anderen drei Eishockey spielende Männer, die lediglich Schlittschuhe tragen (Abb. 5). Der sportliche, attraktive Körper, so wird hier suggeriert, ist nicht jener des mit HIV infizierten oder an Aids erkrankten Mitmenschen, sondern jener des sich selbst schützenden Subjekts. Damit weist der Präventionskörper über die Aids-Thematik hinaus: Er ist nicht zuletzt im Kontext des Aufstiegs des fitten und sich selbst gut führenden Konsum- und Sexkörpers seit den 1980er Jahren (dazu Duttweiler 2004; Graf 2013; Wellmann 2015) zu betrachten. Zugleich konnte die durch die (implizite) Gegenüberstellung von Aids-

und Präventionskörper behauptete Sichtbarkeit von Aids aber auch Grund für eine trügerische Sicherheit sein (Bänziger 2010, S. 204–205). Im Jahr 2000 reagierte die schweizerische „STOP AIDS"-Kampagne auf diese Problematik mit einem Plakat, auf welchem einem an der Ikonographie des Aidskörpers orientierten Bild eine herkömmliche Figur hegemonialer Männlichkeit – mit Hornbrille und Krawatte – gegenübergestellt wird, und nicht der fitte Präventionskörper (Abb. 6).

Sportlichen Personen, die mit HIV leben, begegnete man hingegen auch nach der Jahrtausendwende noch vergleichsweise selten. In einem Artikel der *ZEIT Online* zum Weltaidstag 2010 beispielsweise heißt es: „Als Klaus Wittke 1994 von seiner HIV-Infektion erfährt, gibt ihm sein Arzt noch wenige Jahre zu leben. Dass er nun, 16 Jahre später, einen Alltag ohne große Einschränkungen hat, dass er sogar Höchstleistungen bringt, ist für ihn ein kleines Wunder." Im weiteren Text kommt unter anderen Jürgen Rockstroh, Infektiologe an der Universitätsklinik Bonn und Präsident der Deutschen Aids-Gesellschaft, zu Wort: „Erste Zwischenanalysen zeigen, dass das Immunsystem sich unter einer sportlichen Belastung wie einem Marathon positiv entwickelt" (Blaschke 2010). Solche Texte zeigen, dass der Aidskörper auch in den Medien einem komplexeren Bild Platz machte – vor allem wenn es sich um Berichte über Menschen aus Europa und Nordamerika handelte, wo dank der neuen Therapiemöglichkeiten und starker Gesundheitssysteme die Lebensqualität auch bei einer Infektion mit HIV hoch bleiben kann.

5 Schluss: Über die Erfolgserzählung hinaus

Die hier vorgeschlagene Perspektive hilft, die Geschichte von Aids nicht einseitig als Erfolgsgeschichte zu erzählen (so etwa bei Tümmers 2017): Was einerseits zweifellos zur zahlenmäßigen Reduktion der Neuinfektionen beitrug, war andererseits mit spezifischen Forderungen an Körper und Subjekte verbunden. „Statt wohliger Lebenslust zu frönen, sollten wir ein Volk freudloser Aerobiner, Fitnesser und Weightwatcher sein, ansonsten lauert jetzt auch noch AIDS, um den Menschen ihre bösen Gelüste zu vergällen", kritisierte ein Kommentator schon Mitte der 1980er Jahre (Jenny 1984). Freudlos mussten diese Körperpraktiken allerdings nicht unbedingt sein. Im Gegenteil: Die Norm des Präventionskörpers war gerade auch deshalb so erfolgreich, weil sie als lustvoll inszeniert und wohl auch erlebt wurde. Symbol dafür ist die „Safer Sex"-Kampagne, deren Ziel insbesondere darin bestand, das Überstreifen des Kondoms als Teil des sexuellen Spiels anstatt als dessen Unterbrechung darzustellen.

Zugleich brachte die neue Norm auch neues Diskriminierungspotential mit sich: Wenn alle fit und gesund sind, fallen jene umso mehr auf, die diesem Bild

Abb. 6: Plakat der „STOP AIDS"-Kampagne, Schweiz 2000. Schweizerische Nationalbibliothek, Graphische Sammlung: Plakatsammlung (cR Werbeagentur Basel)

nicht entsprechen können oder wollen. Das Argument, dass sie offensichtlich keine Verantwortung für sich selbst wie für die Gemeinschaft übernehmen könnten, ist dann angesichts der Aufwertung der Eigenverantwortung in den vergangenen Jahrzehnten schnell zur Hand, um Kontrolle und Zwang zu legitimieren. Wie schon zu Beginn der Aids-Krise (vgl. Gilman 1991; Pulver 1999) stehen solche Körper weniger für die kranken, bemitleidenswerten Mitmenschen denn für einen selbstgewählten, problematischen Lebenswandel, für den sie die Verantwortung tragen müssen. Dass das nicht nur Spekulationen sind, hat sich während der SARS-CoV-2-Epidemie einmal mehr gezeigt. Zwar scheinen sich offene Diskriminierungen in Europa vor allem gegen Menschen mit angeblich „asiatischer" Herkunft gerichtet zu haben, doch immer wieder waren auch Obdachlose betroffen (vgl. auch Anderson et al. 2020). Über ihre Lage schrieb ein Gassenarbeiter aus Zürich im Juni 2020:

> „Viele Leute bieten Hilfe an, die Medien berichten über ihre Situation, es ist den Menschen nicht egal, was mit ihnen passiert. Andererseits leben wir in einer Zeit, in der alle zusammenzucken, wenn jemand nur hüstelt. Da geht man erst recht auf Distanz zu Menschen, die das Stigma von mangelnder Hygiene, Verwahrlosung und Krankheit tragen"(Brunner 2020).

Literatur

Anderson, Sage/Blok, Gemma/Fabian, Louise (2020): „Marginalization and Space in Times of COVID-19. Lockdown Report of the HERA Project: Governing the Narcotic City". Kulturwissenschaftliches Institut Essen. https://narcotic.city/news/gonaci-lockdown-report/, besucht am 30. 6. 2020.

Bänziger, Peter-Paul (2010): *Sex als Problem. Körper und Intimbeziehungen in Briefen an die „Liebe Marta"*. Frankfurt am Main & New York: Campus.

Bänziger, Peter-Paul (2014): „Vom Seuchen- zum Präventionskörper? Aids und Körperpolitik in der BRD und der Schweiz in den 1980er Jahren". In: *Body Politics* 2(3), S. 179 – 214.

Bänziger, Peter-Paul (2015): „ExpertInnen statt AktivistInnen: Der Entpolitisierungsdiskurs in der Aids-Arbeit der achtziger Jahre". In: Pascal Eitler/Jens Elberfeld (Hrsg.): *Eine Zeitgeschichte des Selbst*. Bielefeld: Transcript, S. 261 – 277.

Bänziger, Peter-Paul/Çetin, Zülfukar (2017): „Die Normalisierung eines Ausnahmezustands? Geschichten der Aids- und der Drogenthematik in der Bundesrepublik Deutschland seit den 1980er Jahren". In: Hannah Ahlheim (Hrsg.): *Gewalt, Zurichtung, Befreiung? Körperliche „Ausnahmezustände" 1880 – 2000*. Göttingen: Wallstein, S. 117 – 140.

Bänziger, Peter-Paul/Çetin, Zülfukar (2019): „Jenseits des Modellfalls. Erzählungen über Aids und HIV in Europa – eine Einleitung". In: Peter-Paul Bänziger/Zülfukar Çetin (Hrsg.): *Aids und HIV in der Türkei. Geschichten und Perspektiven einer emanzipatorischen Gesundheitspolitik*. Gießen: Psychosozial-Verlag, S. 9 – 34.

Beljan, Magdalena (2014): *Rosa Zeiten. Eine Geschichte der Subjektivierung männlicher Homosexualität in den 1970er und 1980er Jahren der BRD*. Bielefeld: Transcript.

Beljan, Magdalena (2015): „‚Unlust bei der Lust?‘ Aids, HIV & Sexualität in der BRD“. In: Peter-Paul Bänziger/Magdalena Beljan/Franz X. Eder/Pascal Eitler (Hrsg.): *Sexuelle Revolution? Zur Geschichte der Sexualität im deutschsprachigen Raum seit den 1960er Jahren*. Bielefeld: Transcript, S. 323–345.

Blaschke, Ronnie (2010): „Aids? Sport? Ja, klar!“. Zeit Online. https://www.zeit.de/sport/2010-12/aids-hiv-sport-schwimmen-positeidon, besucht am 30.6.2020.

Brunner, Raphael (2020): „‚Noch einsamer als sonst‘. Obdachlose in Corona-Zeiten“. Beobachter Online. https://www.beobachter.ch/gesellschaft/obdachlose-corona-zeiten-noch-einsamer-als-sonst, besucht am 30.6.2020.

Der Spiegel (1983a): „Lange Lunte“. *Der Spiegel* 47 vom 21.11.1983, S. 239–243.

Der Spiegel (1983b): „Wie die Pest“. *Der Spiegel* 28 vom 11.7.1983, S. 146–147.

Der Spiegel (1984): „Sprung nach vorn“. *Der Spiegel* 47 vom 12.11.1984, S. 255–261.

Der Spiegel (1985): „Harte Gegner“. *Der Spiegel* 18 vom 29.4.1985, S. 235–238.

Der Spiegel (1987): „‚Wollen wir den Aids-Staat?‘ Bayerns Linie: Zwangstest, Berufsverbot, Ausweisung“. *Der Spiegel* 10 vom 2.3.1987, S. 30.

Duttweiler, Stefanie (2004): „Ein völlig neuer Mensch werden – Aktuelle Körpertechnologien als Medien der Subjektivierung“. In: Karl Brunner/Daniela Hammer-Tugendhat/Andrea Griesebner (Hrsg.): *Verkörperte Differenzen*. Wien: Turia & Kant, S. 130–146.

Farthmann, Friedhelm (1984): „‚Das ist eine schreckliche Vision‘. SPIEGEL-Interview mit NRW-Gesundheitsminister Friedhelm Farthmann“. *Der Spiegel* 45 vom 5.11.1984, S. 117–118.

Gilman, Sander L. (1991): „AIDS and Syphilis: The Iconography of Disease“. In: Douglas Crimp (Hrsg.): *AIDS: Cultural Analysis, Cultural Activism*. Cambridge: MIT Press, S. 87–107.

Graf, Simon (2013): „Leistungsfähig, attraktiv, erfolgreich, jung und gesund: Der fitte Körper in post-fordistischen Verhältnissen“. In: *Body Politics* 1(1), S. 139–157.

Halter, Hans (1984): „‚Ich bin en Tunt, bin kernjesund‘“. *Der Spiegel* 29 vom 16.7.1984, S. 130–134.

Jenny, Reto G. (1984): „Zurück zu Sitte und Moral mit AIDS“. *Tages-Anzeiger* 187 vom 14.8.1984, S. 16.

Kippax, Susan/Stephenson, Niamh (2012): „Beyond the Distinction between Biomedical and Social Dimensions of HIV Prevention through the Lens of a Social Public Health“. In: *American Journal of Public Health* 102(5), S. 789–799.

Lengwiler, Martin/Madarász, Jeannette (Hrsg.) (2010): *Das präventive Selbst. Eine Kulturgeschichte moderner Gesundheitspolitik*. Bielefeld: Transcript.

Lindenmann, Jean (1982): „Alte und neue Geschlechtskrankheiten. Alarmierende Zunahme in jüngster Zeit“. *Neue Zürcher Zeitung* 190 vom 18.8.1982, S. 44.

Moll, Heinz (1984): „Nationalrat fordert: Mit Notrecht gegen AIDS“. *SonntagsBlick* 46 vom 11.11.1984, S. 18.

Moreau, Delphine (2005): „‚Dispositifs de sécurité‘ et épidémie de sida“. In: *Labyrinthe* 22(3), S. 101–110.

Müller, Wolfgang/Pacharzina, Klaus (1985): „‚Das Risikopotential ist groß‘“. *Der Spiegel* 33 vom 12.8.1985, S. 152.

Pulver, Marco (1999): *Tribut der Seuche oder: Seuchenmythen als Quelle sozialer Kalibrierung. Eine Rekonstruktion des AIDS-Diskurses vor dem Hintergrund von Studien zur Historizität des Seuchendispositivs*. Frankfurt am Main: Peter Lang.

Ringger, Heini (1983): „Wie viele AIDS-Patienten in der Schweiz?“. *Tages-Anzeiger* 153 vom 4.7.1983, S. 38.

Roeßiger, Susanne (2013): „Safer Sex und Solidarität. Die Sammlung internationaler Aidsplakate im Deutschen Hygiene-Museum“. In: *Zeithistorische Forschungen/Studies in Contemporary History* 10(3), S. 502–514.

Rosenbrock, Rolf/Schaeffer, Doris/Moers, Martin et al. (1999): *Die Normalisierung von Aids in Westeuropa. Der Politik-Zyklus am Beispiel einer Infektionskrankheit.* Berlin: Wissenschaftszentrum Berlin für Sozialforschung.

Sontheimer, Michael (1988): „Schweiz: Abschied von der Seuchenlehre“. *Die Zeit* 13 vom 25.3.1988, S. 14.

Studinka, Felix (Hrsg.) (2002): *Visuelle Strategien gegen Aids.* Zürich: Museum für Gestaltung & Lars Müller Publishers.

Thießen, Malte (2014): „Seuchen im langen 20. Jahrhundert. Perspektiven für eine europäische Sozial- und Kulturgeschichte“. In: Malte Thießen (Hrsg.): *Infiziertes Europa. Seuchen im langen 20. Jahrhundert.* Berlin: De Gruyter, S. 7–28.

Thomi, Stefan (1983): „Aids: ‚Der Anfang einer neuen Seuche!‘“. *SonntagsBlick* 21 vom 22.5.1983, S. 88–92.

Tümmers, Henning (2017): *Aids. Autopsie einer Bedrohung im geteilten Deutschland.* Göttingen: Wallstein.

Voegtli, Michaël (2016): *Une cause modèle. La lutte contre le sida en Suisse (1982–2008).* Lausanne: Éditions Antipodes.

Wellmann, Annika (2015): „Silber-Sex. Von der Pathologisierung zur Aktivierung des gealterten Geschlechtskörpers“. In: Peter-Paul Bänziger/Magdalena Beljan/Franz X. Eder/Pascal Eitler (Hrsg.): *Sexuelle Revolution? Zur Geschichte der Sexualität im deutschsprachigen Raum seit den 1960er Jahren.* Bielefeld: Transcript, S. 303–322.

Konrad Reinhart, Carolin Fleischmann-Struzek und Heiko Herwald

Sepsis und die COVID-19-Pandemie: Herausforderungen und Chancen für die Weiterentwicklung des Gesundheitssystems in Deutschland

Abstract: *Sepsis and the COVID-19 Pandemic: Challenges and Chances for Developing a Better Health System in Germany.* Sepsis is the most serious complication of infectious diseases including patients critically ill with COVID-19. In 2017, sepsis was estimated to affect close to 50 million people and to cause or contribute to 11 million deaths, with over 3 million of those deaths being in children or adolescents. The WHO considers that most deaths from sepsis are preventable and therefore urges all member states to integrate sepsis in their national health strategy. However, this is not yet the case for Germany, although – compared to other western industrial countries – sepsis mortality rates in Germany are very high. The COVID-19 pandemic has presented the world with the most serious health threat in living memory, which until July 2021 resulted in more than 4 million deaths and unprecedented social and economic disruption. It has reminded us that infectious diseases still present a major global health threat. In contrast to the poor recognition of sepsis from other infections, the response to the pandemic has also been unprecedented in most countries in terms of instituting effective public health measures, and the global scientific community has come together to produce robust research evidence and novel vaccines in record time. Thus, a positive legacy for the COVID-19 pandemic in Germany and around the globe would reduce the global burden of sepsis by making pandemic preparedness, infection prevention and control, sepsis and antimicrobial resistance integral parts of national infection control and management strategies.

1 Einleitung

Die COVID-19-Pandemie wird als größte Krise seit dem 2. Weltkrieg bezeichnet. Sie hat die Weltgemeinschaft völlig unvorbereitet getroffen – obwohl die sogenannte

---

Konrad Reinhart, Charité – Universitätsmedizin Berlin; Global Sepsis Alliance; Sepsis-Stiftung
Carolin Fleischmann-Struzek, IFB Sepsis und Sepsisfolgen, Universitätsklinikum Jena
Heiko Herwald, Division of Infection Medicine, Biomedical Center (BMC), Lund University

https://doi.org/10.1515/9783110713336-030

„Spanische Grippe", die zwischen 1918/19 weltweit ca. 50 Millionen Menschenleben kostete, erst relativ kurz zurückliegt. Die 1896 von Sir William Osler getroffene Feststellung, dass die Menschheit mit Fieber, Hunger und Krieg drei große Feinde habe – von denen mit großem Abstand der schrecklichste das Fieber sei, trifft immer noch zu. Die Unterschätzung der Bedrohung durch Infektionskrankheiten in der heutigen Zeit betrifft nicht nur die Gefahren durch die periodisch auftretenden Endemien und Pandemien, sondern zahlenmäßig in weit höherem Ausmaß die permanente gesundheitliche Bedrohung durch die schweren Verlaufsformen alltäglicher Infektionen, wie z. B. von Lungenentzündungen, Harnwegsinfekten oder der saisonalen Grippe, die medizinisch als Sepsis und umgangssprachlich oft als „Blutvergiftung" bezeichnet werden. Zur Sepsis kommt es, wenn eine Infektion durch die körpereigenen Abwehrsysteme nicht mehr lokal begrenzt werden kann. Dies hat zur Folge, dass sich eine überschießende Immunantwort als Kettenreaktion im ganzen Körper ausbreitet. Diese gegen die weitere Ausbreitung und Tötung der Infektionserreger gerichteten Abwehrreaktionen schädigen jedoch auch die körpereignen Organe und führen oft zu einem tödlichen Mehrfach-Organversagen. Die im Rahmen einer Sepsis ausgelöste Immunantwort ist durch den Begriff „Zytokin-Sturm" unzureichend beschrieben, denn sie umfasst nicht nur den Anstieg der als Zytokine bezeichneten Botenstoffe, sondern auch die direkt gegen die Erreger gerichtete zelluläre Immunantwort und die Aktivierung des sogenannten Komplementsystems, das eng an die Aktivierung des Gerinnungssystems gekoppelt ist (Singer et al. 2016). Laut der Weltgesundheitsorganisation (WHO) können nicht nur Bakterien, Pilze und Protozoen (tierische Einzeller) zu einer Sepsis führen, sondern auch virale Infektionen wie das saisonale Grippevirus und hochinfektiöse Viren wie Corona-, Ebola-, Schweinegrippe- und Vogelgrippe-Viren (World Health Organization 2017). Auch bei schweren Verlaufsformen von COVID-19 handelt es sich um eine Sepsis (World Health Organization Headquarters 2020).

Sepsis trug 2017 mit jährlich ca. 11 Millionen Todesfällen zu 20 % aller weltweiten Todesfälle bei (Rudd et al. 2020). Sie betrifft dabei nicht nur einkommensschwache Länder. In den USA bestand bei 35 % der im Krankenhaus verstorbenen Patienten ein enger Zusammenhang mit einer Sepsis (Rhee et al. 2017), und in Deutschland wurden 2015 bei 18 % der im Krankenhaus Verstorbenen eine Sepsis registriert (Fleischmann-Struzek et al. 2018). Nach jüngsten Schätzungen betragen in den USA die jährlichen Kosten für die Behandlung von Sepsis ca. 62 Milliarden USD (Buchman et al. 2020). Im vorliegenden Beitrag werden die Gründe diskutiert, wieso die Bedrohung durch Infektionserkrankungen derart aus dem kollektiven Bewusstsein der modernen Industriegesellschaften verschwunden ist und welche Konsequenzen aus der derzeit unzureichenden Ausrichtung unseres Gesundheitssystems auf diese Herausforderungen zu ziehen sind.

2 Frühere Erfolge im Kampf gegen Infektionskrankheiten sorgten lange für Nachlässigkeit

Noch bis Ende der 1950er Jahre war die Bedrohung durch Infektionskrankheiten durch persönliche Krankheits- und Verlusterfahrungen unserer Eltern- und Großelterngeneration tief im öffentlichen Bewusstsein verwurzelt. Die Schicksalsschläge durch schwere Verläufe von Infektionskrankheiten wurden in der Bevölkerung als gemeinsame Erfahrung geteilt. Infektionskrankheiten waren alltäglich, etwa in Form von Lungenentzündungen, Kindbettfieber oder Wund- und Bauchfellentzündungen, hinzu kam noch die ubiquitäre Durchseuchung mit Tuberkulose oder Masern. Auch die periodisch auftretenden Verwüstungen infolge von Pest, Cholera und anderen Epidemien waren im allgemeinen Bewusstsein präsent. Folgerichtig war das gesamte Gesundheitswesen stark auf Seuchenvermeidung und Behandlung von Infektionskrankheiten ausgerichtet. Dies bedeutete auch eine hohe Priorität seitens der Politik, die sich u. a. in einem starken Öffentlichen Gesundheitsdienst manifestierte. Diese Strategie führte z. B. in den USA im Zeitraum 1900 bis 1950 zu einem drastischen Rückgang der durch Infektionserkrankungen bedingten Todesfälle von ca. 800 auf unter 50 pro 100 000 Einwohner.

Die wesentlichen Ursachen für den auch in anderen aufstrebenden Industrienationen zu verzeichnenden Rückgang der Bedrohung durch Infektionskrankheiten waren kluge und konsequent umgesetzte politische Entscheidungen zur Stärkung der Gesundheitssysteme. Die politischen Entscheidungen führten z. B. zur Einrichtung von Ministerien für Gesundheit und zur Schaffung von kommunalen Gesundheitsämtern mit starken Kompetenzen und guter personeller Ausstattung. Dies waren Voraussetzungen für die flächendeckende Implementierung effektiver Maßnahmen zur Seuchen- und Infektionsprävention – wie der Verbesserung der sanitären Situation durch die Schaffung von Abwasserversorgungssystemen, der Chlorierung des Trinkwassers oder das Ausrollen nationaler Impfprogramme etwa gegen Pocken und Polio. In Deutschland haben u. a. Ärzte und Forscherpersönlichkeiten wie Rudolf Virchow, Emil von Behring, Robert Koch, Ernst von Bergmann und Paul Ehrlich wesentlich zu dieser Erfolgsgeschichte beigetragen. Erhebliche Investitionen in die Infektionsforschung führten zu effektiven Impfstoffen und antiinfektiv wirksamen Substanzen wie Sulfonamiden, Penicillin und weiteren Antibiotika. Dass vier der ersten fünf Nobelpreise für Medizin und bis 1960 noch zwölf weitere Nobelpreise für Forschungen auf den Gebieten der Infektionserkrankungen und Immunologie vergeben wurden, belegt

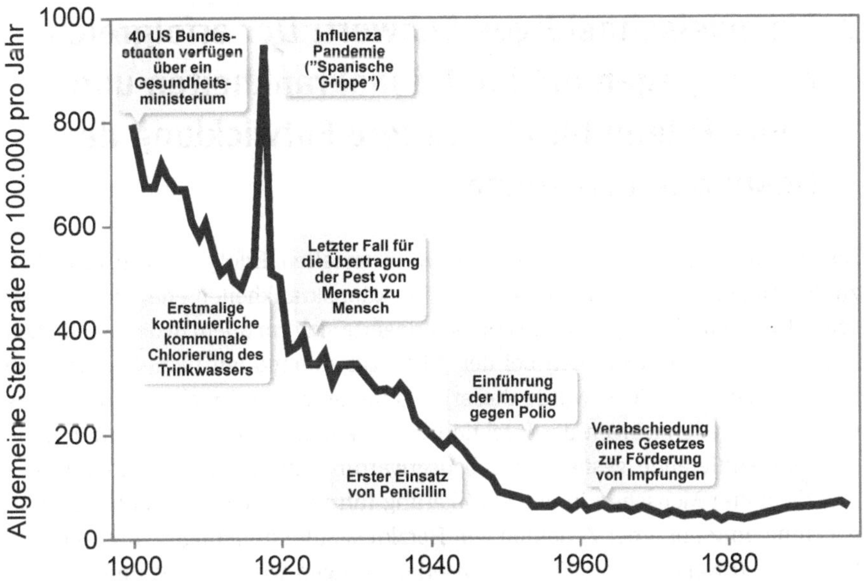

Abb. 1: Trends bei der Entwicklung der Gesamtsterblichkeit infolge von Infektionskrankheiten in den USA im Zeitraum 1900–1997, adaptiert nach Armstrong et al. 1999

die hohe Priorität, die dem Kampf gegen Infektionen und Seuchen von Seiten der Wissenschaft, Politik und Gesellschaft in diesem Zeitraum eingeräumt wurde. Wie selbstverständlich die Notwendigkeit einer engen Kooperation zwischen Medizin und Politik zu dieser Zeit war, lässt sich an den folgenden Zitaten von Rudolf Virchow (1821–1902) ablesen: „Medizin ist eine soziale Wissenschaft und Politik ist nichts Anderes als Medizin im Großen" und „Medizin hat die Verpflichtung, das Problem zu benennen, die Politiker und die praktischen Anthropologen müssen die Mittel für die aktuelle Lösung des Problems finden" (Schadewaldt 1972). Die Richtigkeit dieser Auffassung bestätigt sich derzeit im Kampf gegen die COVID-19-Pandemie u. a. in Deutschland in geradezu beeindruckender Weise. Die Folgen von zu späten bzw. falschen politischen Entscheidungen und der mangelnden, verzögerten Umsetzung von medizinischen und wissenschaftlichen Erkenntnissen sind in einigen Ländern wie den USA, Brasilien und auch England für jedermann ersichtlich. Das Beispiel der Folgen des schwedischen Sonderwegs zeigt, wie wichtig auch die Richtigkeit der wissenschaftlichen Evidenz für die getroffenen Maßnahmen ist.

3 Ein zweischneidiges Schwert: Der erfolgreiche Kampf gegen die Infektionskrankheiten und seine Folgen für die weitere Entwicklung der Gesundheitssysteme

Die im Kampf gegen Infektionskrankheiten erzielten Erfolge trugen erheblich zu der trügerischen Annahme bei, dass Infektionskrankheiten endgültig besiegt seien. Der gesundheitspolitische Fokus verlagerte sich vor allem in den westlichen Industrienationen, aber auch bei der WHO, zunehmend auf nicht-übertragbare Erkrankungen. Beflügelt wurde dieser Paradigmenwechsel nicht nur durch das temporäre Niederzwingen der Infektionserkrankungen, sondern auch durch die daraus resultierende gestiegene Lebenserwartung, die zu einer Erhöhung des Anteils älterer Menschen in der Bevölkerung führte. Diese demographische Entwicklung ging mit einer Zunahme von Herzkreislauferkrankungen, Krebserkrankungen und weiteren sog. Zivilisationserkrankungen wie Diabetes und Adipositas einher. Schnell bildeten sich neue medizinische Fachgesellschaften, die sich auf ebendiese Krankheitsbilder fokussierten und in enger Kooperation mit der Pharmaindustrie den Prioritätenwechsel im Gesundheitswesen beschleunigten. Starke Unterstützung fand dieser Prioritätenwechsel hin zu den nicht-übertragbaren Krankheiten zusätzlich durch Patienteninteressengruppen. In den Vereinigten Staaten forderten zum Beispiel Krebspatienten in den 1950er und 1960er Jahren angesichts der zu diesem Zeitpunkt de facto kaum bestehenden Behandlungsmöglichkeiten ein „Manhattan Project" und einen „Moon shot for cancer". Sie postulierten: „For any illness to rise to political prominence, it needed marketing [...]. A disease needed to be transformed politically before it could be transformed scientifically" (Mukherjee 2010). Mit diesem Vorgehen erreichten sie Gesetzesänderungen, die zur Bereitstellung erheblicher finanzieller Forschungsmittel und z. B. auch zu einer Neuausrichtung und Umstrukturierung des *National Institute of Health* (NIH) führten. Die beeindruckende Reduzierung der Sterblichkeit und die Linderung der Folgen von Krebs und von chronischen Erkrankungen bestätigen die zweifelsfrei große Nützlichkeit dieser Entwicklung.

4 Ursachen und Folgen der Marginalisierung der Infektionsmedizin und des Öffentlichen Gesundheitsdienstes

Mit diesem fundamentalen Prioritätenwechsel – weg von den übertragbaren, hin zu den nicht-übertragbaren Krankheiten – ging eine fatale Marginalisierung der Infektionsmedizin und des Öffentlichen Gesundheitsdienstes einher, die vor der Phase der ausgeprägten Differenzierung der Medizin in einzelne Fachgebiete noch eine zentrale Rolle einnahmen. Im Ergebnis dieser Entwicklung verloren in den meisten Ländern die verbliebenen Infektiologen die Behandlungshoheit für die Therapie stationärer Patienten mit Infektionen. In der Regel verfügten sie über keine eigenen Bettenstationen, und an Infektionen erkrankte Patienten wurden von den Ärzten der zahlreichen anderen neuen, meist organbezogenen und hoch spezialisierten Fachdisziplinen mitbehandelt.

Für Deutschland waren die Auswirkungen dieses Prioritätenwechsels besonders gravierend. Hier behielt die Infektionsmedizin im Rahmen dieses Differenzierungsprozesses nur noch den Status einer Subspezialität bzw. Zusatzbezeichnung ohne eigenständige Facharztanerkennung. Die mit diesem Statusverlust einhergehende geringere Attraktivität der Infektionsmedizin für den medizinischen Nachwuchs ist sicherlich ein wesentlicher Grund dafür, dass es 1.) im Vergleich zu den USA und Schweden in Deutschland, bezogen auf die Bevölkerungszahl, nur etwa ein Viertel an Infektionsmedizinern bzw. klinischen Mikrobiologen gibt, dass 2.) in Deutschland derzeit nur drei Universitätsklinken über eigenständige Lehrstühle für Infektionsmedizin verfügen, 3.) nur eine Minderheit von Krankenhäusern mit Ärzten ausgestattet ist, die über eine ausreichende Qualifikation für Infektionsmedizin, Mikrobiologie und Hygiene verfügen, während 4.) die Mehrheit der deutschen Krankenhäuser keine eigene Mikrobiologie vorhalten. Im Öffentlichen Gesundheitsdienst der Bundesrepublik arbeiten schätzungsweise nur ca. 2.500 Ärztinnen und Ärzte und viele Stellen können mangels Bewerber nicht besetzt werden. Die fehlende Attraktivität, in diesem Bereich tätig zu sein, resultiert aus dessen Geringschätzung und Vernachlässigung im Rahmen der studentischen Ausbildung, der unzureichend verstandenen Bedeutung des Öffentlichen Gesundheitsdienstes bei der Politik und in der Gesellschaft und nicht zuletzt auch aus der im Vergleich zu anderen Arztgruppen geringeren Vergütung.

5 Folgen der Struktur- und Qualitätsprobleme des deutschen Gesundheitswesens

Die Marginalisierung der Infektionsmedizin und die Vernachlässigung des Öffentlichen Gesundheitsdienstes vollzogen sich völlig unbemerkt und unkommentiert von den sogenannten Organen der Selbstverwaltung des Gesundheitswesens – d. h. u. a. der *Deutschen Krankenhausgesellschaft*, den *Kassenärztlichen Bundesvereinigungen* der Ärzte und Zahnärzte und dem *Spitzenverband der Krankenkassen*, die seit 2004 im *Gemeinsamen Bundesausschuss* (G-BA) zusammengeführt sind. Dieses höchste Organ der Selbstverwaltung im deutschen Gesundheitswesen hat die Entscheidungskompetenz für die Weiterentwicklung und Qualitätskontrolle des deutschen Gesundheitswesens.

Unbemerkt bzw. ohne Reaktion blieb diese Entwicklung auch bei den für das Gesundheitswesen letztverantwortlichen Aufsichtsinstanzen, dem Bundesgesundheitsministerium, den entsprechenden Ministerien auf Ebene der Bundesländer und den politischen Parteien. Dies änderte sich auch nicht durch das *Memorandum für einen Nationalen Sepsisplan*, der bereits im Jahr 2013 die Leitung des Bundesgesundheitsministeriums (BMG) auf die gesundheitsökonomische und humane Dimension des Problems hinwies. In diesem Memorandum wurde von Fachexperten aufgezeigt, dass in Deutschland jährlich 15.000 – 20.000 Todesfälle durch Sepsis vermeidbar wären. Dies ist auch deshalb bemerkenswert, weil dieses Memorandum die Unterstützung von zahlreichen medizinischen Fachgesellschaften, Betroffenenorganisationen, dem Präsidenten der *Leopoldina*, dem *Robert Koch- Institut*, dem *Friedrich-Loeffler-Institut* und den Repräsentanten weiterer Forschungseinrichtungen hatte. Die Forderung nach einem Nationalen Aktionsplan blieb unerfüllt, selbst nachdem 2017 anlässlich der Verabschiedung der WHO-Resolution „Improving the Prevention, Recognition, Diagnosis and Clinical Management“ (World Health Organization 2017) ein aktualisiertes 2. Memorandum unter der Schirmherrschaft des *Aktionsbündnisses für Patientensicherheit* an den neuen Bundesgesundheitsminister gerichtet wurde (Sepsis-Stiftung et al. 2017).

Die WHO-Sepsisresolution war mit Unterstützung des *Bundesministeriums für Gesundheit* (BMG) und der Bundesregierung verabschiedet worden. Sie hebt hervor, dass die Mehrzahl der Sepsistodesfälle durch eine Verbesserung der Prävention, Früherkennung und des Sepsismanagements vermeidbar ist. Die nationalen Mitgliedsländer der *World Health Assembly* werden deshalb in dem Dokument dringend dazu aufgerufen, den Kampf gegen Sepsis in ihre nationalen Gesundheitsstrategien aufzunehmen. Inzwischen gibt es in mindestens 15 Ländern entsprechende nationale Strategien, u. a. in Australien, England, Frankreich,

Irland, Schweden, Saudi-Arabien, dem Sudan und den USA. In Deutschland ist dies jedoch drei Jahre nach Verabschiedung der Resolution noch immer nicht der Fall.

Ein vom Thüringer Sozial- und Gesundheitsministerium initiierter und von der *Gesundheitsministerkonferenz der Länder* (GMK) im Juni 2018 einstimmig verabschiedeter Beschluss, in dem die Leitung des BMG aufgefordert wird, am *Robert Koch-Institut* eine Expertenkommission zur Umsetzung der Forderungen der WHO Resolution zur Sepsis einzusetzen, wurde seitens des Gesundheitsministers mit dem Hinweis abgelehnt, dass dies Aufgabe der Länder sei. Lediglich der G-BA hat auf Antrag der Patientenvertreter im Gremium 2018 beschlossen, ein Verfahren zu eröffnen, mit dem das Ziel verfolgt werden soll, dass die Sepsissterblichkeit ein für alle Krankenhäuser verbindlicher und zu veröffentlichender Qualitätsindikator wird. Die durchschnittliche Dauer von derartigen Verfahren beträgt jedoch ca. 8 Jahre.

Als Folgen dieser Fehlentwicklungen seien beispielhaft aufzuzählen:

- Die Impfrate gegen die saisonale Grippe beträgt in Deutschland bei über 65-Jährigen nur 31,4 %, in Australien, England und den USA aber 74 %, 71 % bzw. 69 %. Ähnlich verhält es sich bei Senioren in Bezug auf die Impfung gegen Pneumokokken: In Deutschland sind 35 % geimpft, in Australien, England und den USA 64 % ,70 % und 56 % (Fleischmann-Struzek et al. 2018).
- Nach einer repräsentativen Umfrage bei über 60-Jährigen wussten nur 17 % der Befragten, dass eine Impfung gegen Sepsis schützen kann; 23 % glaubten, Sepsis sei Folge einer allergischen Reaktion, 30 % vermuteten fälschlicherweise, dass Sepsis in erster Linie durch sogenannte *multiresistente Killerkeime* ausgelöst werde, und die Mehrheit glaubte zu Unrecht, dass ein roter Streifen am Arm Hauptsymptom einer Sepsis sei (Eitze et al. 2018).
- Die Begriffe Sepsis bzw. „Blutvergiftung“ kommen in der Gesundheitsberichterstattung des Bundes und der Länder nicht vor. In die Kommunikation der *Bundeszentrale für gesundheitliche Aufklärung* (BzgA) wurden die Begriffe erst 2021 aufgenommen.
- Im Rahmen eines Qualitätsverbesserungsprojekts zur Optimierung der Sepsiserkennung und -behandlung, an dem sich 40 Krankenhäuer (Bloos et al. 2017) beteiligten, zeigte sich, dass nur ein Drittel der Patienten rechtzeitig, d. h. innerhalb der ersten Stunde nach Diagnose, das Antibiotikum erhielt, während sich durch jede Verzögerung der antibiotischen und chirurgischen Therapie das Sterblichkeitsrisiko erhöht.
- Die Krankenhaussterblichkeit bei Sepsis ist in Deutschland erheblich höher als in vergleichbaren Industriestaaten, gleichzeitig fällt deren Rückgang deutlich geringer aus (siehe Abb. 2).

- Die Chance, eine Sepsis zu überleben, hängt auch vom Krankenhaus ab, in dem ein Patient behandelt wird: Die risiko-adjustierte Krankenhaussterblichkeit variiert zwischen deutschen Krankenhäusern um den Faktor 2 (siehe Abb. 3).

	Zeitraum	Reduktion der Sterblichkeit		relative Reduktion
	2000-2012	35,0% →	18,5%	ca. 47%
	2000-2012	45,5% →	32,1%	ca. 29%
	2009-2014	39,9% →	23,2%	ca. 41%
	2009-2014	47,8% →	41,7%	ca. 12%

Abb. 2: Vergleich des Sterblichkeitsrückgangs bei Patienten mit Sepsis mit Organversagen zwischen Deutschland, Australien, Großbritannien und den USA. In Deutschland zeigte sich in einem vergleichbaren Zeitraum eine geringere Reduktion als in anderen Ländern; hierzulande mit 41,7 % deutlich über dem Niveau anderer Länder, adaptiert nach: Fleischmann-Struzek et al. 2018

Die aufgezeigten Unterschiede in den Überlebensraten bei Sepsis zwischen einzelnen Ländern unterstützen die These: *„Sepsis ist Spiegel der Qualität eines Gesundheitswesens“* (N. Yamamoto, Assistent Director General der WHO (World Health Organization 2018)).

Die relativ hohe Sepsissterblichkeit in Deutschland zeigt, dass die Qualität eines Gesundheitswesens nicht nur von den dort investierten Ressourcen abhängt. Kein Land der Welt verfügt z. B. über mehr Kapazitäten für die besonders teuren Intensivtherapiebetten als Deutschland – diese sind für die Behandlung von Patienten mit Sepsis sehr wichtig. Doch obwohl Deutschland bei den Kosten für das Gesundheitssystem an der Spitze und 40 % über dem europäischen Durchschnitt liegt, nimmt es bei der Qualität – gemessen an der Zahl der vermeidbaren Todesfälle – im europäischen Vergleich nur einen Mittelplatz ein. Dabei sind die vermeidbaren Todesfälle durch Sepsis in dieser Statistik noch gar nicht berücksichtigt. Wie die Sepsis ist auch der Herzinfarkt eine Erkrankung, die als zeitkritischer Notfall behandelt werden muss. Hier ist Deutschland mit einer 30-Tagesterblichkeit von über 8 % eines der Schlusslichter. Bei den vier europäischen Staaten mit der geringsten 30-Tagesterblichkeit liegt diese bei nur 4 % bzw. deutlich niedriger (European Commission 2020). Auch bei der Behandlung des

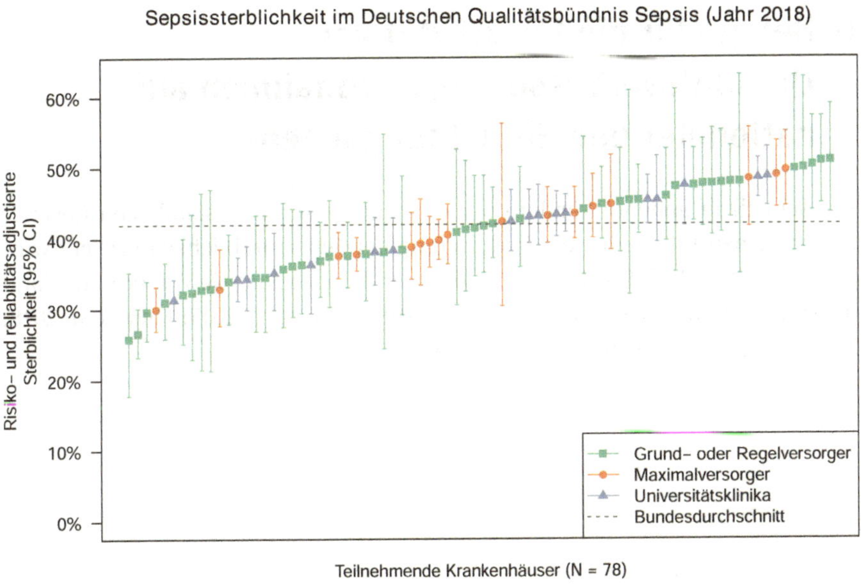

Abb. 3: Vergleich der risikoadjustierten Krankenhaussterblichkeit von Patienten mit Sepsis mit Organversagen im Jahr 2017 zwischen den am Deutschen Qualitätsbündnis Sepsis teilnehmenden Krankenhäusern und dem deutschen Durchschnitt. Bei den teilnehmenden Krankenhäusern findet sich eine große Schwankungsbreite hinsichtlich der Sepsis-Krankenhaussterblichkeit (Rüddel et al. 2018).

Herzinfarkts gibt es in Deutschland kein Ressourcenproblem: In Deutschland werden nahezu doppelt so viele Herzkatheteruntersuchungen pro Kopf der Bevölkerung wie in Österreich durchgeführt (Muhlberger et al. 2020); dort ist die Herzinfarktsterblichkeit interessanterweise um 25 % niedriger. Da es also nicht an Ressourcen mangelt, sind die eklatanten Unterschiede bei den Überlebensraten wohl am ehesten auf Probleme bei der Vorbeugung (durch ungenügende gesundheitliche Aufklärung) sowie auf struktur- und qualitätsbedingte Mängel bei der Therapie zurückzuführen. Es ist belegt, dass bei Sepsis und Herzinfarkt jede Verzögerung der Behandlung zu einer Verschlechterung der Überlebensrate führt.

6 Belege für die Effektivität von Qualitätsverbesserungsmaßnahmen auf nationaler und Einrichtungsebene

Wie schnell in anderen Ländern mit nichtstaatlichen und staatlichen Gesundheitssystemen Erfolge bei der Reduzierung der Sepsissterblichkeit erreicht wurden, ist beispielhaft für den amerikanischen Bundesstaat New York und Irland belegt (Health Service Executive Ireland 2019; Kahn et al. 2019; Levy et al. 2018; New York State Department of Health 2020).

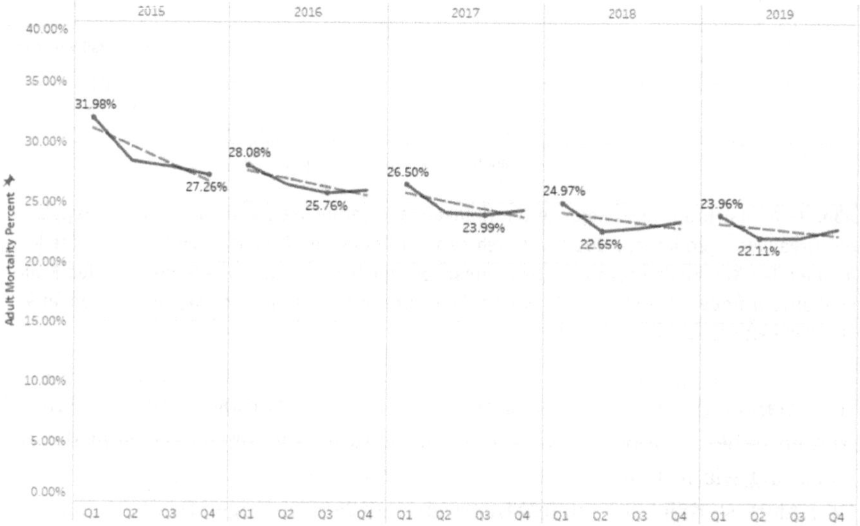

Abb. 4: Verlauf der risiko-adjustierten Krankensterblichkeit nach Initiierung von verbindlichen Sepsis-Protokollen für alle Krankenhäuser im Staat New York. Grafik mit freundlicher Genehmigung von Marcus Friedrich, *New York State Department of Health*

In Deutschland gibt es derzeit mit dem Universitätsklinikum Greifwald bisher nur eine Klinik, die im Rahmen einer mehrjährigen Qualitätsverbesserungsinitiative über ein Reduzierung der 90-Tagesterblichkeit von 64 % auf 45 % berichtet (Scheer et al. 2017).

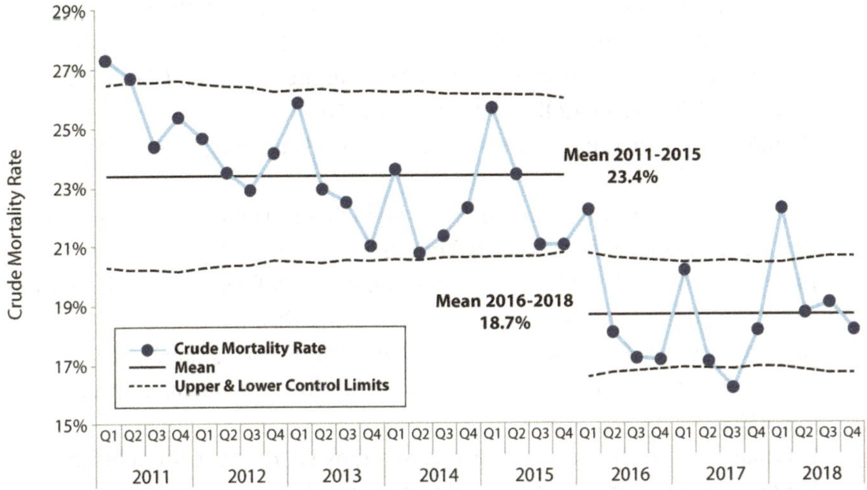

Abb. 5: Vergleich der Sterblichkeitsraten von Sepsispatienten vor und nach Initiierung einer nationalen Aufklärungskampagne in Irland, die Teil der *National Clinical Guideline: Sepsis Management* (Health Service Executive Ireland 2019, S. 16) war.

7 Forderungen an die Politik und die Entscheidungsträger im Gesundheitswesen

Zeitnah:

- Aufklärung der Bevölkerung über Vorbeugemaßnahmen und die Früherkennung von Sepsis (Abb. 6) sowie die Einstufung der Behandlungsnotwendigkeit als Notfall (wie bei Herzinfarkt und Schlaganfall) durch die BZgA. Da sich 70 – 80 % der zu einer Sepsis führenden Infektionen außerhalb des Krankenhauses entwickeln, ist die Bevölkerungsaufklärung von besonderer Relevanz. Dazu soll ein Sonderetat in Höhe von jährlich 13 Millionen Euro bereitgestellt werden. Als Vorbild sei hier der Sonderetat für die sehr effektive Aufklärung der Bevölkerung über sexuell übertragbare Krankheiten genannt.
- Systematische Aufklärung von Familien mit Neugeborenen und Kindern über die Alarmsymptome von Sepsis sowie das Angebot einer jederzeit erreichbaren Notfallnummer, analog zu Großbritannien, wo dies bereits Standard ist.
- Verpflichtung der Krankenhäuser zur Weiterentwicklung der bestehenden Reanimationsteams zu *Medizinischen Notfall Teams* und Einführung von verpflichtenden Screeningtools zur Früherkennung vital gefährdeter Patienten in den Notaufnahmen und den stationären Bereichen.

- Verbindliche Schulung des ärztlichen und pflegerischen Personals im stationären und ambulanten Bereich, z. B. im Hinblick auf Frühwarnzeichen, analog zu der Umsetzung etwa in Großbritannien: *National Early Warning Scores* (NEWS) (Royal College of Physicians 2017).
- Bundesweite Hinzufügung der Sepsis zu den Tracerdiagnosen für die Rettungsleitstellen.
- Etablierung von Mindeststandards für die fachliche Qualifikation im Rahmen der Anstrengungen des BMG zur *Verbesserung der Qualität ambulanter Notfallmedizin* durch Schaffung von integrierten Notfallzentren durch den Gesetzgeber (Bundesministerium für Gesundheit 2020).
- Etablierung und Finanzierung eines *Deutschen Sepsis Qualitätszentrums* in Analogie zum *Nationalen Referenzzentrum für Nosokomiale Infektionen* durch das BMG.
- Optimierung der Sepsis- und Erregerdiagnostik, die wie für alle anderen Notfalldiagnosen in den Krankenhäusern rund um die Uhr zur Verfügung stehen muss, außerdem der Aufbau einer zeitnahen Erregerdiagnostik im ambulanten Bereich.
- Umsetzung von Maßnahmen zur Förderung der Attraktivität der Infektionsmedizin, Hygiene und des Öffentlichen Gesundheitsdienstes.

Mittelfristig:
- Umsetzung der Forderungen aus dem *Memorandum für einen Nationalen Sepsisplan* unter der Moderation einer hochrangigen Repräsentantin bzw. eines Repräsentanten des BMG mit Einbeziehung der Länder und des RKIs. Das Ziel sollte hier sein, die sepsisspezifischen Forderungen unter einem Dach mit den bestehenden nationalen Anstrengungen zur Infektionsprävention bzw. zum Infektionsschutz und in Bezug auf Antibiotikaresistenz zusammenzufassen und in einer *Deutschen Infektionskontroll- und Managementstrategie* zusammenzuführen und aufeinander abzustimmen. So können unnötige Doppelstrukturen vermieden und die vielfältig vorhandenen Synergien zwischen diesen eng verknüpften Themengebieten maximiert werden. Eine wichtige Erstmaßnahme für diesen Schritt wäre die Fortsetzung des Runden Tisches mit den Unterzeichnern des Memorandums und den wichtigen im G-BA vertretenen Interessengruppen unter der Ägide des BMG/RKI und unter Einbeziehung der Repräsentanten der Länder.

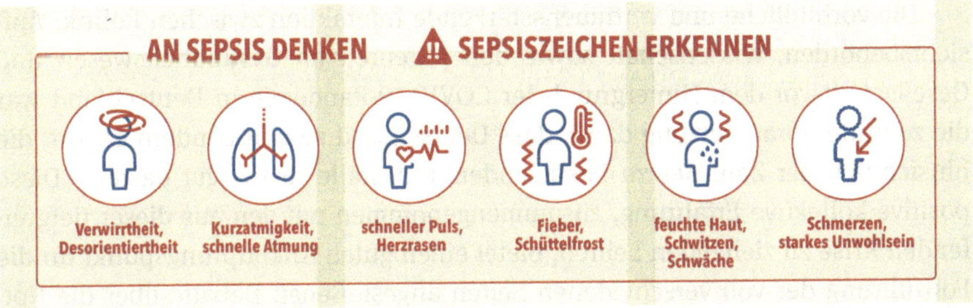

Abb. 6: Die aufgeführten Symptome können darauf hinweisen, dass sich aus einer unkomplizierten Infektion eine lebensbedrohliche Sepsis entwickelt. Fieber alleine, d. h. ohne das Vorliegen eines der anderen Symptome, spricht nicht für eine Sepsis. Mit der Zahl der aufgeführten Symptome steigt die Wahrscheinlichkeit für die Diagnose Sepsis stark an. Auch Symptome wie Durchfall oder Krampfanfälle, die anderweitig nicht erklärbar sind, können für eine Sepsis sprechen. (Quelle: Robert Koch-Institut)

8 Schlussfolgerungen

Wenn die COVID-19-Pandemie überwunden sein wird, sollten die immensen humanen und ökonomischen Folgen von Infektionskrankheiten sowie die offensichtlichen Qualitätsdefizite und die mangelnde Kosteneffizienz des deutschen Gesundheitswesens Anlass für einen Dialog über notwendige Strukturveränderungen sein. In diesem Prozess sollte es nicht nur darum gehen, wie die marginalisierte Infektionsmedizin und der Öffentliche Gesundheitsdienst gestärkt werden können. Sondern darüber hinaus gilt es die grundsätzlichere Frage zu klären, ob die Qualitätssicherung, Kosten- und Strukturentwicklung des Gesundheitswesens auch weiterhin primär den im G-BA durch Partikularinteressen und Interessenskonflikten belasteten Organen der Selbstverwaltung im Gesundheitswesens alleine überlassen bleiben können. Die Zusammensetzung des G-BA führt oft zu viel zu langwierigen Entscheidungsprozessen und nicht immer ausreichend am Gemeinwohl und Patienteninteressen orientierten Entscheidungen. Dreh- und Angelpunkt des dringend nötigen Systemwandels und Umbaus des Gesundheitswesens muss die Patientensicherheit und die Einbeziehung von Patientenerfahrungen in die Weiterentwicklung von Arbeits- und Kommunikationsprozessen im ambulanten und stationären Bereich sein. Dies bedeutet auch die Notwendigkeit eines erheblichen Ausbaus der Sicherheits- und Qualitätskultur bei den Anbietern von Gesundheitsleistungen. Diese sind derzeit noch weit entfernt von den nationalen und internationalen Standards, die z. B. in der Luftfahrtindustrie oder bei der Verkehrssicherheit gelten und die dort durch Aufsichtsbehörden streng kontrolliert werden.

Die vorbildliche und vertrauensstärkende Interaktion zwischen Politik, Aufsichtsbehörden, Wissenschaft sowie den Akteuren im Gesundheitswesen und Gesellschaft vor dem Hintergrund der COVID-19-Pandemie in Deutschland war die zentrale Voraussetzung dafür, dass Deutschland zu den Ländern gehört, die hinsichtlich der Zahl der zu beklagenden Todesfälle relativ gut dasteht. Diese positive kollektive Erfahrung, zusammengenommen mit den aus dieser tiefgreifenden Krise zu ziehenden Lehren, bietet einen guten Anknüpfungspunkt für die Fortführung der von verschiedenen Seiten angestoßenen Debatte über die Notwendigkeit einer tiefgreifenden Reform des deutschen Gesundheitswesens.

Literatur

Armstrong, Gregory L./Conn, Laura A./Pinner, Robert W. (1999): „Trends in Infectious Disease Mortality in the United States during the 20th Century". In: *Jama* 281(1), S. 61–66.

Bloos, Frank/Ruddel, Hendrik/Thomas-Ruddel, Daniel et al. (2017): „Effect of a Multifaceted Educational Intervention for Anti-infectious Measures on Sepsis Mortality: A Cluster Randomized Trial". In: *Intensive Care Med* 43(11), S. 1602–1612.

Buchman, Timothy G./Simpson, Steven Q./Sciarretta, K. L. et al. (2020): „Sepsis Among Medicare Beneficiaries: 1. The Burdens of Sepsis, 2012–2018". In: *Crit Care Med* 48(3), S. 276–288.

Bundesministerium für Gesundheit (2020): „Reform der Notfallversorgung". https://www.bundesgesundheitsministerium.de/notfallversorgung.html, besucht am 5.1.2021.

Eitze, Sahra/Fleischmann-Struzek, Carolin/Betsch, Conrnelia et al. (2018): „Determinants of Sepsis Knowledge: A Representative Survey of the Elderly Population in Germany". In: *Crit Care* 22(1), S. 273.

European Commission (2020): „Country Health Profiles". European Commission. https://ec.europa.eu/health/state/country_profiles_en, besucht am 5.1.2021.

Fleischmann-Struzek, Carolin/Mikolajetz, Antje/Schwarzkopf, Daniel et al. (2018): „Challenges in Assessing the Burden of Sepsis and Understanding the Inequalities of Sepsis Outcomes between National Health Systems: Secular Trends in Sepsis and Infection Incidence and Mortality in Germany". In: *Intensive Care Medicine* 44(11), S. 1826–1835.

Health Service Executive Ireland (2019): *National Sepsis Report 2018*. https://www.hse.ie/eng/about/who/cspd/ncps/sepsis/resources/national-sepsis-report-2018.pdf, besucht am 8.4.2020.

Kahn, Jeremy M./Davis, Billie S./Yabes, Jonathan G. et al. (2019): „Association between State-mandated Protocolized Sepsis Care and In-hospital Mortality among Adults with Sepsis". In: *Jama* 322(3), S. 240–250.

Levy, Mitchell M./Gesten, Foster C./Phillips, Gary S. et al. (2018): „Mortality Changes Associated with Mandated Public Reporting for Sepsis. The Results of the New York State Initiative". In: *American Journal of Respiratory and Critical Care Medicine* 198(11), S. 1406–1412.

Muhlberger, Volker/Kaltenbach, Lalit/Bates, Katie et al. (2020): „Cardiac Catherization in Austria: Results from the Austrian National Cardiac Catheterization Laboratory Registry (ANCALAR) 2012 – 2018". In: *Wien Klin Wochenschr* 132(3 – 4), S. 79 – 89.

Mukherjee, Siddhartha. (2010): *The Emperor of All Maladies: A Biography of Cancer.* New York, NY: Scribner.

New York State Department of Health (2020): „Sepsis Overview". https://www.health.ny.gov/diseases/conditions/sepsis/#rpts, besucht am 5. 1. 2021.

Rhee, Chanu/Dantes, Raymund/Epstein, Laura et al. (2017): „Incidence and Trends of Sepsis in US Hospitals Using Clinical vs Claims Data, 2009 – 2014". In: *Jama* 318(13), S. 1241 – 1249.

Royal College of Physicians (2017): „National Early Warning Score (NEWS) 2". https://www.rcplondon.ac.uk/projects/outputs/national-early-warning-score-news-2, besucht am 18. 3. 2018.

Rudd, Kristina E./Johnson, Sahra C./Agesa, Kareha M. et al. (2020): „Global, Regional, and National Sepsis Incidence and Mortality, 1990 – 2017: Analysis for the Global Burden of Disease Study". In: *Lancet* 395(10219), S. 200 – 211.

Rüddel, Hendrik/Schwarzkopf, Daniel/Fleischmann, Carolin et al. (2018): „Sepsis – ein lange unterschätztes und vernachlässigtes Problem". In: Franz Dormann/Jürgen Klauber/Ralf Kuhlen (Hrsg.): *Qualitätsmonitor 2018.* Berlin: Medizinisch Wissenschaftliche Verlagsgesellschaft, S. 121 – 140.

Schadewaldt, Hans (1972): „‚Die Politik ist nichts weiter als Medizin im Großen': Die Wissenschaftstheorie bei Rudolf Virchow – Erste Fortsetzung (Teil 2)". In: *Dtsch Arztebl* 69(36), S. 2302 – 2303.

Scheer, Christian S./Fuchs, Christian/Kuhn, Sven-Olaf et al. (2017): „Quality Improvement Initiative for Severe Sepsis and Septic Shock Reduces 90-Day Mortality". In: *Critical Care Medicine* 45(2), S. 241 – 252.

Sepsis-Stiftung/Institut für Hygiene und Umweltmedizin/Deutsche Gesellschaft für Infektiologie (2017): *Nationaler Sepsisplan: Handlungsfelder und Maßnahmen.* https://www.sepsis-stiftung.eu/wp-content/uploads/1/2018/11/2018_04_01_Memorandum_Sepsisplan_gesamt.pdf, besucht am 6. 1. 2020.

Singer, Mervyn/Deutschman Clifford, Christopher S./Seymour, C. W. et al. (2016): „The Third International Consensus Definitions for Sepsis and Septic Shock (Sepsis-3)". In: *Jama* 315(8), S. 801 – 810.

World Health Organization (2017): „World Health Assembly 70, Resolution 70.7.: Improving the Prevention, Diagnosis and Clinical Management of Sepsis". Genf: World Health Organization, http://apps.who.int/gb/ebwha/pdf_files/WHA70/A70_R7-en.pdf, besucht am 12. 1. 2021.

World Health Organization (2018): „WHO Sepsis Technical Expert Meeting – Meeting Report". World Health Organization. https://www.who.int/servicedeliverysafety/areas/sepsis_meeting-report-2018.pdf, besucht am 5. 1. 2021.

World Health Organization Headquarters (2020): „Clinical Management of COVID-19". World Health Organization. https://www.who.int/publications/i/item/clinical-management-of-covid-19, besucht am 5. 1. 2021.

Andreas Heinz

Auseinandersetzungen um den Begriff psychischer Gesundheit und Krankheit

Abstract: *Controversies Over the Concept of Mental Disorders.* Just like persons suffering from somatic diseases, those experiencing mental disorders, maladies, or diseases should be provided with care and protection from certain social demands. Yet, any disease concept should be precise enough to avoid classification of behavior as pathological while it is merely socially undesirable in the current political system. This paper reviews various conflicting concepts of disease, illness and sickness. In addition, it provides a narrower definition of a so-called clinically relevant mental malady. This definition is characterized by a) an impairment of mental functions relevant for human life (the disease aspect of a mental malady) and b) personal harm either due to suffering (the illness aspect) or impaired activities of daily living that severely limit social participation (the sickness aspect). This chapter claims that any definition of disease-relevant mental dysfunctions should be critically reflected regarding its philosophical and anthropological foundation and ethical consequences. Criteria of disease, illness and sickness should no longer be defined by groups of professionals selected by the WHO or other institutions, but instead require public debates that include organizations of patients and relatives.

1 Einführung: Unterschiedliche Konzepte psychischer Gesundheit

Wenn wir von Gesundheit im Bereich psychischer Erkrankungen sprechen, wird der Begriff höchst unterschiedlich verwendet. Zum einen bezeichnet Gesundheit häufig nur die Abwesenheit bestimmter Erkrankungen, wenn beispielsweise von der Gesundung einer Person die Rede ist. Andererseits ist auch bei schweren Erkrankungen von den sogenannten „gesunden Anteilen“ oder Ressourcen einer Person die Rede, die zur Gesundheit beitragen können oder von der Krankheit zumindest nicht beeinträchtigt sind. Schließlich wird Gesundheit häufig mit Normalität gleichgesetzt und psychische Krankheit dementsprechend als Normabweichung, deviantes oder gar sozial störendes Verhalten definiert (Heinz 2016).

Andreas Heinz, Klinik für Psychiatrie und Psychotherapie, Charité – Universitätsmedizin Berlin

 https://doi.org/10.1515/9783110713336-031

Gegen alle diese Verwendungen des Begriffs der psychischen Gesundheit lassen sich relevante Einwände erheben. So ist der Begriff der Gesundheit, wie in der Definition der Weltgesundheitsorganisation von 1948 deutlich wird, nicht einfach mit der Abwesenheit von Krankheit gleichzusetzen (World Health Organization 2006 [1948]): „Gesundheit ist ein Zustand des vollständigen körperlichen, geistigen und sozialen Wohlergehens und nicht nur das Fehlen von Krankheit oder Gebrechen." Entscheidend bei der WHO-Definition sind somit die Ermöglichungsbedingungen für ein glückliches Leben, die sich eben nicht nur in der Abwesenheit von Krankheit erschöpfen.

Zudem gibt es gerade im Bereich komplexer menschlicher Verhaltensweisen Situationen, in denen wir das Auftreten einer Erkrankung als „gesunde Reaktion" bezeichnen würden, zum Beispiel, wenn einer Person in einer hierarchisch untergeordneten Position eine unmenschliche Handlung befohlen wird. Erkrankt also beispielsweise eine Person depressiv, wenn sie eine andere foltern soll, und kann deshalb diese Handlung nicht ausführen, während eine zweite Person dazu durchaus in der Lage ist, täte man sich schwer mit der Einschätzung, dass die erste krank und die zweite gesund sei. Falls die erste Person etwa überwältigende Gefühle der Hilflosigkeit, Schuldbewusstsein, eine ausgeprägte Herabsetzung der Stimmung und Antriebsmangel aufweist, dann wären die Kriterien einer klinisch relevanten Depression erfüllt und es könnte eine Krankheit entsprechend der derzeit gültigen Diagnosekriterien festgestellt werden (American Psychiatric Association 2013; World Health Organization 2017). Das Auftreten einer solchen depressiven Reaktion erscheint aber als „menschlicher" und bezüglich üblicher Erwartungen an mitmenschliche Empathie auch als „normaler" oder gar „gesünder" als das unbarmherzige Ausüben zwischenmenschlichen Terrors. Zumindest die Attribuierung von „psychischer Gesundheit" auf willige Vollstrecker unmenschlicher Handlungen steht damit infrage.

Die Auseinandersetzung über solche Fragen ist mehr als rein akademischer Natur, was z. B. die Arbeit von Christopher Browning zum Polizeibataillon 101 und dessen Beteiligung an der sogenannten „Endlösung", das heißt der Vernichtung der Juden in der Zeit der NS-Herrschaft, belegt. Browning beschreibt, wie angesichts eines Befehls zur massenhaften Erschießung jüdischer Personen der kommandierende Offizier es den hier eingesetzten (ehemaligen) Polizisten des Bataillons 101 freistellte, dem Befehl Folge zu leisten (Browning 1992). Diese Möglichkeit wurde aber nur von wenigen genutzt. Fast alle der wenigen, die die Möglichkeit nutzten und dem Befehl nicht Folge leisteten, belegten sich selbst mit pathologisierenden Begriffen und bezeichneten sich als zu schwach oder zu ängstlich, um den Befehl durchzuführen. Eine eigentlich zu erwartende Hemmung gegen die Durchführung unmenschlicher Grausamkeit wurde also unter den vorherrschenden Bedingungen pathologisiert, auch wenn keine der damals oder heute gültigen Kriterien für eine psychische Erkrankung erfüllt waren oder diese zumindest nicht erfasst wurden.

2 Psychische Gesundheit als normative Vorgabe sozial erwünschten Verhaltens

Diese Überlegungen verweisen direkt auf die hochproblematische Aufladung des Begriffs der psychischen Gesundheit mit positiven Bewertungen im Sinne des sozial gewünschten Verhaltens. Gerade in der angloamerikanischen Literatur zum Thema der psychischen Gesundheit wird seit Ende des Zweiten Weltkriegs häufig unkritisch die Fähigkeit zur produktiven Beteiligung an gesellschaftlich geschätzten Tätigkeiten als Zeichen psychischer Gesundheit verstanden. Besonders deutlich wird das in Theorien, die psychische Gesundheit als Ausdruck einer erfolgreichen Verkörperung „evolutionär generell relevanter Funktionsfähigkeiten" verstehen. Denn hier wird die natürliche Evolution ungerechtfertigter Weise mit der Vielfalt kultureller Entwicklungen verschliffen, so dass Verhaltensweisen, die in einer bestimmten Gesellschaft zu einem spezifischen historischen Zeitpunkt erfolgversprechend sind, kurzerhand zum Ausdruck der Erfüllung universell vorteilhafter, evolutionäre selektierter Funktionsfähigkeiten verklärt werden (Heinz 2014, S. 41 ff.).

Wie das Beispiel der gut funktionierenden Massenmörder aus dem Polizeibataillon 101 zeigt, ist aber die Fähigkeit zur Erfüllung dem Zeitgeist entsprechender Verhaltensweisen eben nicht einfach als Ausdruck evolutionär notwendiger Funktionsfähigkeiten zu verstehen. Was während der Herrschaft des Nationalsozialismus auch in Bezug auf psychische Funktionsfähigkeiten als gesund galt, verkehrt sich nach der Niederlage dieser unmenschlichen Ideologie in sein Gegenteil: Es wird zur Befähigung zu verbrecherischer Grausamkeit. Alle Ansätze, die psychische Gesundheit als Fähigkeit zu sozial produktiven Teilhabe definieren wollen, laufen somit Gefahr, die jeweils besonderen kulturellen Bedingungen zu übersehen, die unter den vorherrschenden Machtverhältnissen positiv bewertet werden, zu einem anderen Zeitpunkt aber ganz anders eingeschätzt werden können.

Es sei an dieser Stelle nur kurz erwähnt, dass sich eine ganze Literaturgattung des 20. Jahrhunderts aus den Bereichen Psychiatrie, Psychotherapie, Anthropologie und Ethnologie mit evolutionären Spekulationen im Dienste der Pathologisierung außereuropäischer Kulturen befasst. Auch hier werden die damals in Europa und in den USA vorherrschenden Verhaltensmuster unhinterfragt als höchster Ausdruck menschlicher Entwicklung verstanden, so dass jede kulturelle

Abweichung bestenfalls als natürliche Vorstufe und schlimmstenfalls als degenerative Entartung interpretiert wird. Im Rückblick erscheinen diese so hartnäckig wiederholten Thesen als Versuch, Jahrhunderte des transatlantischen Sklavenhandels und der kolonialen und imperialistischen Herrschaftsverhältnisse europäischer Staaten zu rechtfertigen (Heinz 2002).

Da eine evolutionäre Definition der Gesundheit nur durch Rückgriff auf bereits bestehende Herrschaftsverhältnisse in Erzählungen zu fassen ist, die die Differenzen evolutionärer und kultureller Entwicklungen konsequent verschleifen, könnte der Verweis auf das jeweils in einer bestimmten Gesellschaft als „normal" erachtete Verhalten einen vermeintlich „kultursensiblen" Ausweg bieten. Ließe sich psychische Krankheit also einfach als Abweichung von einer Durchschnittsnorm definieren, die in jeder Kultur oder Bevölkerung variieren mag, aber dennoch jeweils mittels wertneutraler statistischer Methoden erfasst werden könnte?

Tatsächlich ist auch dieser vermeintlich neutralere Versuch, psychische Krankheit nicht als Abweichung sozial geforderten Normen, sondern von einer statistischen Durchschnittsnorm aus zu definieren, gescheitert. So bemerkte bereits 1946 Karl Jaspers lakonisch, dass die Karies zu seiner Zeit zwar allgemein üblich, aber dennoch eine Erkrankung sei (Jaspers 1946 [1913]).

3 Psychische Gesundheit als eigenständige Zuschreibung wertgeladener Fähigkeiten

Statistische Durchschnittswerte sagen nichts darüber aus, ob ein gegebener Zustand sinnvollerweise als gesund oder krank gelten kann. Diese Einsicht führte zu der neuen Herangehensweise, Gesundheit und Krankheit nicht als entgegengesetzte Pole eines eindimensionalen Kontinuums zu verstehen, sondern auf die relativ unabhängige Zuschreibung von Gesundheit und Krankheit im Bereich komplexer psychischer Funktionsfähigkeiten zu verweisen. Für diesen Ansatz spricht das weit verbreitete Konzept von den gesunden Anteilen, die auch besonders schwer erkrankten Personen zugeschrieben werden können. Zu solchen „gesunden" Ressourcen gehören eine Reihe positiv bewerteter Funktionsfähigkeiten, die derzeit etwa unter dem Begriff der „Resilienz" diskutiert und auch im sogenannten „Recovery-Ansatz" thematisiert werden (Amering & Schmolke 2012; Chmitorz et al. 2018). Die bereits genannte Fähigkeit zur Empathie, die dem mitleidlosen Folterer abgeht, könnte als solche Ressource angesehen werden. Als weitere Ressourcen gelten z. B. die Fähigkeit zur flexiblen Handlungsgestaltung unter variierenden Umweltbedingungen, und das Vertrauen in die eigene

Fähigkeit, mit solchen Herausforderungen umzugehen. Letzteres wird im Bereich der Verhaltenstherapie als „self-efficacy" bezeichnet (Bandura 1977). Die hier aufgeführten Fähigkeiten (flexible Handlungsgestaltung, Empathie und Selbstvertrauen) lassen sich aus den generellen Therapiezielen der derzeit vorherrschenden Schulen der Verhaltenstherapie, Gesprächstherapie und Tiefenpsychologie/Psychoanalyse ableiten (Heinz 2016). Da es sich nur um eine Auswahl von Ermöglichungsbedingungen eines erfolgreichen Umgangs mit belastenden Situationen handelt, sind andere Auflistungen auf Grund divergierender empirischer Befunde oder theoretische Überlegungen denkbar.

Jenseits aller Vorläufigkeit dieses auf persönliche Ressourcen abhebenden Ansatzes zur Definition psychischer Gesundheit kann aber ganz grundsätzlich eingewendet werden, dass Ressourcen als Ermöglichungsbedingungen eines Zustands zu verstehen sind, die diesen Zustand selbst aber nicht hinreichend erklären können (Schramme 2000). So kann man davon sprechen, dass der Besitz finanzieller Ressourcen eine Bedingung dafür ist, eine bestimmte Person als „reich" zu bezeichnen. Damit ist aber weder eine notwendige noch eine hinreichende Bedingung für die Bezeichnung als „reich" gegeben (man kann ja auch reich an Landbesitz oder Talenten sein), und es wäre falsch oder zumindest voreilig, wenn man den Besitz entsprechender Ressourcen mit dem Zustand gleichsetzen wollte, der sich aus unterschiedlichen Ermöglichungsbedingungen ergibt.

Gesundheit ist also im Bereich des Psychischen nicht einfach gleichzusetzen mit Empathiefähigkeit, Verhaltensflexibilität, Selbstvertrauen oder Selbstwirksamkeit, und auch eine Kombination dieser Kriterien wird nicht hinreichen, den beispielsweise von der WHO (1948) postulierten, ganzheitlichen Begriff der Gesundheit als Fähigkeit zur Gestaltung eines glücklichen Lebens mit einzuschließen (World Health Organization 2006 [1948]). An dieser Stelle könnte allerdings eingewendet werden, dass der WHO-Begriff selbst zu umfassend formuliert ist. Demnach kann er eher als normative Vorgabe für das Handeln von Regierungen verstanden werden, die sich eines sozial etablierten Diskurses – nämlich dem der Medizin – nur bedient, um weltweit akzeptable Lebensbedingungen einzufordern.

Zusammenfassend bleibt also festzustellen, dass der Begriff der psychischen Gesundheit in vielfältigen Kontexten thematisiert wird und dabei eine jeweils eigene Bedeutung annimmt. Die Aufladung des Gesundheitsbegriffs mit derzeit vorherrschenden normativen Werten kann dabei benutzt werden, um universell akzeptable Lebensbedingungen für alle Menschen dieser Welt einzufordern. Die Beispiele aus der Zeit des Nationalsozialismus zeigen allerdings auch, wie gefährlich es ist, wenn die dem Begriff der Gesundheit inhärenten positiven Wertungen mit der Anpassung an zur jeweiligen Zeit herrschende soziale Vorgaben gleichgesetzt werden. Damit stellt sich erneut die Frage, ob Gesundheit nicht einfach als Abwesenheit von Krankheit definiert werden kann.

4 Kontroversen um den Begriff psychischer Krankheit

Ob eine allgemeine Definition psychischer Krankheit überhaupt möglich ist, wurde allerdings in der Geschichte der Psychiatrie und Psychotherapie nachhaltig infrage gestellt. Thomas Szasz kritisierte in einer berühmt gewordenen Schrift (Szasz 1975 [1970]), dass die Definition von Krankheiten bereits im Bereich der Medizin uneinheitlich sei. So werden einzelne Erkrankungen nach ihrer Verursachung durch Erreger (wie beispielsweise bei der Tuberkulose), durch die Veränderungen im betroffenen Organ (wie etwa bei der Arthrose) oder einfach nur durch das vorherrschende Symptom wie bei der Hypertonie benannt. Da psychischen Erkrankungen laut Szasz (1975) ein organisches Korrelat abgeht, sei in diesem Bereich überhaupt nicht sinnvoll von Krankheit zu sprechen. Denn entweder handele es sich – wie bei der Syphilis – wirklich um eine Gehirnkrankheit, die entsprechend nachzuweisen ist und dann auch so (und eben nicht als Geisteskrankheit) benannt werden dürfe (Szasz 1975 [1970]). Oder es würden – wie im Fall der Schizophrenie – normativ beurteilte Verhaltensauffälligkeiten ungerechtfertigter Weise in der Sprache der Medizin erzählt. Das erfülle aber den Tatbestand der mythologischen Rede, die „Tatsachen, die einer Kategorie zugehören, in der Sprache einer anderen" erzähle (Szasz 1978, S. 23).

Szasz' Postulat erinnert hier auf überraschende Weise an die Annahmen einer biologisch ausgerichteten Psychiatrie, die ebenfalls der Suche nach den hirnorganischen Korrelaten psychopathologischer Auffälligkeiten die entscheidende Rolle zuweist. In dieser Perspektive hat

> der körperliche Befund [...] diagnostisch das Primat, und es muss das Ziel der Psychiatrie als einer medizinischen Wissenschaft sein, zu immer eindeutigeren körperlichen Befunden zu kommen. [...] Wäre die Idee der Psychiatrie als medizinische Wissenschaft vollendet, hätte die Psychopathologie in ihr diagnostisch kein Gewicht mehr, hätten die seelischen Störungen nur die Bedeutung eines Signals (Schneider 1942 [1939], S. 8).

In einer extremen, so von Schneider allerdings nicht vertretenen Lesart, müssten die psychopathologischen Veränderungen letztlich immer auf eine organische Verursachung hinweisen, wenn sie als krankheitsrelevant angesehen werden dürfen.

Dieser Sichtweise ist jedoch entgegenzuhalten, dass es auch im Bereich der „neurologischen" Erkrankungen eine Vielzahl an Krankheitsbildern gibt, bei denen entweder gar kein organisches Korrelat nachweisbar ist (wie derzeit beim Torticollis, einer dystonen Haltungsstörung im Bereich der Halsmuskulatur mit höchstwahrscheinlich zentralnervöser Verursachung) oder bei denen sich somatisch wegweisende Befunde zwar bei einzelnen Personen finden, aber für die Diagnose der entsprechenden Erkrankung nicht vorausgesetzt werden (wie etwa bestimmte Auffälligkeiten der kortikalen Depolarisierung bei der Migräne). Zudem gibt es psychische Erkrankungen mit klar definierbaren organischen Korrelaten, wie bei fast allen Demenzerkrankungen, bei einer Vielzahl von Delirien und zunehmend auch bei Suchterkrankungen (Heinz 2017).

Ein unseres Erachtens entscheidendes Argument verweist darauf, dass sich – bei Verzicht auf einen metaphysischen Dualismus – letztlich für jedes psychische Phänomen ein organisches Korrelat finden lassen müsste, wenn nur genau genug untersucht würde und intra- wie inter-individuelle Differenzen beachtet würden. Angesichts der Vielfältigkeit dieser organischen Korrelate ist aber überhaupt nicht absehbar, welche als „dysfunktional" oder krankheitsrelevant zu werten wären, denn die Wertung ergibt sich hier aus der Annahme, dass das Korrelat des gegen gesellschaftliche Normen verstoßenden oder individuell nachteiligen und damit pathologischen Verhaltens selbst pathologisch sein müsse. Damit ergibt sich aber ein Zirkelschluss, der nicht auf das Gebiet psychischer Erkrankungen beschränkt ist, da auch organische Variationen (etwa im Sinne einer mehr als 80 % Verminderung der Dopaminproduktion gegenüber einer nur 70 % Reduktion) nicht per se, sondern an Hand der klinischen Bewertung ihrer Folgen für das Verhalten der betroffenen Person (in diesem Fall dem Auftreten eines Parkinson-Syndroms ab entsprechender Höhe der altersbedingt ansonsten üblichen Verminderung der zentralnervösen Dopaminproduktion) als krankheitsrelevant eingestuft werden. Im Bereich psychischer Erkrankungen kann es aber angesichts der individuellen wie kulturellen Diversität menschlicher Verhaltensweisen noch schwieriger (und damit anfälliger für politischen Missbrauch) sein, einzelne Verhaltensänderungen als krankheitsrelevant einzustufen.

5 Psychische Krankheit als persönlich generell nachteiliger Zustand

Angesichts dieser heterogenen Befundlage und der vielfältigen Kontroversen gibt es den alternativen Ansatz, auf die Diskussion von Funktionsstörungen und ihren mehr oder weniger notwendigen organischen Korrelaten ganz abzusehen und stattdessen auf den Aspekt der Krankheit als Übel beziehungsweise leidvolle Erfahrung abzuheben. Demnach könne ein Zustand nur dann sinnvoll als Krankheit bezeichnet werden, wenn er von der betroffenen Person als leidvoll erlebt oder generell als „Übel" verstanden wird (Culver & Gert 1982). Hier kann aber eingewendet werden, dass die Bezeichnung eines Zustands als „Übel" oder als generell nachteilig weitgehende, im Zweifelsfall ungerechtfertigte universelle Annahmen über menschliche Verhaltensweisen voraussetzt (Schramme 2000). Zudem müssten diese Annahmen in unterschiedlichsten historischen Situationen und unter ausgesprochen verschiedenen sozialen und kulturellen Bedingungen gelten. Damit würden aber laut Schramme zu weitgehende normative Vorgaben gemacht (Schramme 2000), und man könnte mit Szasz einwenden (Szasz 1975 [1970], 1978), dass hier sozial missliebige Verhaltensweisen ungerechtfertigter Weise in der Sprache der Krankheit gelabelt und damit dem Machtbereich der Medizin unterstellt würden.

Erschwerend kommt hinzu, dass eine substanzielle Anzahl klinisch ausgesprochen relevanter Krankheitsbilder nicht mit subjektiv empfundenem Leid einhergehen müssen. Dies gilt für Demenzerkrankungen, bei denen die betroffenen Personen zumindest in fortgeschrittenen Stadien der Erkrankung ihre eigenen Einschränkungen oftmals nicht mehr bemerken. Insbesondere gilt dies aber für Menschen mit einer Manie, die sich häufig – zumindest vor Einsetzen zunehmender Irritationen und Gereiztheit – „in ihrem Leben noch nie so gut" gefühlt haben und erst nach Abklingen ihrer manischen Hochstimmung bedauern, dass sie beispielsweise erhebliche finanzielle Ressourcen verloren, sich hoch verschuldet oder im Rahmen ungeschützter Sexualkontakte mit Krankheiten infiziert haben. Leidvolle Erfahrung *kann* also bei psychischen Erkrankungen auftreten, *muss* es aber nicht, und die Bewertung bestimmter Zustände kann zu unterschiedlichen Zeiten sehr verschieden ausfallen.

6 Konsequenzen eines Verzichts auf jeglichen Begriff psychischer Krankheit

Angesichts dieser Schwierigkeiten stellt sich erneut die Frage, ob man mit Thomas Szasz (1975) nicht den Begriff psychischer Krankheit ganz ablehnen sollte. Die Konsequenzen wären hier aber durchaus problematisch, denn einerseits entfiele dann der Schutz des Krankheitsstatus für die Betroffenen, andererseits könnten sie die Ressourcen der Solidargemeinschaft der Versicherten nicht mehr in Anspruch nehmen. Wie relevant solche Überlegungen sind, zeigt der Umgang mit Abhängigkeitserkrankungen in Deutschland. Erst seit den 1960er Jahren können

Menschen mit Alkoholabhängigkeit und anderen Suchterkrankungen die Ressourcen der Krankenversicherung überhaupt in Anspruch nehmen. Nach wie vor sind sie aber gegenüber Personen mit anderen psychischen oder somatischen Erkrankungen benachteiligt. So finanzieren die Krankenkassen bis heute nur die akute Entgiftung bei Alkoholintoxikation beziehungsweise im Alkoholentzug, die nachfolgende Behandlung der Grunderkrankung muss durch die Rentenversicherung im Sinne einer Rehabilitation genehmigt und finanziert werden. Dies führt häufig zu Behandlungsabbrüchen und Verzögerungen in der Vermittlung aus der akuten Entgiftung in weiterführende Behandlungen. In der Zwischenzeit wird dem Betroffenen zugemutet, erst einmal genug Willenskraft aufzubringen, um abstinent zu bleiben, wobei gerade der Kern der Suchterkrankungen verkannt wird, der ja im starken Verlangen nach der Droge und einer Einschränkung der willentlich möglichen Verhaltenskontrolle besteht (Heinz & Batra 2003). Eine Lösung wäre es, die Behandlung der Suchterkrankung selbst im Rahmen des sogenannten „qualifizierten Entzugs" direkt mit der (teil-)stationären Entgiftung zu verbinden und von den Krankenkassen im Rahmen der psychiatrischen Akutbehandlung zu finanzieren. Das ist lokal in vielen Teilen der Bundesrepublik bereits gelebte Praxis, in anderen aber nicht – eine einheitliche Regelung wäre dringend anzustreben.

Bei Szasz (1997) werden die diskriminierenden Aspekte einer Ableugnung des Krankheitsstatus psychischer Beschwerden besonders deutlich, wenn er in seinem Buch „Grausames Mitleid" auch das Auftreten psychotischer Symptome als eine Art freie Wahl der betroffenen Person darstellt, die als zu wenig motiviert erscheint, sich den Mühen einer komplexen Ausbildung zu unterziehen, und lieber das Labeling ihres Zustands als Krankheit in Kauf nimmt, um ungerechtfertigter Weise Unterstützung durch die Solidargemeinschaft in Anspruch nehmen zu können: „Die simple Wahrheit ist, dass manche Menschen es vorziehen, ihr Geld nicht für eine Behausung aufzuwenden (sondern vielleicht lieber für den Kauf von Drogen), dass sie es ablehnen, bei Familienmitgliedern zu wohnen, die bereit wären sie aufzunehmen, und ein Leben in psychischer Krankheit, Verbrechen und Landstreicherei bevorzugen" (Szasz & Stein 1997, S. 140).

Psychische Erkrankungen werden in dieser Perspektive zu einer Frage individueller Entscheidungen, und die politische Folge kann der konsequente Entzug sozialer Unterstützung für sein. Tatsächlich führten neoliberale Sozialreformen gegen Ende des letzten Jahrhunderts in den USA zu einer weitgehenden Verarmung psychisch kranker Personen (Rothenberg & Heinz 1998), und in Lateinamerika weisen statistische Untersuchungen darauf hin, dass der Abbau psychiatrischer Versorgungskapazitäten linear mit einer Zunahme der Gefängnisunterbringungen korrelierte (Mundt et al. 2015).

Die genannten Beispiele zeigen, dass auch machtkritische Diskussionen der jeweils vorherrschenden Verwendungsweisen des Begriffs psychischer Krankheit die eigene Verortung im gesellschaftlichen „Krieg gegen die Armen" (Gans 1995) reflektieren müssen. Ansonsten laufen sie Gefahr, dass der blinde Fleck gegenüber der je eigenen Machtposition jene sozialen Grausamkeiten befördert, die als Konsequenz alternativer Konzeptionen so wohlfeil kritisiert werden können.

7 Ein anthropologisch reflektierter und öffentlich zu konsentierender Begriff psychischer Krankheit

Ein Verzicht auf jedweden Begriff psychischer Krankheit läuft also Gefahr, einer größeren Zahl psychisch beeinträchtigter Personen medizinische Hilfe vorzuenthalten. Umgekehrt wurden und werden traditionell eine Vielzahl mehr oder weniger frei gewählter Verhaltensweisen vor allem deshalb pathologisiert, weil sie den herrschenden Normen zuwiderlaufen. Zu diesen zu Unrecht pathologisierten Verhaltensweisen gehörten Formen der Partnerwahl unter konsensfähigen Erwachsenen, etwa die viel diskutierte Pathologisierung der Homosexualität, die bis weit in die zweite Hälfte des 20. Jahrhunderts hinein als psychische Erkrankung galt. Dazu gehört aber auch die Pathologisierung sogenannter „impulsiver" Verhaltensmuster, also die Bevorzugung unmittelbar verfügbarer gegenüber höheren aber nur verzögert zugänglichen Ressourcen oder Belohnungen. Solche impulsiven Verhaltensweisen wurden immer wieder als überdauernder, vermeintlich biologisch determinierter Charakterzug reifiziert und zur Erklärung drogenabhängigen oder „antisozialen" Verhaltens herangezogen, obwohl das ganze Konstrukt der Impulsivität sehr heterogen ist (Heinz 2017). Zudem können „impulsive", auf die unmittelbare Bedürfnisbefriedigung ausgerichtete Entscheidungen gerade in sozialen Notlagen eine sinnvolle Wahl darstellen, und entsprechend finden sich solche vermeintlich pathologischen Verhaltensweisen auch verstärkt bei sozial benachteiligten Gruppen (Rothenberg & Heinz 1998). Auch bei Drogenabhängigkeit kann der drohende, subjektiv oft extrem unangenehme Entzug zum vermeintlich „impulsiven" Drogenkonsum beitragen, der auf die Vermeidung aversiver Entzugssymptome zielt und langfristige Schäden durch erneuten Drogenkonsum wenig beachtet. Das Konstrukt der „pathologischen Impulsivität" kann hier dazu benutzt werden, den Fokus auf angeblich charakterliche Schwächen der Betroffenen zu richten, statt sich mit den sozialen Bedingungen zu befassen (Verarmung, soziale Ausschließung, mangelnde Therapieangebote für Drogenabhängige etc.), unter denen sie leben und Entscheidungen treffen müssen.

Angesichts dieser Überlegungen empfiehlt sich ein eng gefasster Begriff psychischer Krankheit, der aufgrund der normativen Tendenzen und der werthaltigen Aufladung der Begriffe Krankheit und Gesundheit auf eine Anzahl von Beeinträchtigungen komplexer psychischer Funktionsfähigkeiten abhebt, die nicht unter der bewussten Kontrolle der betroffenen Personen stehen und für ihren Alltag tatsächlich lebensrelevant sind. Eine Ausweitung des Begriffes läuft dem gegenüber Gefahr, eine Vielzahl von unterschiedlichen Verhaltenstendenzen und Verhaltensweisen zu pathologisieren und damit die Freiheit zur Entfaltung persönlicher Vorlieben der Betroffenen einzuschränken.

Die Rede von lebensrelevanten Funktionsfähigkeiten ist allerdings nicht selbsterklärend. Als lebensrelevant sollen solche Funktionsfähigkeiten eingeschätzt werden, die entweder das „nackte" Überleben der betroffenen Person gewährleisten oder ihr je einzeln auszugestaltendes Leben in der Mitwelt ermöglichen (Heinz 2014). Zu ersteren gehören Funktionsfähigkeiten wie die Wachheit oder Orientierung im Raum, die im Delir verloren gehen kann, oder die Merkfähigkeit, die in Demenzerkrankungen beeinträchtigt ist. Zu letzteren gehören Funktionsfähigkeiten, die auf ganz basaler Ebene das Leben in der Mitwelt ermöglichen. Dazu gehört die Fähigkeit, sich eigene Gedanken und Handlungsimpulse selbst zuzuschreiben und diese nicht wie im Rahmen psychotischer Erfahrungen als von außen fremdgesteuert zu erleben (Heinz 2014). Auch die Unfähigkeit zur Trauer in einer Manie kann das Leben mit anderen erheblich beeinträchtigen, wenn beispielsweise das Kind des besten Freundes gestorben ist und die manisch erkrankte Person nicht mit ihrem Freund gemeinsam Trauer empfinden kann. Die Frage, ob eine Funktionsfähigkeit als lebensrelevant gelten kann, verweist immer auf minimale anthropologische Grundannahmen, deren philosophische Reflexion die Überlegungen plausibilisieren, aber nicht letztgültig begründen kann. Denn gerade das Prinzip der Unergründlichkeit der menschliche Natur (Plessner 2003 [1931]), das heißt die Abhängigkeit jedweder Konstruktion und Bewertung von ihren historischen, sozialen und kulturellen Kontexten, verbietet eine abschließende, universell gültige Definition „des Menschen" und seiner natürlichen oder zumindest lebenswichtigen Funktionsfähigkeiten. Damit werden minimale Grundannahmen zur Beschreibung der menschlichen Natur allerdings nicht zu einem bloßen historisch kontingenten Gesicht im Sand, das mit jeder neuen Welle sozial machtgeladener Konstruktionen spurlos verschwinden kann – zu tief vermengen sich hier historisch vorherrschende Bewertungen mit universellen Ermöglichungsbedingungen menschlicher Lebensführung. Aber jeder Versuch der Beschreibung unterliegt zeitbedingten Vereinfachungen, Verzerrungen und Erfindungen, deren Bezug zu machtpolitischen

Trendwenden wie bei der neoliberalen Verschiebung großer Personengruppen aus Krankenhäusern in Gefängnisse oft erst im Nachhinein erfasst werden kann.

Hinzu kommt eine weitere Einschränkung: Als „klinisch krankheitsrelevant" sollten als lebensrelevant klassifizierte Funktionseinschränkungen überhaupt nur dann gelten, wenn sie nicht nur generell als lebensrelevant eingeschätzt werden, sondern auch individuell für die betroffene Person von Nachteil sind. Dies ist wichtig, um beispielsweise Personen nicht unangemessen zu pathologisieren, die einzelne Symptome im Sinne einer Einschränkung generell lebensrelevanter Funktionsfähigkeiten zeigen, darunter aber persönlich nicht leiden und in ihrer sozialen Teilhabe nicht beeinträchtigt werden. Ohne solche individuell nachteiligen Folgen medizinisch relevanter Funktionseinschränkungen, also ohne dadurch verursachtes Leid oder ohne Beeinträchtigung der individuellen Ermöglichungsbedingungen sozialer Teilhabe, sollte nicht von einer klinisch relevanten Erkrankung gesprochen werden. Warum dies wichtig ist, illustriert das Beispiel eines Patienten, der akustische Halluzinationen erlebte, die als Beeinträchtigung einer generell lebensrelevanten Funktionsfähigkeit verstanden werden können, nämlich der Fähigkeit wahrzunehmen, welche akustischen Reize von außen kommen und welche nicht. Die betroffene Person selbst aber schätzte ihre „Stimmen" und fühlte sich davon in keinster Weise beeinträchtigt. Vielmehr betonte sie, dass die Stimmen ihr immer die richtigen Tipps gäben, um an der Börse erfolgreich zu spekulieren.

Demgegenüber kann ein krankheitsrelevanter Nachteil einer generell lebensrelevanten Funktionseinschränkung im Leid bestehen, das mit dem Zustand verbunden ist. Dieses Leid kann beispielsweise in der Qual einer tiefgreifenden depressiven Verstimmung bestehen, die mit einem Antriebsmangel und weitgehendem Verlust der affektiven Schwingungsfähigkeit inklusive der Möglichkeit, irgendeine Freude zu empfinden, verbunden ist. Ein persönlich krankheitsrelevanter Nachteil einer allgemein lebensrelevanten Funktionseinschränkung kann aber auch in der dadurch bedingten Beeinträchtigung von Aktivitäten des täglichen Lebens bestehen, die soziale Teilhabe auf basaler Ebene ermöglichen. So mag eine Person mit einer schweren Demenz unter ihrem Zustand der Vergesslichkeit, den sie subjektiv gar nicht bemerkt, auch nicht leiden. Die Unfähigkeit, sich ohne fremde Hilfe zu waschen, anzuziehen oder Nahrung aufzunehmen, kann aber die Teilhabe an gesellschaftlichen Aktivitäten schwer beeinträchtigen.

Wie das Beispiel zeigt, liegt allerdings auch dieser Einschätzung eine anthropologische Annahme zu Grunde, nämlich das Postulat, dass eine Person solche Tätigkeiten autonom ausführen können sollte, um ihr Leben selbst zu gestalten. Solch Annahmen mögen plausibel sein, sie unterliegen aber wie die medizinische Definition lebenswichtiger Funktionsfähigkeiten der öffentlichen Kritik.

8 Ausblick: ein öffentlich organisierter Diskurs zur Definition psychischer Erkrankungen

Bisher werden Krankheitsklassifikationen im Bereich psychischer und somatischer Erkrankungen von Experten konsentiert, die die jeweilige Fachgesellschaft (die American Psychiatric Association oder die WHO) auf oft intransparentem Weg auswählt. Sowohl die Definition lebensrelevanter Funktionsfähigkeiten, deren Einschränkung als Leitsymptome psychischer Erkrankung gelten dürfen, als auch die Definition des persönlichen Nachteils, den betroffene Personen von einer solchen Beeinträchtigung aufweisen müssen, soll sie als klinisch relevant gelten, hängen aber von vielfältig determinierten und jeweils immer schon sozial beeinflussten Vorannahmen und Wertungen ab. Dies gilt für somatische Erkrankungen, aber angesichts der Verhaltensvielfalt der Menschen noch mehr für psychische Erkrankungen. Hier ist die Öffnung des fachinternen Diskurses für Organisationen von Patientinnen und Patienten, sogenannter psychiatrie-erfahrener Personen und ihrer Angehörigen zu fordern. Ein „trialogischer Beirat" sollte also zumindest künftig alle Revisionen der internationalen Krankheitsklassifikationen (ICD der WHO oder DSM der American Psychiatric Association) beraten und begleiten. Solche sogenannten „trialogischen" Beiräte aus Betroffenen, Angehörigen und Professionellen begleiten beispielsweise die Tätigkeit der *Deutschen Gesellschaft für Psychiatrie, Psychotherapie, Psychosomatik und Nervenheilkunde*. Ein derartiger Beirat wurde aber auch für die Gestaltung des Kongresses der World Psychiatric Association 2017 in Berlin etabliert. Neuauflagen der Krankheitskataloge der WHO (2017) und American Psychiatric Association (2013) sollten nur erfolgen, wenn eine entsprechende Etablierung trialogischer Beiräte und eine öffentliche Diskussion der Vorlagen und Entscheidungsprozesse gesichert ist.

Literatur

American Psychiatric Association (2013): *Diagnostic and Statistical Manual of Mental Disorders. DSM-5* (5. Aufl.). Arlington, VA: American Psychiatric Association.

Amering, Michaela/Schmolke, Margit (2012): *Recovery. Das Ende der Unheilbarkeit* (5., überarb. Aufl.). Köln: Psychiatrieverlag.

Bandura, Albert (1977): „Self-efficacy: Toward a Unifying Theory of Behavioral Change". In: *Psychological Review* 84(2), S. 191–215.

Browning, Christopher R. (1992): *Ordinary Men: Reserve Police Battalion 101 and the Final Solution in Poland* (1. Aufl.). New York, NY: Harper Collins.

Chmitorz, A./Kunzler, A./Helmreich, I. et al. (2018): „Intervention Studies to Foster Resilience – A Systematic Review and Proposal for a Resilience Framework in Future Intervention Studies“. In: *Clin Psychol Rev* 59, S. 78–100.

Culver, Charles M./Gert, Bernard (1982): *Philosophy in Medicine: Conceptual and Ethical Issues in Medicine and Psychiatry.* Oxford: Oxford University Press.

Gans, Herbert J. (1995): *The War Against The Poor: The Underclass and Antipoverty Policy.* New York, NY: Basic Books.

Heinz, Andreas (2002): *Anthropologische und evolutionäre Modelle in der Schizophrenieforschung.* Berlin: Verlag für Bildung und Wissenschaft.

Heinz, Andreas (2014): *Der Begriff der psychischen Krankheit.* Berlin: Suhrkamp.

Heinz, Andreas (2016): *Psychische Gesundheit: Begriffe und Konzepte.* Stuttgart, Berlin & Köln: Kohlhammer.

Heinz, Andreas (2017): *A New Understanding of Mental Disorders: Computational Models for Dimensional Psychiatry.* Cambridge, MA: The MIT Press.

Heinz, Andreas/Batra, Anil (2003): *Neurobiologie der Alkohol- und Nikotinabhängigkeit.* Stuttgart, Berlin & Köln: Kohlhammer.

Jaspers, Karl (1946 [1913]): *Allgemeine Psychopathologie* (4., völlig neu bearbeitete Aufl.). Berlin & Heidelberg: Springer.

Mundt, A. P./Chow, W. S./Arduino, M. et al. (2015): „Psychiatric Hospital Beds and Prison Populations in South America Since 1990: Does the Penrose Hypothesis Apply?“. In: *JAMA Psychiatry* 72(2), S. 112–118.

Plessner, Helmuth (2003 [1931]): *Macht und menschliche Natur.* Gesammelte Schriften, Bd. 5. Frankfurt am Main: Suhrkamp.

Rothenberg, Julia/Heinz, Andreas (1998): „Meddling with Monkey Metaphors – Capitalism and the Threat of Impulsive Desires“. In: *Social Justice* 25(72), S. 44–64.

Schneider, Kurt (1942 [1939]): *Psychischer Befund und psychiatrische Diagnose* (2., erweiterte Aufl.). Leipzig: Georg Thieme.

Schramme, Thomas (2000): *Patienten und Personen. Zum Begriff der psychischen Krankheit.* Frankfurt am Main: Fischer.

Szasz, Thomas S. (1975 [1970]): *Psychiatrie, die verschleierte Macht. Essays über die psychiatrische Entmenschung des Menschen.* Olten & Freiburg: Walter.

Szasz, Thomas S. (1978): *Recht, Freiheit und Psychiatrie. Auf dem Weg zum therapeutischen Staat?* Wien, München & Zürich: Fischer.

Szasz, Thomas S./Stein, Brigitte (1997): *Grausames Mitleid. Über die Aussonderung unerwünschter Menschen.* Frankfurt am Main: Fischer.

World Health Organization (2006 [1948]): *Constitution of the World Health Organization.* Genf: World Health Organization, https://www.who.int/governance/eb/who_constitution_en.pdf, besucht am 11.11.2020.

World Health Organization (2017): *Depression and Other Common Mental Disorders: Global Health Estimates.* Genf: World Health Organization, https://apps.who.int/iris/bitstream/handle/10665/254610/WHO-MSD-MER-2017.2-eng.pdf; , besucht am 11.11.2020.

Teil 5: Gesundheit aus Sicht der Erkrankten und Angehörigen

Roman M. Marek, Philip van der Eijk und Detlev Ganten

Gesundheit aus Sicht der Patientinnen und Patienten

Abstract: *Patients' Perspectives on Health.* The following chapter presents a number of patient statements on health and disease provided by several German patient associations. In these statements, patients describe their personal experience with health and disease and how they cope with their situations. Some also emphasize what they have done to improve their wellbeing. These first-hand reports offer a glimpse of the factors that support and inhibit individual people in their everyday struggles to create and maintain their own understanding of health.

Bei der Konzeption des vorliegenden Sammelbandes der Interdisziplinären Arbeitsgruppe „Zukunft der Medizin: Gesundheit für alle" der *Berlin-Brandenburgischen Akademie der Wissenschaften* war es uns wichtig, dass neben wissenschaftlichen Beiträgen auch Patientinnen und Patienten zu Wort kommen sollten. Der fünfte Teil unseres Sammelbandes ist daher ganz den Betroffenen selbst gewidmet. Was können uns Patienten über ihr Verständnis von Gesundheit und Krankheit berichten? Für einen kleinen, nicht repräsentativen Einblick haben die Herausgeber verschiedene Patientenvereinigungen, unter anderem die *Deutsche Hochdruckliga e.V.*, die *Deutsche Rheuma-Liga Bundesverband e.V.* und die *Deutsche Stiftung für junge Erwachsene mit Krebs*, kontaktiert und um Patientenberichte gebeten. Diese geben darüber Auskunft, wie Patienten mit ihrer Krankheit umgehen und wie sie an ihrer Gesundheit arbeiten, was ihnen dabei geholfen hat und mit welchen Herausforderungen sie zu kämpfen haben. Angesichts der bevorstehenden Herausforderungen setzt jeder Patient unterschiedliche Prioritäten. Katharina Meier rät Patienten dazu, „sich erst einmal eine Zeit krankschreiben zu lassen [...] und Beratungsstellen aufzusuchen, um über ihre Rechte besser informiert zu sein".

Roman M. Marek, Interdisziplinäre Arbeitsgruppe „Zukunft der Medizin: Gesundheit für alle", Berlin-Brandenburgische Akademie der Wissenschaften
Philip van der Eijk, Interdisziplinäre Arbeitsgruppe „Zukunft der Medizin: Gesundheit für alle", Berlin-Brandenburgische Akademie der Wissenschaften; Institut für Klassische Philologie, Humboldt-Universität zu Berlin
Detlev Ganten, Interdisziplinäre Arbeitsgruppe „Zukunft der Medizin: Gesundheit für alle", Berlin-Brandenburgische Akademie der Wissenschaften; World Health Summit, Charité – Universitätsmedizin Berlin

https://doi.org/10.1515/9783110713336-032

Patienten, die mit einer schlimmen und eventuell chronischen Diagnose konfrontiert sind, stehen oftmals vor den Scherben ihres Lebens. Selbst wenn die Erkrankung geheilt werden kann, ist danach oftmals nichts mehr so, wie es einmal war: „Die meisten Therapien hinterlassen bleibende Schäden, nicht selten eine verminderte Leistungsfähigkeit oder Infektanfälligkeit. Oft eben Dinge, die für andere von außen nicht ersichtlich sind – unsichtbare Behinderungen. Allerdings herrscht in unserer leistungsorientierten Gesellschaft dafür wenig Toleranz“ (Enno Hartmann). Andererseits, und das ist vielleicht noch entscheidender, ändern sich durch die Krankheitserfahrung oftmals die Lebenseinstellung und persönliche Beziehungen.

So bringt die erzwungene Lebensumstellung viele Fragen mit sich, denen sich die Patienten stellen müssen: Was ist wichtig in meinem Leben und was nicht? Was möchte ich noch erreichen in der Zeit, die mir bleibt? Was macht mein Leben lebenswert, welche Lebensqualität kann ich erreichen, auf was kann ich verzichten? Diese Fragen betreffen potentiell eigentlich jeden Menschen, nur ist man im Alltag nicht dazu gezwungen, sich ihnen zu stellen. So spricht aus vielen Patientenberichten eine Metamorphose: Die Krankheit – und in manchen Fällen auch die Genesung – wird zur *rite de passage*, hin zu einem veränderten, klareren, einfacheren und oftmals gesünderem Lebensstil: „Ich wollte mehr über die Ursachen für Bluthochdruck wissen und habe recherchiert. Dabei stieß ich darauf, dass ungesunde Ernährung ein Grund sein kann. Und ich beschloss – auch im Sinne meiner Familie – in der Küche etwas zu ändern.“ (Lilo Götte)

Doch auch das soziale Umfeld verändert sich: Krankheit kann einsam machen. Bei vielen fällt zum Beispiel der gewohnte Kontext aus der vorherigen Erwerbstätigkeit weg, oder die oft sehr schwierige Situation überfordert Partner, Freunde und sogar die Familie und Menschen können sich abwenden. Viele Patienten berichten an dieser Stelle aber auch von positiven Erfahrungen mit Selbsthilfegruppen und Patientenvereinigungen. Die Gemeinschaft, die viele Menschen hier erfahren, geht über das Austauschen von nützlichen Tipps und guten Kontakten weit hinaus. Als hilfreich wird auch die Unterstützung dieser selbstorganisierten Vereinigungen im Umgang mit den verschiedenen Behörden bewertet, die oftmals ebenso mit der Situation überfordert sind wie nahe Angehörige. Angesichts der Fülle an Erkrankungen können Patientenvereinigungen allerdings nicht alle Aspekte abdecken. Susan Wanzenberg-Thies berichtet davon, wie sie deshalb kurzerhand selbst eine Selbsthilfegruppe gegründet hat, denn der Austausch mit anderen Betroffenen eröffnet einen geschützten und offenen Kommunikationsraum: „Es war so schön, verstanden zu werden, ohne sich erklären zu müssen.“

Insgesamt spricht aus den Patientenstatements, dass die Auseinandersetzung mit dem eigenen Gesundheitszustand zu einer Bewusstwerdung und Aktivierung des eigenen Potenzials führt; es steigt die Motivation, selbst an der eigenen Gesundheit zu arbeiten: „Ich habe gelernt, dass es immer einen Weg gibt, um aktiv zu bleiben. Das stärkt meine positive Einstellung zum Leben und hilft mir über Rückschläge hinweg." (Ortwin Stein) Helfen kann hierbei auch der Vergleich mit anderen Gesundheitssystemen oder vergangenen Zeiten: „Dank der heutigen Therapiemöglichkeiten habe ich aber ein fast normales Leben, vor allem, wenn ich mir überlege, was die Erkrankung für Menschen wie mich bedeutet hätte, bevor es wirksame Medikamente gab." (Kristin Prüssner)

Persönliche Erfahrungen mit Gesundheit und Krankheit sind nicht zu trennen von Erfahrungen mit dem Gesundheitssystem. Überall, auch in unserem Lande, gibt es gravierende Mängel, aber es bietet eine funktionierende Grundlage für Behandlungsmöglichkeiten und die Wiedergewinnung von Gesundheit. Letztlich spricht aus den wenigen exemplarischen Patientenberichten, dass Gesundheit und Umgang mit Krankheit im eigenen Erleben schwer in festen, allgemein gültigen Definitionen zu erfassen ist. Es wird aber auch deutlich, das Gesundheit etwas ist, für das man selber einiges tun kann, was dem eigenen Zustand und dem Selbstwertgefühl guttut.

Natascha Plankermann

Viel Gemüse und wenig Salz senken bei mir den Druck: Patientenbericht von Lilo Götte

Mein Blutdruck steigt unter anderem durch Stress. Mein Hausarzt hat bei einer Routineuntersuchung die erhöhten Werte festgestellt – zu meiner Überraschung. Ich war 58 Jahre alt und schlank, am Gewicht lag es daher wohl nicht. Und Zigaretten habe ich immer schon verschmäht. Als ich die Diagnose bekam, war das für mich ein Signal, mich intensiver um meine Gesundheit zu kümmern. Ich wollte mehr über die Ursachen für Bluthochdruck wissen und habe recherchiert. Dabei stieß ich darauf, dass ungesunde Ernährung ein Grund sein kann. Und ich beschloss – auch im Sinne meiner Familie –, in der Küche etwas zu ändern. Das Risiko, dass nicht nur ich, sondern auch die anderen eine Herzerkrankung oder einen Schlaganfall erleiden könnten, wollte ich auf jeden Fall vermeiden. Ich änderte meine Einkaufsliste und machte mich mit den typischen Rezepten der Mittelmeerküche wie einem französischen Ratatouille (Gemüsegericht mit Tomaten, Auberginen, Zucchini und Gurken) vertraut. Glücklicherweise kann ich gut kochen und spezielle Kochbücher haben die Umstellung noch gefördert. Außerdem schaue ich mir gern die „Ernährungsdocs" an, die montags um 21 Uhr im 3. Programm des NDR „praktizieren". Sie haben öfters Bluthochdruckpatienten mit erheblichem Übergewicht als Betroffene und verordnen ihnen viele Gemüsegerichte, viel Bewegung. Danach geht es ihnen besser.

Ich denke, Kochkurse helfen zusätzlich, die nötige Motivation zu fördern. Gerade Familien sollten darauf achten, dass die Kinder nicht übergewichtig werden. Wenn ich bedenke, wieviel Zucker schon die meisten Müslisorten enthalten! Es gibt Nährwerttabellen, die beim Einkauf unterstützen können. Wichtig für Hochdruckpatienten wäre es, gerade die Kombination von Kohlehydraten und Fetten in Form von Fertiggerichten, Fast Food, Pizza oder Pasta zu vermeiden. Sie treiben den Blutzuckerspiegel in die Höhe und können zu Übergewicht und dann zum Bluthochdruck führen. Auch zuckerhaltige Getränke gehören zu den Risikofaktoren, besser sind Mineralwasser oder Kräutertees, besonders Malventee.

Zur gesunden Ernährung gehört die Umstellung auf reichlich Gemüse, Obst und Fisch. Vor allem aber gilt es, Kochsalz sowie Zucker beim Zubereiten der Speisen einzuschränken, dafür mehr Kräuter und gesundes Öl zu verwenden. Wir beschlossen innerhalb der Familie, nur noch zwei Mal in der Woche Fleisch aufzutischen – und zwar pro Person nur etwa 300 Gramm. Grundsätzlich essen wir weniger Kohlenhydrate, also nur noch kleinere Mengen Brot oder Nudeln. Das

 https://doi.org/10.1515/9783110713336-033

Abendbrot haben wir auf etwa 18 Uhr vorverlegt, damit der Körper die Nahrung anschließend gut „verarbeiten“ kann.

Die Umstellung auf die gesunde Kost und mehr Bewegung ist gut gelungen. Außerdem nehme ich regelmäßig die verschriebenen Blutdruckmittel ein. Mein Blutdruck ist seit vielen Jahren normal und ich habe jetzt ein gutes Gewissen, mein Risiko gemindert zu haben. Wichtige Informationen dazu erhalte ich von der Deutschen Hochdruckliga. Zusammen mit meinem Arzt habe ich eine Selbsthilfegruppe gegründet, die seit vielen Jahren vom Göttinger Blutdruckinstitut und seinen Ärzten begleitet wird. Darüber sind wir sehr dankbar, denn wir möchten doch gerne gesund alt werden.

Lilo Götte (79) wohnt in Göttingen, von Beruf war sie Fremdsprachensekretärin. Zusammen mit ihrem Hausarzt hat sie vor Jahren bereits eine Selbsthilfegruppe gegründet, die inzwischen vom Göttinger Blutdruckinstitut unterstützt wird. Dadurch bekommen die Mitglieder viele wichtige Informationen aus erster Hand. Das Blutdruckinstitut Göttingen e. V. arbeitet in Kooperation mit dem Nephrologischen Zentrum Göttingen und dem Evangelischen Krankenhaus Göttingen-Weende, mehr Informationen gibt es unter www.blutdruck-goe.de.

Enno Hartmann

Wohin mit uns?

Jährlich erkranken etwa 16.500 junge Menschen im Alter von 18 – 39 Jahren an Krebs. Und so wenig, wie man selbst darauf vorbereitet ist, so wenig ist es die Gesellschaft an sich.

Mich traf es das erste Mal mit 26 Jahren. Zu diesem Zeitpunkt befand ich mich in der Vorbereitung auf das zweite Staatsexamen der Humanmedizin. Einer längeren Phase mit Infekten folgte schließlich eine auffällige Bildgebung und eine Woche vor dem Examen dann eine OP am Brustkorb, um Lymphgewebe zur Diagnostik zu gewinnen. Am zweiten Tag des Examens erfuhr ich, dass es tatsächlich Krebs war – und genau eine Woche später begann schon die Therapie. Das Examen wollte ich unbedingt schreiben, da ich nicht auch noch ein halbes Jahr an Vorbereitung einfach verlieren wollte, und bin froh, dass ich es geschafft habe. Diese erste Therapie habe ich psychisch sehr gut verkraftet und es ist mir eher zugutegekommen, selbst Mediziner zu sein, da ich wusste, dass die Prognose sehr gut war. Was ich nicht wusste: dass man als Student keinerlei finanzielle Absicherung im Krankheitsfall hat. BAföG bekam ich nie, es würde aber eh nach 3 Monaten ausgesetzt werden und Anspruch auf ein Krankengeld besteht als Student nicht – man fällt also auf Hartz IV bzw. Sozialhilfe oder hat das Glück, dass man von den Eltern unterstützt wird. In meinem Fall Letzteres. Aber ich habe über meine Erkrankung andere Betroffene kennengelernt, die akut in existenzielle Nöte geraten sind – ich finde das unerträglich und doch ist es eine Realität in Deutschland.

Ferner war mir nicht bewusst, dass der Weg zurück in die Normalität viel schwerer ist als die Therapie an sich. Die meisten Therapien hinterlassen bleibende Schäden, nicht selten eine verminderte Leistungsfähigkeit oder Infektanfälligkeit. Oft eben Dinge, die für andere von außen nicht ersichtlich sind – unsichtbare Behinderungen. Allerdings herrscht in unserer leistungsorientierten Gesellschaft dafür wenig Toleranz.

Mit etwas Abstand begann ich nach der Therapie mein Praktisches Jahr (PJ) – in diesem letzten Jahr des Medizinstudiums arbeitet man im Krankenhaus. Damals hatte ich kein Bewusstsein dafür, dass eine Wiedereingliederung oder ein Teilzeitmodell auch für mich als jungen Menschen sinnvoll wäre. Sicherlich hätte ich da verstärkt suchen können, aber es gab tatsächlich keinen Impuls, der mir klargemacht hätte, dass etwas anderes als Vollzeit normal wäre. Also fing ich in Vollzeit an. Nach etwa sechs Wochen hatte ich bereits 10 Fehltage wegen kleinerer Infekte gesammelt. Über das ganze Jahr sind im PJ maximal 30 erlaubt und zusätzlicher Urlaub nach Schwerbehindertenrecht wird nicht anerkannt, da es sich in der Ausbildung rechtlich nicht um Urlaub, sondern um Fehltage handelt. Ich war sehr frustriert, da mein Körper nicht mehr so konnte, wie ich wollte und wie ich offenbar auch sollte. Ich habe mich damals in meiner Verzweiflung an den Chef der Abteilung gewandt. Unter Tränen und beschämt habe ich ihm meine Situation geschildert und dass ich Sorge habe, das PJ überhaupt bestehen zu können unter den gegebenen Umständen. Ich hatte hier einfach Glück, dass ich auf sehr viel Verständnis gestoßen bin und er mir sehr entgegenkam, so dass ich zumindest den psychischen Druck nicht mehr hatte. Andernfalls hätte ich wohl abgebrochen.

Im Januar 2019 begann ich eine autologe Stammzelltransplantation, da ich ein Rezidiv erlitten hatte. Zu diesem Zeitpunkt hatte ich bereits ein halbes Jahr gearbeitet und damit das Glück, finanziell abgesichert zu sein, da ich Krankengeld beziehen konnte. Hier greifen die Absicherungshilfen sehr gut. Diese aggressive Therapie war für mich körperlich und psychisch eine große Herausforderung und ich möchte da unterstreichen, wie hilfreich ich gerade die Zuwendung durch Pflegepersonal und auch die psychoonkologische Gesprächstherapie in dieser Zeit empfunden habe.

Dieses Mal war es für mich keine Überraschung mehr, dass die Rückkehr in den Alltag schwierig ist. Durch meine eigene Profession gibt es eine große Nähe zu meiner Leidensgeschichte und es hat mich viel Zeit gekostet, diese wieder zulassen zu können. Auch haben die Therapien deutliche Spuren hinterlassen und ich bin dadurch beispielsweise limitiert, was die Nachtarbeit betrifft.

Alles in allem schien mir die Jobsuche unter der Angabe meiner Schwerbehinderung doch schwieriger als früher – und es bleibt ein stetiges Thema unter Betroffenen, wie man mit der Angabe der Behinderung in der Bewerbung am besten umgeht. Viele raten, erst im Bewerbungsgespräch darauf einzugehen. Das solche Strategien heutzutage noch erwogen werden müssen, stimmt mich zumindest nachdenklich.

Susan Wanzenberg-Thies

Ein Teil der Gemeinschaft

Keine Regionalgruppe vor Ort? Dann gründe ich halt eine – fand eine Betroffene mit Lupus erythematodes. Ein Erfahrungsbericht.

Im Jahr 2000 bekam ich im Alter von 28 Jahren die Diagnose „Systemischer Lupus erythematodes“ (SLE) – mit Beteiligungen der Haut, des Zentralen Nervensystems, der Niere und des Herzens. Im Krankenhaus bekam ich zwar Informationen zur weiteren Therapie, nicht aber elementare Informationen über die Krankheit.

Weil ich noch kein Internet hatte, ging ich in die Bibliothek und fand nach einigem Suchen auch ein medizinisches Nachschlagewerk aus den 60er Jahren. Darin wurde einiges über die Krankheit erklärt, auch, dass meine Lebenserwartung nur bei drei bis fünf Jahren liegen würde.

Danach suchte ich den Kontakt zu meiner behandelnden Ärztin. Sie nahm sich Zeit für mich, klärte mich über die Krankheit auf und konnte mir vor allem meine Angst nehmen. Und sie gab mir die Adressen der Lupus Erythematodes Selbsthilfegemeinschaft und der Rheuma-Liga. Ich wurde Mitglied und bekam jede Menge Infos.

Ich ging den nächsten Schritt und traf mich mit einer anderen Betroffenen. Wir redeten über den Alltag mit der Krankheit. Es war so schön, verstanden zu werden, ohne sich erklären zu müssen. Gleich am nächsten Tag fragte ich bei der SLE nach, wie man eine Gruppe gründet.

Seit Oktober 2002 leite ich die von uns gegründete Regionalgruppe Schwerin und habe diesen Schritt in all den Jahren nicht bereut. Wir sind eine tolle Gruppe geworden und haben Freundschaften geschlossen. Im Austausch erfahren wir immer wieder, dass wir mit unseren Sorgen und Problemen nicht allein sind. Wir können uns offen und ohne die gegenüber Nichtbetroffenen oft gehegte Rücksicht aussprechen und seelisch entlasten.

Die Gruppe stärkt das Selbstvertrauen – die Zuversicht, die eigene Situation bewältigen zu können. Natürlich läuft mal etwas schief oder ich ärgere mich, aber dann fängt mich die Selbsthilfegemeinschaft auf. Ich kann an Seminaren teilnehmen, bekomme unheimlich viele Informationen über die Krankheit aus erster Hand und natürlich den „Schmetterling“, das Heft der Selbsthilfegemeinschaft. Auch der Landesverband der Rheuma-Liga Mecklenburg-Vorpommern steht uns jederzeit mit Rat und Tat zur Seite.

Wir sind wirklich eine Gemeinschaft. Das verbindet ungemein und macht mich stolz, Teil dessen zu sein. Deshalb habe ich mich entschlossen, mehr für die Gemeinschaft zu tun, und arbeite im Vorstand mit. Ich möchte mehr erreichen, mehr Leute zum Mitmachen motivieren und ich möchte mehr Wissen über und Verständnis für die Krankheit in die Welt bringen. Damit keiner mehr am Anfang seines Krankheitsweges lesen muss, dass seine Lebenserwartung nur noch drei bis fünf Jahre beträgt.

Susan Wanzenberg-Thies, 48, ist 2. Vorstandsvorsitzende der *Lupus Erythematodes Selbsthilfegemeinschaft e.V.* und lebt in Schwerin.

Ortwin Stein

Ich finde immer einen Weg, um in Bewegung zu bleiben

Ich stand im Badezimmer und hatte plötzlich das Gefühl, doppelt zu sehen. Beunruhigt ging ich zum Arzt, der mich gleich in die Klinik weiterleitete: Ich hatte einen kurzen Schlaganfall erlitten, dessen Folgen anschließend nicht mehr festgestellt werden konnten. Was die Ärzte bei den Tests aber sehr wohl sahen: Mein Blutdruck war erhöht, wenn auch nur leicht. Und das, obwohl ich mich doch einmal pro Woche im Sportverein fit hielt. Aber es reichte nicht, das wurde mir klar. Und ich beschloss, etwas zu ändern.

Wie erfolgreich vor allem intensive Bewegung sein konnte, das hatte ich bei Recherchen im Internet bei der Deutschen Hochdruckliga gelesen. Und so schloss ich mich einer Laufgruppe an, steigerte meine Ausdauer durch Sprints in Intervallen – langsam, aber sicher. Das war vor zehn Jahren, an meinem 60. Geburtstag. Zwischenzeitlich bin ich bei bis zu 16 Wettbewerben pro Jahr gestartet, bin mehrfach Halbmarathon und vier Mal Marathon gelaufen. Je besser und schneller ich wurde, desto mehr Spaß hatte ich – schließlich zählte ich zu den fünf Besten in meiner Jahrgangsgruppe, wenn die Zeit gemessen wurde. Ich trainierte alle zwei bis drei Tage eine Dreiviertelstunde, stemmte zusätzlich Hanteln im Fitnessstudio und freute mich über mehr Muskelkraft, die mich noch schneller machte.

Nach ungefähr zwei Jahren konnte ich die Tabletten absetzen, die meinen Blutdruck senken sollten. Ich hatte einen Blutdruck von durchschnittlich 130 zu 80, der Ruhepuls bewegte sich im Mittel bei 63, alles prima. Zusätzlich zum Laufen war ich auf gesündere Ernährung umgestiegen und der Stress hatte in der Rente nachgelassen, das wirkte sich auch noch positiv auf meinen Blutdruck aus.

Und ich ließ mich in meinen Aktivitäten auch nicht von einer beginnenden Arthrose und einer dadurch verursachten Knieverletzung bremsen. In der Laufpause, die ich durch die Verletzung bedingt einlegen musste, entdeckte ich das Walken für mich. Seitdem bin ich auf diese Weise kraftvoll und mit viel Power unterwegs – morgens schon zum Bäcker, um Brötchen zu holen. Ausholende Armbewegungen geben mir Schwung und wenn ich durch die Nase tief ins Zwerchfell atme, lässt jeglicher Stress nach. Sollte das Wetter mir mit Regen oder Schnee einen Strich durch die Rechnung machen, steige ich im Fitnessstudio aufs Rad. Ich besitze außerdem noch zwei Fahrräder, um an der frischen Luft zu fahren. Das schont die Gelenke und macht Spaß. Vor einiger Zeit entdeckten meine Frau und ich das Tanzen. Wir besuchen jetzt schon den Fortsetzungskurs. Tanzen ist ideal für Körper und geistige Fitness und bereitet uns viel Freude.

 https://doi.org/10.1515/9783110713336-036

Ich habe gelernt, dass es immer einen Weg gibt, um aktiv zu bleiben. Das stärkt meine positive Einstellung zum Leben und hilft mir über Rückschläge hinweg. Ich hoffe, noch lange durchhalten zu können – schließlich kann ich mich noch fürs Wandern oder Schwimmen begeistern.

Der Dipl.-Kfm. Ortwin Stein (70) wohnt mit seiner Ehefrau in Bad Wildungen. Er war im Marketing tätig; zuletzt als selbstständiger Vertriebsmann für Softwareprodukte. 2018 gründete er in der bekannten Reha- und Kurstadt eine eigene Selbsthilfegruppe und taufte sie „Bluthochdruck im Griff“. Neu ist die gleichlautende Internetseite: www.bluthochdruckimgriff.de.

Petra Radtke

Die Frau, die mit dem Wolf tanzt

Jahrelang wurde ich von einem Facharzt zum anderen geschickt. Mein Körper spielt mit mir Katz und Maus – er stellt schubweise wichtige Organfunktionen ein und zwingt mich dadurch zwischenzeitlich sogar in den Rollstuhl. Ich bin ein menschliches Stehaufmännchen geworden und begreife, dass die „Götter in Weiß" auch nur Menschen sind und ratlos meinem Zustand gegenüberstehen. Pillen und Spritzen missbilligt mein Körper und reagiert mit allergischen Schocks. Die meisten Ärzte werfen das Handtuch, wenn ich als Patient nicht in die Schublade passe, die das Krankheitsbild ihnen scheinbar vorgibt. Oft werde ich wie eine Außerirdische bestaunt – nur um zu guter Letzt in die Psychoschiene geschoben zu werden.

Von einem jungen Arzt musste ich mir sogar anhören, dass ich mein Bein, das gebeugt in einer Lähmung erstarrt war, nur nicht bewegen will! „Ich werde mich jetzt auf ihr Bein legen, und Sie werden sehen – es lässt sich bewegen!", sagte er zu mir. Gesagt, getan ... jedoch ohne Erfolg – was ihn aber nicht nachdenklich machte, sondern nur missmutig stimmte. Er empfahl mir, bei einem Orthopäden vorstellig zu werden – diesen hatte ich aber ohne Erfolg schon zuvor konsultiert.

Im Internet fand ich einen so genannten ‚Ganzheitsarzt' und machte einen Termin. Ich dachte, dieser Arzt sieht endlich mal meinen Körper als Ganzes und kann mir deshalb sicher gut helfen. Mich empfing ein Mann in weißem Gewand und Jesuslatschen. Er sah aus wie ein selbst ernannter Guru. Ich musste ihm von meiner Familie erzählen, die Großeltern eingeschlossen. In dem Arztzimmer standen bis zur Decke hoch Regale mit Arzneifläschchen, nach Buchstaben sortiert. Er fragte nicht nach Vorbefunden, ging nur kurz auf meine Beschwerden ein. Ich musste mich auf eine Liege setzen und er erzählte mir, dass mein Großvater Schuld an meiner Krankheit wäre. Denn er musste schon als junger Mann als Soldat in zwei Weltkriege ziehen und habe nun seine Schmerzen auf mich übertragen. Nun wurde der Arzt immer mehr zum Guru. Denn ich hatte einen mich sehr liebenden Opa, der mich immer vor allem Bösen dieser Welt bewahrt hat. Eigentlich hätte ich jetzt die Konsultation abbrechen können, aber ich war gespannt darauf, was sich der Guru noch einfallen ließ. Dieser schrieb auf einen Zettel einen Spruch, den ich jetzt jeden Abend vor dem Schlafengehen laut aufsagen sollte. Inhaltlich war es eine Bitte an meinen Opa, den Fluch von mir zu nehmen. Weiter ging es damit, dass er mehrere Arzneifläschchen aus dem riesengroßen Regal nahm und sie abwechselnd auf meinen Bauch stellte. Dabei murmelte er immer einen Spruch und stellte dann das Fläschchen entweder wieder zurück oder schüttete ein paar Kügelchen daraus in eine Papiertüte. Diese

 https://doi.org/10.1515/9783110713336-037

Tütchen überreichte er mir lächelnd mit dem Hinweis, täglich diese Mittel zu nehmen. Beim Abschied erinnerte er mich noch daran, an der Anmeldung die Rechnung für die Konsultation nicht zu vergessen und einen neuen Termin zu machen. Ich ging um eine Erfahrung reicher.

Schließlich, nach einer monatelangen Arztodyssee, kam eine Ärztin auf die Idee, mein Blut auf bestimmte Antikörper zu untersuchen. Dann kam der Augenblick der Wahrheit. Die junge Ärztin schaute auf das vor ihr liegende Ergebnis meines Blutbildes und wurde sichtlich nervös. „Ich muss den Professor dazu holen!", meinte sie, verschwand und kam mit dem Professor zurück. Seine Worte erreichen mich kaum. Ich verstehe nur: „Autoimmunkrankheit – systemischer Lupus, sehr selten, unheilbar – Gefahr von Organversagen und Tumorerkrankungen ..." Vollkommen benommen von dieser Diagnose fuhr ich nach Hause. Immer wieder hallten die Worte des Arztes in meinem Kopf wider: „Sie werden nicht mehr arbeiten können!" Mein ganzes Leben stand am Abgrund. Meinen Traumberuf als Pädagogin werde ich nie mehr ausüben können. Wie soll ich das aushalten? Außerdem bedeutet die Krankheit für mich, ab sofort ein Schattendasein führen zu müssen. Denn UV-Licht stärkt das Immunsystem und damit den Lupus, den Wolf in mir. Hinzu kommt: Ich bin alleinerziehende Mutter.

Meine beiden Kinder sind die Liebe meines Lebens. Wie soll ich ihnen beibringen, dass im Sommer Ausflüge an den Badesee ab sofort tabu für mich sind? Wie soll es finanziell weitergehen? Denn eine Erwerbsminderungsrente zu beantragen, dauert. Schon seit einigen Jahren lebe ich von Sozialhilfe, da ich wegen der Krankheit nicht arbeitsfähig bin und mein früherer Ehemann keinen Unterhalt zahlt. Außerdem muss ich einen ambulanten Rheumatologen finden, der sich mit Lupus auskennt. Aber ich werde nicht aufgeben. Ich habe in meinem Leben schon oft bewiesen, dass ich ein Stehaufmännchen bin.

Ich lebe nun schon zehn Jahre mit meinem täglichen Begleiter, dem Wolf. Es war nicht einfach, vieles im Leben musste ich ändern oder mich davon für immer verabschieden. Aber ich habe meine Kinder, die mir Mut geben, täglich weiterzumachen. Durch den Wolf haben sich einige Menschen, von denen ich dachte, dass sie zu meinen Freunden zählen, für immer verabschiedet. Aber ich habe einen neuen Freundeskreis gefunden. Durch Selbsthilfegruppen fand ich Ärzte, die mir mit Rat und Tat zur Seite stehen. Sie helfen mir, auch wenn es nicht einfach ist, meine Erkrankung medikamentös einzustellen, denn zu dem Wolf haben sich noch andere seltene Erkrankungen hinzugesellt.

Ich führe Kalender über die guten Tage im Monat: Diese bekommen eine lachende Sonne. Wenn mir ihr Lächeln mindestens zehnmal auf einem Kalenderblatt entgegenleuchtet, war es ein guter Monat. Denn das bedeutet, dass ich an zehn Tagen hinaus in die Natur konnte. Mit dem Wolf werde ich mich zwar nie anfreunden können. Doch durch die Erkrankung habe ich gelernt, die kleinen

Freuden des Lebens zu entdecken und zu genießen. Ich bin eine begeisterte Hobbyfotografin und besonders die Makrofotografie hat es mir angetan. Damit habe ich einen neuen Blick auf die kleine Welt da draußen bekommen. Heuschrecken sehen dann auf meinen Fotos aus wie mächtige Saurier, die besonders meinen Sohn in seiner Kindheit so beeindruckten. In Wassertropfen spiegelt sich eine ganze Welt. Abends bin ich oft mit dem Rad unterwegs und beobachte Vögel, die mir ein wunderschönes Konzert spielen. Meine Fotos werden häufig in Zeitungen und Zeitschriften veröffentlicht und es gab auch schon eine Ausstellung. An schlechten Tagen, an denen der Wolf zubeißt und ich auf meinem Sofa bleiben muss, entschwebe ich mithilfe meiner treuen Freunde, den Büchern, in eine andere Welt. Ich lerne in den Geschichten neue Freunde kennen, erlebe Abenteuer auf eine besondere Art, reise zu Orten auf der Welt, die ich leider in diesem Leben nicht mehr besuchen kann. Über meine Leseabenteuer schreibe ich auf meinem Bücherblog und auf Facebook. Überhaupt habe ich durch das Internet, das für mich das Tor zur Welt ist, viele neue Freunde gefunden. Wir tauschen uns aus und machen uns Mut – so wird das Leben mit dem inneren Wolf erträglicher. Auch meine Hypnosetherapie hat mir viel gebracht: Den Ängsten, die mit der Erkrankung auftauchten, konnte ich gestärkt entgegentreten. Selbst der Umgang mit den täglichen Schmerzen wurde durch die Hypnose besser und depressive Phasen kann ich nun schneller überwinden.

Ich möchte mit meiner Geschichte Mut machen, nie im Leben aufzugeben. Man darf sich nie scheuen, Hilfe zu suchen – auch in einer fast ausweglos scheinenden Situation. Bei Ärzten muss man sein Selbstwertgefühl wahren und bei seltenen Erkrankungen helfen Selbsthilfegruppen mit ihren Erfahrungen. Wenn eine Planung im Leben durch schwere Erkrankungen nicht mehr möglich ist, setzt man sich eben täglich kleine Ziele und belohnt sich dann für deren Erfüllung. Ein Hobby kann einem sehr viele Glücksgefühle und Erfüllung geben. Für mich sind meine Kinder und meine Eltern ein starkes Bindeglied zum Leben. Auch mein Freundeskreis hilft mir mit Rat und Tat. Es lohnt sich, jeden Tag weiterzuleben – denn das Leben ist so schön – trotz alledem!

Meine Wünsche an eine gute medizinische Versorgung bei seltenen chronischen Erkrankungen:

- Diagnostik: Die Beschwerden des Patienten ernst nehmen. Wenn Überweisung zum Facharzt notwendig, Schreiben des überweisenden Arztes, welche Diagnostik schon stattfand und welcher Verdacht besteht. Hilfe bei Terminsuche beim Facharzt oder in Radiologie. Bessere Zusammenarbeit der Ärzte untereinander. Es kann einfach nicht sein, dass es wie bei mir fast zehn Jahre dauert, bis eine Ärztin auf die Idee kam, Antikörper im Blut auf systemischen Lupus zu testen, damit ich nun endlich die richtige Diagnose hatte und behandelt werden konnte.

- Wissen über seltene Erkrankungen: Die Ärzte müssen besser geschult werden, damit sie die Beschwerden der Patienten nicht als psychologisches Problem abtun, weil ihnen Kenntnisse über Diagnostik oder Beschwerden bei seltenen Erkrankungen fehlen. Für Ärzte müsste es ein Infotelefon geben, wo sie von Experten Hinweise zur Behandlung von Patienten bekommen. Oft reagieren Patienten hier auf Medikamente allergisch oder atypisch. Ich habe dann oft von Ärzten gehört, dass sie mit mir am Ende der Fahnenstange sind und mir nicht mehr helfen können. Meine Erfahrungen sind, dass ich mit Bauchbeschwerden sogar von Fachärzten abgewiesen wurde, da sie sahen, dass auf der Überweisung vom Rheumatologen stand, dass ich an systemischem Lupus erkrankt war. So bekam ich keinen Termin und wurde zum Rheumatologen zurückgeschickt. Dieser wies mich in eine Klinik ein, in der verschiedene Untersuchungen – etwa eine Darmspiegelung – gemacht wurden. Doch die Ursache meiner Beschwerden blieb ein Rätsel. Mit der Diagnose Reizdarm wurde ich in die Psychoschiene gesteckt und unbehandelt nach Hause entlassen. Erst ein Professor aus einer anderen Stadt, den ich in meiner Not um Rat fragte, las sich die Ergebnisse meiner Diagnostik durch und gab mir telefonisch den Rat, meine Gewebeproben mit Verdacht auf systemische Mastozytose nach München zu senden. Vier Wochen später hatte ich meine gesicherte Diagnose. Doch der Weg dorthin dauerte vier Jahre. Dabei wäre es eine einfache Blutbestimmung gewesen, die den Verdacht aufgrund meiner starken Beschwerden in Richtung Mastozytose gelenkt hätte.
- Ausnahmeregelung für Budget der Ärzte: Für Ärzte, die chronisch Kranke mit seltenen Erkrankungen behandeln, muss es Ausnahmeregelungen beim Budget geben. Zu oft musste ich den Arzt wechseln, da mir notwendige Medikamente verwehrt wurden: Dadurch wäre das Ärztebudget zu sehr belastet worden.
- Bessere Prüfung von Medikamenten: Es kann nicht sein, dass Nofallmedikamente mit Stoffen belastet sind, die ihrerseits allergische Reaktionen hervorrufen können. Das betrifft übrigens auch Kontrastmittel, Narkosemittel oder Mittel, die man zur Darmreinigung vor der Darmspiegelung trinken muss. Ich muss seit Jahren für ein Magenmittel, ohne das ich nichts mehr essen könnte, über 50 Euro selbst bezahlen. Das Mittel, das die Kasse bezahlt, vertrage ich nicht wegen der Zusatzstoffe. Auch für Mittel gegen Magen- und Darmbeschwerden oder Vitaminmangel durch Mangelernährung müsste es Sonderregelungen geben, denn die Beschwerden werden hervorgerufen durch allergische Reaktionen auf notwendige Lebensmittel.
- Reha-Einrichtungen: Es müssen mehr Informationen über seltenen Erkrankungen an Reha-Einrichtungen gegeben werden und es sollte die Möglichkeit einer längeren Rehazeit (jetzt drei Wochen) eingerichtet werden. Da unsere

Körper sehr stark auf Behandlungen reagieren, brauchen wir zwischen den Behandlungen längere Ruhezeiten. Informationen über Reha-Einrichtungen, die seltene Krankheiten aufnehmen, müssen besser an Patienten und Krankenkassen gegeben werden.

- Behindertenstatus: Die Mitarbeiter der Sozialämter, die für die Einstufung der Grade der Behinderung verantwortlich sind, müssen besser geschult werden. Oftmals werden die Ausweise in viel zu niedriger Gradstufe ausgestellt, da man zu wenig über die jeweilige Krankheit weiß. Für die seltenen Krankheiten müssen Listen erstellt werden, nach denen die Mitarbeiter leichter eine Einstufung vornehmen können. Zum Beispiel bei meiner Erkrankung systemische Mastozytose würde ich mir wünschen, ohne Probleme die Bestätigung einer Begleitperson zu bekommen, da ich auf viele Dinge allergisch reagiere. Zwar führe ich immer ein Notfallset mit mir, aber wenn ich nicht mehr reagieren kann, wissen fremde Menschen meist nicht, wie sie mir helfen können.
- Einstufung Behindertengrad G: Mit diesem Grad der Behinderung hat man die Möglichkeit, eine Wertmarke zu kaufen, die freie Fahrt mit öffentlichen Verkehrsmitteln deutschlandweit ermöglicht. Leider gilt das nicht für schnelle Zugverbindungen wie den ICE. Aber für mich ist es körperlich einfach nicht möglich, z. B. drei Stunden von Leipzig nach Berlin mit zweimal umsteigen zu fahren, um meine Tochter zu besuchen. Ich würde es sehr begrüßen, wenn diese schnelle Zugverbindungen in die Verordnung zum freien Fahren für Behinderte mit dem Buchstaben G mit aufgenommen würde, denn ich weiß, dass es vielen Betroffenen ähnlich geht.
- Medizinische Versorgung im Notfall: Im Akutfall bin ich oft nicht in der Lage, mit öffentlichen Verkehrsmitteln zum Arzt zu fahren. Doch ich habe kein Auto und für ein Taxi reicht meine Rente meist nicht aus. Es gibt dann keine Möglichkeit, ärztlichen Rat einzuholen oder zu notwendigen radiologischen Untersuchungen zu kommen. Vor einigen Jahren wurden Fahrten zu ambulanten Untersuchungen noch von der Krankenkasse bezahlt. Auch hier sollte noch einmal geprüft werden, ob für uns Patienten eine Ausnahmeregelung möglich wäre.
- Osteopathie: Für an Lupus- und Mastozytose erkrankte Patienten gibt es nur wenige physische Behandlungen, die unser Körper verträgt. Eine davon ist die Osteopathie, die aber nun leider nicht mehr von der Krankenkasse übernommen wird. Ich habe selbst erlebt, wie ich an Unterarmstützen mit starken Schmerzen in der LWS zu einer damals noch von der Kasse bezahlten Behandlung ging. Mit wenigen Handgriffen erkannte der Therapeut, dass es nicht die LWS, sondern die Nieren waren, die durch Verklebungen diese Schmerzen hervorriefen. Dabei hatte ich noch Glück, denn nur ein paar Tage später wäre es ohne die osteopathische Behandlung wohl zu einem Nieren-

versagen gekommen. Nach einer einstündigen Behandlung konnte ich ohne Schmerzen wieder laufen und das hielt auch mehrere Monate an. Ich würde mich freuen, wenn die Kosten dieser Art der Behandlung wieder von der Kasse übernommen werden, denn es würde mir viele Schmerzen ersparen und meine Bewegungsfähigkeit deutlich verbessern.

Zusammenfassend möchte ich sagen, dass man als chronisch Kranker mit einer seltenen Erkrankung in unserem Gesundheitssystem immer wieder auf Grenzen stößt, die beim genaueren Hinsehen gar nicht notwendig wären. Auch chronisch kranke Menschen möchten am gesellschaftlichen Leben teilhaben und sich nicht durch ihre Krankheit ihr Leben bestimmen lassen.

Ergänzung zur Reha für chronisch Kranke

Als chronisch kranke Person ist es ist immer besonders schwer, eine Reha-Einrichtung zu finden, da für eine erfolgreiche Reha-Behandlung auf die Besonderheiten der chronischen Krankheit eingegangen werden muss. Bei mir betrifft es den systemischen Lupus und die systemische Mastozytose.

Im Jahr 2019 hatte ich zwei Unfälle mit mehreren Knochenbrüchen. Dadurch war es für mich notwendig, mehrere Monate im Rollstuhl zu sitzen. Nachdem ich wieder laufen konnte, beantragte mein Arzt mit mir zusammen eine Reha mit dem Ziel, die Beweglichkeit zu verbessern. Da durch die systemische Mastozytose starke Lebensmittelallergien bestehen, schrieb der Arzt es auch in den Antrag und ging in einem Arztbrief auf die Besonderheiten, die meine chronischen Krankheiten bedeuten, ein.

Ich suchte im Internet entsprechende Kliniken aus und rief dort an, um die Möglichkeiten einer Reha in der jeweiligen Einrichtung zu klären. Ich erhielt eine Zusage und meine Unterlagen wurden im Januar 2020 an diese Klinik gesendet. Im März 2020 hätte ich anreisen können, doch Corona machte einen Strich durch die Rechnung: Die Klinik auf Usedom wurde für mehrere Monate geschlossen.

Ende Mai erhielt ich die schriftliche Zusage, für Ende August meine Reha beginnen zu können. Ich freute mich sehr darauf, die Koffer waren gepackt und der Fahrdienst durch die Kasse war organisiert. Zwei Tage vor der Anreise kam plötzlich ein Anruf von der Klinik, dass meine Reha nicht stattfinden könnte, der Grund: meine Lebensmittelallergien. Für mich war das völlig unverständlich, da dieses Problem schon ein halbes Jahr vorher besprochen wurde, schließlich war es schriftlich im Antrag und Arztbrief enthalten und in der Patientenbroschüre des Heimes wird besonders die eigene Küche mit Absprachen bei der Zubereitung der Speisen für Patienten mit Lebensmittelallergien hervorgehoben.

Auf meine Nachfrage kam dann die Antwort der Klinik telefonisch, dass ich anreisen könnte, wenn ich mich selbst verpflege. Das würde bedeuten, in der Stadt selbst Lebensmittel einzukaufen, mittags würden für mich nur gekochte Kartoffeln zubereitet werden können. Für mich als gehbehinderte Person aber ist dies eine Unmöglichkeit. Auch die Krankenkasse, die auch nur telefonisch von der Absage unterrichtet wurde, legte mir nah, auf diesen Vorschlag nicht einzugehen.

Durch die ganze Aufregung bekam ich einen Nervenzusammenbruch und einen schweren Schub, der mich tagelang ans Bett fesselte. Ich finde es unmöglich, wenn man so mit chronisch schwerkranken Menschen umgeht. Wir sind schon durch unsere Krankheiten vom normalen gesellschaftlichen Leben ausgeschlossen und eine Rehamaßnahme soll doch gerade dabei helfen, unsere Selbstständigkeit solange wie möglich zu erhalten und den Gesundheitszustand zu verbessern.

Die Krankenkasse versprach mir, die bestätigte Reha könne auch noch später stattfinden. Ich telefonierte wieder mit einigen Einrichtungen, besprach die Probleme und bekam in einer anderen Rehaklinik einen Platz für 2021. Doch die Freude darüber hielt nicht lange, denn eine Woche später kam die Nachricht, dass auch diese Klinik mich abgelehnt hatte, als sie meine Kurunterlagen erhalten haben.

Ich rief in der Kurklinik an und bekam die Auskunft, dass keine Patienten mit Lupuserkrankung in diesem Heim behandelt werden. Nachdem ich betonte, dass ich nicht wegen meiner Lupuserkrankung, die gut eingestellt ist, zur Reha fahren soll, sondern um die Unfallfolgen zu beseitigen, folgte ein nochmaliges Gespräch mit dem dortigen Arzt. Dann kam der erlösende Anruf: Eine überglückliche Mitarbeiterin teilte mir mit, dass meine Reha im März/April 2021 stattfinden könne. Ich hoffe bloß, dass es wirklich so sein wird und nicht wieder eine kurzfristige Absage erfolgt.

Ich weiß, dass Lupuspatienten nicht gern gesehen werden, denn bei uns müssen einige Abstriche in der therapeutischen Behandlung gemacht werden. Einige Behandlungen, z. B. Strombehandlungen, Moorpackungen usw., dürfen nicht durchgeführt werden. Außerdem müssen längere Pausen zur Erholung zwischen den Maßnahmen erfolgen, um keinen Schub zu provozieren.

Ich kenne auch andere Mitglieder unserer Selbsthilfegruppe, die voller Vorfreude zu einer Reha über hunderte Kilometer gefahren sind und dort nach zwei Tagen aus den vorhergenannten Gründen wieder nach Hause geschickt wurden. Auch mir wurde vor einigen Jahren zur Begrüßung durch die Ärztin gesagt, dass wenn ich einen Lupusschub bekäme, ich sofort nach Hause geschickt werde. Auch eine Verlängerung, die die Kasse auf jeden Fall genehmigt hätte, wurde abgelehnt. Das ist in meinen Augen eine Diskriminierung von chronisch Kranken.

Durch bessere Aufklärung über seltene Krankheitsbilder könnten solche Probleme sicher beseitigt werden. Für uns Kranke, die wir auf regelmäßige Rehamaßnahmen angewiesen sind, wäre es ein großer Schritt zur Verbesserung unseres Krankheitsverlaufs und zur Vermeidung von Pflegefällen.

Katharina Luise Meier

Erst einmal eine Auszeit nehmen und sich beraten lassen!

Als ich im Januar 2018 nach Potsdam zog, war ich hoch motiviert: Mein Studium hatte ich erfolgreich beendet und nun musste ich nur noch die letzte Hürde überwinden, um meinen Traumberuf Grundschullehrerin zu erreichen: das Referendariat. Fünf Tage hat es gedauert, bis sich mein Leben ändern sollte. In meinem WG-Zimmer voller Umzugskartons ertastete ich eines Abends eine Verhärtung in meiner Brust. Zwei Tage später hatte ich einen Termin bei einem Gynäkologen. Im Ultraschall sah man einen Tumor von etwa 1,5 cm Größe, der abgeklärt werden musste. „Machen Sie sich keine großen Sorgen. Ich hatte noch nie eine Patientin in ihrem Alter, bei der es etwas Bösartiges war." Mit diesen Worten verabschiedetet mich der Mediziner.

Zwei Wochen, fünf Tage im Referendariat und eine Biopsie später, betrat ich das Büro der Chefärztin des Brustzentrums in Potsdam und erfuhr, dass ich an triple negativem Brustkrebs erkrankt war und mich damit die gesamte Behandlung erwartet – Chemotherapie, OP, Bestrahlung. Mit 25 Jahren.

Aufgrund der Infektionsgefahr durfte ich nicht mehr in die Schule gehen. Dennoch wägte ich mich in Sicherheit, schließlich trug ich seit wenigen Wochen den Titel „Beamtin auf Widerruf" und als Beamtin erhält man seine Bezüge selbst im Krankheitsfall dauerhaft. Am nächsten Morgen sprach ich direkt mit meiner Sachbearbeiterin im Ministerium für Bildung, Jugend und Sport und erklärte ihr meine Situation. Trotz großer Betroffenheit gab sie mir zu verstehen, dass ich meinen Platz im Referendariat freiwillig zurückgeben müsse, sonst hätte ich nicht die Möglichkeit, in Brandenburg erneut einzusteigen, sobald ich wieder genesen sei. Ich war überfordert, wusste nicht, an wen ich mich hätte wenden sollen und gab schließlich meinen Platz zurück. Im Nachhinein kann ich nur raten, sich erstmal eine Zeit krankschreiben zu lassen (vielleicht zwei Wochen), sich in der Zeit zu sammeln und Beratungsstellen aufzusuchen, um über seine Rechte besser informiert zu sein. Denn mit Unterstützung lässt sich solch eine Zeit besser meistern. Auch der Austausch mit anderen Betroffenen, beispielsweise in den TREFFPUNKTEN der Deutschen Stiftung für junge Erwachsene mit Krebs, bringt oft Klarheit in den Schwall von Informationen.

Für mich war die Konsequenz der Gang zum Jobcenter und der Antrag auf ALG II, also Hartz IV. Unter Tränen erklärte ich der Sachbearbeiterin meine Situation, wodurch ich auch hier zwar auf Mitgefühl traf, doch am Ende erwarteten mich dieselben Regelungen wie für jeden anderen Erwerbslosen. Abgesehen da-

 https://doi.org/10.1515/9783110713336-038

von, dass das Jobcenter eigentlich nur für erwerbsfähige Menschen zuständig ist, was man als Krebspatient de facto nicht ist, waren das Ausfüllen des Antrages und die damit verbundenen bürokratischen Hürden eine extreme Belastung. Ich stand immer noch unter Schock von der Diagnose und durchlebte gerade den Beginn meiner Chemotherapie, inklusive erster Nebenwirkungen.

Während meine Freunde ihren ersten Jobs nachgingen, am Wochenende feierten oder ihren nächsten Urlaub planten, war ich nicht nur körperlich zu geschwächt, sondern mir fehlten auch die finanziellen Mittel. Nach Abzug aller Nebenkosten, Versicherungen etc., blieben mir im Monat ca. 129 € zum Leben. Ich war in der Armut angelangt, obwohl ich doch noch kurz zuvor auf einem ganz anderen Weg war.

Mein Behandlungsteam konnte sich meist ebenfalls nur schwer vorstellen, welche Konsequenzen eine solche finanzielle Situation hat. So sollte ich laut Ernährungstherapeutin möglichst nur noch Bioprodukte essen. Außerdem bewirkten die Medikamente eine schnelle Gewichtszunahme, wodurch ich alle paar Wochen neue Kleidung brauchte. Meine Ärzte empfahlen mir immer wieder, einen kleinen Urlaub zu machen, insbesondere für meine Psyche. In jeder Situation fragte ich mich: Von welchem Geld? Ich fühlte mich oft so unverstanden und wusste nicht, an wen ich mich wenden sollte. Erst nach der eigentlichen Therapie erfuhr ich in der Anschlussheilbehandlung von einem Krebshärtefonds der Deutschen Krebsgesellschaft, über den ich immerhin eine Einmalzahlung erhielt, die mich zumindest kurzzeitig etwas entlastete.

Eine andere Betroffene sagte einmal: Wenn ich finanzielle Sorgen habe, kann ich nicht gesund werden. Dem stimme ich zu. Es belastet die Psyche ungemein und eine belastete Psyche erschwert oft einen Genesungsprozess.

Nachdem das Jobcenter mir Anfang 2019 mitteilte, dass sie meine vollen Mietkosten nur noch bis September 2019 übernähmen, war ich dazu gezwungen, im August 2019 das Referendariat neu aufzunehmen. Als ALG-II-Empfänger hatte ich keinen Anspruch auf eine Wiedereingliederung und musste daher mit dem vollen Pensum einsteigen. Dies machte sich bereits einen Monat später durch immer häufiger auftretende Panikattacken und Erschöpfung bemerkbar. Es folgte eine neue langfristige Krankschreibung. Mit einem Unterschied: Diesmal war ich über meine Rechte aufgeklärter und suchte mir Unterstützung im Studienseminar, sodass ich meinen Beamtenstatus behalten durfte und somit finanziell abgesichert bin. Diese Gewissheit hilft mir nun, dass ich das Geschehene aufarbeiten und mich auf meine Rückkehr ins Referendariat im Sommer 2020 vorbereiten kann.

Petra Albrecht

Yoga hilft mir, auf Knopfdruck abzuschalten

Mein Leben als Bluthochdruckpatientin begann in der Metro. Also nicht in der Bahn, sondern im Großmarkt. Ich war damals Ende dreißig und mein Blutdruck war mir bislang ziemlich egal. Aber in der Elektroabteilung waren gerade Blutdruckmessgeräte fürs Handgelenk im Angebot und aus purer Neugier habe ich mir eins umgeschnallt. Start, aufpumpen, warten und Ergebnis ablesen. WAS? WIE BITTE? 160/110? Klarer Fall, Gerät kaputt. Das sagte auch der inzwischen aufgetauchte Verkäufer und gab mir ein anderes. Neue Messung, die Aufregung über das Messergebnis tat das ihre dazu: 170/120. Ach Du Sch....

Wobei ich sagen muss, leicht erhöht war mein Blutdruck schon länger. Das fiel mir wieder ein, als ich die Werte realisiert hatte. Aber mit einer Konfektionsgröße 36 und noch nicht einmal vierzig schieben die Ärzte sowas gern auf das „Weißkittelsyndrom". „Ist ja klar, beim Arzt ist man immer ein bisschen aufgeregt..." Nee, ich nicht. Aber egal. Jedenfalls war mein Blutdruck bis dahin kein großes Thema.

Das änderte sich mit diesem Erlebnis schlagartig. Noch am selben Abend kam ein befreundeter Arzt vorbei und maß meinen Blutdruck. Der war inzwischen bei 220/160 und unser guter Freund war sehr alarmiert. Er gab mit etwas zur Beruhigung und einen Betablocker sowie die dringende Empfehlung, so schnell wie möglich bei einem Kardiologen vorstellig zu werden.

In der Folge lernte ich allerdings nicht nur einen, sondern mehrere Kardiologen kennen. Und ich muss es leider sagen, die richtigen Medikamente zu finden, die meinen Blutdruck wirklich senkten, gestaltete sich äußerst schwierig. Der Zufall spielte mir schließlich einen Nephrologen (Facharzt für Nierenerkrankungen) zu, den ich als Journalistin zu interviewen hatte. Nach unserem Gespräch, bei dem es auch um Bluthochdruck ging, erzählte ich ihm von meiner Krankengeschichte und den bisher nicht wirklich erfolgreichen Medikationen. Er forschte als Professor an der Düsseldorfer Uniklinik über die Zusammenhänge zwischen Bluthochdruck und Nierenstörungen und bat mich, ihn zu besuchen. Um es kurz zu machen, er fand das Medikament, das meinen Blutdruck senkte. Ich bin inzwischen perfekt eingestellt und beschwerdefrei.

Dennoch fragt man sich ja als Patient, was kann ich noch tun? Selbst wenn der Bluthochdruck eine organische Ursache hat, ist es ja nicht falsch, das seinige dazu zu tun, die Werte auf natürlichem Wege weiter zu senken. Und wieder half mir der Zufall. Eine Bekannte schwärmte mir über die Wohltaten von regelmäßigem Yoga vor und da sie nicht nur sehr gelassen, sondern auch ausgesprochen grazil und wohlgeformt war, wurde ich sehr neugierig. Ich vereinbarte eine Pro-

 https://doi.org/10.1515/9783110713336-039

bestunde in ihrem Studio – und war infiziert. Es war der Beginn einer Lebensveränderung. Nicht mehr und nicht weniger.

Die unglaubliche Entspannung ist dabei nur EIN Effekt, den Yoga hervorbringt. Aber der ist für Bluthochdruckpatienten ein ganz wichtiger. Sich fokussieren zu können, quasi auf Knopfdruck abzuschalten – das ist ein wertvolles Instrument, wenn man spürt, dass der rasende Zug des Lebens mal wieder einen Zwischenstopp braucht.

Und damit nicht genug: Ein besseres Körpergefühl, Beweglichkeit und ein gesunder Rücken sind das Geschenkpaket obendrauf. Ich würde allerdings aus meiner Erfahrung und aus Gesprächen mit Fachleuten unbedingt dazu raten, Yoga unter Anleitung zu erlernen. Wenn man dann irgendwann sicher ist, die Asanas (überwiegend ruhende Körperstellungen im Yoga) korrekt auszuführen, kann man es auch mit einem Video oder ganz ohne Anleitung praktizieren. Denn auch Yoga hat Risiken und Nebenwirkungen. Aber der Nutzen ist um ein Vielfaches größer. Versprochen!

Petra Albrecht ist Journalistin, TV-Moderatorin und lebt in Düsseldorf. In dritter Ehe verheiratet und durch ein Studium auf dem zweiten Bildungsweg knapp an einem Leben im Katasteramt vorbeigeschrammt, ist sie ausgewiesene Spezialistin für Brüche und Neuanfänge. Aus ihrer Sicht gilt für jedes Alter: Es liegt bei uns, was wir daraus machen. Petra Albrecht hält viel von Genuss, Lebensfreude und der richtigen Mischung aus Bewegung und guter Pflege.

Doreen Fiedler, Franziska Bonatz, Lorena Koch und Natascha Michel

Deutsche Stiftung für junge Erwachsene mit Krebs

Die Diagnose Krebs ist für jeden Betroffenen ein einschneidendes Erlebnis, aber in einem so jungen Lebensalter ist es besonders dramatisch. Viele Gedanken sind schon bei Diagnosestellung von enormer Bedeutung: Kann ich meine Ausbildung jemals beenden? Wann kann ich wieder in die Welt und etwas erleben? Kann ich jemals noch Kinder bekommen? Auch finanzielle Sorgen und die Angst des sozialen Abstiegs rücken in den Vordergrund. Dass man in seiner Altersklasse nicht alleine ist, zeigen Studien. Jedes Jahr erkranken etwa 16.500 junge Menschen zwischen 18 und 39 Jahre an Krebs.

Die Therapie beginnt und man findet sich plötzlich neben vielen älteren Mitpatienten wieder. Man versucht, sich alle Anweisungen der Krankenschwestern zu merken: Diese Tablette morgens, diese abends, und man bekommt den Ratschlag: „Wenn es Ihnen schlecht wird, dann haben wir hier noch ein Medikament für Sie“. Unweigerlich lauscht man aber auch den Gesprächen der meistens Ü60-Mitbetroffenen, die sich vor allem um folgende Themen drehen: Rente, Enkelkinder, Kochrezepte und der Rollator. Ohne Zweifel essenzielle Thematiken im betagten Alter, welche aber nicht die Lebenswelt eines jungen Betroffenen widerspiegeln.

Aus dieser Not heraus recherchierte ich im Internet und wurde schnell auf die *Deutsche Stiftung für junge Erwachsene mit Krebs* aufmerksam. Die Stiftung möchte durch die Förderung von Wissenschaft und Forschung sowie des öffentlichen Gesundheitswesens junge Menschen mit Krebs während und auch nach ihrer Erkrankung unterstützen und begleiten. Sie versteht sich als Ansprechpartnerin für alle Fragen von PatientInnen, Angehörigen, WissenschaftlerInnen, UnterstützerInnen und der Öffentlichkeit. Die *Deutsche Stiftung für junge Erwachsene mit Krebs* wurde 2014 durch die DGHO *Deutsche Gesellschaft für Hämatologie und Medizinische Onkologie e.V.* gegründet und setzt sich seitdem für die Verbesserung der Versorgungssituation junger Erwachsener mit Krebs ein.

Genau die richtige Anlaufstelle für meine Fragestellungen. Ich traf mich kurz nach der Diagnose mit einigen Betroffenen beim TREFFPUNKT Heidelberg – einem sogenannten Stammtisch für junge Erwachsene mit Krebs. Neben ganz praktischen Fragestellungen, wie z.B. beantrage ich einen Schwerbehindertenausweis und was haben die Merkzeichen für eine Relevanz, waren auch die persönlichen Gespräche interessant, aufschlussreich und durch keine wissen-

https://doi.org/10.1515/9783110713336-040

schaftliche Publikation zu ersetzen. Die gemeinsamen Treffen, Projekte und Angebote sieht die Stiftung als ganzheitliche Unterstützung von Betroffenen, Angehörigen und MultiplikatorInnen und sie stellen eine umfassende Ergänzung zu bestehenden Angeboten des Versorgungssystems dar. Dabei ist besonders wichtig hervorzuheben, dass sie niederschwellig und kostenfrei sind und auf die Aktivierung der Betroffenen und ihrer Umgebung zielen. Neben der Hilfe zur Selbsthilfe werden auch anwaltschaftliche Funktionen ausgeübt, um die Patientenrechte der jungen Betroffenen zu stärken.

Durch einige Projekte stieg das Bedürfnis, sich ehrenamtlich zu engagieren und die Öffentlichkeit über die Themen der Erkrankung meiner Altersgruppe aufzuklären. Aber auch der Wunsch, Versorgungslücken nicht nur aufzudecken, sondern auch darauf hinzuweisen, war von essenzieller Bedeutung. Dank umfangreicher Unterstützung wurde nicht nur eine Anlaufstelle, sondern auch eine mehrstufige Plattform für Informations- und Hilfsangebote geschaffen. Weiterhin wurde der Patient:innenbeirat gegründet, der die Belange aus einer anderen Sichtweise betrachtet und das Kuratorium der Stiftung in wichtigen Angelegenheiten berät.

Auch in der aktuellen Corona-Pandemie steht die Stiftung jungen Betroffenen zur Seite, beantwortet Fragen und bietet online Webinare zu dem Thema an. Denn was viele vergessen ist, dass wir jungen Patienten momentan nicht nur wegen unseren eigentlichen Krankheiten einiges zu bewältigen haben, wir müssen uns zusätzlich auch vor dem Virus schützen, da auch wir trotz unseres jungen Alters zur Risikogruppe gehören.

Eines der wichtigsten Projekte, dass die Stiftung seit 2017 gemeinsam mit ihrer Stifterin betreut, ist der Einsatz für die Kostenübernahme der fruchtbarkeitserhaltenden Maßnahmen bei jungen Betroffenen durch die gesetzlichen Krankenkassen. Die durchzuführenden Therapien führen oftmals zur Unfruchtbarkeit. Viele Betroffene müssen sich noch am Diagnosetag über das weitere Vorgehen entscheiden und sind schlichtweg damit überfordert. Zudem sind die Kosten für fruchtbarkeitserhaltende Maßnahmen sehr hoch, was gerade in unserem jungen Alter dazu führen kann, dass man es sich entweder schlichtweg nicht leisten kann oder sogar Kredite dafür aufgenommen werden müssen.

Insbesondere finanzielle Sorgen stehen in der Spitzengruppe der Beeinträchtigungen der Lebensqualität junger Betroffener. Im Mai 2019 trat auf das Wirken der Stiftung hin ein entsprechendes Gesetz in Kraft. Die dazugehörige Richtlinie des Gemeinsamen Bundesausschusses (G-BA) wurde im Juli 2020 beschlossen. Seit dem Gesetzesbeschluss im Mai 2019 berät die Stiftung junge Betroffene bei Fragen rund um die Kostenübernahme und unterstützt bei der Formulierung von Anträgen und Widersprüchen. Auch hier wird die Öffentlichkeit mit aktiver Pressearbeit für das Thema sensibilisiert und es wird regelmäßig an beteiligte Akteure herangetreten. Durch die aktive Mitarbeit von uns PatientInnen werden Problemfelder gezielt identifiziert.

In einer im September 2019 gemeinsam mit der DGHO erstellten Schriftenreihe wurden aktuelle Hintergründe dazu untersucht. Der Band gibt einen Überblick über finanzielle Belastungen, Lücken in der sozialen Absicherung und macht konkrete Vorschläge für Verbesserungen. Zusätzlich wurde in diesem Jahr eine Arbeitsgruppe mit einigen Betroffenen ins Leben gerufen, die hilfreiche Tipps und Tricks im Umgang mit der Ausbildung, dem Studium oder dem Job sammelt, aufbereitet und online auf der Webseite der Stiftung veröffentlicht. Somit sind jederzeit alle relevanten Informationen schnell und übersichtlich für jedermann verfügbar.

Darüber hinaus fordert die Stiftung gegenüber der Politik die Erschließung der verstreuten Datenbestände, die Förderung der Forschung auf diesem Gebiet und konkrete Schritte zur Verbesserung der finanziellen und sozialen Situation der Betroffenen. Der positiven Einflussnahme auf sozialrechtliche und medizinische Belange in der Gesetzgebung kommt eine immer stärker werdende und wachsende Bedeutung zu, um die Interessen von uns jungen Betroffenen bestmöglich zu vertreten und unsere Position nachhaltig zu verbessern.

Abb. 1: Gemeinschaft erfahren – Austausch stärken: Gruppenbild des Jahrestreffens 2018 der bundesweiten TREFFPUNKTE der *Deutschen Stiftung für junge Erwachsene mit Krebs* in Lauterbach. Foto: Elmar Wiegand

Kristin Prüssner

Rheuma? Mit 13 Jahren?

Als ich 13 war, brach für mich erst mal eine Welt zusammen: Ich wurde krank, hatte Schmerzen und fühlte mich wie ein Außenseiter. Mit einer rheumatoiden Arthritis zu leben, war nicht immer leicht, besonders in der Schulzeit. Anders als die Freundinnen zu sein, ist nie das, was man sich als Teenie vorstellt. Mein Glück: Ich kam schnell in eine Rheumaklinik mit Kindern und Jugendstation. Ärzte, Pflegepersonal und Therapeuten verstanden meine körperlichen Schmerzen, aber auch meine seelischen Sorgen und Ängste. Ich bekam unzählige hilfreiche Therapien wie Physiotherapie, Wassertherapie, einen Psychologen und eine Auswahl an Medikamenten. Ich lernte in vielen Schulungen, mit meiner Krankheit umzugehen. Außerdem war es für mich total hilfreich, dass ich mich mit Gleichaltrigen austauschen konnte. Endlich fühlte ich mich nicht mehr so alleine! Ich fühle mich bei allem unterstützt und handlungsfähig, denn ich habe gemeinsam mit den Ärzten und Therapeuten viele Möglichkeiten, um mein Rheuma nicht die Oberhand gewinnen zu lassen.

Doch irgendwann begann die Zeit, in der man sich nicht mehr nur um die Schule, sondern auch um seine berufliche Zukunft Gedanken macht. Schon früh war für mich klar, dass ich Notärztin im Rettungshubschrauber werden wollte. Nach einem Praktikum in einer Klinik begann ich eine Ausbildung zur Kinderkrankenschwester. Dies sollte eine Zwischenstation auf dem Weg zur Ärztin werden.

Im Hinterkopf hatte ich bei all meinen Plänen natürlich immer das Rheuma. Bei mir sind auch die Hände betroffen, was mich manchmal trotz allgemein guter Verfassung ziemlich außer Gefecht setzen kann. Am Anfang der Ausbildung war ich total in meinem Element, vor allem bei meinem ersten Einsatz auf der Frühchen-Intensivstation – so viele süße Babys, die ich versorgen durfte! Aber dann, nach wenigen Monaten Ausbildung, bekam ich einen Schub und konnte nicht einmal mehr die Babys tragen. In den Gesprächen mit meiner Praxisanleiterin stellte ich für mich fest: So will ich nicht arbeiten. Ich möchte nicht regelmäßig fehlen, „nur“ weil meine Hände schlappmachen.

Also beschloss ich schweren Herzens gemeinsam mit meiner Praxisanleiterin, dass es auf diesem Weg für mich nicht weitergeht. Doch stand ich nun auf einmal ohne Plan da – und war sauer auf meinen Körper. Und mein Rheuma! Trotzdem war mir klar: Mein Platz ist im Gesundheitswesen. Da ich meine Heimatstadt Bielefeld möglichst nicht verlassen wollte, erkundigte ich mich, was die Uni Bielefeld an Studiengängen zu bieten hat. Dabei stieß ich auf „Health Communication“. Für mich war erst einmal das Wichtigste, dass ich dafür nicht unbedingt mit meinen Händen, sondern hauptsächlich mit meinem Kopf arbeiten muss. Ich hatte mein Rheuma gewissermaßen ausgetrickst. Damit hatte ich ein neues Ziel und freute mich enorm auf meine neue Perspektive.

Nun habe ich meinen Studiengang bereits abgeschlossen, ein Praktikum in der Schweiz absolviert und anschließend dort einen Traumjob gefunden – mit einem sehr verständnisvollen Arbeitgeber. Ich habe beispielsweise jede Woche die Möglichkeit, im Home Office zu arbeiten. Dies nimmt mir vor allem morgens den Zeitdruck und ermöglicht es mir an weniger guten Tagen, trotz Einschränkungen etwas leisten zu können. Heute arbeite ich als Produkt- und Salesmanagerin bei einem Softwareanbieter für Qualitäts-Managementsysteme. Ich bin dem Thema Qualitätsmanagement treu geblieben, jedoch bin ich nun in allen Branchen unterwegs und nicht mehr speziell im Gesundheitssystem. Ohne die abgebrochene Ausbildung wäre ich vermutlich nie zu diesem Studiengang gekommen. Vor allem aber bereue ich nicht, dass ich vorher die Ausbildung – trotz Zweifeln – ausprobiert habe! Selbst in der kurzen Zeit habe ich viele schöne Erfahrungen gemacht und umso mehr über das Gesundheitswesen, aber auch mich selbst gelernt. Ich hätte mich ohne den Versuch immer gefragt, ob ich die Ausbildung nicht doch geschafft hätte. Wir mit unserem Handicap müssen lernen, dass es okay ist, wenn etwas nicht klappt.

Die Krankheit muss sich nach meinem Leben richten. Statt zu verzichten, muss ich mich höchstens fragen: Wenn ich mal wieder die Welt entdecken will, wie organisiere ich den Transport und die richtige Lagerung der Medikamente? Mit Kühlsystemen und Kühlschränken in Hotelzimmern habe ich auch genügend Möglichkeiten, sie über einen längeren Weg hinweg aufzubewahren oder im Ausland an notwendige Medikamente zu kommen. Trotz einiger Einschränkungen, die mir das Rheuma beschert, habe ich in der heutigen Zeit doch den Vorteil, dass mir die Behandlungen viele Freiheiten in der Lebensgestaltung erhalten. Mir steht regelmäßig meine Physiotherapie zur Seite, um schnell auf Beschwerden reagieren zu können und meine grundsätzliche körperliche Verfassung zu stärken. Mit meinem Rheumatologen habe ich eine Auswahl an Medikamenten zur Verfügung, um daraus die für mich beste Therapie zu wählen. Die meisten davon sind ohne schwerwiegende Nebenwirkungen und sehr wirksam. Für mich selbstverständlich – für ältere Patienten ganz und gar nicht.

Chancen für die Zukunft

Das bedeutet nicht nur für meine aktuelle Situation einen besseren Status quo, sondern auch für den Verlauf meiner Erkrankung und für meine Zukunft. Somit sehe ich mich mit meiner Erkrankung wohl immer noch als Glückskind. Rheuma hätte ich so oder so. Dank der heutigen Therapiemöglichkeiten habe ich aber ein fast normales Leben, vor allem, wenn ich mir überlege, was die Erkrankung für Menschen wie mich bedeutet hätte, bevor es wirksame Medikamente gab. Und wer weiß, vielleicht wird Rheuma ja tatsächlich eines Tages heilbar.

Register

 https://doi.org/10.1515/9783110713336-042